신 호 전 달

Signal Transduction

신호전달
Signal Transduction

저자

Bastien D. Gomperts
Department of Physiology, University College London, UK

Ijsbrand M. Kramer
Section of Molecular and Cellular Biology, European Institute of Chemistry and Biology, University of Bordeaux, France

Peter E.R Tatham
Department of Physiology, University College London, UK

역자

현창기

김종명

김군도

월드사이언스
WORLD SCIENCE www.worldscience.co.kr

ISBN : 9780122896323
Translated Edition ISBN : 9788958811343
Publication Date in Korea : 20. Apr. 2009

Translated by World Science Co.
Printed in Korea

신호전달

인쇄 | 2009년 4월 10일
발행 | 2009년 4월 20일
역자 | 현창기 김종명 김군도
발행인 | 박선진
발행처 | 도서출판 월드사이언스
주소 | 서울특별시 서초구 방배동 864-31호 월드빌딩 3층
등록일자 | 1987년 12월 14일
등록번호 | 3-136
TEL | (02)581-5811~3
FAX | (02)521-6418
E-mail | worldscience@hanmail.net
URL | http://www.worldscience.co.kr

정가 | 30,000원
ISBN | 978-89-5881-134-3

이 도서의 국립중앙도서관 출판시도서목록(CIP)은 e-CIP 홈페이지
(http:/www.nl.go.kr/cip.php)에서 이용하실 수 있습니다.
(CIP 제어번호 : CIP2009001104)

차 례

저자서문

많은 사람들이 이 책이 누구를 위하여 쓰여 졌는가 물어 보는데 가장 솔직한 대답을 말하자면 우리 자신을 위해 쓰여졌다고 할 수 있다. 한편으로는 여러 수준에 있는 과학자나 학생들에게도 도움이 되고 재미있게 읽혀졌으면 하는 바람도 있다. 이 책은 여러 전문가들에 의해 쓰여져 교정이 제대로 되지 않은 문장이 넘쳐 나는 것을 피하려 애를 쓰다보니 필연적으로 우리가 경험이 없는 분야나 전문가가 거의 없는 분야에서는 너무 신중하게 접근하여야만했다. 우리는 비록 각 주제들의 최첨단 분야를 다루기는 했지만 한편으로는 거론되는 모든 분야의 역사적 배경과 더불어 기초 지식도 제공하려고 애를 썼다. 이 책을 아주 포괄직으로 만들려고는 하지는 않았으나 우리는 *Signal Transduction*이라는 제목을 가진 책에 포함하기에 아주 적합한 주요분야가 빠진 것도 알고 있다. 아주 적합한 예로는 초기 배아 발육을 유도하는 신호전달계를 들수 있으며 다른 것으로는 식물에서의 신호전달도 들 수 있다. 집필과정을 통하여 우리 스스로도 이 분야의 학생인 듯 많은 것을 배울 수 있었으며, 더 많이 배울수록 우리는 몇몇 확립된 가설을 다시 살펴보거나 맞는가에 대해 검증해 보기도 하였다. 또한 19세기와 20세기 자유로운 생각과 때로는 우연스런 발견들이 심리학, 약학, 그리고 세포생물학과 특히 내분비학이나 면역학과 같은 관련 임상분야의 최신학문을 만들기에 이른 우리 선조들의 지혜에 대하여 배우고 존경하게 되었다.

이 책은 두 부분으로 간단히 나눌 수 있다. 전반부(1장에서 9장)는 '고전적' 의미의 신호전달에 대한 정보를 제공한다. 이 부분은 주로 호르몬이나 수용체 그리고 cyclic nucleotide나 칼슘이온과 같은 이차 전령물질의 발생과 작동에 집중되어있다. 비록 '전달(transduction)'이라는 용어는 다른 분야에서 사용하는 것을 빌려 왔지만 본래의 '신호전달'이라는 용어는 G-단백질의 발견과 같은 과학적 성취에 의해 사용되기 시작했다. 10장부터 소개되는 이 책의 후반부는 성장인자와 부착분자들(adhesion molecules)의 작용, 특히 단백질(인산화에 의한)과 inositol-함유 지질의 공유결합 변형 그리고 세포내 신호전달과정의 개시에서의 역할에 초점을 두고 있다. 이 분야에만 한정되지 않으면서도 중요한 것은 '암(cancer)'과 관련되어 있는데, 이 분야 연구의 주요 원동력이 세포의 형질전환을 통해 암이 발생되는 과정을 이해하고 그 효과적인 치료방법을 고안하고자 하는 희망으로부터 나온 것이다. '암'이라는 용어를 만들게 된 과정은 아주 긴 역사를 지니며 사전에 잘 나와있다.

우리는 이 책을 준비하는 동안 많은 동료들로부터 조언과 충고들을 받았다. 여기에는 원고를 끝까지 읽은 Leicester 대학 생화학과의 Raj Patel과 특히 그의 동료들인 John Challiss, Jonathan Bliss, David Critchley을 들 수 있다. Cambridge의 MRC Laboratory에 있는 Leon Lagnado는 1장에서 6장까지 검토하였으며 특히 시각신호전달을 포함 시킬 것을 권고하였다. 왕립 의과대학 Hammersmith 병원에 있는 Sussan Nourshargh는 14장과 15장에 있는 세포부착과 분자이동 관련 사항들에 조언을 주었다. Greta Matthews는 원고 전체에 대한 검토와 많은 조언을 주었다. 예루살렘의 Hebrew 대학 생화학과 Alexander Levitzki는 G-단백질의 활성화를 논의할 때 dogma를 집착하지 말것을 조언해 주었다. 또한 우리는 10장과 16장을 검토해 준 Peter ten Dijke(Netherlands Cancer Institute, Amsterdam), 10장의 세포주기에 관한 소론과 11, 12, 17장을 검토해준 Fergus McKenzie(Amersham Pharmacia, Cardiff), 9장을 검토해준 Lodewijk Dekker (Department of Medicine, University College London), 그리고 serine-threonine phosphatase에 대한 조언과 도움을 준 Patricia Cohen(MRC Protein Phosphorylation Unit, University of Dundee)에게도 감사를 드린다. 12장에 있는 T세포 활성화 과정에 대해서는 Bordeaux에 있는 European Institute of Chemistry and Biology의 Elizabeth Genot로부터 도움을 받았다. Steve Watson(Department of Pharmacology, Oxford University)와 Chris Richards(Department of Physiology, University College London)는 칼슘과 관련된 많은 자료와 조언을 주었다. Geoffery Strachan은 독일어나 불란서어를 현대 영어로 번역하는데 도움을 주었다.

너무 많아 다 언급할 수는 없지만 그 외의 많은 사람들로부터도 그들이 알고 있는 지식과 이해에 대한 귀중한 조언을 받았다. 그들의 기여에 대한 화답으로 신호전달 분야의 한 선구자에 의해 1878년에 쓰여진 On Pituri라는 논문에 있는 글(' A new second messenger is discovered', 146쪽)을 인용하고자 한다.

Pituri에 대하여

저자 : Sydney Ringer, M.D., and William Murrell, M.R.C.P.. Lecturer on Practical Physiology at the Westminster School of Medicine, and assistant Physician to the Royal Hospital for Disease of the Chest.

아주 최근에 University College, London의 한 학생(이름은 잊어버렸지만)이 강력하고 흥미있는 약인 Pituri 의 부서진 잎과 가지가 들어 있는 작은 봉지를 주었다. 우리는 이것을 Gerhard씨한테 주었는데 그는 이것으로부터 소량의 알칼로이드가 함유된 추출물을 얻었으며 그것을 20배의 물로 희석한 용액을 제조하였다. Baron Mueller는 pituri의 잎을 살펴본 결과 그것이 Duboisia Hopwoodii로부터 나왔다는 의견을 제시했다. Pituri는 Darling River와 Barcoote로부터 서부 호주까지의 사막의 덤불에서 자라는것이 발견된다. 그곳 원주민들은 그들이 먼 길을 걸어가는 동안 근력을 강화 시켜 준다고 말하며 볼리비아에서 코코아를 사용하는 것과 마찬가지로 그 잎을 씹는다. New South Wales Medical Gazette의 G. Bennett 박사는 1873년 5월호에서 Pituri가 동부에서의 Betel과 마찬가지로 New South

> Wales의 원주민에 의해 사용되는 흥분성 마약제라고 하였는데, 그것은 담배를 대신해서 사용되는 것처럼 보인다. 그것은 일반적으로 건조된 잎의 형태에서만 느낄 수 있어서 잎을 너무 갈아버리면 그 특성이 나오지 않는다.
> Pituri는 Mallutha라 불리우는 부족의 남자들에게서만 사용되어진다. 그들은 중요한 일을 하기에 앞서 보통 티스푼 하나 정도의 건조된 잎을 씹는다. 소량의 잔가지는 불에 탄채 그 재를 잎과 섞는다. 잠시 씹은 후 그 덩어리는 귀 뒤에 붙여 놓았다가(그 강도를 증가시키기 위해) 때때로 씹게 되며 마지막에는 삼키게 된다. 이러한 과정을 거쳐 그 원주민들은 중요한 일이나 싸움을 할만큼 충분히 용감한 상태에 이르게 된다. 이것에 과다하게 빠지게되면 화를 조절하지 못하는 상태에 이르게 되며, pituri 사용에 익숙하지 않은 사람에게는 심한 두통을 일으킨다.

물론 이 논문의 저자들은 '신호전달'이라는 용어를 결코 들어 본적이 없으며 이 때는 그 용어가 생물학 논문에 나타난 것보다 100 여년전의 일이다. Ringer와 Murrell이 atropine(용기, 격노, 좌절, 그리고 두통)의 약효를 가진 것으로 묘사한 알칼로이드인 pituri에 대한 센세이션은 이 책을 쓸 때 우리가 경험한 것과 크게 다르지 않다. 하지만 우리는 결코 헐떡이지 않았으며 심지어 싸워야 한다는 것을 느낄 필요도 없었다. 비록 이책은 세명의 저자에 의해 초고가 이루어졌지만 전체를 통한 목표는 한마음과 두 손에 의해 쓰여진 것처럼 만드는 것이었다. 물론 우리 모두 각자 관심있는 분야와 전문성도 가지고 있으며 각자 맡은 부분 원고에 대한 책임도 가지고 잇다. 하지만 이 책의 어느 문장 하나도 읽고, 고쳐지고, 다시 쓰여지고, 확장되거나 잘려지는 등 변형되지 않은 것이 없지만, 그래도 종국에는 전체를 통틀어 통일성도 유지했기를 기대한다.

■ 주

단백질 구조 데이터에 대해서 이용한 것은 : the Protein Data Bank: Berman, H.M., Westbrook, J., Feng, Z. et al. The protein data bank. Nucleic Acid Res. 2000; 28:235-42(http://www.rcsb.org/pdb/).

화합물 구조는 Daresbury 의 'EPSRC's Chemical Database Service를 이용: Fletcher, D.A., Mcmeeking, R.F., perkin, D. The United kingdom Chemical Database Service. J. Chem. Inf. Comput. Sci. 1996; 36:746-9.

단백질 구조는 Rasmol과 CHIME을 이용하여 구축 : Sayle R., Milner-White E.J. Rasmol : Biomolecular graphics for all. Trends Biochem. Sci. 1995; 20:374.
Martz, E. (University of Massachusetts, Amherst, MA, USA) and MDL Information Systems, Inc. (San Leandro, CA, USA).

참고문헌

이 책에서 논의된 거의 모든 인용구나, 실험, 그리고 발견에 대하여 원문을 제공하려고 노력하였다. 그 주된 이유는 우리 스스로도 우리 경험이나 전문 영역을 훨씬 벗어나는 모든 이슈에 대해 연장할 필요가 있었기 때문이다. 따라서 우리가 쓴 것이 허공에서 불러낸 것이 아니라는 것을 스스로 재확인하기 위해서라도 참고문헌을 철저히 제공하려고 하였다. 또한 참조가 필요한 인용구에 의해 원래의 역사적인 일들의 특정 단면을 제시하였기에 최근의 자료에 대한 문학적 참고문헌도 제시하는 것이 타당하다고 여겨졌다. 따라서 이 책이 기초적인 참고자료에서와 마찬가지로 이 책이 각 분야를 더 연구하려는 사람들에게 귀중한 자료가 되기를 기대한다.

약어

이 책에서 사용된 거의 모든 약어의 정의는 색인에서 발견할 수 있을 것이다.

유전자와 유전자 산물

협약에 소문자로된 약어(예를 들어 ras)는 유전자를 나타내며 대문자로된 약어(Ras)는 단백질 산물을 나타낸다. 효모의 유전자는 대문자(Ras)로 나타낸다. 접두어인 v-와 c-는 각기 그것들이 바이러스(v-Ras)로나 세포(c-Ras)로부터 유래된 것임을 나타낸다.

Shorter Oxford English Dictionary(3rd Edition, 1944, 수정 1977년)로부터 인용:

Transduction (trɒnsˌdʌ·kʃən). *rare.* 1656. [ad. L. *tra(ns)ductionem, tra(ns)ducere*; see TRADUCE.] The action of leading or bringing across.

Traduce (trădiū·s), *v.* 1533. [ad. L. *traducere* to lead across, etc.; also, to lead along as a spectacle, to bring into disgrace; f. *trans* across + *ducere* to lead.] †**1.** *trans.* To convey from one place to another; to transport –1678. †**b.** To translate, render; to alter, modify, reduce –1850. †**c.** To transfer from one use, sense, ownership, or employment to another –1640. †**2.** To transmit, esp. by generation –1733. †**b.** *transf.* To propagate –1711. †**c.** To derive, deduce, obtain *from* a source –1709. **3.** To speak evil of, esp. (now always) falsely or maliciously; to defame, malign, slander, calumniate, misrepresent 1586. †**b.** To expose (to contempt); to dishonour, disgrace (*rare*) –1661. †**4.** To falsify, misrepresent, pervert –1674.

1. b. Milton has been traduced into French and overturned into Dutch SOUTHEY. **2.** Vertue is not traduced in propagation, nor learning bequeathed by our will, to our heires 1606. **3.** The man that dares t., because he can With safety to himself, is not a man COWPER. **b.** By their own ignoble actions they t., that is, disgrace their ancestors 1661. **4.** Who taking Texts .. traduced the Sense thereof 1648. Hence **Tradu·cement,** the, or an, action of traducing; defamation, calumny, slander. **Tradu·cingly** *adv.*

이 뒤는 원문으로부터:

from The Oxford English Dictionary (2nd edition) On Compact Disc:

transduction (tra:ns'd□k ʃ e n, træns-).
[ad. L. *transduction-em* (usually *traductionem*), n. of action f. *tra(ns)dfucere: see* TRADUCE.]

1. **The action of leading or bringing across.** rare.
   1656 BLOUNT *Glossogr., Transduction,* a leading over, a removing from one place to another.
   a1816 BENTHAM *Offic. Apt. Maximized, Introd. View* (1830) 19 In lieu of *adduction,* as the purpose requires, will be subjoined *abduction, transduction,..and* so forth.
2. **The action or process of transducing a signal.**
   1947 Jrnl Acoustical Soc. Amer. XIX. 307/1 It is rather interesting that the direct method of electronic transduction, instead of the indirect method of employing a conventional transducer and then amplifying the output with a vacuum tube, has not been developed.
   1970 J. EARL *Tuners & Amplifiers* iv. 87 Low impedance pickup cartridges using the moving-coil principle of transduction.
   1975 *Nature* 17 Apr. 625/1 The transduction of light energy into neural signals is mediated in all known visual systems by a common type of visual pigment.
3. *Microbiology.* **The transfer of genetic material from one cell to another by a virus or virus-like particle.**
   1952 ZINDER & LEDERBERG in *Jrnl. BacterioL* LXIV. 681 To help the further exposition of our experiments, we shall use the term transduction for genetically unilateral transfer in contrast to the union of equivalent elements in fertilization.
   1960 [see F Ill. 1 l].
   1971 *Nature* 18 June 46611 It has been suggested that transduction of genes by viruses was an important mechanism in evolution for spreading useful mutations between organisms not formally related.
   1977 *Lancet* 9 July 94/2 These were derived by selection of sensitive variants from gentamicin-resistant strains or by transduction of this resistance to sensitive strains.
   Hence
   trans'ductional a., of or pertaining to (genetic) transduction.
   1956 *Genetics* XLI. 845 (*heading*) Linear inheritance in transductional clones.
   1980 *Jrnl. Gen. Microbiol.* CXIX. 51 Transductional analysis revealed that one of the four mutations carried by strain T-693 was responsible for constitutive synthesis of both isoleucine and threonine biosynthetic enzymes.

역 자 서 문

세포신호전달은 모든 세포 활동의 기초를 제공함은 물론 각종 세포의 작용들을 질서 있게 조율하는 복잡한 정보전달 시스템이다. 다세포 생명체는 세포로 이루어지는 조직과 기관으로 구성된다. 각 세포들은 상호간 긴밀한 신호전달을 통해 성장, 분화, 조절 등 필수적인 현상을 정밀하고 정확하게 수행함으로써 조직과 기관과 생명체의 생명현상을 유지하고 있다. 세포가 그 미세환경을 정확하게 인식하고 반응을 나타내는 것은 정상적인 조직의 생체항상성 유지는 물론, 발달, 조직 수복, 면역작용에도 기본적인 필수조건이 되는 것이다. 세포가 이러한 역할을 감당하기 위해서는 세포의 수용체, 수용체가 받은 신호를 전달하는 단백질 및 그들에 대한 조절 효소 등 다양한 구성요소들의 협력과 상호작용이 필요하다. 전통적인 생물학 연구에서는 개별적인 신호전달 경로들의 초점을 맞추어 왔으나, 최근의 시스템 생물학적 접근은 세포 신호전달 체계의 네트워크와 그를 통한 정보의 전달과정에 대한 이해를 가능하게 해주고 있다. 이러한 세포 신호전달 연구를 통해 우리는 생명의 신비는 물론 각종 질병의 원인, 그리고 질병 치료제의 개발에 있어서 중요한 실마리들을 얻어낼 수 있게 된다.

이 책은 세포 현상들에 대한 화학적 이해, 신호전달 관련 단백질들의 생화학적 특성과 작용기작, 세포의 조절 및 생명현상의 유지 등 세포 신호전달의 전반적인 내용을 상세하게 다루고 있다. 설명된 내용들은 개념을 이해하기 쉽도록 기술되어 있으며 독자로 하여금 종합적이고 폭넓은 관점을 가질 수 있도록 유도해 주고 있다. 이 책은 세포분자생물학 분야의 대학원 또는 학부 고학년용 교과서로 사용하기에 적합한 내용으로 구성되어 있으며, 세포 신호전달 기작과 관련된 연구를 수행하는 연구자들에게도 좋은 참고문헌이 될 것으로 확신한다. Bastien D. Gomperts의 'Signal Transduction' 한국어판을 출간하면서, 이 책이 국내 관련 분야의 많은 학생들의 학습에는 물론 많은 연구자들의 연구 활동에도 다양한 도움이 되기를 기원한다.

2008. 12.

역자 일동

역 자 소 개

현창기

KAIST 생물공학과 이학박사

한동대학교 생명과학부 교수

김종명

Graduate Program in Molecular & Cellular Biology,

University of Massachusetts, Amherst, 이학박사

부경대학교 수산과학대학 양식학과 교수

김군도

Division of Biomedical & Life Sciences (Biochemistry & Cell Biology),

University of Glasgow, U.K. 이학박사

부경대학교 자연과학대학 미생물학과 교수

머리말: 신호전달, 기원과 사람들

I

신호전달이라는 용어의 사전적 의미와 여러 관점에서의 견해

신호전달(signal transduction)이라는 용어가 생물학 연구문헌에서 처음으로 사용된 것은 1974년[1]이며 1979년[2-4]에는 표제어로도 사용되기에 이르렀다. 물론, 물리학자나 전자 공학자들은 이보다 앞서 수화기가 음파에서 전기적 신호로 변환하는 것과 같이 한 형태의 에너지나 정보가 다른 형태로 변환되는 현상을 설명하기위하여 이 용어를 사용하여 왔었다. 신호전달이라는 용어가 생물학 분야에서 광범위하게 사용된 것은 Martin Rodbell에 의해 1980년에 출간[5]된 총설이 시발점이라 할 수 있다(그림 1.1). Rodbell은 대사 조절과정에 GTP와 GTP-결

Alfred G Gilman과 Martin Rodbell은 "세포내 신호전달에서의 G 단백질(G protein)의 역할과 발견"으로 1994년 노벨상을 수상하였다.

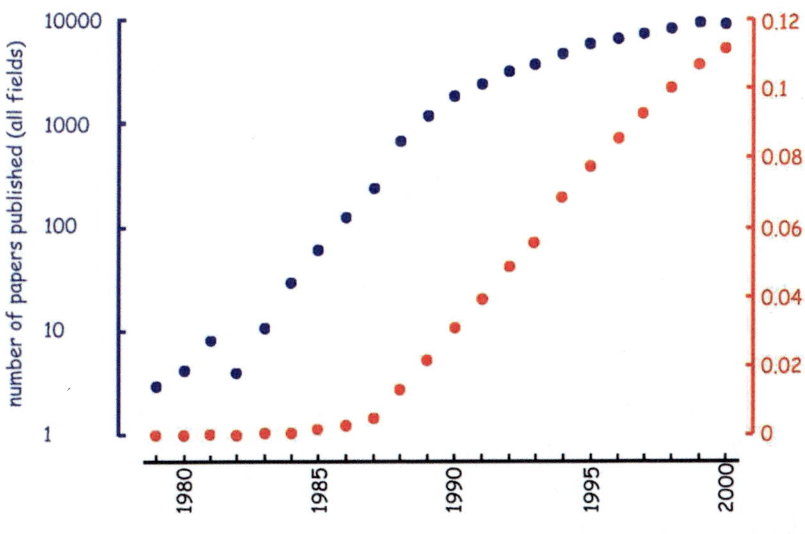

그림 1.1 신호전달이라는 용어의 출현빈도. 좌편 축은 Medline 데이터베이스를 통하여 이 단어를 사용한 총 논문의 수를 나타내며 우편 축은 cell 이라는 용어를 쓰는 논문 중 *signal transduction*이라는 용어를 사용한 논문의 비를 나타낸다.

합 단백질의 역할이 중요하다는 것을 처음으로 주목하고 그 역할을 설명하기위하여 신호전달이라는 용어를 사용하였다. 2000년도에는 세포(cell)라는 용어를 사용한 모든 논문의 12%에서 *신호전달*이라는 용어가 사용되었다.

호르몬, 그 진화와 역사

> 우리가 화학전달물질... 혹은 우리가 '호르몬'(흥분시키다 혹은 여기시키다 라는 어원에서 온 말)이라 부르는 물질은 생산되는 기관으로부터 그 영향을 미치는 기관까지 혈류를 통하여 운반되며, 생리학적 필요성에 따라 지속적으로 생산되고 온몸으로 순환된다[6].

세포막 장벽

신호전달에 있어 주요 관건은 특정 호르몬의 존재와 같은 세포 외부의 영향이 어떻게 목표 세포 내부에 변화를 일으키는가이다. 특히 이해하기 어려운 점은 대부분 호르몬들은 친수성(혹은 지질을 싫어하는) 물질이기 때문에 세포막을 통과할 수가 없는데도 호르몬에 의한 영향은 어떤 식으로든 외부로부터 발휘하여야만 한다는 것이다.

물론 스테로이드나 프로스타글란딘 등은 소수성이어서 세포막을 관통하여 세포내 수용체와 상호작용할 수 있다.

세포막은 아주 얇기는(3-6 nm) 하지만 이온이나 극성 분자들을 투과시키지는 않는다. K^+ 이온의 경우 이 정도 거리는 수용액상에서는 약 5 ms 안에 확산평형상태에 도달할 수 있지만, 온도 등 유사 조건에서 이중인지질 세포막을 넘어 평형에 도달하기까지는 12일(280 h)이나 걸린다. 이와 마찬가지로 극성 분자들의 막 침투성은 낮아서, urea와 같이 작은 분자라도 그 세포막 투과성이 물에서보다 약 10^4배나 작으며, 아드레날린과 같은 호르몬의 막투과성은 너무 낮아 측정하기조차 어렵다. 수용체는 다양한 세포 활성을 높은 정밀도와 그 시기와 정도가 정확히 조절되면서 일어나게하는 화학신호인 일차 전령물질(messenger)과 더불어 진화해왔다. 이러한 신호전달은 스테로이드 호르몬이나 갑상선호르몬과 같은 예외를 제외하고는 신호물질이 표적세포를 관통하지 않더라도 일어난다.

최초의 호르몬

호르몬을 포함한 일차 전령물질, 그리고 그와 연관된 세포내부의 (2차) 전령물질들은 생물체의 기원과정에서 아주 오래 전에 발생되었을 것으로 보인다. 특히 호르몬과 그 수용체 중에서 어느 것이 먼저 나타났는가는 아주 흥미로운 질문이다. 동물에서 호르몬으로 인식되는 활성을 가지는 물질들은 초기 진화단계에서 나타난다(그림 1.2). 갑상선 호르몬과 아주 유사한 화학구조물질들은 조류, 해면동물, 그리고 여러 무척추 동물들에서 발견되며, oestradiol 같은 스테로이드는 미생물, 양치류와 양치식물에서 발견된다. 카테콜아민은 원생동물에서 발견되었으며[7,8] 그와 아주 유사한 에페드린(*ephedrine*)은 중국 허브인 Ma Huang(*Ephedra sinica*)의 줄기와 잎에서 분리되며 여전히 저혈압 치료와 천식완화제로써 사용되고 있다. 호르몬/수용체 반응을 보이지 않는 개체의 세포에 존재하는 것이 저분자량 호르몬만 있는 것이 아니라, 원생동물이나 곰팡이 그리고 심지어 박테리아에서는 인슐린이나 엔도르핀과 유사한 펩타이드들이 면역학적 감지방법에 의해 검출된다고 보고되고 있다[9]. 이러한 화합물의 경우 그 원시 생물종에서는 아무런 메신저 기능이 없었을 것이라 생각되며 아마도 동물에서 그 신호를 전달하는 수용체들도 훨씬 후에 나타난 것으로 생각된다.

효모에서 신호전달에 관여하는 a-및 α-형 교배인자들은 포유류 뇌하수체 전엽에서 성선자극호르몬(gonadotrophin)의 방출을 조절하는 gonadotrophin-releasing hormone (GnRH)과 구조적으로 매우 유사하다[11,12]. 포유류의 atrial natriuretic factor (ANF)과 유사한 인자는 단일세포 진핵류인 *Paramecium multimicronucleatum*[13]의 세포질과 여러 종의 식물 잎에서 발

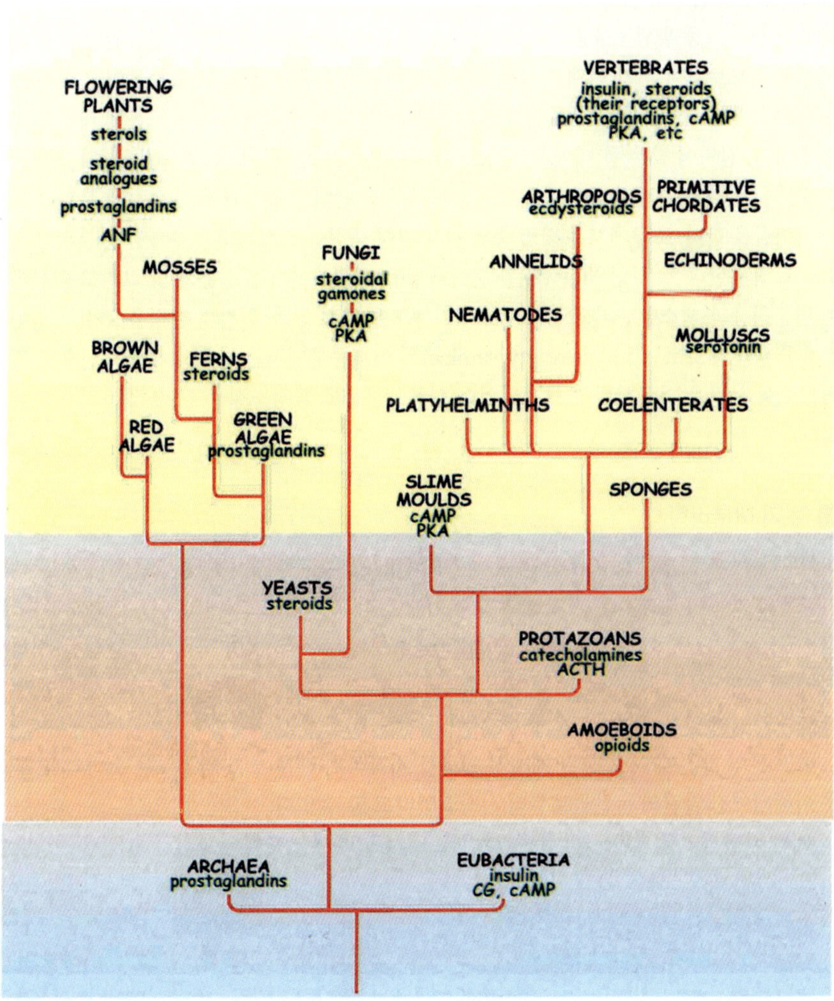

그림 1.2 **신호전달 호르몬의 발생(Baulieu의 논문[10]에서 인용).**

견되며 용질과 용매 순환과 증발률을 조절하는 역할을 한다[14]. 원생동물은 부신피질자극호르몬(ACTH)과 β-엔도르핀 외에 척추동물의 pro-opiomelanocortin (POMC)과 유사한 종류의 고분자 펩티드 전구물질을 생산한다[15,16]. 호르몬 전구물질 생합성과 같이 복잡한 대사경로가 세포막 수용체의 진화보다 훨씬 앞서 확립되었다는 것은 놀라운 일이다.

수용체와 유사한 단백질은 동물세포 외에는 거의 발견되지 않으나 최근에는 포유동물 뇌에 존재하는 이온성 glutamate receptor (iGluR)와 아주 높은 상동성을 지니는 단백질이 식물인 *Arabidopsis*(애기장대)에서 발현된다고 보고된 예가 있다[17]. 이것은 초식동물에 대한 방어기작의 일환으로 생성된 것으로 여겨지는 신경독소들은 아마도 특정 작용물질(agonist)로 시작되었다가 몇몇 종에서 차차 독소로 진화되었다고 추론할 수 있다. Epidermal growth factor (EGF) 및 인슐린 수용체와 밀접한 분자들은 캄브리아기 폭발 이전의 해면동물에서부터 시작되어 아마도 고등 후생동물종(metazoan)으로 빠르게 전파되었을 것으로 생각된다[18].

일반적으로는 우리가 현재 호르몬으로 생각하는 많은 분자들은 그 호르몬이 조절하는 수용체보다 훨씬 이전에 나타났으리라 여겨진다. 이 논리에 따르면 특정 호르몬에 대한 반응이 종에 따라, 심지어 같은 종 내에서도, 상당히 다를 수 있다는 것이다. Prolactin은 다양한 생리작용[19]을 한다고 알려져 있는데 포유동물에서는 젖 단백질 합성과 유선 성장과 분화를 조절하는 역할을 한다. 조류에서는 몇몇 종의 경우 지방 축적을 조절하고 이주행동을 결정하는 요소로도 작용한다[20,21]. 영원(newts)과 불도마뱀(urodeles)에서는 수분 평형 그리고 어류에서는 염분적응과 색소발생의 조절제로서의 기능도 알려져 있다. 인간의 감정을 조절하는 신경전달물질인 세로토닌(5-hydroxy tryptamine)은 연체동물에서는 아마도 멜라토닌으로 전환됨으로서 산란을 자극한다고 보고되었다(연체동물들도 감정조절을 할 수 있는지가 궁금해진다).

초기 내분비학자

1890년대 까지 해부학적 지식이 많이 축적되었음에도 불구하고 내분비계를 구성하는 여러 기관들의 기능에 대해서는 거의 알려진 것이 없었다. 사실상 그 시대의 표준 교과서라 할 수 있는 *Foster's Textbook of Physiology* (3권, 1200페이지를 넘는 분량)만 하더라도 갑상선, 뇌하수체, 신장과 흉선에 대해서는 10쪽 이내로 이루어진 '잘 밝혀지지 않은 구조'라는 단원에만 간단히 소개되어 있을 뿐이다.

호르몬의 발견에 이르게 된 체계적 연구를 시작하게 만든 초기 원동력은 오히려 몇몇 잘못 이해되어진 일련의 논문들로부터 시작되었다고 할 수 있다.

개와 기니피그 정액을 사람에게 투여함으로서 노년기 고통을 완화시킬 수 있을 것이라는 부질없는 상상을 하는 돌팔이 의사도 있었지만, 여기서는 국립프랑스대학(Collége de

France)의 Claude Bernard의 후임자이며 미국과 영국의 저명한 대학에서도 활동한 Charles Edouard Brown-Séquard의 업적을 한번 살펴보자. 그는 Harvard와 Virginia대학에서 교수를 역임하고 런던에서는 국립 뇌성마비/간질 병원 (후에 국립신경질환병원으로 되었으며 현재는 국립신경외과병원)에서 내과의사로 일했다. 그는 Charles Darwin과 Thomas Huxley의 동료였으며, 신경, 심장, 혈액, 근육, 피부의 생리기능과 시각 메커니즘 등 다양한 분야에서 500편 이상의 논문을 쓰고 기초과학 발전에 기여한 걸출한 실험과학자중의 한 사람이다. 그는 박사학위 논문에서 척수의 운동과 감각섬유에 대하여 연구를 시작한 이래 지속적으로 신경분야의 연구를 수행하였다. 그는 대서양을 60회 이상 넘나들면서 강연과 연구, 내과의로서 정력적으로 활동하였는데 여기서는 그의 주장 중에서 부신선이 생명에 필수적이라는 사실을 증명한 방법을 살펴보고자 한다.

이 문장들은 Victor Medvei[22], Michael Aminoff[23], 그리고 Horace Davenport[24] 등이 쓴 글을 참조하였다.

그의 화려한 경력에도 불구하고, Brown-Sequard라는 이름은 요즘은 거의 잊혀 졌지만, 정소추출물을 투여함으로서 신체 원기를 회복할 것이라 생각하여 그 자신을 상대로 한 실험결과들을 보고한 1889년 출간된 논문 때문에 아주 가끔씩은 사람들 입에 오르내린다. Lancet에 출간한 그의 논문의 몇 구절[25]을 살펴보면 ...

> 나는 72세인데, 그래도 그런 대로 괜찮았던 나의 기력은 지난 10여 년간 계속 두드러지게 감소되어왔다. 지난 5월 15일에는 너무 약해져서 실험실에서 겨우 30분 정도 일하고난 후에는 앉아 쉬어야만 했으며, 앉아서 실험을 할 때도 3~4시간 후에는 완전히 지쳐서 나오곤 했다.....
>
> 첫 번째 피하주사 다음 날 그리고 그 후 두 번의 주사 후에는 급격한 변화가 내 안에서 일어났으며, 나는 적어도 내가 몇 년 전에 가졌던 모든 기력을 회복 했다고 자신 있게 발표할 수 있다....
>
> 실험 전과 첫 번째 주사 후 한 달 동안 내 팔다리를 근력계로 조사해보니 근력이 확실히 향상되어 있음을 볼 수 있었다....
>
> 나는 주사 전후로 – 비슷한 종류와 양의 식사와 음료를 섭취 후와 같이 – 비슷한 조건 하에서 소변이 뿜어져 나오는 것을 비교해 보았다. 주사 전 10일 동안의 소변이 뿜어져 나온 길이는 첫 번째 주사 후 20일 동안의 소변의 분출길이와 비교해 볼 때 1/4 정도 밖에 되지 않았다. 따라서 방광 위 척수의 기력이 상당히 증가되었다는 것은 명백하다...
>
> 간단히 말하자면 나는 나의 실험 10일 후 다른 어떤 기능보다 배변기능이 상당히 개선되었다 할 수 있다. 사실상 급격한 변화가 일어나 변비가 가장 심할 때도 극복할 수 있는 기력을 회복하였다.

마지막으로, 각주에서는;

> 정소추출물을 나이든 남자노인에게 투여한 것과 같이, 어린 동물로부터 추출한 난소를 분쇄하여 얻은 용액과 일정량의 물을 섞은 후 나이든 할머니에게 투여한다면 아마도 원기회복효과가 있을 것이라 생각된다.

Brown-Sequard는 HRT의 아버지로 여겨질 수는 있겠지만, 다른 동물의 각종 선조직의 추출물을 이용하여 인간 질병을 치료하고자하는 장기요법의 창시자는 확실히 아닐 것이다.

실제로 Gaius Plinius Secundus(Pliny the Elder로 알려진, AD 23-79)는 남성은 성불구를 치료하거나 성 기능을 개선하기위해서는 동물의 고환을 먹어야하며 여성의 경우 임신가능성을 높이기 위해서는 암 토끼의 생식기 복용을 추천하는 등 동물조직요법을 권장했으면서도, 인간 장기를 치료용으로 사용했던 그리스인들은 비난했다[24].

자기암시라도 되듯 Brown-Sequard는 다른 연구자들이 그의 주장을 목적의식을 갖고 심사숙고해 보아야 한다고 주장했다. 얼마나 희망적인가!! 이런 주장에 대해 여전히 의심이 남아있다면 그의 비망록을 한번 살펴볼 필요가 있다[26].

SEONDE NOTE SUR LES EFFETS PRODUITS CHEZ L'HOMME PAR DES INJECTIONS SOUS-CUTANÉES D'UN LIQUIDE RETIRÉE DES TESTICULE FRAIS DE COBAYE ET DE CHIEN.
par M. BROWN-SEQUARD.
(*communication faite le l5 juin*)

Non seulement il n'y a pas s'étonner que l'introduction dans le sang de principes provenant de testicules de jeunes animaux soit suivie d'une augmentation de vigeur, mais encore on devait s'attendre à obtenir ce résultat. En effet, tout montre que la puissance de la moelle, épinière et aussi, mais à un moindre degré, celle du cerveau, a, chez l'homme adulte ou vieux, des fluctuations liées à l'activité fonctionnelle des testicules. Aux faits que j'ai mentionnés, à cette régard, dans la séance du l^re juin, je crois devoir ajouter que les particularités suivantes ont été observées un très grand nombre de fois, pendant plusieurs années, chez deux individus àgés de quarantecing à cinquante ans. Sur mon conseil,

> 어린 동물의 고환 추출물질을 혈액으로 도입하는 것과 그에 따른 정력증강이 놀랄만한 것도 아니지만 그 결과가 예견되지 않았던 것도 아니다. 사실상 모든 결과가 성인 남자의 척수와 부분적인 뇌의 기력은 정소의 활성과 연관되어 있음을 보여주고 있다. 이 부분에 대해 내가 이미 6월 1일 모임에서 언급했던 사실들은 수년에 걸쳐 45세와 50세 노인을 대상으로 수년에 걸쳐 여러 번 관찰되었던 것이라는...... 내 의견에 따라 피 실험자들은 매번 지적 혹은 육체적 활성을 조사받았으며, 사정을 피하면서도 성적 흥분 상태로 만들어야만 했다. 따라서 정소는 급격한 신경계 기력 상승을 수반하게 되는 강하고 일시적인 활성을 지니고......

소문은 빨리 퍼지지만 좋은 뉴스는 더욱 더 빠르게 전해진다. 몇 주 안에 이것은 회춘의 비약(THE PENTACLE OF REJUVENESCENCE:[27])이라는 제목으로 British Medical Journal의 논평주제가 되었다.

> Brown-Séquard 박사는 이달 들어 두 번째로 파리의 생물학회 Societe de Biologie of Paris에서 아주 특별한 논쟁거리를 내놓았다. 그의 주장은 – 불행히도, 공공 언론에서도 상당한 관심을 일으켰지만 – 마치 만병통치약을 찾아 헤매는 중세철학자들의 공상을 연상시켰으며... 이에 대해 MM Fere 와 Dumontpallier는 그 결과가 일반인들에게 그냥 알려지고 동조하기에 앞서 다른 과학자에 의해 실험들로 확실히 입증되어할 필요성이 있다고 논평하였으며 우리는 그 의견에 전적으로 동의한다.

좀 더 까다로운 BMJ의 편집자 의견에 비해 대서양 건너편의 대조적인 반응을 보면

새로운 젊음의 만병통치약 – Brown-Séquard 박사의 회춘 용액을 인디아나폴리스의 늙은 노인에게 투여해 본 결과 대단한 효과가 있었다고 한다. 그 환자는 주사 4시간 후에 1마일을 25분 만에 걸어 갈 수 있었으며 그는 지난 25년 동안보다 더 활력이 넘치는 것을 느낀다고 말했다. 그는 30년 동안 하지 못했던, 신문을 안경 없이 읽을 수 있음을 주장했다. 이 주장은 아직 의학적으로는 증명되지 않았음을 밝혀둔다[28].

그러나 일이 점차 진행됨에 따라, 그도 차츰 의심을 가지기 시작함을 보여준다:

특히 미국에서, 내가 한 일에 대한 지식도 없거나 동물 물질 주입실험의 가장 기본적인 지식조차도 없는 몇몇 의사와 돌팔이들이 여러 인간의 욕심을 위해 위험천만한 실험을 하였고 잘못 된 경우에는 큰 위험에 빠지게 하기도 하였다.

영국에서의 반응은 여전히 부정적이었다.

한 의학 분야 종사자의 글: 나는 아직도 내가 Brown-Sequard 박사의 실험에 관한 회람에 대한 당신의 논평에 수긍을 못한다. 내가 문제의 동물 학대를 찬성하지 않았던 것처럼 나는 6,000여개의 항의서 사본들을 인쇄하고 보내야 하는 걸로도 내 책임을 다했다고 볼 수 없다. 나는 개와 토끼 정액을 인간으로의 주입하려는 생각이 혐오스러운 것이라 보며 자위와 같은 실험 방법들을 사용하려는 것에 대해 영국 의학자들이 이것을 단호히 거부하여야 할 때라 생각한다. 구역질나는 행위를 장려하지 않는 생체 해부학자도 있겠지만, 의료계로부터 아무런 우려와 반대의 목소리가 나오지 않는 한 나는 그러한 회춘방법들이 영국의학계에 도입되지 않으리라는 확신을 바탕으로 내 스스로 반대 목소리를 내기로 했다. 적어도 나는 이 문제를 잘 다룰 수 있을 저명한 영국학자들로부터 많은 격려 편지를 받았다. 아마도 생체해부는 향후 우리가 생각해 보아야 하겠지만 자위 문제는 아닐 것이다[27].

역시 의학계의 일원인 Edward Berdoe 박사는 그 문제에 대해 확고하게 말한다.

이러한 혐오스러운 행위들은 무고한 개와 토끼를 죽여 그 정소로부터 추출한 만병통치약이라는 것을 개발하여 늙어 쇠약한 난봉꾼들이 젊은 시절의 정욕을 되찾고자 하거나 늙고 쇠약한 몸에 꺼져가는 욕망의 불씨를 되살리며 신성한 성전이랄 수 있는 인간의 몸을 불경스럽게 한다.....프랑스 생리학계가 인류에게 베푼 은혜의 효과로 먼 훗날 우리는 인간과 하급 동물의 중간에 속하는 새로운 동물 종을 갖게 될 수도 있을 것이다[29].

chaque fois qu'ils avaient à exécuter un grand travail physique ou intellectual, ils se mettaient dans un état de vive excitation sexuelle, en évitant cependant toute éjaculation spermatique. Les glandes testiculaires acquéraient alors temporairement une grande activité fonctionnelle, qui était bientôt suivie de l'augmentation désirée dans la puissance des centres nerveux.

별표(Pentacle)는 다섯 귀퉁이를 가진 별모양으로 초자연적인 의미를 가진 부적으로 쓰여졌다.

좋아하건 아니건 간에, Brown-Sequard 논문을 알고 있는 많은 의사들은 그들의 임상실험에서 여러 장기 추출물을 사용할 수 있는가를 시도해보려고 애썼으므로 장기요법은 1~2년 만에 상당히 발전 했다[30,31].

Brown-Sequard는 그의 동료인 Jacques Arsene d'Arsonval에게 보내는 편지(Borell이 인용)[32]에서 '그 물질은 (*the thing*)' '어딘가 (*in the air*)'에 있다고 말했다. 그것을 그렇게 특별하게 만든 것은 아마도 점액수종의 치료에 관한 George Redmayne Murry의 보고서[33]로, 그는 28년 넘게 양의 갑상선 추출물을 정기적인 주입하며 살아온 환자에 대하여 기술했다.

Henry Dale가 아드레날린의 발견에 대해 쓴 것도 좋은 예일 것이다[34,35].

어쨌든 프랑스에서 여전히 관심을 받았던 것은 1920년대 Serge Voronoff가 'monkey gland'라 불리는 침팬지나 비비의 정소를 일부 노인에게 이식하여 치료하였던 것이다[30]. R.V. Short[31]는 그 환자가 HIV-I에 감염된 첫 번째 인간이라고 예측한다. 그들이 발기불능으로 남아있지 않았더라면 세기말 보다 덜 준비된 그시기에 폭발적으로 번져나갔을 것이며 그때 시작된 AIDS에 의해 유럽의 역사가 바뀌었을 수도 있다.

Schäfer가 George Oliver와의 첫 대면에 대하여 쓴 글은 Dales이 쓴 것과는 마치 딴 세상에 사는 것처럼 아주 다르다[35]:

1893년 가을에 대학교의 내 실험실로 개인적으로는 잘 모르는 한 신사가 방문했는데 알고 보니 그와 나는 내가 의자를 기념으로 간

Harrogate에서 일하는 의사인 George Oliver 박사는 겨울 여가를 그 자신이 고안한 의료측정기기를 이용하여 식구들을 대상으로 실험하며 보냈다. 그 중 한 실험에서는 경동맥의 두께를 측정하기위한 기구를 사용했었다. 그는 그 동네 도축자로부터 구입한 부신선의 추출물을 그의 아들에게 투입한 후 요골동맥(radial artery)의 두께를 측정한 결과 요골동맥이 수축(이 이야기를 전한 다른 이의 말에 따르면 확장)됨을 관측하였다고 생각했다. 어떤 것이었던 간에, 그가 측정했다고 생각한 것에 대해 Schafer 교수와 상의하기 위해 런던으로 찾아갔으나 개의 혈압 측정실험을 하는 중이었던 그는 Oliver의 이야기를 쉽사리 믿지 않았으며 실험을 방해하는 것조차 싫어했다. 그러나 Oliver는 서두르지 않고 Schafer의 하던 실험이 끝나면 부신 추출물을 1회 복용량을 혈관에 주입시켜 볼 것만 요청했다. Schafer 박사는 단순히 Oliver의 이론이 허무맹랑하다는 것을 보여주기 위해 부신 추출물을 주입을 했으나 갑자기 동맥혈압계의 수은주가 계기 끝부분까지 올라가는 것을 보고 깜짝 놀라 가만히 서 있었다.

그리하여 부신선의 한부분에서 현재 아드레날린이라 알려진 아주 활성이 높은 성분이 발견되었다.

몇 달 내에, Oliver와 Schafer는 추출물이 소동맥수축을 일으키며 이 결과는 말초 저항의 증가로 인한 것임을 밝혀내었다[36,37]. 그들의 동료인 Benjamin Moore는 그 활성 성분이 양피지의 반투막을 투과할 수 있으며, 유기 용매에는 녹지 않지만 물에는 쉽게 녹으며, 산으로 가열을 해도 활성이 남아있다는 사실을 보고했다[38]. 흥미롭게도, 당시에는 아무도 그 물질의 산화 경향에 대해 주목한 사람은 없어 보였다.

호르몬: 정의

호르몬은 어떤 조직이나 세포 그룹으로부터 외부의 자극에 반응하여 다른 조직으로 신호를 보내기 위해 혈액으로 분비되는 '일차 전령물질(primary messenger)'이다. 호르몬이라는 이름으로 제일 처음 명명된 물질은 위장 내벽의 세포로부터 혈액으로 방출되어 췌장에 음식물의 존재를 알리는 펩타이드인 세크레틴(secretin) 이다. William Maddock Bayliss(Ernest Henry Startling과 공동으로 세크레틴 발견)가 언급한 것을 보면,

> 소량으로도 강력하게 작용하며 여러 생리과정에서 중요한 많은 물질들이 있다. 그중의 하나가 특정 기관에서 생성된 후 혈류를 통해 전달되어 멀리 떨어진 기관에서 그 효능을 나타내는 호르몬이다. 따라서 호르몬은 신경계와 더불어 생명체의 전체적인 활성을 화학적으로 총괄 조절하는 기능을 담당한다. 도관이 없는 다른 분비선이나 조직에 의해 생산되는 내분비물질도 호르몬에 속한다[39].

사실, 전율의 신호라 할 수 있는 아드레날린(adrenaline)이 '첫 번째 호르몬'으로[40] 칭송받기에 더 적합한 호르몬이다. 이것은 노르아드레날린(noradrenaline)과 같이 감정적 충격, 육체적 운동, 추위, 또는 혈당치가 신경 세포가 감당할 수 있는 한계치 아래로 떨어 졌을 때 혈류로 분비된다. 세크레틴의 발견보다 10년 앞서 영국 런던[36,37]의 George Oliver와 Edward Schäfer, 그리고 폴란드 Krakow의 Napoleon Cybulski와 Szymonowicz에 의해 거의 동시에 아드레날린 활성을 가지는 추출물이 심장의 산출량과 힘을 증가시킨다고 보고되었다[41].

호르몬의 의미

유럽에서는 통상적으로 4-1,2-benzenediol이나 3,4-dihydroxy-a-benzyl alcohol을 아드레날린이라는 이름으로 불러왔으나 미국에서는 이 물질을 *epinephrine*이라고 부른다. 왜 미국인들이 그리스 어원을 선호하는데 반해 유럽인들은 라틴 어원을 선호 할까? 이러한 혼선에 대한 단서가 있다.

Ann Arbor에 있는 Michigan 대학교에 이어 Baltimore에 있는 존스 홉킨스 의과 대학에 재직했으며, 미국의 첫 번째 약학 교수인 John Jacob Abel은 호르몬을 처음으로 순수 결정체로 분리했다고 알려진 사람이다. 실험과정에서 그는 산으로 처리하고 단백질을 제거한 부신선 추출물을 염기성 benzoyl chloride로 처리한 다음 가수분해 단계들을 거쳐 강한 활성을 가진 결정 물질을 얻었는데 화학성분 분석결과 $C_{17}H_{15}NO_4$라는 화학구조식을 얻었다. 그런데 일본 화학자 Jokichi Takamine가 1899년(또는 1900년)에 Abel의 실험실을 방문하였다. Takamine는 Michigan의 Detroit에 있는 Parke, Davis사와 관련을 맺고 있었다. Abel은 실험실을 방문한 사람들에게 상당히 개방적이었지만 Takamine는 그의 실험실을 방문하였을 때

직할 만큼 존경했던 Sharpey의 제자였었다. 그 방문자는 George Oliver 박사로 그 당시 이미 그는 그가 연구하고 있는 임상의학분야뿐만 아니라 생리학적 방법을 임상에 적용한 저명한 의학자였다. Oliver 박사는 그가 몇몇 조직 추출물이 내는 효과와 그가 개발한 두 기구(혈액의 변화를 측정하기위해 만든 haemodynamometer와 원형 혹은 다른 동맥의 직경을 재기 위한 arteriometer)를 이용하여 측정한 혈관 실험에 대하여 논의하길 원하였다. 그는 조직을 글리세린을 이용하여 추출한 물질이 동맥의 크기를 줄이며 맥박세기를 증가 혹은 감소시키는 효과가 있음을 확신하는 듯했다.

현재의 유럽의 약조제도 **epinephrine**이라는 용어를 사용한다. 우리는 역사적 의미에서 뿐만 아니라 합리적으로 많이 통용되는 이유로 이 용어를 선호한다. 누가 epinephric 수용체라는 용어를 들어본 적이 있으며, '정말로 내 epinephrine을 상승시키는' 이라는 표현을 사용하는 것을 본적이 있는가?

어떤 정보를 얻었는가는 확실치 않지만, 상업화의 실제들을 잘 알고 있었던 그는 그 물질이 특허권과 *Adrenalin* (끝에 'e'가 없음을 주목하라)이라는 상표로 잘 보호될 때까지 결코 어떤 종류의 보고서도 출판하지 않았다. 호르몬 정제 시 Takamine가 benzoylation 단계 없이 더 간단한 방법을 사용한 것은 명백하다. 한편, 역시 Parke, Davis 사에서 일하다가 나중에 Abel이 근무하던 Johns Hopkins 약학대학으로 옮긴 T.B Aldrich는 Takamine가 분리한 물질의 구조식이 $C_9H_{13}NO_3$ 임을 밝혀냈다.

Parke, Davis 사는 그 물질을 바로 상업화했으며 1975년에 그것이 합성물질로 대체되기까지 계속 팔 수 있었다. Abel이 그 물질의 정확한 화학식을 제공하는데 실패했던 이유는 benzoyl 잔기들의 불완전한 가수분해 때문이라는 것이 밝혀졌으며 실제로 그가 *epinephrin*(역시 끝에 'e'가 없다) 이라고 명명한 화합물은 생물학적 활성은 가지고 있지만 사실은 benzoyl 기가 하나 붙어있는 유도체였던 것이다. 그는 그 화학식을 수정하여 새로 발간된 논문인 *Journal of Biological Chemistry* 창간호에 실었다. 그 논문에서 그는 왜 그것을 제대로 얻었고 다른 사람들은 왜 틀렸는지를 장황하게 설명하였는데[(42)], 어찌되었거나 그의 결론은 $C_{10}H_{13}NO_3$라는 10개의 탄소를 가지는 구조식의 화합물로 귀납되었다. 물론 부신수질에서 분리된 물질이 아드레날린과 노르아드레날린의 혼합물이며 그가 얻은 결정체가 두 물질로 이루어졌을 것이기 때문에, 그 당시에 9개의 탄소 원자로 이루어 졌다고 옳은 결론을 내렸다 하더라도 그것은 너무 탄소수를 높게 잡은 결론이 되었을 것이다(아드레날린은 탄소 수 9개, 노르아드레날린은 8개임). 아드레날린이 카테콜의 유도체라는 것과 정확한 구조가 밝혀지기까지는 그리 오래 걸리지 않았다. 1904년과 1905년에 Dakin과 Stolz가 제각기 두 광학상 활성 이성질체들의 혼합물의 화학적 합성을 보고하였다[(43,44)].

아드레날린의 효능과 작용은 아직까지도 여전히 우리가 일반 호르몬의 활성에 대한 논의를 할 때 대표적인 예의 하나로 들고 있다.

신경전달물질(neurotransmitter)

혈액을 통한 조직 사이의 화학신호전달 원리가 쉽게 받아들여진데 비해, 신경과 신경 사이, 그리고 신경과 근육 사이의 전기신호가 아닌 화학신호전달 개념은 받아들이기까지 오랜 기간이 걸렸다. 미주신경자극(vagal stimulation)이 심장 박동을 늦추어주는 현상은 1845년에 Weber에 의해 소개되었으나 이 신호가 화학물질에 의해 전달될 것이라는 가능성은 1877년에 이르러 Dubois-Reymond에 의해 제안되었다.

> 신경흥분을 전달하는 여러 경로 중에서 나는 오직 두 가지가 중요하다고 생각한다. 하나는 수축을 일으키는 분비물질이 암모니아, 젖산, 또는 몇몇 다른 강력한 자극 물질의 층을 이루어 존재하거나 아니면 그것은 전기적 현상에 의한 것이다.

화학신호전달이 신경과 근육사이의 신호교류의 주요 수단이라는 것의 받아들여지기까지는 꼬박 60년이 걸렸다[8]. Otto Loewi는 신경간 화학신호 전달의 원리를 1903년에 받아들였다고 했지만[46] 그 당시의 기록을 보면

> 나는 이 육감이 정확하다는 것을 입증할 방법을 몰랐으며 그것이 1920년대에 다시 떠오르기 전까지 내 기억 속에서 전적으로 사라졌었다... 1920년 부활절 주일 전날 밤 나는 잠에서 깨어 불을 켜고 종이쪽지에 몇 가지 떠오르는 것을 적고는 다시 잠이 들었다. 다음날 아침 6시에 간밤에 대단히 중요한 것을 적었다는 생각이 떠올라 간밤에 적었던 것을 살펴보았지만 그 휘갈겨 쓴 것을 해석할 수 없었다. 다음날 밤 3시에 다시 그 생각이 떠올랐는데, 그것은 내가 17년 전에 주장했던 화학적신호전달이 맞는지 아니지를 입증하는 실험의 설계였다. 나는 즉시 일어나 실험실로 가서 간밤에 생각했던 실험 설계대로 개구리 심장실험을 행하였다.

시냅스에서 화학신호냐 전기신호냐에 대한 흥미로운 논쟁의 역사는 Horace Davenport가 썼다[24].

Lowei가 행했던 실험은 심장을 분리한 뒤 미주신경을 전기적으로 자극함으로서 수축을 일으키는 것과 연관된 것이었다. 그 심장으로부터 액체를 조금 수거하여 비슷한 자극을 받은 다른 심장의 심실에 투여한 결과 심장 박동이 느려지고 수축이 감소된다는 것을 발견하였다. 나중에 acetylcholine으로 밝혀진 이물질을 그는 '*vagusstoff*'라고 불렀다.

혹자는 심장사이에 전기가 아닌 화학신호가 오간다는 것을 보여주는 실험에 의해 신호전달의 모든 문제점이 해결됐다고 생각할 수도 있을 것이다. 하지만 그가 당시 사용했던 실험기술이 그대로 그 결과로 이어질 수 있었던가는 의문스럽다. 그의 실험에서는 양서동물 심장의 반응이 계절적 변화요인과 실험실 온도에 의해 영향을 받는 두 가지와 연관된 재현성의 문제가 있었다. 저해 섬유들이 주종을 이루는 겨울에는 전기 자극을 주면 수축되는 힘과 속도를 억제하며 여름에는 그 상황이 반대가 된다. 또 다른 문제점은 신경전달물질 자극의 일시적인 현상에 기인한다. 궁극적으로는 다른 많은 과학자들의 노력에 의해 이러한 문제점들이 해결되었다고 하더라도, 신경전달에서 아세틸콜린의 역할을 입증하기 위해서는 시냅스 앞 신경말단에 아세틸콜린이 존재한다는 것과 또한 그것이 신경을 전기적으로 자극할 때 실제로 방출된다는 것을 증명하는 것이 필요하였다.

Henry Hallett Dale과 **Otto Lowei**는 화학물질에 의한 신경전달 관련 연구로 1936년 노벨상을 수상하였다.

화학신호 전달과 연관된 모든 개념을 설명하는데 있어 가장 주요한 문제점 중 하나는 전달물질인 아세틸콜린의 불안정성이었다. 아세틸콜린은 19세기 중엽부터 화학합성이 가능하였다. J. J. Abel과 같이 연구한 적이 있던 Rene de M. Taveau는 콜린의 20여 가지 유도체 중에서 acetyl ester가 atropine과는 반대로 심장 박동률 감소와 혈압을 낮추는데 가장 강한 활성을 나타낸다는 것을 보여주었다[47]. 이것은 Henry Dale의 실험실의 일원인 Arthur Ewins에 의해 맥각(ergot)의 추출물에 존재하는 성분으로 천연 자원에서 처음으로 1914년에 분리 되었다. 그가 Wellcome Physiological Laboratories에 자리를 얻었을 때, Dale은 소장이 요구한 바를 적기를....

> 내가 내 자신의 계획에 방해받지 않으면서 그것을 할 수 있는 기회를 찾았을 때, 만약 그 당시에는 거의 몰랐던 맥각의 효능이라던지 약학, 약물리학 등의 문제점을 해결할 시도를 했었더라면 그가 특히 좋아했을 터이지만......솔직히 말해서 나는 내 첫 실험을 별로 장래성이 없어 보이는 맥각에 빠져 들고 싶지는 않았었다[48].

맥각(Ergot)

맥각은 2500년 전부터 '곡물의 귀에 있는 고약한 농포(pustule)'로써 인식되기는 하였지만 중세까지도 맥각 중독에 대하여 쓰인 기록은 없다. 맥각은 호밀과 같은 곡물에 기생하는 곰팡이인 *Claviceps purpurea*의 생성물이다. 기록에 전해지기를, 그 증상을 보면 수족에서 타는 듯한 통증과 더불어 길고도 고통스러운 괴저를 수반하며 조직들은 건조해지고 성령의 불처럼 타들어가 숯처럼 검게 변하게 되는데 그 합병증으로는 유산과 경련이 일어난다.

그 환자들이 **St Vitus** 성소에서 위안을 얻었기 때문에 이름이 붙여진 St Vitus' dance는 나중에 **Sydenham's chorea**라 불리는 다른 증상에도 붙여진다. 이것은 주로 류마티스 열에 걸린 젊은 사람에게 일어나는 병이다.

중세의 특징적으로 나타났던 St Vitus의 춤(St Vitus's dance)과 죽음의 춤(*danse macabre*) 중에서 전자는 아마도 이른 여름에 일어나는 기아 철의 상징이라고 여겨졌었다[49]. 이 기간은 8월 수확으로 다시 채워지기 전 곡물 저장이 바닥나는 '굶주림의 기간'이다. 농부들은 어쩔 수 없이 맥각 알칼로이드로 덮여있는 마지막 곡물이나 다른 야생 식물의 꽃과 열매로부터 모아진 마지막 곡류들로 음식을 마련해야만 했다. 특히 14세기와 15세기의 네덜란드, 독일, 이탈리아에서 St Vitus의 춤에 의해 미친 군중들이 도시에서 도시로 떠돌아다니며 골칫거리가 되었으며 그 비참한 광경들은 Pieter Bruegel의 그림들에 잘 묘사되어 있다(그림 1.3).

> 여기서 보이는 깊은 두려움과 공포, 절망과 광란의 식량난은 부패하고 오염된 곡물들이 최면성 정신착란 상태와 공황을 가져와 집단 홀림과 갑작스런 광란의 춤으로 이어진다. 신성함이란 모호하고 이중성에 가장 많이 뒤덮인 금단의 지역도 왜곡된 영향을 전파시키며 어둠의 에너지를 발산하는 것처럼 보인다. 정신적인 공황감은 병든 육체의 고통과 더불어 인간을 제단 위의 제물에 이끌리거나 뛰쳐나가게 하는 소란과 폭동의 뇌관으로 작동한다[49].

물론 St Anthony의 성소로부터 얻은 위안은 아마도 오염되지 않은 곡물을 성소로부터 공급받았기 때문일 것이다. 맥각은 19세기까지는 확실한 의학 용도를 찾지는 못하였지만 약초로 알려져 산파들이 분만 후 출혈 압박을 위해 사용하였다.

오늘날 가장 잘 알려진 맥각 산물은 환각제인 lysergic acid diethylamide(LSD)와 편두통 완화에 사용되는 ergotamine이다. 하지만 Henry Dale에게는 그가 몇 년이 지나 그 연구를 다시 시작하곤 했던 것을 보면 맥각추출물이 활성이 가득한 물질이라 생각된다. 1913년에 다시 그를 신경과 세포사이의 신경전달에 대해 다시 관심을 가지게 했던 원인이 되었던 품질 조사를 위해 그에게 보내진 맥각시료의 불순물(신선한 맥각에는 아세틸콜린이 없다)은 아마도

그림 1.3 대 피터 브뤼겔(Pieter Breugel the Elder)이 1559년에 그린 "101개의 네덜란드 속담 One hundered and one Netherlandish proverbs". 그림은 상부에 보이는 건초밭이 추수는 되지 않고 있지만 한여름을 나타낸다. 건초는 농부나 부락민들의 관심 밖으로 돼지에 의해 쓰러뜨려지고 버려진다. 이 같이 주요 곡물들이 결실을 맺기 직전 기근의 달인 7월에는 지붕위의 타일에 확실히 묘사된 "희망의 빵"이 식용으로 이용된다. 이 같이 맥각으로 오염된 곡물로부터 나오는 알칼로이드를 많이 함유하는 음식물은 중세의 농민들에게 공공의 광기와 광란(St Vitus의 춤)을 일으킨다. 몇 백년 후 Henry Dal과 동료들이 "진정한 풍요의 뿔 veritable cornucopia"라 부르는 맥각으로부터 신경 전달물질인 아세틸콜린을 분리하였다. 제공: Gemäldegaleria Staatliche Museen zu Berlin Preu≐scher Kulturbesitz.

*Bacillus acetylcholine*으로 인한 오염 때문이었을 것이다[45]. 그가 마취된 고양이 정맥으로 추출물을 투여하니 심각한 심장박동 장해를 일으켰으므로 그것을 제약으로 내놓기에는 부적절하여 전체 추출물을 다시 조사하였다. 처음에는 그것이 활성성분이 안정한 화합물인 muscarine일 것이라 생각하였으나, 분리 실험 결과 아주 불안정한 아세틸콜린으로 판명되었다.

아세틸콜린이 생리학적 기능을 가질 것이라는 생각은 그 당시뿐만 아니라 이 물질이 비신경 조직에서도 존재한다고 확인된 이후에도 거의 없었다. 이것은 동맥으로 투입된 아세틸콜린이 비신경성 근육의 수축을 유도할 수 있다는 것이 발견된 1930년대에도 마찬가지였으며, 여전히 해결해야 할 문제점들이 많아 보였다. 그중 가장 중요한 것은 신경전달물질 신호계가 일시적으로 나타난다는 점이었으며, 또한 분리된 아세틸콜린을 단순 투여만 해서는 신경 반응을 유도해 내기가 어렵다는 것이었다. 신경전달에서 아세틸콜린의 역할을 입증하기 위해서는 이 물질이 시냅스전단부의 해당 말단부위에 존재하며 전기적 자극 시 방출된다는 것을 입증하는 것이 여전히 필요했다.

Feldberg는 eserine이나 eserine으로 처리한 거머리 근육 표본을 이용하여 다양한 혈액이나 체액에 존재하는 아세틸콜린을 민감하게 측정할 수 있다는 것을 보여주었다. 이것이 가장 완고한 회의론자인 전기생리학자 John Eccle조차 궁극적으로 믿게 만드는 핵심기술이었다.

그렇더라도, 어떤 이름도 거명할 것도 없이, Zenon Bacq[45]는 1950년대까지도 몇몇 저명한 생리학자들이 여전히 화학물질에 의한 신경신호전달이론을 가르치는 것을 반대한다고 보고했다.

Eserine 혹은 physostigmine은 Calabar bean에서 분리되는 알칼로이드로서 Lowei에 의해 acetylcholinestearse의 저해제라 알려져 있다.

John Eccles는 신경세포막의 주변과 중심부위의 여기와 저해에 관련된 ionic mechanism을 발견한 공로로 Andrew Huxley와 Alan Hodgkin과 함께 1963년 노벨상을 수상했다.

수용체(receptor)와 리간드(ligand)

세포의 원형질막에 존재하는 단백질의 상당수는 수용체들이다. 이들 수용체는 세포외부에 노출된 부위는 리간드라 불리우는 특정한 수용성 분자와 결합할 수 있다. 특정 리간드분자들이 결합하면 수용체가 '활성화(activated)' 또는 '유발화(triggered)'됨으로서 세포 내부에 많은 변화를 가져오게 된다. 이러한 상호작용에 대해 우리는 상당히 파악하고 있지만, 세포나 조직이 호르몬이나 다른 리간드에 의해 특정하게 방향으로 반응함을 나타내는 수용체라는 개념을 우리가 인식하게 된 것은 그리 오래 되지 않았다. 최근에는 분자생물학의 발달의 결과로 많은 수용체에 대한 정보를 확보하게 되었으며, mg 정도의 양은 실험실에서 재조합 단백질의 형태로 만들어지고, 돌연변이나 삭제, 삽입 혹은 chimeric 구조로 변형시킨 후 그 단백질이 없는 세포의 막에 발현시키는 것도 가능하다. 리간드가 특정하게 결합하는 부위에 대한 개념은 첫 번째 호르몬이 발견되기 전에 John Newport Langley에 의해 이루어졌다[50]. 그는 독소인 atropine과 pilocarpine(나중에 muscarinic acetylcholinergic receptor를 활성화시킨다고 알려짐)의 길항작용을 바탕으로 이 화합물들이 목표조직에 질량법칙에 따라 '복합체(compounds)'를 형성한다고 제안하였다.

> 만약 atropine이나 pilocarpine이 하악골선(submaxilary gland) 혈액에 존재한다면, 두 물질의 작용에 필요한 양은 상호 보완적임이 분명하다고 생각한다.
>
> Atropine의 양이 더 많아질수록 pilocarpine의 양도 더 많아진다. 많은 pilocarpine의 양이 atropine의 많은 양을 넘어서는 경우 pilocarpine의 적은 양이 atropine의 적은 양(여전히 마비를 일으키나 적은 양)을 넘어서는 경우에 비해, 분비섬유(secretory fibre)의 효과를 덜 복원시키게 되며, 결국 분비량의 감소를 초래하게 된다.
>
> 독성물질의 활성 부위에 대하여 확고한 결론이 내려지기까지는 그 활성 기작에 대하여 이론을 다 정립할 필요는 없다. 하지만 내 의견으로는 신경세포의 끝이나 분비선 세포내에 atropine 및 pilocarpine과 함께 복합물을 형성할 수 있는 기질이 존재한다고 가정할 수 있다. 이 가정에서 atropine 및 pilocarpine은 질량과 화학적 친화도에 연관된 법칙들에 따라 그 복합물을 형성할 것이다.

Atropine과 **pilocarpine**의 구조는 3장을 참조하라.

Langley는 다른 사람의 이론을 받아들이는 데는 아주 조심스러웠는데 특히 Luchsinger가 설명한 고양이 발 땀샘 atropine과 pilocarpine의 길항적인 작용에 대해 그는 다음과 같이 묘사한다:

> atropine과 pilocarpine 사이에는 상호 길항작용이 있으며 그 작용은 파동의 최고점과 최저점, 양과 음의 합과 관계같이 대수적인 합으로 작용한다. 최종 효과는 오직 독성물질 존재 분자들의 상대적인 숫자에만 의존한다.

28년 후, 그의 1906년 Croonian 강의에서 Langley는 언급하기를(Davenport가 인용)[24]

> 설사 많은 양을 넣더라도 쿠라리(curari)와 니코틴(nicotine) 어느 것도 자극된 근육이 수축을 일으키는 것을 막을 수 없으므로, 니코틴이나 쿠라리와 결합하는 근육물질이 수축하는 물질과 동일하지 않다는 것은 명백하다. 이같이 특별히 흥분될 수 있는 물질에 대해 이름을 붙이는 것이 편리할 것이므로 나는 그것을 수용물질(receptive substance)라 부르고자한다.
>
> 이것은 자극을 받고 그 신호를 전달하여 수축을 일으킨다... 근육에서 니코틴과 쿠라리의 길항작용은 두 물질이 근육의 같은 세근에 결합하여 니코틴-근육과 쿠라리-근육 복합물이 형성된다는 것을 가정해야만 설명이 될 수 있을 것이다. 어느 복합물이 형성되는가는 각 독소의 양과 근상부(muscle radicle)와의 상대적인 친화도에 의해 결정된다.

Curari: 옛 명칭은 curare(*d*-tubocurarine)로 남미 원주민들이 화살촉에 바르는 독소로서 신경/근육결합부위의 acetylcholine의 경쟁적 길항제(competitive antagonist)이다.

References

1 Hildebrand, E. What does *Halobacterium* tell us about photoreception? *Biophys. Struct. Mech.* 1977; 3: 69–77.
2 Springer, M.S., Goy, M.F., Adler, J. Protein methylation in behavioural control mechanisms and in signal transduction. *Nature* 1979; 280: 279–84.
3 Koman, A., Harayama, S., Hazelbauer, G.L. Relation of chemotactic response to the amount of receptor: evidence for different efficiencies of signal transduction. *J. Bacteriol.* 1979; 138: 739–47.
4 Kenny, J.J., Martinez, M.O., Fehniger, T., Ashman, R.F. Lipid synthesis: an indicator of antigen-induced signal transduction in antigen-binding cells. *J. Immunol.* 1979; 122: 1278–84.
5 Rodbell, M. The role of hormone receptors and GTP-regulatory proteins in membrane transduction. *Nature* 1980; 284: 17–22.
6 Starling, E.H. On the chemical correlations of the functions of the body. *Lancet* 1905; 2: 339–41.
7 Janakidevi, K., Dewey, V.C., Kidder, G.W. Serotonin in protozoa. *Arch. Biochem. Biophys.* 1966; 113: 758–9.
8 Janakidevi, K., Dewey, V.C., Kidder, G.W. The biosynthesis of catecholamines in two genera of protozoa. *J. Biol. Chem.* 1966; 241: 2576–8.
9 Le Roith, D., Shiloach, J., Roth, J., Lesniak, M.A. Evolutionary origins of vertebrate hormones: substances similar to mammalian insulins are native to unicellular eukaryotes. *Proc. Natl. Acad. Sci. USA* 1980; 77: 6184–8.
10 Baulieu, E.-E. Hormones: A complex communication network. In: Baulieu, E.-E., Kelly P. A. (Ed) *Hormones: from molecules to disease.* Chapman & Hall, London, 1990; 3–169.
11 Le Roith, D., Shiloach, J., Berelowitz, M. *et al.* Are messenger molecules in microbes the ancestors of the vertebrate hormones and tissue factors? *Fed. Proc.* 1983; 42: 2602–7.
12 Hunt, L.T., Dayhoff, M.O. Structural and functional similarities among hormones and active peptides from distantly related eukaryotes. In: Gross, E., Meienhofer, J. (Eds) *Peptides: Structure and biological function.* Pierce Chemical Co, Rockford, IL, 1979; 757–60.
13 Vesely, D.L., Giordano, A.T. Atrial natriuretic factor-like peptide and its prohormone within single cell organisms. *Peptides* 1992; 13: 177–82.
14 Vesely, D.L., Gower, W.R. Jr., Giordano, A.T. Atrial natriuretic peptides are present throughout the plant kingdom and enhance solute flow in plants. *Am. J. Physiol.* 1993; 265: E465–77.
15 LeRoith, D., Shiloach, J., Roth, J. *et al.* Evolutionary origins of vertebrate hormones: material very similar to adrenocorticotropic hormone, β-endorphin, and dynorphin in protozoa. *Trans. Assoc. Am. Phys.* 1981; 94: 52–60.
16 Le Roith, D., Liotta, A.S., Roth, J. *et al.* ACTH and β-endorphin-like materials are native to unicelullar organisms. *Proc. Natl. Acad. Sci. USA* 1982; 79: 2086–90.
17 Lam, H.-M., Chiu, J., Hsieh, M.-H. *et al.* Glutamate-receptor genes in plants. *Nature* 1998; 396: 127–8.
18 Skorokhod, A., Gamulin, V., Gundacker, D., Kavsan, V., Muller, I.M. Origin of insulin receptor-like tyrosine kinases in marine sponges. *Biol. Bull.* 1999; 197: 198–206.
19 Nicoll, C.S. Prolactin and growth hormone: specialists on one hand and mutual mimics on the other. *Perspect. Biol. Med.* 1982; 25: 369–81.

20 Meier, A.H., Farner, D.S., King, J.R. A possible endocrine basis for migratory behaviour in the white-crowned sparrow, *Zonotrichia leucophrys gambelii. Anim. Behav.* 1965; 13: 453–65.
21 Meier, A.H. Daily rhythms of lipogenesis in fat and lean white-throated sparrows *Zonotrichia albicollis. Am. J. Physiol.* 1977; 232: E193–6.
22 Medvei, V.C. *The History of Clinical Endocrinology.* Parthenon Publishing Group, Carnforth, Lancs, 1993.
23 Aminoff, M.J. *Brown-Séquard: A visionary of science.* Raven Press, New York, 1993.
24 Davenport, H. Early history of the concept of chemical transmission of the nerve impulse. *Physiologist* 1991; 34: 129–39.
25 Brown-Séquard, C.E. The effects produced on man by subcutaneous injections of a liquid obtained from the testicles of animals. *Lancet* 1889; 2: 105–7.
26 Brown-Séquard, C.E. Seconde note sur les effets produits chez l'homme par les injection sous-cutanées d'un liquide retiré des testicules frais de cobaye et de chien. *C.R. Soc. Biol. Paris* 1889; 41: 420.
27 Editorial annotation. The new elixir of youth. *Br. Med. J.* 1889; 1: 1416.
28 Editorial annotation. The pentacle of rejuvenescence. *Br. Med. J.* 1889; 2: 446.
29 Berdoe, E. Circulated letter: A serious moral question. MS 980/67. Archives of the Royal College of Physicians, 1889.
30 Editorial annotation. Can old age be deferred? An interview with Dr Serge Voronoff, the famous authority on the possibilities of gland transplantation. *Sci. Am.* 1925; October: 226–7.
31 Short, R.V. Did Parisians catch HIV from 'monkey glands'? *Nature* 1999; 398: 657.
32 Borrell, M. Organotherapy, British physiology and the discovery of internal secretions. *J. Hist. Biol.* 1976; 9: 236–68.
33 Murray, G.R. Note on the treatment of myxodoema by hypodermic injections of an extract of the thyroid gland of a sheep. *Br. Med. J.* 1891; 2: 796–7.
34 Dale, H.H. Accident and opportunism in medical research. *Br. Med. J.* 1948; 2: 451–5.
35 Schäfer, E.A. Present condition of our knowledge regarding the functions of the suprarenal capsules. *Br. Med. J.* 1908; 1: 1277–81.
36 Oliver, G., Schäfer, E.A. On the physiological action of extract of the suprarenal capsules. *Proc. Physiol. Soc.* 1894; 9: i–iv.
37 Oliver, G., Schäfer, E.A. On the physiological action of extract of the suprarenal capsules. *Proc. Physiol. Soc.* 1895; 17: x–xiv.
38 Moore, B.M. On the chemical nature of a physiologically active substance occurring in the suprarenal gland. *Proc. Physiol. Soc.* 1895; 17: xiv–xvii.
39 Bayliss, W.M. *Principles of General Physiology.* Longmans, London 1924; 739.
40 Cannon, W.B. *Bodily Changes in Pain, Hunger, Fear and Rage. An account of researches into the function of emotional excitement* (reprinted 1963). Harper Torch Books, New York, 1929.
41 Bilski, R., Kaulbersz, J. Napoleon Cybulski, 1854–1919. *Acta Physiol. Pol.* 1987; 38: 74–90.
42 Abel, J.J., de Taveau, R. On the decomposition products of epinephrin hydrate. *J. Biol. Chem.* 1905; 1: 1–32.
43 Stolz, F. Über adrenalin und alkylaminoacetobrenzcatechin. *Ber. Dtsch. Chem. Ges.* 1904; 37: 4149–54.
44 Dakin, H.D. The synthesis of a substance allied to adrenalin. *Proc. Roy. Soc. Lond. B* 1905; 76: 491–7.
45 Bacq, Z.M. *Chemical Transmission of Nerve Impulses: An historical sketch.* Pergamon Press, Oxford, 1975.
46 Loewi, O. An autobiographical sketch. *Perspect. Biol. Med.* 1960; 4: 3–25.
47 Hunt, R., de Taveau, R. On the physiological action of certain cholin derivatives and new methods for detecting cholin. *Br. Med. J.* 1906; 2: 1788–91.
48 Dale, H.H. *Adventures in Physiology.* Pergamon Press, Oxford, 1953.
49 Camporesi, P. Bread of dreams. *Hist. Today* 1989; 39: 14–21.
50 Langley, J.N. On the physiology of the salivary secretion: Part II. On the mutual antagonism of atropin and pilocarpin, having especial reference to their relations in the sub-maxillary gland of the cat. *J. Physiol.* 1878; 1.

2

1차 전령물질 (First messengers)

수용체에 결합하여 활성화를 일으키는 세포외부의 천연 리간드(ligand)는 호르몬, 신경전달물질, 사이토카인, 림포카인, 성장인자, 화학유인제(chemoattractant) 등으로 다양하게 나누어지기는 하지만 일차 전령물질이라는 명칭으로 통용된다. 앞에서처럼 세분화된 용어들은 그 리간드들이 발휘하는 효능에 따라 세분화한 것이지만, 실상은 어느 것도 한 범주에만 속하는 것이 아니라 상당부분이 중복되어있다. 표 2.1은 호르몬, 성장인자, 염증반응의 중재자의 기능을 하는 세포 외부 일차 전령물질의 예를 보여주며, 표 2.2에는 신경전달물질로 작용할 수 있는 물질들의 분류 목록을 나타내었다.
다양한 기능을 보여주는 몇몇 예로는:

- 조효소 ATP와 세포 대사산물인 glutamate는 시냅스에서 분비될 때에는 신경전달 물질로 작용한다.
- 장 호르몬인 gastrin, cholecystokinin과 secretin은 중추신경계에도 존재하며 신경조절물질(다른 신경전달물질의 방출에 영향을 미치는)로서 다양한 기능을 수행한다.
- 뇌하수체로부터 성장호르몬의 분비를 억제하는 시상하부 물질인 somatostatin은 중추신경계에서는 신경전달 물질이나 조절물질로 작용한다. 또한 췌장에서는 paracrine으로, 간에서는 호르몬으로 작용한다.
- 성장인자인 TGFβ 역시 화학유인물질이나 성장 저해제로도 작용한다.
- 인슐린은 포도당 대사를 조절할 뿐만 아니라 성장인자로도 작용한다.
- noradrenaline(norepinephrine)은 시냅스나 신장 수질부중 어디에서 방출되는가에 따라 신경전달 물질이나 또는 호르몬으로 여겨진다.
- 트롬빈(thrombin)은 성장인자이기도 하지만 혈소판 기능의 활성제로 혈액 응고에도 관여한다.

내분비(*endocrine*)는 특정 목표 조직을 찾아 몸 전체로 퍼져 나가게 되는 '원거리에서 작용하는' 호르몬의 작용을 말한다.
주변분비(*paracrine*)는 국지적으로 작용하는 세포외부의 전령물질을 나타낸다. 그 물질이 자신이 방출된 세포에 영향을 미칠 때(아마도 negative feedback 경로의 일부)의 활성은 **자가분비(*autocrine*)**라 한다.

호르몬

일반적으로 호르몬은 그것이 작용하는 기관에서 멀리 떨어진 조직으로부터 소량으로 방출된다. 호르몬이 혈액순환계에 들어오면 방대한 양으로 희석되며 그것을 분해하는 효소와도 마주치게 된다. 상당수 호르몬의 경우 특정단백질과 결합한 복합체로 순환하게 되므로 혈액

표 2.1 순환계에서 발견되는 일차 전령물질의 목록

Class	Messenger	Origin	Target	Major effects
Messengers derived from amino acids	Adrenalin (epinephrine)	Adrenal medulla	Heart Smooth muscle Liver and muscle Adipose tissue	Increase in pulse rate and blood pressure Contraction or dilatation Glycogenolysis Lipolysis
	Noradrenaline (norepinephrine)	Adrenal medulla	Arteriolar smooth muscle	Vasoconstriction
	Serotonin (5-hydroxy tryptamine)	Platelets	Arterioles and venules	Vasodilatation and increased vascular permeability
	Histamine	Mast cells, basophils	Arterioles and venules	Vasodilatation and increased vascular permeability
Peptide hormones	Insulin	Pancreatic β-cells	Multiple tissues	Glucose uptake into cells Glycogenesis Protein synthesis Lipid synthesis (adipose tissue) NOTE; also a growth factor
	Glucagon	Pancreatic α-cells	Liver Adipose tissue	Glycogenolysis Lipolysis
	Gastrin	Intestine	Stomach	Secretion of HCl and pepsin
	Secretin	Small intestine	Pancreas	Secretion of digestive enzymes
	Cholecystokinin	Small intestine	Pancreas	Secretion of digestive enzymes
	Atrial natriuretic factor (ANF or ANP)	Heart	Kidney	Na^+ and water diuresis
	Adrenocorticotrophic hormone (ACTH)	Anterior pituitary	Adipose tissue Adrenal cortex	Lipolysis Production of cortisol and aldosterone
	Follicle stimulating hormone (FSH)	Anterior pituitary	Oocyte Ovarian follicles	Growth Oestrogen synthesis
	Luteinizing hormone (LH)	Anterior pituitary	Oocyte Ovarian follicles	Maturation Oestrogen and progesterone synthesis
	Throid-stimulating hormone (thryotropin or TSH)	Anterior pituitary	Thyroid	Generation and release of thyroid hormones
	Parathyroid hormone (PTH)	Parathyroid	Bone Kidney	Release fo Ca^{2+} and phosphate Ca^{2+} reabsorption
	Vasopressin (antidiuretic hormone or ADH)	Posterior pituitary	Kidney Arteriolar smooth muscle	Water reabsorption from urine Vasoconstriction to increase blood pressure
	Oxytocin	Posterior pituitary	Uterine smooth muscle Milk ducts	Cervical dilation Milk ejection
Growth factors	Epidermal growth factor (EGF)	Multiple cell types	Epidermal and other cells	Growth
	Somatotropin (growth hormone or GH)	Anterior pituitary	Liver	Production of somatomedins
	Somatomedins 1 and 2 (insulin-like growth factors, IGFI and 2)	Liver	Bone, muscle and other cells	Growth
	Transforming growth factor β(TGFβ)	Multiple locations	Multiple	Growth control
Eicosanoids	Prostaglandins PGA_1, PGA_2, PGE_2	Most body cells	Multiple	Inflammation, vasodilatation
Membrane permeant hormones	Thyroid hormone, T3 (tri-iodothyronine)	Thyroid	Multiple	Metabolic regulation
	Progesterone	Corpus luteum Placenta	Uterine endometrium	Preparation of endometrial layer Maintenance of pregnancy

표 2.2 Neurotransmitters

Type	Transmitter	Structure
	Acetylcholine	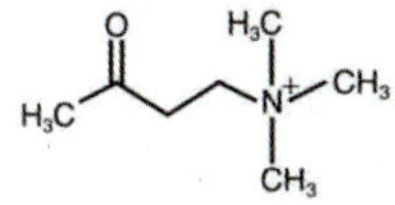
Tyrosine or trytophan-derived	Adrenaline (epinephrine)	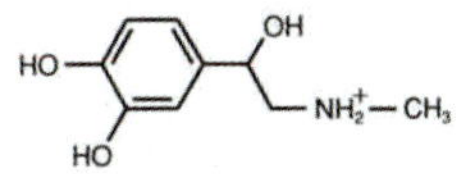
	Noradrenaline (norepinephrine)	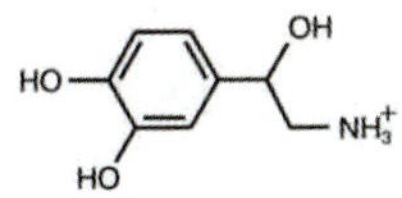
	Dopamine	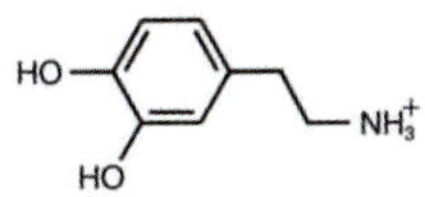
	Serotonin	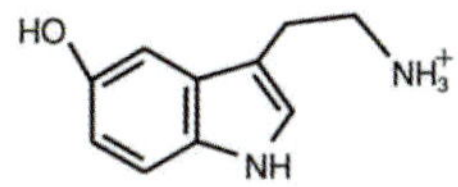
Amino acids	Glutamate	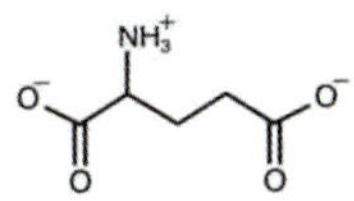
	Glycine	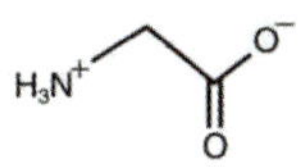
	GABA	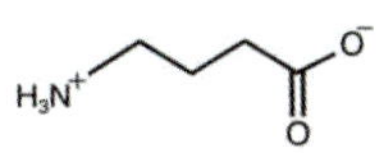
Purine based	ATP	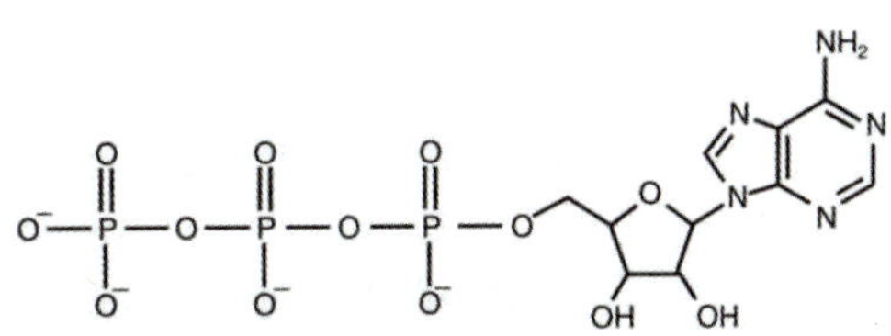
Neuropeptides	Enkephalins	Tyr-Gly-Gly-Phe-Leu Tyr-Gly-Gly-Phe-Met
	Substance P	Arg-Pro-Lys-Pro-Gln-Gln-Phe-Phe-Gly-Leu-Met
	Angiotensin II	Asp-Arg-Val-Tyr-Ile-His-Pro-Phe
	Somatostatin	Ala-Gly-Cys-Lys-Asn-Phe-Phe-Trp-Lys-Thr-Phe-Thr-Ser-Cys

내 자유 호르몬의 농도는 더욱 낮아지게 된다. 그 결과 목표 세포 근처에서의 호르몬 농도는 극단적으로 낮아지게 되므로 세포 수용체는 반드시 높은 친화성을 가져야만 한다. 또한 목표 세포와 호르몬과의 결합은 수 ms 내에 일어날 수 있지만 전체적인 반응 시간은 수초에서 수 시간에 걸쳐 일어난다.

표 2.1에서는 수용성 호르몬에 속하는 일차 전령물질의 예를 볼 수 있다. Adrenaline과 noradrenaline(epinephrine과 norepinephrine)은 부신선에서 방출되며 수초 사이에 반응할 수 있다. 펩티드 호르몬의 크기는 몇 개의 아미노산으로 이루어진 것부터 완전한 크기의 단백질까지 상당히 다양하다. 예를 들면 타이로이드 자극 호르몬(TRH 또는 TSH-방출 호르몬)의 방출을 유도하는 시상하부 인자는 3개의 아미노산으로 이루어져 있는 반면, FSH와 TSH는 각각 200여개의 아미노산 잔기로 이루어진 단백질의 이종이량체로 이루어져있다.

성장인자(growth factor)

생체 조직의 일부가 시험관 내에서 살아있는 상태로 유지될 수 있다는 첫 보고는 90여년 전에 [1] 나왔지만 분산된 세포를 일상적으로 배양하는 것은 1950년대에 들어서야 가능하게 되었다. 분열하는 포유동물 세포를 성공적으로 배양하기 위해서는 배지의 구성성분을 맞추어주는 것이 중요한데, 이것은 주로 완충 염용액에다 비타민과 영양분들을 혼합하여 만든다. 다른 주요성분의 하나로는 우태혈청(fetal bovine serum)과 같은 동물혈청이 있는데 이 첨가물 없이는 대부분의 배양세포가 DNA를 복제하지 않게 되어 증식할 수가 없다. 초창기 중요한 발견의 하나는 가장 좋은 mitogenic 자극(세포분열과 유사분열을 유도하는)이 혈장이 아니라 응고된 혈청으로부터 나온다는 것이었다. 후에 이 자극물질은 혈소판으로부터 방출되며 유사분열을 유도하는 성질을 지닌 30 kDa의 폴리펩티드임이 밝혀져, platelet-derived growth factor(PDGF)라고 이름 붙여지게 되었다(10장 참조).

PDGF는 성장인자의 하나인데, 성장인자에는 insulin(5.7 kDa)으로부터 EGF(6 kDa), transferin (78 kDa)에 이르기까지 다양한 크기의 폴리펩티드가 40종류 이상 포함된다. 호르몬의 경우에서처럼 세포는 다양한 반응을 내는 성장인자에 대해 높은 친화도를 가진 수용체를 지니고 있다. 성장인자는 세포의 성장을 촉진(혹은 억제)하는 기능 외에도 세포자살(apoptosis)과 분화, 그리고 유전자 발현에도 관여한다. 하지만 호르몬과는 달리 성장인자에 의한 효과는 수일동안 지속되며, 짧은 거리에 있는 세포에만 작용하게 되므로 이웃하는 세포의 성장과 기능에만 영향을 미친다.

사이토카인(cytokine)

성장 인자의 발견과 비슷한 시기에 면역계 세포와 상호작용하는 세포외부 신호 단백질도 발견되었다. 이 물질들이 면역세포들의 증식성을 활성화 하거나 조절한다고 알려졌기 때문에 처음에는 'immunocytokine'이라고 불려졌다. 하지만 이 물질들이 면역이나 염증계 이외의 세포에도 작용한다는 것이 차차 밝혀짐에 따라 '사이토카인'으로 줄여서 부른다. 성장 인자와 사이토카인의 기능이 너무나 다양하므로 두 가지를 뚜렷이 구별하는 것은 거의 불가능하다. 따라서 사이토카인에는 이미 언급 되었던 성장인자와 더불어 인터페론(interferon), 종양괴사요소 α (tumour necrosis factor α, TNF α), 여러 인터루킨(interleukin)들, 백혈구-단구 군집자극요소(granulocyte-monocyte colony stimulating factor, GM-CSF)의 다수가 포함된다. 키모카인(chemokine)은 chemotaxis에 의해 염증관련 세포를 불러 모으고 활성화시킴으로서 국부적 염증을 일으키는 사이토카인을 나타낸다(15장 참조).

혈관작용제(vasoactive agent)

조직이 물리적 손상이나 감염에 의한 손상을 입게 되면 염증 반응이 일어난다. 이러한 생체방어 기작에서는 백혈구를 포함하여 여러 세포들이 손상된 위치로 모이고 함께 작동하여 그 상처의 원인을 희석시키고, 격리시키거나 제거하게 된다. 이것은 세포와 세포외부 신호물질 사이의 상호작용을 포함하는 복잡한 과정으로 이루어지는데 이들 중 사이토카인은 염증을 유발하는 것(proinflammatory mediators)과 감소시키는 것(anti-inflammatory mediator)이 있다. 백혈구를 불러 모으고 체액을 그 상처부위에 유지하기위해서는 혈관확장과 국부적인 혈관 침투성이 증가해야하는데 이것은 비만세포(mast cell)과 호염기성 백혈구(basophil)에 의해 방출되는 히스타민과 혈소판에서 나오는 serotonin, 그리고 proinflammatory mediator인 bradykinin에 의해 일어난다.

다중불포화 지방산인 아라키돈산(5,8,11,14-eicosatetraenoic acid)의 유도체인 eicosanoids는 또 다른 혈관활성인자의 주요한 구성원의 하나이다(그림 2.1). 아라키돈산과 다수의 다른 유도체들은 20개 탄소로 이루어져 있으므로 eicosanoids(eicosa는 그리스어로로 20을 의미)라 부른다. 여기에는 prostaglandin, thromboxane, 그리고 leukotriene 등이 포함되는데 주로 짧은 거리 내에서 paracrine이나 autocrine으로 작용하며 세포의 여러 병적생리기능을 조절한다. 염증반응에서 이것들은 혈장 방출과 피부의 붉은 반점을 만들며 고통을 느끼게 한다. 아

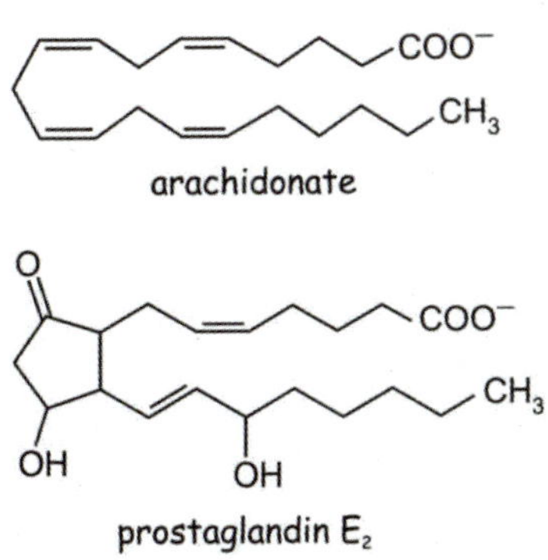

그림 2.1 아라키돈산과 프로스타글란딘.

스피린은 혈관수축제인 prostaglandin E2와 같은 프로스타글란딘을 생성하는 경로의 주요 효소를 억제함으로서 항염증성과 통증을 완화하는 효과를 나타낸다(그림 2.1).

신경전달물질(neurotransmitter)과 신경펩티드(neutopeptide)

신경전달물질이 일차 전령물질이기는 하지만 화학 시냅스에서의 신경전달물질의 방출과 감지는 내분비선 신호에서의 그것과는 상당히 다르다. 전시냅스 세포(presynaptic cell)에서는 신경전달물질이 함유된 소낭이 그 내용물들을 시냅스 사이에 아주 작은 부피를 차지하는 시냅스 간극에 국지적으로 방출하게끔 만들어져있다. 개개의 뉴런들은 아주 소량의 신경전달물질을 함유하고 있는데 이러한 구조가 상대적으로 적은 수의 소낭 내용물이 분비(exocytosis에 의해)시 시냅스 간극내의 효과적인 농도에 쉽게 도달하도록 한다. 방출된 전달물질은 간극을 가로질러 확산되어 후시냅스 세포(postsynaptic cell)의 수용체와 결합한다. 거시적인 규모에서 보면 확산은 아주 느린 과정이겠지만, 신경전달은 전-, 후-시냅스 뉴런 사이의 짧은 거리(0.1 μm 이나 더 작은)를 가로지르는 것이므로, 신경근육 접합부(neuromuscular junction)의 신경과 신경 사이, 또는 신경과 근육 사이에서 신속한 신호교류가 가능하게끔 충분히 빠른 시간 내에 일어나게 된다. 표 2.2는 몇몇 중요한 신경전달 물질의 구조를 보여준다. 중추신경계에서 glutamate는 주요 신경흥분전달물질이나 GABA(γ-amino-butyric acid)와 glycine은 저해신호 전달물질이다. 아세틸콜린은 흥분성 신경근육 접합부에서 가장 현저한 역할을 갖는데 그것이 내는 효과가 흥분성인가 저해성인가는 신경전달물질 수용체에 의해 조절되는 이온 채널의 특성에 의해 결정된다(3장 참조).

지용성 호르몬(lipophilic hormone)

앞에서 살펴보았던 일차 전령물질들과 두 가지 주요 측면에서 다른 특성을 갖는 호르몬 종류도 있는데 이것들은 스테로이드 호르몬과 갑상선호르몬으로서 그림 2.2에 그 예들이 제시되어있다. 이 호르몬들은 세포를 관통하여 세포내의 수용체와 결합하는 방식으로 작용함으로써 장기적인 효과들을 나타내게 된다[(2)]. 호르몬-수용체 복합체는 핵으로 들어가 DNA의 프로모터 요소들과 결합하여 특정 mRNA의 합성을 일으킨다. 여기서는 이 호르몬들의 기능이나 메커니즘에 대한 자세한 설명은 생략하겠다. 단, 포유류의 착상과 임신 유지에 필수적인 프로게스테론(progesterone)의 경우 두 장소에서 활성을 나타내는 스테로이드 호르몬의 한 예가 됨을 유의하기 바란다. 프로게스테론은 세포내 수용체를 활성화하여 특정 단백질의 합성을 지시하는 한편, 세포 표면에서는 펩티드 호르몬인 옥시토신(oxytocin)과 쥐 자궁 조직의 수용체가 결합하는 것을 방해한다[(3)]. 아마도 프로게스테론 스테로이드는 옥시토신의 결합을 저해함으로서 임신기간 중 자궁을 진정된 상태로 유지하게 하는 것으로 추정된다.

우리는 선별된 일차 전령물질들의 차이점에 대하여 살펴보았지만, 사실 이 책에서 강조하고자 하는 것은 공통점이다. 이것은 세포외부의 메시지를 퍼트리기 위해 세포내부의 유사한 기작들이 사용된다는 것을 보여주는 후반부에서는 더 명백해질 것이다. 이러한 일차 전령물질의 궁극적인 효과는 그 물질의 화학적 성질에 의해 결정되는 것이 아니라, 그것들이 작동하

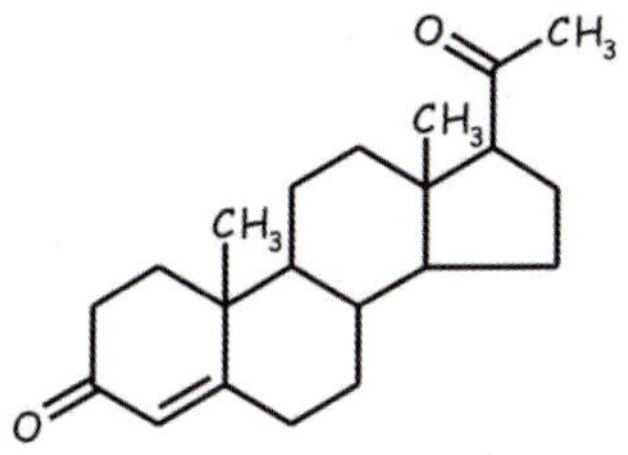

progesterone

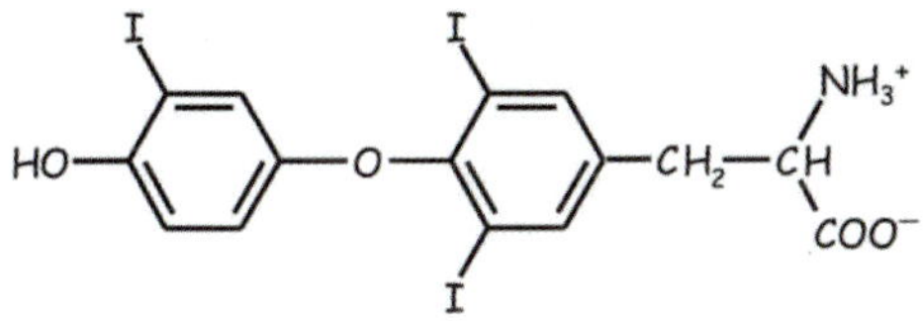

triiodothyronine

그림 2.2 **Progesterone과 triiodothyronine.**

는 세포내 해부학적 요인들이나 제각기 다른 세포에서 호르몬의 존재를 감지하는 수용체의 특성에 의해서 결정된다.

세포내부 전령물질(intracellular messenger)

다음 장에서 논의하겠지만 수용체 활성의 결과로써 형성되는 이차 전령물질(second messenger)로는 cAMP, Ca^{2+}, diacylglycerol(DAG)과 3-인산 이노시톨 지질(3-phosphorylated inositol lipid)들이 있다. 우리는 자극에 대한 세포 표면 수용체의 대부분 반응들이 궁극적으로는 단백질 인산화와 탈인산화에 의해 조정되는 것을 보게 될 것인데 이것이 리간드 결합을 세포내 반응으로 전환하는데 작동되는 주요 수단이다. 일반적으로 이차 전령물질들은 직접 혹은 간접적으로 kinase와 phosphatase 같은 특정 종류의 효소들과 상호작용하여 표적단백질의 특정위치를 인산화나 탈인산화 시키게 된다. 몇몇 예외가 있기는 하지만 이차 전령물질에 의한 인산화는 세린과 트레오닌 잔기에서 일어난다.

리간드와 수용체의 결합

전형적인 호르몬은 아주 낮게는 약 10^{-10} mol/L(리터당 $10^{-10} \times 6 \times 10^{23} = 6 \times 10^{13}$ 분자) 정도의 농도에서도 생리적인 효과를 유도할 수 있다.

반응세포 하나가 얼마나 많은 호르몬 분자와 만날 수 있는가 감을 잡기위해서는 직경 12 μm의 세포가 10^{-12} L의 부피를 차지한다고 생각해보자. 이 정도의 부피는 60개 정도의 호르몬

60개의 분자라는 숫자는 같은 부피에 존재하는 전해질 이온의 숫자 ~1.8×10^{11} (등장액에서)와 비

교될 수 있다. 게다가 세포내 같은 부피의 물은 약 10^{10}개의 ATP(5-10 mmol/l)를 지닐 수 있으며, 호르몬 자극 후의 단일 세포는 많게는 10^{6}개의 이차 전령물질 cAMP를 함유할 수 있다.

분자만을 포함할 수 있다. 높은 친화도가 필요함에도 불구하고 결합을 위한 상호작용은 결코 공유결합이 아니며 항상 가역적이라는 것을 상기할 필요가 있다. 따라서 호르몬(H)과 수용체(R)의 결합을 다음과 같이 나타낼 수 있다:

$$\mathrm{H} + \mathrm{R} \rightleftharpoons \mathrm{HR}$$

평형상태에서는 정반응과 역반응의 속도가 같으므로 질량작용의 법칙에 의해

$$k_{\mathrm{on}}[\mathrm{H}][\mathrm{R}] = k_{\mathrm{off}}[\mathrm{HR}]$$

여기서 k_{on}은 정반응 속도상수이며 k_{off}는 역반응 속도상수이고 각각의 단위는 각기 $\mathrm{mol}^{-1}\ \mathrm{s}^{-1}$과 s^{-1}이다. [H]와 [R]은 제각기 자유(비결합) 상태의 호르몬과 수용체의 농도를 나타내며, 높은 친화도의 상호작용이란 HR이 많이 존재함을 의미한다. 즉, 평형이 오른쪽으로 진행되거나 평형 상수 K의 값이 커지게 되는데 여기서 말하는 K는

$$K = \frac{[\mathrm{HR}]}{[\mathrm{H}][\mathrm{R}]} = \frac{k_{\mathrm{off}}}{k_{\mathrm{on}}}$$

이며 정반응 속도상수 k_{on}은 역반응 속도상수 k_{off}보다 훨씬 커다는 것을 의미한다. K의 단위는 Lmol^{-1}로서 농도의 역단위이다. 결합에 대한 평형상수 대신에, 위 방정식을 뒤집어 보면:

$$K_{\mathrm{D}} = \frac{[\mathrm{H}][\mathrm{R}]}{[\mathrm{HR}]} = \frac{k_{\mathrm{off}}}{k_{\mathrm{on}}} \qquad \text{방정식 2.1}$$

여기서 K_{D}는 해리상수이며 농도의 단위를 갖는다 (mol^{-1}). 또한 이것은 수용체의 반이 호르몬과 결합했을 때, 즉 [HR] = [R]일 때의 호르몬의 농도와 같다.

결합의 다양성

모든 수용체가 똑같은 효과를 나타낸다고 생각할 수 있겠지만 이것은 사실과 상당히 다르다. 결합 부위의 이질성은 친화도가 다른 수용체 subtype이 존재하거나, 단일종이지만 구조 변화에 의해 친화도가 높거나 낮아지는 수용체에 의해 나타난다. 이러한 과정들은 세포내부의 기작에 의해 추진되어지기 때문에, 세포대사를 저해(ATP 합성을 저해하거나 세포내 ATP를 고갈시키는 등)시킴으로서 조사해 볼 수 있다. 또 다른 접근 방법으로는 온전한 세포에서의 호르몬 친화도와 분리된 원형질막에서의 친화도를 비교함으로서도 가능할 것이다. 이런 종류의 실험은 노출된 수용체 부위의 수나 친화도가 세포대사 상태(물론 이 과정 자체도 호르몬/수용체의 상호작용에 의해 조절되지만)에 의하여 조절되는 정도를 밝힐 수 있을 것이다.

결합 친화도 측정

호르몬과 수용체의 결합 관련 상수를 측정하기 위해서는 분리한 세포막이나 세포를 방사능으로 표지된 호르몬에 노출시킨 뒤 평형에 이르게 한 다음 원심분리나 여과에 의해 자유 호르

몬과 결합 호르몬을 분리한다. 결합하지 않은 호르몬은 여과액이나 원심분리 후 상층액에서 발견되며, 결합한 호르몬은 세포나 세포막과 같이 침전되거나 여과된 물질에 남아있다. 비특이적으로 붙어있는 호르몬들을 제거하기 위하여 씻어준 다음, 분획들에 남아있는 동위원소의 양을 측정함으로서 호르몬을 정량하게 된다. 결합이 일어나거나 포화되기 시작하는 농도 범위는 호르몬의 농도를 변화시켜가며 측정한 결합 호르몬 양과 자유 호르몬의 양에 대한 그래프로부터 구하게 된다. 수용체에 호르몬과 결합하는 부위가 하나만 존재하며, 호르몬이 결합하지 않은 부위의 결합 친화도에 변화를 일으킬만한 수용체 사이의 상호작용이 없는 아주 단순한 시스템일 경우, 결합곡선에 대한 방정식은 다음과 같이 얻을 수 있다.

실험계 내의 총 수용체의 농도가 R_{tot}라면,

$$[R] = R_{tot} - [HR]$$

방정식 2.1의 [R]에 대입하면 단일 결합 부위를 가지는 평형 결합 방정식을 얻을 수 있다.

$$[HR] = R_{tot} \frac{[H]}{K_D + [H]}$$

호르몬 농도 [H] 에 대한 결합호르몬 양 [HR] 에 대한 그래프를 그리면 그림 2.3과 같은 쌍곡선을 얻을 수 있다. 대부분의 실험 자료 범위가 몇 차수 이상에 걸쳐 나타나기 때문에 농도를 대수적으로 표현하는 것이 더 유용하다. 실험계내 총수용체 농도 [R_{tot}] 는 호르몬 농도에 따른 그래프에서 무한한 농도에 해당하는 값을 외연 추정함으로서 결정할 수 있을 것이다(그림 2.3). 실제로 실험 자료는 복수 결합부위나 다른 복잡한 경우도 해석할 수 있는 컴퓨터 소프트웨어를 이용한 비선형 회귀 곡선에 의해 분석함으로서 R_{tot}와 K_D값을 구하게 된다.

■ K_D과 EC_{50}: 수용체 결합과 기능

그래프에 나타난 데이터의 회귀점이나 curve-fitting으로부터 얻은 R_{tot} 값과 세포의 숫자로부터 세포 당 결합부위의 숫자를 계산할 수 있다. 또한 우리는 측정된 K_D가 세포내 호르몬의 실제 농도나 그것이 일으키는 생물학적 반응과 어떠한 연관이 있는가에 대해서도 생각해 볼 수 있다. 더 간단히 표현하자면 세포나 조직이 내는 반응의 세기가 호르몬과 결합한 수용체의 비율에 비례하는가? 아주 빈번히 그것들이 명백한 관계가 없음을 볼 수 있다(4). 많은 경우에 세포의 최대치 반응이 — 반응의 결과로 세포가 내는 것이 무엇이던 간에 — 수용체의 아주 적은 부분만이 결합했을 때에도 나타난다(그림 2.4). 따라서 우리는 생물학적 반응이나 효과가 최대치의 절반일 때의 호르몬 농도인 K_D와 EC_{50}를 구분할 수 있어야만 한다.

세포 반응을 확인하는 데는 몇 가지 방법이 있다. 그림 2.4b는 세포내의 이차 전령물질인 cAMP의 생성을 측정함으로서 초기 반응을 조사하는 예를 보여준다. 이것 대신에 물질 분비나 근육수축과 같이 좀 더 하부 신호전달계 반응을 측정하는 것도 가능하다. 흥미롭게도 각 형태의 반응에 대한 EC_{50}가 다른 경향이 있음을 볼 수 있다. 이것은 K_D는 평형상태에서 리간드 결합을 나타내는 매개변수이지만, 반면에 EC_{50}는 수용체 결합과는 독립적으로 변하는 효소 촉매반응의 속도에 의해 결정되는 여러 역학 변수를 가지는 최종 결과를 반영한 수치이기

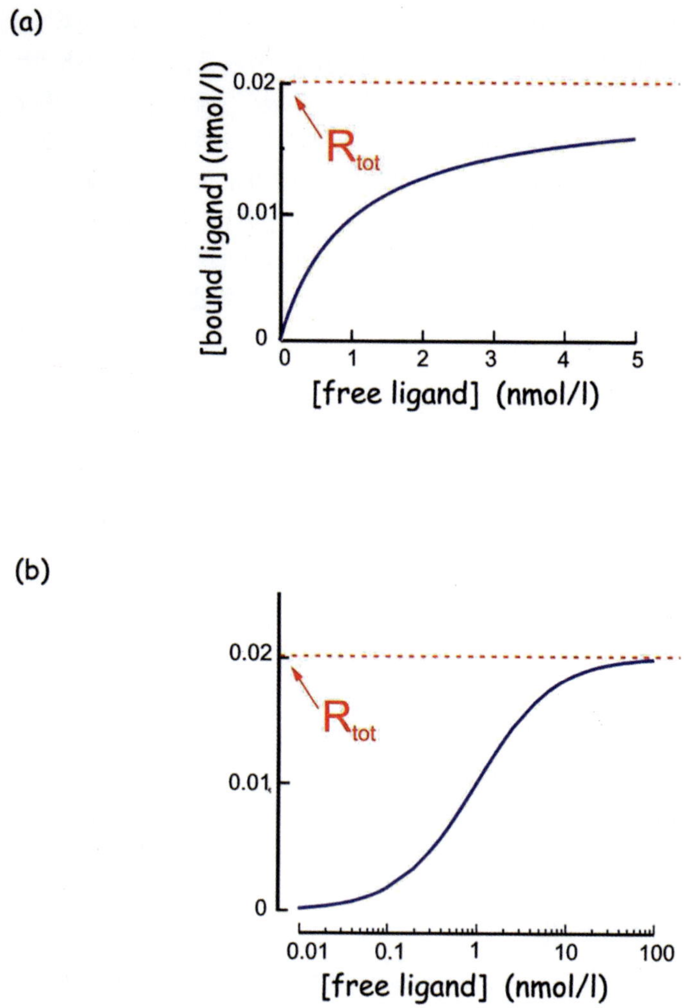

그림 2.3 결합 포화곡선. 결합 곡선을 선형(a) 혹은 반 지수적 semi-logarithmic(b) 척도로 나타내었다.

때문이다. 그림 2.4는 최대치의 반 정도의 반응을 유도할 수 있는 호르몬의 농도는 수용체의 50% 포화 상태를 이루기 위해 필요한 호르몬의 농도보다 이 차수(~ 백배)까지 적을 수도 있음을 보여준다. 유사한 예로 지방조직에서 포도당 산화는 세포내 인슐린 수용체의 2-3%만이 결합했을 때에도 최대 자극이 일어난다.

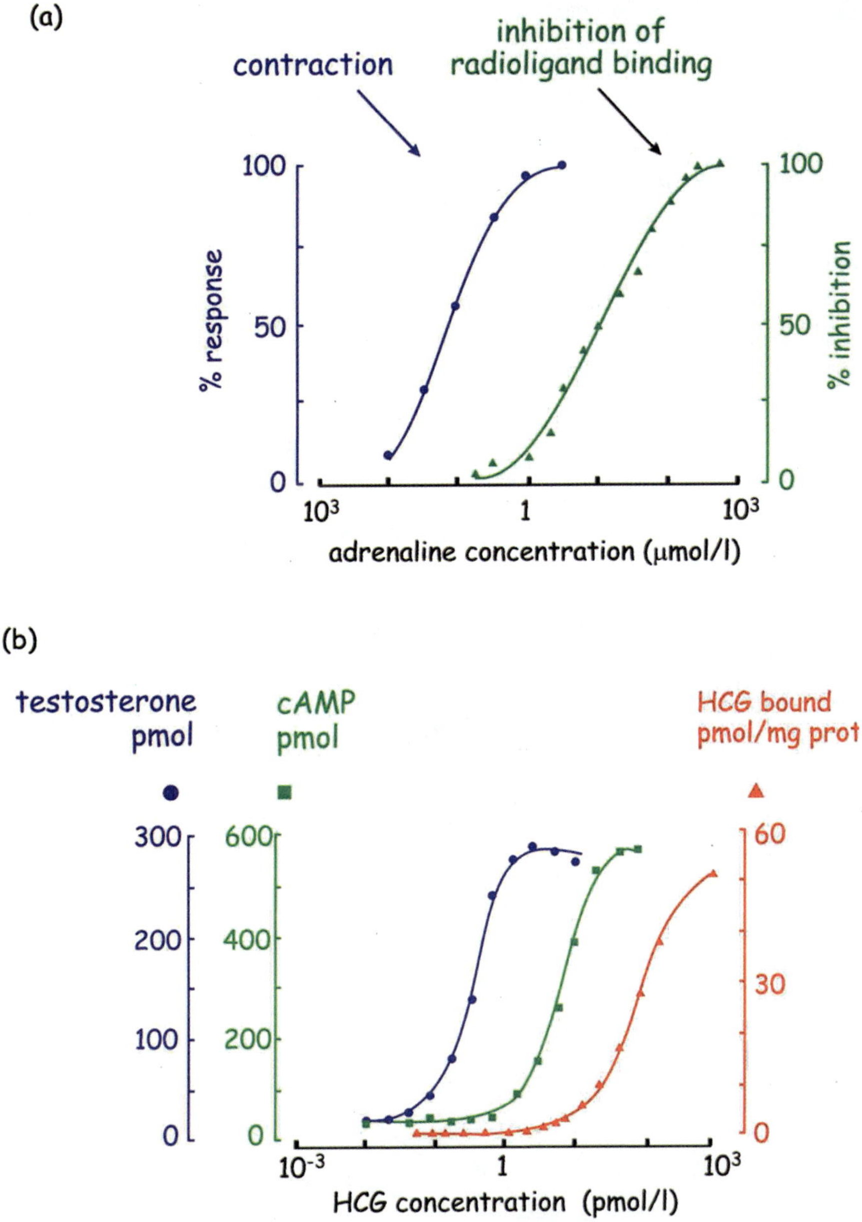

그림 2.4 수용체 결합과 세포의 반응. (a) α_1-adrenergic receptor에서 adrenaline 결합과 연근육 (rat vas deferens) 수축의 상관관계. 이 실험에서 수용체 점유도는 ^{125}I로 표지된 특정 α_1-길항제의 치환을 측정함으로서 결정되었다. 이 binding assay에서 근육수축은 효과를 측정할 수 없을 정도로 아주 낮은 리간드 농도에서 일어났다. Minneman *et al.* 자료제공[(5)]. (b) 정소의 Leydig cell에서 호르몬 (gonadotrophin)의 결합, cAMP 생성, 그리고 testosterone 생성 사이의 상관관계. 두 호르몬의 친화도가 10^6배 차이가 남을 주목하라. Mendelson *et al.* 제공[(6)].

잉여 수용체(Spare Receptor)

호르몬과 결합하지 못하고 홀로 남아있는 수용체를 '잉여 수용체'[7]라 부르는데 그렇다고 이 수용체들의 역할이 중요하지 않다는 것은 아니다. 대부분의 호르몬 반응 세포에서 필요 이상으로 많은 양 존재하는 수용체는 아주 낮은 호르몬 농도에서도 자극이 일어나게 하는데 도움이 될 것이다. 예를 들어, 활용 가능한 세포 표면 수용체가 모두 결합했을 때에만 최적의 세포반응이 일어나는 상황을 가정해보자. 그런데 수용체의 결합이 그림 2.3에 보는 바와 포화곡선에서와 같이 일어난다면, 위 반응 조건은 호르몬이 무한히 많은 양 존재할 때에야 가능할 것이다. 반대로 만약 아주 일부분의 수용체만이 결합해도 최적 세포반응이 일어난다면, 그것은 호르몬 농도가 K_D보다 훨씬 작을 때에도 이를 수 있을 것이다. 잉여 수용체가 더 많아질수록 주어진 수준의 포화도를 얻기 위한 EC_{50} 값은 더 낮아지게 될 것인데 이것은 그림 2.5에 나타나 있다.

EC_{50} 값은 자극반응 경로에 참여하거나 수용체에 의해 바로 영향을 받는 단계로부터 멀리 떨어진 단계에 작용하는 효소의 활성을 조절하는 조작에 의해 변화될 수 있다. 예를 들어 theophylin은 cAMP를 분해하는 효소인 cAMP phosphodiesterase의 저해제(그림 2.6)로서 수용체 활성화에 의해 유도되는 cAMP의 상승을 더 증가시키게 한다. 따라서 수용체의 활성에 의한 cAMP의 정상상태 농도는 훨씬 적은 농도의 호르몬에 의해서도 이루어질 수 있다.

수용체의 down-regulation

예를 들어 분해대사에 내성이 있는 약물 등에 의해 주기적이고 지속적으로 활성화되는 수용체를 지닌 세포는 더 이상의 자극에 차츰 영향을 덜 받게 된다. 이러한 down-regulation은 아

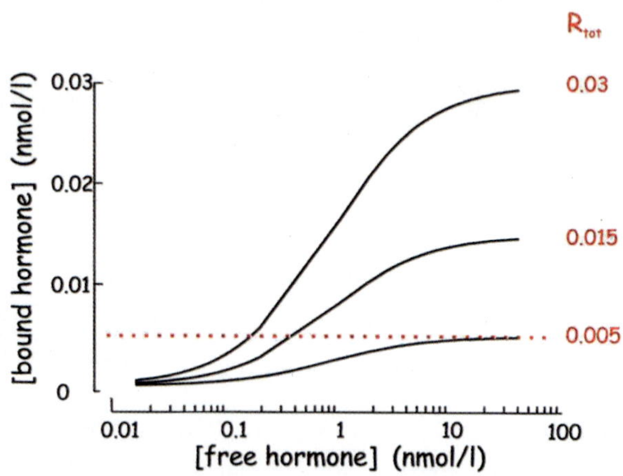

그림 2.5 잉여 수용체. 세 가지 다른 상황에서의 포화결합곡선. 위의 커브는 결합의 최대 정도(R_{tot})는 최적 자극(5 pmol/L, 점선)을 만드는데 필요한 정도보다 6배나 초과한다. 따라서 최대 활성은 점선과 곡선이 만나는 점에 해당하는 호르몬 농도에서 얻어진다. 만약 여분의 수용체가 감소한다면 (가운데 커브) R_{tot} 은 필요한 점유수준보다 단지 세배가 크며 교차점은 오른쪽으로 이동한다. 만약 여분의 수용체가 없으면 (R_{tot} = 5 pmol/L) 교차점은 무한대로 이동(아래쪽 커브)하게 된다.

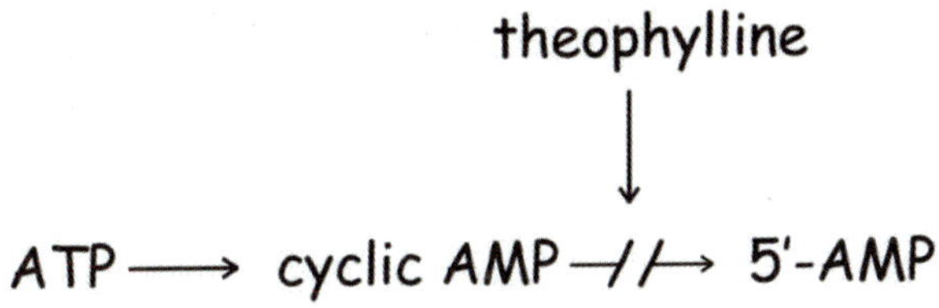

그림 2.6 **theophylline의 작용.**

마도 노출된 수용체 수의 감소나, 결합 친화도의 감소, 혹은 두요인 모두에 의해 일어날 수 있다. 이러한 영향들은 R_{tot}를 감소시키거나 K_D를 증가시킴에 의해 EC_{50}를 증가시키게 된다. 친근한 예로 xylometazoline을 함유하고 있는 코막힘 제거제(decongestant)의 사용설명서를 보면 7일 이상 계속해서 사용하지 말 것을 권고하고 있다. 이 기간을 넘어 사용하게 되면 약은 다시 코막힘이 돌아오는 현상을 생기게 하여 더 사용하면 증상을 완화하는 것이 아니라 악화시키는 경향을 나타낸다. 이것은 Xylometazolin은 cAMP 생산을 억제하는 α_2-아드레날린(adrenergic) 수용체와 결합하여 활성화 시킨다. 그런데 그 반응 특이성이 좋기는 하지만 완벽하지는 않아 α_1-아드레날린 수용체와도 상당한 친화도를 가진다. 따라서 선호하는 목표인 α_2-수용체가 궁극적으로 비감수성 상태가 되어 상피세포 표면에서 제거되면, 그 작용은 이제 우점종인 α_1-수용체로 넘어가게 된다. 그 결과 cAMP가 아니라 phospholipase C, Ca^{2+}, 그리고 protein kinase C의 활성을 통해 중재되는 코막힘을 일으키게 되는 것이다.

4장에서 다시 살펴보겠지만, 수용체 양을 감소시키는데 가장 중요한 메커니즘은 protein kinase A와 C나 특이적인 kinase와 같은 효소에 의한 수용체의 세포내 부위의 인산화이다. 이 인산화는 그 목표물질을 세포 표면으로부터 endocytosis에 의해 제거하는데 필요한 신호로 작용하며[8] 또한 신호전달계를 다른 경로로 방향전환하게 한다[9].

결국 수용체는 세포내에 가만히 정체되어 있는 것이 아니라 외부 혹은 내부인자들에 의해 영향을 받는 동적인 상태에 있다고 결론내릴 수 있을 것이다.

■ 첫 번째 이차 전령물질의 발견, cAMP

Earl Sutherland (1915-1974)는 "호르몬의 작용 메커니즘에 관한 연구"로 1971년에 노벨상을 수상하였다.

방사능으로 표지된 호르몬이나 연관된 반응물을 이용한 실험을 이용하여 수용체의 결합 매개변수들의 정량 측정은 가능하지만 그 수용체가 무엇인지 그리고 어떤 작용을 하는지에 대해서는 아무것도 알 수 없다. 이 분야의 중요한 발전은 1957년에 Earl W. Sutherland에 의해 이루어졌는데, 그는 동료들과 함께 간이 아드레날린이나 글루카곤에 간이 자극되면 글리코겐을 분해하는 반응이 두 단계로 일어남을 보여주었다. 첫 번째 단계의 결과로 열에 안정하고 반투막에 투과되는 물질이 생성되는데[10], 이것을 ATP와 함께 *'dephospho liver phosphorylase'* (지금은 phosphorylase b로 알려진)로 처리하면 phosphorylase를 활성화시키게 되는 인산화 반응을 촉진시킨다. 각주에서 지적한 것을 보면 활성인자가 최근에 거의 순수분리 되었다. 자외선 분광광도계와 orcinol 반응, 그리고 총 인산함량 측정 결과를 보면 그 활성인자는 adenine과 ribose 그리고 인산기를 1:1:1로 지니고 있는 것으로 보인다. 그 인자를 여러 phosphatase와 같이 반응시켰을 때 아무런 무기인산 형성이나 활성감소가 보이지 않았으며..... 그러나 그 인자를 개의 심장, 간, 뇌의 추출물과 섞어주니 활성이 바로 감소되었다.

1957년에 그 이차 전령물질이 cAMP로 확인됨에 따라 특정 생화학반응을 특정 종류의 수용체의 활성화와 연관하는 것이 가능하게 되었다. 물론 cAMP의 상승이 호르몬에 대한 이차 전령물질 반응으로부터만 나오는 것은 아니며, 아드레날린이나 그와 유사한 카테콜아민(catecholamine) 종들에 대한 반응으로부터만 나오는 것도 아니다. 이 물질들은 그것이 어떠한 세포/조직에 존재하느냐에 따라 카테콜아민이나 제각기 특정 기능을 나타내는 α_1, α_2, β_1, β_2, β_3 'adrenergic' 수용체들과 결합함으로서 cAMP 합성(주로 β)이나 억제 (일반적으로 α_2), 그리고 Ca^{2+}(α_1)의 상승과 같은 기능을 나타내게 된다.

References

1 Carrel, A. On the permanent life of tissues outside of the organism. *J. Exp. Med.* 1912; 516–28.
2 McEwan, B.S. Non-genomic and genomic effects of steroids on neural activity. *Trends Pharm. Sci.* 1991; 12: 141–7.
3 Grazzini, E., Guillon, G., Mouillac, B., Zingg, H.H. Inhibition of oxytocin receptor function by direct binding of progesterone. *Nature* 1998; 392: 509–12.
4 Stephenson, R.P. A modification of receptor theory. *Br. J. Pharm.* 1956; 11: 379–93.
5 Minneman, K.P., Fox, A.W., Abel, P.W. Occupancy of α1-adrenrenergic receptors and contraction of rat vas deferens. *Mol. Pharm.* 1983; 23: 359–68.
6 Mendelson, C., Dufau, M., Catt, K. Gonadotropin binding and stimulation of cyclic adenosine 3′:5′-monophosphate and testosterone production in isolated Leydig cells. *J. Biol. Chem.* 1975; 250: 8818–23.
7 Springer, M.S., Goy, M.F., Adler, J. Protein methylation in behavioural control mechanisms and in signal transduction. *Nature* 1979; 280: 279–84.
8 Goodman, O.B., Krupnick, J.G., Santini, F. *et al.* β-Arrestin acts as a clathrin adaptor in endocytosis of the β2-adrenergic receptor. *Nature* 1996; 383: 447–50.
9 Daaka, Y., Luttrell, L.M., Lefkowitz, R.J. Switching of the coupling of the β2-adrenergic receptor to different G proteins by protein kinase A. *Nature* 1999; 390: 88–91.
10 Rall, T.W., Sutherland, E.W., Berthet, J. The relationship of epinephrine and glucagon to liver phosphorylase: Effect of epinephrine and glucagon on the reactivation of phosphorylase in liver homogenates. *J. Biol. Chem.* 1957; 224: 463–75.

3

수용체(Receptors)

그러나 우리의 귓가에 한줄기 전쟁의 광풍이 불 때에는
호랑이의 행동을 모방하여,
근육을 단단하게 하고, 피를 불러일으켜라,
고운 천성은 무서운 분노로 숨겨라:
그러고 나서 무시무시한 눈으로….

William Shakespeare, Henry V, III. ii. I

이제 카테콜아민(catecholamines)과 아세틸콜린(acetylcholine)의 수용체에 대한 설명과 함께 시작하고자한다. 여기서 카테콜아민이란 아드레날린(adrenaline), 노르아드레날린(noradrenaline), 도파민(dopamine) 등 생리적 스트레스나 저혈압 상태에서 분비되는 호르몬들의 통칭이다. 이 장에서는 호르몬과 신경전달물질, 그리고 약물 수용체들의 주요 종들을 정의함으로서 기본개념을 살펴보고자한다.

아드레날린(다시 한번 더)

아드레날린(혹은 epinephrine)은 위험이 예상될 때 분비되는 호르몬으로, 신체로 하여금 싸움이나 도주에 대비하게 한다. 이러한 반응을 fight-or-flight response라 한다[1].

Walter Cannon이 지적했던 것처럼, 이러한 분비(부신체 수질의 내분비)는 스트레스를 받거나, 화가 나고, 두려움이 생길 때 혈액으로 방출되어 체내 에너지를 강화하는 수단으로 작용한다. 이것은 혈관의 긴장상태와 심장수축을 증가시키고, 간에 축적된 당을 이동시켜 이러한 감정상태가 동반되는 위기상황에서 근육이 가장 손쉽게 이용할 수 있는 에너지원을 공급하게 한다[2].

가장 직접적인 활성은 각성작용(arousal)이다: 땀샘은 땀을 분비하고 체모 끝을 세운다 ; 동공은 더 많은 빛을 모으기 위해 팽창하며, 기관지는 산소공급을 늘리기 위해 확장되고, 심장은 빨라지고 수축하는 힘을 증가시킨다. 그에 따라 관련 혈관의 확장과 다른 부위의 수축을 통하여 심근과 선별된 근 섬유로의 혈액공급이 증가되는 반면, 피부와 내장기관으로의 공급은 감소되어 소화와 동화작용 과정은 지연하게 된다. 신진대사의 연료저장물 역시 이동되는데 간과 근육의 glycogen은 분해되고 궁극적으로는 지방의 이화작용도 일어난다. 따라서 아드레날린의 분비는 비상사태 상황에서 자주 나타나는 현상이다. 그러나 그런 상황이 아니더라도 부신선(adrenal gland)은 이 호르몬을 낮은 농도로 지속적으로 생산하며 또한 운동 시에도 순환계로 방출된다는 것을 기억하는 것이 중요하다.

아드레날린은 카테콜아민류로 분류되는 호르몬 및 신경전달물질군에 속하며 이 그룹에 속하는 다른 구성원으로는 도파민과 노르아드레날린이 있다. 그들의 구조는 표 2.2에 나타내었는데 이들은 전구체인 아미노산 L-tyrosine으로부터 몇 단계를 거쳐 만들어진다. 몇 가지 예외적인 경우를 제외하고는, 수용체들은 입체특이성을 보이는데 카테콜아민의 경우 오직 L-거울상 이성질체일 때에만 활성이 있다. 아드레날린은 곁사슬에 *N*-methyl기가 존재하는 점이 노르아드레날린과 다르다. 인체에서는 부신 수질의 크롬친화성 세포(chromaffin cell)가 아드레날린(~80%)과 노르아드레날린(~20%) 둘 다를 저장하고 분비하는데 노르아드레날린은 교감신경에 의해서도 분비된다.

α- 및 β-아드레날린성 수용체(adrenergic receptor)

아드레날린이나 노르아드레날린에 반응하는 수용체들을 아드레날린성 수용체라고 부르는데 다양한 종류의 조직에 존재한다. 비록 이것을 그 존재위치나 그것이 유도하는 효과에 의해 명확하게 정의하는 것이 어렵기는 하지만 표 3.1처럼 α와 β의 두 가지 주요 부류로 나눌 수 있다. 이 분류는 수용체 본래의 일차 전령물질에 대한 친화력에 의해서 정의된 것이 아니므로 아드레날린이나 노르아드레날린 중의 하나에 대한 민감도의 차이가 크지 않다.

표 3.1 α- 와 β- 아드레날린성 수용체의 차이점

	α	β
Arteriolar smooth muscle	Vasoconstriction in viscera (other than liver)	Vasodilation in skeletal musculature and liver (β_2)
Bronchial smooth muscle	(not present)	Bronchodilation (β_2)
Uterine smooth muscle (myometrium)	Contraction (α_1)	Relaxation (β_2)
Heart		Inotropic effect (increased cardiac contractility) (β_1) Increased heart rate (β_1)
Eye	Pupillary dilation	Lowering of intra-ocular pressure (β_2)
Skeletal muscle		Glycogenolysis (β_2)
Liver	Glycogenolysis (α_2) Inhibition of lipolysis (α_2)	Glycogenolysis (β_2) Lipolysis (β_1)
Pancreas	Inhibition of insulin secretion(α_2)	Insulin secretion (β_2)
Platelets	Inhibition of aggregation (α_2)	
Order of potency	adr $\geq$ nor iso*	iso > adr $\geq$ nor*

*Abbreviations: adr, adrenaline; nor, noradrenaline; iso, isoprenaline.

아드레날린 수용체에 대한 agonist(작용물질)과 antagonist(길항물질)

Agonist

궁극적으로 여러 아드레날린 수용체를 구분하는 것은 분자구조에서의 차이점이다. 이 부분에 대해서는 여전히 일부 밖에 알려져 있지 않지만, agonist나 antagonist로 작용하는 합성된 리간드(ligand)와의 상호작용에 대해서는 상당한 정보가 알려져 있다. 사실상, 이 정보에 근거하여 두 수용체군을 α_1, α_2, β_1, β_2 등 4개의 subtype으로 세분화할 수 있다(그림 3.1).

비록 개개의 조직에서는 다량 존재하는 특정한 subtype이 특정 반응을 매개하겠지만, 이 subtypes들을 확실히 구분하는 것은 혈관 팽창($\beta < \alpha$)을 일으키는 isoprenaline (isoproterenol)이나 혈관 수축($\alpha < \beta$)을 일으키는 phenylephrine과 같이 합성 agonist에 대한 반응성의 차이

유전자 클로닝에 의해 β_3-아드레날린성 수용체가 존재한다는 것이 확인되었다. 이것은 β_1이나 β_2와 유사하게 G-단백질인 Gs를 통하여 adenylyl cyclase에 연결되나 protein kinase A (PKA)나 β-adrenergic receptor kinase (βARK)에 의해 인산화가 되지 않는다는 점이 다르다. 이것들은 특정 활성제activator나 저해제에 대한 자신만의 특징적인 반응성을 나타내며, 지방대사 조절에 중요 역할을 하는 지방조직에서 주로 발현된다. Strosberg의 총설[3] 참조.

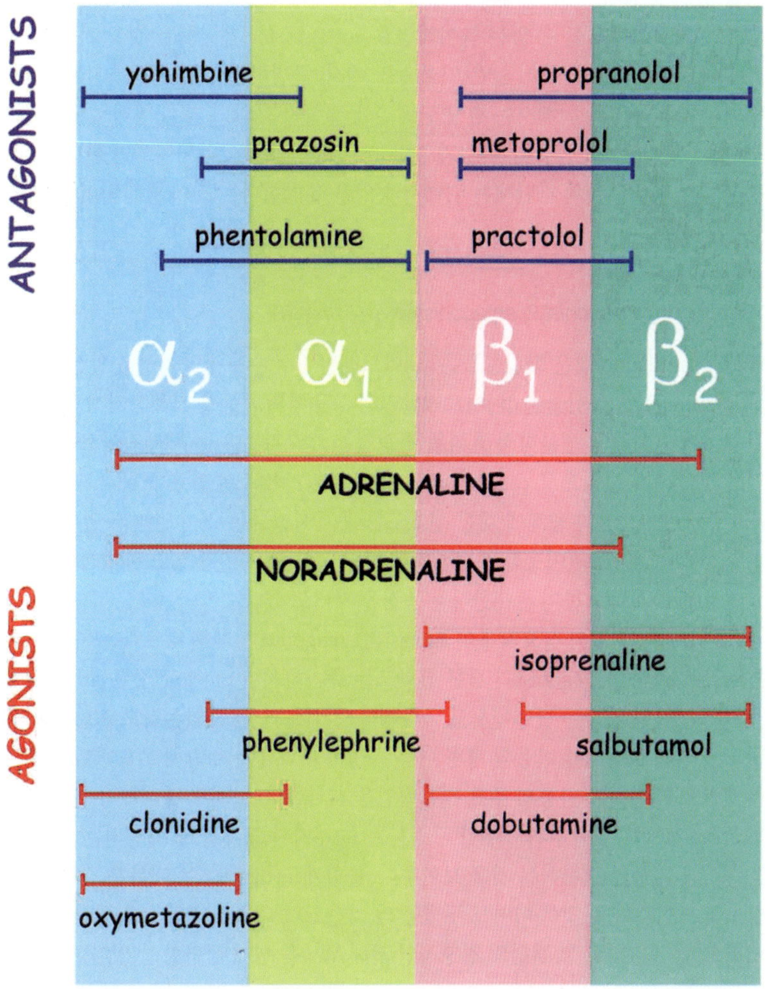

그림 3.1 아드레날린성 수용체의 agonists와 antagonists. 실선은 대략적인 특이성을 나타낸다. 높은 농도에서는 선택성이 감소한다는 것을 구의하라. Hanoune 제공[4].

이다. 아드레날린은 어느 혈관이냐에 따라 수축이나 확장 어느 것이나 할 수 있으나 clonidine (α_2)과 salbutamol(β_2)은 특정한 subtype을 구분할 수 있기 때문에 더욱 특이적이다[3].

Antagonist

그림 3.1에서도 본 바와 같이 합성된 antagonist도 있는데, 몇몇 예의 구조를 그림 3.2에 나타내었다. Propranolol은 β-수용체 작용을 억제하는데 이것은 신장의 근신구체(juxtaglomerular apparatus)로부터 나오는 펩티드 호르몬인 renin의 분비를 억제하기 때문에 특정 종류의 고혈압 치료제로 사용된다. Renin은 angiotensinogen으로부터 angiotensin을 만드는데 필요하다. Practolol 과 metoprolol과 같은 다른 β-수용체 차단제(β-blocker)는 낮은 농도에서는 β_1-수용체에 선택적으로 작용한다. 따라서 이론적으로는 환자의 기관지 수축을 일으켜 천식을 일으킬 위험이 있는 폐의 β_2-수용체를 억제하지 않으면서 심장병 환자를 치료할 수 있게끔 cAMP를 억제할 수 있는 특이적인 β_1 antagonist를 개발하는 것도 가능할 것이다. 물론, 수용체 subtype들을, 특히 높은 약물 농도에서, 구별하는 것이 완벽하지는 않다. 또한 신약이 임상에 적용되기 위해서는 혈장 단백질에 결합하지 않고 자유 형태로 있을 확률, 조직 분포성, 세포내에서의 반감기, 독성과 같은 다른 요인들도 고려되어야만 한다. 실제로 제일 먼저 만들어진 β-수용체 차단제는 쥐에서 종양을 유발한다는 것이 발견되어 임상으로 연결되지 못했다.

수용체는 어떻게 agonist와 antagonist를 구분하는가?

어떻게 해서 salbutamol같은 화합물들은 (β-)아드레날린성 수용체의 기능을 활성화시키는데 반해 propranolol같은 화합물은 (β-)아드레날린성 수용체의 기능을 저해시키게 되는가? 여기에는 틀림없이 화합물의 생물학적 효과를 결정하는 것으로 보이는 체계적이고 구조적인 특성이 있을 것이다. 일반적으로, catecholamine류의 아민기 질소에 붙은 치환기의 크기를 증가시키면 α-수용체보다 β-수용체에 대한 선호도를 증가시킨다는 것이 알려져 있다. 모든 β-차단제들은 catechol nucleus(이웃하는 수산기를 지닌 방향족 고리)가 없으며 방향족 잔기에 곁사슬로 연결된 $-OCH_2$-그룹이 존재한다는 특징을 지니고 있다.

리간드와 β-수용체와의 상호작용이 agonist와 antagonist에 대해 다르다는 사실은 온도를 낮추면 isoprenaline같은 agonist의 결합 친화도는 증가하지만 practolol같은 antagonist의 결합에는 거의 영향이 없다는 발견에서도 나타난다. 친화도가 온도 의존적으로 상승한다는 것은 엔탈피에 의해 추진되는 반응의 평형 이동 특성을 나타내는데 반해 온도변화와 무관하다는 것은 엔트로피 변화가 반응의 주요 원동력임을 시사한다. 실제로 열역학적 인자를 측정해 본 결과 antagonist는, 결합부위 주위를 구성하는 물 분자가 교체될 때 예상되는 것처럼, 엔트로피의 증가와 더불어 결합하는 것을 보여준다. 놀랍게도, agonist 는 대부분 결합 시 엔트로피의 감소를 보여준다. 이것은 아마도 두 종류의 리간드가 수용체 내의 같은 결합부위에 붙는다 할지라도(이것은 바로 그 결합의 경쟁적인 저해 특징을 쉽게 설명할 수 있다), 결합 부위내

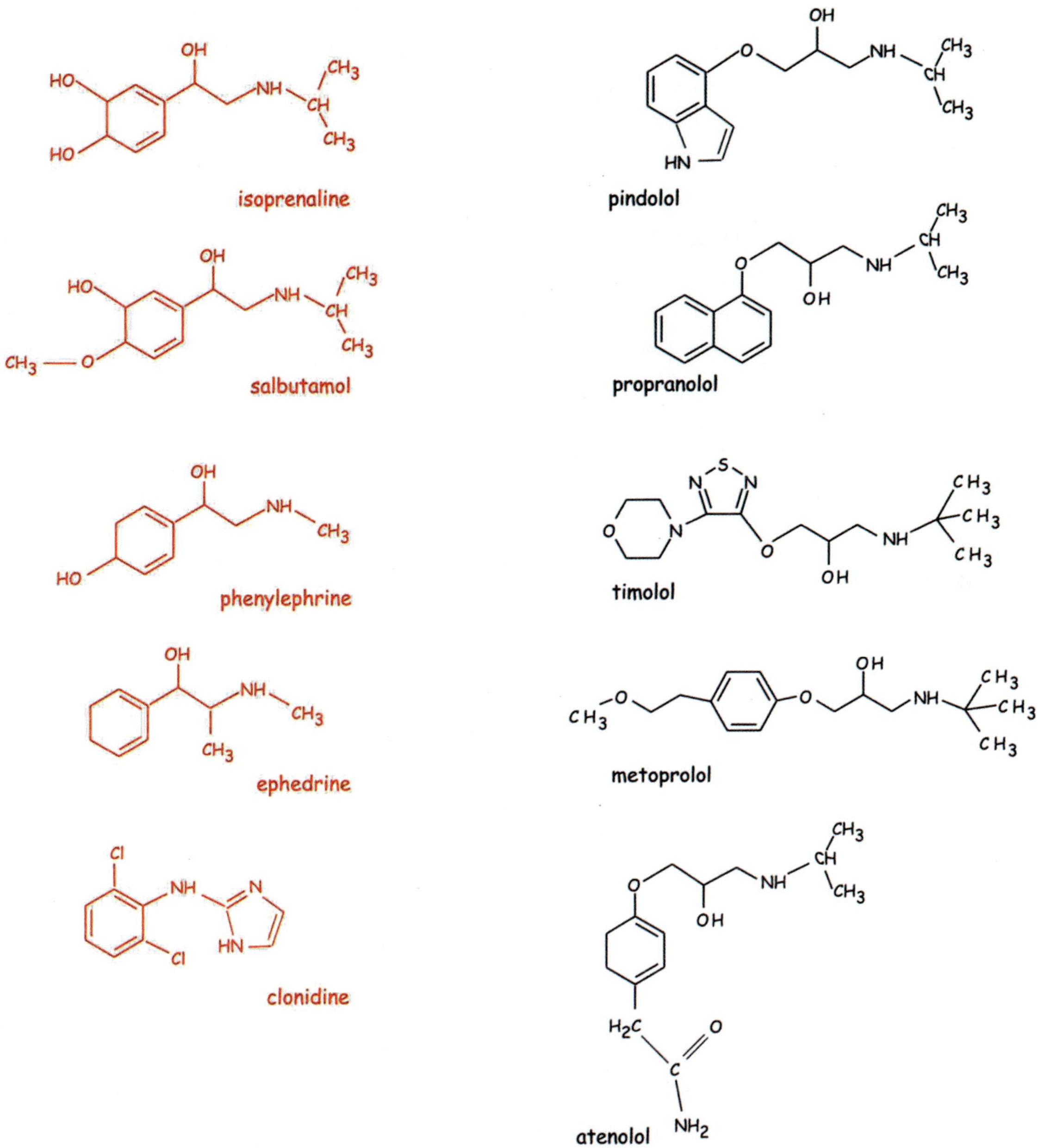

그림 3.2 아드레날린성 수용체에 작용하는 약물들의 구조. 아드레날린성 drugs의 선별은 책에 언급되어있다. agonist에 있는 아민기 질소에 붙은 치환기(적색)의 크기가 증가할수록 α-보다는 β-에 잘 붙는다. 몇몇 α-아드레날린성 agonists와 β-저해제(흑색)에는 카테콜 구조의 핵이 없다. 또한 antagonists는 측면 사슬에 ether (-O(CH_2)-) 결합이 들어있는 것이 특징이다. 생리적 역할을 담당하는 카테콜아민인 아드레날린, 노르아드레날린, 그리고 도파민의 구조는 표 2.2에 나타나있다(p. 21).

의 아미노산 잔기라던가 실제 부착되는 위치는 다르다는 것을 의미할 것이다. 결합의 결과 양성자와 물 분자의 교체, 수소결합의 파괴, 반데르발스의 결합의 변화, 그리고 수용체의 구조 변경 같은 변화가 나타난다. 그 결과 agonist의 경우 총체적인 규칙성의 증가(엔트로피의 감소)를 일으키게 된다[5]. 중요한 것은, 오직 agonist만이 수용체가 신호전달계의 뒷부분과 소통할 수 있는 구조로의 변화를 유도할 수 있다는 점이다.

아세틸콜린 수용체(Acetylcholine receptors)

분자수준에서 보면 도파민을 포함한 카테콜아민의 효과는 전부 7TM(7개의 막통과 부위) 수용체라는 단일종류를 통하여 전달되어(아래 참조) 이것이 adenylyl cyclase나 phospholipase C 같은 효소를 활성화하거나 저해하게 된다(5장 참조). 이 신호는 항상 GTP-결합 단백질(GTPase)을 통해 전달된다(4장 참조). 임상에 사용되는 약물의 상당 부분(대략 60%)이 7TM 종류의 수용체를 대상으로 작용한다고 알려져 있다. 대조적으로 아세틸콜린은 서로 연관성이 없으며 상당히 다른 두 가지 종류의 수용체, 즉 이온채널의 일종인 니코틴성 수용체(nicotinic receptor)와 7TM 수용체 계통인 무스카린성 수용체(muscarinic receptor)와 상호작용을 한다.

아세틸콜린

아세틸콜린은 수용체와 상호작용하는 일차 전령물질이기는 하지만 호르몬 기능은 없다. 아세틸콜린은 신경 말단과 표적세포사이의 시냅스에만 존재하며 운동신경과 근육종판(muscle end plate) 사이의 신경근 접합부(neuromuscular junction)에서 일차 전달자 역할을 한다. 자율신경계에서는 신경절 이전의 신경말단과 대부분 부교감 신경계의 후신경절 신경에서 전달물질로 작용한다. 미주신경(vagus nerve)을 통한 부교감신경 자극은 혈관 팽창을 일으키고, 췌장과 침샘으로부터 (액) 분비를 증가시키며 심장박동을 더디게 한다. 신경근 접합부에서는 전시냅스 말단으로부터 분비된 아세틸콜린이 시냅스 간극으로 확산되어 후시냅스의 막에 위치하는 니코틴성 수용체와 상호작용하며 그 후에는 '전광석화와 같이'(Henry Hallett Dale의 표현에 의하면) 시냅스 간극으로부터 제거된다. 이 과정은 부분적으로는 확산에 의해 일어나지만 대부분 작용은 아세틸콜린을 수 ms 내에 choline과 acetate로 전환하는 acetylcholine esterase에 의해 일어난다. 아세틸콜린에 대한 니코틴성 수용체의 친화도($K_D \doteq 10^{-7}$ mmol/l)는 상당하기 때문에(적어도 몇몇 종류의 수용체와 리간드사이의 친화도와 비교해 볼 때), 해리속도는 그것이 쉽게 떨어져 나오게 ($K_D = k_{off}/k_{on}$를 상기해보면) 할 만큼은 충분히 빨라야만 esterase의 활성으로 인한 국지적인 농도가 급격히 감소하게 된다. 아세틸콜린은 구조적으로 아주 불안정하므로 실험에서는 주로 carbamylcholine (carbachol)과 같이 안정적이고 비가수분해성 유도체를 사용하여왔다. 자연계 화합물과 같이 carbachol은 니코틴성 수용체와 무스카린성 수용체 모두에서 신호전달을 활성화시키는 agonist로 작용한다.

아세틸콜린의 가수분해를 저해하는 화합물은 대부분 독성이 아주 강한 것으로 알려져 있다(그림 3.3). 그 활성은 아마도 중추신경계 전체에 퍼져있는 콜린성 수용체(cholinergic receptor)의 자극과 자율신경절의 억제, 그리고 근섬유의 마비를 야기하는 것으로 보인다. 이것은 아래에서 논의되는 것처럼 수용체의 비가역적인 탈감화(desensitization)를 포함한 이차 저하를 수반한다. 이러한 니코틴성 기능과 더불어, 아세틸콜린에 대한 무스카린성 반응 또한 지속되는 경향이 있다[6,7].

콜린성 수용체 subtype들

아세틸콜린 수용체는 약학적 agonist인 nicotine과 muscarine에 대한 반응성에 의해 두 가지 종류로 분류된다. 이 장에서는 아미노산 신경전달물질에 반응하는 관련 수용체에 대해서도 간단히 짚고 넘어가겠다.

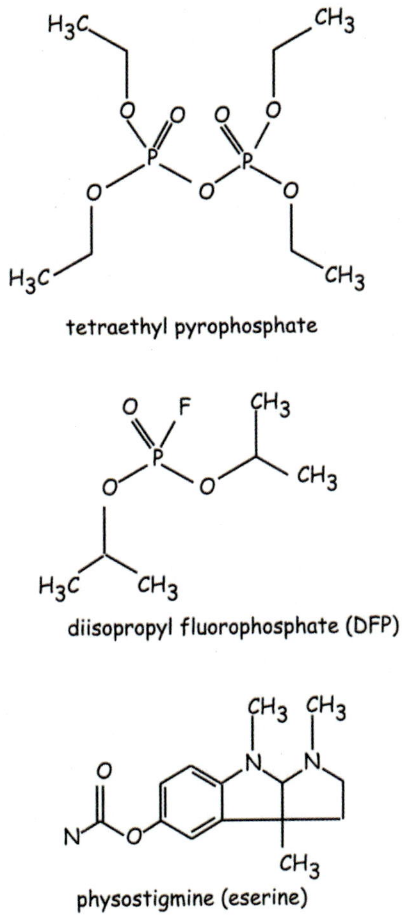

그림 3.3 Serine esterase의 몇몇 저해제.

Cholinesterase에 대한 비가역적 저해제가 최초로 합성된 것은 Calabar 콩에서 알칼로이드인 physostigmine (eserine)이 분리된 것보다 10년 정도 앞선 1854년에 Clemont에 의해 이루어졌다. 이것은 tetraethyl pyrophosphate로서 과학에 대한 열정이 넘친 Clemont는 심지어 그 물질을 맛보기까지 했었는데 사람들은 그가 살아남은 것이 놀랍다고 생각한다. 다른 유기인산화합물로는 파리를 대상으로 한 것으로부터 (이 종류에 속하는 물질로 가장 널리 사용되어진 살충제는 parathion) 불행하게도 더 나아가 군인과 시민까지 대상으로 한 혐오스러운 화합물까지 개발되었다. 이 물질의 하나인 신경가스 sarin(isopropyl methylphosphonofluoridate)은 원래 나치치하에서 개발되었으나, 1988년 8월 25일 사담 후세인 군대에 의한 비르지니(Birjinni)부락 공격 4년 후 토양에서도 미량의 sarin 분해산물이 검출되었다. 사람에 대한 이 물질의 LD_{50}는 10 µg/kg 으로 추정(직접 조사한 것은 아니겠지만)된다. Sarin이 오움교 광신도들에 의해 동경 지하철역에 살포되었을 때에는 12명이 사망하였고 5,500명이 부상을 당했다.

이런 화합물들은 acetycholinesterase 뿐만 아니라 serine esterase와 트립신, 트롬빈과 같은 serine proteinase들의 활성화 부위에 있는 serine 기를 alkylphosphorylation 함으로서 그 효과를 나타낸다. 명백히, 신경전달 시 시냅스로부터 acetylcholine을 빨리 제거하는 것은 그 방출 못지않게 중요하다. 흥미롭게도 몇몇 이러한 종류의 cholinesterase 저해제들은 녹내장 등의 치료에 이용되기도 한다.

이러한 신경독가스를 이용한 군대나 테러주의자의 협박을 자주 접하게 됨에 따라 해독제에 대한 관심도 점차 커지고 있다. 현재 acetylcholine 수용체의 over-occupation을 막기 위해서는 atrophine이 사용된다. 게다가 환자의 독화된 acetylcholinesterase를 탈인산화를 통하여 재활성화하기 위해서는 2,3-butadione monoxime에 기반을 둔 친핵성 물질들이 처방된다[6,7].

Tubocurarine은 *Chondrodendron tomentosum*이나 *Strychnos toxifera*로부터 얻어지는 식물성 알칼로이드의 혼합물인 쿠라레의 주성분으로 남아메리카 인디언에 의해 화살에 바르는 독으로 쓰였다. Claude Bernard(1856)는 그것이 신경근육 신호전달을 막음으로서 마비를 일으킨다는 것을 밝혔으며, Langley(1905)는 그것이 motor 종판에서의 수용물질과 결합함으로서 작용할 것이라고 제안했다. Galamine과 같은 다른 유사 합성물질들은 주로 그 활성 지속시간에서 차이가 난다.

Nicotine: 담배작물인 *Nicotiana tabacum*을 1560년에 프랑스에 소개한 주 Lisbon 프랑스 대사인 Jaques Nicot를 따라 만든 이름.
Muscarine 독버섯 *Amanita muscaria*의 산물.
Atropine 그리스어로 원 상태로 돌아갈 수 없거나 쉽게 돌아가지 않음을 뜻하는 *α-trapos*에서 온 말로, atropine 처방에 의해 확장된 동공의 상태를 나타냄. 짙은 흑색 딸기인 *Atropa belladonna*로부터 추출된 알칼로이드로서 딸기 하나에서 나온 양은 성인 1명을 죽이기에 충분함.

니코틴성 수용체

신경근접합부에서 아세틸콜린은 니코틴성 콜린성 수용체(nicotinic cholinergic receptor)에 작용하여 골격근의 수축을 자극한다. 아세틸콜린은 자율신경계의 절(ganglia)에서도 신호를 전달한다. 여기에서 수용체는 세포내와 세포외 액상의 주요 양이온인 Na^+와 K^+ 이온 모두를 통과시키는 다소 비특이적인 양이온채널들이다. 니코틴성 수용체는 tubocurarine에 의해 신호전달이 저해된다.

Nicotine이나 tubocurarine 둘 다 무스카린성 수용체에는 거의 영향을 미치지 못한다. 마찬가지로 muscarine이나 atropine같이 무스카린성 수용체를 활성화시키고 저해하는 물질들도 니코틴성 수용체에 의해 조절되는 과정에는 거의 영향을 미치지 못한다.

니코틴성 수용체는 serotonin(5-hydroxytryptamine, 5-HT)과 glycine, 그리고 γ-aminobutyric acid(GABA)에 대한 이온성(ionotrophic) 수용체를 포함하는 세포막 단백질 superfamily의 일종이다. 그러나 glycine과 GABA 수용체는 전기적 저해를 일으키는 리간드와 반응하는 음이온채널이라는 것을 유의하라(아래). 결론적으로 수용체와 이온채널 기능이라는 것은 동일한 단백질의 고유한 특성이다.

무스카린성 수용체

아세틸콜린은 니코틴성 수용체를 통해서는 골격근의 수축을 자극하는 반면 무스카린성 수용체를 통해서는 심근의 수축 속도와 힘을 감소시킨다. 이것은 7개의 막통과 부위(seven transmembrane-spanning, 7TM)를 지닌 G-단백질 결합 수용체(G-protein coupled receptor, GPCR)의 범주에 속하며 M1, M2, M3, m4, m5의 다섯 개의 subtype이 발견되고 모두 중추신경계에 존재한다. M1 수용체는 ganglia(말초신경계 내의 somatic cluster- 역자 주)와 여러 분비샘에서 발현되며, M2 수용체는 심근과 평활근에 존재하고, M3 수용체 또한 평활근과 분비샘에 존재한다(표 3.2).

Muscarine과 관련 화합물들은 그것이 어느 조직에 처리되었는지 그리고 거기서 발현되는 수용체의 subtype에 따라 다양한 작용을 나타낸다. 무스카린에 의해 활성화되는 수용체의 반응 기작과 구조는 카테콜아민에 의해 활성화되는 것과 아주 유사하다. 그 기능의 다양성은 아드레날린성 수용체에서와 같이 특이적인 antagonist의 발달과 더불어 명확히 밝혀졌는데, pirenzepine은 무스카린성 수용체에 의해 유도되는 많은 다른 반응에는 영향은 없지만 M1 수용체를 막고 위산 분비를 억제한다.

비록 아세틸콜린에 대한 무스카린성 수용체와 니코틴성 수용체가 공통된 생리자극을 공유하고, 무스카린성 수용체는 이온흐름을 조절할(심장에서 처럼) 수 있다 하더라도, 그 수용체 자체가 이온채널은 아니다. 더 많은 차이점을 살펴보면, 이들 수용체는 구조와 진화적인 관점에서 결코 유사하지 않을 뿐만 아니라 결합할 때의 아세틸콜린 구조도 달라 보인다. 니코틴과 무스카린은 서로 아주 다르며 (그림 3.4) 구조를 고정하게 하는 환상 구조를 지니고 있는

표 3.2 무스카린성 수용체의 subtypes

Subtype	Antagonists	Tissue[a]	Transducer	Effector
M1	Atropine, pirenzipine	Autonomic ganglia	G_q	Phospholipase C (Increased cytosol Ca^{2+})
M2	Atropine, AF-DX 384[b]	Myocardium Smooth muscle	G_i, G_o	Activation of K^+ channels, inhibition of adenyly cyclase
M3	Atropine	Smooth muscle Secretory glands	G_q	Phospholipase C Ca^{2+})
m4	Atropine, AF-DX 384[b]		G_i, G_o	Inhibition of adenyly cyclase
m5	Atropine		G_q	Phospholipase C (increased cytosol Ca^{2+})

[a] Multiple subtypes occur in many tissues. All are present in the CNS. This column indicates tissues with high levels of expression.
[b] A benzodiazapine drug.

일반적으로 대문자 (MI 등)는 약학적으로 정의된 수용체를 나타내는 반면, 소문자 (m4 등등)는 클로닝에 의해서만 밝혀진 수용체를 나타낼 때 사용한다.

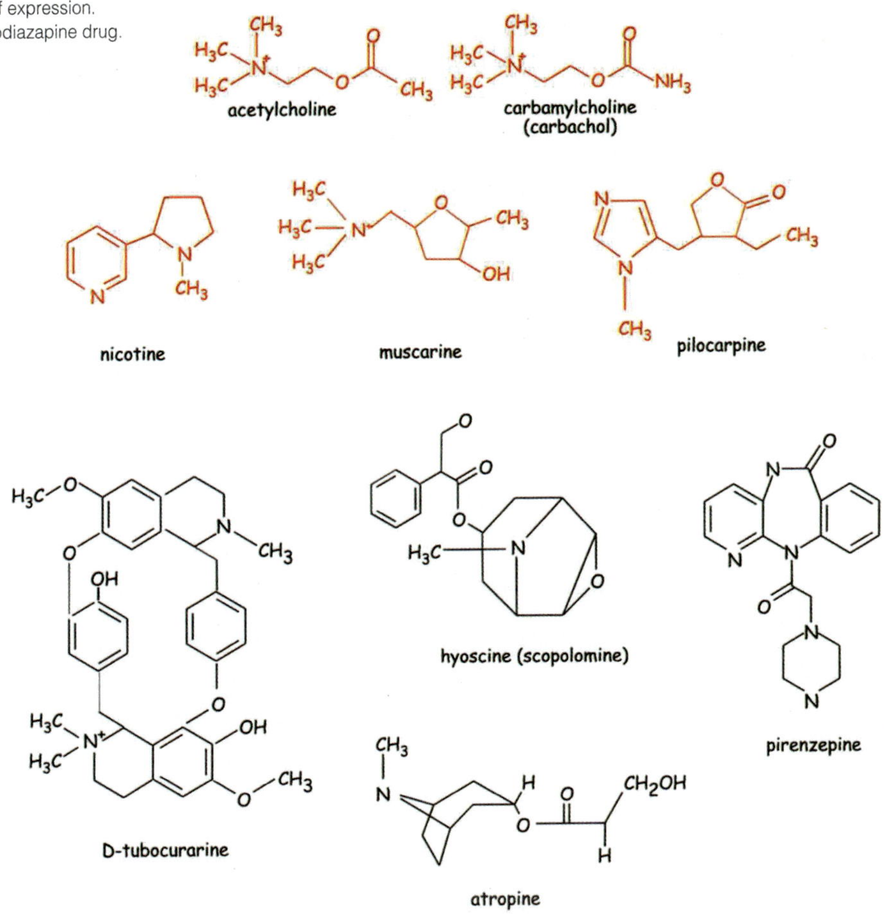

그림 3.4 니코틴, muscarine, 그리도 다른 antagonists의 구조.

반면, 아세틸콜린 분자구조는 더 유동적이어서 그것이 두 수용체의 결합부위로 끼어들어갈 때에 안정화 되어지는 다른 형태의 구조를 형성할 수 있다.

아드레날린성 수용체에서와 같이, 아세틸콜린에 의해 작동되는 무스카린성 수용체의 반응 경로는 모두 GTP-결합 단백질을 통하여 전달된다. M1과 M3, 그리고 아마도 m5 subtype의 경우, 신호전달은 G_q 계통에 속하는 G-단백질에 의해 일어나며 이것은 세포내 phospholipase C(PLC)의 활성화, phosphatidylinositol-4,5-bisphosphate(PIP_2)의 가수분해(PIP_2), 그리고 세포내 칼슘이온의 저장을 이동시키는 inositol-1,4,5-trisphosphate(IP_3)의 방출을 야기한다(7장 참조). M2와 m4 수용체는 결국에는 adenylyl cyclase의 억제와 K^+ 채널의 활성을 일으키게 되는 G_i 계통의 G-단백질과 작용한다.

니코틴성 수용체와 유사한 아미노산 수용체(Amino acid receptors)

아세틸콜린에 대한 수용체와 마찬가지로 GABA, glutamate, 그리고 세로토닌 역시 구조와 기작의 측면에서 구별되는 종류의 수용체에 작용한다.

metabotropic 이란 용어는 glutamate나 GABA등에 대한 G-단백질 결합 수용체(GPCR)를 같은 ligand에 의해 작동되는 이온 채널을 지닌 **ionotrophic** 수용체를 구별하기 위해 사용된다.

metabotropic $GABA_B$와 glutamate 수용체는 G-단백질을 통하여 PLC를 활성화하고 세포내 칼슘이온을 이동하는 반면, ionotrophic $GABA_A$, $GABA_C$와 glutamate(iGlu) 수용체들은 리간드에 의해 활성화되는 이온채널이다. 다시 말해 GABA와 glutamate에 대한 이온성 채널 수용체와 metabotropic 수용체는 서로 상당히 다른 종류의 저해제에 의해 억제된다.

이온채널 연결 수용체(Ion channel-linked receptors)

니코틴성 수용체는 일종의 이온채널이다

모든 수용체 중에서, 아마도 니코틴성 콜린성수용체가 가장 잘 알려져 있고 가장 많이 이해되어 있다는 말이 사실일 것이다. 여기에는 몇 가지 이유가 있는데:

- 첫째, 아주 많은 양의 니코틴성 수용체가 발현되는 특정 조직이 존재한다.
- 둘째, 이 수용체와 높은 친화도로 특이하게 결합하는 독성물질이 존재하므로 분리가 가능하다.
- 마지막으로, 패치클램프(patch clamp) 전기생리학의 발달로 인하여 각각의 니코틴성 수용체 분자의 이온채널 특성을 분석하는 것이 가능하다.

전기기관(electric organ)에 많이 존재한다

많은 양의 니코틴성 수용체를 발현하는 조직의 하나로 신경근 접합부가 있는데, 골격근의 운동종판 하나에는 많게는 4×10^7개까지 발현된다(그림 3.5). 아세틸콜린은 전시냅스 막에서 시냅스 간극으로 분비되면 후시냅스 막 표면에 있는 수용체와 결합한다. 이것은 Na^+ 이온(세포 외액에 많은 양 존재)이 니코틴성 채널을 통해 흐르게 하여 근육세포의 농도와 전압 구배

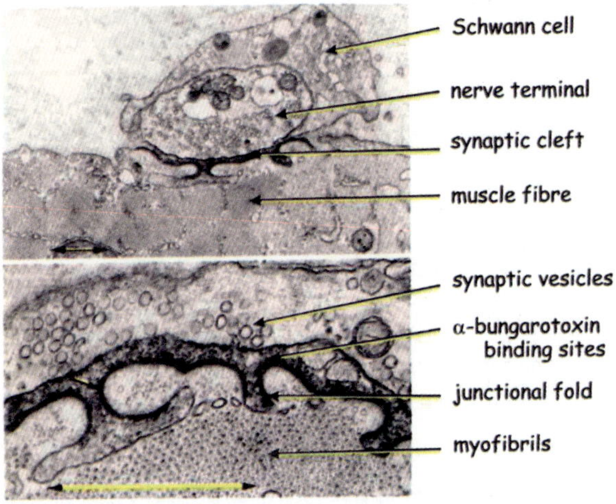

그림 3.5 신경근 접합부 니코틴성 수용체의 α-bungarotoxin에 의한 염색. 개구리의 cutaneous pectoris 근육의 신경근 접합부의 박편 전자현미경사진. 미토콘드리아와 수많은 synaptic vesicle을 함유한 신경말단은 Schwann cell에 의해 둘러싸인 채 근육섬유에 접해있다. 시료는 horseradish peroxidase가 붙어있는 α-bungarotoxin으로 처리되었으므로 3,3′-diaminobenzidine으로 반응시키면 acetylcholine receptor는 전자가 밀집한 산물로 보이게 된다. 표지물질은 주로 후시냅스 막의 외부표면과 소량은 시냅스 간극에서 발견된다. 사진의 막대는 0.5 μm를 나타낸다(Burden 제공.[8]).

를 낮추어서 부분적인 탈분극을 야기하고 궁극적으로는 근 수축을 일으킨다. 특히 해양 전기가오리(*Torpedo*)와 민물전기뱀장어(*Electrophorus*)의 전기기관에 이 수용체들이 엄청나게 많은 양 존재한다. 이 전기충격기관(electroplax organ)들은 골격근이 특별히 발달된 것으로 종판당 수용체 분자 수가 대략 2×10^{11}에 이를 정도로 막대한 양을 발현한다. 1937년에는 전기가오리의 전기충격기가 자체의 무게보다 더 많은 양의 아세틸콜린을 1시간 이내에 가수분해할 수 있다는 사실이 발견되었다. 1944년에는 전기충격기관 조직의 세포추출물로부터 아세틸콜린이 생합성 될 수 있음이 처음으로 증명되었다.

α-bungarotoxin은 근신경에 있는 아세틸콜린수용체의 agonist 결합부위에 결합한다. 이와 유사한 것으로는 신경에 있는 수용체와 결합하는 뱀 독의 α-독소가 있다.

α-Bungarotoxin은 신경근 접합부 신경전달을 차단한다

클로닝 시대가 오기 전까지는, 작은 양이기는 하지만 수용체가 풍부하게 발현되는 조직으로부터 니코틴성 수용체를 분리하고 정제 및 재조합하는 것이 가능하였다. 그 수용체들의 순수분리는 독사로부터 분리된 α-bungarotoxin 펩티드와 같이 신경근의 에너지 전달을 방해하는 독소를 이용한 affinity chromatography에 의해 이루어졌다. α-Bungarotoxin 펩티드(8 kDa)는 니코틴성 수용체에 특이적이고 높은 친화도($K_D = 10^{-12} - 10^{-9}$ mol/l)로 결합하여 비활성화 시킨다. 실험실에서는 이 독성물질을 Sephadex 같은 고체상에 공유결합으로 붙여 고정 시킨 affinity column에다 근육이나 전기충격기관을 detergent로 파쇄 시 방출되는 단백질들을 통과시킴으로써 수용체를 분리할 수 있다[9-11]. 아직까지 X-ray 결정화 정보는 없지만, 전자현미경에 의해 구조를 결정(해상도가 낮은 수준이기는 하지만)할 정도의 단백질량 확보는 가능하다.

단일 이온채널에 대한 패치클램프 전기생리학

Neher과 Sakmann이 도입한 패치클램프 방법[12]은 세포막에 있는 상태(*in situ*)로 개개의 이온채널을 연구하는 것을 가능하게 하였다.

Erwin Neher와 **Bert Sakmann**은 세포내의 단일 이온채널의 기능에 관한 발견으로 1991년 노벨상을 공동수상하였다.

이 기술의 발전은 이온채널을 이해하는데 지대한 공헌을 하게 되었는데, 그 아이디어 자체는 아주 간단하다. 직경이 1-5 μm로 화염처리로 끝부분을 매끈하게 만든 유리 미세전극 패치피펫(patch pipette) 하나를 세포 바깥표면에 대고 살짝 눌러준 후 약하게 빨아들이면 피펫 팁과 세포막사이에는 완전한 봉합이 형성된다. 봉합의 저항력은 보통 gigohm(10^9 Ω)보다 크며 두개의 조작기를 통해 세포로부터 완전한 봉합 'gigaseal'의 파괴 없이 세포막의 작은 부위를 제거하게 된다(그림 3.6). 그 결과 세포막 원래의 방향이 그대로 혹은 그 안과 밖이 뒤바뀐 형태의 membrane patch가 형성된다. 이것들은 아주 적은 수의 이온 채널을 포함하고 있는데, 리간드 결합부위는 그 방향성에 따라 외부로 드러나 있거나 아니면 패치피펫의 내부방향으로 파묻혀 있게 된다. 완전히 봉합된 패치 내에는 채널이 아주 희박하며 높은 저항성 seal로 인해 고정된 전압조건하에서 막전류를 기록하는 것이 가능하므로, 개개 채널의 개폐 특성 연구가 가능하다. 니코틴성 수용체는 이러한 방법을 이용하여 최초로 분석된 채널 중의 하나인데, 대부분의 다른 이온채널과 같이 이들은 일순간에 전체가 자발적으로 열리거나 닫히는 것을 보여준다. 아세틸콜린은 특정한 채널이 열려있는 상태로 있을 확률을 높임으로서 그 효과를 나타내다.

신경근 접합부에 있는 니코틴성 수용체는 그 중 동일한 두 개를 포함한 5개의 subtype으로 이루어진 α_2, β, γ, δ 복합체로 구성되며(그림 3.7), 모든 subunit들은 복합체가 채널로 작용하는데 필수적이다. 아세틸콜린은 두개의 α subunit와 이웃한 δ와 γ 사이의 접점에 형성된 pockets에 결합하며, 두 결합부위가 반드시 채워져야만 수용체 활성화가 일어난다. α-Bungarotoxin은 아세틸콜린 결합부위와 아주 가까운 부근에서 경쟁적으로 결합한다. 화학교차결합 실험(chemical crosslinking experiments) 결과는 그림 3.7에서 나타난 바와 같이 subunit들이 중심축을 따라 다섯 부분이 대칭 모양으로 구성되어 있음을 보여준다. 시냅스 영역인 세포 밖 표면에서 보면 복합체가 큰 깔때기의 형태로 약 6 nm 정도 튀어 나온다(그림 3.11 참조). 열린 부분의 중앙 구멍은 대략 25 nm의 직경을 가지며 세포막을 관통하는 부분에서는 점차 좁아진다. 막 반대편의 구조는 세포질 방향으로 대략 2 nm 정도 튀어나와있다.

각 subunit의 1차 구조는 광범위한 부위에서 상동서열은 물론(35-40% 일치) 보전된 치환도 많이 존재함을 보여준다. 네 개의 다른 펩티드는 1.5×10^9년 이전의 한 조상단백질이 연속적인 유전자 복제와 변이 과정에 의해 진화해 왔다고 생각되는데, 이것은 α, β, α_2, β, γ, 그리고

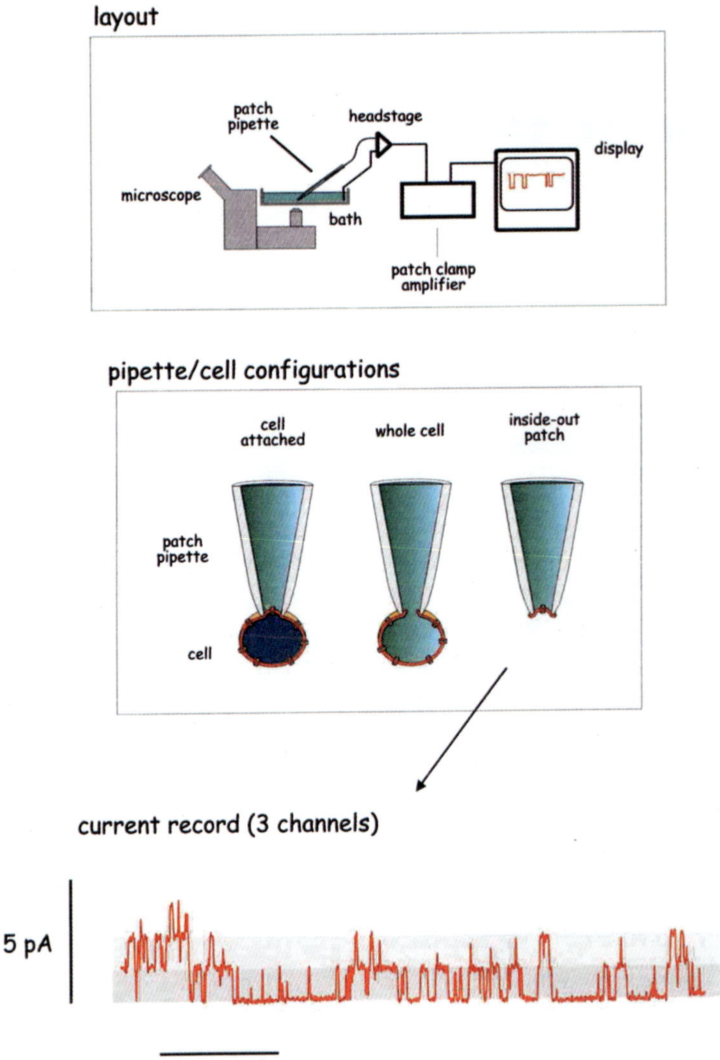

그림 3.6 막 patch를 이용한 단일 채널의 열림과 닫힘 기록. 일반적으로 세포는 접시의 바닥에 부착되어있으며 개개의 세포는 patch pipette에 붙게 된다. 한 세포로부터 떨어져 나온 막 patch의 전형적인 전류기록을 나타내었다.

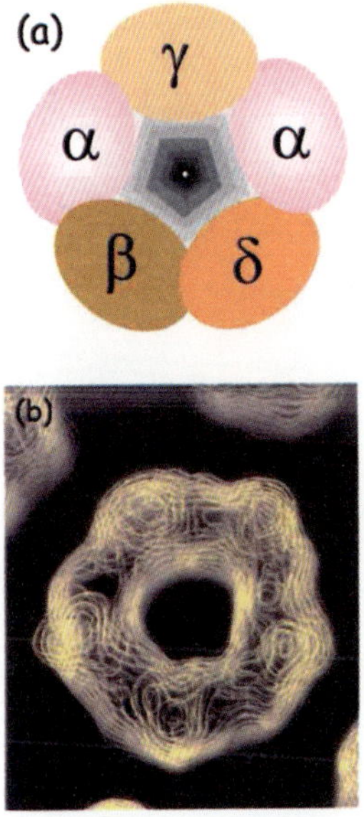

그림 3.7 니코틴성 수용체의 원통 구조: (a) 니코틴성 수용체를 이루는 다섯 개 subunits의 구성. Changeux에 의하면 그 subunits들이 -αγαδβ-의 순서로 있다고 하나 이 배열이 맞는가는 불확실하다. Unwin은 -αβαγδ-로 되어 있다고 주장하였다. (b) 니코틴성 수용체의 전자 밀도를 나타내는 등고 모형. 0.2 nm 간격사이로 연달아 잘려진 단면은 약 2 nm 너비의 중심축 주위로 다섯 개의 subunits가 둘러싸고 있음을 보여준다. 이 단면은 세포막의 바깥으로부터 관찰된 것을 보여준다. acetylcholine의 결합부위는 α와 γ, 그리고 α와 δ subunits의 사이에서 형성된 틈에 위치한다. Unwin (MRC Laboratory, Cambridge) 제공.

δ (표 3.3) 각각의 subunit에 있는 4개의 상동서열(M2)에서 명확히 볼 수 있다. 26개의 아미노산으로 이루어진 이 부위에는 7개의 일치하는 부위와 보존적으로 치환되어있는 4개의 부위가 있다. 이들 네 개 부위 서열에 각각 15-17개의 강력한 소수성 아미노산 (leucine, valine, isoleucine 등을 비롯한 소수성 계수가 0 보다 큰 아미노산: 표 3.4 참조)이 존재함을 주목하라.

표 3.3 니코틴성 수용체의 네 subunits들의 M2 서열

	α	β	γ	δ	Identical (i) Conservative (c)
258	E	D	K	K	
	A	A	A	S	
	V	L	V	I	c
	L	L	L	L	i
254	L	L	F	L	
	M	L	L	L	
	F	F	F	F	i
251	V	V	V	V	i
	T	T	T	S	c
	L	L	Q	Q	
	S	T	A	A	
247	L	L	L	L	i
	L	L	L	L	i
	V	A	V	V	c
244	T	F	N	S	
	I	I	I	I	i
	G	S	A	A	
241	L	L	V	V	c
	S	G	T	S	
	I	M	C	T	
	K	K	K	K	i
237	E	E	Q	E	c
	-	-	G	G	
	G	G	G	S	
	G	A	A	D	
234	D	D	K	A	
	A	P	A	P	
	P	P	P	L	

니코틴성 수용체의 네 subunits들의 M2 서열. 칼럼 왼쪽의 숫자는 chlopromazine 같은 수용성 광친화 물질에 노출되었을 때 표지되는 α7-subunits의 잔기를 나타낸다. LGIC database에 출판된 α7, β1, γ와 δ subunits data에 http://www.pasteur.fr/recherche/banques/LGIC/LGIC.html).근거(참조).

수용체가 어떻게 이온채널로써 작동하는지 이해하기 위해서는 개개의 구성성분들이 어떻게 막통과성 구조를 형성하고 있는지 그리고 서로 간에 상대적인 배열은 어떻게 이루어져 있는가에 대하여 알아야만 한다.

표 3.4 증기압, 분획상수 등을 포함한 실험 자료를 바탕으로 계산된 20개 아미노산의 소수성 계수

Amino acid		Value
Phe	F	4.5
Ile	I	4.5
Val	V	4.2
Leu	L	3.8
Cys	C	2.5
Met	M	1.9
Ala	A	1.8
Gly	G	–0.4
Thr	T	–0.7
Ser	S	–0.8
Trp	W	–0.9
Tyr	Y	–1.3
Pro	P	–1.6
His	H	–3.2
Gln	N	–3.5
Asn	Q	–3.5
Glu	E	–3.5
Asp	D	–3.5
Lys	K	–3.9
Arg	R	–4.5

막통과 부위의 아미노산 서열은 소수성

아미노산 서열 자료를 분석해본 결과 각각의 subunit는 전하를 띄거나 극성 잔기를 가진 아미노산에 비해 소수성 아미노산이 압도적으로 우위를 차지하는 M1, M2, M3, M4 등 4개의 부위를 가진다는 것을 보여준다(그림 3.8).

불행하게도 이 명명법은 무스카린성 수용체의 용어 M1-m5와 쉽게 혼동될 수 있음에 유의하라.

이들 소수성 아미노산이 많이 존재하는 부위는 막을 관통하는 부위라 생각된다. 이 부위들이 짝수(4)개로 존재한다는 것은 N-과 C-말단 모두가 세포밖에 있다는 것이다. N-말단 부위는 약 200개의 아미노산으로 구성되어있고 광범위한 글라이코실화(glycosylation)가 되어 있으며, 막관통 부위인 M1과 M2를 연결하는 세포 내 loop과 M2와 M3를 연결하는 세포 밖 loop은 상대적으로 짧고, M3와 M4를 연결하는 세포내 loop은 조금 더 긴 130여개의 아미노산으로 이루어져있다(그림 3.9a).

α-나선구조(helix)로 이루어진 막관통 부위가 '친유성 막대(oily rods)'로서 세포막을 통과하기 위해서는 5 nm 정도의 길이면 충분하다[15]. 실제로, 이것이 아세틸콜린 수용체의 막관

물론 펩티드 사슬의 어떤 지점에서의 소수성 지수는 단순히 그 위치의 특정 아미노산에 의해서 뿐만 아니라 그 이웃 아미노산들의 소수성 혹은 친수성에도 의존한다. 단백질을 이루는 20개 아미노산 개개의 소수성 지수는 유기용매(예를 들면 hexane)에서의 용해도 등에 의해 결정된다.

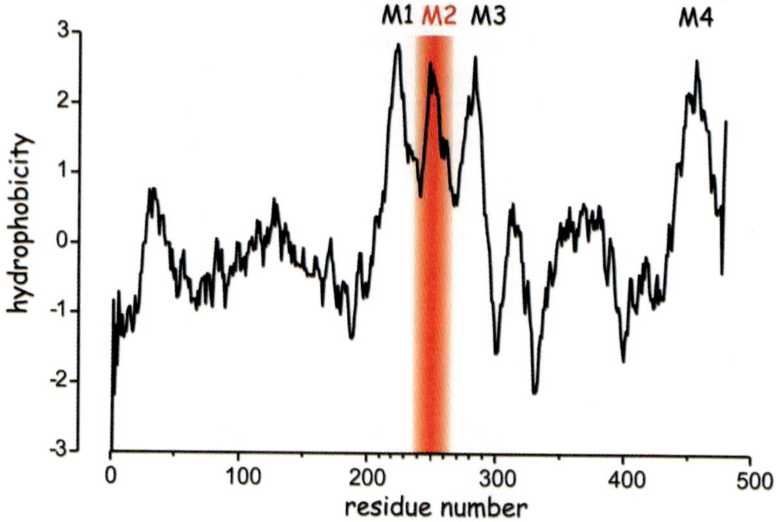

그림 3.8 니코틴성 수용체 subunit의 소수성도. 이 그래프는 니코틴성 acetylcholine receptor α-subunit의 소수성 양상profile을 나타낸다. 소수성 지수는 펩티드 사슬 위 각 위치를 중심으로(따라서 각 지점은 9 + 1 + 9 아미노산의 소수성의 평균을 나타낸다) 9개 아미노산의 평균 소수성을 나타낸다. 각 아미노산은 표 3.4에서처럼 유기용매에 대한 용해성에의해 그 소수도 값이 주어진다. LGIC database에 출판된 α_7 subunit의 자료[13](http://www.pasteur.fr/recherche/banques/LGIC/LGIC/.html). 그림 3.10에 나타내듯이 234-258 부위의 아미노산들이 이온 채널의 통로를 형성한다.

모든 알려진 막통과(TM) 단백질에는 평균보다 높은 소수성 지수를 지닌 약 20개의 아미노산 stretch가 존재한다. 또한 X-선 회절 실험에 의해 구조가 밝혀진 몇몇 단백질 (예를 들면 purple 박테리아인 *Rhodopseudomonas*[16]의 광합성 센터인 bacteriorhodopsin, *Streptomyces lividans*[17]의 potassium 채널, 그리고 *Mycobacterium*[18]의 gated mechanosensitive 이온채널)에서도 소수성 부위가 α-나선구조로 이루어져 있다. 물론 이것이 모든 막통과 부위에서 반드시 그렇다는 것은 아니다.

통 부분인 M1-M4가 이루어져있다고 처음 생각했던 방식이다. 그러나 circular dichroism (CD)이나 적외선 분광기를 이용한 물리학적 분석결과 β-구조의 사슬도 막을 관통하는 부위에 존재할 가능성도 시사한다[19].

지질용해성 probe에다 빛을 쪼여 표지한 막 단백질을 분석한 결과는 오직 M2 부분만이 세포막의 지질환경으로부터 완전히 감싸여 져있다는 것을 보여준다. 또 다른 실험 증거들은 다섯 개 subunit 전부의 M2 나선에 존재하는 아미노산 잔기들이 5각형 구조의 대칭축을 따라 형성된 이온채널에 중요함을 보여준다. 중요한 것은 오직 M2 부분의 잔기들만이 chlorpromizine이나 다른 광친화성(photoaffinity)를 가진 수용성 채널차단제(channel-blocking agent)들과 반응한다는 것이다. 결합속도는 그 채널이 열린 구조로 있을 때 1000배 이상 더 높다[20].

광친화성 표식자(photoaffinity label)는 자외선을 비추면 반응성 화합물이 되어 바로 주위에 있는 분자와 안정한 유도체를 형성하게 된다.

이온채널의 안쪽 면을 형성하는 아미노산을 확인하는 것은 chlorpromazine이나 다른 부위특이적 채널 방해 기질을 이용하여 열린 채널을 조사함으로써 가능하다. 총괄적으로, 이러한 실험 결과는 아미노산들이 체인을 따라 3개 혹은 4개의 건너 위치함을 보여주는데 이것은 한 회전 당 3.6개의 잔기를 가지고 있는 α-나선 배열과 일치한다(그림 3.10 참조). 대략 1 nm의 직경을 가지는 채널의 좀 더 넓은 부분은, 아마도 물로 채워진 구멍으로 이루어져 있을 것이나, 이론적으로는 수화된 상태의 이온을 지닐 수도 있을 것이다. 이 부위의 채널은 M1과 더불어 모든 5개의 α-나선 M2부분에 의해 이루어진다. 전자현미경(9 Å, 0.9 nm)의 해상도 수준에서도 채널로 들어가는 입구는 구별이 된다(그림 3.11 및 3.12).

가장 좁은 부분은 아마도 선택성 여과를 담당하게 될 것이다. 그것은 세포질과 세포막의 경계부위에 위치하며 M2 부분에 존재하는 잔기들로만 구성됨을 보여준다. 이 지점에서 M2는 채널의 좀 더 많은 부분을 채우는 α-나선구조 대신에 아마도 연장된 loop을 형성하는 것 같다. 이 loop 부위가 다른 아미노산으로 치환되면 이온과 음이온 사이의 구별, 2가 양이온의 투과성, 그리고 다른 1가 양이온의 상대적인 투과성 등 이온선택성의 모든 면이 영향을 받게 된다([21-26], 그림 3.10).

수용체 탈감화(desensitization)

수용체는 몇 ms의 짧은 시간이 아닌 수초 혹은 수분동안 아세틸콜린에 노출되면 더 이상의 자극이 와도 반응하지 않게 된다. 탈감화라고 알려진 이 현상은 β, γ, δ subunit에 의해 조절된다. 비록 이 subunit들이 아세틸콜린과 결합하지는 않지만 아무 역할도 없이 α-subunit에 단순히 매달려 있는 것은 아니라는 것은 명백해 보인다. 각 subunit의 M3와 M4를 연결하는 긴 세포내 loop들은 protein kinase A (PKA)와 protein kinase C (PKC)에 의해 인산화되는 부위를 지니고 있다. 아세틸콜린이 α-subunit에 결합하는 시간이 길어질수록, 그 인산화 정도는 더 커지게 되는데 이것이 왜 DFP(diisopropyl fluorophosphate)나 sarine같은 acetylcholine

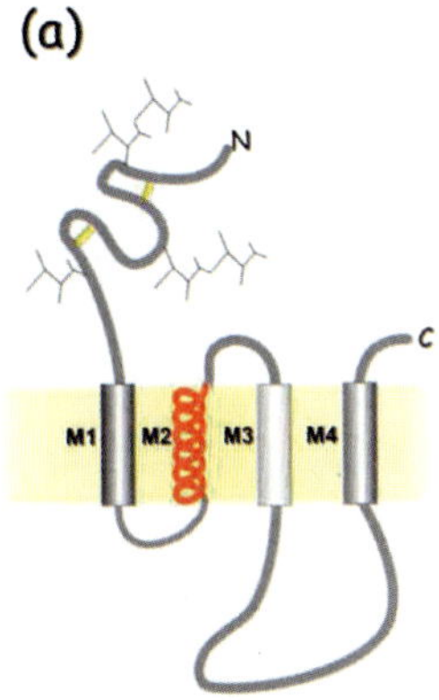

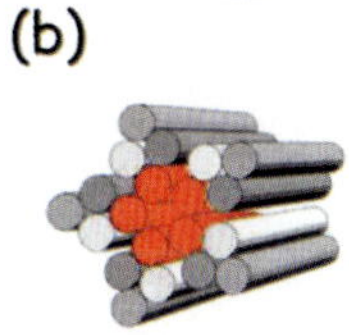

그림 3.9 사람 니코틴성 수용체의 펩티드사슬과 세포막 구조. (a) TM 부위를 보여주는 단일 subunit. 소수성 양상 분석에 의하면 니코틴성 acetylcholine receptor의 다섯 개 subunits는 각자 세포막을 4번(M1-M4) 관통하는 것으로 보인다. TM 결과 N-말단과 C-말단 모두 같은 (세포 밖)면에 노출된다. 각 subunits의 M2 부위가 이온 채널의 통로를 형성하는 것으로 보인다. (b) TM부위는 서로 밀집하게 배열되어 채널은 M2부위에 의해 형성된다. 각 subunits에서 양극성을 지닌 M2 부위의 극성표면은 서로를 향하여 배치되며 비극성 표면은 다른 subunits들과 이중층 막의 비극성 부위와 어울리게 된다. 전체 구조의 중심에 이온 채널이 형성된다.

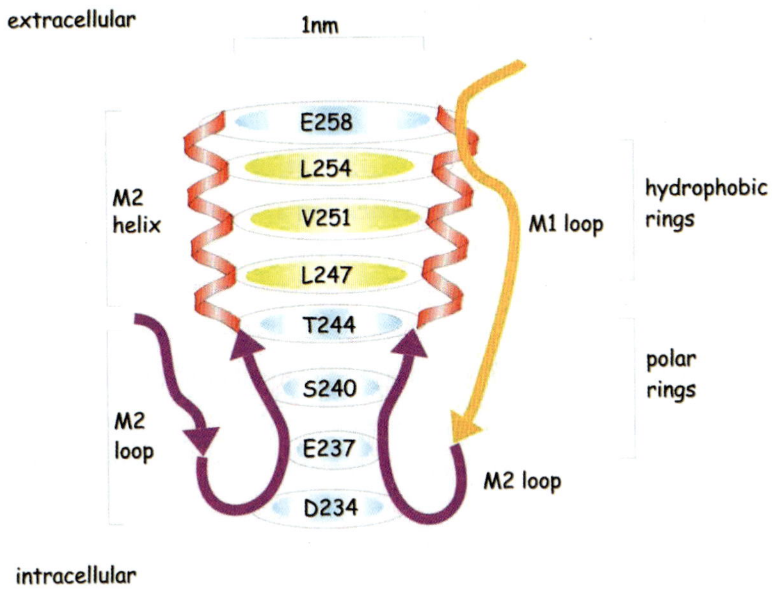

그림 3.10 니코틴성 channel을 따라 존재하는 보전된 결사슬의 위치. 채널을 간단히 나타낸 그림은 두 α-subunit의 M2 helices와 loop을 보여준다. 이 두 부위로부터 나와 채널을 형성하는 아미노산을 표시하였다. Corringer 제공[21].

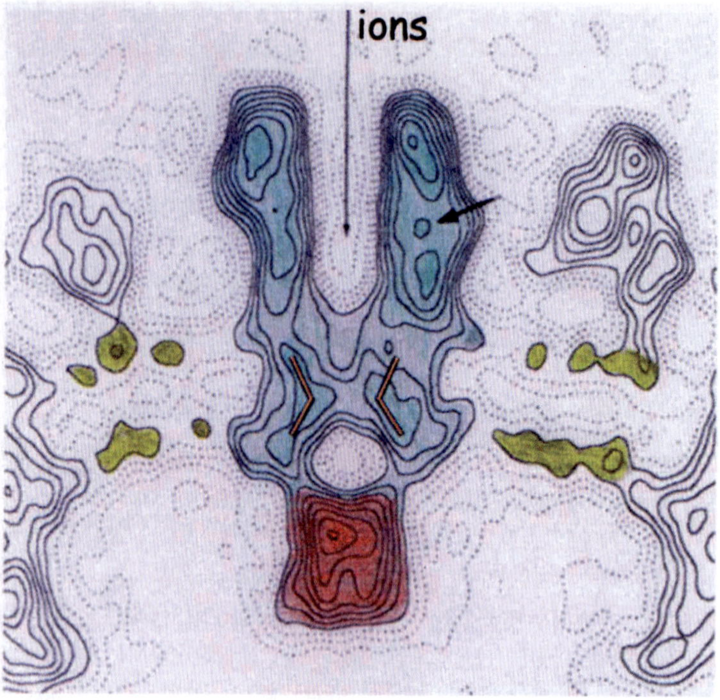

그림 3.11 acetylcholine receptors의 단면도 상. 수용체는 파란색, 막 이중층은 노란색, 붙어있는 세포질 단백질은 분홍색으로 나타내었다. 수용체 길이는 약 12 nm이며 세포밖과 안쪽 면으로부터 각기 6.5 nm와 1.5nm 튀어나왔다. 채널의 가느다란 부위(긴 화살)는 다섯 개의 subunits로 이루어진(막대 표시) 약 2 nm 직경을 가진 두개의 입구로 이루어진 골격으로 이루어졌다. 이온채널의 입구는 죄어드는 부위에서 채널로 튀어나온 아미노산에 의해 형성된다. 아세틸콜린이 붙는 부위는 그 입구로부터 약 5nm 떨어진 α-subunit의 pocket(짧은 화살)에 위치하는 것으로 보인다. Unwin (MRC Lab. Cambridge 제공).

esterase의 저해제가 매우 유독한지를 설명해준다. 아세틸콜린의 가수분해를 막음으로써 그 자극이 처음에는 연장되지만 결국에는 멀리 확산되어 없어지고 채널이 닫히게 되면 광범위한 인산화는 그 채널이 다시 열릴 수가 없게 하는데 이 수용체를 탈감화 되었다고 한다.

다른 종류의 수용체 연결 이온채널(Other receptor-linked ion channel)

세로토닌(5-HT)이나 GABA 그리고 glycine에 의해 조절되는 이온채널은 확실히 니코틴성 수용체와 관련이 있어 보인다. GABA와 glycine은 중추신경계의 억제 뉴런에 존재하는 염소이온 채널을 조절한다. 이것들이 열렸을 때는 염소이온이 세포내로 들어오게 되어 세포막 과분극(hyperpolarization)을 야기하고 그에 따라서 뉴런이 활동전위를 일으키기 위해 필요한 임계치에 도달할 가능성이 낮아진다[27].

물론 상황들이 결코 우리가 생각하는 만큼 단순하지는 않다. 이온 흐름의 방향은 세포내의 Cl^- 의 농도에 의존하며 시상하부의 suprachiasmic nucleus (SCN) 뉴런에서는 낮에는 아마 순환적으로 조절되는 이온 펌프에 의해 높아지는 등 주야에 따라 달라지는 것처럼 보인다[27]. 그 결과 하루 중

중추신경의 주요 흥분성 수용체이며 glutamate에 의해 조절되는 여러 채널들은 독립된 집단을 이루고 있다. 그들의 아미노산 서열은 서로 연관성이 적을 뿐만 아니라 세포막에서의 구조도 상당히 다르다. 그 subunit들은 오직 3개의 막투과성 부분을 가지므로 N-말단과 C-말

시간에 따라 GABA는 흥분성 아니면 억제성 신경전달물질로 작용한다. 낮 동안 SCN내 Cl^- 농도가 15 mmol/L이상일 때는 GABA는 발사율(firing rate)을 높여(8-10 Hz) 흥분을 일으킨다. 밤에는 $GABA_A$ 채널이 열리게 되면 Cl^-이온이 흐르게 되어 막 과분극과 발사율의 감소(2-4 Hz)를 일으킨다.

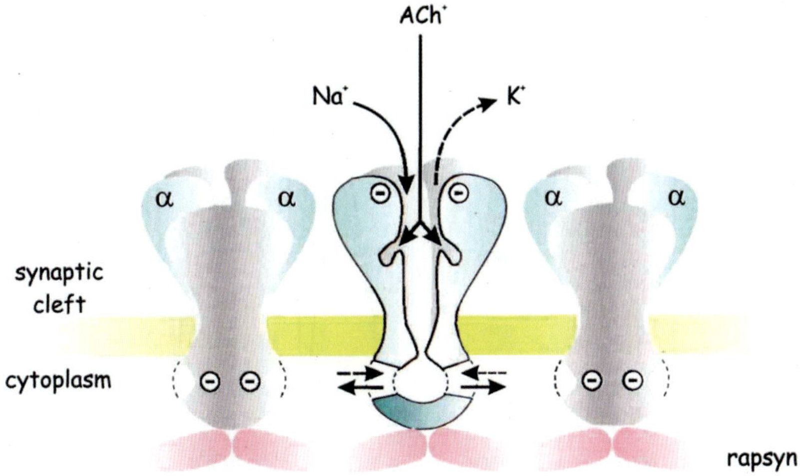

그림 3.12 **니코틴성 ion channel: 니코틴성 acetylcholine receptor의 구조 모식도.** 채널의 가장 좁은 부위는 다섯 개 subunits 모두의 M2 부위의 아미노산으로 채워진다. 수용체는 두개의 아세틸콜린 분자는 두 α-subunit에 있는 부위에 결합한다. 수용체는 시냅스 간극으로 깔때기 모양으로 6 nm 정도 뻗어져 나온다. Rapsyn은 채널을 cytoskeleton에다 고정시키는 43 kDa 단백질이다.

단은 각각 세포막의 다른 측면에 존재하게 된다. 이들 수용체에서 채널을 따라 형성된다고 여겨지는 M2 상응 부위는 초창기의 형태로 세포막으로 들어갔다가 세포질의 같은 면에 다시 나타난다[28].

G-단백질 결합 수용체의 7TM superfamily

아세틸콜린에 대한 무스카린성 수용체와 γ-aminobutyrate에 대한 $GABA_B$ 수용체, glutamate에 대한 mGlu 수용체들은 아드레날린성 수용체와 함께 모두 동일한 superfamily의 수용체 단백질에 속한다. 이것들은 구조적으로 시색소인 rhodopsin과 유사하며 극호염성 고세균(archaebacteria)의 세포막 이온펌프를 구성하는 bacteriorhodopsin과는 미약하게나마 연관이 있다. 이들 모두를 연결시키는 구조적 특징이 바로, 단일 펩티드체가 세포막을 7번 통과한다고 여겨지는 구조이다(그림 3.13 및 그림 3.14). 세포막을 7 번 통과하는 부위는 세포 밖으로 노출된 N-말단부위, 세포질 안쪽에 위치하는 C-말단부위, 그리고 세포막 양쪽에 각각 3 개의 loop에 의해 연결된다. Bacteriorhodopsin의 세포막내 구조만 직접 분석되었지만[29], 고세균의 7TM 단백질과 진핵생물의 수용체가 비록 구조적 특징을 공유하고 있다 하더라도 동일한 조상으로부터 진화되어 왔는지는 불확실하다. 이들 사이의 유사점은 발산 진화보다 수렴 진화로부터 나왔다고도 할 수 있을 것이다. 이러한 수용체들과 시색소 rhodopsin의 7개의 막통

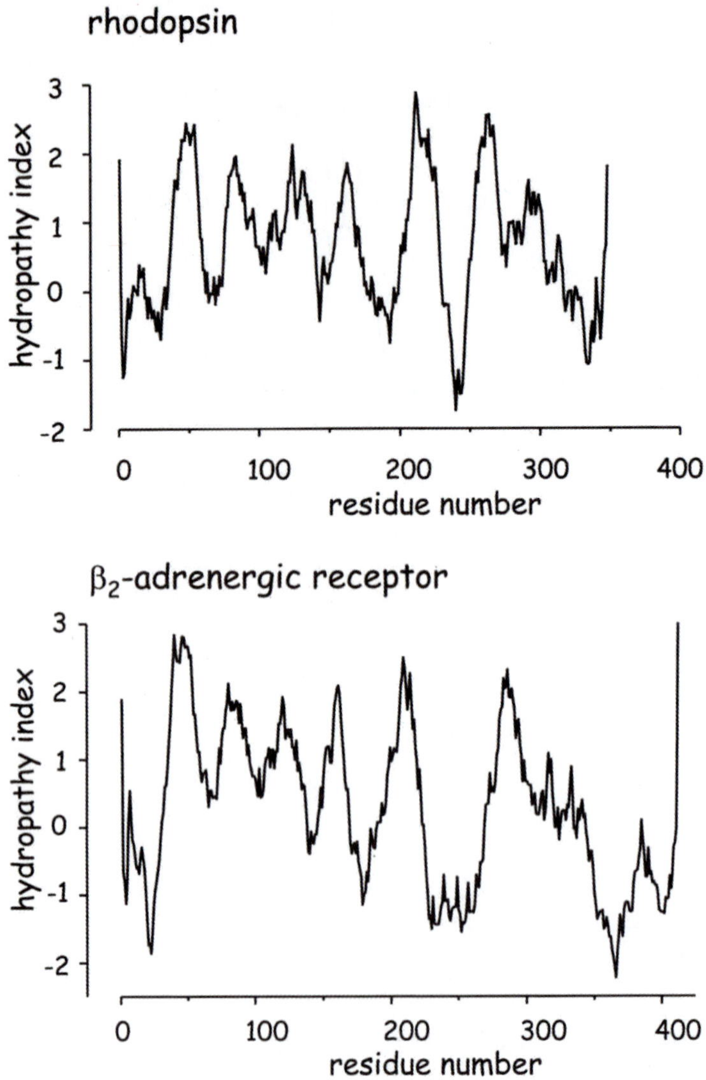

그림 3.13 로돕신과 β-아드레날린성 수용체의 소수성도. 소수성 지수 값은 그림 3.8을 참조하라. 아미노산 서열은 Swissport database로부터 참조하였다(accession number는 P08100 과 P07550).

과성 α-나선구조는 주로 아미노산 서열의 소수성도 분석(hydropathy plot 분석, 단백질결정구조도, 역자 주)에 의해 예측되어왔다. 시색소와 7TM 수용체를 연결하는 다른 주요 특징으로는 모두가 세포내 GTP-결합 단백질과 상호작용 한다는 것이다. Bacteriorhodopsin의 경우는 GTPase와 연관이 없으며 이온펌프로 작용한다.

7TM 수용체의 범주

물론, 이러한 단백질들의 구조뿐만 아니라 아미노산 서열까지도 cDNA의 분석에 의하여 추

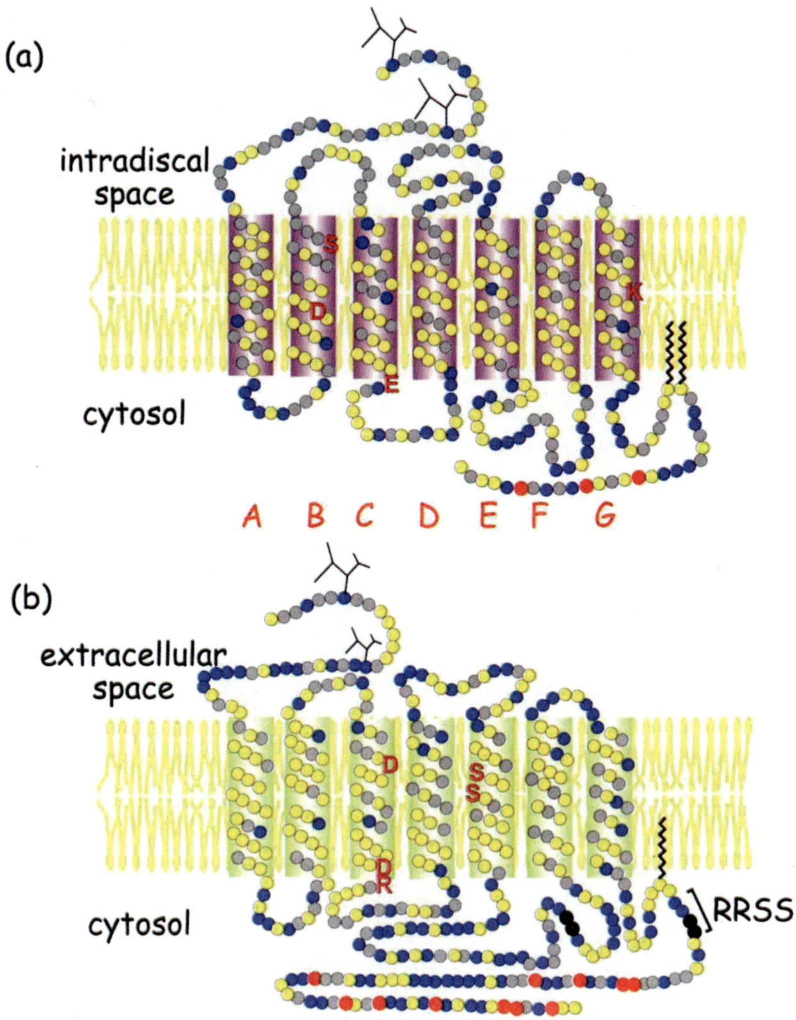

그림 3.14 로돕신과 아드레날린성 수용체의 세포막 구조. 로돕신(a)과 β_2-아드레날린성 수용체(b)의 막 구조는 그 아미노산 서열들의 소수성양상에 의거하여 얻었다. 동그라미는 소수성잔기(노란색), 비극성 잔기(회색), 그리고 극성 잔기(푸른색)를 나타낸다. 두 구조에서 모두 일곱 개의 세포막 관통부위(A-G)를 이루는 아미노산들은, 극성과 전하를 띈 아미노산이 아주 없는 것은 아니지만, 주로 비극성 잔기들로 이루어졌다. 리간드(11-*cis*-retinal과 adrenaline)와 접촉하는 잔기는 그림에(단일 문자 코드로) 나타내었다. 노출된 loop과 말단부위에서는 극성과 전하를 띈 아미노산 잔기가 나타나는 빈도가 훨씬 커다. 빨간 원으로 표시된 잔기는 각기 rhodopsin kinase나 β_2-adrenergic receptor kinase (βARK)에 의해 인산화되는 부위를 나타낸다[30,31]. 흑색원은 PKA(RRSS)에 의해 인산화되는 잔기를 표시하였다.

론된 것이기는 하다. 많은 경우, cloning 과정에 의해 개개 유전자 산물이자 명백히 이 superfamily의 member인 단백질의 확인에 이르렀지만 그 당시 생물학적 기능에 대해서는 거의 알려진 것이 없었다. 만약 우리가 후각상피세포에서 발현되며 7TM 수용체의 구조를 가졌다고 추측되는(아마도 후각 수용체인) 단백질을 포함한다면, 이 family는 엄청 커지게 되어 그 숫자가 2000여개에 이를 것이며 포유류의 전체 유전자의 5% 정도를 차지하게 될 것이다.

비록 이러한 단백질의 일반적인 구조가 명백한 것처럼 보여도, 물론 중요한 차이점도 있다. 만약 우리가 이온(칼슘이온)으로부터 작은 분자, 그리고 단백질에 이르기까지 수용체를 활성화하는 다양한 종류의 리간드를 생각해본다면 그것은 자명한 일일 것이다(표 3.5). 하나의 단적인 예로는 리간드인 11-*cis*-retinal을 공유결합에 의해 지니고 있는 rhodopsin이다. 이러한 시각체계의 장점은 리간드가 이미 그 작동 장소에 먼저 들어가 광자를 받아들일 준비를 하고 있다는 점이다. 이것은 빛에 의해 10^{-12} 초(picosecond) 내에 all-*trans* 형태로 이성질체화되어 rhodopsin의 구조변화를 일으키고 이는 transducin인 GTP-결합 단백질과의 상호작용을 야기하게 된다[32,33]. 이것은 다시 세포내 cyclic GMP의 가수분해를 일으키는 특정 phosphodiesterase를 활성화하게 되는데 시각 광신호 전달에 대한 것은 6장에서 더 살펴볼 것이다.

Rhodopsin과는 달리 호르몬에 대한 수용체는 결합상태나 비결합 상태 둘 다 존재한다. 수용체가 활성화되는 속도는 가용 리간드가 얼마나 있는지, 결합부위로의 확산속도, 그리고 결합속도에 의해 결정되는데 이 과정들이 로돕신에서 보다는 느리게 일어난다. 다음에 어떤 과

표 3.5 7TM 수용체의 범주

Receptor properties	Ligands
Ligand binds in the core region of the 7 transmembrane helices	11-*cis*-Retinal (in rhodopsin) Acetylcholine Catecholamines Biogenic amines (histamine, serotonin, etc, Nucleosides and nucleotides Leukotrienes, prostaglandins, prostacyclins, thromboxanes
Short peptide ligands bind partially in the core region and to the external loops	Peptide hormones (ACTH, glucagon, growth hormone, parathyroid hormone, calcitonin)
Ligands make several contacts with the N-terminal segment and the external loops	Hypothalamic glycoprotein releasing factors (TRH, GnRH)
Induce an extensive reorganization of an extended N-terminal segment	Metabotropic receptors for neurotransmitters (such as GABA and glutamate) Ca^{2+}-sensing receptors, for example on parathyroid cells, thyroidal (calcitonin secreting) C-cells and kidney juxtaglomerular apparatus
Proteinase-activated receptors	Receptors for thrombin and trypsin

정이 일어나는지는 잘 알려져 있는데, 모든 수용체는 GTP-결합 단백질과 소통하고 이는 다시 세포내의 효소들과 반응함으로서 cAMP, 칼슘이온 등과 같은 이차 전달자를 생성하거나 이동시키게 된다. 그러나 cAMP와 이를 합성하는 효소인 adenylyl cyclase가 발견되었을 시점에만 하더라도 수용체 자체에 대한 이해는 순전히 개념적이었다. 수용체 단백질이 전혀 분리된 바 없었으며 구조에 대한 정보도 전무한 실정이었을 뿐만 아니라 사실 세포막구조에 대한 개념조차 확립이 되지 않은 상황이었다. 수용체와 그것이 조절하는 효소활성이 하나로 이루어졌는지 아닌지에 대한 가능성도 깊게 생각하지 못하였던 시기였다.

수용체의 다양성: 변이(variation)와 특성화(specialization)

7TM 수용체 중에서는 아주 적은 수의 잘 보존된 잔기가 있는데 이들 대부분은 소수성 세포막 통과부분에서 발견된다. 비록 이 단백질들이 한 단백질로부터 진화되어 왔다는 것은 확실해 보이지만 그들의 1차 구조의 다양성은 엄청나다. 게다가 만약 보존된 분자구조의 다양성이 세포막을 관통하는 부위에서도 명백하다면, 다른 종류의 활성화 리간드와 결합하는 부위를 비교함으로서 서로 확연히 다르며 특정 리간드에 특이적으로 결합하는 아미노산 서열을 찾을 수 있을 것이다. 세포막 밖으로 노출된 부분의 길이는 다양하여 N-말단의 경우 7개 에서 595개까지의 아미노산 잔기, C-말단의 경우 최소 12개에서 359개까지, loop들은 5개 에서 230개까지의 아미노산 잔기로 이루어져있다[34].

저분자량 리간드의 결합

카테콜아민이나 히스타민 같은 아미노산 유도체, eicosanoids(표 2.2 참조), 그리고 acetylcholine과 같은 저분자량 리간드가 결합하는 부위는 대부분 그 수용체의 소수성부위 깊숙한 곳에 위치하고 있다. 카테콜아민은 catechol의 두개의 −OH 기와 수용체 5번째 TM helix에서 α-helix의 한 turn 아래위에 위치한 204번과 207번 serine과의 수소결합, 그리고 아민기와 수용체의 3번째 TM helix의 113번 aspartate와의 정전기적 인력에 의해 결합하는 것으로 생각된다(그림 3.15, 그림 3.14). 아세틸콜린 역시 무스카린성 수용체의 두개의 TM 나선구조들과 결합하여 마치 crosslink하는 것처럼 이루어진다. 이러한 방법으로 결합하는 호르몬 분자들은 세포막 면에 평행한 방향으로 위치하며 수용체내 두 TM 부위사이를 연결하는 다리를 형성하고, 둘 사이의 방향성을 변화시킴으로서 세포로 신호를 전달하게 된다. Propanolol 같은 β-차단제 역시 이 부분과 높은 친화력으로 결합함으로서 활성 리간드가 들어오는 것을 방해하게 된다. 하지만 catechol 그룹이 없음으로 인해서 TM 사이를 중요한 연결고리를 형성하지 못하므로 수용체를 활성화시키지는 못한다.

작은 분자량 물질을 인식하는 수용체와 달리 ACTH나 glucagon 같은 펩티드 호르몬과 결합하는 부위는 N-말단부분이나 TM helices를 연결하는 노출된 loop부분에 존재한다(그림 3.16b). 당단백질 호르몬을 인식하는 수용체들은 세포바깥 부분으로 많이 뻗어져 있는 긴 N-말단부위를 지닌다(그림 3.16c).

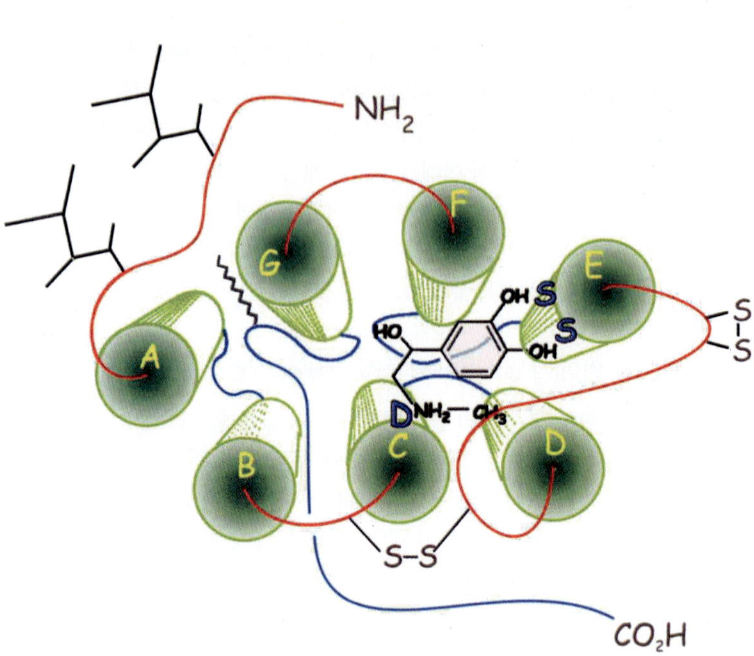

그림 3.15 막통과부위 사이에 결합된 아드레날린 분자와 호르몬 수용체를 위에서 내려다 본 구조. 세포 밖에서 바라 본 것이다. N-말단은 당화 되어있다. 아드레날린의 두 카테콜 수산기는 막통과 α-helix E에 존재하는 serine 기와 상호작용한다. 결합에 관여하는 S204와 S207은 세 아미노산(한 회전) 떨어져 있으므로 helix축을 따라서는 1.5 nm 떨어져있으나 둘 다 같은 방향을 향하게 된다. 리간드의 아미노 그룹은 막통과 α-helix C에 있는 aspartate에 결합한다. Ostrowski 제공[35].

칼슘이온 센서와 metabotropic 수용체

신경전달물질(glutamate나 γ-aminobutyrate 같은)이 결합하는 metabotropic 수용체의 부위나, 칼슘이온 센서의 칼슘이온 결합부위는 그 길이가 600개의 아미노산 잔기에 이르는 긴 N-말단 부위에 위치한다(그림 3.16d). 칼슘센서의 결합부위에 칼슘이온이 결합하면 N-말단부위는 광대한 세포 밖 부위에 집게 같은 구조변화를 일으키는데 이에 의하여 노출된 몇몇 아미노산 잔기가 수용체의 TM core와 상호작용하게 된다. 이처럼 수용체의 세포외부 부위는 자신의 auto-ligand로써 작용하게 된다. 칼슘이온 감지 수용체는 평상시 세포에 존재하는 칼슘이온의 농도가 높은 가운데 자극 시 일어나는 적은 농도변화(2.5 mM의 농도에서 ±0.025 mM의 변화를 감지)를 감지해야하는 어려운 역할을 수행한다. 부갑상선 세포는 순환하는 칼슘이온의 농도가 약 2.2 mM 이하로 떨어질 때마다 부갑상선 호르몬을 분비하게 된다. 이것을 보면 센서의 칼슘친화도는 매우 낮아야 하는데 그렇지 않으면 모든 조건에서 항상 포화된 상태로 존재하게 될 것이기 때문이다. 한편으로는 이 시스템은 보통 몇 차수 이상의 농도 변화를 인식하는 전형적인 호르몬 수용체의 감지계에 비해 아주 적은 양의 농도변화를 인식할 만큼

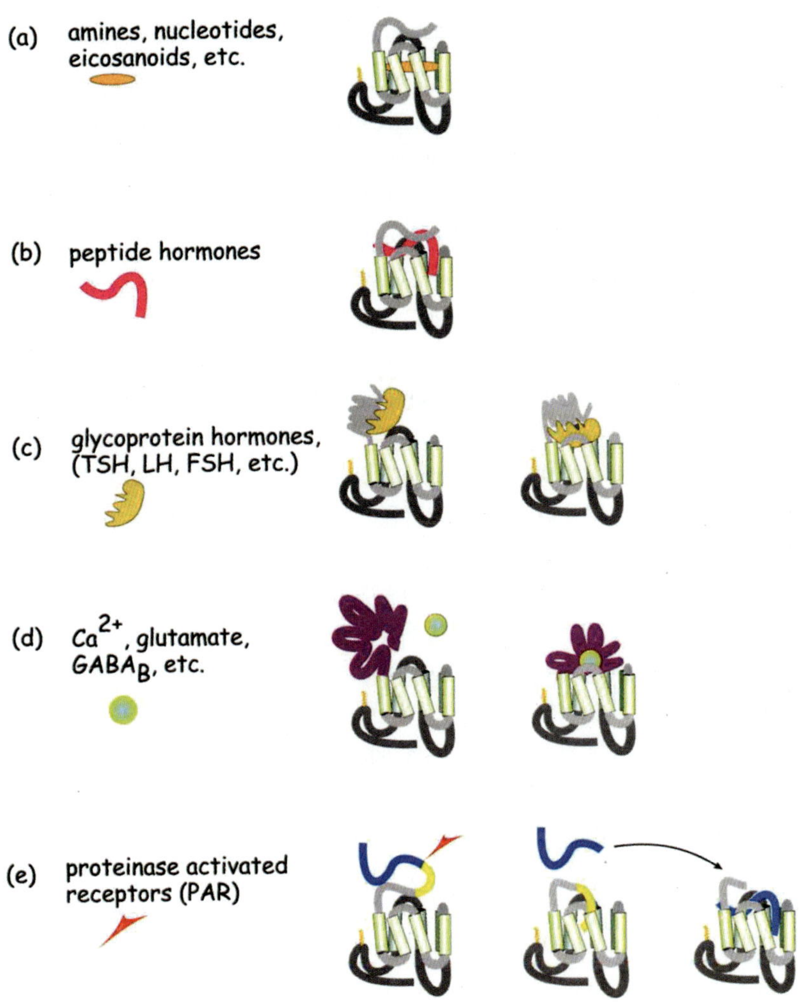

그림 3.16 리간드 결합부위. 7TM수용체의 기능은 아주 다양하여 아주 많은 종류의 영향인자를 조절하며 분자량으로 32 Da (Ca^{2+})으로부터 10^5 Da 이상까지 다양한 형태의 리간드에 반응한다. 대부분의 저분자량 호르몬 (아드레날린과 아세틸콜린 같은)은 소수성중심내의 부위에 결합한다(a). 펩티드와 단백질은 수용체의 외부 면과 상호작용한다(b, c). 저 분자량이기는 하지만 Ca^{2+}과 아미노산 glutamate와 GABA는 확장된 N-말단과 결합함으로서 수용체와 상호작용하는 새로운 구조로 유도한다 (d). Proteinase-activated 수용체는 절단되며 새롭게 노출되는 N-말단은 auto-ligand로 작용하게 된다. 자유 펩티드는 다른 수용체와도 상호작용한다. Ji *et al.* 제공[34].

민감해야만 한다. 칼슘이온 센서는 저친화도 chelator로 작용하는 세포외 부위를 지니고 있어 세포 바깥의 칼슘농도가 생리조건하에서 변화함에 따라 칼슘과 결합하거나 방출하게 된다[36]. 칼슘이온 센서는 두 수용체의 세포외 부위에 존재하는 cysteine 잔기 사이가 이황화 결합(disulfide bond)에 의해 연결된 이량체로 작동한다[37]. 이 수용체의 특이적인 결합 성질은 단량체와 이량체(monomer-dimer) 사이의 평형에 의해 결정된다.

단백분해효소 활성화 수용체 (Proteinase activated receptors, PARs)

혈소판은 많은 종류의 리간드(예를 들면 조직손상 부위에 드러난 collagen, 손상된 세포로부터, 그리고 더 중요하게는, 활성화된 혈소판으로부터의 분비된 ADP)에 대해 반응할 수 있지만, 가장 강력한 활성제는 트롬빈(thrombin)이다. 혈소판 의존형 동맥혈전증(platelet-dependent arterial thrombosis)은 대부분의 심장병 발병과 발작의 시발점이 된다. 트롬빈은 수초내로 혈소판을 활성화시켜 응집하게 하지만, 장기적으로는 여러 광범위한 세포 종류에 의해 매개되는 조직분화의 자극을 수반하는 조직복구 기작과 염증반응에 관련된 기능도 지니고 있다. 트롬빈은 trypsin과 chymotrypsin, 그리고 acetylcholine esterase와 유사한 serine proteinase이다. 이것은 오직 특정 서열에 의해 둘러싸인 펩티드의 arginine과 serine 사이를 자르는 독특한 특이성을 지니고 있다. 다른 serine esterase와 마찬가지로 트롬빈의 가수분해 활성뿐만 아니라 혈소판을 자극시키는 활성도 유기인(organophosphorous) 화합물에 의해 저해된다. 트롬빈 수용체의 N-말단 exodomain이 잘려지면 새로운 N-말단이 노출되는데 이것은 그 자체가 수용체의 다른 loop들과 상호작용하는 리간드(tethered ligand)처럼 작용한다(그림 3.16e). 트롬빈에서 잘려 새로 나온 5개의 N-말단 아미노산과 동일한 합성 pentapeptide도 트롬빈 수용체를 활성화시키는 (agonistic) 효능을 보여준다[38]. 붙어있는 ligand와 더불어, 잘려 나온 41개 아미노산 잔기의 펩티드도 혈소판에 대한 강력한 agonist로써 작용한다[39].

트롬빈 수용체는 이제는 단백분해효소 활성화 수용체(PAR1—4)라는 큰 family에 속하는 것으로 알려지는데 이 그룹 중 다른 몇몇은 트립신에 의해 추가로 활성화 된다고 알려져 있다[40-42]. PAR2 수용체는 장의 윗부분 상피조직에서 prostaglandin의 생산을 통하여 단백질 가수분해효소에 의한 분해로부터 보호된다[43]. 비슷하게, 기관지의 기도에서 염증반응세포(즉 mast cell, 비만세포)로부터 단백질 가수분해효소가 방출되는 것도 PAR 수용체에 의한 신호전달의 결과로 추정되고 있다[44]. 그 활성화는 prostaglandin E2를 생산함으로서 기관지 이완을 야기하게 된다. 이러한 PAR 수용체가 G-단백질에 결부되어 있다는 것은 일반적인 사실이나, 특이한 성질중의 하나는 단백질 가수분해에 의해서 활성화 되는 과정이 필연적으로 비가역적이 된다는 것이다. 물론, 혈소판의 기능 측면에서는 그 자극이 그들의 소멸로 종결되는 과정들을 유도하기 때문에 아무런 문제가 없다. 다른 조직에서는 PAR 수용체의 탈감수성화와 제거를 확실하게 하는 특정 메커니즘이 존재한다[45]. 이것은 통상적인 수용체 인산화 반응과 내포작용(endocytosis)과 더불어 리소좀(lysosome)에서 붙어있는 리간드를 잘라내는 과정을 포함한다. 이 경우에는 활성화와 그 후의 탈감수성화 과정의 결과 수용체들이 분해되기 때문에 그 시스템이 재감수성화(resensitization)되기 위해서는 새로운 단백질의 합성이 일어나야만 한다.

수용체-리간드 상호작용 및 수용체의 활성화

수용체 활성화에 대한 2상태 평형 가설

이온채널은 통상 '열리거나' 또는 '닫혀있는' 두 가지 다른 상태로 존재할 수 있는 단백질로 잘 알려져 있다. 리간드에 의해 활성화되는 채널의 경우 그 리간드(예를 들면 아세틸콜린)가 결합하면 열린 상태일 확률이 훨씬 높아진다.

이와 같은 두 단계 평형이론은 7TM 수용체의 활성화에도 적용된다. 그러나 19세기 말 무렵 Langley가 '수용 기질(receptive substance)'에 대해 처음 발표한 이래[46], agonist의 실질적인 결합이 있어야만 활성이 일어난다는 것이 일반적인 개념이었다. 이러한 생각의 기저에는 생물반응의 세기는 자극과 반응하는 조직(리간드와 비어있는 결합부위와 같이)사이의 질량 작용의 법칙에 의해 결정된다는 개념이 깔려있다. 리간드가 결합하게 되면 수용체의 구조변화를 일으키고, 이 상태의 구조만이 그것과 연결된 GTP-결합 단백질과 소통할 수 있다고 생각되어진다.

수용체들은 리간드가 없을 때에도 활성화될 수 있다

Adenylyl cyclase의 활성은 자극하는 호르몬이 없을 때에도 완전히 없어지지는 않는다. 물론 그 확인 실험 조건이 여러 번 씻어내고 저해제가 첨가되었다고 하더라도 자극 호르몬을 완전히 제거했다고 확신하기는 힘들지만 말이다. 설사 완전히 제거되었다 하더라도, 항상 낮은 수준의 자연발생적인(혹은 항시적인) 활성이 남아 있었는데, 이제는 우리는 그것이 실제 존재하는 활성이라는 것을 알고 있다. 그런데 활성 리간드가 활성화에 절대적으로 필요한 것은 아닐지라도 cyclase와 반응하는 수용체는 반드시 존재하여야만 한다. 간단하게 말하자면 리간드와 결합하지 않은 수용체 스스로 필요한 자극을 낼 수 있다는 것이다. 본래는 카테콜아민에는 반응하지 않는 곤충 세포인 Sf9 내에서의 cAMP 합성은 그 세포에 β_2-아드레날린성 수용체를 발현시키면 cAMP 합성이 증가함을 보여준다. 이러한 세포내 cAMP 생성속도는 그 수용체의 발현정도에 비례하며 아무런 자극 리간드가 없을 때도 그 합성이 일어남을 보여준다[47](물론 여기서도 카테콜아민이 제공되면 그 활성이 크게 증가한다, 그림 4.20). Sf9 세포의 아드레날린성 수용체/cyclase 체계를 재구성하는 문제는 4장에서 다시 살펴볼 것이다.

이러한 활성화 과정은 만약 수용체가 하나는 활성화 과정을 일으키는 형태(R*)와 다른 하나는 활성화를 일으키지 못하는 형태(r)의 두 가지 구조로 존재한다고 가정하면 이해될 수 있다. 이 두 가지 구조들은 자극 리간드의 존재 유무에 상관없이 평형을 이루고 있는데(그림 3.17), 전통적인 agonist는 활성화 형태(R*)에 결합하고 그 결과 활성화된 수용체의 비율이 증가하게 된다(R*+ LIG.R*). 반대로 'inverse' agonist (lig)는 비활성화 형태의 수용체에만 선택적으로 결합하여 그 결과 신호전달을 할 수 없는 형태의(r + lig.r)의 비중이 증가하게 된다. 따라서 활성화된 수용체의 수가 줄어들어 그 전체 활성이 일반 조건이나 바닥상태 이하로 억제된다. 이러한 완전한(전통적인) agonist와 inverse agonist의 양극단 중간에 활성화된 형태와 비활성화된 형태의 수용체 모두에 결합하는 agonist를 partial agonist 라고 한다. 이러한 물질들은 수용체의 모든 결합부위와 반응하더라도 effector 효소(adenylyl cyclase 같은)의 최대 신호전달을 얻기는 불가능하다.

Inverse agonism은 항활성화를 일으키는 돌연변이 수용체의 신호를 완화시킬 수 있는 약물 개발 가능성을 제시한다. 활성화 구조와 비활성화 구조 모두에 결합하는 Neutral antagonist (pindolol 등의 β-차단제)는 오히려 passive antagonist라고 간주되는데 이것들은

Sf9 곤충세포와 baculovirus를 이용한 형질전환 시스템은 박테리아를 대신하는 발현계로 이용되어진다. 그 이유로는 이것이 진핵세포인데다 동물세포여서 새로이 만들어지는 단백질이 다른 다세포 개체에서와 같은 형태의 발현 후 변형이 일어나기 때문이다.

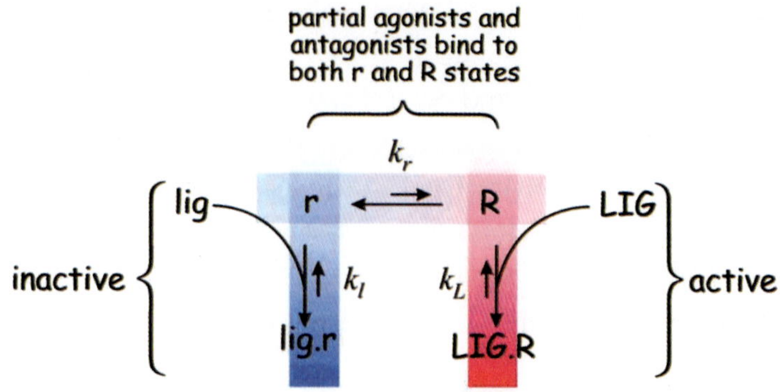

그림 3.17 수용체 상태와 inverse agonists. 이 모식도는 수용체의 비활성(푸른색, r)과 활성(붉은색, R) 상태 사이의 평형을 나타낸다. Agonistic 리간드(LIG)는 활성화 형태의 수용체에만 결합하므로 신호를 보낼 수 있는 형태 수용체의 전체 양(R + LIG.R)과 비를 증가시킨다. 반대로 inverse agonist (lig)는 비활성화 형태의 수용체와만 결합함으로서 신호를 전달할 수 없는 형태 수용체의 총 양(r + lig.r)을 증가시킨다.

> 약을 agonist 또는 antagonist, 재래약, neutral 혹은 inverse로 구분하는 것은 약학적으로 아주 위험하다. 실제로 임상이나 실험에서 쓰여 지는 많은 화합물들은 상황에 따라서 agonist로 혹은 antagonist로 분류되는 것이 가능하다. 더 복잡하게 만드는 것은 그 활성 정도가 조직에 따라 달라진다는 것이다. 심장의 다른 부위에서보다 β_2-아드레날린성 수용체가 더 많은 역할을 하는 (쥐) 심장의 우심실에서는 거의 모든 β-차단제는 inverse agonist처럼 작용하는 것으로 보인다.

agonist나 inverse agonist 둘 다의 결합을 방해한다. Neutral antagonist들은 catecholamine에 의한 adenylyl cyclase의 자극을 방해할 뿐만 아니라 inverse agonist의 억제효과 역시 방해한다. β-아드레날린성 수용체에 대한 inverse agonist의 예로는 처음에는 β-차단제(그림 3.2)로 분류되어 녹내장과 고혈압치료에 사용되었던 propranolol과 timolol이 있다. 그러나 주로 운동이나 스트레스 동안(교감신경이 지배하는) 심장에 영향을 미치는 pindolol 같은 neutral antagonist로 인한 β-blockade와 달리, 이러한 화합물들은 휴면상태의 심박동(resting heart rate)도 억제시킨다[48,49].

■ *수용체의 과발현으로도 충분하다*

위 두 가지 구조사이의 평형이론이 맞는다면, 만약 반응조직의 수용체를 충분할 정도로 과발현 하면 자극하는 agonist 없이도 그 실험계는 활성화 될 수 있을 것이다. 비활성과 활성 구조사이의 평형 비율 r ↔ R*는 불변일 것이나, 전체 양이 증가하므로 활성을 유도하기에 충분한 정도의 활성화 상태 구조형태 확보가 가능할 것이다. 실제로, β_2-아드레날린성 수용체가 200배 과발현된 형질전환 쥐의 심장은 아무런 자극 없이도 최대치의 심장기능을 수행한다[50]. 이러한 조건하에서는 아무 호르몬 없이도 조직을 자극하기에 충분할 만큼의 활성화 수용체의 수준을 확보할 수 있다.

수용체의 과발현이 몇몇 질병의 원인이 된다는 징후는 inverse agonist가 현재 사용되는 neutral antagonist 보다 좀 더 효과적인 치료방법이 될 수 있는 가능성을 보여준다. 실제로 정신분열증의 몇몇 형태는 전두피질에서의 D4(도파민) 수용체의 상승과 관련 있는 것으로 보인다[51-53]. 비록 측정된 상승 정도가 정상보다 3배 정도로, 그렇게 커지는 않지만, 그것이 질병상태를 결정하는데 중요한 국한된 영역에서는 더 큰 변화가 있을 가능성도 있다. 정신병치료제로 쓰이는 많은 화합물(raclopride, haloperidol)들은 도파민 수용체에 대해 inverse agonist 활성을 가진 것으로 보인다[54-56]. 비슷하게, 임신 유지에 필수적인 oxytocin에 의해 유도되는 자궁 흥분을 감소시키는 프로게스테론의 작용(2장) 역시 전형적인 억제제라기보다는 inverse agonist의 작용으로 이해 될 수 있다[57,58].

다른 모든 것들보다 훨씬 높은 수준으로 발현되는 수용체가 있는데, 그것은 시각수용체 rhodopsin의 주요성분인 opsin이다. 우리 몸 안의 광수용체가 어떠한 기작에 의해 빛이 없을 때 아무것도 못 보게 하여 완전한 어둠을 느끼게 하는지가 궁금할 것이다. 만약 로돕신에서의 평형이 다른 어떠한 수용체보다 더 큰 정도로 비활성 상태에 치우쳐 있다 할지라도, 막대한 양이 로돕신이 존재하기 때문에 아무리 최소라 하더라도 어느 정도의 활성 반응을 이끌어 내게 될 것이다. 그런데 어둠이란 정말로 어둠을 의미한다. 이 중요한 질문은 6장에서 시각신호전달의 기작과 연결하여 논의하겠다.

적절한 inverse agonist에 의한 치료대상이 될 수 있을 다른 질병으로는 유전질병인 색소망막염 retinitis pigmentosa, 유전성 야맹증(둘 다 로돕신의 돌연변이에 의한), 가족성 갑상샘 과다증, 남성 성조숙증(male precocious puberty) 등이 있다. 최근에 Jansen-type metaphyseal chondrodysplasia 환자에서 항활성을 지닌 것으로 밝혀진 부갑상선 호르몬 수용체에 inverse agonist가 밝혀졌다[58].

수용체 이량체화(Receptor dimerization)

수용체 가설은 많은 수용체들이 단량체(monomer)가 아니라 2량체(dimer) 혹은 oligomeric cluster로써 기능할 것이라는 발견에 의해서도 도전을 받고 있다. 정말 새로운 것이라는 건 거의 없지만, β-아드레날린성 수용체가 oligomer로 이루어졌을 거라는 첫 번째 힌트는 거의 25년 전에 나왔었다[59].

이종 이량체(Heterodimers)

수용체 이량체화의 좋은 예는 두 subtype (splice 변종인 1형과 2형)의 수용체가 함께 존재하지 않을 때는 신호전달이 일어나지 않는 metabotropic $GABA_B$ 수용체이다[60-62]. 두 subtypes 모두 관련 신경조직에서 정상적으로 존재하므로 신호전달에는 아무런 문제가 없다. 하지만 정상적으로는 발현이 되지 않는 세포에서 발현 시 성공적인 재조합 $GABA_B$ 수용체, 관련 K^+ channel, 그리고 GTP-결합 단백질 복합체를 구성하기 위해서는 두 subtype 수용체 모두가 발현되어야만 한다. 이것은 $GABA_B$ 수용체가 이종이량체(heterodimer)나 커다란 oligomer로 작동됨을 암시한다. 실제로, 효과적인 리간드 결합과 신호전달 뿐만 아니라 수용체의 성숙(maturation)과 세포표면으로의 이동의 전제조건으로서도 동시발현(co-expression)이 반드시 필요하다. 다른 유사 수용체와 비교해 볼 때 두 짝들 사이의 연결부위는 다소 연장된 길이를 지닌 C-말단 꼬리부위에 있을 것이라 생각된다.

동종이량체(Homodimers)

아마도 $GABA_{B1}$-$GABA_{B2}$ 이종이량체는 안정적인 복합체로 존재하며 수용체의 활성단계에 의해서는 영향을 받지 않는 것처럼 보인다. glutamate(mGluR5[63]) 수용체, 바소프레신(V2[64]) 수용체, 아데노신, opiates(δ-opioid[65]), 그리고 많이 연구된 β_2-아드레날린성 수용체[(64)]와 무스카린성 수용체 같은 다른 수용체들도 아마 동종이량체(homodimer)로 연결되어 있을 것이다. 이들 중 적어도 몇몇은 단량체와 2량체 사이의 평형이 수용체의 활성상태를 반영하고 있는 것으로 보인다.

β_2-아드레날린성 수용체는 catecholamine으로 자극하면 이량체 형성을 선호하는데 반해 inverse agonist인 timolol을 처리하면 단량체 형성이 많아진다[(64)]. 분리된 이량체는 SDS-전기영동 분석을 위한 변성 조건하에서도 분리되지 않고 안정적이다. 일곱개의 TM helices 중에서 여섯 번째 helix가 이량체 형성을 결정하는 분자 간 부착부위를 제공하는 것으로 보인다. 따라서 다른 단백질 분자의 접근을 방해할 것으로 예상되는 이 부분 해당 합성 peptide는 실제로도 이량체 형성을 감소시키며 또한 isoprenaline에 의한 adenylyl cyclase의 활성도 억제시키는 것으로 나타났다[(64)]. 이러한 이량체화가 β_2-아드레날린성 수용체의 활성 시 다른 경로의 신호를 제공하는 것일까? 이러한 생각을 지지하는 증거들이 나타나기 시작했지만, 직접적인 증거는 아직 부족하다.

다른수용체들

EGF와 같은 성장인자 수용체와 같이 고유의 tyrosine kinase 활성을 지니거나(10장 & 11장), cytokine 수용체처럼 tyrosine kinase와 밀접하게 관련된 것들 (12장), T-세포 수용체, 또는 면역글로불린 수용체처럼 세포질 tyrosine kinase와 상호작용 하는 다른 종류의 수용체에서도 그들이 조절하는 신호전달과정의 초기단계로써 이량체화가 잘 확립되어 있다.

세포로의 신호전달

수용체와 작용자(effector): 둘이 같은가 아니면 다른 개체인가?

호르몬이 세포막에서 효소 활성을 유도한다는 것이 처음으로 알려 졌을 때, 수용체 자체는 그 현상을 설명하기 위하여 사용된 개념에 지나지 않았었다. 얼마 지나지 않아 수용체와 그 촉매 기능이 한 개체에 존재하는 두 가지 활성이 아님은 명백해졌다. 예를 들면, 지방세포는 많은 종류의 호르몬에 대한 수용체를 가지고 있는데, 아드레날린, ACTH 그리고 glucagon 등은 모두 세포 내부의 cAMP의 농도를 증가시킨다. 그런데, 특정 자극으로 인해 형성되는 cAMP의 최대속도는 두 번째 수용체 종류의 자극을 가해도 더 이상 증가될 수 없다[(66, 67)]. 프로스타글란딘(PGE)과 clonidine(α_2-아드레날린성 시약), 아데노신과 인슐린 같은 다른 물질들은 제각각에 특이적인 수용체를 통하여 cAMP 형성속도를 억제한다. 어찌되었건 이러한 세포에서는 모든 수용체가 adenylyl cyclase라는 공통된 집단과 신호전달을 하는 것으로 추측된다(그림 3.18). 여기서부터 수용체는 아마도 분리된 독립체일 것이며 각자는 제한된 효소군과 독립적으로 소통할 수 있는 것으로 생각한다[(68)].

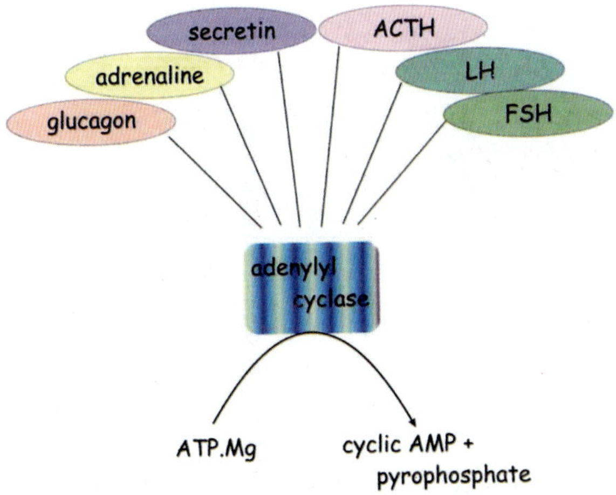

그림 3.18 adenylyl cyclase와 연결되는 여러 수용체. 한 종류의 adenylyl cyclase는 여러 다른 종류의 호르몬 수용체에 의해 연결될 수 있다. 일반적으로 한 종류의 수용체에 의해 최고로 자극된 cyclase는 다른 리간드가 결합된 수용체가 온다 하더라도 활성이 더 이상 증가 되지는 않는다. (그러나 cyclase의 최고 활성이 두 수용체의 synergy를 필요로 하는 경우를 제외하고는, 5장 참조). Rodbell 제공[69].

이 개념을 뒷받침하는 증거로는 칠면조 적혈구 세포막에서 β-아드레날린성 수용체에 의한 adenylyl cyclase 활성 속도가 확산에 의해 조절된다는 발견으로부터 나온다(그림 3.19). 점성이 덜한 세포막에서(불포화성 지방산 첨가에 의해 좀더 액상이 되는), 최대 cAMP 생산속도를 확립하기위해 걸리는 시간은 상당히 감소될 수 있다[70]. 그러나 예외로, 같은 세포막에서, 아데노신 수용체를 통하여 다음 자극에 따른 최대속도를 확립하는데 걸리는 시간은 영향을 받지 않는다. 아데노신 수용체는 (어찌되었거나 이 세포에서는) effector 효소와 영구히 짝지어진 것처럼 보인다.

그러나 좀 더 복잡한 경우로는 자극을 일으키기 위해서 두 가지 호르몬이 필요한 경우도 있다. 예를 들면, 뇌피질 단면에서 noradrenaline에 의한 adenylyl cyclase의 활성화는 (phentolamine에 의해서는 방해되지만 propranolol에 의해서는 방해되지 않는 α-아드레날린성 자극) 아데노신(theophylline에 의해 방해됨)의 동시 자극을 필요로 한다[72]. 이 같이 두 개의 서로 다른 수용체가 있어야만 완전한 활성을 얻을 수 있는 상황에서는, 촉매 하는 단위 그 자체들이 합쳐진 것이라 추론할 수도 있을 것이다(비록 5장에 더 나은 설명이 있지만).

모든 cyclase가 특정 수용체에 가용한 것은 아닐 경우, 총 cyclase pool에 접근 가능한 두 번째 수용체를 자극함으로서 활성을 더 증가시키는 것이 가능할 것이다. 한 예로 아데노신에 의해 부분적(70%)으로 활성화 되는 칠면조 적혈구의 cyclase는 adrenaline을 투여함으로서 더 증가될 수 있다. 이들 수용체가 다른 pool의 adenylyl cyclase를 활성화시키는 징후는 없다[68].

수용체와 작용자(effector)의 혼합과 대응자 확인

수용체와 그 신호를 전달하는 효소들이 따로 존재한다는 것을 직접 증명하려면 구성성분들을 따로 분리한 뒤 다시 합쳐서 그 기능이 나오게 재구성할 수 있음을 보이면 될 것이다. 클로

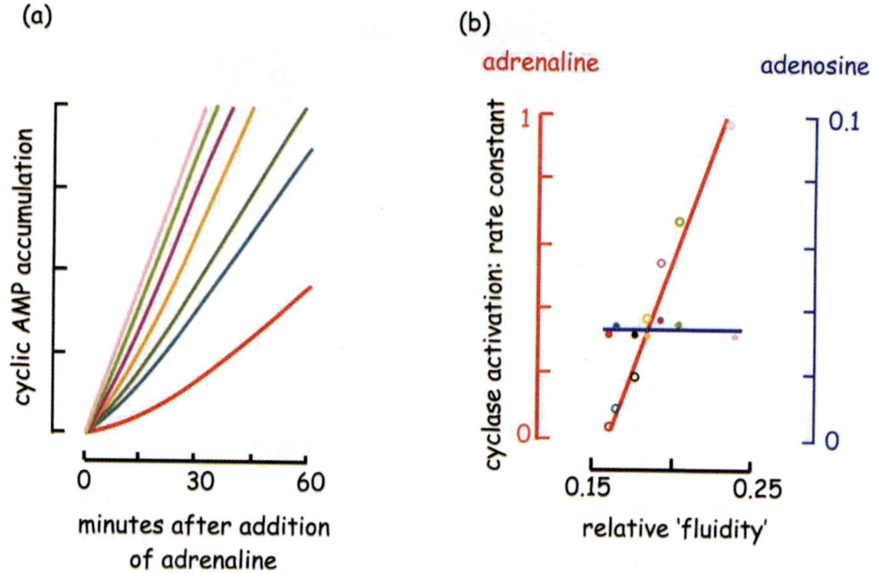

그림 3.19 수용체에 의한 adenylyl cyclase 활성이 확산조절인가 아니면 항시 연결인가? 유동성을 늘리기 위해 증가하는 *cis*-vaccenic acid 양으로 처리된 칠면조 적혈구 세포막에서 아드레날린에 반응하여 시간별로 생성되는 cAMP의 축적. 확산속도에 의해 제한되는 메커니즘에서 예상되듯이, 막이 유동화 됨에 따라 adenylyl cyclase가 최고 활성을 확립하는데 필요한 시간은 점점 줄어든다. 세포막의 유동성은 세포막에 용해되는 탐지 분자인 diphenylhexatriene에 의해 방사되는 형광의 분극을 측정함에 의해 얻어진다. (b) 막 유동성은 adenosine(filled circle)이 아니라 adrenaline(open circle)에 의해 일어나는 adenylyl cyclase의 활성에 대한 반응 상수를 결정한다. 이것은 adenosine 수용체는 영향효소에 항시 연결되어 있다는 것을 의미한다. Hanski *et al.*[70]과 Rimon *et al.*[71] 제공.

닝 기술이 개발되기 전에는 같은 세포막에 존재하는 두 성분을 따로 순수분리 한다는 것은 어려운 문제였다. 그것들을 물리적으로 분리하려는 시도보다는, 오히려 수용체는 그대로 두고 cyclases만을 선택적으로 저해한 후 다른 개체로부터 분리한 cyclase를 섞은 후 그 활성이 살아나는가를 확인하였다. 칠면조 적혈구에서 아드레날린 수용체 손상 없이 cyclase 활성을 파괴시키기 위해서는 알킬화제재인 *N*-ethylmaleimide가 사용되었다. 이 cyclase-비활성세포는 활성 효소를 지닌 부신피질 세포와 융합 하였다(그림 3.20)(부신 피질 세포는 catecholamine 수용체는 없지만 펩티드 호르몬인 ACTH으로 처리하면 cAMP를 생산한다). 융합 직후 cyclase는 오직 ACTH에 의해서만 활성화 될 수 있었으나 몇 시간이 지나면 아드레날린에 대해 다시 민감하게 되었다[73]. 이러한 지연은 두 세포의 세포막 단백질이 heterokaryon (두개의 핵을 함유한 융합된 세포)의 원형질막에서 측면 확산되며 합쳐지는 속도와 일치한다. 아드레날린에 정상적으로 연결되었던 cyclase는 융합 전에 이미 비가역적으로 비활성화 되었

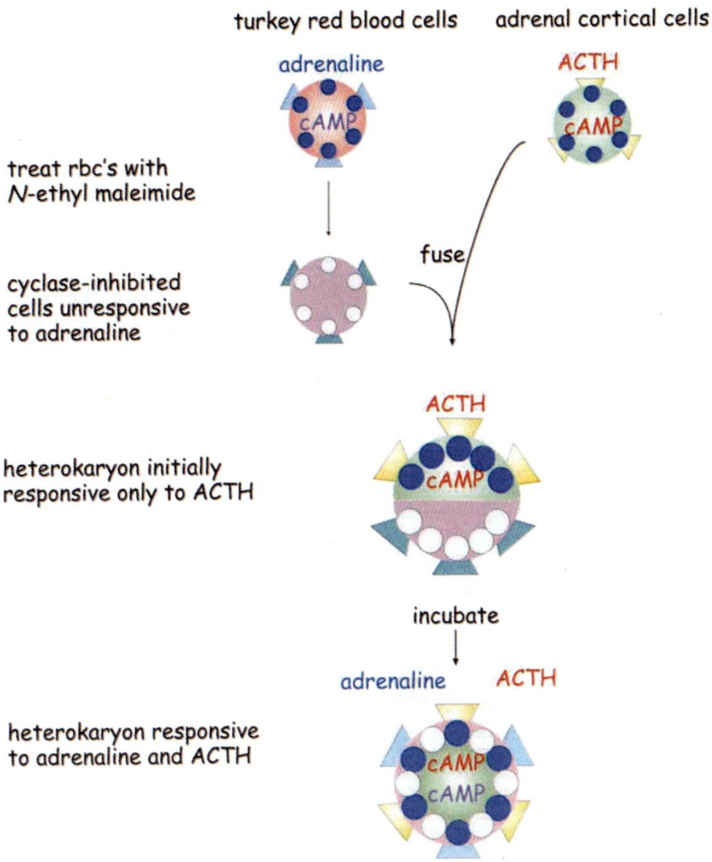

그림 3.20 **수용체와 adenylyl cyclase의 독립적인 측면확산에 대한 증거.** 이 모식도에 나타난 것처럼 이 실험은 호르몬 수용체와 그 영향효소(adenylyl cyclase)는 독립적인 개체로서 세포막 평면에서 각자 독립적인 측면 확산을 할 수 있다는 것을 보여준다. 자세한 내용은 본문 참조.

으므로, 이것은 칠면조 적혈구로부터 나온 β-아드레날린성 수용체가 이제 부신피질 세포의 효소를 활성화 시킨다는 것을 의미할 것이다. 이는 수용체와 그 것이 활성화하는 촉매단위들이 다른 단백질 분자에 있어야만 된다는 것을 의미한다. 하지만 이 실험에서는 활성화된 수용체로부터 촉매단위로 신호를 주고받는(그림 4.1) 둘 사이에 제3의 성분인 GTP-결합 단백질이 끼어있다는 것에 대해서는 아무런 징후를 찾지 못했다.

7TM 수용체의 세포내 부위와 신호전달

이러한 모든 수용체의 신호는 세포질에 노출된 loop과 C-말단 펩티드에 일어나는 구조변화에 의해 전달된다. 이러한 것들 중, 대부분의 7TM 수용체 분자에서 다른 loop 보다 길이가 긴 3번째 intracellular loop (E와 F 체인을 연결하는)과 C-말단 펩티드가 특히 중요할 것이라고 생각된다. 그러나 어느 아미노산 잔기와 부분들이 연관되어 있는지를 밝힌다고 해서 어떻게 신호가 GTP-결합 단백질로 전달되는가에 대해서 알지는 못한다. 비슷하게도, 돌연변이 실험을 통해 활성화된 수용체를 인식하는데 중요한 GTP-결합 단백질의 아미노산 잔기와 부위를 확인하는 것도 마찬가지이다.

이 시점에서, 7 TM 단백질 중에서 구조가 확실히 밝혀진 것의 하나인 bacteriorhodopsin과 구조를 비교하는 것은 바람직하지 않다. 모든 수용체와 그와 유사한 분자의 구조는 양면의 수용액에 의해 안정화된 세포막 인지질 이중층이 제공하는 이중 상태의 환경을 필요로 한다. 지금까지는 아주적은 수의 세포막 단백질의 결정만이 X-ray 회절 측정에 의해 분석되었다. 어쨌든, 만약 우리가 bacteriorhodopsin의 C-말단 펩티드와 세포내 loop이 어떻게 배치되어 있는지 그리고 빛에 의해 활성화 시 어떻게 그 위치가 바뀌는지 안다고 하더라도, 세포막 수용체와 비교해 볼 때 그 부위가 아주 짧기 때문에 이것을 이용하여 수용체 기작을 이해하기는 아주 어려울 것이다. 더 중요한 것은, bacteriorhodopsin은 GTP-결합 단백질을 통하여 정보를 전달하지 않는다는 것이다.

Adrenaline(또 다시)

항상 이와 같았다. 숨 막히는 거리, 선전하는 사람들도 그들의 병폐를 붙들고, 소련군 장교 가슴의 훈장처럼 보석을 장식했으며, Wall Street에서 빈둥빈둥 시간을 보내는 사람들은, Sardi의 만찬회 입구. 어떠한 사업에서도 항상 그런 것처럼, 미국인들은 대부분 유럽인이 경험하지 못한 아드레날린에 대한 갈증에 의해 추진되는 희망에 찬 여행을 한다.

John Osborne, Almost a Gentleman (Faber & Faber, London, 1991)

References

1 Cannon, W.B. *Bodily Changes in Pain, Hunger, Fear and Rage. An account of researches into the function of emotional excitement.* Harper, New York, 1929. Reprinted Torch Books, 1963.

2 Starling, E.H. *The Wisdom of the Body.* H. K. Lewis, London, 1923.

3 Strosberg, A.D. Structure and function of the β3-adrenergic receptor. *Annu. Rev. Pharm. Tox.* 2000; 37: 421–50.

4 Hanoune, J. The adrenal medulla. In: Baulieu, E.-E., Kelly P.A. (Ed) *Hormones, From Molecules to Disease.* Chapman & Hall, London, 1990; 309–33.

5 Weiland, G.A., Minneman, K.P., Molinoff, P.B. Fundamental difference between the molecular interactions of agonists and antagonists with the β-adrenergic receptor. *Nature* 1979; 281: 114–17.

6 Sellin, L.C., McArdle, J.J. Multiple effects of 2,3-butanedione monoxime. *Pharm. Toxicol.* 1994; 74: 305–13.

7 van Helden, H.P., Busker, R.W., Melchers, B.P., Bruijnzeel, P.L. Pharmacological effects of oximes: how relevant are they? *Arch. Toxicol.* 1996; 70: 779–86.

8 Burden, S.J., Sargent, P.B., McMahan, U.J. Acetylcholine receptors in regenerating muscle accumulate at original synaptic sites in the absence of the nerve. *J. Cell. Biol.* 1979; 82: 412–25.

9 Changeux, J.P., Kasai, M., Lee, C.Y. Use of a snake venom toxin to characterize the cholinergic receptor protein. *Proc. Natl. Acad. Sci. USA* 1970; 67: 1241–7.

10 Meunier, J.C., Sealock, R., Olsen, R., Changeux, J.P. Purification and properties of the cholinergic receptor protein from *Electrophorus electricus* electric tissue. *Eur. J. Biochem.* 1974; 45: 371–94.
11 Olsen, R.W., Meunier, J.C., Changeux, J.P. Progress in the purification of the cholinergic receptor protein from *Electrophorus electricus* by affinity chromatography. *FEBS Lett.* 1972; 28: 96–100.
12 Neher, E., Sakmann, B. Single-channel currents recorded from membrane of denervated frog muscle fibres. *Nature* 1976; 260: 799–802.
13 Le Novere, N., Changeux, J.P. The ligand-gated ion channel database. *Nucl. Acid Res.* 1999; 27: 340–2.
14 Kyte, J., Doolittle, R.F. A simple method for displaying the hydropathic character of a protein. *J. Mol. Biol.* 1982; 157: 105–32.
15 Segrest, J.P., Kahane, I., Jackson, R.L., Marchesi, V.T. Major glycoprotein of the human erythrocyte membrane: evidence for an amphipathic molecular structure. *Arch. Biochem. Biophys.* 1973; 155: 167–83.
16 Deisenhofer, J., Epp, O., Miki, K., Huber, R., Michel, H. Structure of the protein subunits in the photosynthetic reaction centre of *Rhodopseudomonas viridis* at 3Å resolution. *Nature* 1985; 318: 618–21.
17 Doyle, D.A., Cabral, J.M., Pfuetzner, R.A. *et al.* The structure of the potassium channel: Molecular basis of K conduction and selectivity. *Science* 1998; 280: 69–77.
18 Chang, G., Spencer, R.H., Lee, A.T., Barclay, M.T., Rees, D.C. Structure of the MscL homolog from *Mycobacterium tuberculosis*: A gated mechanosensitive ion channel. *Science* 1998; 282: 2220–6.
19 Hucho, F., Gorne Tschelnokow, U., Strecker, A. β-Structure in the membrane-spanning part of the nicotinic acetylcholine receptor (or how helical are transmembrane helices?). *Trends Biochem. Sci.* 1994; 19: 383–7.
20 Heidmann, T., Changeux, J.P. Time-resolved photolabeling by the noncompetitive blocker chlorpromazine of the acetylcholine receptor in its transiently open and closed ion channel conformations. *Proc. Natl. Acad. Sci. USA* 1984; 81: 1897–901.
21 Corringer, P.J., Le Novere, N., Changeux, J.P. Nicotinic receptors at the amino acid level. *Annu. Rev. Pharm. Toxicol.* 2000; 40: 431–58.
22 Utkin, Y.N., Tsetlin, V.I., Hucho, F. Structural organization of nicotinic acetylcholine receptors. *Membr. Cell. Biol.* 2000; 13: 143–64.
23 Bouzat, C., Barrantes, F.J. Assigning functions to residues in the acetylcholine receptor channel region. *Mol. Membr. Biol.* 1997; 14: 167–77.
24 Hucho, F., Tsetlin, V.I., Machold, J. The emerging three-dimensional structure of a receptor. The nicotinic acetylcholine receptor. *Eur. J. Biochem.* 1996; 239: 539–57.
25 Akabas, M.H., Kaufmann, C., Archdeacon, P., Karlin, A. Identification of acetylcholine receptor channel-lining residues in the entire M2 segment of the α subunit. *Neuron* 1994; 13: 919–27.
26 Leonard, R.J., Labarca, C.G., Charnet, P., Davidson, N., Lester, H.A. Evidence that the M2 membrane-spanning region lines the ion channel pore of the nicotinic receptor. *Science* 1998; 242: 1578–81.
27 Wagner, S., Castel, M., Gainer, H., Yarom, Y. GABA in the mammalian suprachiasmic nucleus and its role in diurnal rhythmicity. *Nature* 1997; 387: 598–603.
28 Bennett, J.A., Dingledine, R. Topology profile for a glutamate receptor: three transmembrane domains and a channel-lining reentrant membrane loop. *Neuron* 1995; 14: 373–84.
29 Henderson, R., Unwin, P.N. Three-dimensional model of purple membrane obtained by electron microscopy. *Nature* 1975; 257: 28–32.
30 Ohguro, H., Palczewski, K., Ericsson, L.H., Walsh K.A., Johnson, R.S. Sequential phosphorylation of rhodopsin at multiple sites. *Biochemistry* 1993; 32: 5718–24.
31 Fredericks, Z.L., Pitcher, J.A., Lefkowitz, R.J. Identification of the G-protein-coupled receptor kinase phosphorylation sites in the human β2-adrenergic receptor. *J. Biol. Chem.* 1996; 271: 13796–803.
32 Wheeler, G.L., Matuto, Y., Bitensky, M.W. Light-activated GTPase in vertebrate photoreceptors. *Nature* 1977; 269: 822–4.
33 Stryer, L. Cyclic GMP cascade of vision. *Annu. Rev. Neurosci.* 1986; 9: 87–119.

34 Ji, T.H., Grossmann, M., Ji, I. G protein-coupled receptors. I. Diversity of receptor-ligand interactions. *J. Biol. Chem.* 1998; 273: 17299–302.
35 Ostrowski, J., Kjelsberg, M.A., Caron, M.G., Lefkowitz, R.J. Mutagenesis of the β2-adrenergic receptor: How structure elucidates function. *Annu. Rev. Pharm. Toxicol.* 1992; 32: 167–83.
36 Brown, E.M., Gamba, G., Riccardi, D. *et al.* Cloning and characterization of an extracellular Ca^{2+}-sensing receptor from bovine parathyroid. *Nature* 1993; 366: 575–80.
37 Ward, D.T., Brown, E.M., Harris, H.W. Disulfide bonds in the extracellular calcium-polyvalent cation-sensing receptor correlate with dimer formation and its response to divalent cations in vitro. *J. Biol. Chem.* 1998; 273: 14476–83.
38 Scarborough, R.M., Naughton, M.A., Teng, W. *et al.* Tethered ligand agonist peptides. Structural requirements for thrombin receptor activation reveal mechanism of proteolytic unmasking of agonist function. *J. Biol. Chem.* 1994; 269.
39 Furman, M.I., Liu, L., Benoit, S.E. *et al.* The cleaved peptide of the thrombin receptor is a strong platelet agonist. *Proc. Natl. Acad. Sci. USA* 1998; 95: 3082–7.
40 Dery, O., Corvera, C.U., Steinhoff, M., Bunnett, N.W. Proteinase-activated receptors: novel mechanisms of signaling by serine proteases. *Am. J. Physiol.* 1998; *274C*: 1429–52.
41 Coughlin, S.R. Protease-activated receptors start a family. *Proc. Natl. Acad. Sci. USA* 1994; 91: 9200–2.
42 Kahn, M.L., Zheng, Y.W., Huang, W. *et al.* A dual thrombin receptor system for platelet activation. *Nature* 1998; 394: 690–4.
43 Hara, K., Yonezawa, K., Sakaue, H. *et al.* 1-Phosphatidylinositol 3-kinase activity is required for insulin-stimulated glucose transport but not for RAS activation in CHO cells. *Proc. Natl. Acad. Sci. USA* 1994; 91: 7415–19.
44 Cocks, T.M., Fong, B., Chow, J.M. *et al.* A protective role for protease-activated receptors in the airways. *Nature* 1999; 398: 156–60.
45 Trejo, J., Hammes, S.R., Coughlin, S.R. Termination of signaling by protease-activated receptor-1 is linked to lysosomal sorting. *Proc. Natl. Acad. Sci. USA* 1998; 95: 13698–702.
46 Langley, J.N. On the physiology of the salivary secretion: Part II. On the mutual antagonism of atropin and pilocarpin, having especial reference to thheir relations in the sub-maxillary gland of the cat. *J. Physiol.* 1878; 1: 339–69.
47 Chidiac, P., Hebert, T.E., Valiquette, M., Dennis, M., Bouvier, M. Inverse agonist activity of β-adrenergic antagonists. *Mol. Pharm.* 1994; 45: 490–9.
48 Varma, D.R., Shen, H., Deng, X.F. *et al.* Inverse agonist activities of β-adrenoceptor antagonists in rat myocardium. *Br. J. Pharm.* 1999; 127: 895–902.
49 Varma, D.R. Ligand-independent negative chronotropic responses of rat and mouse right atria to β-adrenoceptor antagonists. *Can. J. Physiol.* 1999; 77: 943–9.
50 Bond, R.A., Leff, P., Johnson, T.D. *et al.* Physiological effects of inverse agonists in transgenic mice with myocardial overexpression of the β-adrenoceptor. *Nature* 1995; 374: 272–6.
51 Seeman, P., Guan, H.C., Van-Tol, H. H. Dopamine D4 receptors elevated in schizophrenia. *Nature* 1993; 365: 441–5.
52 Marzella, P.L., Hill, C., Keks, N., Singh, B., Copolov, D. The binding of both [^{3}H]nemonapride and [^{3}H]raclopride is increased in schizophrenia. *Biol. Psychiatr.* 1997; 42: 648–54.
53 Stefanis, N.C., Bresnick, J.N., Kerwin, R.W., Schofield, W.N., McAllister, G. Elevation of D4 dopamine receptor mRNA in postmortem schizophrenic brain. *Brain Res. Mol. Brain Res.* 1998; 53: 112–19.
54 Griffon, N., Pilon, C., Sautel, F., Schwartz, J.C., Sokoloff, P. Antipsychotics with inverse agonist activity at the dopamine D3 receptor. *J. Neural Transm.* 1996; 103: 1163–75.
55 Malmberg, A., Mikaels, A., Mohell, N. Agonist and inverse agonist activity at the dopamine D3 receptor measured by guanosine 5′-γ-thio-triphosphate-^{35}S-binding. *J. Pharm. Exp. Ther.* 1998; 285: 119–26.
56 Hall, D.A., Strange, P.G. Evidence that antipsychotic drugs are inverse agonists at D2 dopamine receptors. *Br. J. Pharm.* 1997; 121: 731–6.
57 Grazzini, E., Guillon, G., Mouillac, B., Zingg, H.H. Inhibition of oxytocin receptor function by direct binding of progesterone. *Nature* 1998; 392: 509–12.

58 Gardella, T.J., Luck, M.D., Jensen, G.S. *et al.* Inverse agonism of amino-terminally truncated parathyroid hormone (PTH) and PTH-related peptide (PTHrP) analogs revealed with constitutively active mutant PTH/PTHrP receptors. *Endocrinology* 1996; 137: 3936–41.
59 Atlas, D., Levitzki, A. Tentative identification of β-adrenoceptor subunits. *Nature* 1978; 272: 370–1.
60 Jones, K.A., Borowsky, B., Tamm, J.A. *et al.* GABAB receptors function as a heteromeric assembly of the subunits GABABR1 and GABABR2. *Nature* 1998; 396: 670–4.
61 White, J.H., Wise, A., Main, M.J. *et al.* Heterodimerization is required for the formation of a functional GABAB receptor. *Nature* 1998; 396: 679–82.
62 Kaupmann, K., Malitchek, B., Schuler, V. *et al.* GABAB-receptor subtypes assemble into functional heteromeric complexes. *Nature* 1998; 396: 683–7.
63 Romano, C., Yang, W.L., O'Malley, K.L. Metabotropic glutamate receptor 5 is a disulfide-linked dimer. *J. Biol. Chem.* 1996; 271: 28612–16.
64 Hebert, T.E., Moffett, S., Morello, J.-P. *et al.* A peptide derived from a β2-adrenergic receptor transmembrane domain inhibits both receptor dimerization and activation. *J. Biol. Chem.* 1996; 271: 16384–92.
65 Cvejic, S., Devi, L.A. Dimerization of the δ opioid receptor: implication for a role in receptor internalization. *J. Biol. Chem.* 1997; 272: 26959–64.
66 Birnbaumer, L., Rodbell, M. Adenyl cyclase in fat cells. II. Hormone receptors. *J. Biol. Chem.* 1969; 244: 3477–82.
67 Bar, H.P., Hechter, O. Adenyl cyclase and hormone action. I. Effects of adrenocorticotropic hormone, glucagon, and epinephrine on the plasma membrane of rat fat cells. *Proc. Natl. Acad. Sci. USA* 1969; 63: 350–6.
68 Tolkovsky, A.M., Levitzki, A. Coupling of a single adenylate cyclase to two receptors: adenosine and catecholamine. *Biochemistry* 1978; 17: 3811–17.
69 Rodbell, M. The role of GTP-binding proteins in signal transduction: from the sublimely simple to the conceptually complex. *Curr. Top. Cell Regul.* 1992; 32: 1–47.
70 Hanski, E., Rimon, G., Levitzki, A. Adenylate cyclase activation by β-adrenergic receptors as a diffusion-controlled process. *Biochemistry* 1979; 18: 846–53.
71 Rimon, G., Hanski, E., Braun, S., Levitzki, A. Mode of coupling between hormone receptors and adenylate cyclase elucidated by modulation of membrane fluidity. *Nature* 2001; 276: 394–6.
72 Sattin, A., Rall, T.W., Zanella, J. Regulation of cyclic adenosine 3′,5′-monophosphate levels in guinea-pig cerebral cortex by interaction of α-adrenergic and adenosine receptor activity. *J. Pharm. Exp. Ther.* 1975; 192: 22–32.
73 Schulster, D., Orly, J., Seidel, G., Schramm, M. Intracellular cAMP production enhanced by a hormone receptor transferred from a different cell: β-adrenergic responses in cultured cells conferred by fusion with turkey erythrocytes. *J. Biol. Chem.* 1978; 253: 1201–6.

4

GTP-결합 단백질(GTP-binding protein)과 신호전달

대사 조절자로서의 nucleotide

Nucleotide는 유전암호 알파벳을 제공하는 기능 외에 다른 많은 역할을 수행한다. Pyrimidine 염기들은 대사산물로도 작용하는데, 이를테면, CTP는 인지질 생합성에서 반응물질로 작용하여 그 CMP 부분이 phosphatidate로 전이되어 CDP-diglyceride를 형성한다(그림 8.7 참조). 이와 유사하게 choline phosphate와 반응하여 CDP-choline을 형성하며 uridine nucleotide는 다당류의 형성과정에 관여한다.

$$\text{glucose-1-P} + \text{UTP} \xrightarrow{\text{UDP-glucose pyrophosphorylase}} \text{UDP-glucose} + \text{PP}_i$$

Purine nucleotide는 대사산물이 아니라 단백질과 연계되어 주요 조절 역할을 한다. ATP는 대사과정과 세포활성 사이를 연결하는 작용을 한다. 대부분의 세포에서 ATP는 높은 농도로 존재하는데 근육과 신경의 세포질에서는 5-10 mmol/L 정도 존재한다.

ATP는 아주 빨리 변환되는데 인체는 전체 ATP 함량의 90%를 90초 이내에 대사시킨다; 따라서, 체중의 75%에 상당하는 양인 약 40kg의 ATP가 매일 대사된다. 그럼에도 불구하고 근육과 같이 지속적으로 활동하는 조직을 비롯하여 모든 세포내의 ATP 농도는 놀랄 만큼 일정하게 유지된다. 세포외부환경에서는 ATP는 신경전달물질로도 작용한다.

다른 세포의 세포질 내 ATP 농도는 1-3 mmol/L 정도로 다소 낮다. 그 농도 측정은 세포질의 부피의 측정에 의존한다.

GTP가 세포내 대사과정에 필요한 인자일 것이라는 가능성이 처음으로 제시된 것은 그것이 포도당 신생합성(phosphoenolpyruvate carboxylase)과 TCA cycle (succinyl CoA synthase)의 작동에 필요하다는 사실이 밝혀지면서부터였다. GTP는 mRNA, 활성화된 아미노산(aminoacyl-tRNA), 그리고 리보좀(ribosome)과 함께 단백질 합성의 시작과 연장반응에 꼭 필요한 구성성분이다. 이러한 측면에서 단백질 합성의 시작인자(initiation factor)나 연장인자(elongation factor)들은 본래 GTP-결합 단백질로 여겨질 수 있다.

ATP는 보기와는 상당히 다른 물질이다.

cAMP가 발견된 후 몇 년 동안은, 분리된 세포막에서 adenylyl cyclase의 활성을 감지하기위해 필요한 것은 활성화시키는 호르몬과 기질인 ATP (Mg^{2+} 염의 형태로)뿐이며(그림 4.1a), 적

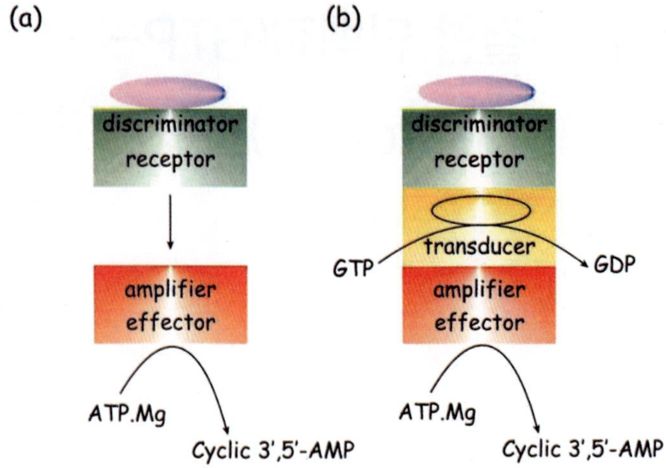

그림 4.1 수용체로부터 effector에 이르는 신호전달계의 전달물질 이론에 대한 소개: (a) 초창기 개념, (b) GTP-결합 단백질이 신호전달을 매개한다는 개념. Rodbell의 논문[5]으로부터 인용.

절한 수용체와 촉매단위를 지니고 있는 세포막이 나머지를 담당한다는 것이 일반적인 생각이었다. 상업적으로도 높은 순도 ATP를 대량 얻을 수 있는 경제적인 제조방법을 개발한 것은 커다란 업적이었다. 이제는 99%이상 순도의 ATP 결정을 맥주 1 pint 보다 더 낮은 가격으로 구입하는 것이 가능하지만 예전에도 이러했던 것은 아니었다. 1960년대에 상업적으로 생산된 ATP는 기질로 충분했지만, 1970년대 들어서는 이따금 문제를 일으켜 활성이 아예 없는 적도 있었다. 이와 유사한 문제점은 이전 지방산 합성을 연구할 때도 있었는데, 그것은 ATP의 순도를 높이는 과정에서 잃어버린 불순물인 CTP 때문이라는 것을 발견하게 되었다. Adenylyl cyclase 실험의 경우에도, 활성을 잃어버린 원인이 소량 오염되었던 GTP를 제거함으로서 생겼음을 발견하여 그 반응에 GTP를 다시 첨가하니 호르몬에 의한 cAMP 생산이 다시 시작되었다[1]. 이와 관련하여 GTP가 수용체에 결합하는 agonist(antagonist는 아니고)의 친화도를 감소시키는 효과도 관찰되었다. 이로서 cyclase 반응에서 GTP는 기질이 아니라 cofactor로써 중심 역할을 하는 것이 명백해졌다[2-4]. 이제는 Rodbell이 식별자(수용체)와 작용자(effector)로 이름을 붙였던 두 구성성분 외에 GTP와 결합하는 전달자(transducer)가 제 3의 성분으로 새로이 등장하게 되었다(그림 4.1b).

GTP-결합 단백질, 즉 G-단백질(G-protein) 또는 GTPase

현재 사용하는 GTP-결합 단백질이란 용어는 G-단백질과 GTPase를 포함한다. 이들 둘 다 GTP를 가수분해할 수 있으므로 기술적으로는 모두 GTPase이나, G-단백질이라는 용어는 일반적으로 7TM 수용체와 상호작용하는 GTP-결합 단백질에 주로 사용된다. 이것은 모두 α, β, γ의 3가지 subunit으로 구성되므로 보통 이종삼량체(heterotrimeric) G-protein 종이라고 부른다. 이러한 특징은 GTP-결합 단백질의 또 다른 주요 부류인 ras 원발암유전자(ras proto-oncogene)의 산물인 단량체 단백질들과 구분되는 점이기도 하다. 총체적으로 GTP-결합 단백질은 어느 세포에나 존재하며[6], 모두 GTP 결합과 GTP 가수분해라는 기본적인 순환을 통해 활성상태와 비활성상태 사이로 전환하게 되며 매우 다양한 세포 기능과 연관되어 있다[7].

역사적으로는 7TM 수용체와 연관된 G-단백질이 Ras-관련 단백질보다 먼저 발견되었으므로 그 순서대로 살펴보고자한다.

G-단백질

이종삼량체 구조

그림 4.2는 이종삼량체 G-단백질(G_i)에 있는 α, β, γ-subunit의 구성성분의 구조가 어떻게 이루어지는가를 보여준다. 일곱 개 프로펠러의 날개처럼 이루어진 β-구조로 이루어진 β subunit는 γ-사슬과 밀접하게 결합하여 둘이 마치 βγ-subunit 단일 독립체처럼 작용한다. α-subunit는 nucleotide가 결합하는 부위를 지니고 있으며 β-subunit의 한쪽 면과 맞닿아 있다. 전체 복합체는 α-subunit의 N-말단과 γ-subunit의 C-말단에 의해 세포막에 소수성 결합으로 고정되

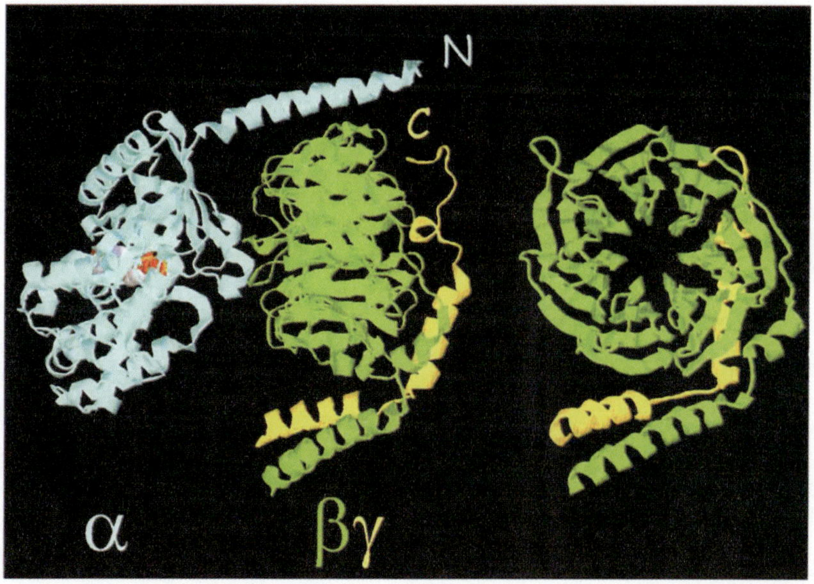

그림 4.2 G_i의 α-와 βγ-subunits의 3차 구조. α-subunit(왼쪽, 청록색)는 GDP가 결합된 형태이며 오른쪽 위는 N-말단 helix를 보여준다. βγ-subunits는(β는 녹색, γ는 노란색) 가깝게 나란히 놓여있다. 세포막과 접촉하고 있는 이종삼량체의 표면은 그림의 상부에 나타내었는데, 그것을 담당하는 소수성 부착부위를 표시하지는 않았지만 α subunit의 N-말단과 γ-subunit의 C-말단을 포함한다. 오른쪽 그림은 분리된 βγ-subunits를 수직 축으로 회전한 그림으로 β-propeller 구조를 보여준다. (자료원 : lgp2.pdb)[58]

여기서 G-단백질 활성화에 대한 우리의 설명은 대부분의 교과서에서 말하는 내용과는 다르다. 대부분 교과서에서는 활성화된 이종삼량체가 α-GTP와 βγ-subunit의 두개의 구성성분으로 분리되며 그 α-GTP는 effector 효소를 찾아내어 활성화시킨다고 설명한다[8]. 하지만 transducin (시각신호를 전달하는 G-단백질) 같은 특이한 예를 제외하고는, α-subunit가 βγ-subunit로부터 떨어져 나온다는 것에 대한 물리적인 증거는 거의 (비록 시험관에서는 활성화된 이종삼량체가 확실히 쉽게 분리되지만) 없다. G-단백질 활성화의 메커니즘은 확실한 실험적 증거가 없는 가설일수도 있겠지만 불행하게도 이 분야에서는 대부분 실험은 여기에 맞추어 계획을 잡게 된다. 외부에서 분리한 G-단백질의 α-subunit 및 βγ-subunit이 활성화된 이종삼량체의 활성을 지녔다는 것은 아마도 우연히 발

어있다. 이 부위에 붙어있는 지질 수식(lipid modification) 구조는 그림 4.9와 표 4.2에 나타내었다.

GTPase 사이클은 하나의 단상 스위치 (monostable switch)와 같다

모든 GTP-결합 단백질에 의해 조절되는 GTPase 반응 사이클은 α-subunit의 guanine nucleotide 결합부위에 위치한 GDP에 의하여 시작되고 끝이 난다(그림 4.3). 반응 사이클 동안 G-단백질은 effector 효소와는 α- 또는 βγ-subunit을 통하여 결합한 상태로 남아있으나 활성화된 수용체와는 일시적인 결합(충돌에 의해 연결[10]이 이루어진다[8,11]. 자극 시 수용체와 G-단백질-effector의 복합체가 형성되면 GDP는 떨어져 나오고 GTP로 교체된다. 결합의 선택성과 향후 반응의 진행은 GDP에 비하여 10배 이상 많은 GTP에 의해 결정된다(GTP는 100 μmol/L 정도 존재한다). 활성화 되면, G-단백질과 agonist-수용체 복합체 사이의 결합이 약해져서 수용체가 떨어져 나오게 되어 다른 비활성화 G-단백질 분자를 찾게 된다. 이것이 신호증폭의 기회를 제공한다.

G-단백질 반응 사이클은 GTP의 말단 인산기의 가수분해(GTPase 반응)에 의해 비가역적으로 끝이 난다. α-subunit의 nucleotide 결합부위에 GDP를 다시 갖게 된 G 단백질은 effector 효소와 함께 비활성화 상태로 돌아간다. G-단백질은 종종 분자 스위치(molecular switch)로 불리는데 실질적으로는 그 스위치를 갑자기 끄는 것은 아니기 때문에 가장 적절한 설명은 아닌 것 같다. 좀 더 나은 비유를 들자면 여관 안주인이 계단의 불을 켜는 것처럼 스위치를 누르

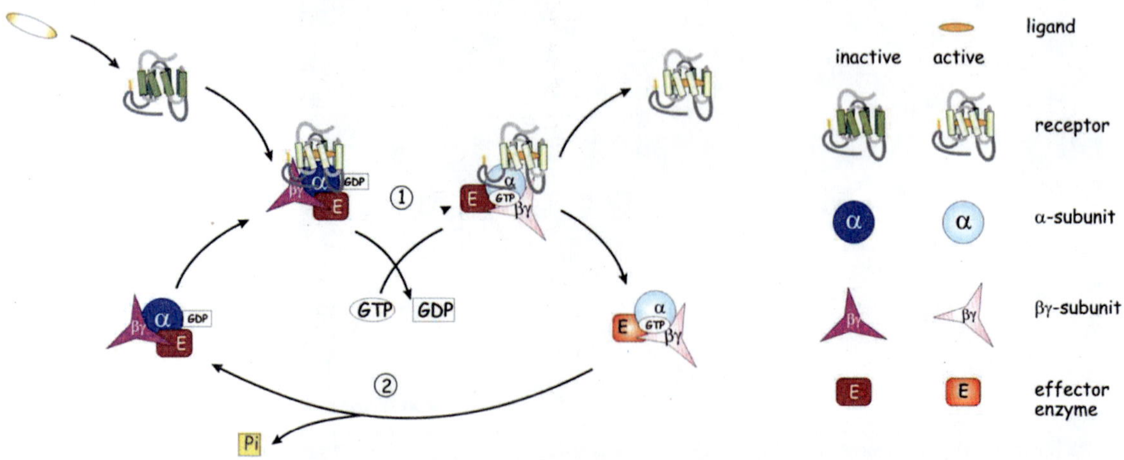

그림 4.3 Guanine nucleotide 교환과 GTP 가수분해에 의한 G-단백질의 활성화와 불활성화 과정. Guanine nucleotide 교환(1)과 GTP 가수분해(2)에 의한 G-단백질 α-subunit의 활성화와 불활성화. 수용체가 ligand와 결합하여 활성화되면 G-단백질의 α-subunit에 붙어있는 GDP의 해리속도를 증가시키는 촉매로 작용하게 된다. GDP가 떨어져나간 빈자리는 바로 GTP에 의해 채워지며 이것이 α-와 βγ-subunits의 활성화를 일으키어 그 다음 effector 효소들을 활성화 시키게 된다. 수용체와 G-단백질 사이의 상호 작용은 일시적이어서 수용체는 그 다음 G-단백질의 뉴클레오티드 교환을 일으킬 수 있게 된다. 이 시스템은 결합된 GTP의 가수분해에 의해 휴지상태로 돌아간다.

면(GDP/GTP교환) 다음 층계에 도달(GTP가수분해)하는데 필요한 시간 만큼만 빛이 들어오게 하는데 이런 것을 전자용어로 단상 스위치(monostable switch)라 한다. 따라서 그 활성은 역학적으로 조절되어 초기 GDP 해리 속도에 의해서는 증가되고 그 후의 GTP 가수분해 속도에 의해서는 감소된다. 이와 같이 활성상태는 서로 독립적으로 조절되는 두 속도 상수의 비에 의해 결정된다[12]:

$$\text{활성/비활성} = \text{켜짐/꺼짐} = [G \cdot GTP]/[G \cdot GDP] = k_{diss}/k_{cat} \qquad \text{식 4.1}$$

여기서 k_{diss}는 GDP 해리에 대한 속도상수이고, k_{cat}는 GTP 가수분해에 대한 속도상수이다.

시각전달 과정[13]과 adenylyl cyclase의 β-아드레날린성 활성과정 연구에서 처음 인지되었던 GTPase 사이클은 많은 신호전달 기작에서 중심을 차지하고 있다[7]. Adenylyl cyclase나 phospholipase C 같은 effector 효소를 활성화하기 위해서는 GTP와 결합된 형태의 α-subunit이 필요하다. 이들 사이의 상호작용은 GTP가 온전하게 결합하고 있는 한 지속되나 GDP로 가수분해 되자마자 그것은 끝이 나고 effector는 비활성화 상태로 되돌아간다.

세포활성 끄기: GTPase 켜기

분리한 G-단백질에서 일어나는 GTP 가수분해 속도가 몇몇 G-단백질에 의해 진행되는 반응의 순간적인 특성을 설명하기에는 너무 느리다는 것을 발견한 것은 예상치 못했던 것이었다. 극단적인 예로 필연적으로 재빨리 꺼져야만 하는 시각신호 전달과정을 들 수 있다. 빛이 꺼지면 우리는 즉시 어둠을 감지하게 된다. 만약 transducin(G_t, 시각신호전달을 담당하는 G-단백질)이 활성형태($\alpha_T \cdot$ GTP)로 지속될 수 있다면, 조명은 GTP 가수분해가 진행됨에 따라 서서히 어두워지는 것처럼 보일 것이다. 지금 확실하게 밝혀진 것은, 활성화된 α-subunit이 effector 효소와 접촉하자마자 GTPase 반응 속도(k_{cat})가 상당히 증가된다는 사실이다. 이에 대한 확실한 예가 바로 α_T[14,15]에 의해 촉매되는 GTP 가수분해 반응이다(6장 참조). 이와 마찬가지로 G_q의 α-subunit가 갖는 GTPase 활성도 effector 효소인 phospholipase Cβ[16,17]와 결합함에 따라 가속화되는데 이것은 결국 α-subunit이 생산적인 접촉을 유지하는 동안에만 그 활성을 유지하게끔 한다는 것이다. 좀 더 일반적으로 말하면, 대부분 G-단백질(G_s subgroup은 예외)의 GTPase 활성은 RGS(regulator of G-protein signalling) 단백질군(최소 20 종류)을 통하여 조절된다고 할 수 있다. RGS는 특정 α-subunit과 상호작용하여 GTP 가수분해 속도를 촉진하며 여러 생리과정의 순간조절자로 작용한다[18]. 220개 이하의 아미노산 잔기를 가진 작은 RGS 단백질들은 보존된 촉매부위 외에는 특별한 상동성이 없는 것처럼 보이나 아미노산 잔기가 370에서 1400개에 이르는 큰 RGS는 아마도 신호전달에 연관된 다른 단백질들과 작용하게끔 하는 여러 구조부위(DH, PH, PTB, PDZ 등: 18장 참조)를 가지는 것으로 보인다. 한 예로 칼슘이온 채널(N-type)의 탈감(desensitization) 과정은 $GABA_B$ 수용체와 G_o를 통해

견되었을 것이다[9].

소위 말하는 부분(partial) agonist에 의해 그 최대활성화 정도가(예를 들어 adenylyl cyclase) 낮게 나오는 것은 GDP 분리속도에 느린데 기인한 것이라 여겨진다.[12] 완전한 agonist와 달리 부분 agonist는 수용체의 활성화와 비활성화 상태 구조를 완벽하게 구별하지 못하므로 어떤 면에서는 inverse agonist의 성질도 지니고 있다.

매개되며 RGS12에 의해 억제되는데[19] 이것은 G-단백질에 의해 조절되는 과정이 아닌 다른 수준에서의 조절수단을 제공한다. 또한 RGS는 그 자체의 단백질 발현 수준을 스스로 조절할 가능성도 있다.

생체에는 Ras와 같은 작은 단량체 GTP-결합 단백질의 GTPase 활성을 증가시키는 다른 단백질들도 발견되는데 이들은 GTPase 활성화 단백질(GTPase activating proteins, GAP)로 알려져 있다(아래 참조).

G-단백질에 의한 수용체 친화성의 조절

수용체에 의해 매개되는 과정의 활성화가 GTP와 관련 있다는 최초 증거의 하나는 화학적으로 안정한 GTP 유사 화합물(GTP analog들, 즉 GTPγS, GppNHp 등; 그림 4.4)[20]에 의해 활성화된 리간드의 친화력이 감소된다는 것이었다. 이들 유사 화합물들은 쉽게 가수분해 되지 않기 때문에, α-subunit이 활성화된 채로 남아있게 한다. 이것은, 작용(agonistic) 리간드가 GTP 가수분해 속도를 촉진한다[21]는 사실과 더불어, 수용체와 GTP-결합 단백질 사이의 소통이 수용체는 G-단백질에게 신호를 보내고 G-단백질은 수용체에 신호를 보내는 양방향 경로에 의해 이루어진다는 것을 시사한다. 활성화가 되면, G-단백질과 작용물질(agonist)-수용체 복합체 사이의 접촉이 약해짐에 따라 수용체는 다른 G-단백질 분자를 찾게 하는데 inverse agonist의 경우는 그 반대이다(그림 4.5)[22-25]. 우리는 3장에서 oxytocin 수용체의 경우 progesterone은 inverse agonist로 작용하며 비활성 형태의 수용체에 결합한다는 것을 보았다. 여기서도 GTPγS는 스테로이드 호르몬에 대한 친화도는 증가시키는 반면에 펩티드 호르몬에 대한 친화도는 감소시킨다[26].

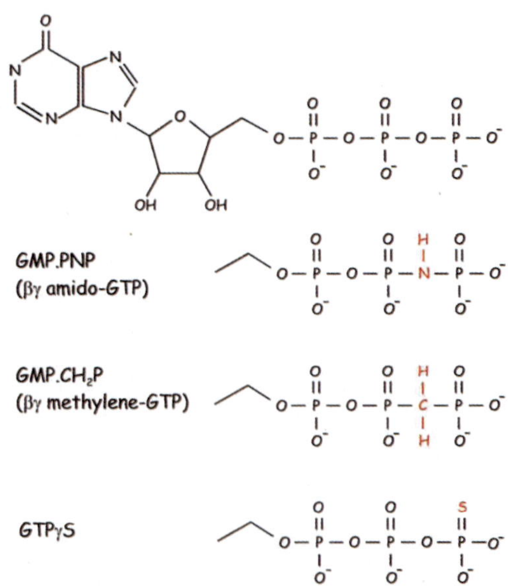

그림 4.4 구조적으로 안정한 GTP 유사체들.

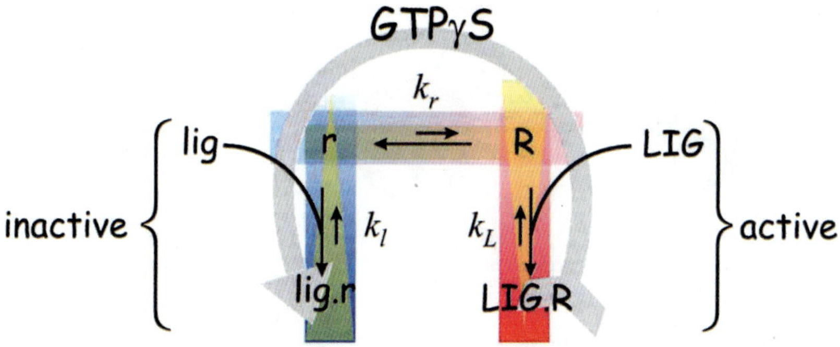

그림 4.5 수용체와 agonist나 inverse agonist 사이의 결합에 미치는 guanine nucleotide의 반대 효과. 이 그림은 수용체의 비활성화(청록, r)와 활성화(빨강, R) 상태사이의 평형을 나타낸다. Agonistic 리간드(LIG)는 활성화 형태의 수용체에만 결합하여 신호를 전달할 수 있는 형태 수용체(R + LIG.R)의 양과 비율을 증가시킨다. 반대로 inverse agonists (lig)는 비활성화 수용체에만 결합하여 신호를 전달할 수 없는 형태 수용체(r + lig.r)의 양과 비를 증가시킨다. 안정한 유도체인 GTPγS는 agonist에 대한 수용체의 친화도는 증가시키나 inverse agonist에 대한 친화도는 감소시킨다. 친화도에서 일반적인 경쟁적 저해제에 대한 영향은 없다. 이 그림을 그림 3.17과 비교해보라.

α-Subunit

역사적으로 보면 수용체와 G-단백질, effector 효소를 제각각 따로 조작하여 실험하려는 시도들이 있었다. 이는 수용체와 effector들이 고유한 막단백질이므로 실험계에 쉽게 첨가되거나 제거될 수 없었기 때문이다. 3장에서 논의된 바와 같이 비록 세포융합 실험에서는 그것들을 함께 섞고 배합할 수 있었지만 이종삼량체 G-단백질의 서로 다른 subunit를 따로 조작할 수는 없었다. 대신 림프종 세포주 S49 cyc^-를 사용한 실험을 통해 수용체에서 adenylyl cyclase로 신호를 중개하는 GTP-결합 구성요소가 α-subunit라는 것을 확인하게 되었다[27].

본래의 S49 세포에서는, cAMP 농도가 상승하면 G1 단계에서 세포주기가 정지되고(자세한 것은 10장 참조) 세포사멸이 촉진된다[28,29]. 그 세포를 cAMP를 상승시키는 약물인 isoprenaline를 첨가한 상태에서 키운 후 살아남는 세포를 골라내는 과정을 반복하여 저항세포주인 cyc^-를 확보하였다(그림 4.6)[30].

이 세포들은 β_2-아드레날린성 수용체와 adenylyl cyclase(terpenoid 성분인 forskolin에 의해 직접적으로 활성화됨: 5장 참조)를 가지고는 있지만, 작용물질들이 β_2-아드레날린성 수용체에 결합하더라도 아무런 반응도 내지 않는다. 이 경우, 신호전달 과정을 단절(uncoupled)되었다고 말할 수 있는데 이것은 그 경로의 무언가가 가로막혀 있거나(혹은 무엇이 없어서) 수용체와 effector 효소사이의 소통이 방해되었기 때문이다.

> 처음에 이 세포에는 adenylyl cyclase가 결핍되어있을 것이라 생각하고 붙인 **cyc^-** 라는 이름도 물론 잘못된 것이다.

이러한 cyc^- 세포들의 세포막에 GTP-결합 구성요소(G-단백질 G_s의 α-subunit)를 공급하니 수용체와 cyclase사이의 소통이 다시 확보될 수 있었다[31-33]. 이 cyc^- 세포는 GTP와 결합하는 α_s-subunit을 발현하지 못하기 때문에 치명적인 cAMP의 상승을 피할 수 있었던 것이

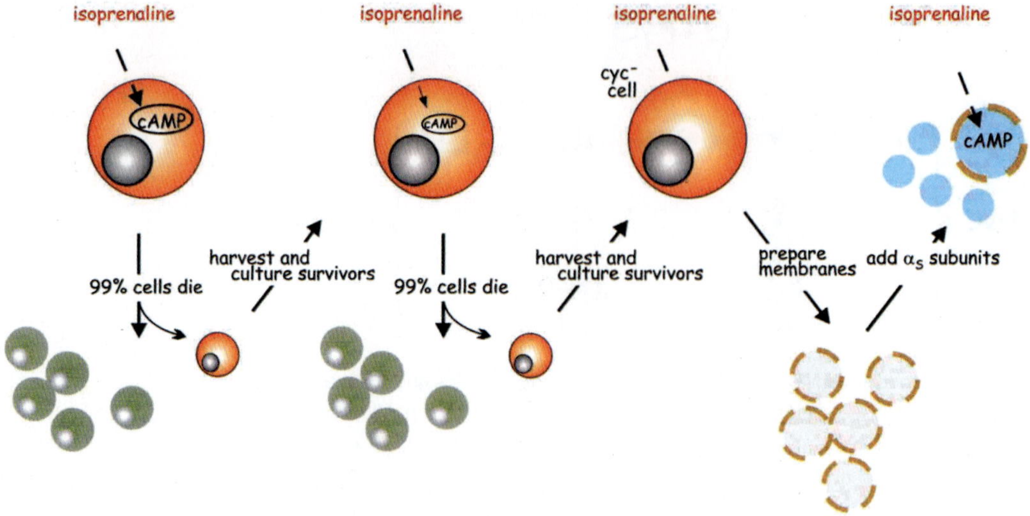

그림 4.6 S49 cyc⁻세포에서 α_s-subunit의 첨가에 의한 호르몬 자극 cyclase 활성의 재구성. 이 그림은 Gs와 연결된 수용체에 결합하는 ligand 자극에 반응하여 cAMP를 생성하지 못하는 세포주(S49 cyc⁻)를 선별하는 기본원리를 보여준다. 분리된 세포막에 G-단백질의 α_s-subunit를 첨가하면 활성이 다시 나타난다.

표 4.1 G-단백질 α-subunits의 일부기능

	Generation of second messengers	Other processes
α_s	Stimulation of adenylyl cyclase	
α_{olf}	Stimulation of adenylyl cyclase	
α_{i1}	Inhibition of adenylyl cyclase	
α_{i2}	Inhibition of adenylyl cyclase	Mitogenic signalling[34,35] Positive regulation of insulin action[36]
α_{i3}	Inhibition of adenylyl cyclase	
α_o	Inhibition of type I adenylyl cyclase[37]	Potentiation of EGF-R and Ras signals to MAP kinase[38] Sequestration of RapIGAP[39], activation of STAT3[40], inhibition of cardiac L-type currents[41]
α_t	Stimulation of cyclic GMP phosphodiesterase	
α_z	K^+ channel closure	
α_q	Stimulation of PLCβ[42,43] Stimulation of Btk[44]	Affects migratory responses of fibroblasts to thrombin Platelet function disrupted in $\alpha_q^{-/-}$ (knock-out) mice[45]
α_{12}	Stimulation of Btk[46], RasGAP (GapIm)[46] Suppresses α_{13} on RhoGEF	
α_{13}	Stimulates activity of RhoGEF[47]	Regulation of developmental angiogenesis[48] Affects migratory responses of fibroblasts to thrombin[48]

다. 이 실험계는 특정위치에 돌연변이를 가지거나 G_s와 G_i(저해성)와 같이 서로 다른 단백질 구성성분을 융합시킨 키메라 변형체(chimeric variants) GTP-결합 단백질의 효과를 연구하기 위한 시험대로 널리 사용된다. 이 실험계를 이용하여 수용체의 결합에서부터 cyclase의 활성에 이르는 단계까지 G-단백질의 역할과 상호작용을 이해하는 방법이 열리게 되었다.

α-Subunit가 G-단백질의 다양성을 결정한다

이종삼량체 G-단백질의 다양성은 주로 α-subunit의 기능에 의해 결정된다(표 4.1). 수천 개에 이를 것으로 추정되는 수용체와 달리, 단지 16개의 α-subunit에 대한유전자만이 동물에 존재한다(G_s and G_o의 splice 변형체를 포함한다면 대략 20여 유전자 산물) (그림 4.7).

> 인체 유전자의 1% 정도가 G-단백질 결합 수용체를 코딩하는 것으로 보이는데 그중 후각상피세포의 후각수용체가 몇 백 개를 차지한다.

대부분 동물세포는 16개의 α-subunit 유전자 산물 중 9개나 10개를 발현한다. 그 중 α_t, α_{olf}와 α_{gust} 같은 유전자는 오직 한 종류의 감각세포에서만 발현되나(시각수용체, 후각상피신경, 그리고 미각수용체), 다른 것들은 동일한 배아기원을 갖는 세포들에서 발견된다. 따라서 α_o-subunit는 췌장의 β-세포나 뇌하수체와 같이 내분비 조직이나 신경능선으로부터 유도된 세

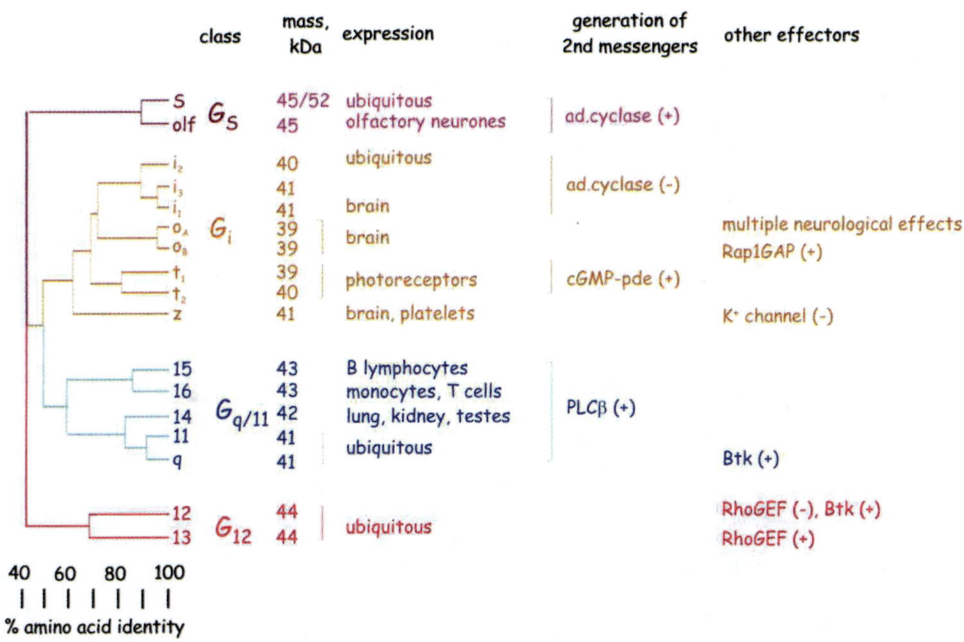

그림 4.7 G-단백질 α-subunit 사이의 진화 관계도. GTP와 결합하는 모든 단백질은 nucleotide와 직접 결합하는 부위의 서열에 연관성을 지니고 있다(그림 4.12 참조). 이종삼량체 G-단백질 α-subunit의 서열 동질성은 40% 이상이다. 이 그림에서는 이차 전령물질을 생성하는 하부 effector의 예와 더불어 이 책에서 논의되는 다른 몇몇 effector도 함께 나타내었다. G_s는 splicing의 차이에 의해 긴 형태와 짧은 형태로 발현됨을 주목하라. Burton's tyrosine kinase인 Btk는 non-receptor tyrosine kinase이다[44,46]. 아마 G_q와 G_{12}도 다른 관련 protein tyrosine kinase를 조절하는 것으로 보인다. RhoGEF는 14장[47,49], RapIGAP와 G_o의 상호작용[39]은 9장을 참고하라. 이 계통수는 Simon에 의해 제공[50].

포에서 발현된다. α_z는 주로 신경세포에서 발견되고, α_{16}은 조혈기원세포에서만 발현된다. α_s와 α_{12}, α_{11}는 모든 동물세포에서 발현되고, α_q와 α_{i1} 또는 α_{i3} 역시 대부분의 동물세포에서 발현한다.

여러 종류 α-subunit들의 아미노산 서열을 정렬해보면 대략 40%의 아미노산 잔기가 동일한 것을 발견할 수 있다. 게다가 이 단백질들은 진화단계에서 상당히 보존된 것으로 보인다. 이러한 높은 보존성은 그 유전자 산물이 높은 특이성을 유지하면서도 복합적인 생리기능도 가져야하는 필요성에의해 작동되어 온 것으로 보인다.

우리는 α-subunit 단백질군을 서로 밀접하게 연관된 유사형태를 포함하는 4개의 주요 그룹으로 나눌 수 있다(그림 4.7). 이에 따르면, 포유류의 α_s와 α_{olf}에 속하는 α-subunit은 아미노산의 12%만이 다르며 α_{i1}과 α_{i3}는 단지 6%만이 다르다.

사람과 쥐의 α_s subunit들은 전체 394 아미노산 잔기 중 하나의 아미노산만 다르다. 사람과 소의 α_{i1}은 동일하며 모든 포유동물의 α_{i2}, α_{i3}와 α_o 그리고 α_z는 98% 이상의 동일성을 유지하고 있다.

각 그룹 내에서는 주요 기능들이 밀접하게 연관되어 있다. 세 개의 α_i 단백질은 모두 adenylyl cyclase를 저해하며 $G_{q/11}$ family에 속하는 모든 α-subunit은 PLCβ를 활성화 시킨다. 다른 α-subunit들은 이차 전령물질을 조절하는 것이 아니라 다른 신호전달 기작에 속한 단백질의 활성을 조정하는 기능을 한다. 이것의 예로 α_{12}와 α_{13} 이 RhoGEF의 활성을 서로 반대로 조절[47,49]하는 것을 들 수 있다(14장 참조).

RhoEF: Ras-연관 GTPase인 Rho에 대한 guanine nucleotide 교환인자.

또한 α_q와 α_{12}는 Btk (Bruton's tyrosine kinase)와 더불어 아마도 다른 관련 non-receptor protein tyrosine kinase도 활성화 시킬 수 있다(12장 참조).

G_{olf}는 후각상피 뉴런에서 adenylyl cyclase를 조절한다.

몇몇 α-subunit의 하부신호전달계 effector는 여전히 잘 알려지지 않고 있다. 특히 G_o의 기능은 여태까지 알려진 어느 것으로도 정확히 설명하기 어려운데 문제점은 그것이 복합적인 효과를 가진 것처럼 보인다는 것이다. 사람들은 만약 뇌의 막 단백질 중 2% 정도를 차지할 만큼 풍부한 이 단백질을 coding하는 유전자를 제거한다면 아마도 쉽게 구별되는 표현형질을 발견할 수 있을 것이라고 생각할 것이다. 그런데 실제 $\alpha_o^{-/-}$(knock out) 생쥐는 수 주 동안이나 생존 하였으며, 활동성이 아주 강하여 쳇바퀴를 여러 시간 달리고 표준통증시험에서는 과민성을 나타냈다[41]. G_o는 전압 민감성(voltage-sensitive, L-type) 칼슘이온채널의 조절과 어느 정도 연관성이 있는 것처럼 보이기는 한데 아마도 간접적인 영향인 듯하다. G_o의 다른 기능들로는 Rap1이라는 Ras 연관 단백질(Ras-related protein, [39])의 활성을 조절하고(9장), EGF 수용체로부터의 신호전달을 증강시켜 ERK(세포 밖 신호와 연관된 단백질 kinase, [38])의 활성을 강력하게하고, STAT3에 의한 신호전달[40]을 활성화한다(11장 참조).

세포막 및 타 단백질들과 상호작용하는 α-subunit의 부위들

α-subunit의 C-말단 영역은 수용체와의 상호작용 특이성을 결정하며, 백일해 독소(pertussis toxin, 5장 참조)에 의해 ADP-라이보실화(ribosylation)되는 부위이다. N-말단 서열은 βγ-subunit과 상호작용하는 부위이므로, 이것을 제거하면 그 상호작용이 방해된다. G_i와 G_o의 βγ-subunit N-말단에 있는 glycine은 myristic acid($CH_3(CH_2)_{12}COOH$)의 부착부위인데 이러한 변형은 이종삼량체 형성을 촉진시킨다. βγ-subunit의 C-말단 부위와 동일한 서열의 합성 펩티드를 이용하여 제조한 항체는 수용체의 신호전달 경로를 방해한다[51,52]. 이 부위의 돌연

변이 역시 그 하부신호전달과정이 GTP 유사 화합물(그림 4.4 참조)에 의해 자극될 수 있는 '비결합된(uncoupled)'(*unc*) 표현형[53]을 나타낸다. 이것 역시 수용체에 대해 반응하지 못하게 된다.

Effector와 소통하는 α-subunit 부위를 찾아내는 것은 더욱 더 힘들다. 이것은 단백질의 경계면이 단일 펩타이드 사슬 위의 몇 개 잔기로 구성되어 있는 것이 아니기 때문이다. 대신 이 작용면은 서열상 먼 거리에 떨어져 있는 다른 loop에 존재하는 것들의 군집으로 분포되어있다. α_{i2}와 α_s로 구성된 키메라 단백질을 광범위하게 분석해본 결과 adenylyl cyclase와 상호작용하기 위해서 세 개의 다른 부위가 필요하다는 것을 알게 되었다[54]. 최근 α_t와 α_{i1}의 X-선 결정구조를 분석한 결과는 GDP가 GTP로 바뀔 때 구조 변화가 일어나는 것을 보여 주었다[55]. 여기서, Ras같이 작은 GTPase의 결정화 연구로부터 얻은 정보는 더 복잡한 α-subunit의 구조변화를 이해하는데 유용한 기초 자료가 되었다. Ras가 effector 단백질(Raf-1, 11장 참조)과 조절자(Ras GAP: 아래 참조)의 Ras-결합부위와 합쳐진 복합체와 같은 방식으로 분자모델이 얻어진다면 더 많은 것을 배우게 될 것이다.

α_i와 α_t의 결정구조분석 결과는 이 단백질들이 두개의 독립적인 부위로 접혀 있음을 보여준다[56-58](그림 4.8). 이들 중 하나는(rd) Ras와 밀접히 연관된 구조를 가지고 있으며 guanine nucleotide 결합부위를 포함한다. 다른 부분은 Ras와 다른 단량체 GTP-결합 단백질에는 없는 밀집된 helical domain(hd, 여섯 개 나선구조들의 다발)이다. α-Subunit와 다른 단백질을 연결

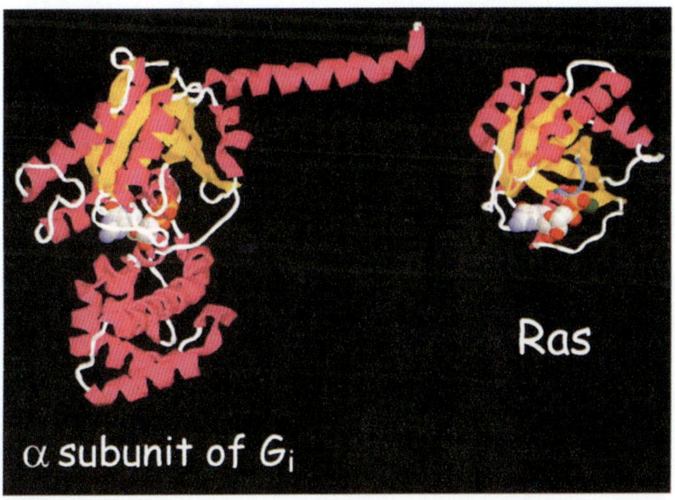

그림 4.8 G-단백질의 α-subunits와 단량체 GTPases는 구조적 유사성을 보여준다. α_i(왼쪽)는 작은 GTPase의 Ras(오른쪽)와 유사한 rd 부위(ras domain, 왼쪽 상단)를 가지고 있다. α_i 구조의 하부 반쪽은 hd 부위(helical domain)이며 각 분자는 GDP와 결합하고 있다(Mg^{2+}는 RasGDP에서만 녹색 구형으로 나타내었음). 데이터 제공: α_i: lgp2.pdb[58], Ras.GDP: 4q2l.pdb[125-128].

하는 상호작용 부위는 보전된 유사 Ras 부위와 N-말단 부위에 위치한다. 그러나 다른 α-subunit에 있는 hd domain의 서열은 상당히 다양하므로 아마도 이 부위는 기능과 연관이 있을 거라고 생각하는 것이 합리적일 것이다. 만약 어떤 기능이 있다면 어쨌거나 그것이 무엇인가는 거의 추측해야만 하는 문제였다. 그 당시 나온 생각들로는 그것이 effector 인식과 관련이 있다거나, GTP-결합의 친화력을 조절한다거나 혹은 고유의 GTPase-활성 단백질(GAP: 아래 참조)로써 작용할 것이라는 것 등이 있었다. 현재에는 transducin α_t-subunit(α_t)의 hd domain은 다른 자리 입체성(allosteric) 조절자로서 작용하여 활성화된 α_t와 그 effector인 cyclic GMP phosphodiesterase[59](6장 참조)와의 상호작용 효율을 증가시키는 것으로 보인다. 다른 주요 G-단백질 α-subunit의 helical domain 또한 effector 효소의 다른 자리 입체성 조절자일 것이다.

βγ-subunits

β- 및 γ- subtypes

β-Subunit에는 50-90% 동일성(분자량은 35 kDa거나 39 kDa)을 나누어 가진 5개의 subgroup이 있으며 γ-subunit(5-10 kDa)의 아미노산 서열은 좀 더 다양하여 적어도 12개의 subtype이 있다. 자연상태에서는 모든 βγ 조합이 존재하는 것은 아니어서 예를 들자면, $\beta_1\gamma_2$는 있지만 $\beta_2\gamma_1$은 없다. 이것과 상관없이, 복원실험(reconstitution experiment)에 의하면 βγ-subunit들은 α-subunit과 결합 시 교환될 수 있는 것처럼 보이는데, 유일한 예외인 transducin의 α-subunit의 경우에는 광수용체에서만 발현되는 $\beta_1\gamma_1$과만 결합한다. 포유류의 γ-subunit은 단백질이 만들어진 후 20개의 탄소로 이루어진 geranylgeranyl group(4개의 isoprene 단위)이나 15개의 탄소로 이루어진 farnesyl group(3개의 isoprene 단위)이 C-말단에 추가된다(표 4.2; 그림 4.9). 이 소수성 첨가부위는 그것이 연결된 β-subunit과 함께 세포막에 연결되어 있도록 해준다. Prenyl group과 결합(prenylation) 할 수 없게 돌연변이를 일으킨 γ-subunit은 β-subunit과 여전히 결합하기는 하지만 그 결과 생긴 이종이량체는 수용성이며 α_s 같은 α-subunit와 상호작용하지는 못한다.

표 4.2 Heterotrimeric G-protein post-translational lipid modifications

Subunit	Modification
α_q	Palmitoyl
α_s	Palmitoyl
α_i	Myristoyl
α_o	Myristoyl
α_t	Myristoyl
α_{olf}	Myristoyl
α_z	Myristoyl, Palmitoyl
$\gamma_1\ \gamma_8\ \gamma_{11}$	Farmesyl
$\gamma_{2\text{-}7}, \gamma_{9\text{-}11}$	Geranylgeranyl

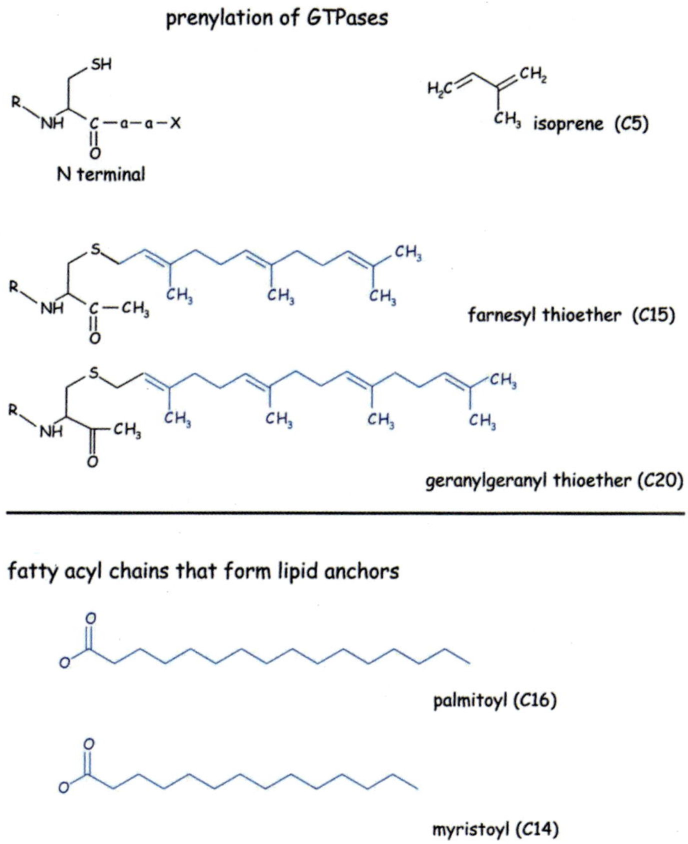

그림 4.9 번역 후 수식을 통한 βγ-subunits의 세포막 부착.

신호전달 단백질로서의 βγ subunit

βγ-Subunit이 α-subunit이나 이차 전령물질(cAMP, 칼슘이온 등)들과 무관하게 독립적으로 정보를 전달할 수 있을 것이라는 첫 번째 징후는 아세틸콜린이 부교감신경의 자극을 통하여 심장의 출력을 감소시키는 과정과 연관되어 발견되었다[60]. 바로 이 효과(1장 참조)는 시냅스의 화학 물질에 의한 신호전달 개념을 지지하는 첫 번째 확실한 증거를 제공하였으며, 그 후 70여년이 지나서야 무스카린성 반응이 G-단백질에 의해 매개된다는 것이 밝혀졌다[61]. 심장의 K^+ 이온채널에는 아무런 수용성 이차 전령물질도 관여하지 않으며 아마도 G_i나 G_o (백일해 독성에 민감한: 5장 참조)같은 G-단백질이 직접 결합한다고 알려져 있다. 화학물질에 의해 신호가 전달될 수 있다는 초기의 아이디어가 그랬던 것처럼, βγ-subunit가 신호전달을 할 수 있다는 이론은 이단으로 간주되었으며 훨씬 더 복잡한 논쟁을 초래하였다[62]. 이후 순수분리한 βγ-dimer를 분리된 세포막 조각patch의 안쪽 면에 투여해보니 K^+ 이온채널을 연다는 것이 판명되었다[60,63]. 여기에 대한 반론들은 그 현상이 정제 분획에 α-subunit이 오염되었거나 G-단백질을 용액 상에 유지하기 위해 사용된 detergent 때문일 것이라고 믿는 사람들로부터 나

왔다. 그러나 순수분리한 α-subunit을 이용한 비슷한 실험에서도 기껏해야 불확실한 결과만 나올 뿐이었다. 이러한 논란은 βγ-subunit와 무스카린성 K^+ 이온채널을 개구리(*Xenopus*)의 난자에서 동시 발현시킴으로써 지속적인 활성이 나타남을 보여주는 실험에 의해 진정되기 시작하였다. 이와 반대로 GTPγS를 포함한 α_i-subunit을 투여하거나 K^+ 이온채널과 α-subunit은 동시 발현해도 별 영향이 없었다[64]. 시간이 지남에 따라 논쟁은 결국 해결되었고 (적어도 대부분의 사람들이 만족할 만큼), βγ-subunit이 phospholipase A_2[65]와 phospholipase-C의 몇몇 β-isoform[66]을 활성화시키는 인자라는 것이 밝혀졌다.

이제 기능적 수준에서는 G_s와 다른 모든 이종삼량체 G-단백질은 마치 α-subunit과 분리할 수 없는 βγ 쌍의 이량체인 것처럼 행동한다는 것은 확실하다. βγ-subunit은 다음과 같은 기능을 가지고 있다:

- α-subunit의 효과적인 결합과 불활성화, 그리고 존재 위치 선정을 도와준다.
- 활성화 리간드에 대한 수용체의 친화력을 조절한다.
- GDP가 α-subunit으로부터 분리되려는 경향을 감소시킨다(따라서 비활성화 상태를 안정화 시킨다).
- G_i와 G_o의 α-subunit가 ADP-라이보실화(ribosylation)와 같은(5장 참조) 백일해 독성에 의한 공유결합성 수식과정에 필요하다.
- 몇몇 하부신호전달effector 체계와 직접 상호작용한다.
- 특정 receptor kinase에 의한 수용체 인산화를 조절한다.

수용체 인산화, down-regulation 및 경로변경

βARK와 rhodopsin kinase를 포함하여 7TM 수용체를 인산화 시키는 효소의 종류를 **<u>G</u>-protein-coupled <u>r</u>eceptor <u>k</u>inase** (GRKs)라 부른다.

처음에는 rhodopsin kinase의 활성[67]과 나중에는 β-아드레날린성 수용체 kinase(βARK)에서 보인 것처럼 βγ-subunit은 negative feedback 신호로도 작용한다.

무스카린성 이나 아드레날린성 수용체 같은 수용체들은 C-말단 부위의 serine이나 threonine이 인산화되면(그림 3.14 참조) arrestin과 결합함으로써 endocytosis를 통한 제거과정에 들어가게 된다[68,69]. 이 기작은 교감신경시냅스 같이 agonist의 농도가 급격히 치솟아 오르는 경향을 가진(시냅스 간극내의 catecholamine의 순간적인 농도는 10^{-4} mol/l까지 이를 수 있다) 부위에서 특히 중요한 것이라 생각된다. 게다가, 인산화가 G-단백질에 대한 정상적인 소통경로를 막지만(탈감화), 결합된 arrestin은 수용성 단백질 tyrosine kinase인 Src 에 대한 결합부위로도 작용한다. 이것이 ERK의 활성을 일으키는 새로운 신호전달과정을 시작한다[70](11장 참조).

자극의 농도가 상승됨에 따라, cAMP에 의해 활성화되는 protein kinase인 protein kinase A(PKA)와 βARK에 의해 촉매되는 두 가지 인산화 기작이 시작된다. 이러한 두개의 kinase는 서로 다른 기질특이성(일치된 서열 선택성)을 지니고 있기 때문에, 수용체 C-말단의 서로 다른 아미노산 잔기와 반응함으로서 인산화의 양상이 달라진다(그림 3.14). 이것은 그 활성이 미약한가(낮은 자극 농도, PKA활성을 유도) 혹은 강한 활성인가(높은 자극 농도, 부가적으로 βARK를 활성화)에 의해 결정된다. PKA와 반응하는 부위의 인산화는 전통적인 피드백 기작

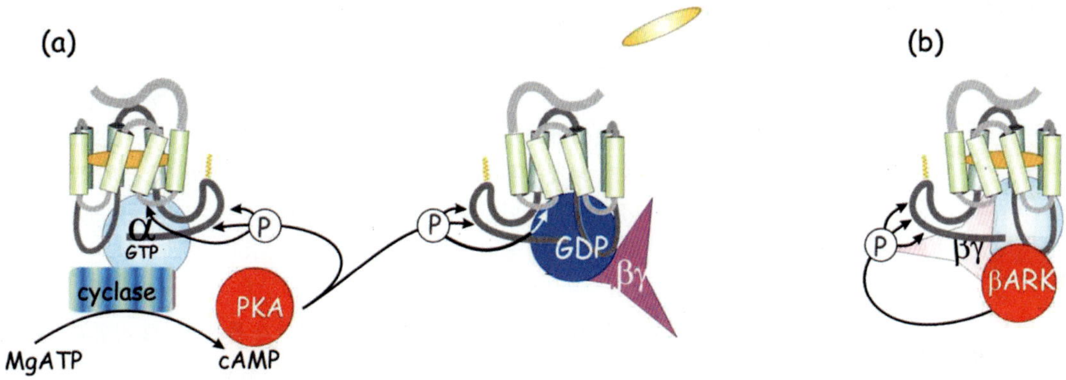

그림 4.10 수용체의 인산화에 의한 이종적 탈감화와 상동적 탈감화: (a) 이종적 탈감화(heterologous desensitization). 미약한 자극조건하에서 cAMP 생성은 PKA 기질보존 motif(-RRSS-)를 가지고 있는 모든 단백질(수용체분자를 포함하여)의 인산화를 일으킨다. 수용체의 인산화는 리간드의 결합여부와 상관없이 일어나며 그 결과 cAMP 생성을 조절하는 모든 수용체를 일괄적으로 감소시키게 된다. (b) 상동적 탈감화(homologous desensitization). 강력한 자극조건하에서 수용체와 연계된 βγ-subunits는 수용성 receptor kinase(β_2-아드레날린성 수용체의 경우에는 βARK)에 대한 고정수단으로 작용하여 그 수용체 만을 인산화 시키게 된다.

으로 작용하여 adenylyl cyclase같은 effector와의 신호전달 계통을 방해하고 cAMP의 생산을 중단시키게 된다. 아마도 10% 이하의 수용체가 사용될 때 최대로 활성화되는(3장 참조) PKA에 의한 인산화는 해당 인산화 부위를 가진 다른 수용체를 감소조절하는 작용도 하게 된다. 또한 이것은 cyclase의 활성화도 방해하게 된다(이종적 탈감화, heterologous desensitization, 그림 4.10). βARK나 다른 수용체 특이적 kinase에 의한 인산화는 βγ-subunit과 접촉하고 있는 수용체에만 영향을 미친다(상동적 탈감화, homologous desensitization). 우리는 이러한 방법으로 활성화된 수용체의 반응성이 개개의 수용체 kinase에 의해(상동적 탈감화: 같은 수용체) 특이적으로 억제되거나 일반적으로는 protein kinase A나 protein kinase C와 같이 이차 전령물질에 의해 활성화되며 좀 더 광범위한 반응성을 지닌 kinase들에 의해(이종적 수용체 탈감화) 그 반응성이 억제됨을 볼 수 있다.

이와 같이 수용체와 호르몬의 첫 번째 상호작용으로부터 이차 전령물질의 발생, 그리고 다시 수용체에 이르기까지 모든 단계에서의 조절이 아주 엄격하게 조정된다는 것이 명백하다. 시종일관, 세포는 필요성에 따라 융통성 있으면서도 민감하게 조절한다.

Ras 단백질

발암유전자 산물로 발견된 단량체 GTP-결합 단백질

Ras 단백질은 종종 원발암유전자(proto-oncogene) 산물로 언급된다. 이것은 Ras가 Harvey murine(H) virus와 Kirsten sarcoma(K) virus를 포함하는 관련 retrovirus종의 형질전환 생산물로써 처음 발견되었기 때문이다[71-74]. 이 형질전환 유전자는 바이러스의 *gag* 유전자와

Gag (glycosylated antigen)는 바이러스 입자 crk(C10 regulator of kinase)의 내부 capsid를 encoding하는 유전자이다.

돌연변이 Ras 단백질의 발생률은 암의 종류에 따라 다르다: 사람 췌장 선종암의 90%와 결장 선종암(colon adenocarcinoma)의 50%가 Ras의 돌연변이와 관련이 있다. 유방의 선종암에서는 거의 발견되지 않는다.

효모의 RAS는 adenylyl cyclase를 활성화한다[81]. 각각 320개와 309개의 아미노산으로 구성된 단백질인 RAS1과 RAS2는 처음 80잔기는 여전히 높은(80%) 상동성을 지니지만 포유동물의 RAS보다는 더 길다. RAS1과 RAS2가 결핍된 효모세포는 살 수 없으나, 포유동물의 H-Ras를 발현시킨다면 그 생명력은 복원할 수 있다[82,83].

virus를 몇 세대에 걸쳐 지니고 있던 쥐로부터 유도된 Ras 유전자 중 하나가 융합된 것이었다.

N-Ras는 다른 Ras 단백질과 서열 상동성을 가지며 신경아세포종(neuroblastoma) 세포주에 존재하는 형질전환 유전자 산물로 발견되었다[75,76]. 이들은 모두 단일 사슬 polypeptide로 길이는 189개 아미노산으로 되어있고, C-말단에 단백질 발현 후 변형된 지질성 성분에 의해 세포막에 붙어있다(표 4.3). 이것들은 전부 guanine nucleotide(GTP와 GDP)에 결합하는 GTPase이며[77,78], 인간 종양과 연결되었다는 증거는 인체 종양 세포주로부터 유도된 DNA로 형질 전환된 배양 섬유아세포가 돌연변이된 형태의 Ras를 지니고 있다는 발견으로부터 나왔다[79].

상당수의 인간 암세포에서는 Ras의 세 가지 형태 중의 하나가 돌연변이로 변형되어 GTP의 가수분해 속도를 저해하며 그것이 지속적으로 활성화된 상태로 존재한다[80]. 반면에 비발암유전자 형태(non-oncogenic form)인 c-Ras는 모든 세포에 존재하며 세포성장과 분화의 조절자로 작용한다(11장 참조).

Ras의 subfamily들

Ras 단백질들의 서열은 서로 아주 유사하다(그림 4.11 참조). 인간의 H-Ras와 닭의 Ras는 앞부분 164개의 아미노산 중 오직 두 위치만이 다르고, 인간의 N-Ras와 초파리 D-Ras의 처음 80개 아미노산의 서열이 동일하다. 이같이 밀접한 유사성은 많은 보존적인 치환(conservative substitution)에 의해서도 유지된다. α-Subunit에서처럼, 이러한 고도의 보존성을 가지고 있는 것은, 이 단백질이 활성인자, 저해인자, 작용인자를 포함한 많은 다른 구성요소와 소통하기위한 필요성 때문인 것으로 생각된다(그림 4.15).

Ras 단백질은 거대한 superfamily의 원형으로 간주된다. 모든 member들은 Ras와 어느 정도의 서열상동성을 갖고 있으며 Ras, Rho, Rab, Ran, Arf로 불리는 별개의 그룹으로 나누어진다. 각 subfamily 내에서의 상동성은 더욱 커진다. Ras superfamily에서 바로 밀접한 subgroup 이상에 속하는 단백질들은 모두 박테리아의 단백질합성관련 연장인자(elongation factors)나 이종삼량체 G-단백질의 α-subunit에 존재하는 짧고 특징적인 서열과 부분적이나마 상동성을 공유한다(표 4.4, 그림 4.12). 실제로, 단백질 골격을 따라 적절히 분포되는 짧은

표 4.3 Monomeric GTPase post-traanslational lipid modifications

Subunit	Modification	
H-Ras	CVLS	Farnesyl
N-Ras	CVVM	Palmitoyl
K-Ras	CVIM	Farnesyl
Rho, Rac	CXXL	Geranylgeranyl
Rab	CC/CxC	Geranylgeranyl
ARF	N-terminal glycine	Myristoyl

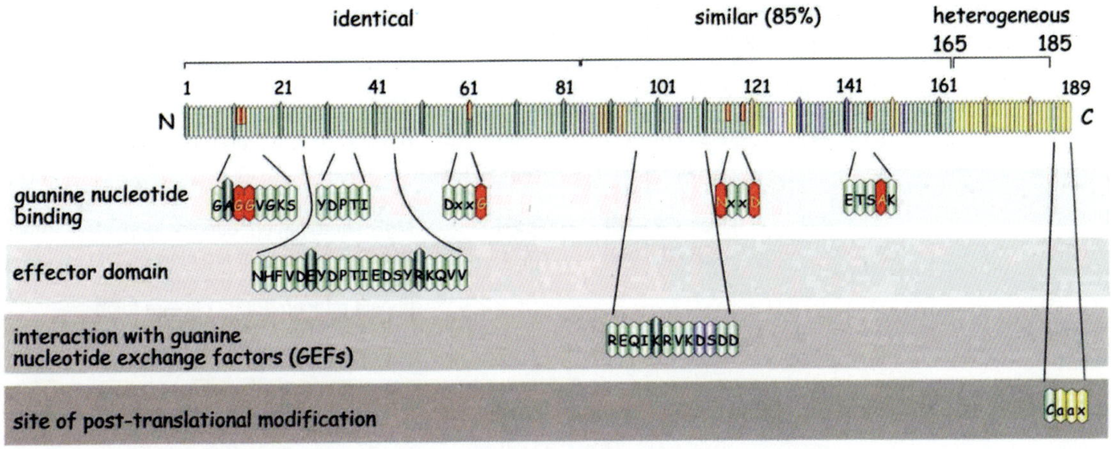

그림 4.11 Ras의 일차구조의 주요 특징. 포유류의 Ras 단백질(H, K, 그리고 N)은 처음 164개의 아미노산 부위에 아주 높은 동일성을(녹색은 동일한 것, 담자색은 보전된 치환기를 나타냄) 가진다. C-말단은 cysteine(186) 잔기를 제외하고는 아주 다르다(노란색). 그림의 하단은 guanine nucleotide와 결합하는 부위, effector 부위, 그리고 isoprenylation에 의해 post-translationally modification의 기질을 현성하는 C-말단 Caax 부위를 나타낸다. 빨간색으로 표시된 잔기는 발암성 돌연변이와 관련 있다.

서열 motif의 존재는 이것이 GTPase라는 것을 확실히 나타내는 것으로 볼 수 있다. 이것과 더불어, 매우 보존된 motif에 바로 인접한 β-strand의 존재는 Ras연관 단백질과 연장인자, 그리고 α-subunit 모두의 불변의 특징이다. 놀랄 것도 없이 이러한 보존된 motif는 guanine nucleotide와의 접촉 부위를 구성한다.

■ 구조

Ras의 삼차원 구조 입체이미지를 그림 4.13에 나타내었다. 여기서는 2차 구조의 구성요소와 nucleotide 결합을 형성하는 연결부위 G1-G5를 표 4.4와 그림 4.12에 해당하는 색깔로 표시하였는데, 이러한 motif는 이종삼량체 G-단백질의 α-subunit과 연장인자에도 존재한다. G2 접촉면을 둘러싼 26-45 잔기는 신호전달 하부의 단백질과 소통하는 effector 영역을 구성한다. 이 영역 내 30-40 잔기는 효모에서 포유류까지 모든 형태의 Ras에 보존되어 있으며 돌연변이가 일어난 산물은 일반적으로 비활성화된다(세포 형질전환 분석에서 측정: '암과 전이' 참조). Effector 부위(스위치 영역, 아래 참조)가 돌연변이된 Ras 단백질은 GTP와 결합하고 가수분해를 촉진시키는 능력은 유지하고 있다. 심지어 이 돌연변이가 GTP 가수분해를 억제함으로서 활성화된 GTP 결합상태의 생존시간을 연장하게 하는 두 번째 (형질전환) 돌연변이와 함께 결합된 effector mutant는 여전히 생물학적 비활성 상태로 남아있다[84]. 코돈 97과 108 사이의 아미노산 서열은 guanine nucleotide 교환 단백질(guanine nucleotide exchange proteins: GEFs)과 상호작용을 하는 부위이다[85].

표 4.4 H-Ras와 소의 α_i에서의 보전된 nucleotide binding motifs. 결합접촉부위는 굵은 적색으로 보전되지 않은 부위는 소문자로 나타내었다.

Contact	Residues	Sequence	
G1	Ras *(10 - 17)*	GaggyGKS	Binds to α- and β-phosphates
	α_i (40 - 47)	GagesGKS	
G2	Ras *(32 - 36)*	YpdTi	Mg^{2+} coordination, effector loop
	α_i *(178 - 182)*	rvkTt	NB: The equivalent arginine (R201) in the G2 loop of α_s is the site of ADP-ribosyl attachment by cholera toxin
G3	Ras *(57 - 60)*	DtaG	Binds to Mg^{2+}, glycine binds to the γ-phosphate of GTP
	α_i *(200 - 203)*	DvgG	
G4	Ras *(116 - 119)*	NKcD	Confers specificity for guanine over other nucleotides
	α_i *(269 - 272)*	NKkD	
G5	Ras *(145 - 147)*	tsA	Buttresses guanine base recognition site
	α_i *(324 - 326)*	tcA	

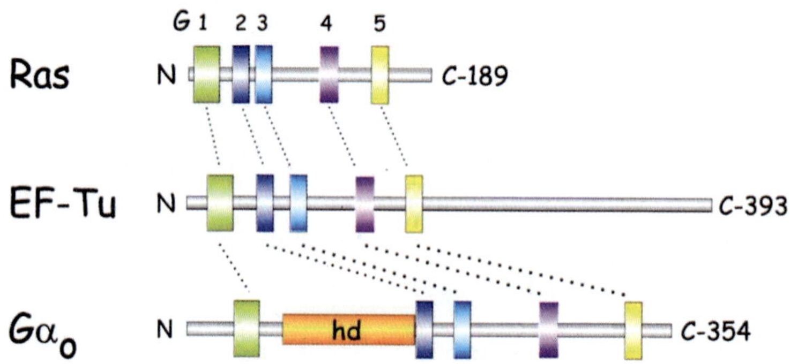

그림 4.12 Ras, G_i, 그리고 EF-Tu의 보전된 nucleotide binding motifs. 일반적으로GTPases의 세 families는 서열은 다양하나 서로 유사한 작은 부위(G1-G5)를 가지고 있다. 이 부위들은 단백질이 3차 구조에서는 거의 겹쳐질 정도로 동일하며 guanine nucleotide 결합부위를 형성한다. G2와 G3(청색)은 GDP가 GTP로 변환될 때 구조변화가 일어나는 스위치 영역 1과 2에 위치한다. α-subunits에서 hd라 표시된 긴 서열은 다른 GTPase에는 없는 helical domain을 나타낸다. Bourne 제공[6].

스위치 부분이라고 불리는 Ras의 두 부위는 GDP가 GTP로 교환될 때 그 구조가 변하게 된다. 이것은 그림 4.14에 나타내었는데 여기서 nucleotide 결합 부위는 비가수분해성 GTP 유사체인 GppNHp와 결합되어있다. 스위치-1과 스위치-2 영역은 모두 effector (serine-threonine kinase Raf-1 같은 것: 11장 참조)와 GTPase 활성화 단백질 RasGAP와의 결합에 관여한다. 스위치-1은 마그네슘 이온 결합부위의 일부분을 형성하는 G2 loop에 상응하며, 스위치-2 영역은 GTP의 γ-인산과 접촉하는 G3와 그에 따른 나선(α_2-helix)을 포함한다(그림 4.14

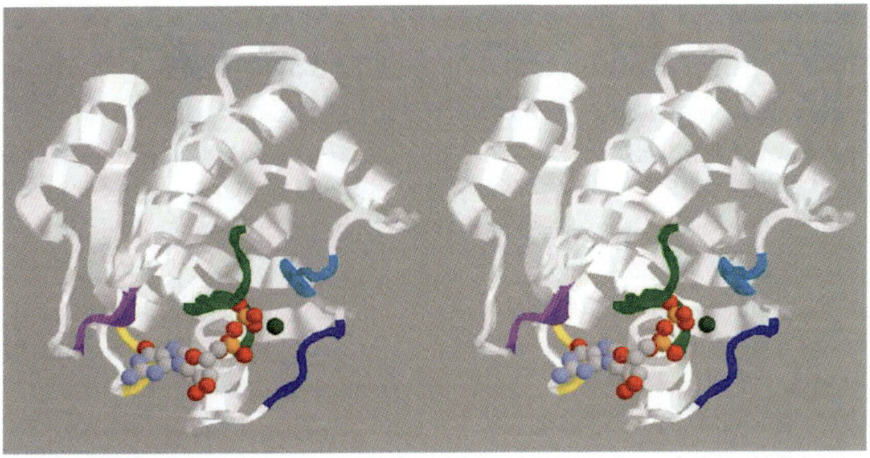

그림 4.13 **RasGDP의 3차 구조.** 이 입체구조에서 nucleotide와 접촉하는 보전된 motif G1-G5는 Table 4.4에 적혀있는 색깔로 나타내었다. G1는 녹색, G2는 청색, G3는 청록색, G4는 자주색, G5는 노랑색. GDP는 CPK 색들로 Mg^{2+} 이온은 짙은 녹색으로 나타내었다. 데이터 제공 4q2l.pdb[125-128].

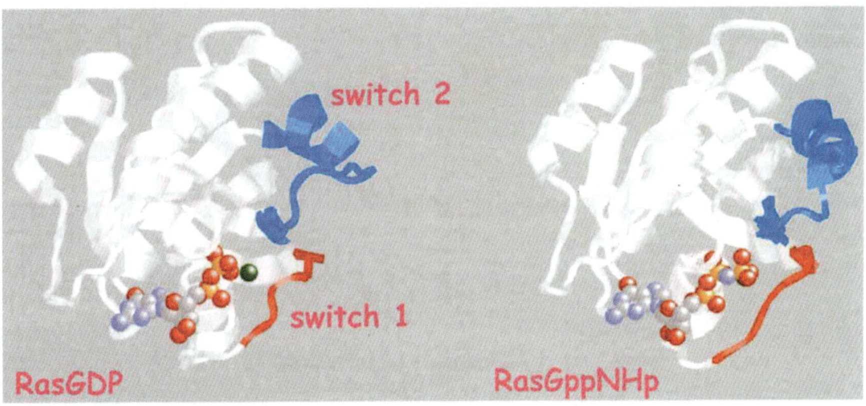

그림 4.14 **GDP-결합형태와 GTP-결합형태 Ras의 스위치부위의 구조적 차이.** GDP나 GppNHp(GTP의 유사체)와 결합한 H-Ras의 N-말단부위의 구조. 스위치 부위를 표시하였으며 nucleotide는 ball-and-stick 구조로 나타내었다. Mg^{2+} 이온은 녹색으로 표현하였다. 각각의 데이터 제공 4q2l.pdb[125-128]와 5q2l.pdb[129].

와 표 4.4). 이러한 두 스위치 영역의 구조 변화는 서로 연결되어 있어서 GTP의 결합은 스위치-2의 N-말단(nucleotide에 가장 가까운)에 정렬된 helix가 coil로 변환을 일으키게 한다. α_2 나선에 이어서 일어나는 변화는 effector와의 결합 경계면의 구성요소를 효과적으로 재배치하게 하는데 이 모든 과정은 결합된 GTP가 GDP로 가수분해 될 때는 반대로 일어나게 된다.

번역 후 수식(Post-translational modification)

잔기 165번을 넘어서면 그 서열이 매우 달라진다. 그러나 C-말단의 끝부분에서 -Caax (-Cysteine, aliphatic, aliphatic, anything: 인간의 H-Ras에서는 -CVLS, N-Ras에서는 -CVVM, K-Ras에서는 -CIIM: 표 4.3 참조) 형태의 상동성이 다시 나타난다. 이 -Caax motif의 cysteine에서는 안정적인 thioether 결합을 통하여 farnesyl기(C15, 3 isoprene units)가 첨가되는 번역 후 수식과정이 일어난다. 그 다음은 carboxymethylation으로 마지막 세 아미노산의 절단과 새롭게 드러난 C-말단(새로운 cysteine)의 메틸화가 일어난다(그림 4.9). 두 번째 지질에 의한 변형은 C-말단의 고변이(hypervariable) 영역 내 다른 cysteine 잔기의 palmitoylation에 의해 일어나는데, 이러한 변형들이 단백질을 원형질막 내부에 확실히 부착되게 한다. 이러한 post-translational prenylation이 -Caax 서열에서의 돌연변이나 farnesyl transferase 저해제에 의해 방해되면, 정상적인 Ras 기능은 억제된다[86]. 이 farnesyl기가 결합되지 않은 Ras는 세포질에 축적되고, 그 결과 연관된 kinase인 Raf를 끌어 모아(11장 참조) 그것이 세포막과 접촉하는 것을 막게 된다[87].

K-Ras-2B는 다르다. 그것은 palmitoylation되는 것이 아니라 대신 양전하를 띤 cluster를 가지고 있어서 아마도 세포막 내부표면의 음전하를 띤 인지질과 결합하는데 도움을 주는 것으로 생각된다.

Simvastatin이나 **lovastatin** 같은 farnesyl transferase 저해제는 뇌졸중이나 심장질환 병력을 지닌 환자의 콜레스테롤 합성을 억제하는데 사용된다. 이러한 약물들은 3-hydroxy-3-methylglutaryl CoA가 mevalonate로 바뀌는 것(HMG CoA reductase에 의해 촉매)을 억제한다. 이것은 C_{10} geranyl, C_{15} farnesyl, C_{20} geranylgeranyl, 그리고 C_{30} squalene 합성에 주요한 전구체인 isoprene 단위 생산의 중요단계이다. Squalene은 콜레스테롤 생합성의 전구물질이다. Farnesyl transferase inhibitors는 주요한 항암제이다.

GTPase는 모든 곳에 있다!

현재 70여종 이상의 단량체 GTPase가 알려져 있다. 몇몇 예외를 제외하고는 대부분 Ras 같은 단백질처럼 cDNA library를 screening하여 확인되었고 그 발견 후 그들이 어떠한 기능을 담당하는지 확인(아직도 여전히 확인되고 있는 중) 되어졌다. 일반적인 방법으로는 세포의 표현형이나 기능을 변화시킬 것으로 예상되는 돌연변이를 숙주로 도입하거나 발현시켜보는 것이다. 이 방법에 의해 다른 어떠한 effector가 확인되기보다 훨씬 앞서 Ras의 effector domain을 구성하는 서열이 확보되었다. 이에 비해 최초로 발견된 이종삼량체 G-단백질 — G_s, G_i, G_o, transducin(G_t) 등 — 은 전통적인 순수정제방법(GTP와 결합하고 가수분해하며, GTP에 의해 영향 받는다고 알려진 수용체와 downstream effector와 상호작용하는 단백질을 찾는)에 의해 분리되었다.

현재까지, 척추동물과 효모나 초파리, 선충류, 점균류 같은 다른 진핵생물의 Ras-연관 단백질의 모든 종류들에 대하여 그 대표 기능들이 확인되었다(표 4.5). Ras-유사 단백질 중 몇몇

표 4.5 Ras-연관 단백질들의 기능

GTPase	Regulatory function
Ras	Cell proliferation and differentiation
Rho	Actin cytoskeleton modification
	Cell proliferation
Rab	Intracellular vesicle trafficking
Ran	Cell cycle transitions (S and M phases)
Arf	Activation of PLD
	Vesicle formation

은 아마도 그것들이 발현되는 세포나 세포내에서의 위치에 의해 결정되는 한 가지 이상의 기능을 가지고 있는 것으로 보이며, 향후 더 많은 것이 밝혀질 것이다.

Ras 돌연변이는 암을 유발한다.

G-단백질에서처럼 활성화 상태 Ras의 비율은 k_{diss}/k_{cat} 비에 의해 결정된다(식 4.1 참조). 몇몇 발암성 바이러스의 유전자 산물(vRas)은 본래 세포내에 존재하는 형태에 비해 GTPase의 활성을 저해하여(k_{cat}를 감소시킴) 활성화 상태를 좀 더 유지하도록 만드는 돌연변이를 가진다는 점이 다르다. 이러한 이유로, vRas로 형질전환된 세포에는 GTP가 결합된 활성화 형태가 더 많은 비율로 존재한다. 형질전환 표현형을 촉진시키는 가장 대표적인 돌연변이들은 12번, 13번, 61번 잔기에서 일어난다(그림 4.11).

Ras의 자발적인 활성을 촉진하는 다른 돌연변이로는 결합된 nucleotide(GDP)의 해리 속도(k_{diss})를 향상시키는 것이 있다. 변형되지 않은 단백질에서는 이 해리과정이 아주 느린 속도로 일어나지만 (단백질 mole 당 대략 10^{-5} mol/s), 이 속도를 두드러지게 증가시키는 돌연변이도 많이 있다. 이들 중 대다수 돌연변이는 nucleotide와 상호작용하는 잔기나 그 근처에서 일어난다. 특히 Ala-146의 치환은 guanine nucleotide의 교환 속도를 1000배나 증가시킨다. GTPase 돌연변이체에서처럼, 이러한 돌연변이는 활성화된 GTP-결합 형태의 비를 더 높이게 되고 그 결과 형질전환을 일으키게 된다.

Ras의 기능

일반적으로는 수용체와 그 촉매활성의 확인이 그것을 연결하는 이종삼량체 G-단백질의 발견보다 앞서지만, Ras의 바로 위와 아래 과정을 수행하는 단백질들은 잘 확인되지 않고 있다. 그렇다 하더라도, 체세포분열의 조절에서 Ras의 역할은 의심할 여지가 없다. 형질전환 *ras* 유전자를 세포에서 발현[88,89]하거나 미세주입에 의해 한 세포로 그 단백질을 직접 주입[90,91]하면, 형질전환된 세포의 특징인 저해 접촉(contact inhibition)의 상실과 세포의 이탈(detachment)이 촉진된다(10장 '암과 형질전환' 부분 참조). 반대로 세포내 본래의 Ras를 중화시키는 항체나 우점적 저해 돌연변이체(dominant inhibitory mutant form, S17N)를 세포내로 미세주입하면 정상적인 성장과 세포분열을 방해한다[92-94].

S17N 17번 위치의 serine이 asparagine으로 치환.

그러나 체세포분열만이 활성화 Ras의 유일한 결과만은 아니며 다른 세포 종류에서는 Ras를 활성화 시키면 세포분화를 일으킨다. PC12 세포에 Ras 암유전자 산물을 삽입하면 신경돌기(neurite) 곁가지에 성장신호를 보낸다[95,96].

PC12 세포는 phaeochromocytoma로부터 유도된 부신수질 세포주이다.

어떻게 Ras가 이 모든 것을 조절하는가는 확실하지 않다. 하지만 Ras가 상호작용 경로 네트워크의 중심에 놓여있으며, 몇몇 수용체에 의해 직 · 간접적으로 활성화되고 조절되며, 그 결과 수많은 하부신호전달과정에 영향을 미친다는 것은 명백해 보인다(그림 4.15와 11장 참조). 실제 Ras 같이 작은 단백질이 그렇게 많은 다른 단백질과 상호작용할 수 있다는 것은 놀라운 일이다. Ras와 직접 연결된 기능으로는 단백질 kinase인 Raf의 활성화와 phosphatidylinositol-3-kinase (PI 3-kinase; 13장)의 활성화가 있다. Raf는 ERK의 활성화와 그에 따른 혈청

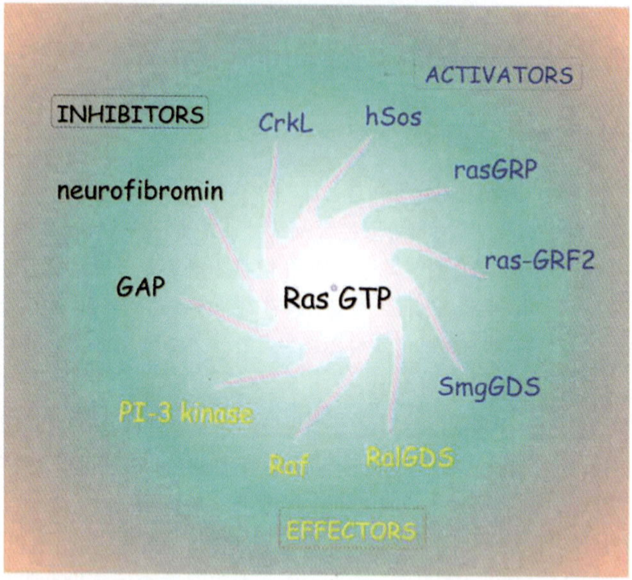

그림 4.15 Ras의, Ras에 의한 그리고 Ras에 대한 영향의 일부.

반응요소(serum response element, SRE)를 통하여 유전자의 전사조절에 이르게 하는 인산화효소(kinase)들 중 첫 번째 밝혀진 효소이다(11장).

Ras-GAPs

세포 추출물 상태에서, Ras에 결합된 GTP의 반감기는 1시간에서 5시간 정도이다. 본래의 Ras는 약 $4.6 \times 10^{-4}\ s^{-1}$ 정도로 GTP를 가수분해하는데 이 정도의 속도로는 GTPase로 기능해 나가기가 쉽지않다. 이 형태라면 거의 영원히 활성화되어 있으리라 생각할 수 있다. 또한 본래의 Ras와 암유발 돌연변이체의 가수분해 속도 차이가 왜 그렇게 중요한지도 이해하기 어려운 일일 것이다. 그러나 세포내에서의 GTP 가수분해 속도를 측정하게 되면 상황은 아주 달라진다[97]. 개구리(*Xenopus*) 난자로 접종된 Ras-GTP는 5분 내에 비활성적인 GDP형태로 전환된다. 세포는 GTP 가수분해 속도를 엄청나게 가속시키는 단백질(들)을 지니고 있다. 이와 대조적으로 GTPase가 결핍된 형질전환 Ras 돌연변이체에 결합된 GTP는 온전한 상태로 남아있다. 이러한 관찰들로 의해 개구리 알과 포유류 조직으로부터 단백질 RasGAP를 활성화하는(p120^{GAP}으로 알려진) GTPase의 발견과 순수분리에 이르게 되었다. GTPase 활성화 단백질(GAPs)은 Ras와 직접적으로 상호작용하는 단백질 중 첫 번째로 발견되었다.

Ras-GAP

이 GAP 단백질은 정상적인 Ras와 특이적으로 상호작용하며 GTPase 활성을 다섯 차수 이상 촉진시킨다. 이것을 과발현[98,99] 하거나 정상 수준 이상의 농도로 섬유아세포로 주입하면

[100], RasGAP은 성장인자(11장)의 유사분열 촉진 반응을 억제한다. 이러한 작용의 측면에서 보면 이것이 Ras의 억제 조절자(negative regulator)라 생각할 수 있다. 하지만 T-림프구와 B 림프구, 그리고 지방세포에서서는 유사분열 촉진 신호는 p120GAP의 활성 감소에 의해 매개된다[101-103].

이러한 Ras와 상호작용하는 촉매기능과 더불어, RasGAP는 식별 가능한 부위를 많이 포함하고 있다[104,105](그림 4.16a). 여기에는 PH domain[106], C2 domain[107], 2개의 SH domain과 한 개의 SH3 domain[108]이 포함된다(18장에 설명). 신호전달과정에 관여하는 많은 단백질의 특징이기도한 다양한 부위의 존재는 이것이 다른 신호전달 단백질이나 분자들과 다양하게 상호작용할 가능성을 시사한다.

GTPase 활성화 기작

GAP 단백질에 의해 Ras 고유의 GTPase 활성이 일어나는 기작을 이해하는 과정에서, 두 가지 주요 개념이 검토되었다[110]. 첫째, GAP은 스스로 활성부위를 형성하지 않고서도 Ras 단백질을 GTP를 가수분해할 수 있는 구조로 바꿈으로서 작용할 가능성이 있다. 이 경우에는 Ras에 작용하는 GAP의 활성이 촉매적이며 따라서 비화학양론적일 것이다. 그러나 현재로는 RasGAP가 Ras와 화학양론적으로 상호작용하며 반응하는 GTP의 전이 상태를 안정화 시키는 양이온 잔기(arginine)를 제공한다고 생각된다(그림 4.17). 이것이 Gln-61(Q61)이 들어오

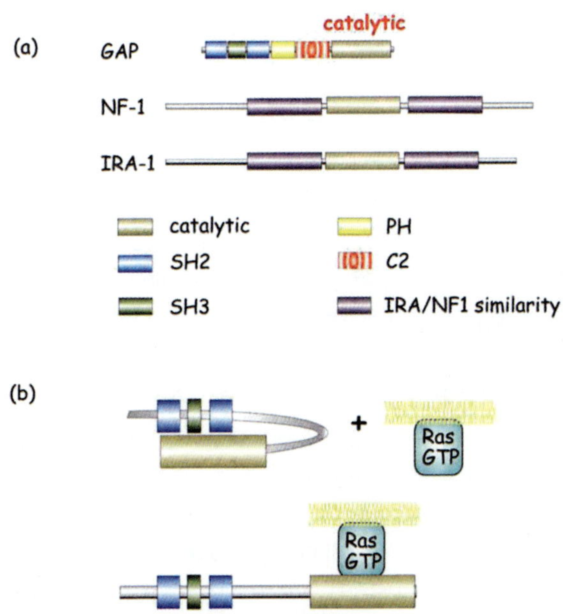

그림 4.16 RasGAP와 관련 GTPase activating 단백질의 부위 구성.

GAPs 과 effectors RasGAP는 GTPase를 활성을 조절하는 것 외에 다른 역할을 할까[109]? 그것이 G-단백질의 effector처럼, 신호전달계 하부과정의 effector로 작용하는 것일까? RasGAP가 Ras.GDP가 아닌 Ras.GTP 하고만 상호작용 한다는 사실은 이 effector 기능 이론과 일치한다. 게다가, 그 상호작용은 Ras의 effector domain과의 접촉을 통해 이루어진다(그림 4.16b). 이 부위의 일부(전부는 아니지만) 돌연변이는 GAP과의 상호작용을 방해한다. 이에 반하는 것으로는 RasGAP이 정상 Ras의 과발현에 의해 유도된 섬유아세포의 변형을 억제한다는 발견이다. 여기서 GAP는 단순히 GTP 가수분해 속도를 가속시키는 negative regulator의 역할을 하는 것으로 보인다. 다른 가능성으로는 RasGAP은 Ras 기능의 단지 일부만을 중재하며 나머지는 다른 effector 단백질과 연결되었다고 보는 것이다. 예를 들면 그것이 *c-fos* promoter의 전사를 자극[110]할 수 있으나, 촉매부위인 SH2와 SH3 만을 포함하고 있는 deletion mutant가 여전히 동등한 효과를 내는 것을 보면 그 촉매 부위는 아무런 역할을 하지 않는다는 것이

다. 그러나 GAP deletion mutant에 의한 *c-fos* 유도가 dominant inhibitory mutant인 N17Ras에 의해 저해되는 것을 보면 Ras는 여전히 부분적 역할을 하는 것처럼 보인다. 아마도 GAP deletion mutant는 활성화된 Ras로부터 나오는 다른 신호와 상호작용하는 것으로 보인다. 또한, RhoGAP(Ras 연관 GTPase에 특이적인)와의 복합체 생성 결과 RasGAP는 둘 다 Rho-의존 경로인 근섬유 형성과 focal adhesion을 저해하게 된다[111](14장 참조). GAP 기능은 우리가 정상세포에서 관련 있는 단백질-단백질 상호작용을 확인할 때에야 찾을 수 있을 것이다.

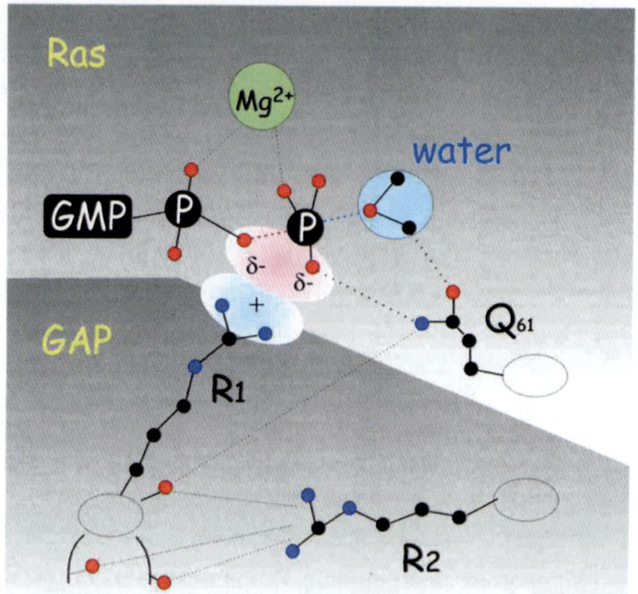

그림 4.17 Ras의 활성화 주위의 구성과 RasGAP와의 상호작용. Ras의 촉매 GTPase 부위와 그 GTPase activating protein(RasGAP) 사이의 접촉부위. 일차 arginine finger는 두 단백질사이의 간극을 뚫고 나와 그 반응의 전이상태에서 형성되는 음전하(분홍색)를 중화시킨다. 이차 arginine 잔기(R2)는 일차 arginine finger를 안정화 시킨다. 떨어져 나오는 인산기는 오차배위 중간물질로 나타내었다. Ras Q61도 전이상태에 기여한다. Scheffzek 제공[110].

는 것을 허용하여 GTP 가수분해 시 들어오는 물분자를 유도하게 한다. 인간의 종양에서 종종 발견되는 이 잔기의 돌연변이는 GAP에 의해 GTPase 활성이 상승되는 것을 방해하고 그 단백질을 활성화 상태 구조로 묶어두게 된다. Rho와 RhoGAP사이의 비슷한 상호작용은 RhoGTPase의 촉매 중심이 어디인지를 보여준다. Rho와 Ras 모두 상응하는 GAP와의 상호작용은 일시적이어서, 활성화된 이종이량체 효소(heterodimeric enzyme)를 형성한 후에 GTPase가 nucleotide 결합주머니에 존재하는 GDP에 의해 결정된 구조를 취함에 따라 분리하게 된다.

GAP 활성을 가지는 다른 분자들은 확실히 Ras의 negative regulator인 것 같다. 이들 중 하나가 neurofibromin인데 이것은 신경섬유종증 1형(또는 von Recklinghausen's neurofibromatosis)과 연관된 *NF1* 유전자의 산물이다.

Neurofibromin은 RasGAP의 촉매부위와 확실히 연관된 부위를 지니고 있다. 신경섬유종(neurofibroma)이 유도된 세포주에서는 이 단백질이 부족하여 Ras의 30-50%가 (10% 이하인 정상세포에 비하여) GTP가 결합된 형태로 존재한다. RasGAP와 달리 NF1 유전자 산물은 확

von Recklinghausen's neurofibromatosis은 가장 보편적인 유전 질병의 하나로 세계적으로 3500명당 하나의 발병률을 보인다. 환자의 거의 절반가량은

인할 수 있는 어떤 domain이나 motif를 가지고 있지 않고(촉매 domain 이외에는) 다른 포유류 신호전달 단백질 어느 것의 서열과도 상동성이 없다(그림 4.16). 이러한 발견은 neurofibromin이 단순하게 GTPase 활성제로써만 작용한다는 이론과 모두 일치한다.

그전의 가족력이 없으며 따라서 약 10000명당 하나 꼴로 새로운 돌연변이를 가진 다는 것은 이 NF1 유전자가 모든 인간 유전자 중 가장 돌연변이가 잘 일어나는 것 중의 하나라고 할 수 있다. 특히 neural crest에서 유도된 세포에서 양성과 악성 종양을 일으키기 쉽다.

GEFs: guanine nucleotide exchange factors

Ras에서 GTP/GDP 교환을 촉매하는 단백질(guanine nucleotide 교환인자 또는 GEFs로 불리는)의 확인은 그 교환인자가 결핍된 효모나 다른 단순 진핵생물의 돌연변이 연구로부터 나왔다.

효모(*S. cerevisiae*)의 RAS 유전자 산물은 adenylyl cyclase를 조절[111]하여 기아조건에 대한 반응을 매개하여 포자형성에 이르게 한다. 신호전달 과정에 기여하는 다른 단백질의 확인은 cyclase를 활성화 시키는 능력을 파괴하는 non-RAS 유전자의 돌연변이에 의해 가능하다. 이러한 돌연변이 중 몇몇은 항활성을 지닌 RAS의 존재에 의해 극복될 수 있으므로 그것이 GTPase의 상부신호전달계에 놓여 있는 것으로 보인다. 그 예로는 CDC25 유전자 산물을 들 수 있다[112]. 그 단백질을 제거하면 치명적이지만, 항활성을 지닌 RAS의 발현에 의해 상쇄될 수 있다는 것은 CDC25 유전자 산물이 아마도 RAS-GEF로서 upstream 활성제 역할을 할 것임을 강력히 시사한다[113]. 게다가 그 제거효과는 촉매 활성부위를 지닌다고 생각되는 CDC25의 C-말단 부분 발현에 의해 극복될 수 있다. 인간 GEF(hSos-1: 11장 참조)의 촉매 부위는 CDC25가 없는 효모에서 cyclase 활성을 회복시킬 수 있다[114].

우리는 11장에서 Ras에서 guanine nucleotide 교환을 활성화시키는 논점을 다시 살펴 볼 것이다.

소론: Subunit의 분리 없이 일어나는 G-단백질의 활성화

G-단백질의 활성을 논할 때, 일반적으로는 subunit들을 분리하여 설명하게 된다. 그러나 G-단백질 이종삼량체가 실질적으로 두개의 독립적인 활성 구성성분인 α와 βγ로 분리된다는 개념을 확실하게 뒷받침할 증거는 별로 없다.

전통적인 설명(대부분의 교과서에서 발견되는)은 기껏해야 지나치게 단순화된 것이다. 거의 모든 생리학적 조건하에서 서로 분리되기 어려운 βγ-subunit의 경우는 단일 실체로서 간주될 수 있다. 하지만, 우리는 α가 정말로 βγ로부터 분리되는 것인지 의문을 가져볼 필요가 있다. 분리된다는 의견을 선호하는 몇몇 주장은 다음과 같이 정리될 수 있다.

- 분리된 세포막에 순수분리한 α-subunit를 공급하거나 과발현시키면 adenylyl cyclase나 phospholipase C 같은 downstream effector 효소의 활성을 야기한다.
- 혈소판 세포막과 같은 몇몇 실험계에서 βγ-subunit를 공급하거나 과발현시키면 α-subunit에 의한 활성을 방해하는 경향이 있다.
- 높은 농도의 Mg^{2+} 이온 조건에서 detergent로 용출된 분획에 있는 G-단백질에 불소이온이나 안정적인 GTP 유사물질(GTPγS 등)을 첨가하면 그것이 분리되는 경향을 촉진시킨다. 이러한 조작이 G-단백질 subunit 순수분리 전략에 필수적인 요소이다.

이 분야의 대부분의 연구들은 초기에는 칠면조 적혈구 막에서(그리고 후에 다른 세포에서 유도된 재구성 시스템에서) adenylyl cyclase의 활성(혹은 저해)를 조사하는데 한정되었었다. 칠면조 적혈구의 cyclase는 그 반응이 자극호르몬의 존재에 절대적으로 의존하며 좀 더 느리게 일어나므로 여러 데이터를 얻을 수 있으므로 인해 특히 많이 사용되었다. 그러나 phospholipase C의 활성기작을 밝히기 위하여 이와 유사한 시도는 없었다.

- 안구의 G-단백질인 transducin의 α-와 βγ-subunit은 서로 확실히 분리되며 rhodopsin에 의해 활성화될 때는 세포막으로부터 분리된다[115]. 그러나 약 8% 정도는 완전한 형태인 이종삼량체로 세포막에 부착되어 남아있으며 이것이 cyclic GMP phosphodiesterase라는 effector를 활성화 시키는 부분일 가능성이 있다.
- GDP가 결합된 이종삼량체 G-단백질과 그들의 effector과 함께 활성화된 α-subunit의 복합체의 X-선 결정화 연구는 (1) 스위치 영역은 비활성화된 G-단백질의 βγ-subunit에 의해 불분명해지고(2) effector와 접촉한 것은 동일한 영역을 통하여 만들어진다는 것을 보여준다.

비록 활성을 촉진하는 조건하에서는 G-단백질 subunit가 분리될 수 있고, 조건을 좀 더 극한적으로 밀어붙일 때도 (fluoride + detergent + Mg^{2+}) 충분히 일어 날 수 있지만, 이것이 실제 세포막에서 일어나는 현상이라는 것은 아직 명확하지 않다.

한편, 이러한 개념에 반하는 근거로는 adenylyl cyclase 활성화 과정이 오직 활성화된 수용체의 농도에만 의존하는 1차 반응(first-order)이라는 발견이다. 이것은 G_s는 adenylyl cyclase와 영구히 결합하게 된다는 것이며 이 결합은 adenylyl cyclase의 3000배 순수분리과정에서도 유지가 가능하였다. 실제로, 활성화시키는 guanine nucleotide(GppNHp)의 존재 하에서 실험이 진행되었을 때, cyclase: αs: β의 비가 1:1:1로 유지됨을 볼 수 있었다[116,117]. 이것은 α_sGTP가, 더 강력한 자극을 전달하게 될지라도, 활성을 일으키기 위해 복합체로부터 βγ-subunit를 분리할 필요가 없음을 보여준다. 이로부터 알 수 있는 중요한 가능성은 G-단백질 고유의 생리학적 역할을 실행하기 위해서는 두 subunit 모두의 존재가 필요할 수 있다는 것이다. 만약 subunit들의 분리가 방해된다면 어떤 일이 일어나게 될까?

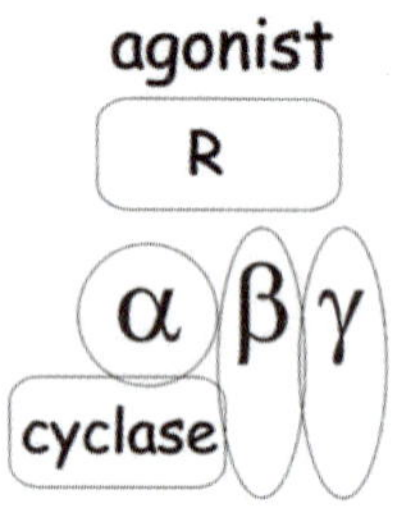

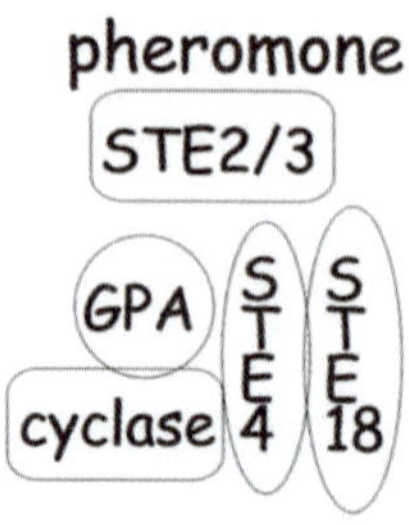

그림 4.18 페로몬과 호르몬 수용체들 사이의 동질성. 효모(*S. cerevisiae*)에서는 *STE2*와 *STE3* 유전자가 a-와 α- 교배인자에 특이적인 수용체를 coding한다. GPA, STE4, 그리고 STE18은 포유류 G-단백질의 α-, β-, 그리고 γ-subunits에 상동적인 단백질을 encode한다. STE18은 안구의 γ1 과 35% 상동성을 가진다.

효모에서 페로몬에 의해 유도되는 교배반응

효모(*S. cerevisiae*)의 교배반응은 G-단백질 subunit의 분리 그리고 그것과 수용체와의 관계에 관한 이론을 조사하는데 가장 좋은 실험계이다. 여기에서는, a-와 α-형 교배인자 (각각 12 및 13개 아미노산으로 되어있는 peptide로서 성선자극호르몬 방출호르몬[GnRH, [118]]과 유사함)에 대한 반응에 의해 α-와 a-형 반수체 세포는 세포주기가 G_1후기에서 정지되고(10장 참조), 서로 부착된 후 융합함으로서 결국에는 배수체 α/a 세포에 이르게 된다(그림 4.19). 분비된 페로몬은 *STE2*와 *STE3* 유전자 산물인 a/α-인자 수용체와 결합하며 그 신호는 *GPA, STE4*와 *STE18* 유전자의 산물에 의해 전달된다(그림 4.19).

GPA를 제거하면 자유상태인 βγ-subunit가 성장저해에 이르는 경로를 활성화하게 되므로 치명적이다. 그러나 βγ-subunit에 결합할 수 있는 포유류의 α-subunit(어떠한 종류든, 심지어 chimeric 포유류/효모 α-subunit까지도)는 이배체 세포 발생에 이르는 신호전달 경로는 회복 못할지라도 세포 활성은 복구할 수 있다. 이를 위해서는 G-단백질 subunit을 coding하는 모든 유전자가 실제로 필요하다. 이러한 유전자들 중 어느 하나가 결핍된 돌연변이체에 그 결여된 단백질의 N-과 C-말단이 효과적으로 구성된 chimera 융합구조를 치환하면, 신호전달과정의 다양한 구성요소의 상태와 상호작용에 관한 의문에 대해 조사할 수 있다.

이러한 방법을 이용하여, *STE4* (β-subunit)에서 null mutation(knock out)에 의해 불임화

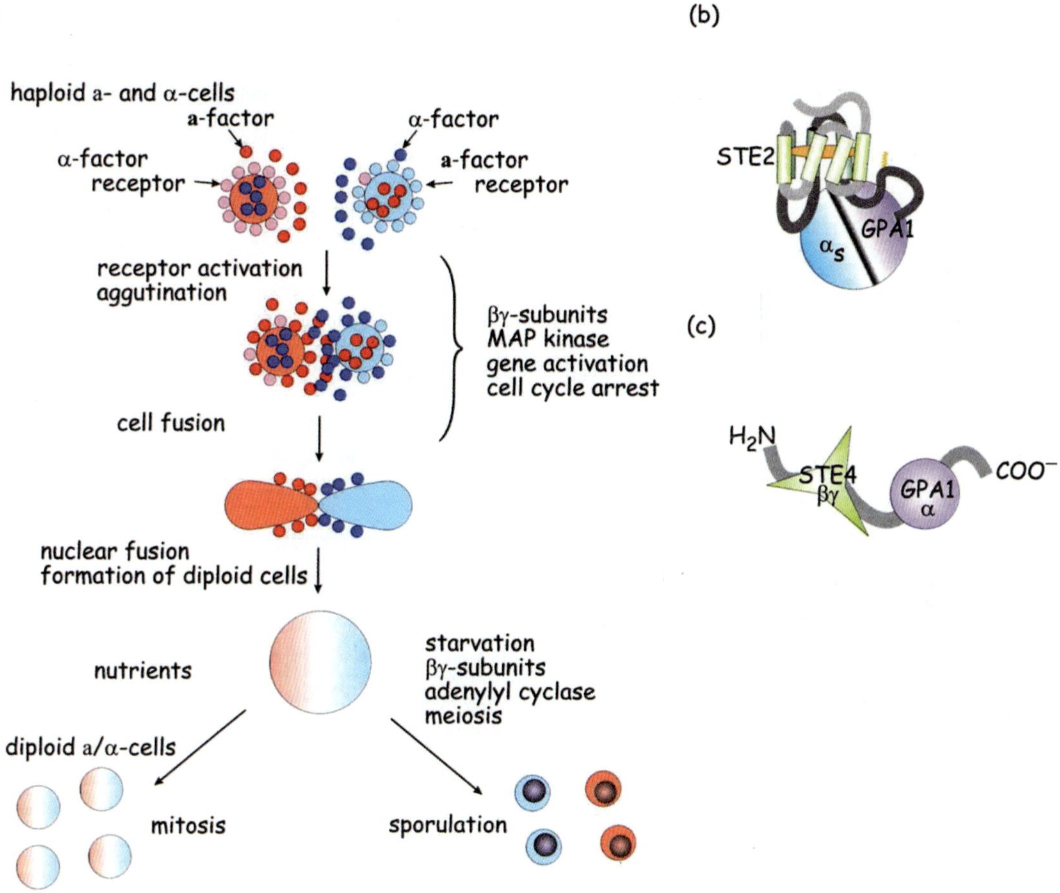

그림 4.19 효모의 페로몬에 의해 유도되는 교배반응. (a) 반수체 효모 세포(a 와 α)는 α와 a 세포의 특정 수용체와 결합하는 a와 α 교배인자(페로몬)를 생산한다. 이 자극은 세포 응집과, 세포주기 정지, 그리고 융합과 이배체 생성에 이르는 교배반응을 포함하는 일련의 반응을 시작하게 된다. 영양분이 주어지면 여러 분열과정을 거쳐 이배체로 자라게 되나 기아조건 하에서는 세포는 감수분열을 하여 4개의 반배체 포자를 형성하게 된다. **a**와 α 페로몬을 인식하는 수용체는 adenylyl cyclase에 연결된 GPCR 이므로, 이배체 생성을 이용하여 신호전달계가 온전한가를 조사할 수 있다. (b) Gpal(효모, N-말단부위)과 α_s(쥐, C-말단부위) 의 chimera에 융합된 Ste2(수용체)의 구성에 대한 모식도. 이 혼성 수용체-α_s construct는 효과적인 신호전달을 할 수 있다. (c) Gpal(α-subunit)과 연결된 Ste4(β-subunit)를 가진 construct의 모식도. 이 혼성 구성체는 본래의 G-단백질 subunits만큼 효율적으로 신호를 전달한다.

된 세포에서 Ste4의 N-말단과 Gpa1의 C-말단이 짝지어져 구성된 chimera를 coding하는 유전자의 삽입에 의해 교배반응이 회복시킬 수 있었다[(9)]. 여기서는 성장정지와 교배를 촉진하는 페로몬 신호전달 기능이 완전히 회복되었음을 보여주었다. 이러한 chimera 구조가 이종삼량체의 subunit를 분리시킬 가능성은 없으므로, 아마도 활성화된 수용체가 이종삼량체에 구조변화를 유도하여 하부신호전달 effector와 소통하도록 숨겨져 있던 결합 면을 노출시키는 듯하다. 이것이 의미하는 것은 그 융합단백질이 α-와 βγ-subunit 둘 다에 속하는 신호를 충분히 전달할 수 있기 때문에 아마도 실제 단백질은 subunit들을 분리할 수는 있지만 실질적으로 그렇게 하지는 않을 것임을 시사한다. 만약 분리한다 하더라도 그것들은 순환 주기내내 서로 매우 가까이 근접한 상태로 남아있을 것이다. 실제로, 신호전달에 관여되는 대부분의 분자들과, 수용체들, G-단백질, effector들은 항상 그리고 모든 활성화 조건하에서 서로 가까이 위치하는 것으로 나타나고 있다.

포유동물 세포에서의 β-아드레날린성 신호전달 시스템을 곤충세포에 구성하기

앞서 우리는 S49 cyc⁻ 림프종 세포가 신호전달과정 내 α_s subunit의 역할을 결정하는데 어떻게 도움이 되었는가를 설명하였는데, 이 외에도 Sf9 곤충세포의 용도는 많다[119]. 이 세포는 baculovirus 벡터와 함께 그 성질, 기능, 발현수준 등이 서로 제각각인 포유류 수용체와 α-subunit, βγ-subunit 같은 모든 구성요소의 발현을 조작하는 것이 가능하다. 본래의 adenylyl cyclase는 활성화된 수용체로부터 전달되는 정보를 읽어내는데 사용될 수 있다.

포유류의 β-아드레날린성 수용체를 Sf9 세포에서 발현하면 리간드에 대한 수용체 친화력이 매우 낮을 뿐 아니라 guanine nucleotide의 존재에 민감하지도 않다(그림 4.20a-c). 이 포유류 수용체에 대해 본래의(곤충) cyclase의 반응도 잘 일어나지 않으며, 일반적으로 포유류 수용체로부터 신호는 곤충의 G_s에 의해 효율적으로 잘 전달되지도 않는다. 이러한 시스템은 '비결합(uncoupled)' (unc) 표현형의 특징을 나타내게 되는데[120] 이것은 Sf9 세포에서 포유류 수용체와 포유류 α_s-subunit를 함께 발현하면 모두 달라진다(그림 4.20d). 이제 리간드(isoprenaline)의 결합 친화력은 매우 높아지는데, 더 중요한 것은 그것이 포유류 세포에서처럼 guanine nucleotide 존재에 민감하다는 것이다. 수용체의 기능측면에서 보면, 곤충 βγ-subunit는 포유류의 α-subunit과 같이 작용할 수 있는 것처럼 보인다. 그러나 GTPase 활성은 자극하는 리간드의 존재와 무관한 채로 남아있다. 포유류 신호전달계의 특성이 완벽하게 나타나기 위해서는 그 실험계에 포유류 βγ-subunit의 추가적인 발현이 필요하다(그림 4.20e). β_2-아드레날린성 수용체가 포유류 G_s 이종삼량체와 함께 발현되면 높은 신호처리량(V_{max}), 높은 리간드 결합 친화력, 그리고 이제는 리간드에 의한 GTPase 활성의 증가까지 나타난다. 이 모든 것의 결론은 활성화 전과정에 걸쳐 α-와 βγ-subunit가 수용체와 소통한다는 것으로 그것들은 서로 절대 떨어지지 않으며 수용체 또한 놓치지 않는다.

이것이 실제로 나타나는 현상일 것이라는 증거로는 종종 G-단백질과 함께하는 수용체와 G-단백질, 그리고 G-단백질과 그들의 effector 효소 등이 동시에 면역침전 (co-immuno-precipitation)된다는 보고들이 있다. 이와 비슷하게, 친화물질을 이용하여 7TM 수용체는 순수분리하다 보면 종종 몇몇 다른 종류의 G-단백질 subunit의 같이 순수분리 되기도 한다. 예를 들면 somatostatin(성장억제호르몬)과 opioid(δ-opioid)에 대한 수용체는 α-와 βγ-subunit이 같이 순수분리 되는데 그것이 섞여 나오는 정도는 수용체의 활성화 상태와 비례한다[121-123]. 이것은 수용체가 하나의 G-단백질에서 하나의 촉매적 effector로 통하는 일직선 방식으

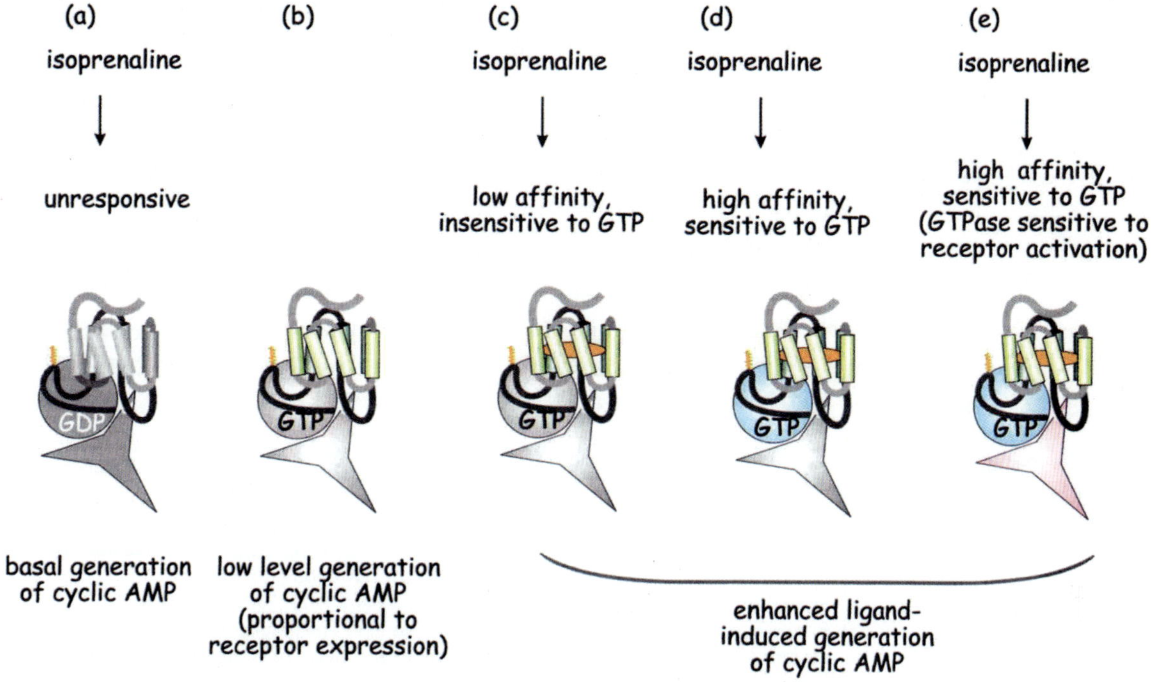

그림 4.20 곤충세포에서 β-아드레날린성 반응의 재구성. (a) β-아드레날린성 수용체가 없는 Sf9 세포는 비록 adenylyl cyclase에 연결된 G-단백질(회색)을 갖고 있기는 하지만 catecholamine에 대한 반응성을 보이지는 않는다. (b) 이 Sf9 세포에 사람의 β-아드레날린성 수용체(옅은 녹색)를 발현하면 그 수용체 발현정도에 비례하여 소량의 cAMP가 생성된다. 이러한 낮은 활성은 자극하는 ligand가 없어도 일어난다. (c) 이 형질전환된 세포를 isoprenaline(노란색)으로 자극하면 cAMP 생성속도가 크게 증가한다. 그러나 분리된 세포막에서 수용체의 친화도는 GTP 존재와는 상관이 없다. 본래의 G-단백질은 포유류 수용체에 feedback 신호를 보내지 않는다. 곤충 α-subunit의 GTPase 활성도 agonist의 존재에 영향을 받지 않는다. (d) 그 세포에다 포유류 α_s(청색)를 추가로 발현하면, 수용체의 친화도가 G-단백질의 활성정도에 민감하게 된다. 그러나 GTPase 활성은 여전히 호르몬의 존재와 상관없는 채로 남아있다. (e) 정방향 과 역방향 모두 완전한 조절이 이루어지는 신호전달계를 확립하기위해서는, 포유류의 α-와 βγ-subunits(분홍색) 모두를 발현시키는 것이 필수적이다. α-subunit의 GTPase 활성은 이제 활성 호르몬에 대해 반응하게 된다. 자세한 실험에 대한 것은 참고문헌 129번을 참조.

로 소통된다기 보다는 수용체의 활성화 정도에 따라 아마도 다른 G-단백질이나 그 후의 다른 effector 효소들과 함께 신호 소통을 할 것이라는 가능성을 시사한다(그림 4.21).

세포 본래의 *STE2* (pheromone 수용체)와 *GPA1* (α-subunit) 유전자가 결핍된 효모세포에서, 교배반응의 신호는 Gpa1의 N-말단과 쥐의 α_s의 C-말단으로 구성된 키메라에 연결된 Ste2의 N-말단으로부터 만들어진 혼성단백질에 의해서도 전달될 수 있다[124](그림 4.19b 참조). Gpa1/α_s 구조는(즉, 수용체와 연결되지 않는), 비록 그것이 Gpa1이 결핍된 반수체 세포의 생

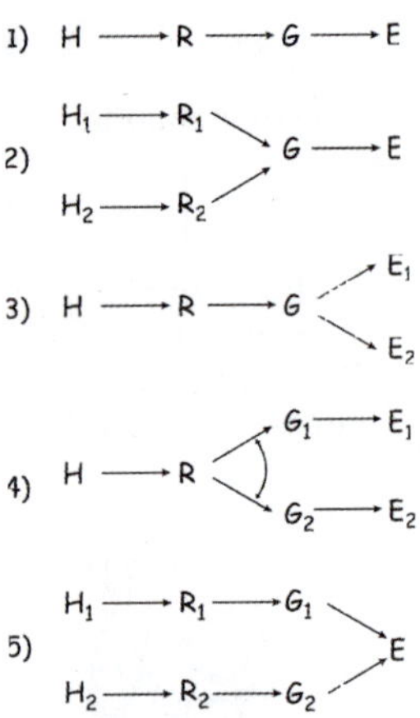

그림 4.21 수용체와 G-단백질을 통한 정보 흐름의 경로. 수용체로부터 effector로의 소통이 반드시 단순하며 선형적으로 일어날(1) 필요는 없으며 수용체와 전달자, 그리고 effector 가 좀 더 복잡하게 연결되는 형태도 있다. 이중 몇몇은 아주 명백한 것처럼 보이는데 다른 수용체가 한 종류의 G-단백질에만 작용(2)하거나 한 종류의 G-단백질이 한 가지 이상의 effector를 조절(3)하는 경우도 있을 것이다. 아드레날린성 수용체가 G_s와 G_i 사이의 조절 스위치로서의 역할(4)은 9장과 11장에서 살펴보겠다. 몇 형태의 adenylyl cyclase의 활성에서 두 수용체와 두 G-단백질의 상호 시너지 효과를 주는 상호작용(5)은 5장에서 논의될 것이다.

존능력은 회복시킬 수 있다 하더라도, 교배능력을 회복시키지는 못한다. 이것은 수용체를 인식하지 못하기 때문인데, 반면 그 둘이 Ste2-Gpa1/α_s로 같이 융합될 때는 아무런 문제가 없다. 이것은 α-subunit의 C-말단이 주로 G-단백질을 수용체로 근접하게 끌어들여 효과적인 결합을 가지게 하고 nucleotide 교환이 일어나게 함으로서 작동한다. 이 실험에서 신호전달 하부 영향인자로의 신호 소통과 관련된 의문은 다루지 않았는데, 그것은 효모에서는 그 기능이 βγ-subunit에 의해 나타나는 것이기 때문이다.

G-단백질 활성이 수용체와 분리되는 subunit 사이의 신속한 상호작용이라는 용어로 표현되는 보편적인 설명에 반해, 최근에는 수용체와 G-단백질, 그리고 그 effector들이 느슨하게 합쳐진 채로 작동한다는 이론에 대한 증거들도 나타나기 시작한다. 확실한 것은 G-단백질을 해리할 수 있으며 특히 활성화 되었을 때는 더 손쉽게 그렇게 된다는 것이다. 그렇지만 이것이 실제 생리학적인 조건하에서 상당한 정도로 일어나는가는 여전히 불확실하다.

References

1 Rodbell, M., Birnbaumer, L., Pohl, S.L., Krans, H.M. The glucagon-sensitive adenyl cyclase system in plasma membranes of rat liver: An obligatory role of guanylnucleotides in glucagon action. *J. Biol. Chem.* 1971; 246: 1877–82.

2 Rodbell, M., Krans, H.M., Pohl, S.L., Birnbaumer, L. The glucagon-sensitive adenyl cyclase system in plasma membranes of rat liver: Effects of guanylnucleotides on binding of ^{125}I-glucagon. *J. Biol. Chem.* 1971; 246: 1872–6.

3 Maguire, M.E., Arsdale, P.M. Van, Gilman, A.G. An agonist-specific effect of guanine nucleotides on binding to the β-adrenergic receptor. *Mol. Pharm.* 1976; 12: 335–9.

4 Lefkowitz, R.J., Mullikin, D., Caron, M.G. Regulation of β-adrenergic receptors by guanyl-5′-yl imidodiphosphate and other purine nucleotides. *J. Biol. Chem.* 1976; 251: 4686–92.

5 Rodbell, M. Nobel Lecture. Signal transduction: evolution of an idea. *Biosci. Rep.* 1995; 15: 117–33.

6 Bourne, H.R. GTPases everywhere! In: Dickey, B.F., Birnbaumer, L. (Eds) *GTPases in Biology*, Vol. 1. Springer-Verlag, Berlin, 1993; 3–15.

7 Bourne, H.R., Sanders, D.A., McCormick, F. The GTPase superfamily: a conserved switch for diverse cell functions. *Nature* 1990; 348: 125–32.

8 Gilman, A.G. G proteins and dual control of adenylate cyclase. *Cell* 1984; 36: 577–9.

9 Klein, S., Reuveni, H., Levitzki, A. Signal transduction by a nondissociable heterotrimeric yeast G protein. *Proc. Natl. Acad. Sci. USA* 2000; 97: 3219–33.

10 Arad, H., Rosenbusch, J.P., Levitzki, A. Stimulatory GTP regulatory unit Ns and the catalytic unit of adenylate cyclase are tightly associated: mechanistic consequences. *Proc. Natl. Acad. Sci. USA* 1984; 81: 6579–83.

11 Levitzki, A. From epinephrine to cAMP. *Science* 1988; 241: 800–6.

12 Arad, H., Levitzki, A. The mechanism of partial agonism in the beta-receptor dependent adenylate cyclase of turkey erythrocytes. *Mol. Pharm.* 1979; 16: 749–56.

13 Liebman, P.A., Parker, K.R., Dratz, E.A. The molecular mechanism of visual excitation and its relation to the structure and composition of the rod outer segment. *Annu. Rev. Physiol.* 1987; 49: 765–91.

14 Arshavsky, V.Y., Dumke, C.L., Zhu, Y. *et al.* Regulation of transducin GTPase activity in bovine rod outer segments. *J. Biol. Chem.* 1994; 269: 19882–7 .

15 He, W., Cowan, C.W., Wensel, T.G. RGS9, a GTPase accelerator for phototransduction. *Neuron* 1998; 20: 95–102.

16 Biddlecombe, G.H., Berstein, G., Ross, E.M. *et al.* Regulation of phospholipase C-β1 by Gq and m1 muscarinic receptor. *J. Biol. Chem.* 1996; 271: 7999–8007.

17 Chidiac, P., Ross, E.M. Phospholipase C-β1 directly accelerates GTP hydrolysis by Gαq and acceleration is inhibited by Gβγ subunits. *J. Biol. Chem.* 1999; 274: 19639–43.
18 Vries, L. de, Farquhar, M.G. RGS proteins: more than just GAPs for heterotrimeric G proteins. *Trends Cell. Biol.* 1999; 9: 138–44.
19 Schiff, M.L., Siderovski, D.P., Jordan, J.D. *et al.* Tyrosine-kinase-dependent recruitment of RGS12 to the N-type calcium channel. *Nature* 2000; 408: 723–7.
20 Rodbell, M., Krans, H.M., Pohl, S.L., Birnbaumer, L. The glucagon-sensitive adenyl cyclase system in plasma membranes of rat liver: Binding of glucagon: method of assay and specificity. *J. Biol. Chem.* 1971; 246: 1861–71.
21 Cassel, D., Selinger, Z. Catecholamine-stimulated GTPase activity in turkey erythrocyte membranes. *Biochim. Biophys. Acta* 1976; 452: 538–51.
22 Burgisser, E., Lean, A. De, Lefkowitz, R.J. Reciprocal modulation of agonist and antagonist binding to muscarinic cholinergic receptor by guanine nucleotide. *Proc. Natl. Acad. Sci. USA* 1982; 79: 1732–6.
23 Green, R.D. Reciprocal modulation of agonist and antagonist binding to inhibitory adenosine receptors by 5′-guanylylimidodiphosphate and monovalent cations. *J. Neurosci.* 1984; 4: 2472–6.
24 Westphal, R.S., Sanders Bush, E. Reciprocal binding properties of 5-hydroxytryptamine type 2C receptor agonists and inverse agonists. *Mol. Pharm.* 1994; 46: 937–42.
25 Sundaram, H., Newman Tancredi, A., Strange, P.G. Characterization of recombinant human serotonin 5HT1A receptors expressed in Chinese hamster ovary cells. [^{3}H]Spiperone discriminates between the G-protein-coupled and -uncoupled forms. *Biochem. Pharm.* 1993; 45: 1003–9.
26 Grazzini, E., Guillon, G., Mouillac, B., Zingg, H.H. Inhibition of oxytocin receptor function by direct binding of progesterone. *Nature* 1998; 392: 509–12.
27 Haga, T., Ross, E.M., Anderson, H.J., Gilman, A.G. Adenylate cyclase permanently uncoupled from hormone receptors in a novel variant of S49 mouse lymphoma cells. *Proc. Natl. Acad. Sci. USA* 1977; 74: 2016–20.
28 Coffino, P., Bourne, H.R., Tomkins, G.M. Mechanism of lymphoma cell death induced by cAMP. *Am. J. Pathol.* 1975; 81: 199–204.
29 Bourne, H.R., Coffino, P., Tomkins, G.M. Somatic genetic analysis of cAMP action: characterization of unresponsive mutants. *J. Cell. Physiol.* 1975; 85: 611–20.
30 Bourne, H.R., Coffino, P., Tomkins, G.M. Selection of a variant lymphoma cell deficient in adenylate cyclase. *Science* 1975; 187: 750–2.
31 Musacchio, A., Cantley, L.C., Harrison, S.C. Crystal structure of the breakpoint cluster region-homology domain from phosphoinositide 3-kinase p85 α subunit. *Proc. Natl. Acad. Sci. USA* 1996; 93: 14373–8.
32 Ross, E.M., Howlett, A.C., Ferguson, K.M., Gilman, A.G. Reconstitution of hormone-sensitive adenylate cyclase activity with resolved components of the enzyme. *J. Biol. Chem.* 1978; 253: 6401–12.
33 Northup, J.K., Sternweis, P.C., Smigel, M.D. *et al.* Purification of the regulatory component of adenylate cyclase. *Proc. Natl. Acad. Sci. USA* 1980; 77: 6516–20.
34 Gupta, S.K., Gallego, C., Lowndes, J.M. *et al.* Analysis of the fibroblast transformation potential of GTPase-deficient gip2 oncogenes. *Mol. Cell. Biol.* 1992; 12: 190–7.
35 Lyons, J., Landis, C.A., Harsh, G. *et al.* Two G protein oncogenes in human endocrine tumors. *Science* 1990; 245: 655–9.
36 Malbon, C.M., Moxham, C.C. Insulin action impaired by deficiency of the G-protein subunit Giα2. *Nature* 1996; 379: 840–4.
37 Sunahara, R.K., Dessauer, C.W., Gilman, A.G. Complexity and diversity of mammalian adenylyl cyclases. *Annu. Rev. Pharm. Toxicol.* 1996; 36: 461–80.
38 Antonelli, V., Bernasconi, F., Wong, Y.H., Vallar, L. Activation of B-Raf and regulation of the mitogen-activated protein kinase pathway by the G(o)β chain. *Mol. Biol. Cell.* 2000; 11: 1129–42.
39 Jordan, J.D., Carey, K.D., Stork, P.J., Iyengar, R. Modulation of rap activity by direct interaction of Gα(o) with Rap1 GTPase-activating protein. *J. Biol. Chem.* 1999; 274: 21507–10.
40 Ram, P.T., Horvath, C.M., Iyengar, R. Stat3-mediated transformation of NIH-3T3 cells by the constitutively active Q205L Gαo protein. *Science* 2000; 287: 142–4.

41 Jiang, M., Gold, M.S., Boulay, G. *et al.* Multiple neurological abnormalities in mice deficient in the G protein Go. *Proc. Natl. Acad. Sci. USA* 1998; 95: 3269–74.
42 Singer, W.D., Brown, H.A., Sternweis, P.C. Regulation of eukaryotic phosphatidylinositol-specific phospholipase C and phospholipase D. *Annu. Rev. Biochem.* 1997; 66: 475–509.
43 Taylor, S.J., Chae, H.Z., Rhee, S.G., Exton, J.H. Activation of the β1 isozyme of phospholipase C by α subunits of the Gq class of G proteins. *Nature* 1991; 350: 516–18.
44 Bence, K., Ma, W., Kozasa, T., Huang, X.Y. Direct stimulation of Bruton's tyrosine kinase by G(q)-protein α-subunit. *Nature* 1997; 389: 296–9.
45 Offermanns, S., Toombs, C.F., Hu, Y.H., Simon, M.I. Defective platelet activation in Gα(q)-deficient mice. *Nature* 1997; 389: 183–6.
46 Jiang, Y., Ma, W., Wan, Y. *et al.* The G protein Gα12 stimulates Bruton's tyrosine kinase and a rasGAP through a conserved PH/BM domain. *Nature* 1998; 395: 808–13.
47 Hart, M.J., Jiang, X., Kozasa, T. *et al.* Direct stimulation of the guanine nucleotide exchange activity of p115 RhoGEF by Gα13. *Science* 1998; 280: 2112–14.
48 Offermanns, S., Mancino, V., Revel, J.P., Simon, M.I. Vascular system defects and impaired cell chemokinesis as a result of Gα13 deficiency. *Science* 1997; 275: 533–6.
49 Kozasa, T., Jiang, X., Hart, M.J. *et al.* p115 RhoGEF, a GTPase activating protein for Gα12 and Gα13. *Science* 1998; 280: 2111.
50 Simon, M.I., Strathmann, M.P., Gautam, N. Diversity of G proteins in signal transduction. *Science* 1991; 252: 802–8.
51 McKenzie, F.R., Kelly, E.C., Unson, C.G., Spiegel, A.M., Milligan, G. Antibodies which recognize the C-terminus of the inhibitory guanine-nucleotide-binding protein (Gi) demonstrate that opioid peptides and foetal-calf serum stimulate the high-affinity GTPase activity of two separate pertussis-toxin substrates. *Biochem. J.* 1988; 249: 653–9.
52 McKenzie, F.R. and Milligan, G. δ-opioid-receptor-mediated inhibition of adenylate cyclase is transduced specifically by the guanine-nucleotide-binding protein Gi2. *Biochem. J.* 1990; 267: 391–8.
53 Sullivan, K.A., Miller, R.T., Masters, S.B. *et al.* Identification of receptor contact site involved in receptor-G protein coupling. *Nature* 1987; 330: 758–60.
54 Berlot, C.H., Bourne, H.R. Identification of effector-activating residues of Gsα. *Cell* 1992; 68: 911–22.
55 Iiri, T., Farfel, Z., Bourne, H.R. G-protein diseases furnish a model for the turn-on switch. *Nature* 1998; 394: 35–8.
56 Lambright, D.G., Noel, J.P., Hamm, H.E., Sigler, P.B. Structural determinants for activation of the α-subunit of a heterotrimeric G protein. *Nature* 1994; 369: 621–8.
57 Coleman, D.E., Berghuis, A.M., Lee, E. *et al.* Structures of active conformations of Gi alpha 1 and the mechanism of GTP hydrolysis. *Science* 1994; 265: 1405–12.
58 Wall, M.A., Coleman, D.E., Lee, E. *et al.* The structure of the G protein heterotrimer Gi alpha 1 beta 1 gamma 2. *Cell* 1995; 83: 1047–58.
59 Liu, W., Northup, J.K. The helical domain of a G protein α subunit is a regulator of its effector. *Proc. Natl. Acad. Sci. USA* 1998; 95: 12878–83.
60 Logothetis, D.E., Kurachi, Y., Galper, J., Neer, E.J., Clapham, D.E. Purified subunits of GTP-binding proteins regulate muscarinic K^+ channel activity in heart. *Nature* 1987; 325: 321–6.
61 Pfaffinger, P.J., Martin, J.M., Hunter, D.D., Nathanson, N.M., Hille, B. GTP-binding proteins couple cardiac muscarinic receptors to a K channel. *Nature* 1985; 317: 536–8.
62 Wickman, K., Clapham, D.E. Ion-channel regulation by G-proteins. *Physiol. Rev.* 1995; 75: 865–85.
63 Neer, E.J., Clapham, D.E. Roles of G protein subunits in transmembrane signalling. *Nature* 1988; 333: 129–34.
64 Reuveny, E., Slesinger, P.A., Inglese, J. *et al.* Activation of the cloned muscarinic potassium channel by G protein βγ subunits. *Nature* 1994; 370: 143–6.
65 Jeselma, C.L., Axelrod, A. Stimulation of phospholipase A2 activity in bovine rod outer segments by the βγ subunits of transducin and its inhibition by the α-subunit. *J. Biol. Chem.* 1987; 84: 3623–7.
66 Camps, M., Hou, C., Sidiropoulos, D. *et al.* Stimulation of phospholipase C by guanine-nucleotide-binding protein βγ subunits. *Eur. J. Biochem.* 1992; 206: 821–31.

67 Wilden, U., Hall, S.W., Kuhn, H. Phosphodiesterase activation by photoexcited rhodopsin is quenched when rhodopsin is phosphorylated and binds the intrinsic 48-kDa protein of rod outer segments. *Proc. Natl. Acad. Sci. USA* 1986; 83: 1174–8.
68 Menard, L., Ferguson, S.S., Barak, L.S. *et al.* Members of the G protein-coupled receptor kinase family that phosphorylate the β2-adrenergic receptor facilitate sequestration. *Biochemistry* 1996; 35: 4155–60.
69 Goodman, O.B., Krupnick, J.G., Santini, F. *et al.* β-Arrestin acts as a clathrin adaptor in endocytosis of the β2-adrenergic receptor. *Nature* 1996; 383: 447–50.
70 Daaka, Y., Luttrell, L.M., Lefkowitz, R.J. Switching of the coupling of the β2-adrenergic receptor to different G proteins by protein kinase A. *Nature* 1999; 390: 88–91.
71 Scher, C.D., Scolnick, E.M., Siegler, R. Induction of erythroid leukaemia by Harvey and Kirsten sarcoma viruses. *Nature* 1975; 256: 225–6.
72 Zheng, B., Vries, L. de, Farquhar, M.G. Divergence of RGS proteins: Evidence for the existence of six mammalian RGS subfamilies. *Trends Biochem. Sci.* 2001; 24: 411–14.
73 Harvey, J.J. An unidentified virus which causes the rapid production of tumours in mice. *Nature* 1964; 204: 1104–5.
74 Kirsten, W.H., Carter, R.E., Pierce, M.I. Studies on the relationship of viral infections to leukemia in mice: The accelerating agent in AKR mice. *Cancer* 1962; 15: 750–8.
75 Shimizu, K., Goldfarb, M., Suard, Y. *et al.* Three human transforming genes are related to the viral ras oncogenes. *Proc. Natl. Acad. Sci. USA* 1983; 80: 2112–16.
76 Strathmann, M.P., Simon, M.I. Gα12 and Gα13 subunits define a fourth class of G protein. *Proc. Natl. Acad Sci USA* 1991; 88: 5582–6.
77 Shih, T.Y., Papageorge, A.G., Stokes, P.E., Weeks, M.O., Scolnick, E.M. Guanine nucleotide-binding and autophosphorylating activities associated with the p21src protein of Harvey murine sarcoma virus. *Nature* 1980; 287: 686–91.
78 Gibbs, J.B., Sigal, I.S., Poe, M., Scolnick, E.M. Intrinsic GTPase activity distinguishes normal and oncogenic ras p21 molecules. *Proc. Natl. Acad. Sci. USA* 1984; 81: 5704–8.
79 Parada, L.F., Tabin, C.J., Shih, C., Weinberg, R.A. Human EJ bladder carcinoma oncogene is homologue of Harvey sarcoma virus ras gene. *Nature* 1982; 297: 474–8.
80 Valencia, A., Chardin, P., Wittinghofer, A., Sander, C. The ras protein family: evolutionary tree and role of conserved amino acids. *Biochemistry* 1991; 30: 4637–48.
81 Broek, D., Toda, T., Michaeli, T. *et al.* The *S. cerevisiae* CDC25 gene product regulates the RAS/adenylate cyclase pathway. *Cell* 1987; 48: 789–99.
82 DeFeo Jones, D., Tatchell, K., Robinson, L.C. *et al.* Mammalian and yeast ras gene products: biological function in their heterologous systems. *Science* 1985; 228: 179–84.
83 Kataoka, T., Powers, S., Cameron, S. *et al.* Functional homology of mammalian and yeast RAS genes. *Cell* 1985; 40: 19–26.
84 Stacey, D.W., Marshall, M.S., Gibbs, J.B., Feig, L.A. Preferential inhibition of the oncogenic form of RasH by mutations in the GAP binding. *Cell* 1991; 64: 625–33.
85 Segal, M., Willumsen, B.M., Levitzki, A. Residues crucial for Ras interaction with GDP-GTP exchangers. *Proc. Natl. Acad. Sci. USA* 1993; 90: 5564–8.
86 Gibbs, J.B. Ras C-terminal processing enzymes: New drug targets? *Cell* 1991; 65: 1–4.
87 Reuveni, H., Geiger, T., Geiger, B., Levitzki, A. Reversal of the Ras-induced transformed phenotype by HR12, a novel ras farnesylation inhibitor, is mediated by the Mek/Erk pathway. *J. Cell. Biol.* 2000; 151: 1179–92.
88 Perucho, M., Goldfarb, M., Shimizu, K. *et al.* Human-tumor-derived cell lines contain common and different transforming genes. *Cell* 1981; 27: 467–76.
89 Seeburg, P.H., Colby, W.W., Capon, D.J., Goeddel, D.V., Levinson, A.D. Biological properties of human c-Ha-ras1 genes mutated at codon 12. *Nature* 1984; 312: 71–5.
90 Feramisco, J.R., Gross, M., Kamata, T., Rosenberg, M., Sweet, R.W. Microinjection of the oncogene form of the human H-ras (T-24) protein results in rapid proliferation of quiescent cells. *Cell* 1984; 38: 109–17.
91 Stacey, D.W., Kung, H.-F. Transformation of NIH 3T3 cells by microinjection of Ha-ras p21 protein. *Nature* 1984; 310: 508–11.
92 Mulcahy, L.S., Smith, L.R., Stacey, D.W. Requirement for ras proto-oncogene function during serum-stimulated growth of NIH 3T3 cells. *Nature* 1985; 313: 241–3.
93 Kung, H.-F., Smith, M.R., Bekesi, E., Manne, V., Stacey, D.W. Reversal of transformed

phenotype by monoclonal antibodies against Ha-ras p21 proteins. *Exp. Cell. Res.* 1986; 162: 363–71.
94 Stacey, D.W., Feig, L.A., Gibbs, J.B. Dominant inhibitory Ras mutants selectively inhibit the activity of either cellular or oncogenic Ras. *Mol. Cell. Biol.* 1991; 11: 4053–64.
95 Bar-Sagi, D., Feramisco, J.R. Microinjection of the ras oncogene protein into PC12 cells induces morphological differentiation. *Cell* 1985; 42: 841–8.
96 Altin, J.G., Wetts, R., Bradshaw, R.A. Microinjection of a p21ras antibody into PC12 cells inhibits neurite outgrowth induced by nerve growth factor and basic fibroblast growth factor. *Growth Factors* 1991; 4: 145–55.
97 Trahey, M., McCormick, F. A cytoplasmic protein stimulates normal N-ras p21 GTPase, but does not affect oncogenic mutants. *Science* 1987; 238: 542–5.
98 Gibbs, J.B., Marshall, M.S., Scolnick, E.M., Dixon, R.A., Vogel, U.S. Modulation of guanine nucleotides bound to Ras in NIH3T3 cells by oncogenes, growth factors, and the GTPase activating protein (GAP). *J. Biol. Chem.* 1990; 265: 20437–42.
99 Nori, M., Vogel, U.S., Gibbs, J.B., Weber, M.J. Inhibition of v-src-induced transformation by a GTPase-activating protein. *Mol. Cell Biol.* 1991; 11: 2812–18.
100 al-Alawi, N., Xu, G., White, R., Clark, R., McCormick F., Feramisco, J.R. Differential regulation of cellular activities by GTPase-activating protein and NF1. *Mol. Cell. Biol.* 1993; 13: 2497–503.
101 Downward, J., Graves, J.D., Warne, P.H., Rayter, S., Cantrell, D.A. Stimulation of p21ras upon T-cell activation. *Nature* 1990; 346: 719–23.
102 Lazarus, A.H., Kawauchi, K., Rapoport, M.J., Delovitch, T.L. Antigen-induced B lymphocyte activation involves the p21ras and ras.GAP signaling pathway. *J. Exp. Med.* 1993; 178: 1765–9.
103 DePaolo, D., Reusch, J.E., Carel, K. *et al.* Functional interactions of phosphatidylinositol 3-kinase with GTPase-activating protein in 3T3-L1 adipocytes. *Mol. Cell Biol.* 1996; 16: 1450–7.
104 Lowy, D.R., Willumsen, B.M. Function and regulation of Ras. *Annu. Rev. Biochem.* 1993; 62: 851–91.
105 Haubruck, H., McCormick, F. Ras p21: Effects and regulation. *Biochim. Biophys. Acta* 1991; 1072: 215–29.
106 Musacchio, A., Gibson, T., Rice, P., Thompson, J., Saraste, M. The PH domain: a common piece in the structural patchwork of signalling proteins. *Trends Biochem. Sci.* 1993; 18: 343–8.
107 Weissbach, L., Settleman, J., Kalady, M.F. *et al.* Identification of a human rasGAP-related protein containing calmodulin-binding motifs. *J. Biol. Chem.* 1994; 269: 20517–21.
108 Martin, G.A., Yataani, A., Clark, R. *et al.* GAP domains responsible for ras p21-dependent inhibition of muscarinic atrial K+ channel currents. *Science* 1992; 255: 192–4.
109 McCormick, F. ras GTPase activating protein: signal transmitter and signal terminator. *Cell* 1989; 13: 5–8.
110 Scheffzek, K., Ahmadian, M.R., Wittinghofer, A. GTPase-activating proteins: Helping hands to complement an active site. *Trends Biochem. Sci.* 1999; 23: 257–62.
111 Toda, T., Uno, I., Ishikawa, T. *et al.* In yeast, RAS proteins are controlling elements of adenylate cyclase. *Cell* 1985; 40: 27–36.
112 Robinson, L.C., Gibbs, J.B., Marshall, M.S., Sigal, I.S., Tatchell, K. CDC25: a component of the RAS-adenylate cyclase pathway in *Saccharomyces cerevisiae*. *Science* 1987; 235: 1218–21.
113 Daniel, J., Becker, J.M., Enari, E., Levitzki, A. The activation of adenylate cyclase by guanyl nucleotides in *Saccharomyces cerevisiae* is controlled by the CDC25 start gene product. *Mol. Cell. Biol.* 1987; 7: 3857–61.
114 Chardin, P., Camonis, J.H., Gale, N.W. *et al.* Human Sos1: a guanine nucleotide exchange factor for Ras that binds to GRB2. *Science* 1993; 260: 1338–43.
115 Fung, B.K. Characterization of transducin from bovine retinal rod outer segments. I. Separation and reconstitution of the subunits. *J. Biol. Chem.* 1983; 258: 10495–502.
116 Marbach, I., Bar-Sinai, A., Minich, M., Levitzki, A. β subunit copurifies with GppNHp-activated adenylyl cyclase. *J. Biol. Chem.* 1990; 265: 9999–10004.

117 Bar-Sinai, A., Marbach, I., Shorr, R.G., Levitzki, A. The GppNHp-activated adenylyl cyclase complex from turkey erythrocyte membranes can be isolated with its βγ subunits. *Eur. J. Biochem.* 1992; 207: 703–8.
118 Hunt, L.T., Dayhoff, M.O. Structural and functional similarities among hormones and active peptides from distantly related eukaryotes. In: Gross, E., Meienhofer J. (Eds) *Peptides: Structure and Biological Function.* Pierce Chemical Co, Rockford, Ill, 1979; 757–60.
119 Hartman, J.L., Northup, J.K. Functional reconstitution in situ of 5-hydroxytryptamine2c (5HT2c) receptors with alphaq and inverse agonism of 5HT2c receptor antagonists. *J. Biol. Chem.* 1996; 271: 22597.
120 Lachance, M., Ethier, N., Wolbring, G., Schnetkamp, P.P.M., Hebert, T.E. Stable association of G proteins with β_2AR is independent of the state of receptor activation Cell. Signal. 1999; 11: 523–33.
121 Brown, P.J., Schonbrunn, A. Affinity purification of a somatostatin receptor-G-protein complex demonstrates specificity in receptor-G-protein coupling. *J. Biol. Chem.* 1993; 268: 6668–76.
122 Law, S.F., Reisine, T. Changes in the association of G protein subunits with the cloned mouse δ opioid receptor on agonist stimulation. *J. Pharm. Exp. Ther.* 1997; 281: 1476–86.
123 Law, S.F., Reisine, T. Agonist binding to rat brain somatostatin receptors alters the interaction of the receptors with guanine nucleotide-binding regulatory proteins. *Mol. Pharm.* 1992; 42: 398–402.
124 Medici, R., Bianchi, E., Di Segni, G., Tocchini-Valentini, G.P. Efficient signal transduction by a chimeric yeast-mammalian G protein α subunit Gpa1-Gsα covalently fused to the yeast receptor Ste2. *EMBO J.* 1997; 16: 7241–9.
125 Milburn, M.V., Tong, L., de Vos, A.M. *et al.* Molecular switch for signal transduction: structural differences between active and inactive forms of protooncogenic ras proteins. *Science* 1990; 247 (4945): 939–45.
126 Prive, G.G., Milburn, M.V., Tong, L. *et al.* X-ray crystal structures of transforming p21 ras mutants suggest a transition-state stabilization mechanism for GTP hydrolysis. *Proc. Natl Acad. Sci. USA* 1992; 89(8): 3649–53.
127 Brunger, A.T., Milburn, M.V., Tong, L. *et al.* Crystal structure of an active form of RAS protein. A complex of a GTP analog and the HRAS p21 catalytic domain. *Proc. Natl Acad. Sci. USA* 1990; 87(12): 4849–53.
128 de Vos, A.M., Tong, L., Milburn, M.V. *et al.* Three-dimensional structure of an oncogene proteincatalytic domain of human c-H-ras p21. *Science* 1988 239: 888–893.
129 Pai, E.F., Krengel, U., Petsko, G.A. *et al.* Refined crystal structure of the triphosphate conformation of H-ras p21 at 1.35 Å resolution: implications for the mechanism of GTP hydrolysis. *EMBO J.* 1990; 9: 2351–9.

5

GTP-결합 단백질(GTP-binding protein)과 관련된 effector 효소: adenylyl cyclase와 phospholipase C

Adenylyl cyclase

cAMP: 첫 번째 2차 전령물질(the first second messenger)

포유동물과 관련된 생화학 지식의 대부분이 쥐의 간 조직을 관류배양(perfusion culture), 박편(slice), 균질액(homogenate) 형태로 사용한 실험에 의해 이루어졌던 시대를 되돌아본다면, Sutherland가 호르몬에 의한 glycogen 분해대사(glycogenolysis)의 활성화를 연구하기 위해 개의 간 조직을 이용하였던 상황은 아주 좋은 환경이었다는 것을 알 수 있다[1,2]. 쥐는 성장과 발달기간 동안(6~60일) 간에서 β-아드레날린성(adrenergic) 수용체 발현은 감소하는 반면 α_1-아드레날린성 수용체의 발현은 증가한다[3]. 그리고 성숙한 쥐의 간에서 glycogen 분해 아드레날린성 자극은 세포질 내 Ca^{2+} 농도의 증가를 유도하는 α-수용체를 통해 우선적으로 조절된다(7장 참조). 1957년에 Sutherland는 개의 간을 이용해서 adrenaline 또는 glucagon에 반응하는 glycogen 분해 과정의 결과 열에 안정하며 투석막에 의해 분리될 수 있는 인자가 생성되는 것을 보였는데 이것이 이차 전령물질 중 첫 번째로 발견된 cAMP로 판명되었다.

비록 cAMP가 간 내 glycogen 분해(그리고 glycogen 합성은 억제)로 가장 잘 알려진 세포 내 신호이기는 하지만, 많은 다른 중요한 수용체 반응에 있어서도 핵심 중개자 역할을 한다. 여기에 관한 의문은 9장에서 다시 다룰 것이다. cAMP는 진정세균(Eubacteria)과 고세균을 포함하는 원핵세포와 생물체의 다른 영역에서도 발견된다[4,5]. 비록 핵막이 없는 원핵생물에서 조절자로서의 cAMP 기능은 진핵생물에서의 그 기능과는 상당히 다르겠지만, cAMP 발생은 진화의 과정을 통해 에너지 결핍상태(starvation)에 대한 반응으로 나타났음을 의미한다. cAMP는 대장균에서 포도당이 부족할 때 생성되며 β-galactosidase와 같은 당 대사 효소의 발현을 유도한다. 이러한 경우, cAMP는 RNA ploymerase가 결합하는 위치 근처의 promoter 요소와 상호작용하여 유전자 전사조절에 직접적으로 관여하게 된다. 단세포 진핵생물인 효

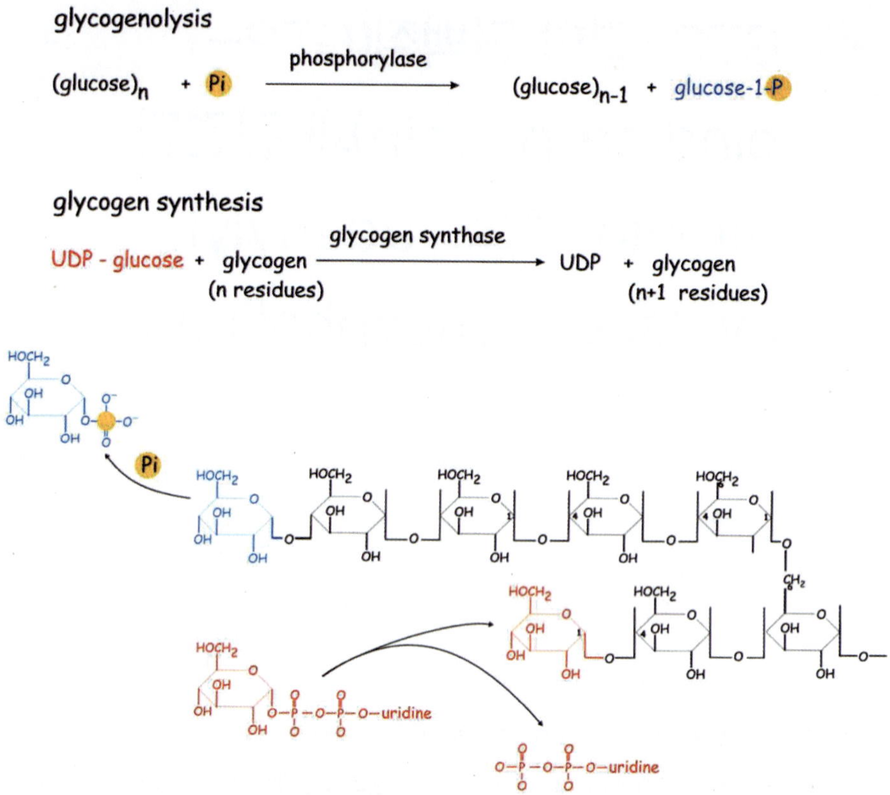

그림 5.1 glycogen 분해와 합성의 기본 반응. 들어오고(glycogen 합성) 나가는(glycogenolysis) 잔기들은 형성된 glycogen의 비환원 말단들(non-reducing termini)에 부착되어있다.

모에서 cAMP는 성장신호이다. 영양분들은 RAS 단백질을 통해 adenylyl cyclase를 활성화시키는 신호를 보낸다. 기아상태에서는 CDC25(guanine nucleotide exchange catalyst)의 감소조절이나 IRA(GTPase 활성화 단백질)의 활성화로 인해 GDP-결합 RAS에 대한 GTP-결합 RAS의 비가 감소하게 된다. 그 결과 세포내 cAMP의 양은 감소하고 성장이 중지되며 세포들은 감수분열 상태로 전환되어 포자를 형성한다. 점액성 사상균(*Dictyo-stelium discoides*)의 세포에서는 기아 조건 하에서 cAMP가 분비되어 세포를 뭉치게 하는 신호로 작용한다.

식물에서는 cAMP의 기능을 식별하기가 어렵지만[6], 그것이 K^+과 Ca^{2+} 이온 채널의 조절자 역할을 할 것이라는 증거가 있다. 잠두(*Vicia faba*) 잎의 공변세포에 있는 K^+ 이온 채널은 cAMP-dependent kinase(protein kinase A, PKA)[7,8]에 의해 조절되는 것으로 보이며 GTP-binding protein의 활성을 조절하는 콜레라와 백일해 독소의 활성에 간접적으로 반응한다(아래 참조).

cAMP는 ATP로부터 형성된다

cAMP(3′ 5′ -cyclic adenosine monophosphate)는 모든 세포에서 고농도로 존재하는(5-10 mmol/l) ATP로부터 합성된다. cAMP 형성은 adenylyl cyclase에 의해 촉매 되고, 5′ - AMP(adenylate)로 바뀌어 제거되는 과정은 phosphodiesterases(cAMP-PDE)의 작용에 의해 촉매 된다(그림 5.2).

Adenylyl cyclase와 그 조절

Adenylyl cyclase

1990년까지 약 30여 년간은 adenylyl cyclase의 분자적 특징에 대해서는 잘 알려지지 않은 채 활성에 대해서만 논의되는 정도였다. 관심을 끌었던 첫 번째 가능성은 한 가지 이상의 효소가 고리화(cyclization) 반응에 관여 할 것이라는 가설이었다. 대사 조절에서의 adenylyl cyclase의 중요성과 그것이 촉매 하는 반응의 단순성이 adenylyl cyclase의 특성에 대해 많은 연구를 촉발시킨 원동력이었다.

상당수의 단백질과 물질들이 adenylyl cyclase를 활성화하거나 억제시킬 수 있다. 잘 알려진 생리학적 활성제나 저해제로는 이종삼량체 G-단백질(heterotrimeric G-protein)의 subunit이 있는데, 이것의 α_s와 $\beta\gamma$-subunit는 adenylyl cyclase를 활성화시키는 반면에 α_i, α_o와 $\beta\gamma$-subunit는 억제하게 된다. 또한 칼슘 이온도 여러 경로를 통하여 활성화 시키거나 억제시킬 수 있다. 식물의 산물인 forskolin은 강력한 활성제인데 동물세포에도 이와 같은 물질이 존재하는가는 아주 흥미로운 질문이다.

이 분야 연구에서의 제일 어려웠던 점은 세포막내 단백질인 adenylyl cyclase가 전체 세포막 단백질 중 0.01~0.001% 밖에 되지 않는다는 것이었다(예외적으로 후각상피조직에서는

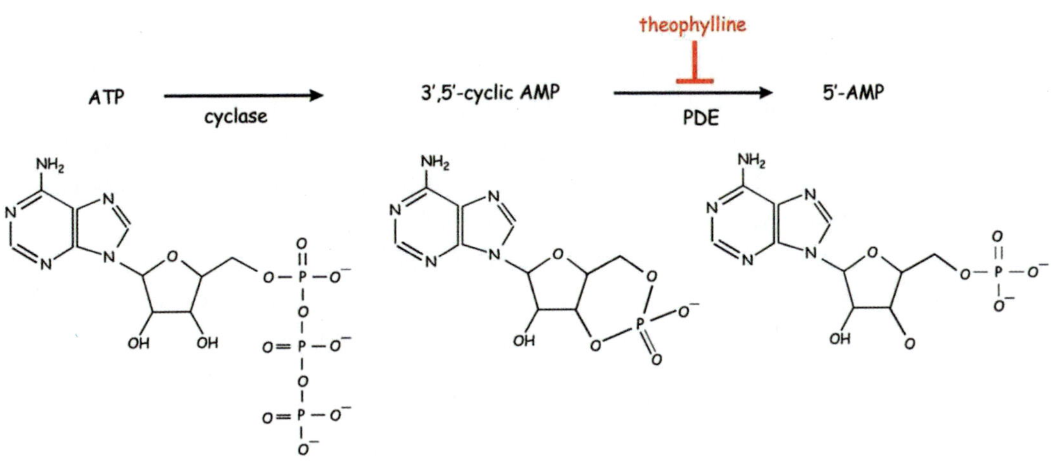

그림 5.2 ATP로부터 cAMP가 생성된다.

"Adenylyl cyclase를 분리하고 정제하는 것은 '핵' 분획 내 입자물질과의 연합, 구조 불안정성, 그리고 용해화(solubilization) 후 detergent인 Triton과 같이 붙어있다는 점 등에 의해 방해되었다. 아마 효소를 다른 방법에 의해 용해시키거나 좀 더 안정한 시료가 준비되어야만 될 것이다[9]."

최근에는 cAMP 정량은 분석키트나, 결합단백질, 그리고 항체 등을 사용하여 손쉽게 측정할 수 있다. 하지만 두 단계 분석방법을 이용하여 cAMP 수준을 처음으로 측정하였던 Sutherland와 그 동료들에게는 그렇게 쉬운 것이 아니었다. 첫 단계는 ATP, phosphorylase b, 그리고 균질화시킨 간 조직 분획(phosphorylase kinase와 PKA를 함유하고 있는)과 함께 반응 시키고, 그 다음으로는 기질인 glycogen에 대한 phosphorylase *a*의 활성을 측정하는 것이었다.

0.1% 이상을 차지한다). 세포막 단백질은 수용액 상에서 낮은 용해도를 지니며 3차 구조 유지를 위해서는 인지질 환경을 필요로 하기 때문에, 그것을 분리하고 정제하여 적절한 분석을 할 수 있는 형태로 재구성한다는 것은 극히 어려운 일이다. 그럼에도 불구하고 많은 조직에 존재하는 G_s와 연결된 adenylyl cyclase와 뇌에 존재하는 효소가 분리되었다.

분리된 단백질로부터 몇몇 제한된 서열정보를 얻었으며 adenylyl cyclase type I 의 전체 길이를 coding하는 cDNA도 확보되었다. 이 정보들을 바탕으로 제조된 재조합 단백질은 ATP에서 cAMP로 전환을 촉매하며 $\alpha_s \cdot$ GTP와 Ca^{2+}에 의해 활성화 될 수 있었다.

총 9개의 adenylyl cyclase isoform이 포유동물에서 확인되고 cloning 되었다.

Adenylyl cyclase의 구조적 기원

Adenylyl cyclase의 구조는 몇 개의 특징적인 부위를 보여 준다(그림 5.3). N-말단으로부터 시작하면, 주로 소수성 영역인 M_1이 6개의 세포막을 관통하는 α-나선구조가 세포막 양쪽 면의 짧은 친수성 고리에 의해 연결되어 있다. 다음에는 좀 더 확장된 부위인 C_1(40 kDa), M_1과 유사한 다른 세포막 관통부위인 M_2, 그리고 마지막으로 C-말단에는 C_1과 유사하며 두 번째로 큰 세포질 영역인 C_2가 있다[10]. 대체로 구조가 보전된 것 외에 모든 형태의 adenylyl cyclase의 서열은 비슷하여 전체적으로 40~60%의 동질성(identity)을 가진다. C_1과 C_2가 연결된 subdomain인 C_{1a}과 C_{2a}는 50% 혹은 그 이상의 유사성을 공유하며 C_1와 C_2로 부터 나온 잔기들은 ATP 결합과 촉매작용에 기여한다.

위에서 아래의 형태로 구성되며 서로 광범위하게 접촉되어있는 C_{1a}와 C_{2a}는 효소의 촉매중심을 이루고 있다고 생각된다[11]. C_{1a}와 C_{2a} 사이의 접촉면은 상당히 보존된 2개의 nucleotide 결합 위치를 포용하고 있는데, 그 중 하나만이 촉매반응에 중요하다고 여겨지며 다른 한 자리는 활성화 기질인 forskolin이 결합하는 부위이다. α_s와 결합하는 부위는 촉매부위로부터 떨어져(약 3nm) 있으며 C_{1a} N-말단의 작은 부위와 C_{2a}의 소수성 groove와 음전하를 띠는 표면으로 이루어진 좀 더 큰 부분에 위치한다. G_i나 G_o의 α-subunit 결합부위는 아직 결정되지는 않았지만 α_s와 경쟁하지는 않는다. 그것들 역시 C_{1a}와 C_{2a} subdomain의 부분에 의해 형성되지만 아마도 촉매중심에는 더 밀접한 곳에 위치하는 것 같다.비록 뉴클레오타이드, forskolin, 그리고 α_s는 C_{1a}, C_{2a} 둘 다의 잔기에 결합할 수는 있지만, βγ-subunit는 오직 C_{2a} subdomain과의 결합에 의해 type II cyclase의 활성을 증강시키는 것으로 보인다. 이것이 구조변화를 일으키어 간접적으로 C_{2a} subdomain의 구조를 조절함으로서 촉매부위의 최적 구조배열을 촉진하게 된다. Cyclase type I 에 대한 βγ-subunit들의 억제작용은 두 subtype의 해당부분 서열이 보존되어있지 않으므로 어디에서나 일어난다고 할 수 있다.

세포막에 직접적으로 부착되지 않는 C_1과 C_2 domain은 함께 ATP를 cAMP로 전환시키기에 충분하다[12,13]. 비록 활성은 아주 낮지만 α_s의 존재 하에서 forskolin에 의해 두 부위 사이의 연계는 강화되며 전환속도는 100배 이상 증가한다[14]. 이 두 activator는 시너지 작용을 가지고 있어서 하나의 존재가 다른 것의 affinity를 증가시키며 그에 따라 반응속도도 증가시키게 된다.

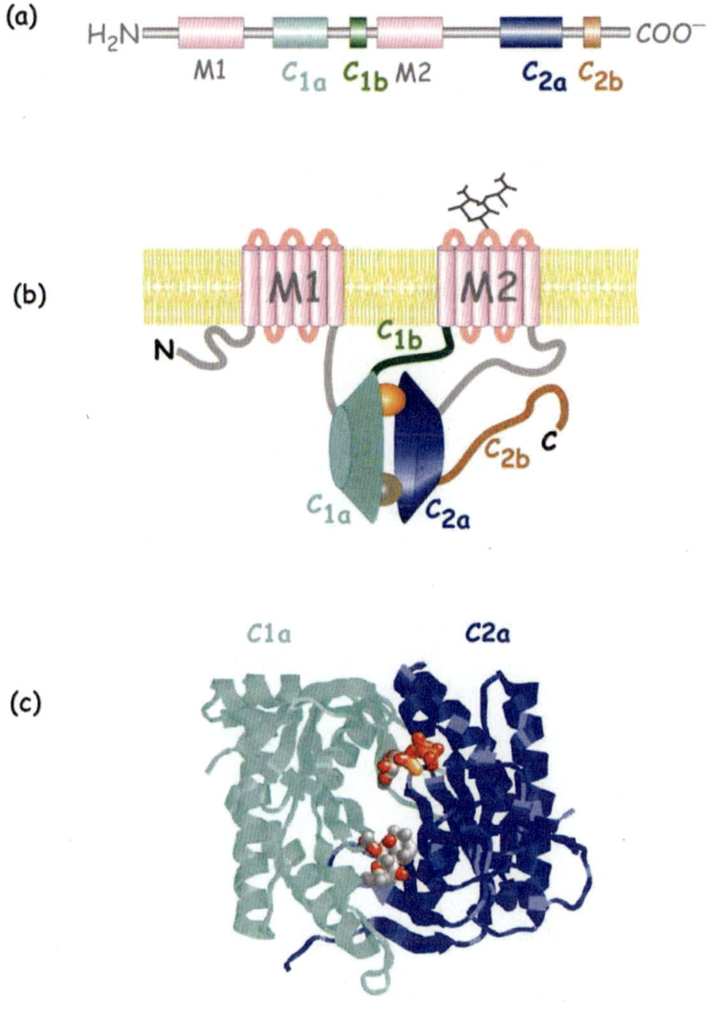

그림 5.3 Adenylyl cyclase의 구성. 이 그림은 포유류 adenylyl cyclase의 주요 구조적 특징을 보여 준다: (a) 1000개 이상의 아미노산으로 이루어진 일차구조에는 몇 개의 특징적인 부위들이 들어있다. (b) 효소의 일반적인 형태와 구조. M_1과 M_2 부위에 각각 6개씩 짝수의 막통과 α-helix를 가지므로 N-말단과 C-말단은 모두 세포막의 같은 면(세포질)에 위치하게 된다. C_{1a}와 C_{2a}로 구성된 촉매부위는 서로를 감싸고 있으며 둘이서 함께 ATP, forskolin, 그리고 G_s와 G_i의 α-subunit에 대한 결합부위를 형성한다. (c) ATPγS(위)와 forskolin(아래)을 함유하고 있는 C_{1a}와 C_{2a}의 이량체 클러스터 분자구조.

M_1과 M_2 domain이 세포막에 효소를 부착시킨다는 것은 확실하지만, 하나 또는 두개의 세포막 관통(TM) 서열만으로도 그 역할을 충분히 할 수 있을 터인데 왜 이 효소들은 TM 부위를 12개나 갖고 있는가 하는 의문이 들 것이다. 그 답은 아마도 그들의 진화적 조상에 있을 것으로 생각된다. 포유동물 cyclase의 일반적인 세포막에서의 구조, 특히 여섯 개의 TM 부위 두

개로 이루어진 구조는 pore를 형성한다고 알려진 CFTR(cystic fibrosis transmembrane conductance regulator)이나 P-glycoprotein의 구조와 아주 유사하다는 것은 흥미롭다. 그러나 어떠한 포유동물 adenylyl cyclase에서도 이온채널과 같은 활성은 발견되지 않았을 뿐만 아니라, 이미 알려진 채널의 서열과 어떠한 유사성도 발견되지 않는다.

아미노산 서열 유사성은 확실히 guanylyl cyclase나 점액성 사상균 *D. discoideum*과 같은 하등생물에서 발현되는 효소의 몇몇 비포유류 형태와 연관된다. 일반적으로 공통조상은 추론되어질 수 있다. 좀 더 멀리 위치한 효모와 박테리아(*E. coli*) 효소는 세포막에 부착되어 있기는 하지만 세포막내 단백질은 아니다. 효모, 박테리아와 포유동물의 cyclase 사이의 서열 유사성은 찾기 어렵다.

Adenylyl cyclase의 조절

진핵생물의 출현과 더불어 cyclase의 조절은 이종삼량체 G-단백질의 통제 하로 들어오게 된다. 포유류 adenylyl cyclase의 모든 isoform들은 G_s의 α-subunit에 의해 활성화 되며 소위 P-site inhibitor(2'-deoxy-3'-ATP 같은 adenosine의 analogues)라 불리는 물질에 의해 억제된다. 이 외에 많은 종류의 억제 리간드에 대한 반응은 아주 다양하다. IX 형을 제외한 모든 isoform들은 α_s와의 시너지 작용을 나타내는 forskolin에 의해 활성화된다. 그것들은 PKA와 PKC에 의한 인산화 과정을 통해, 그리고 Ca^{2+} 이온과 다른 G-protein의 α-, βγ-subunit에 의해서 증가 혹은 감소하는 영향을 받는다(표 5.1 참조). 발표되었던 자료들이 완벽하지는 않지만 adenylyl cyclase는 진화되어 오면서 그 조절 영향인자에 대한 반응 특이성이 결정되어진 것으로 보이는데 그것은 크게 3가지 부류로 나뉜다.

Ⅱ, Ⅳ, Ⅶ는 α_s와 βγ subunit에 의해 synergistic하게 활성화된다;
Ⅴ, Ⅵ는 α_i와 Ca^{2+} 이온에 의해 억제된다;
Ⅷ, Ⅰ, Ⅲ은 α_s와 Ca^{2+}.calmodulin에 의해 synergistic하게 활성화된다.

표 5.1 Activation and inhibition of the adenylyl cyclases

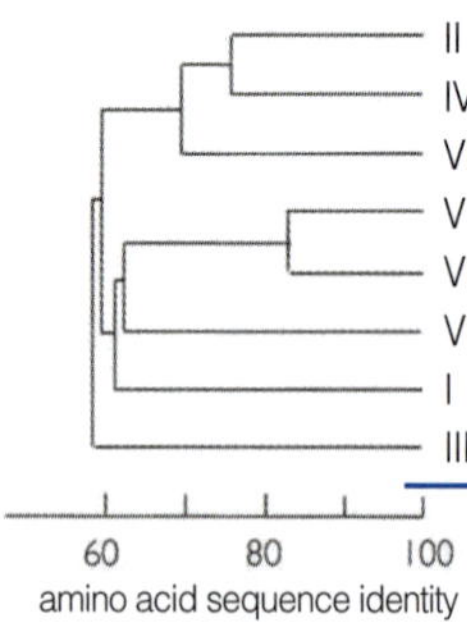

		Regulatory signals								
isoform	distribution	βγ	α_i	α_o	α_z	PKA	PKC	forskolin	Ca. Calmod	Ca^{2+} (calmod indep)
II	brain, lung	↑	n/e	n/e			↑	↑	n/e	
IV	widely distributed	↑						↑		
VII	widely distributed	↑					↑	↑	n/e	
V	heart > brain	n/e	↓	n/e	↓	↓	↑	↑	n/e	↓
VI	heart, brain > other tissues	n/e	↓	n/e		↓	↓	↑	n/e	↓
VIII	neural tissue							↑	↑	
I	neural tissue	↓	↓	↓	↓			↑	↑	
III	predominantly olfactory	n/e						↑	↑	

n/e—no effect

GTP 결합 단백질에 의한 조절

일반적으로 G_i 단백질은 G_s보다 훨씬 많이 발현되므로 G_i와 결합하는 수용체를 자극하면 상당한 양의 활성화 βγ-subunit가 만들어진다. 이러한 잉여 βγ-subunit는 자유 α_s-subunit와 결합할 수 있을 것이므로 cyclase 활성이 반대로 줄어들게 될 것이다.

$$\beta\gamma + \alpha_s \rightarrow \alpha_s\beta\gamma$$

이것이 억제 메커니즘으로 작동하기 위해서는 각 subunit들이 독립된 실체로 존재하는 것이 필요하겠지만, 그러나 우리가 앞서 논의하였듯이, 결코 α_s가 βγ로부터 분리되지는 않을 것이다(4장 '소론: Subunit의 분리 없이 일어나는 G-단백질의 활성화' 부분 참조). 하지만 type I cyclase는 확실히 βγ-subunit에 의해 억제되겠지만 여기서 그 효과는 α-subunit의 격리에 의해서가 아니라 주로 효소와의 상호작용을 통해 나타난 것이다. 반면에 βγ-subunit는 α_s와 공동작용하여 type II와 IV cyclase를 활성화시킨다. 예측할 수 있는 것처럼 α_s가 없는 상황에서 βγ-subunit의 효과는 거의 없다고 생각된다. 필요한 βγ-subunit의 양은 G_s 단독으로부터 유도될 수 있는 양보다는 훨씬 많을 것이지만 G_i나 G_o의 활성을 통해 생겨날 수 있는 양과는 거의 일치할 것이다. 이것은 최대 자극을 확보하기위해서는 반드시 두 세트의 호르몬 수용체가 동시에 활성화 되어야 한다는 것을 의미한다(그림 5.4). 이것은 많은 수용체의 이량체구조가(β-아드레날린성 수용체를 포함, 3장 참조) 그들의 동시발생 감지계로 작동할 수 있게 하여 두 신호가 동시에 발생되었을 때는 강력한 반응을 내지만 개개의 신호가 따로 올 때에는 약하거나 거의 무의미한 반응을 내게 할 것이다. 이것이 3장에 언급하였던 뇌 피질 절편 cyclase 활성에서 adenosine과 noradrenaline의 co-stimulatory 효과(3장 참조)에 대한 설명이 될 수 있을 것이다[(15)]. 따라서 특정 종류의 adenylyl cyclase의 존재는 다른 종류의 수용체로부터 오는 신호에 대한 반응의 특정 형태를 결정할 수 있을 것이다. 그림 5.5는 어떻게 수렴하는 경로가 상호작용하여 활성화를 일으킬 것인지 아니면 저해를 일으킬 것인가를 설명할 수 있는 몇 가지 모델을 보여주고 있다. 이것은 특히 synapse에서 중요하며 다가오는 외부자극에 대한 반응을 조화시킬 수 있게 한다. 신호들 중 하나는 α_s에 의해 전달될 것이며 다른 것은 좀 더 많은 필요량의 βγ-subunit를 만들어 낼 수 있는 G_i 또는 G_o와 연결될 것이다.

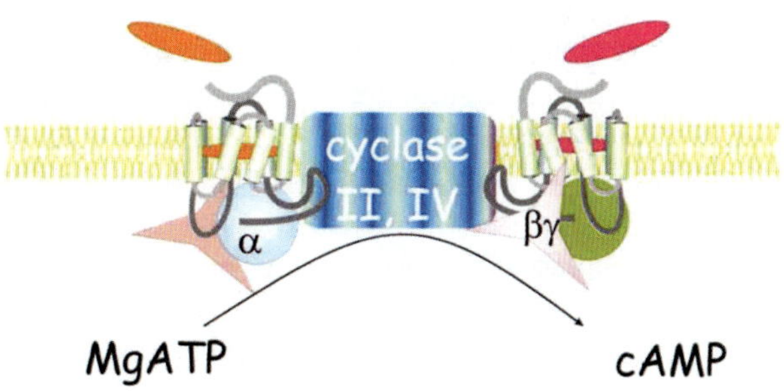

그림 5.4 Adenylyl cyclase는 동시발생 감지계(coincidence detector)로 작용하여 두 G-단백질들로부터 오는 신호를 조정한다.

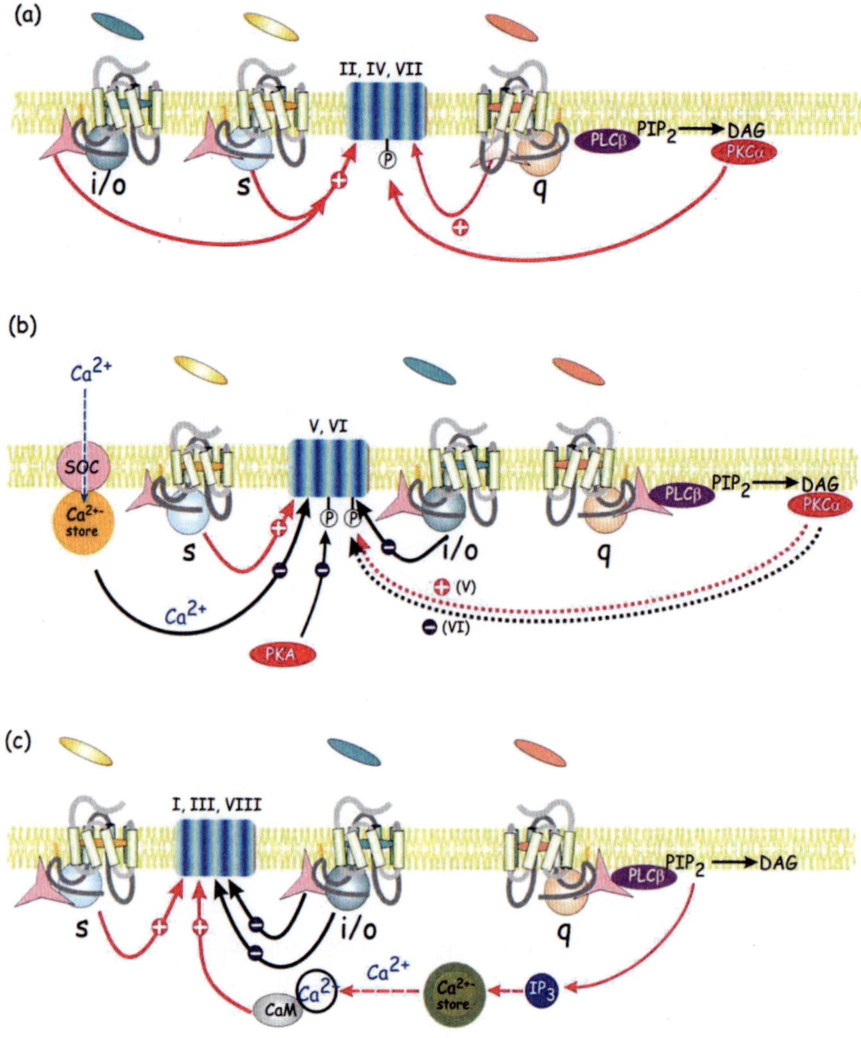

그림 5.5 Adenylyl cyclase의 isoform들: 활성과 저해의 형태. Adenylyl cyclase는 여러 신호에 의해 조절된다. 이것들은 서로 상호 호응하거나 반대하는 작용을 할 것이다. (a) 몇몇 경우 α_s와 βγ subunits에 의한 types II, IV, 그리고 VII의 활성은 높은 정도의 시너지 작용을 보이므로 활성화는 두 종류의 수용체가 동시에 활성화가 되어야만 일어나게 된다. 반면에 PKC에 의한 이 효소들의 인산화는 아마도 다른 자극에 비해 오래 지속될 것이어서 효소를 α_s 자극에 대한 준비 상태로 있게 할 것이다. (b) 다른 isoform인 V와 VI는 cAMP에 의해 활성화되는 PKA에 의해 인산화됨으로써 간접적으로 feedback inhibition 될 것이다. 또한 그것들은 Ca^{2+}과 G_i 단백질에 연결된 수용체에 의해 저해된다. (c) type I, III 와 VIII cyclase는 calmodulin에 연결된 Ca^{2+}에 의해 자극되며 βγ subunit에 의해 저해된다. (주: SOC는 7장에서 논의 되는 바와 같이 store-operated Ca^{2+} channel을 나타낸다.)

아직까지는 망막에만 존재하는 $\beta_1\gamma_1$을 제외하고는 다양한 βγ 쌍들의 특정 관련 기능을 확립하기 어려웠다. β_1 이나 β_2가 4가지 형태 γ (2, 3, 5 또는 7)중의 하나와 결합하면 type I cyclase를 억제시키고 같은 효과로 type 2 cyclase는 활성화 시키는 것으로 보인다. 그것들은 또한 phospholipase-C의 β-isoform도 활성화 시킨다(아래 참조). 이같이 특이성이 없다는 것은 놀라운 일이며 아마도 재조합실험에서 높은 농도로 투여된 βγ-subunit으로부터 나온 인위적인 결과일 가능성이 있다.

Adenylyl cyclase의 활성을 높여 cAMP의 농도를 증강시키는 경로는 명백히 몇 가지가 있지만 활성을 억제하는 인자도 그 못지않게 중요하다. α_i-subunit을 지닌 G-단백질에 연결되는 다수의 수용체(예로, α_2-아드레날린성 수용체)가 있는데 이것들은 cyclase type Ⅰ, Ⅴ, Ⅵ을 억제한다.

다르게는 특이성의 결여된 것이 실제 상황일 수도 있을 것이다. 비록 이것이 결코 증명된 것은 아니지만, βγ-subunit이 활성화된 수용체와 상호작용 후 일시적으로 공유결합에 의해 변형될(인산화?) 가능성도 생각해 볼 수 있다. 이렇게 됨으로써 βγ 이량체는 낮은 농도로도 하부 신호전달 인자들에 영향을 끼치게 될 수 있을 것이다[16]. 그렇다면 그것은 변형된 βγ-subunit이 α subunit가 GDP 상태로 돌아간 이후에도 활성화된 상태로 남아있을 수 있음을 의미하게 된다. 결국 그것은 특정 α subunit 및 특정 수용체와의 결합에 따라 다른 βγ-쌍과의 특이적 결합도 가능할 수 있다는 것이다.

Ca^{2+}에 의한 조절

Ca^{2+}은 adenylyl cyclase의 중요한 조절자이다. Ca^{2+}은 calmodulin 단백질과 결합하여(8장 참조) type Ⅰ, Ⅲ, Ⅷ의 활성을 증가시킨다. 그 결과 이 cyclase들은 phopholipase C를 활성화 시키고, inositol triphosphate를 방출하며, 세포내 Ca^{2+} 농도를 증가시키는 α_q와 같은 G-단백질에 결합된 수용체에 의해 간접적으로 조절된다(아래와 7장 참조). Ca^{2+}. Calmodulin에 대한 결합부위는 type I cyclase의 C_{1b} subdomain에 존재한다. 대조적으로 type Ⅴ와 Ⅵ cyclase는 Ca^{2+}에 의해 작동하는 수용체의 활성에 따라 특징적으로 나타나는 농도(0.1-1 μmol/L) 범위 내의 자유 Ca^{2+}에 의해 억제된다(7장 참조).

인산화에 의한 조절

Adenyly cyclase는 cAMP에 의해 활성화되는 protein kinase A(PKA)에 의해 인산화 됨으로써 피드백 저해(feedback inhibition)를 받을 것으로 예상할 수 있으나 이러한 조절은 단지 type Ⅴ와 Ⅵ cyclase에서만 발견된다. 반면에 protein kinase C(PKC)에 의한 인산화는 type Ⅱ, Ⅶ, 그리고 Ⅴ(type Ⅵ는 억제)의 활성을 증강시킨다. 이것은 활성화된 수용체가 G_q 계통의 G-단백질을 통하여 phospholipase C(PLC)의 활성과 diacyglycerol의 발생으로 연결되기 때문이다. Adenylyl cylase 효소의 인산화된 상태는 다른 조절 영향(활성화된 α 또는 βγ-subunit 또는 Ca^{2+}농도)에 비해 더 오래 지속될 것이기 때문에 α_s를 통한 신호전달의 정확한 타이밍이 그렇게 중요한 것 같지는 않다. 신호를 일치시키는 것이 필요하기보다는 인산화는 효소를 α_s에 의한 일시적 자극에 대비해 준비시키게 될 것이다.

Aluminium fluoride

Adenylyl cyclase는 수용체를 우회하는 조작에 의해서도 활성화 될 수 있다. 상당수 물질들이 G_s와의 상호작용을 통하거나 cyclase 자체와의 작용을 통해 활성을 일으키는데 그 한 예가 fluoride ion이다[17,18]. 이것은 고도로 정제된 시약이 처음에는 생물학적 활성을 잃게 하는 것으로 보였으나 나중에 그 본래의 특성이 밝혀지게 된 또 다른 예의 하나이다. 좀 더 나은 화학약품, 잘 투석된 조직 추출물, 유리제품 대신 실험용 플라스틱 제품의 사용, 그리고 잘 정제된 물을 사용하는데도 fluoride와 함께 cyclase를 자극시키는 것이 훨씬 더 어려웠던 적이 있었다. 나중에야 실제 활성자는 fluoride 이온이 아닌 aluminium과 fluoride[AlF_4^-]의 복합물인 것으로 판명되었다[19]. Aluminium이 유리와 접촉하고 있는 용액에 존재하며 nucleotide의 오염원이었던 것이다. 그 모양과 전하 분포가 인산기와 유사한 [AlF_4^-]복합체는 GTP의 γ-phosphate가 차지하는 부위인 α-subunit의 nucleotide 결합자리에서 GDP 바로 옆에 갇혀 있는 것이라 생각된다.

고농도에서 fluoride는 cAMP 형성을 활성화시키기 보다는 억제하는 역할을 한다. 이 발견이 G-단백질에 의해 cyclase의 활성이 저해될 수도 있다는 첫 연결고리가 되었다[22,23].

최근의 [AlF_4]의 결정구조 분석결과는 GDP와 연합한 복합체가 square-planar entity임을 보여준다. 그것은 부속물로 행동하기보다는 GTP 유사구조를 형성함으로서 GTPase 반응에서의 전이상태와 비슷하게 보인다. [AlF_4]와의 상호작용이 이종삼량체 G-단백질만의 특징이라는 것은 널리 알려진 사실이지만 복합체 음이온이 GTPase 반응의 전이상태를 안정화시키는 효과가 있다는 것을 상기해보면 Ras와 같은 단량체 G-단백질들도 p120GAP나 neurofibromin 같은 GTPase 활성화 단백질과 결합 시에는 [AlF_4]와 상호작용할 수 있을 것이라는 사실이 명백해진다[20,21].

Forskolin

다른 활성제인 forskolin은(그림 5.6) *Coleus forskohlii*의 뿌리로부터 분리된 diterpene 물질이다. Aluminium fluoride와 달리 이것은 cyclase 효소와 직접적으로 작용한다(그림 5.3). 생리적으로 forskolin은 근육을 수축시키는 효과가 있어서, 심박동수를 증가시키고 혈압을 떨어뜨린다. 이것은 또한 위장 평활근에 비특이적인 진경성 활성(spasmolytic action)을 나타낸다. 많은 양을 투여하면 중추신경계(CNS)를 진정시키는 작용을 갖는다. 이런 현상 중 일부는 forskolin이 GTP 결합 단백질이나 수용체를 포함한 상위 신호전달계를 우회하여 바로 adenylyl cyclase에 작용함으로서 나왔을 가능성이 있다. 다른 가능성으로는 glucose transporter, 전압작동성(voltage gated) K^+ channel, 및 다중적인 약물 저항성(multiple drug resistance)을 갖는 P-glycoprotein 등 서로 구조적으로 유사한 내재성 막 단백질(intrinsic membrane protein)과의 작용에 의한 가능성도 있다. 효소 활성의 조절자로서 강하고 특이적으로 반응하는 자연 산물들의 존재는 그들의 세포내부의 생리적 상대자(counterpart)가 무엇인가에 관한 의문을 갖게 한다. 그러나 forskolin의 활성을 가지는 세포내부 물질이 아직까지 확인된 것은 없다[24].

MDRI 유전자에 의해 coding 되는 인간의 다중 약물 저항성 P-glycoprotein은 ABC(ATP-binding cassette) transporter family의 하나이다. 이것이 과발현되면 인간 암이 화학치료에 대하여 저항성을 갖게 된다.

콜레라 독소(cholera toxin)와 백일해 독소(pertussis toxin), 그리고 ADP 리보실화 (ribosylation)

*Vibrio cholerae*와 *Bordetella pertussis*의 외부독소인 콜레라와 백일해 독소에 중독된 조직에서는 방대한 양의 cAMP 축적이 일어난다. 이러한 독소들은 cyclase 효소에 직접적인 영향을 주지는 않는다. 그 대신 콜레라 독소는 α_s의 활성화 상태를 연장시켜 준다. 이 현상은 GTPase의 활성을 저해하여 GTP가 그대로 남아있게 만듦으로서 시스템을 계속 활성화 상태로 두게 된다. 콜레라에 의한 설사는 adenylyl cyclase가 활성화 상태로 묶여 있음으로 인해 상승된 cAMP 농도의 결과로 장 내피조직의 chloride 채널을 통한 이온흐름이 증가되기 때문에 생기는 것이라고 대부분(그러나 아마도 잘못) 받아들이고 있다.

Coleus 뿌리는 심장질환, 경련성 고통, 배뇨고통, 그리고 경련과 관련된 여러 질환 치료로 아유르베다(인도 전통의학, Ayuvedic medicine)의 임상의들에 의해 오랫동안 사용되어왔다.

백일해 독소도 cAMP을 증가시키는 효과를 가지기는 하지만 그 작용기작은 상당히 다르다. 백일해 독소에 의한 중독은 백일해 기침의 주요 원인이다. 영향을 받는 세포로는 췌장 소도(pancreatic islets)의 β-세포(이 때문에 백일해 독소의 이전 이름은 islet 활성 인자이었음), 림프구, 백혈구, 심장세포, 및 기타 발작과 신경장애를 일으키는 세포가 있다. 이러한 세포들에 미친 영향은 비가역적이어서 그 기능을 회복하려면 세포를 대체하는 수밖에 없다.

콜레라성 설사의 메커니즘은 확실히 더 복잡하다. 실제로 cAMP의 수준은 확실히 증가하기는 하

GTPase의 활성을 억제하는 콜레라 독소와는 달리 백일해 독소는 G_i 단백질과 소통하는 저해 수용체에 의한 신호전달을 억제한다.

콜레라 독소와 백일해 독소는 둘 다 그 자체가 효소이며, 목표 단백질(기질)에다 NAD^+의 ADP-ribosyl기[27,28]를 공유 결합으로 부착하여 변환시킨다(그림 5.7). 그러나 그들의 작용 기작이 다른 것처럼 작용부위 특이성도 상당히 다르다. 콜레라 독소는 ADP-ribose를 α_s로 전이하여 결합된 GTP의 γ-phosphate 바로 밀접한 곳에 위치한 arginine 잔기(R201)에 공유결합으로 붙인다(표 4.4). 이 변형은 GTPase 활성을 억제하게 되어 α-subunit이 계속 활성상태로 남아있게 한다(k_{cat} 감소: 방정식 4.1 참조). 백일해 독소는 ADP-ribose를 α_i의 C-말단으로부터 4개의 아미노산 너머에 위치한 cysteine에 전이한다. 이 독소에 의한 ADP-리보실화는 G_i와 수용체 사이의 신호전달을 방해함으로서 GDP-결합상태로 묶어두게 되고 저해성 수용체로부터 나오는 저해성 신호(negative signal)를 방해한다. 어느 쪽이든 결론은 adenylyl cyclase의 활성을 지속하고 cAMP의 농도를 높이게 된다. α_z을 제외한 모든 α-subunit의 G_i/G_o 계통은 백일해 독소의 기질로 작용한다(그림 4.7 참조). 대부분의 세포와 조직에서는 G_s의 α-subunit이 콜레라 독소의 유일한 기질이다.

콜레라와 백일해 독소를 포함하는 계통의 ADP-리보실화 효소는 복잡한 구조로 이루어져 있으며 동물세포 표면에 전반적으로 발현되는 ganglioside에 결합한다. 백일해 독소는 하나의 S1 catalytic subunit 주위에 5개의 비공유결합으로 연결된 subunit로 구성되어있다(그림 5.8). 두개의 subunit(S2와 S3)들은 monosialoganglioside Gd1a와 높은 친화도(K_d~0.6 μmol/l)로 결합하는데 그 결과 하나의 S1 subunit의 소수성 domain이 노출되어 세포를 관통할 수 있게 한다. 세포질내 환원적인 환경은 그것을 두 개의 구성성분인 A1과 A2로 분리시킨다. A

지만, 아마도 cAMP가 관여하지 않는 듯하다. 천연화합물과 비슷한 효과를 내며 세포를 통과할 수 있는 dibutyryl cAMP를 투여하면 소장조직의 이온 흐름에는 영향이 없다. 비슷하게, phosphodiesterase를 저해하여 cAMP를 축적할 수 있는 theophylline도 효과가 없다. 다른 후보물질로 아라키돈산(arachidonate) 대사의 cyclooxygenase 경로의 산물인 prostaglandin이다[25]. 아라키돈산은 phospholipase A_2의 작용에 의해 막 인지질로 부터 방출된다.

원래 G_s는 cyclase를 자극하는 활성을, G_i는 저해 inhibitory 활성을 나타내었지만 이들 G-단백질들은 이외의 다른 system들도 조절한다.

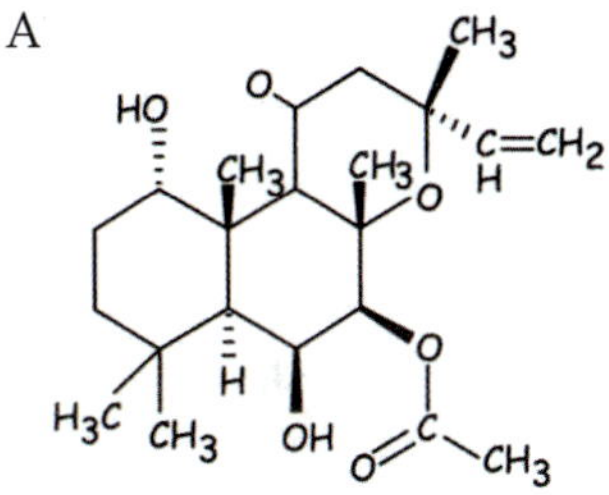

그림 5.6 Forskolin.

NAD: nicotinamide adenine dinucleotide

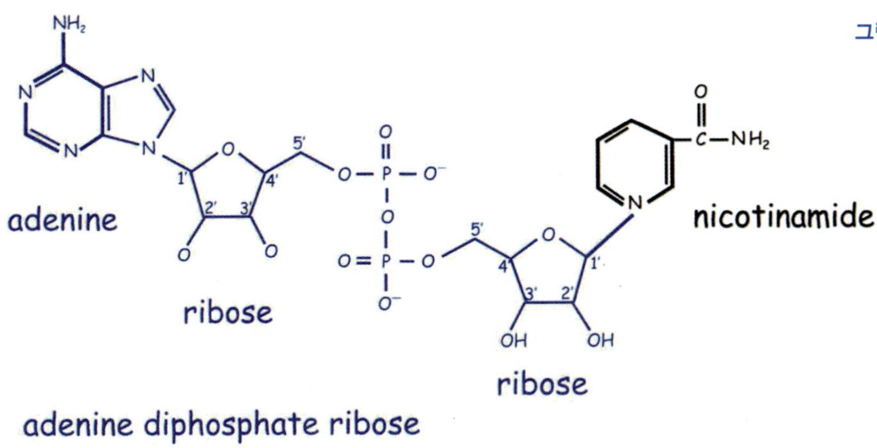

그림 5.7 ADP-ribose.

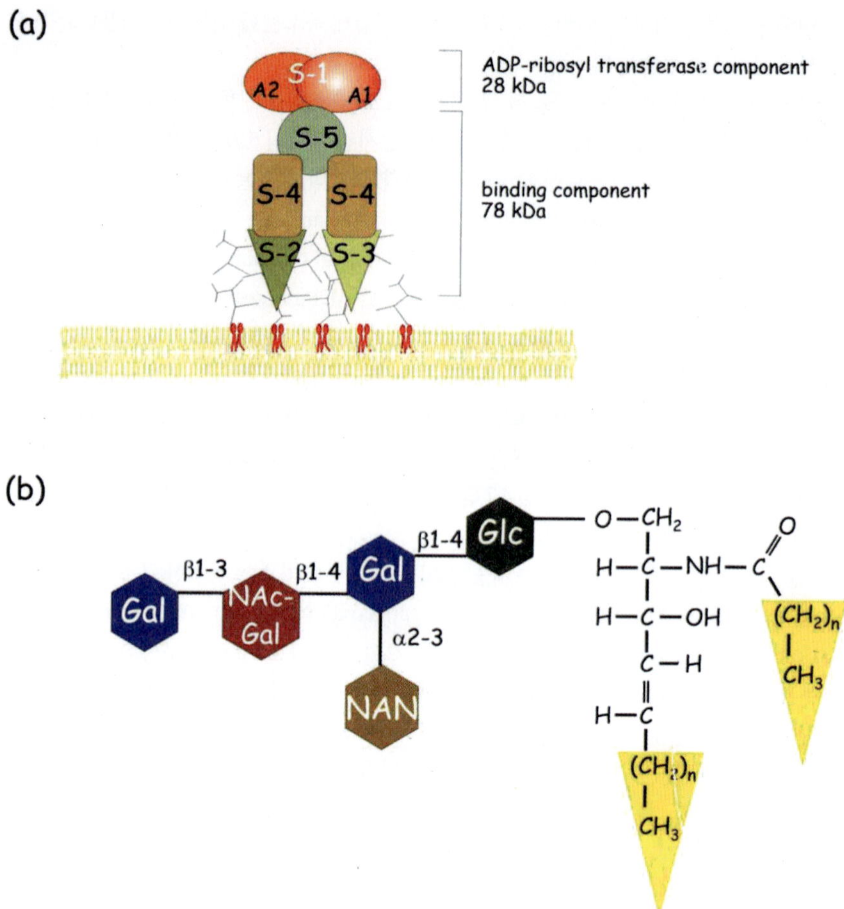

그림 5.8 백일해 독소의 구조. (a) 백일해 독소의 subunit 구조. S2와 S3 subunit는 세포막 당지질(ganglioside)의 노출된 당 잔기에 결합한다. SI subunit는 세포로 들어가 환원된 환경에서 분리된다. A1 구성성분은 NAD^+의 절단을 촉매하며 α_i C-말단의 cysteine 잔기로의 ADP-ribosyl group의 전이에 영향을 미친다. (b) ganglioside GM1의 구조. Gal, galactose; NAc-, *N*-acetyl; Glc, glucose; NAN, N-acetylneuraminic acid.

subunit는 ADP-리보실화 반응을 촉매하는데

$$NAD^+ + \text{protein} \rightarrow \text{ADP-ribosyl-protein} + \text{nicotinamide} + H^+$$

백일해 독소와 유사하게 콜레라 독소도 하나의 촉매 subunit을 둘러싼 고리형태의 5량체(pentameric) 구조로 배열된 5개 비공유결합 subunit으로 이루어진다.

B-subunit은 모든 동물세포 표면에서 발현되는 monosialyganglioside GM1에 높은 친화도(K_d~1 nmol/l)로 결합한다(주: 식물세포도 콜레라 독소에 의한 GTPase가 ADP-리보실화된다는 증거가 있다: [29,30]). 반응이 시작되면 A1 subunit는 ADP-리보실화 반응을 촉매한다. 이 반응을 방사능으로 표지된 NAD^+의 존재 하에서 처음 실행했을 때, 그 방사능은 한 세포막에 붙어있는 단백질로 전이되었는데 분석결과 그것은 G_s의 nucleotide-결합 구성성분(α-subunit)으로 판명되었다[27, 31-33].

반응물질로서 콜레라 및 백일해 독소는 신호전달 경로의 특정 G-단백질과 수용체를 연결시키는데 좋은 수단이 된다. 콜레라 독소에 의해 변형되는 기질인 arginine(R201)은 α_s의 GTPase 촉매부위의 중요 구성성분이다. R201이 치환된 돌연변이체는 GTP 분해속도가 크게 감소(감소된 K_{cat})되며 그 결과 G-단백질은 지속적으로 활성화된다. 가끔 비전이성 내분비암(선종, adenoma)에서는 이 위치의 후천적(체세포) 돌연변이가 발견된다. 이것이 비침습성이고 세포중 하나의 클론에 제한적인 것임에도 불구하고 이 병은 비극적인 결과를 초래하게 된다.

한 예로, 뇌하수체의 성장자극세포(somatotroph)로부터 성장호르몬을 분비하게 하는 생리 자극은 시상하부로부터, 특히 깊게 잠든 동안에, 방출되는 growth hormone releasing hormone(GHRH)에 의해 제공된다. 이것은 성장호르몬을 분비하기 위한 신호와 영양적 자극을 제공함으로써 그 세포들이 적정 수와 크기를 유지하게 한다. GHRH는 성장자극세포에 있는 7TM에 결합하며 그 신호는 G_s를 통해 전달된다. 거인증이나 선단 비대증을 가진 몇몇 환자들에서는 성장자극세포의 α_s내 R201이 cysteine이나 histidine로 교체된 것이 발견된다. 그 결과 adenylyl cyclase의 지속적인 활성과 cAMP의 증가는 성장호르몬의 과다 분비와 분비선의 엄청난 확장(adenoma)를 일으킨다[34]. 갑상선 세포에 있는 α_s의 유사한 체세포 돌연변이는 갑상선 호르몬 과다분비를 일으킨다. G_{i2}의 GTPase 활성을 억압하는 것과 동일한 위치에서의 돌연변이(R179: 표 4.4를 보라)는 부신피질 종양 및 난소 종양과 연관되어있다[35].

ADP-리보실화를 일으키는 독소 외에 *Vibrio-cholerae*와 *Bordetella pertussis*는 세포를 침투하는 다른 독소들도 합성하고 방출한다. 흥미롭게도 *B. pertussis*의 주요 독성인자 중 하나는 세포내 calmodulin과 접촉시 활성화되는 adenylyl cyclase의 분비되는 형태이다.

체세포(somatic)이란 단어는 다세포생물에서 생식체(gamete)의 생산에 기여하지 않는 모든 세포를 말한다.

Phospholipase C(PLC)

Inositol phospholipid의 신호전달 역할에 대한 첫 번째 힌트

세포 조절에 inositol을 함유한 인지질이 역할을 할 것이라는 첫 번째 힌트는 1953년에 나왔지만 그로부터 20여년이나 지나서야 그 역할에 관한 제대로 된 가설이 나오게 된다[36]. 당시 R. H. Michell은 phosphatidylinositol(PI)의 대사증가를 일으키는 수용체의 활성과 Ca^{2+} 의존성인 평활근 수축과 분비와 같은 과정의 활성 사이에 놀랄만한 상호 관계가 있다는 것을 지적하였다[37]. 비록 PLC에 의해 촉매되는 반응일 것이라 추론했지만 그 기질과 그것을 전달하는 이차 전령물질이 정확히 무엇인지는 파악하지 못하였다. 그리고 그 후에 *poly*phosphoinositides, 특히 phosphatidylinositol 자체가 아닌 phosphatidylinositol-4,5-bisphosphate(PI-4,5-P_2, 그림 5.9)의 고갈속도가 세포 활성화의 시작과 상관있다는 것도 발견되었다[38]. PI(4,5)P_2의 가수분해에 의해 생성되는 수용성 IP_3를 투과성(permeabilized) 췌장 세포에 투여하면 세포 내부의 저장 위치로부터 Ca^{2+}을 방출한다는 것도 발견되었다[39]. 아주 짧은 시간 내에 이

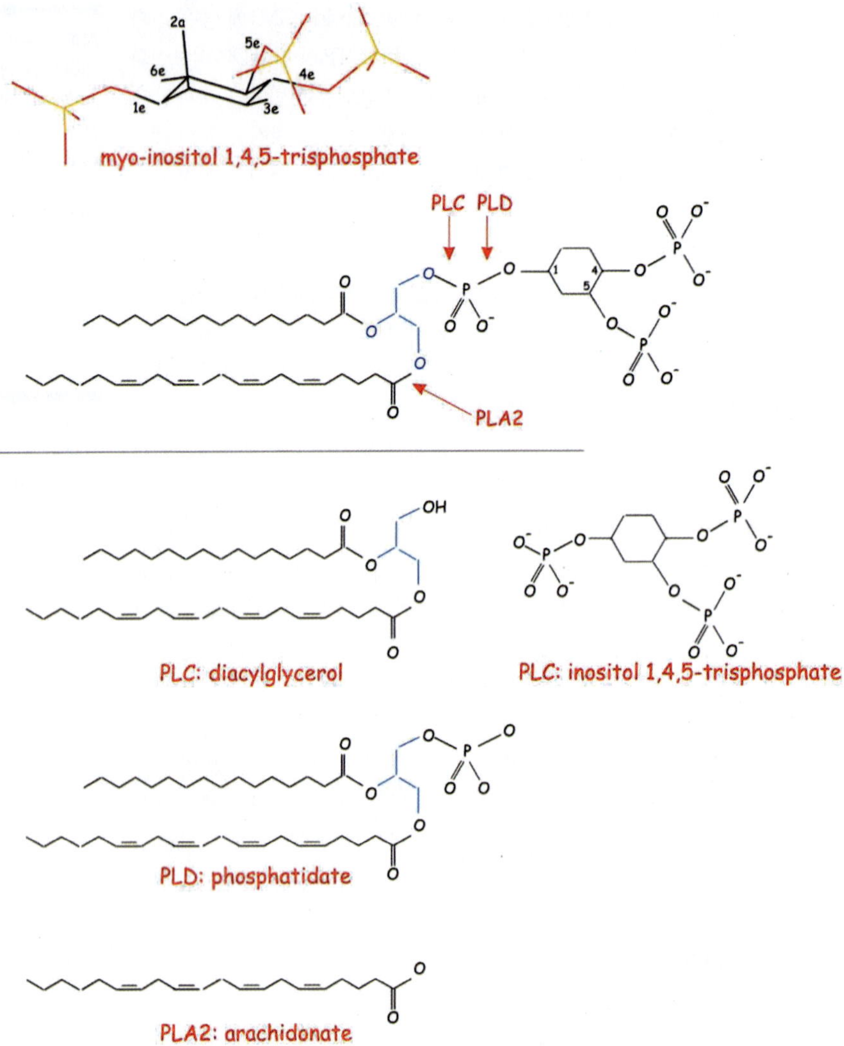

그림 5.9 Phospholipase들은 특정 인지질 ester 결합을 끊는다. PI(4,5)P_2 (정확하게 1-stearoyl,2-arachidonyl PIP_2)와 그 분해산물들의 구조. Glycerol 핵은 파란색으로 나타내었다. Cyclohexane에 기초한 inositol의 생물학적 형태인 *myo*-inositol에는 1,3,4,5,와 6번 위치에서의 hydroxy 치환은 모두 equatorial(e)이지만 2번 위치는 axial(a)로 치환되었다. 이것은 diacylglycerol과 함께 PLC의 산물이다. Phosphatidate는 phosphatidyl choline으로부터 나오는 choline과 함께 PLD의 산물이다. Arachidonate는 lysophopholipid 와 함께 PLA_2의 산물이다.

메커니즘이 거의 모든 세포에 적용되며 즉시 이용 가능한 Ca^{2+} 저장소가 IP_3에 대한 수용체를 지니고 있는 소포체에 존재한다는 것이 발견되었다(7장 참조). PI(4,5)P_2의 소수성 분해산물인 diacylglycerol(DAG)은 지질이중층 막에 존재하며 PKC의 활성을 일으킨다(그림 7.6 및 9장 참조).

Phospholipase family

Glycerol 골격을 지닌 인지질은 4개의 ester결합을 가지는데 이것들은 특정 phospholipase에 의한 효소촉매반응에 의해 가수분해 된다(그림 5.10 참조). 그 세 위치에서의 가수분해는 이차 전령물질이나 다음 단계의 신호전달 분자를 내는 효소에 대한 기질이 되는 산물을 생산한다.

PLA2와 PLD

Phospholipase A_2(PLA_2)는 대부분의 phosphatidylcholine을 가수분해하여 lysophospholipid와 2번 위치에 결합된 지방산(주로 arachidonate)을 방출한다. Arachidonate는 prostaglandin과 leukotriens(염증과 같은 병리 과정에 관여하여 autocrine과 paracrine 효과를 내는 주요 신호물질) 형성 시 기질로 사용된다. Phospholipase D(PLD)은 세포막 인지질의 주성분인 phosphatidylcholine을 분해하여 phosphatidate와 수용성인 choline을 형성함으로써 DAG원을 제공한다. Phosphatidate phosphohydrolase에 의해 phosphatidate로부터 phosphate가 제거되면 DAG가 생성된다.

PLC

Agonist 자극에 의해 IP3가 생성되는 과정은 원형질막에 부착된 PLC family의 효소 활성을 필요로 한다. 그 기질인 PI(4,5)P_2나 PIP_3는 lipid kinase의 작용을 통해 phosphatidylinositol로부터 유도된다(그림 5.9). PLC들과 더불어 PI(4,5)P_2은 다음 단계 인산화를 일으키는 phosphoinositide 3-kinase의 기질이며 이차 전령물질 지질인 PI-3,4,5-P_3을 생성한다(13장 참조).

PLC의 isoenzyme들

상당수의 PLC isoform들이 정제되고 클로닝 되었다.

그들은 β, γ, δ의 3가지 주요 부류로 나누어진다. 아미노산 서열 분석결과(N-말단에서 시작해서) 모든 PLCs는 PH domain(18장에 정의)과 EF-hand motif(8장과 18장)를 함유한 부위를 가지고 있음을 보여준다. 모든 형태의 PLC는 C-말단 근처에 C2영역을 가진다. 떨어져 있는 X, Y 두 subdomain으로 나누어진 촉매중심 부위는 서열 유사성이 높다. PLCγ의 경우, 두개의 SH2 부위와 하나의 SH3 부위를 포함하는 500개 아미노산 이상에 걸친 부위가 중간에 끼어있다(그림 5.11 및 표 18.1). 이 효소들의 X, Y 부위는 일차구조에서는 상당히 떨어져 있음에도 불구하고, 입체(folded) 구조에서는 서로 근접하여 촉매활성 중심을 구성하는 단일 구조단위의 반을 각각 형성한다.

처음 α-isoform으로 생각했던 효소관련 cDNA 유전자는 나중에 disulfide isomerase를 coding하는 것으로 판명 났기 때문에 α-isoform이 존재할 가능성은 불확실하다. PLCβ_{1-4}, PLCγ_{1-2}, PLCδ_{1-4} 처럼 각 class 내에서도 isoenzyme이 존재할 수 있다.

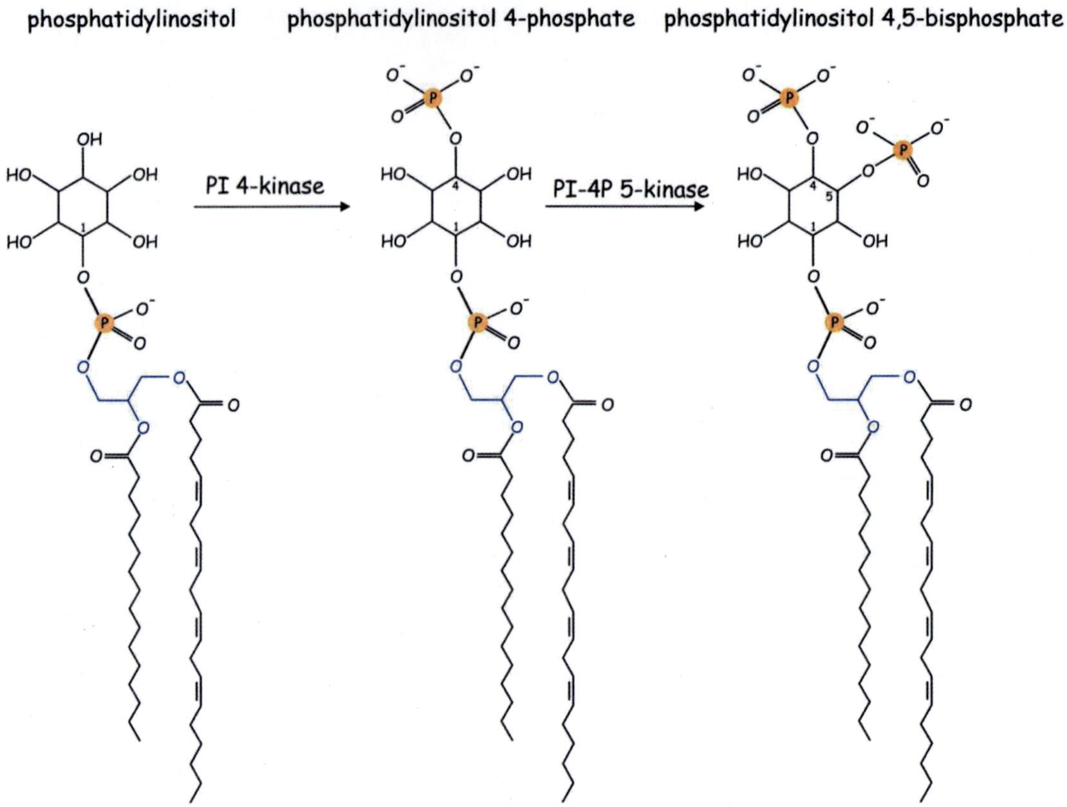

그림 5.10 Phosphatidyl inositol(PI)과 유도체인 PI4-P 와 $PI(4,5)P_2$.

PLCδ: PLC의 원형(prototype)

PLC의 δ-form은 다른 동물의 PLC isoenzyme들에 비해 오래된 것으로 보인다. 분자량은 작으며 자신만의 특징적인 부위(예를 들면 다른 두 종류에는 없는)는 없다. 효모, *Dictyostelium* 와 현화식물과 같은 생물체에는 오직 δ-form만이 존재한다. PLCδ는 진화초기에 PKC의 activator인 DAG의 Ca^{2+}-의존성 생산자로서 나타났을 것이라 추정된다[41]. 이 경우, 수용성 부산물인 IP_3는 신호전달에는 아무런 역할이 없었을 것이다. 진화 후반기에 이것도 Ca^{2+}을 조절하는 이차 전령물질로 됨에 따라 수용체에 의해 조절되는 조금 더 복잡한 형태의 PLC(β와 γ)가 나타났을 것이다.

알려진 모든 PLC의 isoform에 공통된 영역이 있는가는 불확실하다. 비록 EF-hand motif는 Ca^{2+}과 결합하겠지만(8장) EF-hand를 포함하고 있는 N-말단의 구조가 Ca^{2+}에 의한 조절이 나타나는 부위인 것으로 보이지는 않는다. 그러나 이 domain의 약 절반이 제거되면 효소 활성이 사라지는 것으로 보아 구조적 관점에서는 확실히 중요하다. $PI(4,5)P_2$의 윗부분과 유사한 IP_3와 같이 결정화된 PLC 의 X-ray 회절분석결과는 조절 Ca^{2+} 이온이 효소의 활성화 부

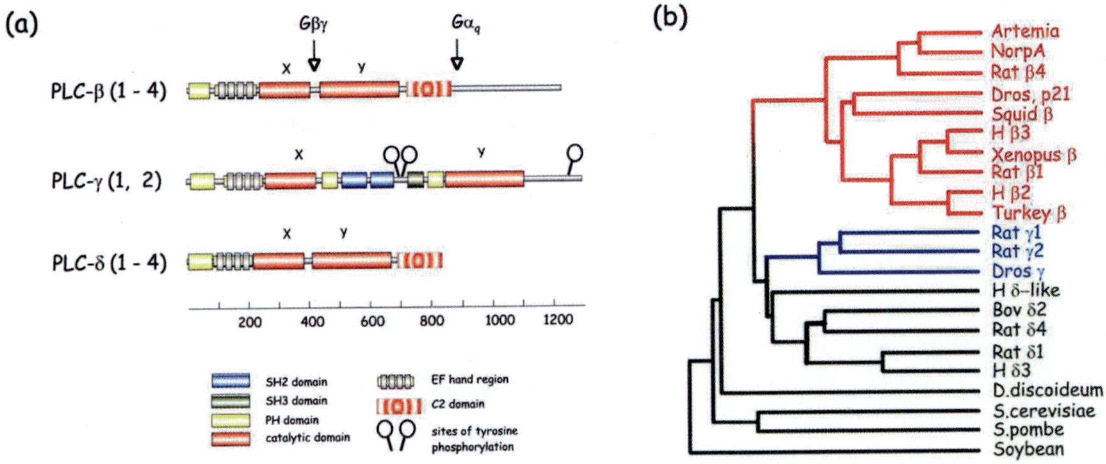

그림 5.11 PLC 효소의 아미노산 서열 내 domain의 구성. (a) 주요 구조부위를 표시하였다. 모든 inositide-specific PLCs에서 촉매부위는 X와 Y의 두 부분으로 나뉘어져있다. PLCδ는 최소한의 구성을 이루는데 다른 모든 형태에 존재하는 PH, C2, 그리고 EF-hand 부위만 지니고 있다. PLCβ의 C-말단의 긴 부위(대략 500개 아미노산)는 세포막과의 결합을 도우며 G-단백질 중 $G_{q/11}$ family의 α-subunit에 의한 조절이 가능하게 한다. PLCγ에서 X와 Y 성분은 500개 아미노산이상의 부위에 의해 분리되어 있으며 SH2와 SH3 domain을 포함한다. 이것들은 PLCγ 효소와 인산화된 성장인자 수용체와 다른 신호전달물질과의 상호작용을 중재한다. receptor tyrosine kinase에 의한 인산화부위를 표시하였다. (b) 보전된 X와 Y 부위의 서열분석에 근거한 PI-specific PLC의 진화 계통도. Singer 제공[40].

위와 IP_3 분자에 결합하고 있음을 보여준다[42]. PH domain은 $PI(4,5)P_2$에 대한 높은 친화력에 의해 효소를 세포막에 묶어두는 것으로 보인다. 아마도 C2 domain은 이러한 결합을 Ca^{2+} 의존적으로 재강화하고 방향성을 최적으로 함으로서 활성화부위가 촉매작용을 위해 세포막으로 삽입될 수 있게 할 것이다(그림 5.12).

PLC의 β 및 γ isoform은 수용체에 의한 세포 활성 조절에 있어서 중심을 차지하고 있는 것은 확실하지만, 그 조절을 이해하는데 기본이 되는 정보들은 더 간단한 형태인 δ isoform에 대한 지식으로부터 나왔다. 이것은 아마도 세포막과 가역적 결합을 위해 유사한 구조부위를 사용하는 PKC(9장), cytosolic PLA_2와 PI3-kinase(13장)와 같은 다른 신호전달효소의 작용에 대한 실마리를 제공할 수 있을 것이다.

PLC의 조절

$PI(4,5)P_2$ 가수분해를 위한 PLC 활성화에는 두 가지 방법이 있다. 하나는 G-단백질을 포함한 것이며 다른 것은 protein tyrosine kinase(PTK)를 포함한다.

G-단백질과 연관된 PLCβ 활성

PLC의 β-isoform은 G_q, G_i 또는 G_o family의 구성원들에 의한 G-단백질 중재기작에 의해 활성화 된다. G_q 계통의 단백질에서는 효소의 확장된 C-말단 부위와 상호작용하는 α-subunit가 활성신호를 전달한다. G_i와 G_o을 통하여 소통하는 수용체(예로, $α_2$-아드레날린성 M2, M4

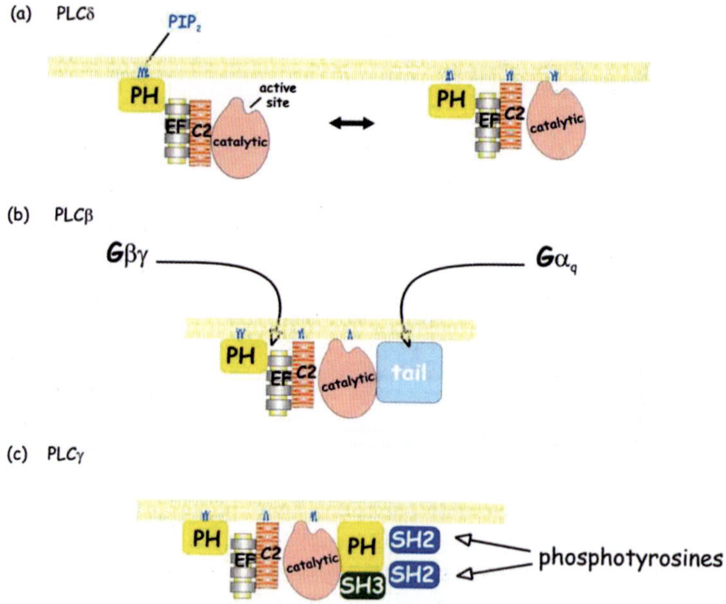

그림 5.12 PLC의 세포막과의 결합연계. (a) PH 부위를 통한 PLCδ의 초기 부착. 그 다음 C2 부위는 촉매부위를 기질과 접촉하게끔 유도해 온다. (b) PLCβ는 촉매반응을 일으키기 위해 Gβγ와 $G\alpha_q$와 부가적으로 상호작용한다. (c) PLCγ 또한 SH2 부위를 통하여 phosphotyrosine과 상호작용한다. Katan과 Williams 제공[43].

muscarinic)의 경우에는 βγ 이종이량체(heterodimer)가 X와 Y catalytic subdomain 사이의 부위와 상호작용하는 PLC 를 활성화시킨다[44]. 이것은 G_q가 아니라 G_i와 G_o의 α-subunit의 ADP-리보실화를 촉매하는 백일해 독소로 처리된 세포에 의해 방지된다. 또한 G-단백질과, 그 subunit, 그리고 PLC 효소 모두가 세포막과 연관되어 있다는 것을 기억하는 것도 중요하다. 기질인 PI(4,5)P_2와 반응산물중 하나인 DAG는 소수성이어서 세포막 인지질 이중층에 남아있게 되며 이와 반대로 다른 산물인 IP_3는 친수성으로 세포질로 방출된다.

PLCγ는 tyrosine kinase와 작용을 통해 활성화된다

PLC의 γ isoform은 촉매 영역의 X와 Y 서열부위 사이에 β와 δ 형태에는 없는 부분을 추가로 가지고 있다(그림 5.11). 이 부위는 하나의 SH3 영역과 두개의 SH2 영역을 포함한다. PLCγ는 성장인자(예로, EGF, PDGF 및 insulin)에 대한 수용체를 가진 세포와 immunoglobulin superfamily(예로 T, B lymphocyte)에 속하는 수용체를 지닌 세포에 존재한다. PLCγ의 SH2 영역은 리간드의 결합에 따라 tyrosine 기가 인산화된 수용체의 세포내 부위 motif에 결합할 수 있게 한다(11장 참조). 이것은 PLC를 신호 복합체로 끌어들여 수용체의 tyrosine kinase 활성(혹은 부속 non-receptor tyrosine kinase)에 의해 스스로 인산화 되어 활성화 신호를 보내게 된다.

References

1 Rall, T.W., Sutherland, E.W., Berthet, J. The relationship of epinephrine and glucagon to liver phosphorylase: Effect of epinephrine and glucagon on the reactivation of phosphorylase in liver homogenates. *J. Biol. Chem.* 1957; 224: 463–75.
2 Sutherland, E.W. Studies on the mechanism of hormone action. *Science* 1972; 177: 401–8.
3 Nakamura, T., Tomomura, A., Kato, S., Noda, C., Ichihara, A. Reciprocal expressions of α1- and α-adrenergic receptors, but constant expression of glucagon receptor by rat hepatocytes during development and primary culture. *J. Biochem. Tokyo* 1984; 96: 127–36.
4 Botsford, J.L., Harman, J.G. cAMP in prokaryotes. *Microbiol. Rev.* 1992; 56: 100–22.
5 Leichtling, B.H., Rickenberg, H.V., Seely, R.J., Fahrney, D.E., Pace, N.R. The occurrence of cAMP in archaebacteria. *Biochem. Biophys. Res. Commun.* 1986; 136: 1078–82.
6 Bolwell, G.P. cAMP, the reluctant messenger in plants. *Trends Biochem. Sci.* 1995; 20: 492–5.
7 Li, W.W., Luan, S., Schreiber, S.L., Assmann, S.M. CyclicAMP stimulates K^+ channel activity in mesophyll cells of *Vicia faba* K. *Plant Physiol.* 1994; 105: 957–61.
8 Wu, W.H., Assmann, S.M. A membrane delimited pathway of G-protein regulation of the guard cell inward K^+ channel. *Proc. Natl. Acad. Sci. USA* 1994; 91: 6310–14.
9 Sutherland, E.W., Rall, T.W., Menon, T. Adenyl cyclase: Distribution, preparation and properties. *J. Biol. Chem.* 1962; 237: 1220–7.
10 Sunahara, R.K., Dessauer, C.W., Gilman, A.G. Complexity and diversity of mammalian adenylyl cyclases. *Annu. Rev. Pharm. Toxicol.* 1996; 36: 461–80.
11 Tang, W.-J., Hurley, J.H. Catalytic mechanism and regulation of mammalian adenylyl cyclase. *Mol. Pharm.* 1998; 54: 231–40.
12 Dessauer, C.W., Gilman, A.G. Purification and characterization of a soluble form of mammalian adenylyl cyclase. *J. Biol. Chem.* 1996; 271: 16967–74.
13 Yan, S.Z., Hahn, D., Huang, Z.H., Tang, W.J. Two cytoplasmic domains of mammalian adenylyl cyclase form a Gs α- and forskolin-activated enzyme in vitro. *J. Biol. Chem.* 1996; 271: 10941–5.
14 Whisnant, R.E., Gilman, A.G., Dessauer, C.W. Interaction of the two cytosolic domains of mammalian adenylyl cyclase. *Proc. Natl. Acad. Sci. USA* 1996; 93: 6621–5.
15 Sattin, A., Rall, T.W., Zanella, J. Regulation of cyclic adenosine 3′,5′-monophosphate levels in guinea-pig cerebral cortex by interaction of α-adrenergic and adenosine receptor activity. *J. Pharm. Exp. Ther.* 1975; 192: 22–32.
16 Sternweis, P.C. The active role of βγ in signal transduction. *Curr. Opin. Cell Biol.* 1994; 6: 198–203.
17 Rodbell, M. Metabolism of isolated fat cells. V. Preparation of ghosts and their properties; adenyl cyclase and other enzymes. *J. Biol. Chem.* 1967; 242: 5744–50.
18 Birnbaumer, L., Pohl, S.L., Rodbell, M. Adenyl cyclase in fat cells. 1. Properties and the effects of adrenocorticotropin and fluoride. *J. Biol. Chem.* 1969; 244: 3468–76.
19 Sternweis, P.C., Gilman, A.G. Aluminum: a requirement for activation of the regulatory component of adenylate cyclase by fluoride. *Proc. Natl. Acad. Sci. USA* 1982; 79: 4888–91.
20 Mittal, R., Ahmadian, M.R., Goody, R.S., Wittinghofer, A. Formation of a transition-state analog of the Ras GTPase reaction by Ras-GDP, tetrafluoroaluminate, and GTPase-activating proteins. *Science* 1996; 273: 115–17.
21 Ahmadian, M.R., Mittal, R., Hall, A., Wittinghofer, A. Aluminum fluoride associates with the small guanine nucleotide binding proteins. *FEBS Lett.* 1997; 408: 315–18.
22 Harwood, J.P., Low, H., Rodbell, M. Stimulatory and inhibitory effects of guanyl nucleotides on fat cell adenylate cyclase. *J. Biol. Chem.* 1973; 248: 6239–45.

23 Harwood, J.P., Rodbell, M. Inhibition by fluoride ion of hormonal activation of fat cell adenylate cyclase. *J. Biol. Chem.* 1973; 248: 4901–4.
24 Laurenza, A., Sutkowski, E.M., Seamon, K.B. Forskolin: a specific stimulator of adenylyl cyclase or a diterpene with multiple sites of action? *Trends Pharm. Sci.* 1989; 10: 442–7.
25 Peterson, J.W., Ochoa, L.G. Role of prostaglandins and cAMP in the secretory effects of cholera toxin. *Science* 1989; 245: 857–9.
26 Pittman, M. The concept of pertussis as a toxin-mediated disease. *Pediatr. Infect. Dis.* 1984; 3: 467–86.
27 Gill, D.M., Meren, R. ADP-ribosylation of membrane proteins catalyzed by cholera toxin: basis of the activation of adenylate cyclase. *Proc. Natl. Acad. Sci. USA* 1978; 75: 3050–4.
28 Cassel, D., Pfeuffer, T. Mechanism of cholera toxin action: covalent modification of the guanyl nucleotide-binding protein of the adenylate cyclase system. *Proc. Natl. Acad. Sci. USA* 1978; 75: 2669–73.
29 Seo, H.S., Kim, H.Y., Jeong, J.Y. *et al.* Molecular cloning and characterization of RGA1 encoding a G protein α subunit from rice (*Oryza sativa* L. IR-36). *Plant Mol. Biol.* 1995; 27: 1119–31.
30 Wu, W.H., Assmann, S.M. A membrane-delimited pathway of G-protein regulation of the guard-cell inward K+ channel. *Proc. Natl. Acad. Sci. USA* 1994; 91: 6310–4.
31 Katada, T., Ui, M. Direct modification of the membrane adenylate cyclase system by islet activating protein due to ADP-ribosylation of a membrane protein. *Proc. Natl. Acad. Sci. USA* 1982; 79: 3129–33.
32 Pfeuffer, T. GTP-binding proteins in membranes and the control of adenylate cyclase activity. *J. Biol. Chem.* 1977; 252: 7224–34.
33 Pfeuffer, T., Helmreich, E.J. Activation of pigeon erythrocyte membrane adenylate cyclase by guanylnucleotide analogues and separation of a nucleotide binding protein. *J. Biol. Chem.* 1975; 250: 867–76.
34 Landis, C.A., Masters, S.B., Spada, A. *et al.* GTPase inhibiting mutations activate the α chain of Gs and stimulate adenylate cyclase in human pituitary tumours. *Nature* 1989; 340: 690–6.
35 Lyons, J., Landis, C.A., Harsh, G. *et al.* Two G protein oncogenes in human endocrine tumors. *Science* 1990; 249 (4969): 655–9.
36 Hokin, M.R., Hokin, L.E. Enzyme secretion and the incorporation of ^{32}P into phospholipides of pancreas slices. *J. Biol. Chem.* 1953; 203: 967–77.
37 Michell, R.H. Inositol phospholipids in cell surface receptor function. *Biochim. Biophys. Acta* 1975; 415: 81–147.
38 Creba, J.A., Downes, C.P., Hawkins, P.T. *et al.* Rapid breakdown of phosphatidylinositol 4-phosphate and phosphatidylinositol 4,5-bisphosphate in rat hepatocytes stimulated by vasopressin and other Ca^{2+}-mobilizing hormones. *Biochem J.* 1983; 212: 733–47.
39 Streb, H., Irvine, R.F., Berridge, M.J., Schultz, I. Release of Ca2+ from a non-mitochondrial intracellular store in pancreatic acinar cells by inositol-1,4,5-trisphosphate. *Nature* 1983; 306: 67–9.
40 Singer, W.D., Brown, H.A., Sternweis, P.C. Regulation of eukaryotic phosphatidylinositol-specific phospholipase C and phospholipase D. *Annu. Rev. Biochem.* 1997; 66: 475–509.
41 Irvine, R. Phospholipid signalling. Taking stock of PI-PLC. *Nature* 1996; 380: 581–3.
42 Essen, L.-O., Perisic, O., Cheung, R., Katan, M., Williams, R.L. Crystal structure of a mammalian phosphoinositide-specific phospholipase Cδ. *Nature* 1996; 380: 595–602.
43 Katan, M., Williams, R.L. Phosphoinositide-specific phospholipase C: structural basis for catalysis and regulatory interactions. *Semin. Cell Dev. Biol.* 1997; 8: 287–96.
44 Kuang, Y., Wu, Y., Smrcka, A., Jiang, H., Wu, D. Identification of a phospholipase C β2 region that interacts with Gβγ. *Proc. Natl. Acad. Sci. USA* 1996; 93: 2964–8.

6

시각신호전달의 조절

빛줄기들이 눈의 기저에 떨어져 망막에 진동을 일으키게 하지 않는가? 그 진동들이 시신경 섬유를 타고 뇌로 전달되어 시각을 일으키는 것이다.

Sir Issac Newton, *Opticks* (1704)

시각전달계는 7TM 수용체(seven transmembrane-spanning receptor)의 신호전달 메커니즘을 단일 분자 수준에서 조사할 수 있는 아주 특이한 기회를 제공한다. 광수용체인 rhodopsin은 단백질 opsin과 그것에 결합하는 빛에 민감한 화합물인 11-*cis*-retinal로 이루어진다. 자극제는 빛이며 이차 전령물질은 cyclic GMP와 Ca^{2+}이다[(1)].

시각신호전달에 관한 총설은 Lagnado와 Bayler의 논문[(1)]을 참고하라.

광수용체의 민감도

우리가 생물학을 분자수준에서 이해하게 하는 많은 업적들은 때때로 우리가 하나의 사건을 관찰할 수 있는 기회를 가지게 된 것으로부터 나온다. 예를 들어 개개의 채널이 열고 닫히는 것을 관찰할 수 있음으로써 우리가 이온채널에 대해 파악하게된 것을 들 수 있다. 이와 유사하게 우리가 시각신호전달 기작의 첫 단계에 대하여 이해하게 된 것도 빛과 광수용체 분자간의 상호작용을 조사하는 것으로부터 시작되었다. 이것을 감지하기 위해서는, 광수용체가 여기하는데 필요한 최소한의 광조건을 만족시킬 정도로 낮은 강도의 빛을 조사하는 것이 필요하다. 첫 번째 시도는 빛이 입자와 파장의 성질을 갖고 있다는 것을 알기 훨씬 이전인 19세기에 이루어졌다.

그 당시에는 양자 단위에서 광수용체를 자극하기 위한 최소한의 강도를 추정할 수는 있었다(사람의 눈에 대한 기초 생리학 지식은 별로 없었지만). 1942년에 Hecht, Shlaer, Pirenne 등은 눈에 대한 양자 민감도(quantum sensitivity) 측정을 시도하였다[(2)]. 그들은 어두움에 적응된 사람이 정확하게 보정된 단일 섬광(암환경에서의 시각에 최적 파장인 510 nm에서 1 ms동

빛은 파동의 성질, 즉 *c* = 진동수(ν) × 파장(λ) 의 관계에 있는 진동수 및 파장에 의해 정의된다. 빛의 세기는 단위면적당 전달되는 에너지의 속도이며 Wm^{-2}로 측정된다. 빛은 입자의 성질도 지니고 있다. 양자는 광양자라 불리며 단일

광양자의 에너지 $E = h \times \nu$로 나타내는데 여기서 h는 플랑크톤 상수(6.626×10^{-34} J s)이다.

안)을 조사하고 말로 표현하는 반응을 분석함으로써, 각막에서 감지할 수 있는 최소한의 에너지가 54-148개의 광자와 동량인 $2-6 \times 10^{-17}$ J의 범위 내에 있다고 주장하였다. 그들은 망막 수용체에 의해 실제로 흡수되는 빛을 계산하기 위해서 안구 용액에 의한 흡수(50%)와 반사(각막에서 4%)에 의한 손실을 보정했다. 또한 망막에 도달하는 빛 중 적어도 80%는 흡수되지 않은 채 통과된다. 따라서 광색소에 의해 흡수되는 광자의 추정치는 5-14이다. 이것은 조사되는 부위에 존재하는 간상세포(rod cell)의 수에 비해 너무도 적은 양이므로, 인간은 광수용체 간상세포는 하나의 광자가 다섯 개의 간상세포에 동시에 부딪치는 양정도로도 지각하기에 충분할 정도로 민감도가 아주 높다는 결론을 내렸다(2).

> 시각을 느끼기 위해 필요한 양자수의 절대 기준치가 적다는 사실로부터 우리는, 시각의 제한 범위는 빛의 양자 구조(quantum structure)에 의해 결정된다는 것을 알 수 있다. 명백히 한 눈을 자극하기에 필요한 에너지의 양은 광민감성 물질에 적어도 하나의 양자를 공급하기에 충분한 양이어야만 한다. 어떠한 눈이라도 이 정도 민감할 필요는 없지만, 인간의 눈이 이 최소치에 아주 근접할 정도로 좋은 눈을 가졌다는 것은 자연선택의 우수성의 표상이라 하겠다(2).

개개 광수용체의 광자 민감도는 훨씬 후에 두꺼비로부터 분리한 단일 간상세포에 흡입전극(suction electrode)을 사용하여 전기생리학적으로 측정되었다(3). 이 방법은 사람이 정신물리학 실험 대상이 되는 것을 피할 수 있었으며, 실제 광수용체에 도달하는 빛 신호의 비율에 관한 많은 가정들도 배제할 수 있었다. 빛을 조사하는 동안 세포막 바깥으로 흐르는 전류를 기록하였는데, 어두운 빛의 섬광을 비추었더니 전류는 양자역학적으로 변동하였다. 유사한 양자역학적 반응이 영장류 간상세포의 광전류 기록에서도 관찰되었는데 그 예가 그림 6.1에 나타나 있다. 각 단위 사건은 하나의 광양자와 하나의 시색소(pigment) 분자 사이의 상호작용의 결과라 여겨진다.

인간의 눈은 초당 단지 몇 개의 광양자의 흐름도 감지할 수 있지만, 매우 밝은 빛이 조사되는 조건 하에서의 미세한 광도 차이도 감지 할 수 있다. 이것은 눈이 상당히 다양한 범위의 빛을 인지할 수 있음을 의미한다. 더욱이, 인간의 눈은 순간적인 사건을 감지할 수 있으며 빨리 회복될 수 있다. 예로 희미한 빛에 연속적으로 노출될 때, 우리는 24Hz의 진동수 정도까지는 개개의 사건으로 구별할 수 있다. 깜박이는 영상은 그 화면 변환율이 관중의 잔상보정 식별 능력보다 더 느린 옛날 영화의 참을만한(사랑스러운) 특색이다. 현대 영화촬영법에서 더 빨라진 화면율은 연달아 나오는 이미지들이 연속적인 움직임이라는 인상을 주기에만 충분할 정도이다. 곤충과 같은 다른 종의 잔상보정 식별 진동수는 100Hz을 초과할 수 있다.

> 그리고 '불 붙어있는 숯(Coal of Fire)'이 '원(Circle)'을 따라서 빠르게 움직일 때, 전체 경계를 '불 타오르는 원(Circle of Fire)'처럼 만든다. 그것은 빛줄기에 의해 눈의 기저에서 여기된 움직임(Motion)이 지속적인 성질을 지니고 있어 그 '불 붙어있는 숯(Coal of Fire)'이 계속 돌아 그 시작점으로 돌아올 때 까지 연결되는 것처럼 보이는 것이 아닌가? 그리고 빛에 의해 눈의 바닥에서 여기된 '움직임(Motion)'의 지속성을 생각해 볼 때 그것이 진동하는 본성을 가진 것은 아닌가?
>
> Sir Issac Newton, *Opticks*

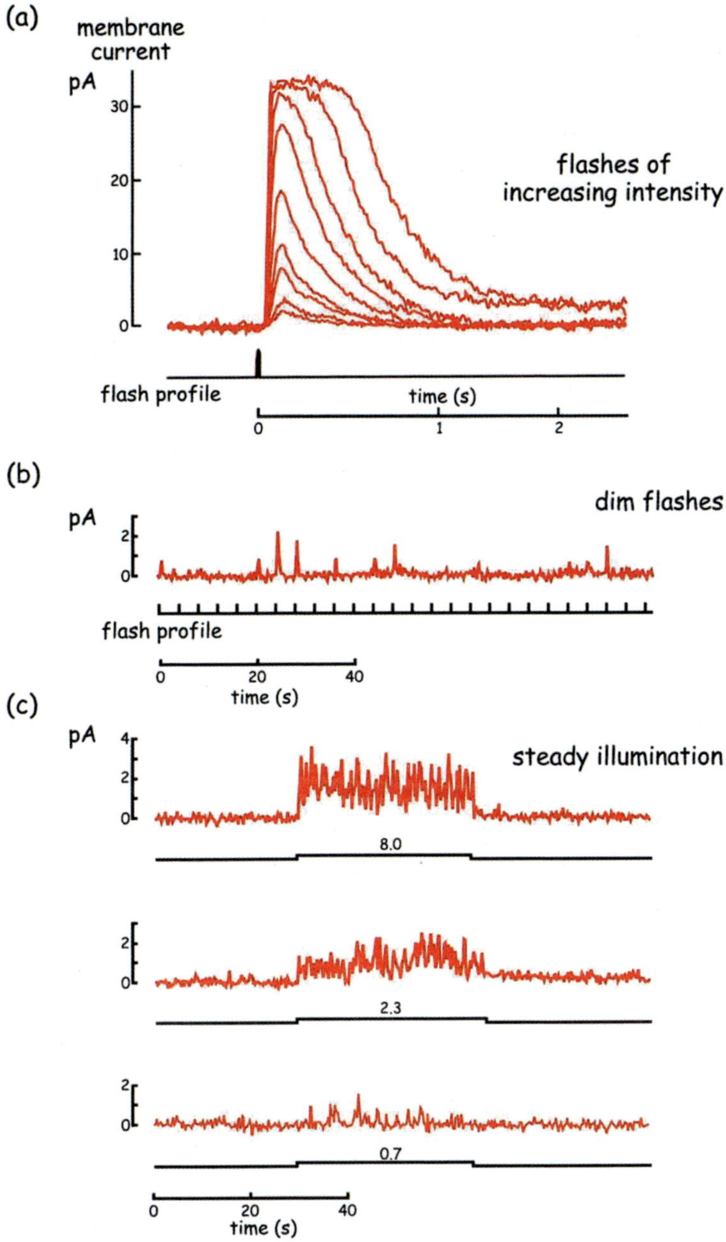

그림 6.1 단일 간상세포에서의 빛반응감지. (a) 섬광에 대한 단일 간상세포의 반응. 섬광은 단일 간상세포의 ROS 막에서 일시적인 광전류를 일으킨다. 외부로 나가는 일시적인 전류의 진폭은 섬광의 세기가 포화 수준인 34 pA다 될때 까지는 증가한다; (파장 500 nm, 섬광기간 11 ms, 광밀도 1.7 – 503 photons μm^{-2}, 종: 원숭이 *Macaca fascaicularis*). (b) 희미한 섬광에 대한 단일 간상세포의 양자 반응. 연속적인 섬광에 대한 단일 간상세포 막전류 반응은 진폭이 변화한다. Background noise와 함께 이 변화는 연속적인 감지와 비감지를 보여준다. Amplitude histogram은 빛에 대한 양자역학적 반응을 보여준다. 각 반응은 0.7 pA의 amplitude를 가지는데 그것은 단일 양자(광자밀도 0.6 photons μm^{-2})의 감지와 일치한다. 다른 조건은 (a)에서와 유사. (c) 지속적인 빛 조사에 대한 단일 간상세포의 반응(photons μm^{-2} s^{-2}). Baylor 등[4]으로부터 인용.

광수용체 작용기작(Photoreceptor mechanisms)

우리는 이종삼량체 GTP-결합 단백질과 상호 작용하는 다른 어떠한 7TM 수용체보다 척추동물의 광수용체를 통한 신호전달에 대하여 더 많이 알고 있다. 하지만 당연히 주의해야 할 것은 우리가 여기서 배우는 내용이 G-단백질 결합 수용체(G-protein-coupled receptor)의 일반적인 작용기작이라고 생각해서는 안된다는 점이다. 척추동물의 거의 모든 광신호 전달은 수용체가 2차 전령물질을 발생시키는 신호를 보내고 그것이 다시 effector와 작용하게 되는 일련의 정상적인 순서와는 정반대로 뒤집혀 있다. 11-*cis*-retinal은 가시광선을 흡수하는 rhodopsin의 보결분자단(prosthetic group)으로(그림 6.3 참조), 그것은 발색단(chromophore)일 뿐만 아니라 빛 신호를 받기 이전에도 이미 opsin에 공유결합으로 붙어있는 리간드이다. 빛에 의해 이성질화가 일어나면 그것은 떨어져 나와 이웃 세포로 확산되며 신호전달 기작은 세포막 탈분극(*de*polarization)과 세포질 Ca^{2+} 농도 증가 현상보다는 과분극(*hyper*polarization)과 환원(*reduction*)으로 귀결하게 된다. 수용체의 down-regulation과 그 다음 조사에 대비하여 시스템을 재정립하는 기작도 우리가 호르몬 수용체 시스템에 대해 배운 것과는 정반대로 이어진다. 이와는 대조적으로 우리에게 좀 더 친근하게 다가오는 무척추 동물의 광수용계는 rhodopsin의 여기(excitation)가 대부분 G_q를 통한 PLC의 활성화와 세포질 내 Ca^{2+}의 증가로 연결된다.

광수용체 세포(Photoreceptor cells)

망막의 광수용체 세포(그림 6.2의 모식도)에는 두 가지가 있다. 원추세포는 색깔을 식별할 수 있으며(photopic vision, 광순응 시각), 간상세포는 매우 낮은 광도의 빛을 인지(scotopic vision, 암순응 시각)한다. 인간의 망막에는 약 1억 2천만 개의 간상세포와 6백만여 개의 원추세포가 있다. 우리가 어두운 환경에서 사물을 볼 때에는 색깔을 인지 못하는 경험을 하게 되는 이유는 원추세포보다는 훨씬 더 민감하지만 색깔을 구별할 수 있는 기능이 없는 간상세포에 의해 그 상이 감지되기 때문이다. 원추 세포의 광신호 전달 기작은 간상세포와 아주 유사하나 색 특이성을 가지는 것만이 다르다. 원추세포에는 3종류가 있는데 각각이 3개의 다른 색소를 가진다. 개개의 색소는 rhodopsin 처럼 opsin 분자에 파묻혀 있는 11-*cis*-retinal로 구성된다. 세 가지 원추세포 opsin은 함유하고 있는 retinal의 흡광 스펙트럼을 조절하여 각각 적, 녹, 청의 광색소를 형성한다. 간상세포의 경우 그 파장 조절(tuning)은 어두운 자연광의 스펙트럼 분포에 가장 잘 맞는 500nm 근처가 최적인 spectrum으로 맞추어져 있다. 다음 논의는 간상세포에 중점을 두겠다.

간상세포(Rod cells)

광수용체 세포는 고도로 분화된 상피세포의 일종으로서, 빛을 감지하는 영역은 세포의 근간으로부터 분리되어 외측부위(outer segment)를 이루고 있다(그림 6.3). 척추동물 시각계의 두

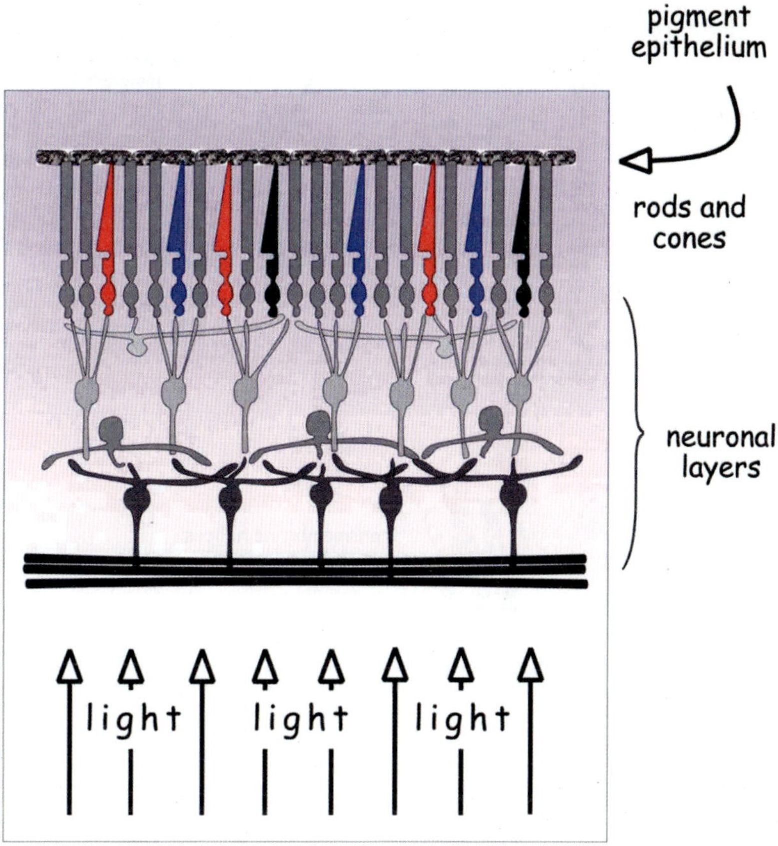

그림 6.2 포유류 망막의 구조.

드러진 특징은 빛이 광감지 outer segment 반대편의 세포체(cell body) 말단을 통하여 들어와 세포를 통과한다는 것이다. 뿐만 아니라 빛은 광수용체를 통과하기 전에 먼저 혈관과 몇 층의 신경 세포를 가로지르게 된다. 광수용체의 outer segment는 두께가 약 16 nm이며 납작한 소포성 구조에다 그 막에는 광색소 rhodopsin을 포함하는 1,000에서 2,000개의 세포내 disc의 층을 지니고 있다. 각 disc는 원형질막의 함입에 의해 형성되어 떨어져 나온 구조이므로 그 내부공간은 형태학적으로는 세포 외부공간과 같다. Disc membrane 무게의 50%는 단백질로서 대부분 rhodopsin으로 이루어져 있는데 인체의 간상세포 하나는 평균 10^8개의 rhodopsin 분자를 가지고 있다. 이 단백질의 구조는 세포막에서 발견되는 전통적인 7TM 수용체와 같은 방식으로 되어있다. 당화된 N-말단부위는 disc 내부 공간에, 그리고 인산화 부위(Ser/Thr)를 포함하는 C-말단은 세포질에 노출되어 있다. 빛 신호를 전달하는 G-단백질인 transducin[(5)]

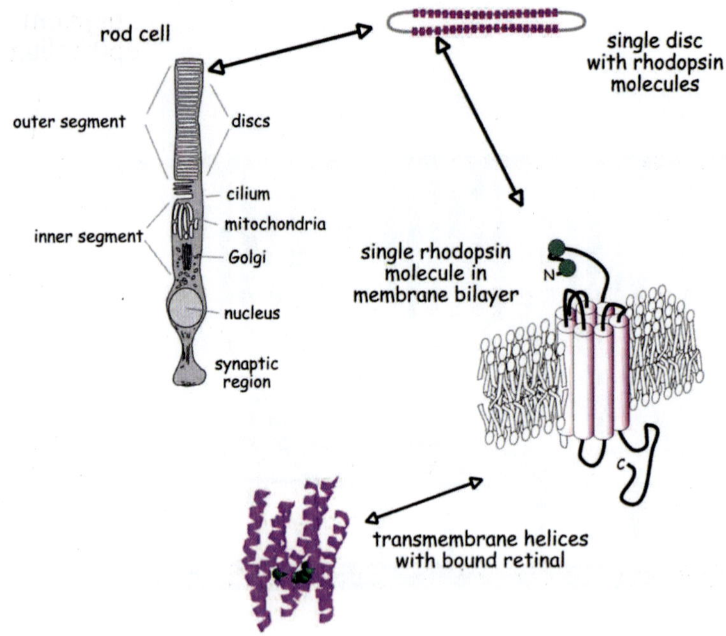

그림 6.3 **간상 광수용체 세포와 rhodopsin 분자.**

또한 rhodopsin 보다는 적지만 아주 많은 양이 존재한다. 이것은 전체 단백질(수용성의 50%)의 약 20%를 차지하며 다른 G-단백질과는 달리 수용성이다. 광수용체 세포는 수용체의 수가 그것과 연결된 G-단백질 분자의 수보다 훨씬 더 많이 존재하는 유일한 예를 보여준다. 그렇게 방대한 양의 rhodopsin을 필요로 하는 이유는 아마 일반적인 수용성 ligand와 달리 광자는 직선상으로 움직이게 되므로 수용체에 의해 잡혀지기까지 세포외부 매질에서 확산될 수 없다는 사실에 의해 결정되었을 것이다.

발색단인 11-*cis*-retinal(그림 6.4)은 aldehyde기를 통해서 TM부위 G의 중앙에 위치한 lysine(K296)의 α-amino 기에 protonated Schiff base로 결합한다. 비록 공유결합이지만 광이성질체화(photoisomerization) 후 all-*trans*-retinal(그림 6.4)로 바뀐 다음 그 결합은 깨어지고 retinal은 재사용을 위해 방출된다.

Rod outer segment의 말단은 색소상피(pigment epithelium)를 형성하는 세포층으로 돌출되어있다. 이 층은 많은 기능을 가지는데, 광신호 전달과 관련하여 가장 중요한 것은 그 세포가 이웃한 간상세포의 시색소로부터 떨어져 나온 불활성 all-*trans*로부터 활성 isomer인 11-*cis*-retinal 을 재생산하는 대사효소를 포함하고 있다는 것이다. 그 이름이 시사하듯 이 층의 세포들은 melanin이라는 색소를 포함하고 있다. 이것은 간상세포의 disc를 통과한 빛을 흡수함으로서 광수용체 층으로 빛이 다시 산란되어 들어가는 것을 방지한다. Melanin 합성을 하지 못하게 되면 — 백색증(albinism)이라는 유전 질환과 관련되는 현상으로 — 밝거나 눈부신 빛에 노출시 문제를 일으킨다.

이러한 어려운 점 외에, **백색증**에서는 시각을 결정하는 망막의 중심부위인 망막 중심와(fovea)도 적절히 발육되지 않아 그 눈은 선명한 상을 만들어내지 못하게 된다.

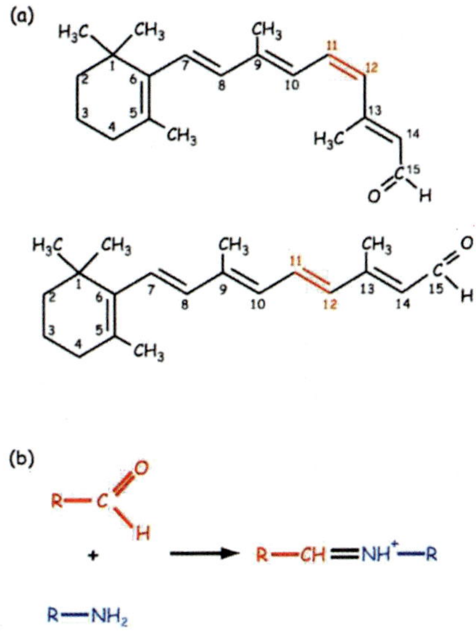

그림 6.4 **(a) 11-*cis*-retinal과 all-*trans*-retinal 의 구조 (b) 알데하이드와 아민 사이의 protonated schiff base의 형성.**

신호전달계에서 가장 주요한 효소는 G-단백질 transducin(G_T)과 effector 효소인 cyclic GMP phosphodiesterase이다. Rhodopsin은 세포막내 단백질이지만 transducin과 phosphodiesterase는 수용성이다. 세포체는 핵과 미토콘드리아, 그리고 단백질합성 기구를 이루는 소기관을 지니고 있다. 이것은 photosensory 세포가 단지 몇 주 만에 없어지는 outer segment disc의 손실을 보충할 수 있을 정도로 아주 활동적이다(6). 이 기간 동안 disc는 outer segment의 말단부위로 점진적으로 이동되어 떨어져 나오고 색소 상피세포(7)에 의해 잡아먹히게 된다. Photosensory 세포의 안쪽 끝은 중간 뉴런과 시냅스를 형성하며 그 신경전달자는 glutamate이다.

암전류 (dark current)와 신호 증폭 (signal amplification)

빛의 조사가 없을 때 광수용체 세포막의 전위차는 약 −30 mV이다. 이것은 흥분성 신경과 근육세포의 전위차보다 훨씬 음의 값이 적은데 그 이유는 비특이적 이온 채널을 통해 유입된 Na^+와 Ca^{2+}에 의한 광수용체 암전류에 기인한다. 이온들은 광수용체 세포의 inner segment의 원형질막에 위치한 이온 펌프(Na^+,K^+-ATPase)와 exchanger(Na^+/Ca^{2+})에 의해 세포로부터 방출된다. 따라서 세포의 안과 밖으로 항상 일정한 이온 흐름이 존재하게 된다.

Cyclic GMP: 반대작용을 하는 2차 전령물질

어둠 속에서 cGMP가 존재하면 양이온 채널은 열려진 구조로 있게 된다. 빛의 자극은

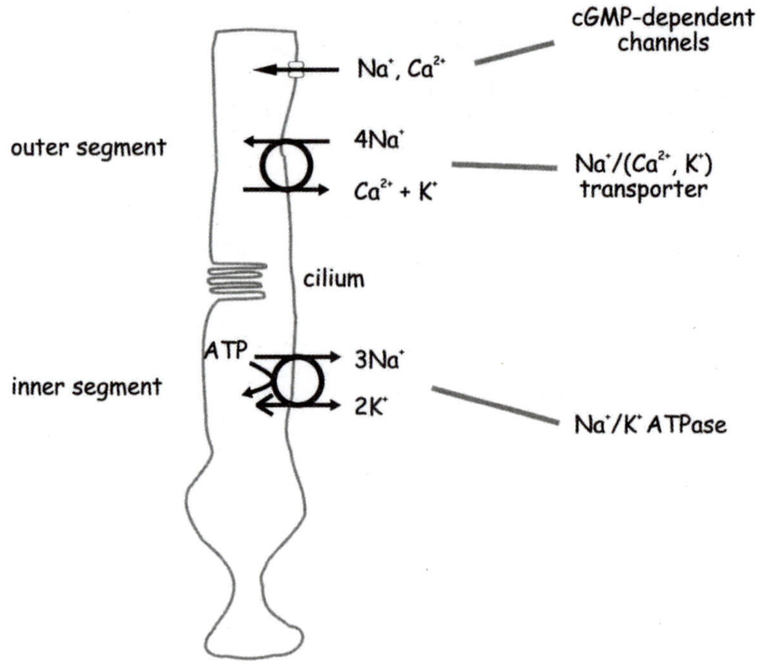

그림 6.5 어둠 속에서 간상세포 막을 통한 주요 양이온의 이동.

rhodopsin 내 일련의 분자 재배치를 일으켜 활성화 rhodopsin(Rh*)을 생성하고 이것은 transducin의 GDP와 GTP 교환을 촉매함으로서 α_T.GTP와 βγ-subunit을 방출한다. 그 α-subunit은 cGMP phosphodiesterase를 활성화 시켜 cGMP가 5′-GMP로 가수분해 된다.

어둠에 적응된 눈에는 뇌 신경세포보다 약 300배 높은 40~80 μM의 cGMP가 rod outer segment 세포질 내에 존재한다. 이것은 rhodopsin mole 당 10-20 mole의 cGMP에 해당하며 양이온 채널에 직접 결합하여 열린 상태로 유지하게 한다. 빛 조사 후 일련의 신호전달과정은 엄청난 신호 증폭을 보여주게 되는데, 하나의 광이성질체화를 일으키는 광자 하나는 초당 10^5 분자이상의 cGMP 가수분해를 유도하며, 이는 500여개의 양이온 채널을 닫게되고 많게는 10^7개의 Na^+ 이온 흐름을 차단한다.

cGMP 조절 채널은 리간드에 의해 조절되는 것이지만 그 리간드가 세포내부로부터 나오며 어둠 속 자극받지 않은 눈에서도 존재한다는 점에서 신경전달물질에 의해 작동되는 이온 채널과는 다르다. 그 채널을 열린 상태로 유지하기위해서는 세 개의 cGMP 분자가 필요하며 채널이 닫히는 현상에 대한 활성화 곡선은 매우 기울기가 크게 나타난다. 이 결과 적절한 cGMP 농도 변화에 의해 한번 열리거나 닫히려고 할 때에 중간쯤 열리는 경우는 거의 없다. 전기 스위치처럼 채널은 열리거나 아니면 완전히 닫히게 되는 것이다. 단일 광자에 의해 닫히는 간상 세포내 500 여개의 채널은 어둠 속에서 열려있는 채널 전체의 약 3%를 차지한다. 그 결과 나타나는 과분극(hyperpolarization, 막전위가 더 음성)은 약 1 mV이며 약 1초간 지속된다. 이것은 전방으로 가는 신호를 전달하는 신경세포에 영향을 미치는 시냅스에서 신경전달물질 방출속도를 떨어뜨리기에 충분하다.

적응(Adaptation): 칼슘이 negative regulator로 작용

어둠 속에서 투사된 광자 하나가 열린 채널의 3%를 닫게 한다고 가정하면, 적정한 광도의 빛을 계속 쪼이면 아마도 모든 채널이 닫혀 질 것이라 생각될 것이다. 만약 그 반응이 활성화된 광수용체 분자의 수에 직접적으로 비례한다면, 실제로 아주 낮은 광도에서도 모든 채널이 닫히게 됨에 따라 포화될 것이다. 그러나 인간의 눈은 높은 광도에서 일어나는 작은 차이도 감지할 수 있다. 따라서 신호증폭을 약화시키는 적응 메커니즘이 명백히 존재함에 따라 주변이 아주 밝은 때도 열려있는 채널은 항상 존재할 것이다. 총체적으로 보면 눈은 11 차수 이상의 에너지 범위에서 반응한다. 이 역동적인 범위의 상당 부분은 개개의 수용체가 그들의 민감성을 감소시킴에 따라 적응된 개개 광수용체의 능력에 의해 설명될 수 있다. 따라서 간상세포는 2 차수 이상의 세기에 적응할 수 있으며 원추세포는 더 강한 범위에서 적응가능하다(7-9 차수 이상, 그림 6.6 참조).

우리 주변의 빛에 맞추어진 민감도에 의한 적응기작의 주요 구성요소는 세포질 내 자유 Ca^{2+} 농도로부터 나온다. cGMP의 가수분해에 대한 반응으로 양이온 채널이 닫히게 되면, 약

예를 들면, 이 반응은 우리가 어두운 밤하늘(약 10^{-6} candela m^{-2})에서부터 눈밭에서 반사되는 태양빛(약 10^{7} candela m^{-2})에 이르기까지 범위의 빛에서 명-암의 대비를 느끼게 한다. Candela는 발광강도(luminous intensity)라 불리는 가시광의 세기를 측정하는 SI 단위로 1 candela는 주어진 방향에서 진동수 540 × 10^{12} Hz(녹색광)의 monochromatic radiation을 방출하고 steradian(입체각의 단위로 구면상 구의 반지름의 제곱과 동일한 면적에 대한 중심 입체각, 역자 주)당 1/683 W의 복사에너지를 가지는 빛의 세기를 말한다.

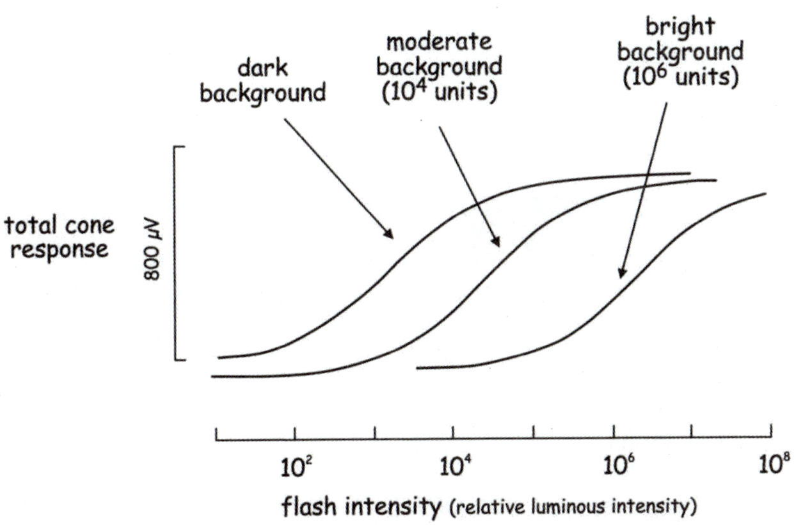

그림 6.6 기본 광 세기 증가에 따른 포유류 원추세포 섬광 반응의 이동. 원추세포반응(기본 조사 와 순간적인 조사)는 bipolar electrode로 측정. Valeton과 Van Norren 그림의 변형[8].

300 nM의 어두운 상태 Ca^{2+} 농도는 강한 빛 조사 후에는 10 nM로 감소한다. Ca^{2+}의 효과는, 그것이 자극적이거나(예로, 근육 수축을 일으킴) 또는 억제적이던 간에(현재의 경우), 특이적인 Ca^{2+}-결합 단백질을 통해 조절된다. Guanylyl cyclase에 의한 cGMP 합성은 Ca^{2+}에 의해 역비례로 그리고 협동적으로 조절된다. 이것은 Ca^{2+}-결합 단백질의 EF-hand group의 하나인 guanylyl cyclase activating protein(GCAP)과의 작용을 통해 조절된다(8장 참조). 자유형태의 GCAP는 guanylyl cyclase와 결합하여 활성화함으로서 세포질 내 Ca^{2+} 농도가 높은 어둠 속에서는 cGMP 합성속도가 낮아지게 된다(그림 6.7). 이것은 약한 빛 조건하에서 가수분해 된 cGMP는 쉽게 보충될 수 없게 되므로 그 시스템이 아주 민감한 상태로 유지됨을 의미한다. 강한 빛에서는 자유 Ca^{2+}의 농도 감소에 의해 GTP에서 cGMP로의 전환이 가속화 된다. 자유 GCAP는 cyclase에 결합하여 cGMP의 재합성을 촉진시키며 이는 다시 세포막 채널이 닫히는 것을 억제한다. 이 효과는 빛에 의해 활성화되는 cGMP 가수분해의 장기적 효과(long-term effect)를 상쇄한다.

또한 Ca^{2+} 이온은 일련의 신호전달과정내 많은 지점에서도 억제신호로 작용하여 양이온

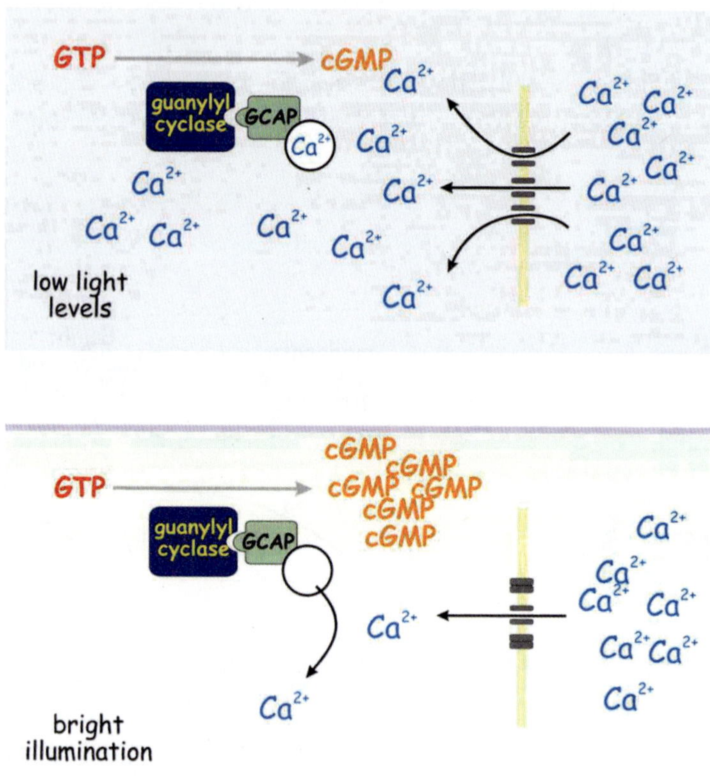

그림 6.7 광순응 Photo-adaptation. 세포내 Ca^{2+}의 감소는 cGMP의 합성을 증가시키며 cGMP PDE의 반대효과를 일으킨다.

의 흐름을 조절하며 세포막 과분극의 범위를 제한한다. 비록 phosphodiesterase 반응의 속도는 영향을 받지 않는 것처럼 보이지만, Ca^{2+} 농도는 활성화된 효소의 수명을 조절하는 작용을 한다. 어둠 속에서 Ca^{2+}은 다른 EF-hand Ca^{2+}-결합 단백질인 recoverin(8장 참조)과의 상호작용을 통하여 rhodopsin kinase의 억제를 통한 신호를 연장시킨다. 강한 빛 조사 하에서 세포 내 Ca^{2+} 농도의 감소는 rhodopsin의 인산화를 허용하고 이것은 필연적으로 활성화된 phosphodiesterase의 수명을 단축시킨다(그림 6.11 참조). Ca^{2+}이 작동하는 다른 부위로는 아마도 transducin(아마도 낮은 Ca^{2+} 농도는 GTPase의 반응을 가속화시키고 이 활성신호를 이 수준에서 단축시킨다)과 cGMP에 의해 조절되는 이온 채널이 포함될 것이다. 빛이 조사되는 동안 자유 Ca^{2+}의 농도가 감소함에 따라 cGMP에 대한 채널의 친화도가 증가하고 이것이 cGMP의 농도를 떨어뜨리는 효과에 반대로 작용하여 열린 상태로 두게 될 것이다.

요약하자면 빛에 대한 반응으로 세포막 양이온 채널이 닫힘에 따라 발생하는 두 신호에 반응하여 이와 같이 자동증가 조절(automatic gain control)이 고도로 통합된 형태가 생겨난다. 이것들 중 하나는 순전히 전기적이어서 synaptic body에 과분극의 pulse로 전달되어 glutamate의 방출 속도를 억제한다. 다른 신호는 세포질 Ca^{2+} 농도 감소로 인하여 나온 화학적 신호이다. 본질적으로 이러한 세포에서 빛 신호는 억제신호로 작용하게 된다. 어둠 속에서 그것들은 부분적으로 분극화되며 synaptic body에서 전달물질 방출속도는 최대가 된다. 빛 조건하에서는 그들은 과분극 되고 전달물질 방출속도는 감소한다.

빛에 의한 Rhodopsin의 여기(photo-excitation)

빛에 의한 11-*cis*-retinal의 all-*trans*-retinal로의 이성질체화는 ps(10^{-12} s) 내에 유도되지만, 그렇다고 해서 rhodopsin이 transducin의 guanine nucleotide의 교환 촉매 반응을 바로 일으키지는 않으며 첫 번째 빠른 반응은 일련의 암반응(dark reaction)들을 수반하게 된다. 이 반응들은 그 리간드와 opsin이 일련의 중간체들을 형성할 때 광수용체의 최대흡광 파장이 점차 짧은 파장으로 변해가는 것을 분광학적으로 분석함으로써 확인되었다(그림 6.8).

초기형태인 bathorhodopsin, lumirhodopsin과 metarhodopsin Ⅰ은 구조적으로 불안정하다. 빛에 의해 여기된 rhodopsin(Rh*)이라고도 불리는 metarhodopsin-Ⅱ는 빛 흡수 후 밀리초(ms) 내에 형성되어 transducin의 guanine nucleotide 교환을 유도함으로써 신호전달계를 시작하게 된다[9-11]. 그러나 '전통적인' G-단백질의 신호전달 메커니즘과는 대조적으로 다음 단계들은 증폭 없이 일어난다는 것이다. Effector인 cGMP phosphodiesterase는 2개의 inhibitory subunits인 γ와 2개의 독립적인 catalytic subunit(α, β)을 가진 이종4량체(heterotetramer)이다. γ-subunit는 기질인 cGMP가 촉매 site로 접근하는 것을 방해하는 것으로[12] 생각된다. Rh*에 의해 촉매되는 nucleotide의 교환은 phosphodiesterase의 inhibitory γ-subunit에 결합한(그림 6.9) G_T.GDP에서 일어난다. GDP가 GTP로 교환되면 α_T.GTP는 그 억제를 완화한다. 4장에서 지적되었듯 이것은 γ-subunit와 작용하는 α_T-subunit의 보존된 Ras-

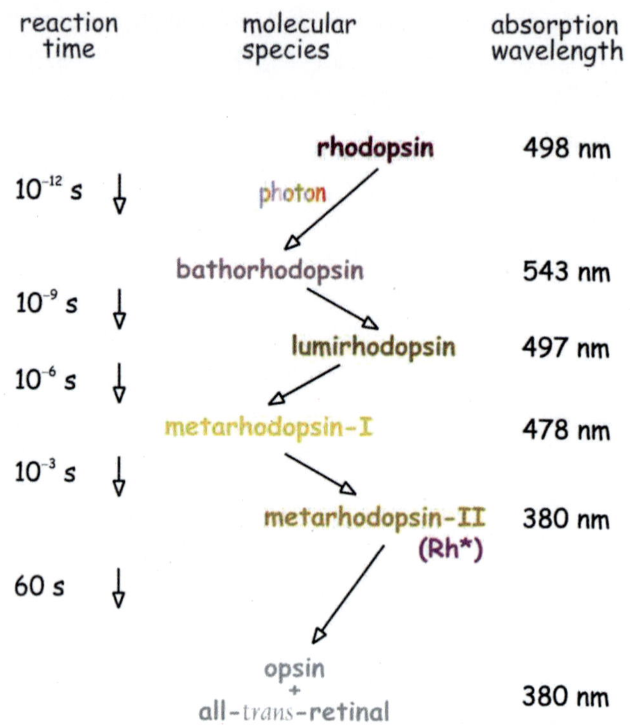

그림 6.8 retinal의 이성질체화 후의 과정.

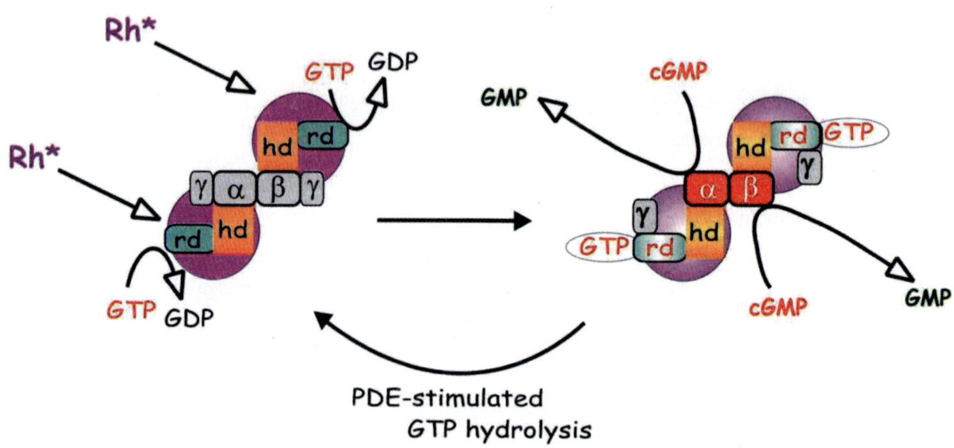

그림 6.9 광활성화 rhodopsin에 의한 transducin의 활성화. α_T에 의한 cGMP phosphodiesterase의 활성화는 cooperative 과정이다. 휴지기에는 α_T(GDP)는 α-와 β-subunit의 helical domain(hd)을 통해 상호작용한다. 이것은 저해 γ-subunit에 대한 촉매단위의 친화도를 감소시킨다. α_T의 Ras.GTP 부위(rd)와 PDE의 저해 γ-subunit 사이의 상호작용은 switch로 작용하여 기질인 cGMP가 α-와 β-subunit의 활성부위로 들어가게 한다. 휴지상태로의 귀환은 GTPase activating protein(GAP)으로 작용하는 phosphodiesterase의 바로 옆에서 도우는 GTP 가수분해에 의해 결정된다.

like(rd) domain과 catalytic unit와 상호작용하는 유일한 helical domain(hd: 그림 4.12)이 모두 관련된 상호협동적인 과정이다. α_T는 phosphodiesterase와 여전히 결합된 채 남아 그것이 다음과정의 effector와 작용하는 것을 방해하고, 가까이 있음으로 인해 GTP 가수분해에 따른 복합체의 비활성화[13,14]를 빨리 일어나게 한다.

신호의 종결(Switching off the mechanism)

우리는 어떻게 일순간의 빛 신호가 광신호 전달 경로를 시작하는지에 대해 설명하였고 어떻게 한 개 광자의 신호전달이 약1초 동안이나 지속하는 과분극을 내게 되는가를 살펴보았다. 그러나 이것은 보다 훨씬 단순한 순간적인 광신호에 대해 우리가 알고 있는 것과는 상당히 다르다: 24 Hz의 잔상보정식별 진동수는 매 40 ms 마다의 이미지에 해당한다. 이것은 자극이 사라지자 마자 시신호 전달을 종결시키는 메커니즘이 있음을 시사한다. 따라서 광수용체 세포는 활성화된 시색소로부터 발산되는 신호를 종결시킬 수 있어야하며 그 다음 신호전달계를 내려가고 있는 신호도 종결시킬 수 있어야 한다는 것이 중요하다. 이러한 신호종결은 광색소(수용체), transducin(전달자), 그리고 cGMP phosphodiesterase(촉매단위 혹은 영향인자)의 활성을 억제하는 것을 포함한다. cGMP는 guanylyl cyclase의 활성을 통해 보충된다.

Metarhodopsin I에서 metarhodopsin II로의 전환은 리간드를 단백질에 붙이는 Schiff base로부터 양성자의 손실을 수반한다. Metarhodopsin II가 transducin을 활성화 시킨 후 몇 분에 걸쳐 그 결합은 가수분해 되어, all-*trans*-retinal과 색 없는 조단백인 opsin을 생성하는데 그 pigment는 탈색되었다고 한다. 그 후 rhodopsin은 색소상피(pigment epithelium)의 인접세포에서 all-*trans*-retinal로부터 재생된 11-*cis*-retinal의 결합에 의해 재생[15,16]된다.

Retinal은 inverse agonist 인가?

여기서 문제점의 하나는 opsin이, 비록 가시광선에 반응하는 것은 아니지만, all-*trans*-retinal 존재 시 transducin의 guanine nucleotide 교환을 비록 적은 양이기는 하나 촉매[17-19]할 수 있다는 것이다. 이것은, 3장에서도 언급했듯이 rhodopsin은 광수용체 세포에 아주 많이 존재하기 때문에 일종의 가짜 '암 시각(dark vision)'이 나오는 자발적 활성화의 위험에 처할 수도 있음을 뜻한다. Opsin의 촉매 능력은 광에 의해 여기된 rhodopsin의 10^{-6} 정도로 아주 낮다는 것을 명심하는 것도 중요하다[19]. 하지만 세포 당 10^8개 정도로 존재하는 rhodopsin은, 아주 낮은 정도의 자발적 활성이라 할지라도, 완전히 깜깜한 곳에서도 빛을 인지하기에 충분하다. 현재의 생각으로는, rhodopsin의 자발적 활성화 현상이, inverse agonist로 작용하며 광수용체의 불활성화 구조를 안정화시키는 리간드인 11-*cis*-retinal에 의해 억제[17]되고 있는 것으로 보인다(그림 6.10). 실제로 세포추출물 상태에서 조단백질인 opsin은 transducin의 guanine nucleotide의 교환을 촉매할 수 있으며 이것은 11-*cis*-retina에 의해 억제된다. 반대로 all-*trans*-retinal은 activator로 작용[18]한다.

Opsin에 의한 transducin 활성화는 그것이 rhodopsin kinase에 의해 인산화 되면 더 이상 일어나지 않는다. Rhodopsin kinase는 receptor kinase의 작용과 마찬가지로(4장) transducin

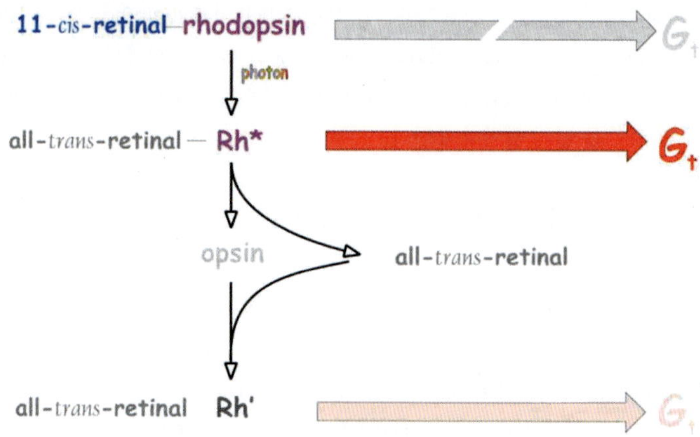

그림 6.10 Rhodopsin의 4가지 상태 모델. 그림에서 나타낸 rhodopsin의 네 가지 상태 중에서 transducin을 활성화시킬 수 있는 것은 Rh*와 Rh'이다. Rh' 는 opsin과 all-*trans*-retinal의 비공유 복합체이며 G-단백질의 약한 활성자(weak activator)이다. Rhodopsin 자체는 inverse agonist로 작동하는 11-*cis*-retinal이 존재하기 때문에 G_t를 활성화시키지 않는다. Surya *et al.*제공[17].

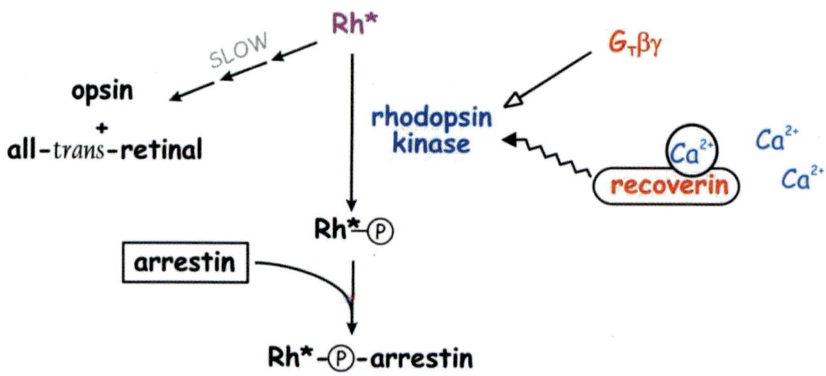

그림 6.11 Rhodopsin의 인산화와 arrestin의 결합이 신호전달을 정지시킨다.

의 βγ-subunit에 의해 활성화된다. 그 결과 rhodopsin의 인산화된 C-말단 부위는 outer segment의 세포질에서 가장 풍부한 단백질인 arrestin과 결합하는 부위로 작용한다. Arrestin과의 결합이 일어나면, transducin과의 상호작용은 더 이상 일어날 수 없게 되어 빛에 비감수성(light-insensitive)인 opsin으로부터 나오는 어떤 신호도 차단되게 된다(그림 6.11).

광반응이 감소되는 속도는 활성화된 rhodopsin으로부터 cGMP phosphodiesterase에 이르는 일련의 반응의 속도조절단계인 transducin의 비활성화에 의해 일차적으로 결정[20]된다. 활성형태 α-subunit의 존재 지속은 결합된 GTP의 가수분해 속도에 전적으로 의존한다. 분리된 α_T subunit의 가수분해 속도는 너무 느려서 생리적 회복 속도를 설명하지는 못하지만 *in vitro* 상에서 phosphodiesterase와 같이 재구성 될 때에는 그 속도가 엄청나게 가속화되어

ROS에서 측정되는 속도에 거의 근접[21]한다. 이 점에서 phosphodiesterase는 transducin의 하부신호전달 인자로서 뿐만 아니라 재빠른 신호 종결을 확실히 하는 기능을 가진 GTPase activating protein(GAP)으로도 작용하는 것처럼 보인다. 그러나 RGS-9(GAP 단백질의 RGS family에 속하며 rod outer segment에 독특하게 발현됨, [22])가 없는 knock-out 마우스는 회복이 늦을 뿐만 아니라 phosphodiesterase의 존재에 민감하지 않으므로[23] 이것만이 전부는 아닐 것이다. 여기서 GAP 활성은 달라붙기 전의 α_T가 phosphodiesterase와 함께 소통할 때까지는 RGS 단백질에 존재하는 것처럼 보인다. 이 시스템의 장점은 α_T의 활성 형태는 어떠한 상황에서도 질질 끄는 것이 아니라 그것이 효과적으로 부딪칠 때까지만 지속한다는 것이다.

■ 무척추동물에서의 광신호 전달에 대한 소고

지금까지 척추동물 눈의 간상세포에서 일어나는 신호전달과정의 기본요소를 설명하였다. 그런데 무척추동물에서의 상황은 그림 6.12에서 설명한 것처럼 아주 다르다.

몇 가지 측면에서 파리를 비롯한 무척추 생물에서의 광신호 전달은 잘 알려진 과정을 거치는 것처럼 보인다. 그렇지만 여기서는 빛에 의해 활성화된 rhodopsin은 transducin이 아니라 G_q와 연관되어져 있다. 이것은 phospholipase Cβ을 조절하여 IP_3와 DAG을 생성하며 세포내 Ca^{2+}의 증가와 protein kinase C를 활성화시킨다. 척추동물에서처럼 이 현상은 전기적, 화학적 신호 둘 다를 시작시키지만 여기서는 그 결과로 세포막의 이온 채널을 닫는 것이 아니라 열어 놓게 된다. 이것은 아주 순간적인 탈분극(과분극 대신)을 일으키며 세포질의 Ca^{2+} 농도를 더욱더 증가시킨다. 척추동물에서와 같이 Ca^{2+}은 광신호를 종결시키는 몇 가지 역할을 한다. 게다가 PLC는 G_q[24]의 표적이자 조절자(GTPase activator: 4장 참조)이며, PKC는 Ca^{2+} 채널인 Trp와 TrpL의 negative regulator이다(Trp-like: 7장과 9장 참조).

척추동물에서처럼 발색단인 retinal은 rhodopsin의 내부구성 요소지만 차이점은 발색단 retinal이 활성화 및 회복기 cycle 내내 opsin에 붙어 있다는 것이다. 파장이 490 nm 이하인 푸른 빛을 조사하면 retinal은 재빠르게 all-*trans* 형태로 이성질체화되고 그 결과 metarhodopsin은 G_q의 guanine nucleotide 교환을 촉매한다. 척추동물에서와는 달리 retinal은 견고하게 붙어 있으며 활성화된 metarhodopsin은 너무 안정하여 반감기가 5시간 이상이나 된다[25,26]. 이것은 그 시스템을 더 긴 파장(580 nm, 오렌지)의 두 번째 광자에 대한 감수성을 촉진시키기 위한 인산화 및 arrestin과의 결합을 가능하게 해준다는 점을 제외하고는 파리에게 큰 도움이 되지 못할 것이다. 이것은 11-*cis*-retinal의 복원을 유발시키게 된다.

이 빛줄기에 의해 눈의 기저에서 여기 되는 매체의 진동이 고체이면서도 투명하고 균일한 시신경 모세관을 통하여 감각의 장소로 전파되어 나아가는 것이 시각이 아닌가? 그리고 공기의 진동에 의해 청신경에서 여기되는 이런 또는 다른 매체에서의 진동이 고체이면서도 투명하고 균일한 신경의 모세관을 통해 감각의 장소로 전파되어가는 것이 청각이 아닌가? 그리고 다른 감각도 마찬가지일 것이다.

Sir Issac Newton

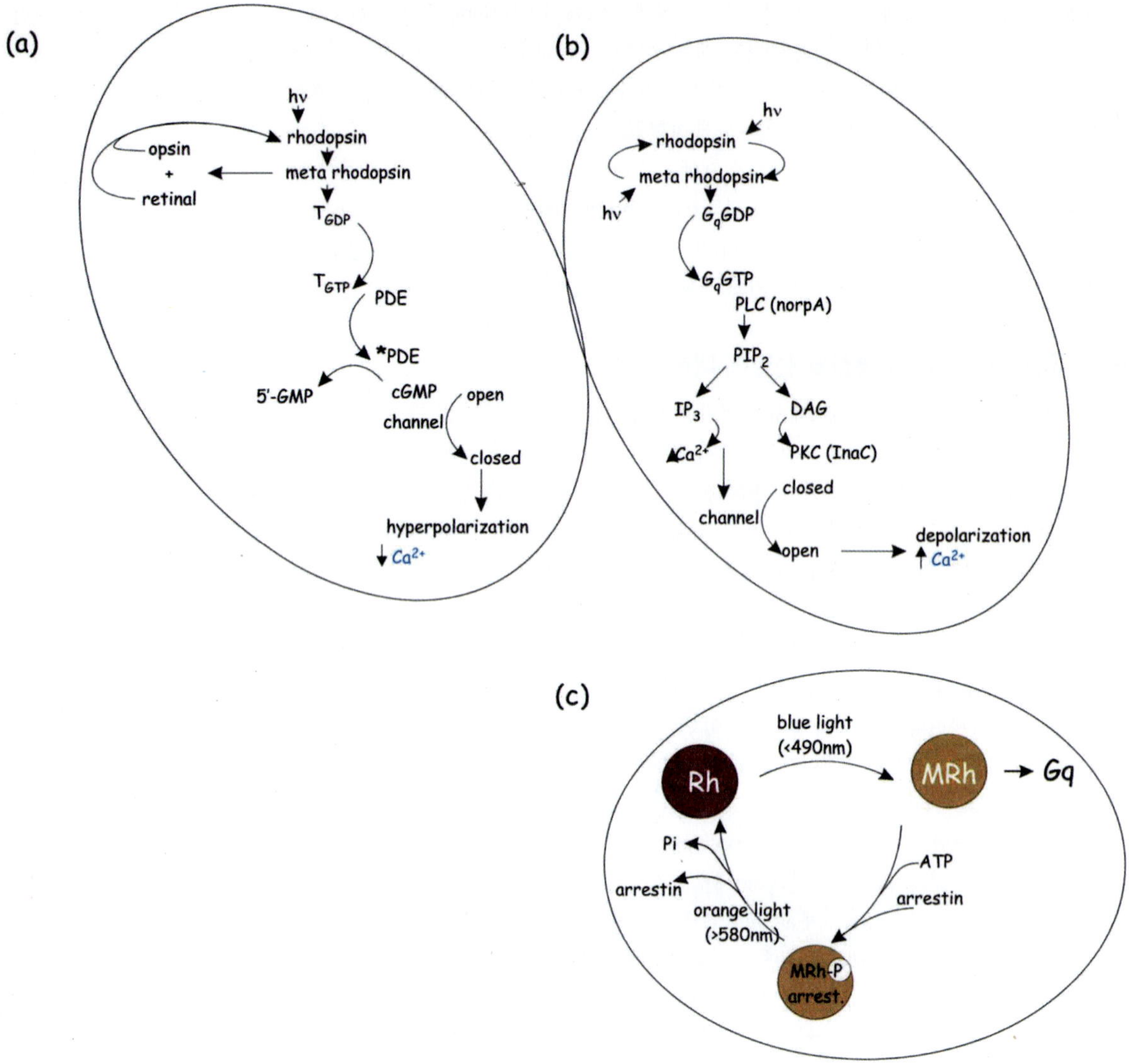

그림 6.12 척추동물과 파리에서의 retinal phototransduction의 주요 특성의 비교. 척추동물(a)과 초파리 *Drosophila* (b,c)의 시각전달계의 주요 요소. 자세한 설명은 교과서를 참조하라. (c)에 나타나있는 모식도는 활성화와 회복기 과정 내내 발색단이 수용체에 붙어있는 *Drosophila*에서의 rhodopsin 사이클을 보여준다. 척추동물에서처럼 활성화는 11-*cis*-retinal을 all-*trans*-retinal로 바꾸는 광양자에 이해 일어난다. 그러나 무척추동물에서의 회복(recovery)은 rhodopsin의 인산화 후 두 번째의 긴 파장의 빛에 의해 영향받는다.

References

1 Lagnado, L., Baylor, D. Signal flow in visual transduction. *Neuron* 2001; 8: 995–1002.
2 Hecht, S., Shlaer, S., Pirenne, M.P. Energy, quanta and vision. *J. Gen. Physiol.* 1942; 25: 819–40.
3 Baylor, D.A., Lamb, T.D., Yau, K.W. Responses of retinal rods to single photons. *J. Physiol. Lond.* 1979; 288: 613–34.
4 Baylor, D.A., Nunn, B.J., Schnapf, J.L. The photocurrent, noise and spectral sensitivity of rods of the monkey *Macaca fascicularis*. *J. Physiol. Lond.* 1984; 357: 575–607.
5 Wheeler, G.L., Matuto, Y., Bitensky, M.W. Light-activated GTPase in vertebrate photoreceptors. *Nature* 1977; 269: 822–4.
6 Young, R.W. The renewal of photoreceptor cell outer segments. *J. Cell. Biol.* 1967; 33: 61–72.
7 Young, R.W. Shedding of discs from rod outer segments in the rhesus monkey. *J. Ultrastruct. Res.* 1971; 34: 190–203.
8 Valeton, J.M., Norren, D. Van. Light adaptation of primate cones: an analysis based on extracellular data. *Vision Res.* 1983; 23: 1539–47.
9 Liebman, P.A., Pugh, E.N. The control of phosphodiesterase in rod disk membranes: kinetics, possible mechanisms and significance for vision. *Vision Res.* 1979; 19: 375–80.
10 Pappone, M.C., Hurley, J.B., Bourne, H.R., Stryer, L. Functional homology between signal-coupling proteins. Cholera toxin inactivates the GTPase activity of transducin. *J. Biol. Chem.* 1982; 257: 10540–3.
11 Fung, B.K., Hurley, J.B., Stryer, L. Flow of information in the light-triggered cyclic nucleotide cascade of vision. *Proc. Natl. Acad. Sci. USA* 1981; 78: 152–6.
12 Granovsky, A.E., Natochin, M., Artemyev, N.O. The gamma subunit of rod cGMP-phosphodiesterase blocks the enzyme catalytic site. *J. Biol. Chem.* 1997; 272: 11686–9.
13 Liu, W., Northup, J.K. The helical domain of a G protein 3α subunit is a regulator of its effector. *Proc. Natl. Acad. Sci. USA* 1998; 95: 12878–83.
14 Liu, W., Clark, W.A., Sharma, P., Northup, J.K. Mechanism of allosteric regulation of the rod cGMP phosphodiesterase activity by the helical domain of transducin 3α subunit. *J. Biol. Chem.* 1998; 273: 34284–92.
15 Flannery, J.G., O'Day, W., Pfeffer, B.A., Horwitz, J., Bok, D. Uptake, processing and release of retinoids by cultured human retinal pigment epithelium. *Exp. Eye Res.* 1990; 51: 717–28.
16 Bridges, C.D., Alvarez, R.A. The visual cycle operates via an isomerase acting on all-trans retinal in the pigment epithelium. *Science* 1987; 236: 1678–80.
17 Surya, A., Stadel, J.M., Knox, B.E. Evidence for multiple, biochemically distinguishable states in the G protein-coupled receptor, rhodopsin. *Trends Pharm. Sci.* 1998; 19: 243–7.
18 Surya, A., Foster, K.W., Knox, B.E. Transducin activation by the bovine opsin apoprotein. *J. Biol. Chem.* 1995; 270: 5024–31.
19 Melia, T.J., Cowan, C.W., Angleson, J.K., Wensel, T.G. A comparison of the efficiency of G protein activation by ligand-free and light-activated forms of rhodopsin. *Biophys. J.* 1997; 73: 3182–91.
20 Sagoo, M.S., Lagnado, L. G-protein deactivation is rate-limiting for shut-off of the phototransduction cascade. *Nature* 1997; 389: 392–5.
21 Arshavsky, V.Y., Dumke, C.L., Zhu, Y. *et al.* Regulation of transducin GTPase activity in bovine rod outer segments. *J. Biol. Chem.* 1994; 269: 19882–7.
22 He, W., Cowan, C.W., Wensel, T.G. RGS9, a GTPase accelerator for phototransduction. *Neuron* 1998; 20: 95–102.
23 Chen, C.K., Burns, M.E., He, W. *et al.* Slowed recovery of rod photoresponse in mice lacking the GTPase accelerating protein RGS9-1. *Nature* 2000; 403: 557–60.
24 Cook, B., Bar-Yaacov, M., Cohen Ben-Ami, H. *et al.* Phospholipase C and termination of G-protein-mediated signalling in vivo. *Nat. Cell Biol.* 2000; 2: 296–301.
25 Scott, K., Zuker, C. Lights out: deactivation of the phototransduction cascade. *Trends Biochem. Sci.* 1997; 22: 350–4.
26 Feiler, R., Bjornson, R., Kirschfeld, K. *et al.* Ectopic expression of ultraviolet-rhodopsins in the blue photoreceptor cells of *Drosophila*: visual physiology and photochemistry of transgenic animals. *J. Neurosci.* 1992; 12: 3862–68

칼슘과 신호전달

7

칼슘은 지구 상에 존재하는 풍부한 원소 중의 하나이다. 지각의 3%를 차지할 뿐만 아니라, 생물권(biosphere)에서도 그 비율이 두드러진다. 담수와 해수에는 μM~mM 수준의 농도로 포함되어 있다. Ca^{2+} 이온과 Ca^{2+} 결합 단백질(Ca^{2+}-binding protein)은 원핵세포 및 진핵세포 모두에서 많은 생화학적 프로세스에 필수적인 역할을 담당한다. 본 장과 8장에서는 진핵세포의 활성을 조절하는 신호전달 메커니즘에 있어 특별한 역할을 수행하고 있는 칼슘이온의 작용에 대해서 살펴보고자 한다. 칼슘이온 관련 신호전달 작용들은 칼슘이온 농도의 변화에 대한 특정 단백질들의 감수성에 의해 좌우된다는 것을 확인하게 될 것이다.

새로운 2차 전령물질(second messenger)이 발견되다

과학에 있어서 많은 불후의 진리들은 종종 일종의 부주의가 범상한 통찰력과 어우러지면서 발견되어 왔다. Sidney Ringer가 생체 프로세스에서 칼슘이 필요하다는 사실을 발견한 것도 이러한 경우에 속한다[1,2].

이에 대하여 Henry Dale은 다음과 같이 쓰고 있다:

"Ringer 박사는 런던 대학병원(University College Hospital)의 내과의사로서, 영국에서 약학연구 분야의 개척자 중 한 사람이었다. 그는 초기 실험에서, 정제된 염화나트륨(NaCl)을 개구리 혈청 내에 함유된 정도의 농도로 첨가한 용액을 사용하면, 짧은 시간 동안 심장박동을 유지시킬 수 있다는 것을 발견하였다. 하지만 그 작용은 오래 지속되는 것이 아니었고 심장 박동은 곧 약해져 멈추고 말았다. 그런데 한 번은 갑자기 이상한 결과를 얻었다: 동일하게 정제 염화나트륨이 함유된 용액을 사용했는데 심장 박동이 수 시간 동안 활발하게 유지되는 것을 관찰한 것이다. Ringer는 혼란스러웠고, 처음에는 그 차이가 계절의 변화로부터 온 것이 아닌가 생각하기도 하였다. 하지만 그는 무슨 일이 일어난 것인지를 밝혀내고 말았다. 그는 다른 많은 일로 바빴기 때문에 실험실 보조원이었던 Fielder라는 소년에게 용액 만드는 일을 맡겨 두었었다. 그런데 Fielder는 나에게 설명하기를 자기는 왜 증류수를 만들기 위해 그토록 시간을 써야하는지 알 수 없었고, 아마도 수도꼭지에서 나오는 물을 그대로 사용해서 그 용액을 만들어도 Ringer 박사가 알아차리지 못할 것으로 생각했다는 것이었다. 그러나 Ringer 박사는 그 차이를 알아차렸다. 그리고 무슨 일이 벌어졌던 것인지를 알아냈을 때 그가 보여준 행동은 단순히 화를 내면서 증류수를 사용해야 한다고 다그치는 것이 아니었다. 그는 십분 그 기회를 이용하였다. 그 당시 북런던 지역에 New River Water Company라는 회사가 공급한 물에는 적은 양의 칼슘이온이 들어있다는 것을 발견하게 되었던 것이다. 다름 아닌 그 칼슘이온이 그가 넣어준 정제된 염화나트륨과 함께 생리학적으로 균형 잡힌 용액을 만들어낼 수 있었던 것이었다..."

칼슘이온의 역할이 더욱 다양할 것이라는 단서는 Locke의 증명으로 계속 풀려가기 시작했다. Locke는 개구리의 봉공근(縫工筋, sartorius muscle, 넓적다리 안쪽의 기다란 근육 -역자 주)을 이용한 실험을 통해, 칼슘을 제거하였을 때 신경근 연결부위에서 자극 임펄스의 전달이 차단될 수 있음을 알아내었다[3]. 그 후, 칼슘이 이렇게 필요한 이유가 칼슘이 화학적 신호전달물질(신경전달물질, neurotransmitter)의 분비를 조절하기 때문이라는 사실을 알게 되기까지는 50년이라는 세월이 더 흘러야만 했다[4,5].

1943년, Kamada와 Kinoshita는 근섬유(muscle fibres)에 Ca^{2+} 이온을 직접 주입하여 근수축을 일으킬 수 있다고 보고하였다[6]. 그러나 그 당시 일본과 미국은 전쟁 중에 있었고 학문적인 의사소통은 막혀있었기 때문에, 그로부터 4년 후에 보고했던 미국의 Heilbrunn과 Wiercinski가 이 사실을 처음 밝혀낸 것으로 일반적으로 인식되게 되었다[7]. Na^+, K^+, Mg^{2+} 등의 다른 양이온들은 그러한 효과가 없는 것으로 확인되었다. 한편 당시 Heilbrunn에 의하면, 칼슘의 영향은 세포 원형질(protoplasm)이 갖는 콜로이드적 특성에 대한 영향이지 그 안에 들어있는 단백질들과는 생물학적 관련성이 없다고 주장되었다[8]. 그 후, cAMP(5장), GTPase(4장), tyrosine kinase(11장), PI 3-kinase(13장) 등 신호전달 메커니즘들에 대한 생화학적 이해가 더욱 확대되어갈 때까지도 칼슘에 대한 이해는 그 수준에 머물러 있었다.

앞 장에서 우리는 어떻게 Sutherland와 Rall의 연구[9]로부터 2차 전령물질의 존재를 유추하게 되었는지에 대해서 살펴보았다. cAMP가 glycogen 분해작용(glycogenolysis)에 있어서 세포막에서 일어난 현상을 세포 내 대사과정으로 연결시키는 필수적인 연결고리가 된다는 사실이 그것이었다. 이러한 cAMP를 첫 번째 발견된 2차 신호전달물질이라고 한다면, Ca^{2+} 이온은 두 번째 발견된 2차 전령물질이라 할 수 있다. 실제로 칼슘이온은 cAMP 보다 더 보편적인 전령물질로서, 분비, 근육수축, 수정(fertilization), 유전자 전사, 세포 증식 등 매우 다양한 범위의 세포 활동에 대해 조절작용을 담당하고 있다.

칼슘과 진화

원핵세포에서는 칼슘을 신호로 이용하는 일이 활발하지는 않지만, 칼슘이온농도는 낮게 유지된다. 진화론에 의하면, 원핵세포 조상으로부터 진핵세포의 소기관들이 진화되는 과정은 막의 함입(invagination)과 내재화(internalization)가 연속되는 단계적인 발생으로 보고 있다. 현존하는 원핵세포들을 보면 이를 알 수 있다고 주장하고 있는 것이다(그림 7.1). 구체적으로는 다음과 같은 시나리오이다. 세포막 구성요소들이 내부로 귀속되면서 특정한 기능들이 핵막, 활면 및 조면 소포체, 골지체, 리소솜 등의 세포 내 구조물들에게 이양되는 결과를 가져온 것으로 생각된다. 그 결과 단백질 합성을 수행할 수 있는 망상(網狀) 막 구조물(reticular compartment), 즉 원시소포체('protoendoplasmic' reticulum)가 발생되었을 것이다. 그래서 이 세포소기관은 강력한 이온 수송 메커니즘을 물려주어, Ca^{2+} 이온을 세포로부터 방출시키는 대신, 이제는 세포질로부터 소포체 내강(內腔, lumen)으로 잡아들임으로써 그곳을 Ca^{2+} 이온의 저장소로 만들게 되었다는 것이다.

진화론적인 주장에서는 또한, 특수한 막 구조물 또는 소기관이 만들어진다는 것은 그 구조물의 내부와 외부 간에 정보를 주고받을 수 있는 정교한 방법을 마련해야 함을 의미한다고 보고 있다. 더욱이 분화된 세포들이 각기 특성화된 기능을 가지고 있는 복잡한 후생동물들(metazoan organisms)이 진화했다면, 보다 더 복잡한 신호전달 시스템이 더더욱 필요해지게 되었을 것이라는 것이다. 즉, 세포 밖 신호들을 세포 내 신호전달경로로 연결시켜 특정한 하류 작동인자(downstream effector)들에게 신호를 전달하는 시스템이 필요한 것이다. 이러한 측면에서, 칼슘이온이 세포 내 전령물질로서 적합하다고 보고 있고, 그 이유로는 두 가지를 들고 있다. 첫째, 칼슘이온은 바로 인접한 곳에 존재하기 때문에, 세포 바깥으로부터 혹은 망상 막구조의 내부로부터 세포질 쪽으로 직접 들어갈 수 있는 기회들이 많다는 점이며, 둘째로는 칼슘이온이 갖는 독특한 화학적 배위(配位, coordination)의 특징 때문이라는 것이다.

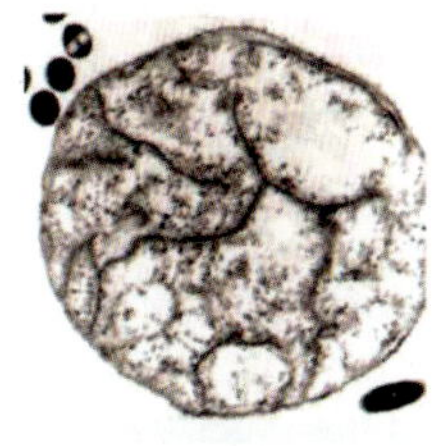

그림 7.1 황 산화 세균(sulphur-oxidizing bacterium)인 *Thiovulum*은 세포내 막 구조들을 가지고 있다.
이 거대한(직경 6 μm) eubacterium은 세포 내 막 구조물들을 가지고 있는데 진화론에서는 아마도 초보적인 조면소포체도 포함되어 있을 것으로 추정한다. 세포 내의 검은 점들은 리보솜들이며, 상단 좌측에 보이는 작은 얼룩방울들은 '보통의' 세균들이다. 제공: Tom Fenchel, Marine Biological Laboratory, Helsingor, Denmark.

Ca^{2+}와 Mg^{2+}의 차이

칼슘이온이 신호전달 과정에 적합한 이유는, 특정 생체분자들과 안정적으로 복합체를 형성할 수 있는 능력이 있기 때문이다. Ca^{2+}, Mg^{2+}와 같은 금속이온이 음이온성 또는 극성의 리간드(ligand)와 배위 복합체(coordination complex)를 형성할 수 있는 능력은 다음과 같은 평형 상태로 표현할 수 있다:

$$M + L \overset{K}{\rightleftharpoons} ML$$

여기서 ML은 금속이온 M과 리간드 L의 복합체를 나타내며, 안정성(평형) 상수 K는 복합체의 안정성에 대한 척도가 된다.

리간드(ligand)라는 말은 금속이온과의 배위 복합체를 형성하는 전자공여기(electron-donating group)들을 가리켜 처음에 화학자들이 붙인 이름이다.

모든 이온은 수용액 상태에서 일종의 수화 껍질(hydration shell)로 둘러싸여 있기 때문에 배위가 형성되기 위해서는 금속이온과 리간드를 둘러싼 물 분자들이 제거되어야 한다. 따라서 배위의 안정성을 결정하는 요인에는, 금속 양이온과 리간드 간의 정전기적 인력뿐만 아니라, 인접하는 배위 리간드들 간의 서로 당기거나 미는 상호작용도 포함된다. 중요한 것은, 물 분자 자신이 이온화된 상태를 안정화시키는 하나의 리간드로 작용하고 있기 때문에, 배위 복합체를 만들기 위해 수화 껍질에 존재하는 물 분자들 모두를 제거해낼 필요는 없다. 복합체의 안정성은 M과 L 간의 결합 에너지에 의해 결정되는 것이며, M과 L이 각각 물 분자와 결합하는 에너지를 이겨내어야 확보되는 것이다.

안정성 상수(stability constant)는 해리상수(dissociation constant), K_D의 역수를 의미한다. 해리상수는 리간드의 절반이 포화되었을 때의 결합하는 자유 양이온 **M**의 농도를 나타낸다.

이러한 측면에서 Ca^{2+}은 Mg^{2+}와 현저하게 다른 특성을 보여준다[10]. 그 주된 이유는 Ca^{2+}이 Mg^{2+}에 비해 크기가 크고 표면에서 리간드 원자들을 받아들이기가 쉽기 때문이다. 복합체를 형성하면서 결합되는 원자의 숫자(즉 배위수, coordination number)는 6~12로 다양하고, 배위구(coordination sphere) 주위에 배열되는 기하학적 구조는 상당히 유연성이 있다. 반면에 Mg^{2+}의 경우에는 리간드 원자가 항상 8면체 구조로 배열되어 배위수도 6으로 고정되어 있다. 그러한 구조에서 결합되는 작은 음이온들은 Mg^{2+}과의 결합력이 Ca^{2+}과의 결합력에 비해 강하다. 그러나 큰 음이온들과 불규칙한 모양을 가진 음이온들은 8면체 구조가 만족되지 않기 때문에 오히려 Ca^{2+}과의 결합력이 더 크게 된다.

Chelate라는 말은 게나 가재 등의 발톱을 의미하는 라틴어 *chela*로부터 온 것이다.

여러 개의 리간드 원자들과 결합하여 특정한 배열을 만들어내는 합성 화합물을 킬레이트 화합물(chelating agent)이라 부른다. 그렇게 여러 개의 이빨을 가진 구조(multidentate, 'many-toothed'), 특히 불규칙한 구조를 형성하는 구조들은 특히 Mg^{2+}보다는 Ca^{2+}과 대해 매우 선택적으로 결합될 수 있다. Ca^{2+}은 불규칙한 구조를 유지할 수 있는 능력을 갖고 있기 때문이다. 가장 Ca^{2+}에 대해 특이성을 가지고 있는 chelator 중 하나가 바로 EGTA이다(그림 7.2). 이 화합물은 4개의 carboxyl 기와 2개의 ether결합 산소를 지니고 있어서 Ca^{2+}에 대한 특이적 결합력이 Mg^{2+}에 비해 10^5배가 크다. (더욱이 Ca^{2+}은 산소 원자와의 결합을 매우 선호한다.) 그래서 우리가 실험하면서 자유 Ca^{2+}의 농도를 낮춰주기 위한 완충용액을 만들 때 EGTA 및 그와 유사한 화합물들을 사용하는 것이다.

자유(free) Ca^{2+}, 결합(bound) Ca^{2+}, 및 포집(trapped) Ca^{2+}

생물계에서, Ca^{2+}은 주로 3가지의 형태, 즉 자유형, 결합형, 포집형으로 존재한다. 척추동물에서는 뼈와 이빨 등의 석회화된(calcified) 조직들이 체내 칼슘 함유량의 주된 부분을 차지한다. 이러한 조직들에서는 칼슘은 인산과 결합한 무기질, 즉 hydroxyapatite라는 형태로 포집되어 있다. 뼈는 동물체의 구조를 유지해주는 기능 외에도, 칼슘의 저장고로 역할을 담당하기도 한다. 뼈 속 칼슘은 유동성이 있어서, 일정한 세포외 칼슘 농도를 유지해주기 위해 필요할 때마다 체액으로 느린 상호 교환을 통해 칼슘이 공급되는 것이다(표 7.1). 세포외액(extracellular fluid)에 함유된 칼슘의 총량은 석회화된 조직의 것에 비하면 매우 적은 양이며, 그 중에도 자유 이온의 형태로 존재하는 것은 그 절반 정도뿐이다. 나머지는 주로 세포외 환경에서 단백질들과 결합된 형태로 존재하고 있다. 세포 내에서는, 세포질 영역에서의 자유 Ca^{2+} 농도가 세포외액에 비해 수만 배 낮은 수준으로 함유되어 있다(표 7.1). 또한 세포 내 칼슘의 상당 부분은 단백질에 결합된 형태로 존재하는데, 그 결합들에서 나타나는 상호 친화력은 매우 다양하다. 주목할 만한 사실은, 많은 단백질들이 Mg^{2+}이 과량 존재하는 환경에서도 Ca^{2+}과 결합할

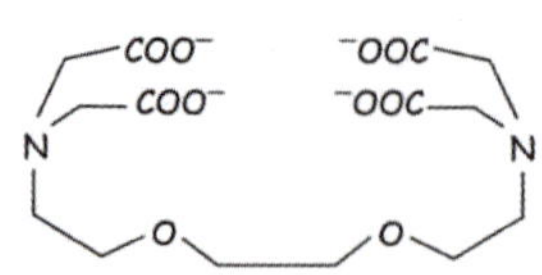

그림 7.2 **EGTA (ethylene-bis(2-aminoethylether)-*N,N,N',N'*-tetraacetic acid).**

표 7.1 자유 Ca^{2+} 및 Mg^{2+}의 대략적 수준

	$[Ca^{2+}]$		$[Mg^{2+}]$
Plasma, extracellular fluid	1-2 mmol/l	pCa ~3	1 mmol/l
Intracellular cytosolic (resting cells)	50-100 nmol/l	pCa ~7	0.5-1 mmol/l
Intracellular lumenal (ER)	30-300 μmol/l	pCa 5-4	

수 있다는 것이다. 이것은, 배위 원자(coordination atom)들을 가지는 아미노산 잔기들의 배열로 인해 불규칙한 기하구조를 가진 부위들이 만들어지는 경향이 있기 때문이다. 게다가 구조적인 유연성까지 존재하는데, 이러한 특성이 결합의 'on-off' 속도론(kinetics)에 있어서 중요한 요인이 되는 것이다.

세포외 환경에서는, 자유 Ca^{2+}과 자유 Mg^{2+}은 둘 다 mM 농도의 수준으로 존재하고 있다(표 7.1). 여기서 친화력이 낮은 Ca^{2+} 결합 단백질들은 단기간의 국소적 완충액 성분으로 작용하게 된다. 또한, 세포 외액의 자유 Ca^{2+}은 적어도 척추동물에서는 호르몬의 작용에 의해 뼈 조직의 칼슘을 이용하여 유지되고 있다. 세포외 Ca^{2+}을 안정적인 수준으로 유지하지 못하면, 심각한 결과가 초래될 수 있다. 순환하는 Ca^{2+}의 농도가 너무 높으면, 고칼슘혈증(hypercalcaemia) 상태가 되어 신경근 신경전달이 저하되어 심근 기능장애(myocardial dysfunction) 및 혼수상태가 유발될 수 있다. 한편 저칼슘혈증(hypocalcaemia)은 세포막의 흥분성에 영향을 미쳐, 근강직성 경련과 발작, 또는 사망에도 이를 수도 있다.

세포질의 Ca^{2+}은 낮은 농도로 유지된다

원핵세포와 진핵세포를 무론하고, Ca^{2+} 결합 단백질은 매우 다양한 역할을 맡고 있다(8장참조). 그 중 어떤 것들은 세포의 Ca^{2+} 농도를 낮게 유지하는 역할을 하는데, 바로 막 펌프 단백질(membrane pump) 및 이온교환 단백질(ion exchanger)들이 그것이다. 다른 단백질들은 세포내 Ca^{2+} 농도의 완충제 역할을 한다. 진핵세포에서는, 세포 외부로 Ca^{2+}을 방출해내거나 소포체 내강으로 유입시키는 방법으로 세포질의 Ca^{2+} 농도를 낮게 유지하고 있다. 이 일을 수행하는 펌프들은 막통과 단백질(transmem-brane protein)들로서 막 양쪽의 전기화학적 전위 구배(electrochemical potential gradient)를 거슬러 Ca^{2+}를 이동시킨다.

전기화학적 전위 구배(electrochemical potential gradient) 농도 구배와 전압(voltage) 구배의 영향이 합쳐진 효과

이들을 Ca^{2+}-ATPase라 부르는데, 1차적인 능동수송(active transport) 작용을 담당하고 있다. 또한 이 방법 외에도 Na^+-Ca^{2+} exchanger를 통한 2차적인 능동수송이 함께 일어나 세포질로부터의 Ca^{2+} 방출을 돕는다. 이 이온교환 단백질 역시 막통과 단백질로서 세포 내부로 작용하는 Na^+의 전기화학적 구배를 이용하여 Ca^{2+} 를 세포 외부로 이동시키고 있다.

한편으로, 세포질의 Ca^{2+} 농도는 세포질 내에 있는 고친화력(high-affinity)의 Ca^{2+} 결합 단백질들의 작용에 의해 조절될 수도 있다. 이들 단백질의 일부는 세포질 내의 특정한 위치에 모여 있는데, 세포질 내 특정 위치에서의 급격한 Ca^{2+} 농도 변화를 억제하는 완충역할을 담당하게 된다. 하지만 이들의 수용용량은 상대적으로 크지 않고, 작용 속도 역시 그 결합의 속도론적 특성(kinetics)에 달려있다. 소포체의 내부에서는 calreticulin 등과 같은 저친화력(low-affinity)의 Ca^{2+} 결합 단백질들(K_D~2 mmol/l)이 작용하여 단백질 1 mol 당 Ca^{2+}을 20 mol까지 잡아둘 수 있는데, 이로써 세포 내 저장 수용용량을 크게 증가시키게 된다.

결국, 세포의 Ca^{2+} 항상성(homeostasis)은 이들 메커니즘들의 조화를 통해 유지된다. 우선, 수동적으로 새어 들어오는(passive inward leak) Ca^{2+}은 용량이 낮은 Ca^{2+}-ATPase의 Ca^{2+} 배출작용으로 균형을 맞춘다. Ca^{2+}-ATPase는 고친화력(K_D~0.2 μmol/l)을 가지고 있어서 휴지상태(resting)의 세포에서 세포질 Ca^{2+} 농도를 낮게 유지할 수 있다. 세포가 활성화되면, 세포질의 Ca^{2+} 수준이 현저하게 상승하게 되는데, 이때에는 펌프 단백질과 이온교환 단백질들이 작동하여 세포질 Ca^{2+} 수준을 휴지상태의 수준으로 되돌려놓게 된다. 세포막에 있는 Na^+-Ca^{2+} exchanger는 대부분의 조직세포에 존재하고 있고 특히 심장에서 중요한 역할을 하는데,

친화력은 낮지만(K_D = 0.5~1 μmol/l) 배출 용량이 높기 때문에, 맡은 바 임무를 다할 수가 있다.

세포질 Ca^{2+}의 변화량 측정

세포 활성화에 대한 Ca^{2+}의 역할과 관련하여, 초기에는 Locke과 Ringer가 100여 년 전에 주장했던 것처럼 어떤 조직에 Ca^{2+}을 공급하지 않았을 때 조직의 반응이 억제되더라 하는 식으로 주로 조직에서의 증거들에 기초하고 있었다. 현재 우리에게 알려져 있기로는, 각 세포들은 그 세포 자체 내에 저장된 Ca^{2+}에 의해 그 활성화가 좌우될 수 있다. 따라서 세포 활성화에 미치는 Ca^{2+}의 직접적인 역할을 확인하기 위해서는 보다 직접적으로 Ca^{2+} 농도를 조절하고 감지해낼 수 있는 방법들이 필요하게 되었다.

Ca^{2+} 이온운반체(ionophore)를 이용하여 Ca^{2+} 농도를 증가시키기

Ca^{2+} 이온운반체는 Ca^{2+}에 특이적인 지용성의 막 투과 이온 수송체이다. 최초로는 *Streptomyces* 세균 배양액으로부터 분리되었으며, 알려진 Ca^{2+} 이온운반체로는 항생제 A23187(524 Da) 및 ionomycin(709 Da) 등이 있다. 이들은 Ca^{2+} 이온들을 세포 내로 수송하는데 사용될 수 있으며, 지금까지는 특히 분비(secretion) 분야에서 많은 응용이 이루어져 왔다. Ca^{2+} 이온운반체는 세포로 하여금 수용체 관련 메커니즘이 관여하지 않은 상태에서도 생물학적 자극에 대해 반응을 나타내도록 만드는 효과들을 나타낸다. 이로부터 Ca^{2+}이 활성화 메커니즘에 폭넓게 관여하고 있다는 사실이 증명되게 되었고, cAMP와 함께 진정한 2차 전령물질로 인정받게 되었던 것이다. 그러나 이온운반체들은 무기치고는 무딘 것이어서, 그것을 통해 Ca^{2+}을 유입시킬 수 있고 세포의 반응을 유발시킬 수는 있지만 이미 도달된 Ca^{2+} 농도에 대해서는 조절하기 어렵다는 것이 문제이다.

Ca^{2+} 농도의 변화를 감지하는 방법

보다 현대적인 방법으로서, 외부에서 Ca^{2+}-감지 화합물(Ca^{2+}-sensing compound)을 살아있는 세포의 세포질 영역에 주입하는 방법이다. 이 방법이 처음으로 시도된 것은 1928년, alizarin sulphonate라는 염색제(dye)를 아메바에 주입한 것이었다. 그 결과 위족(pseudopod)이 형성되는 위치에 염색 침전이 형성되는 것이 확인됨으로써 Ca^{2+}이 국소적으로 증가되는 현상을 확인할 수 있었다[11]. 하지만 불행하게도 그 후에 alizarin은 Ca^{2+}에 대한 특이성이 없음이 밝혀졌다. 더욱 불행한 것은 그 후 포유동물 세포에서 Ca^{2+} 지표제(indicator)를 사용할 만한 것이 개발되기까지 50년 이상이 걸렸다는 것이다. 그 동안 세포내 칼슘 수준에 대해서는 막 통과 방사성 동위원소 ^{45}Ca의 흐름(flux)을 측정하는 방식으로 거의 연구가 이루어졌다. 이 방법을 사용하면 세포내 Ca^{2+} 총량의 변화는 측정이 가능하다. 그러나 특정한 세포내 영역, 예를 들면 세포질에서 어떻게 Ca^{2+} 농도가 변화하는지에 대해서는 알 수가 없는 방법이기도 하다. 이 문제가 더 심각한 한계가 되는 것은, 세포의 칼슘 중 대부분은 세포소기관에 들어있고 정작 세포질에는 매우 적은 양만이 존재한다는 점 때문이다.

Ca^{2+}-민감성 발광단백질(Ca^{2+}-sensitive photoprotein)은 자포동물(刺胞動物, cnidarian)에 속하는

Ca^{2+}-민감성 발광단백질(Ca^{2+}-sensitive photoproteins)

해양에서 색채가 풍부한 동물 중 하나인 발광 해파리(luminescent jellyfish)로부터 Ca^{2+}에 의

해 활성화되는 빛을 내는 단백질 aequorin을 추출해낼 수가 있다[12]. 이 aequorin이 세포내 Ca^{2+}을 감지할 수 있는 최초의 효과적인 지표제(indicator)가 되었다. 분자량은 22 kDa 정도인데 세포막을 통과할 수 없기 때문에 초기에는 이것을 미세주입(microinject)할 수 있는 큰 세포에만 사용할 수 있었다. 일단 세포질 안으로 주입되면, 세포질의 자유 Ca^{2+} 농도가 증가할 때 이 단백질은 빛을 발하게 되는 것이다. 발광량을 시간에 따라 측정하는 방식에 의해서 Ca^{2+} 농도 상의 변화를 100 μM 수준까지 분석할 수도 있다. 초기 연구결과 중 중요한 것을 보면, aequorin을 이용하여 오징어의 거대 축색돌기(giant axon)[13]와 투과성을 높인 골격근(permeabilized skeletal muscle)[14]을 관찰할 수 있었던 것을 들 수 있다. 이 연구들로 인해 소위 'Ca^{2+} transients', 즉 자극 후 세포질 Ca^{2+}의 상승-하락 현상을 직접 관찰할 수 있게 되었다. 최근에는 aequorin은 재조합 DNA 방법에 의해 포유동물 세포에서 발현되도록 하는 응용이 이루어지고 있다.

발광해파리 *Aequorea*[12]와 물해파리 *Obelia*[13] 등의 무척추동물로부터 활성이 유지된 상태에서 추출해낼 수 있다. 이 단백질은 Ca^{2+}에 의해 활성화되어 분자 내부의 재배열이 일어나면서 구조(conformation)가 변화되고 발광보결분자단(luminophoric prosthetic group)인 coelenterazine이 산화되면서 청색광을 내게 된다.

형광성 Ca^{2+} 지표제들

Ca^{2+} 측정에 있어서 중요한 발전은 일련의 합성 Ca^{2+} 지표제들을 처음으로 디자인한 Roger Tsien에 의해 이루어졌다. 이 화합물들이 발하는 형광은 50 nmol/l~1 μmol/l 범위의 Ca^{2+} 농도에 민감하게 반응을 보인다[15]. 처음으로 개발된 지표제는 Quin2이다[16]. Quin2의 구조(그림 7.3)는 Ca^{2+} chelator인 EGTA와 유사하며, EGTA처럼 Ca^{2+}에는 친화력이 높은 반면, Mg^{2+}에 대해서는 낮은 친화력을 나타낸다. 하지만 이 물질 역시 음이온성 화합물이어서 세포막을 통과할 수 없기 때문에, 미세주입(microinjection)하지 않고도 세포질 영역으로 이동시키기 위한 기술이 필요하다. 이러한 문제는 이 부류에 속하는 Ca^{2+} 지표제들 전체의 문제로서, 이들을 전하를 띠지 않는 ester 유도체의 형태로 만들어 이동시키는 방법으로 해결할 수 있다. 그 유도체 형태는 자유 확산에 의해 세포막을 통과해 들어갈 수 있기 때문이다. 일단 세포질로 이동되고 나면, 세포 내에 존재하는 내인성(endogeneous) esterase의 작용으로 지표제가 산 형태(acidic form)로 다시 전환되어 세포질 내에 축적되게 된다. Quin2 및 그 후속물질들은 앞으로 세포 내 Ca^{2+} 수준을 모니터링하고 높은 해상력의 시간적 공간적 지도를 얻기 위한 방법들을 제시해 줄 것이라는 점에서 매우 중요한 지표제라 할 수 있다.

최근, aequorin은 포유동물 세포에서 발현되는 기술이 개발되면서 부활을 즐기고 있다. 재조합 DNA를 발현 벡터에 넣은 후 세포에 도입시킴으로써 세포의 칼슘 리포터로 발현되게 된 것이다. 이 단백질을 세포내 특정 영역을 표적(targeting)하고 Ca^{2+}에 대한 친화력을 조절하는 방식으로, 미토콘드리아와 같은 특정한 세포소기관에서의 Ca^{2+}의 변화를 관찰할 수 있다[17].

한편, Quin2를 비롯한 다른 많은 지표 염색제(indicator dye)들의 경우, 형광 발광강도가 Ca^{2+} 농도에 따라 증가하지만 세포질 내 Ca^{2+} 수준에 대한 조정되지 않은 추정치(uncalibrated estimate)를 만들어낼 수 있다. 그러나 2세대 지표 염색제라 할 수 있는 Fura2(그림 7.4)의 경우에는, Ca^{2+}이 결합되면 여기 스펙트럼(excitation spectrum)이 변화되는 특성을 가지고 있다. 이 지표제를 사용하여 얻어진 여기 파장(excitation wavelength) 2개를 선택하여 그 비율을 계산하면 조정된 추정치(calibrated estimate)를 얻을 수 있게 된다.

이렇게 Ca^{2+} 지표제들이 개발됨으로써, 지금으로서는 세포의 크기에 상관없이 거의 모든

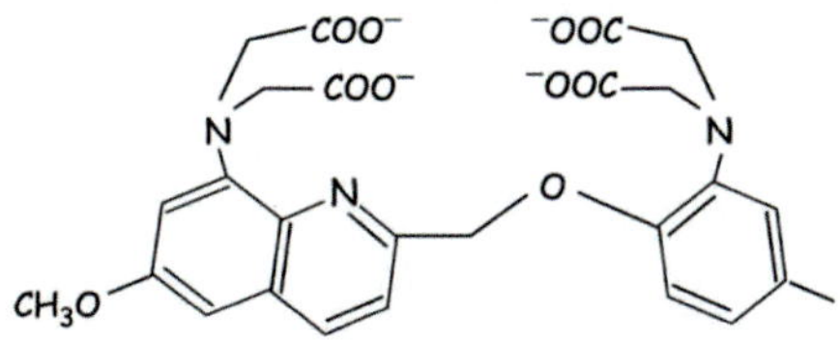

그림 7.3 Quin2.

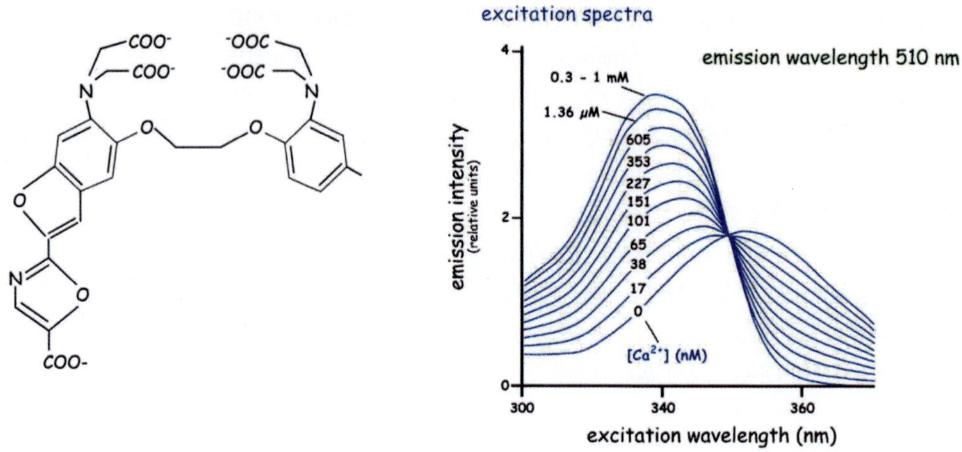

그림 7.4 Fura2의 분자구조와 형광 여기(fluorescence excitation). Fura2의 여기 스펙트럼이 Ca^{2+} 농도에 따라 어떻게 변화하는지를 그래프가 보여주고 있다. 예를 들어, 340 nm(UV 영역과 근접한 파장)에서 여기가 일어나면, 510 nm에서 측정된 녹색 형광의 발광강도(emission intensity)는 Ca^{2+} 농도에 따라 증가하게 된다.

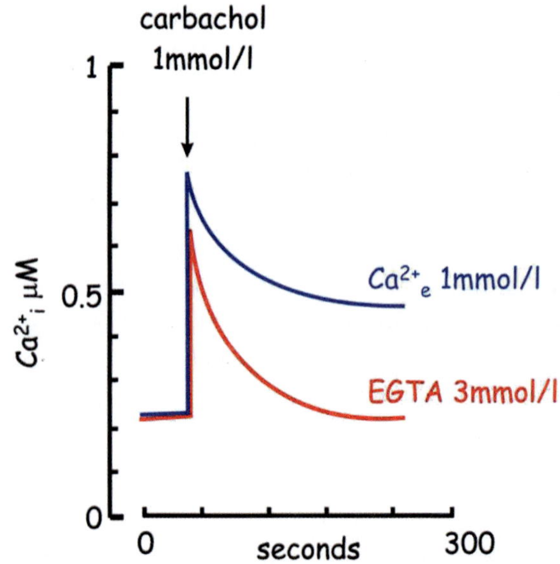

그림 7.5 세포질 Ca^{2+} 농도의 변화: 세포 외 Ca^{2+}의 영향. 이하선(耳下腺, parotid) 선포(腺胞, acinar) 세포에 Fura2를 넣고 Ca^{2+} 농도가 상승하는 과정을 추적한 것이다. 세포를 Ca^{2+}를 함유한(1 mmol/l) 배지와 Ca^{2+}를 제거한 배지에 각각 배양한 후, 화살표로 표시된 시점에 1 mmol/l의 carbachol을 가하였다. Ca^{2+} 제거 배지는 chelator로 EGTA를 넣어 배지에 잔류하는 Ca^{2+} 농도를 1 nmol/l 이하로 낮추어 준 상태이다. Nowak 등의 논문[20]으로부터 인용.

세포에서 간단히 형광을 측정하는 방법을 통해 세포 내 Ca^{2+}을 모니터링할 수 있게 되었다. 초기에는 세포들을 분리해내어 얻어진 세포현탁액을 형광 측정용 큐벳(fluorimeter cuvette)에 넣고 자극을 주면서 발광되는 형광을 측정하였다. 이러한 조건에서는 기록되는 발광량은 각 세포가 내는 발광량의 합에 해당된다. 이어서 개발된 측정방법은, 자극에 대하여 특이적인 반응 패턴을 얻어내는 방법으로서, 여러 종류의 전기적 비흥분성 세포(electrically non-excitable cells)를 가지고 연구한 결과, 그림 7.5와 같이 특이적인 반응 패턴을 나타내었다. 세포를 자극하는 특정 리간드를 처리하였을 때 2상 변화과정(biphasic change)을 보여주게 되는데, 우선은 자극이 주어지는 즉시 Ca^{2+} 농도가 휴식상태 수준(50~100 nmol/l)에서 μmol/l 수준으로 상승하고, 이어서 서서히 낮아져서 휴식 상태의 농도보다는 약간 높은 수준까지 떨어지게 된다. 이 반응 패턴에서 일시적인 상승 신호는 세포 외의 용액에서 Ca^{2+}을 제거하더라도 영향을 받지 않는다. 이는 그 상승신호의 원천이 세포 내 저장소로부터 방출되어 나온 Ca^{2+}임을 보여주는 것이다. 반면, 최종 신호 부분은 자극이 주어지기 전 상태의 세포 외 Ca^{2+}을 제거하면 없어지고 있다. 이는 그것이 세포 외부로부터 세포막을 통해 Ca^{2+}이 유입되어야만 나타나는 신호임을 말해주는 것이다(그림 7.5).

하지만, 위의 어떤 방법으로 측정하든지, 세포 현탁액을 이용하여 측정하면 얻어지는 신호는 개개 세포들에 의한 신호들, 그것도 동시에 나온 것들이 아닌 신호들이 합쳐진 결과가 얻어지게 되는 문제점을 안고 있다. Ca^{2+} 지표 염색제를 단일 세포에 개별적으로 사용하면, 그 결과로 얻어지는 시간경로에 따른 반응은 세포들 간에 상당히 다르게 나옴을 알 수 있다(예를 들어, 그림 7.14의 (a)를 보라).

세포질 Ca^{2+} 농도를 상승시키는 메커니즘

진화론에서는, 진핵세포에서 Ca^{2+} 농도의 변화에 민감한 효소들이 진화되어 나올 때에는 Ca^{2+}이 농도구배에 따라 세포질 쪽으로 들어올 수 있도록 해주는 막 통로(membrane channel)들도 함께 발달되었을 것이라 보고 있다. 그 결과 Ca^{2+} 농도가 증가하게 되면 Ca^{2+} 민

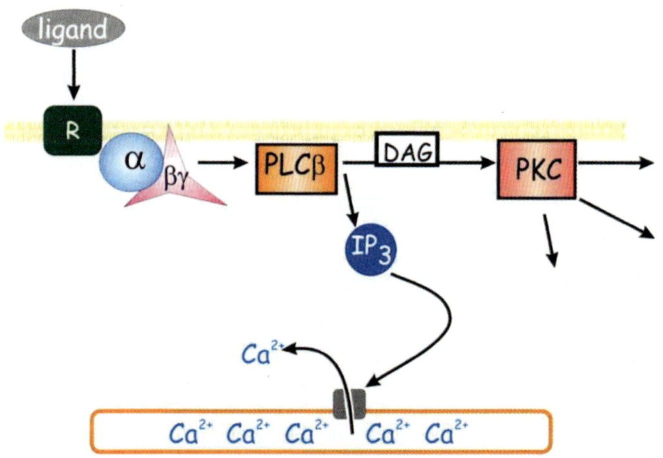

그림 7.6 Phospholipase C의 활성화에 의한 세포내 저장 Ca^{2+}의 유동화(mobilization). 칼슘 유동화를 일으키는 수용체(calcium mobilizing receptor)가 리간드에 결합하면 G_q 또는 G_i의 연결에 의해 PLCβ (자세한 설명은 5장)가 활성화되어 $PI(4,5)P_2$를 가수분해하여 DAG와 IP_3를 생성시키게 된다. DAG는 막에 붙어있으면서 protein kinase C를 활성화시킨다. 수용성인 IP_3는 세포내 Ca^{2+} 저장소인 소포체의 막에 존재하는 리간드 게이트 통로(ligand gated channel)에 결합하여 Ca^{2+}를 세포질로 방출하도록 만든다.

감성 효소들이 다양한 작용을 시작하게 되었을 것이라는 해석이다. Ca^{2+} 민감성 효소들에 의해 일어나는 작용에 대해서는 8장에서 다루기로 한다. Ca^{2+} 의존적인 세포현상들은 원핵세포와 진핵세포 둘 다에서 일어나지만, Ca^{2+}을 세포 내 신호로서 다양하게 이용하는 것은 진핵세포에서만 관찰되고 있다.

세포질의 Ca^{2+} 농도를 상승시키는 메커니즘은, 간략하게 말한다면 세포 외부에서의 Ca^{2+}의 유입 및 Ca^{2+} 저장 세포소기관으로부터의 Ca^{2+} 방출로 이루어진다(그림 7.6). 여기서 후자, 즉 세포내 Ca^{2+}의 유동화(mobilization)는 우선 세포 표면에서 리간드-수용체의 상호작용이 일어난 후 phospholipase C(PLC)가 활성화됨으로써 유도되게 된다. PLC는 이 과정에서 핵심이 되는 세포내 효소로서 5장에서 자세히 설명하였다. PLC는 인지질 phosphatidylinositol 4,5-bisphosphate($PI(4,5)P_2$)를 분해하여 두 가지 2차 전령물질들, 즉 diacylglycerol(DAG)과 inositol trisphosphate(IP_3)를 생성한다. 이 중 IP_3는 세포내 Ca^{2+} 저장소로부터 세포질로의 Ca^{2+}의 방출을 유도하는 역할을 한다. 저장소에 Ca^{2+}이 고갈될 경우에는 세포막의 통로들이 열리는 메커니즘이 작동하여 세포 외 Ca^{2+} pool로부터 다시 보충되는 과정이 일어나게 된다.

Ca^{2+}의 두 공급원

세포내 저장소로부터 IP_3 수용체 및 ryanodine 수용체를 통한 Ca^{2+}의 방출

Ryanodine은 식물체 유래 알칼로이드(alkaloid)로서 근육세포에서 ryanodine 수용체에 높은 친화력으로 결합함으로써 근형질세망으로부터의 Ca^{2+} 방출을 유발한다. 낮은 농도에서는 이온통로의 개방 확률을 높여주지만, 높은 농도(μM 수준)에서는 오히려 개방 확률이 낮아진다.

근형질세망(sarcoplasmic reticulum)은 근육세포의 활면소포체이다.

소포체로부터 세포질로 Ca^{2+}이 방출되는 것은, 구조적으로 서로 유사한 두 부류의 이온 통로(ion channel), 즉 IP_3 수용체(IP_3R) 및 ryanodine 수용체(RyR)를 통해 이루어진다.

IP_3R들은 실제 모든 세포에 존재하는 반면, RyR들은 골격근 및 심근 세포의 근형질세망(sarcoplasmic reticulum, SR)에서 처음 확인된 수용체로서 주로 흥분성 세포(excitable cell), 즉 전기적 자극으로 흥분하여 활동전위를 발생시키는 근육, 신경 등의 세포에서 나타난다.

RyR에는 세 가지 isoform이 알려져 있다. Type 1 RyR는 골격근에서 관찰되는데, 세포막에 있는 Ca^{2+} 이온통로 복합체의 voltage 민감성(voltage-sensitive) subunit과 직접적으로 상호작용한다. 따라서 이 수용체의 작용은 근형질세망과 세포막이 서로 가깝게 놓여야 일어날 수 있게 된다(8장 '가로무늬근 수축의 개시' 부분 참조). 반면, type 2 RyR는 심근과 일부 신경세포에서 관찰되는 것으로서, 세포막 Ca^{2+} 이온통로와의 직접적인 상호작용을 하지 않는 유형을 말한다. 세 번째 type 3 RyR는 뇌와 근육, 및 일부 비흥분성(non-excitable) 세포에서 나타나는 형태이다.

RyR은 구조적으로 매우 크다. Type 1 RyR는 5천개에 이르는 아미노산이 복잡한 4량체(tetrameric) 구조를 이루고 있다(그림 7.7). 그 중 이온통로 활성에 관여하는 것은 20%에 불과하다. 나머지 아미노산들은 세포질 쪽으로 돌출된 구조를 형성하면서 여러 가지 생리학적 조절인자(modulator)들의 결합 위치로 제공되고 있다. 조절인자들로는 Ca^{2+} 뿐만 아니라 ATP, calmodulin(8장에서 설명) 및 FKBP12(immunophilin으로 알려진 12 kDa의 단백질로서 면역억제제 FK506에 결합함) 등이 포함된다. 이들 인자들이 어떤 방식으로 이온통로의 활성을 조절함에 있어 상호 조화를 이루고 있는지는 아직 밝혀지지 않았지만, FKBP12는 수용체 구조의 필수 구성요소 중의 하나로서 protein phosphatase의 일종인 calcineurine과 결합하게 된다. 이 수용체(이온통로)의 가장 중요한 조절인자는 역시 Ca^{2+} 그 자체라 할 수 있다.

IP_3R 역시 4량체 구조로 되어있는데, 각 구성 subunit들은 6개의 막통과 부위(transmem-

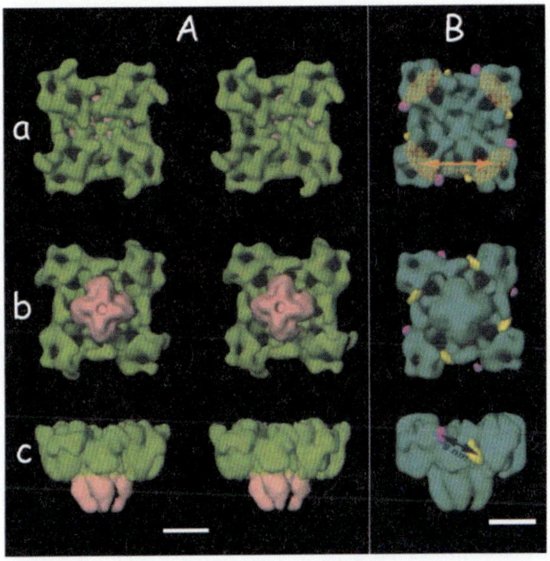

그림 7.7 Cryoelectron microscopy로 관찰한 ryanodine 수용체의 3차원적 구조: (A) 골격근세포 ryanodine 수용체의 3차원적 재구성. T-tubule 쪽(a)과 근형질세망의 내강(lumen) 쪽(b)을 향하고 있는 표면과 측면(c)의 입체적 구조. 막을 통과하고 있는 부분은 핑크색, 세포질 영역은 녹색 부분이다. (B) calmodulin(노란색)과 FKBP12(자홍색)의 위치를 나타낸 수용체(청록색)의 모양. 오렌지색 음영 부분은 dihydropyridine 수용체(dihydropyridine receptor, DHPR)와 반응하는 부분을 보여주고 있다. 척도막대(scale bar)는 10 nm. Malenka 등의 논문[21]으로부터 인용.

brane segment)들을 가지고 있다(그림 7.8). 이 subunit에는 3가지의 isoform이 있다. 이들 모두에서 단백질의 N-말단과 C-말단은 세포질에 위치하고 있고, 그 중에서도 N-말단 쪽 사슬은 IP_3 결합 부위를 가지고 있고 특별히 크기가 크다(type 1 IP_3R의 경우 2천개 이상의 아미노산으로 구성). 이렇게 세포질에 속한 영역에는 RyR의 경우와 마찬가지로 여러 가지 조절인자들의 결합 부위가 포함되어 있다. 한편 Ca^{2+}은 소포체의 내강 쪽에서도 결합할 수 있다. 각 IP_3R isoform의 분포를 보면, type 1은 특히 소뇌 조직(cerebellar tissue) 세포에 많이 존재하며, 중추신경계(CNS)를 제외하고 거의 모든 포유동물 세포에서 1 종류 이상의 isoform을 발현하고 있다. 한편 각 isoform들은 homotetramer 구조를 이루기도 하고 heterotetramer 구조를 이룰 수도 있다는 점 때문에 서로 다른 isoform들의 특성에 대한 연구가 복잡하고 어려워지는 문제가 있다.

IP_3R과 RyR은 두 수용체 모두 Ca^{2+} 농도에 민감하기 때문에, 세포질 Ca^{2+} 농도가 증가하면 저장소(소포체)로부터 추가적으로 Ca^{2+}이 방출되도록 유도하게 된다. 이러한 현상을 Ca^{2+} 유도에 의한 Ca^{2+} 방출(Ca^{2+}-induced Ca^{2+}-release) 혹은 CICR이라 한다. 말하자면 이 현상은 양성 피드백(positive feedback)으로서, 많은 Ca^{2+} 신호들의 재생적 특징을 설명해주는 현상이라 할 수 있다. 어떤 면에서는 IP_3R과 RyR이라는 이름은 잘못된 것이라 할 수도 있다. 이들은 다른 인자들에 의해서도 조절될 수 있는 CICR 통로들이기 때문이다. IP_3R은 IP_3에 의해 다음과 같이 조절된다. 세포질의 Ca^{2+} 농도가 휴지(resting) 상태의 수준일 때 IP_3R에 IP_3가 결합하면 주변 Ca^{2+} 농도에 대한 통로의 민감도가 증가되면서 Ca^{2+} 유도에 의한 Ca^{2+} 방출이 시작된다. 이로써 세포질의 Ca^{2+} 농도는 상승하게 된다. 그러나 지나친 Ca^{2+} 방출로 Ca^{2+} 저장

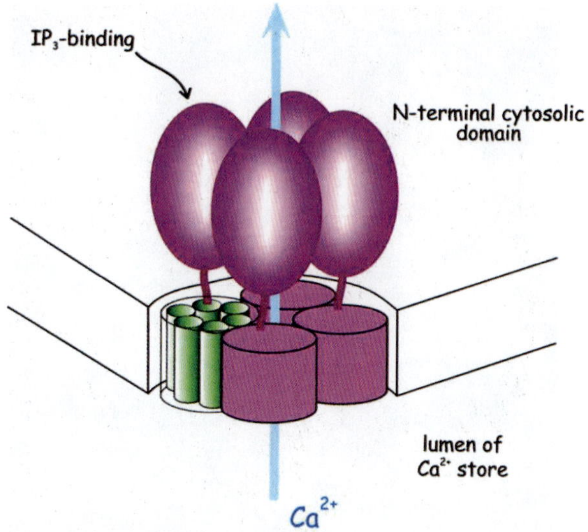

그림 7.8 IP_3 receptor calcium channel.

량이 고갈되는 상황을 방지하기 위해, IP_3R과 RyR의 Ca^{2+} 민감도는 떨어져 통로들은 다시 닫히기 시작한다. 통로 개방 확률(channel open probability)이 Ca^{2+} 농도에 의존하는 현상은 Ca^{2+} 농도에 대해 종 모양의 분포를 보여준다(그림 7.15). 이러한 분포 관계에 대해 IP_3가 조절 작용을 하게 되는데 그 방식에 대해서는 뒤에 설명하도록 한다.

지금까지 세가지 형태의 IP_3R isoform들을 구별할 수 있는 생리학적 특성들을 밝혀내려는 연구들이 수행되어 왔지만, 그 연구결과들이 다소 서로 모순되게 나타나고 있다. 그 이유로는 이들을 얻어내는 것이 상대적으로 어렵다는 점(ER에 있어서), 환경에 민감하다는 점, 이성분 복합체로 존재한다는 점(heterotetramer로 존재) 등을 들 수 있다. 그래서 ER 막이 아닌 핵막에서 발현시킨 IP_3R을 가지고 전기생리학적 연구를 하는 등의 직접적인 측정방법을 사용하게 된다. 이 방법에 의하면, 세 가지 형태의 isoform들은 통로특성(gating) 및 이온 투과(ion permeation) 특성이 상호 간에 매우 유사하다는 사실을 알 수 있다[19]. 따라서 세포 상태에서 이들 통로들이 보여주는 특성 차이들은 세포 내 인자들에 의해 조절되는 방식이 서로 다르기 때문(또는 이들의 존재하는 위치 상의 차이 때문일 수도 있다)이라 할 수 있다. 그러나 높은 Ca^{2+} 농도에서 이들 IP_3R 및 RyR 통로들이 닫히도록 만드는 조절 기작은 아직 밝혀지지 않고 있다. 분명한 것은, 이들 통로들은 Ca^{2+}/calmodulin 의존성 kinase II (Ca^{2+}/calmodulin-dependent kinase II)에 의해 인산화되고, phosphatase인 calcineurin에 의해 탈인산화된다는 사실이다(8장 참조). (RyR과 마찬가지로 IP_3R도 immunophilin FKB12와 결합할 수 있다.) 그리고 서로 다른 IP_3R isoform들은 서로 다른 방법으로 Ca^{2+}, calmodulin, 인산화 등의 인자들에 의한 영향을 받고 있다. 이러한 기작들을 통해 결국 Ca^{2+} 신호의 시간적, 공간적인 특성을 변형시킬 수 있게 된다.

마지막으로, Ca^{2+}이 저장소로부터 방출되는 현상은 그 어느 현상보다도 훨씬 복잡할 것으로 생각된다. 사실 세포가 가지고 있는 Ca^{2+} 저장소가 단 하나의 종류라는 생각은 지금까지의 여러 발견된 것들을 미루어볼 때 사실이 아닐 수도 있다. Ca^{2+}을 방출시킬 수 있는 또 다른 잠재적인 전령물질들이 여럿 발견되었기 때문이다. 즉, cyclic ADP-ribose라든지 nicotinic acid adenine nucleotide phosphate 등의 nucleotide들이 그것들이다. 이에 대해서는 뒤에서 설명하도록 하겠다.

세포막 통로들을 통한 Ca^{2+}의 유입(influx)

전압작동성 통로(voltage-operated channel)

Ca^{2+} 이온들이 세포 외부로부터 세포질로 유입되는 경로는 매우 다양하다. 신경세포와 근육세포의 경우에는 막전위(membrane potential)의 변화에 의해 작동되는 다양한 양이온 통로(cation channel)들을 가지고 있다. 이들 중 일부가 Ca^{2+} 이온들을 이동시킴으로써 활동전위(action potential)의 유발, 흥분상태(excitability)의 제어, 세포외배출(exocytosis) 작용의 활성화 등의 세포작용을 유도하는 역할을 한다. 이들을 전압작동성 칼슘통로(voltage-operated calcium channel, VOCC)라 한다. 이들은 세포막의 탈분극(depolarization)에 대한 반응으로 열리게 되어 Ca^{2+} 이온을 유입시키게 된다. 이들의 작용을 보면, 전기적인 신호를 2차 전령물질(Ca^{2+})의 신호로 변환시키는 일종의 변환기 역할을 한다. 이들 VOCC들은 전기생리학적 및 약리학적으로 이른바 L, N, P/Q, R, 및 T type으로 분류되며, 엄격한 조절작용을 받는다. 즉, L-type 통로들은 1차적으로 인산화에 의해 조절되며, N, P/Q, R-type 통로들은 G-단백질(G-protein)들에 의해 조절되고 있다.

L-type Ca^{2+} 통로들은 척추동물의 흥분성 세포에서 발현되며, 골격근의 주된 VOCC이다. 이들은 또한 통로 저해제(channel blocker)로 작용하는 nifedipine 등을 포함한 1,4-dihydropyridine 약제의 표적이 된다. 이 통로 복합체(channel complex)에서 약제에 결합하는 부분을 dihydropyridine 수용체(dihydropyridine receptor, DHPR)이라 하는데, 수용체라는 용어는 통로 전체를 일컬을 때도 사용되고 있다. 척추동물 골격근에서는 세포막의 DHPR과 근형질세망(SR)의 RyR이 서로 가까이 위치하게 된다. 그림 7.7에서 이들이 서로 접촉하는 것으로 추정되는 위치를 볼 수 있다. 이 접촉은 근육의 3조체 접합(triad junction) 영역, 즉 SR의 말단부분이 T-tubule에 거의 근접해 있는 곳에서 일어난다(그림 8.8 참조). 이 영역에서 일어나는 단백질들 간의 상호작용이 Ca^{2+} 유도에 의한 Ca^{2+} 방출작용(CICR)을 개시하게 되는데, 이것이 곧 흥분-수축의 상호연결(excitation-contraction coupling)의 기작인 것이다(8장 후반부 '가로무늬근에서의 수축작용 개시' 부분 참조).

한편 VOCC들은 시냅스에서도 중요한 역할을 담당한다. 전시냅스 뉴런(presynaptic neuron)에서 이 통로들은 신경전달물질 함유 소포(neurotransmitter-containing vesicle)들이 세포 외배출을 위한 자극을 기다리고 있는 장소에 가까이 위치해있다. 세포막의 탈분극이 일어나면 통로를 통한 Ca^{2+}의 유입이 유발되어 저친화력의 Ca^{2+} 결합 단백질들과 결합하게 된다(8장 후반부 '신경전달물질 분비의 자극' 부분 참조). VOCC들은 또한 뇌하수체 세포, 췌장세포 등의 내분비 세포에서도 볼 수 있다. 이들 세포에서 세포내 Ca^{2+} 농도를 높여줌으로써 호르몬 분비를 자극하게 되는 것이다. VOCC를 통해 유입되는 Ca^{2+}의 공통적인 특징은 Ca^{2+}의 일시적 변화가 빠르고, 짧고, 강하다는 것이다. Ca^{2+} 농도가 높은 수준까지 도달(10 μmol/l 이상)하고 Ca^{2+}을 수용하는 영역의 공간적 부피가 제한되어 있는 만큼, Ca^{2+}을 감지하는 감지자(sensor)들의 친화력은 낮다. 유입된 Ca^{2+}은 빠르게 분산되어 소실되어버리기 때문에 결과로 일어나는 효과들은 국소적이며(local) 일시적인(transient) 특징을 갖는다.

NMDA *N*-methyl-D-aspartic acid, glutamate 수용체의 한 부류(sub-class)를 활성화시킬 수 있는 glutamate 유사화합물.

■ 수용체 작동성 통로(receptor-operated channel)

일부 신경세포에서는 세포막에 비특이적인 이온통로가 활성화되어 열림으로써 Ca^{2+}의 유입을 허용한다. NMDA에 민감한 glutamate 수용체가 그 예가 되는데, 이는 중요한 후시냅스 이온통로(postsynaptic ion channel)로 작용하여 중추신경에서의 흥분전달을 매개하는 수용체이다.

이 이온통로가 열리기 위해서는 두 가지 조건이 만족되어야 한다: 즉, 이온통로는 glutamate와 결합해야 하고, 세포막은 미리 탈분극되어 있음으로써 방해하는 Mg^{2+} 이온을 제거해낸 상태라야 한다[20]. 이러한 상황은 두가지 서로 다른 신경전달물질이 동시에 나타내는 효과에 의해 이루어질 수 있는데, 그 중 하나는 glutamate의 작용을 준비할 수 있도록 세포를 탈분극시키는 것이다. 다른 방법으로는, 전시냅스 세포로부터 지속적으로 glutamate를 분비함으로써 우선 AMPA(2-amino-3-(5-methyl-3-oxo-1,2-oxazol-4-yl)propanoic acid, 신경전달물질 glutamate와 유사한 작용 - 역자 주) 수용체를 활성화시킨 다음 후시냅스 세포를 탈분극시킬 수도 있다. 한편 NMDA 수용체는 이렇게 동시에 일어나는 두가지 효과에 대한 감지기로서 작용할 수 있기 때문에, 시냅스 신호전달의 장시간 강화작용(long-term potentiation)을 위해 다른 세포과정과 함께 중요한 역할을 감당하게 된다[21,22].

■ 저장 작동성 통로(store-operated channel)

신경 간의 빠른 신호전달과 골격근의 빠른 반응성은 모두 VOCC를 통한 신호에 따른 것으로서 생물체의 생존에 필수적인 현상들이다. 그러나 다른 조직들에 있어서는 그러한 긴급성이 필요하지는 않다. 호르몬 분비세포에서는, Ca^{2+} 농도의 변화가 일련의 진동파(oscillation) 형식으로 수분에 걸쳐 지속된다(그림 7.12 참조). 성장인자(growth factor) 또는 사이토카인(cytokine)에 의해 자극을 받는 세포에서는, 상승된 Ca^{2+} 농도가 좀 더 연장된 시간 동안, 즉 수시간 동안 지속될 필요가 있다. 그래야만 세포증식 반응의 충분한 수행을 유도할 수 있기 때문이다[23]. 그런데 이러한 필요들은 한가지 문제를 일으킬 수가 있다. 반복적 또는 지속적인 세포질 Ca^{2+} 농도의 상승이 Ca^{2+} 저장량을 고갈시키게 될 것이기 때문이다. 이러한 문제는 저장 작동성 통로(store-operated channel, SOC)라 부르는 양이온통로를 통해 세포 외 Ca^{2+} 이온을 세포질로 유입시킴으로써 해결할 수 있다. 이로써 Ca^{2+} 저장량이 재충전될 수 있기 때문에 이를 용량성 Ca^{2+} 유입(capacitative Ca^{2+} entry)이라고도 한다[24,25].

Ca^{2+} 저장량의 고갈을 감지하고 그것을 세포막의 이온통로의 개방으로 연결시키는 기작에 대해서는 아직 알려지지 않았다. 여기에는 아마도 ER의 IP_3R과 세포막의 SOC 사이에 직접적인 상호작용이 있는 것으로 생각되고 있는데, 이는 마치 RyR1과 VOCC 간의 상호연결[26]과 유사한 점이 있다(그림 7.9).

이런 종류의 상호작용이 확인된 것은 과일 초파리(*Drosophila melanogaster*)의 광수용체(photoreceptor) 세포에 대한 연구들을 통해서였다. 이 세포에서는 밝은 빛에 적응하는 과정으로 Ca^{2+} 이온의 유입이 일어남으로써 Ca^{2+} 이온 저장소의 고갈상태가 극복된다[29,30]. 이를 위해서 세포막에 근접해있는 소포체에는 Ca^{2+} 이온통로를 가지고 있는데, 이들 통로 단백질은 *trp*(transient receptor potential) 유전자로 암호화되어있다. 쥐과(rodent) 동물의 비만세포(mast cell)에도 유사한 이온통로가 있다는 것이 전기생리학적으로 확인되었다. 이 세포에서는 Ca^{2+} 이온이 고갈된 후 약 10초 이내에 세포 내로의 유입이 활성화된다. 이 유입을 이루어내는 이온통로들은 Ca^{2+} 이온 특이적이며, 이 유입의 흐름은 I_{CRAC}(calcium release-activated

비만세포(Mast cell)는 면역계에 관련된 세포이다. 항원의 자극에 반응하여 염증매개물질을 분비한다. 만약 항원이 알러지원(allergen)이기도 할 경우, 알러지성 개체에서는 심각한 문제를 일으키기도 한다. 12장 'IgE 수용체와 세포외 배출작용(exocytosis)을 위한 신호' 부분 참조

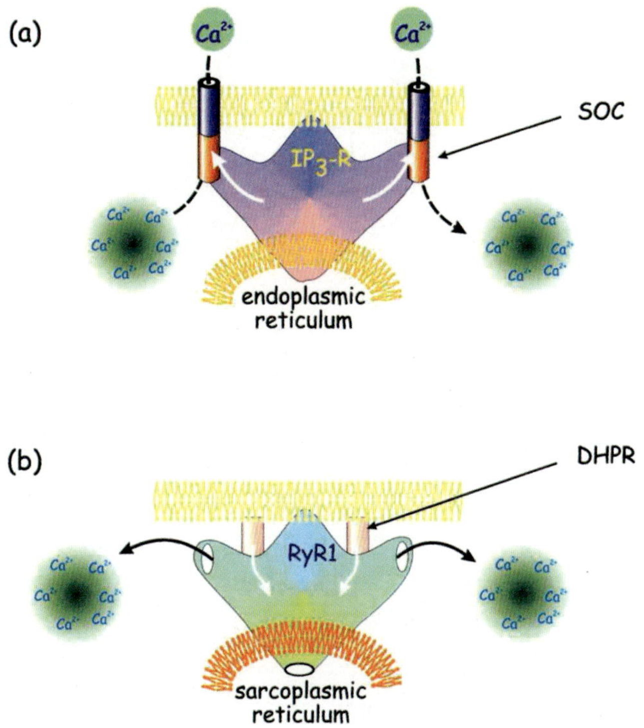

그림 7.9 IP_3 수용체 및 ryanodine 수용체의 세포막 이온통로와의 상호연결. 이 모델은 IP_3R (a)과 RyR (b)에서의 입체구조적 변화가 세포막의 통로 단백질들과의 직접적인 상호작용에 의해 유도될 수 있음을 보여주고 있다. 통로 단백질로는 (a)에서는 저장 작동성 통로(store-operated channel, SOC)가, (b)에서는 dihydropyridine 수용체(DHPR)가 상호작용한다. Hardie와 Minke의 논문[29]에서 인용.

calcium current), 즉 칼슘 방출에 의해 유도되는 칼슘 전류라고 부르고 있다[31]. 특히 비만세포가 immunoglobulin E의 수용체에서 반응성을 갖는 항원에 의해 활성화될 때 I_{CRAC}에 의한 Ca^{2+}의 유입이 필요하다(12장 참조).

한편 *Drosophila trp*의 동족체(homologue)가 포유동물 세포에서도 발견되었다. 사람의 경우에는 Htrp로 명명되었는데, 그 중 하나의 isoform인 Htrp3는 IP_3R과 직접적으로 상호작용하는 비특이성의 양이온 이온통로이다.

저장 작동성 통로가 열리기 위해서는 수용체가 IP_3에 의해 결합되어야 하고 저장소 역시 고갈되어야 한다[32]. 고갈상태가 어떤 방식으로 인지되는지에 대해서는 아직 밝혀지지 않았다. 한가지 가능성은, IP_3R에 의해 감지(IP_3R의 소포체 내강 쪽 Ca^{2+} 결합부위에서)된 후, 입체구조적 변화가 일어나 신호가 전달되는 것으로 생각되고 있다.

대사산물(cyclic ADP-ribose, NAADP 및 sphingolipid)에 의한 Ca^{2+} 이온 농도의 상승

IP_3는 Ca^{2+} 이온을 이동시키는 세포 내 주요 전령물질로서 그 역할이 분명하고 확실하다. 하지만, Ca^{2+} 이온을 저장소로부터 방출시키도록 만드는 다른 전령물질들도 있음이 밝혀져 왔다. 그들 중 두가지는 nucleotide 물질로서, cyclic ADP-ribose(cADPr) 및 nicotinic acid adenine dinucleotide phosphate(NAADP)가 그것이다. 그림 7.10에 이들의 구조를 나타내었다. 흥미롭

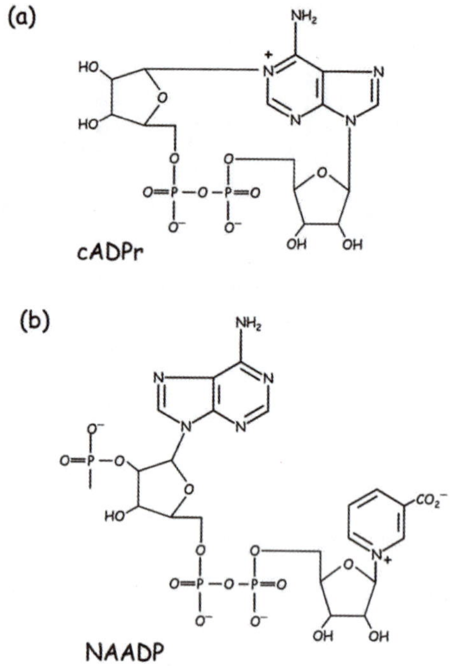

그림 7.10 **(a) Cyclic ADP-ribose와 (b) NAADP.**

게도, 이들 각 화합물들은 동일한 효소, 즉 ADP-ribosyl cyclase에 의해 만들어지는데 이 효소가 두 가지 서로 다른 기질, 즉 NAD^+ 또는 $NADP^+$에 작용함으로써 각각 생성되고 있다.

Cyclic ADP-ribose(cADPr)

실험적으로 cADPr이 10~50 nmol/l의 농도로 세포 내로 도입되면 ryanodine 민감성 저장소(ryanodine-sensitive pool)로부터 Ca^{2+} 유도에 의한 Ca^{2+} 방출(CICR)을 일으킬 수 있는 것으로 밝혀졌다. cADPr은 다양한 종류의 포유동물 세포에서 생물학적 역할을 나타내고 있지만, 그 중에도 성게 난자(sea urchin egg)에서 가장 강한 활성을 나타낸다. 이 세포에서 cADPr은 내인성 Ca^{2+} 조절인자로서 cGMP가 관여하는 기작을 통해 활성화되는데[33], 그 작용효과는 type 2 및 type 3 RyR 이온통로를 통해 이루어진다(type 1 RyR은 작용하지 않음). 그러나 cADPr/RyR 간의 직접적인 상호작용은 없고 보조적인 단백질이 필요하다. 성게 난자의 경우 그 단백질이 바로 calmodulin이다.

한편, 다수의 다른 포유동물 세포에서 cADPr의 수준이 세포 외 자극에 대한 반응으로 상승되는 것으로 알려져 있다[34,35]. 예를 들면, T 림프구가 T-세포 수용체 복합체(T-cell receptor complex)를 통해 자극될 때(12장 참조), ADP-ribosyl cyclase가 활성화되고 cADPr 수준이 상승되어 Ca^{2+} 신호(진동 및 파동신호의 연속으로)가 오랜 시간동안 지속되게 된다[36]. 이렇게 Ca^{2+}농도가 유지되어야 림프구로서는 완전하게 증식반응을 나타내게 되는 것이다.

Nicotinic acid adenine dinucleotide phosphate(NAADP)

앞에서 언급한 바와 같이, 성게(sea urchin)에서, NAD^+로부터 cADPr이 생성되는 것은 세포질 내 cGMP 농도가 증가됨으로써 촉진된다. 이러한 작용은 guanylyl cyclase가 nitric oxide(8장 참조)에 의해 활성화될 때 일어나게 된다. cGMP의 작용은 세포질에 존재하는 ADP-ribosyl cyclase로 하여금 cADPr을 생성하도록 만드는 것이다. 반면에, cGMP보다 친숙한 cyclic nucleotide인 cAMP의 농도가 높아지면 막에 결합된 형태의 효소로 하여금 $NADP^+$에 작용하여 NAADP를 생성시키도록 만든다. 최근에 밝혀진 것은, NAADP 역시 세포 내 저장소로부터 Ca^{2+} 이온을 방출시키는 작용을 하는데, 이 때 작용하는 NAADP의 농도는 cADPr의 경우와 유사하게 10-50 nmol/l 범위이다(그림 7.15에서 IP_3와 비교해보라).

NAADP의 작용기작에 대해서는 성게 난자세포는 물론 여러 포유동물세포에서 연구되어 왔다. cADPr과는 달리 NAADP는 Ca^{2+} 유도에 의한 Ca^{2+} 방출을 직접적으로 조절하지 않으며, NAADP 자체의 수용체를 갖고 있다는 점도 다르다. 또한 NAADP는 자가 탈민감성(self-desensitizing)을 갖고 있다는 점이 cADPr과 다른 또 하나의 중요한 특징이다.

어떤 세포에서는 IP_3 또는 cADPr에 의한 Ca^{2+} 방출작용을 저해하는 저해제(heparin 및 ryanodine)를 처리하였을 때, NAADP에 의한 Ca^{2+} 방출이 영향을 받지 않는 현상을 보여준다. 또한, NAADP(및 cADPr)에 의해 영향을 받는 Ca^{2+} 저장소들은 IP_3에 의해 영향 받는 저장소들과 공간적으로 구별되어있다. IP_3에 민감성을 갖는 저장소는 보다 널리 분포하고 있어서 세포질 전체로 Ca^{2+}를 방출할 수 있는 반면, NAADP 및 cADPr 등의 전령물질들에 민감한 저장소는 주로 세포 내 외곽에 위치해있다. 전체적으로 보면, 세포는 서로 다른 Ca^{2+} 유동화 전령물질들(Ca^{2+}-mobilizing messengers)을 사용하여 서로 다른 Ca^{2+} 저장소로부터 Ca^{2+}를 방출시킴으로써 다양한 종류의 반응들을 조화롭게 만들고 있는 것이다.

■ Sphingolipid 대사산물들

Ca^{2+} 유동화 및 유입을 일으키는 또 다른 기작이 있다. 이것은 phospholipase C(PLC)의 생산물이나 nucleotide성 전령물질과는 무관한 기작으로서, 특정 immunoglobulin들의 constant region(비만세포의 FcεRI, macrophage의 FcγRI 등)에 대해 고친화력을 갖는 수용체에 의한 방법이다. 여기서는 우선, tyrosine kinase(12장 참조)를 통해 신호가 시작된다. 이 신호전달의 결과, phospholipase D가 활성화되어 phosphatidate가 생성되고 이는 sphingosine kinase를 활성화시키게 된다. Sphingosine kinase는 sphingomyelin이 분해되어 나오는 sphingosine을 기질로 하여 sphingosine-1-phosphate를 만들어낸다(그림 7.11). 지금까지, 인산화된 지질인 이 sphingosine-1-phosphate가 많은 종류의 세포에서 Ca^{2+}을 유동화시키는 2차 전령물질로 작용하는 것으로 추정해왔다. 그러나 이러한 추정은 한편으로는 논란이 되는데, 그 이유 중 하나는 sphingosine-1-phosphate가 G-단백질 결합 수용체(G-protein-coupled receptor)에도 반응할 수 있어서 그를 통해서 PLC를 활성화시킬 수도 있다는 점 때문이다[26].

Sphingosine kinase는 또한, 저장소 고갈(store depletion)에 의한 Ca^{2+}의 유입을 활성화시키는데에도 역할을 담당하고 있다. 이 작용은 sphingosine의 작용과 관련되어 일어나는 것인데, sphingosine의 작용이란 I_{CRAC} 이온통로의 개방을 저해함으로써 Ca^{2+} 유입을 저해하는 작용을 말한다[37]. 즉 sphingosine kinase가 활성화되어 sphingosine이 인산화되면 이온통로의 개방을 저해하는 작용이 제거되므로 Ca^{2+} 의 유입이 허용되게 되는 것이다. 이렇게 됨으로써 전체적인 Ca^{2+} 신호가 증대되고 아울러 Ca^{2+} 저장소의 재충전에도 도움을 주게 된다.

이 외에도 Ca^{2+} 을 유동화시키는 새로운 전령물질들이 거론되고 있지만, 여전히 IP_3는 가

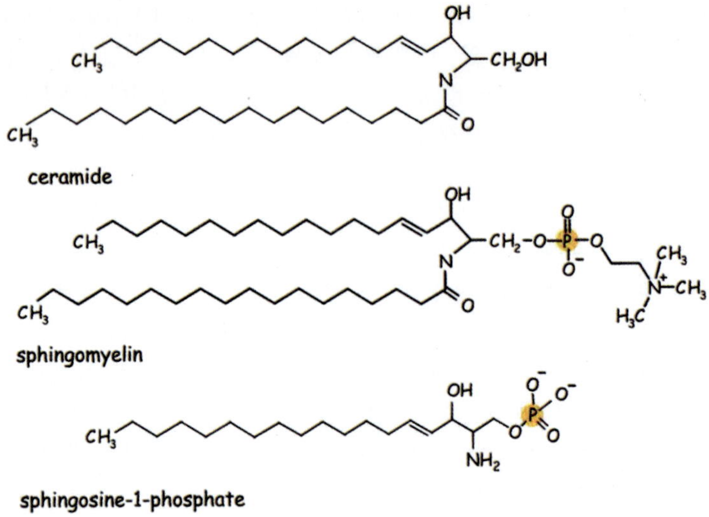

그림 7.11 Ceramide, sphingomyelin 및 sphingosine-1-phosphate. 이들 sphingolipid들의 acyl 사슬들은 완전히 포화되어있는 경향을 보여주고 있다.

장 보편적이고 중요한 전령물질이라 할 수 있다.

단일 세포(single cell)에서의 세포질 Ca^{2+} 농도의 변화 패턴

시간적 측면

Ca^{2+}-민감성 형광 염색제들을 이용하여 단일 세포 내에서 시간에 따른 Ca^{2+} 농도의 변화과정을 추적하는 연구가 많이 진행되어 왔다. 세포들을 활성화시킨 후에 형광 현미경으로 관찰하면, Ca^{2+} 농도의 신호변화가 뾰족한 못처럼 생긴 신호들의 연속 또는 일련의 진동신호로 나타나며(그림 7.12), 신호의 주기, 빈도수, 진폭 등은 자극의 강도에 따라 달라진다[38]. 즉 세포를 활성화시키는 리간드가 낮은 농도이거나, 짧은 시간 동안만 노출될 경우에는 일련의 진동신호는 짧게 끝난다. 결국 신호는 사라지게 되고 Ca^{2+} 농도도 다시 바닥 수준으로 되돌아가게 되는 것이다. 반면, 강한 자극이 주어지면 신호파는 길게 이어지고 Ca^{2+} 농도도 오랜 동안 높게 유지될 수 있다.

공간적 측면

이온들은 다른 용질 분자들에 비해 상당히 유동적(mobile)이기는 하지만, 세포가 활성화된 상태에서 세포질 내에서의 Ca^{2+} 이온의 공간적 분포는 종종 매우 균일하지 않게 나타난다. 결과적으로 형광 강도의 측정치를 해석함에 있어 그 공간적 분포에 대한 정보가 없기 때문에 어려움을 겪게 되는 것이다. 이러한 문제는 특히 전기적 흥분성 세포(electrically excitable cells)에서 특히 문제가 된다. 흥분성 세포에서는 반응의 속도가 중요한데 그 과정(신경 말단에서 신경전달물질이 방출되는 것 등)이 매우 국소적으로 일어나게 되기 때문이다. 이러한 경우에는 형광 현미경을 가지고 단일 세포를 개별적으로 관찰함으로써 보다 자세한 그림을 얻을 수 있다. 통상, Ca^{2+} 표식 형광에 대한 디지털 이미지를 얻을 때에는 공초점 레이저 현미경(confocal laser microscope)을 사용하고 있다.

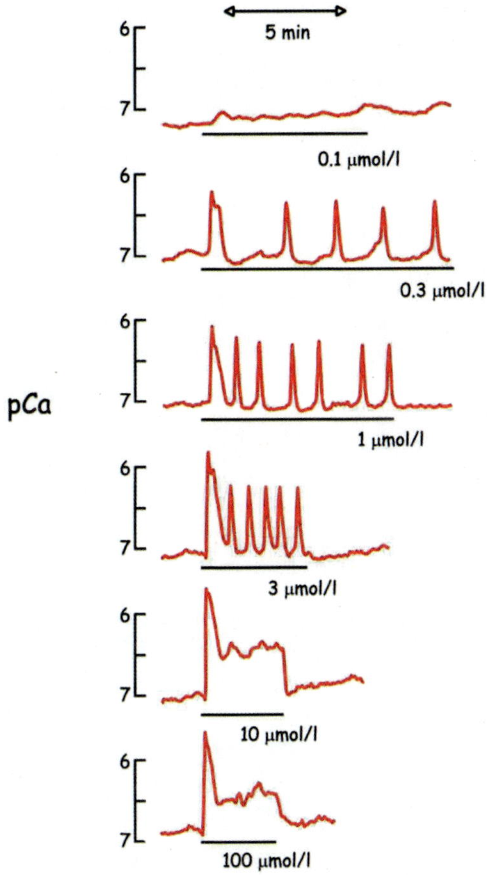

그림 7.12 한 개의 혈관내피세포(vascular endothelial cell)에서 histamine에 의해 유도된 Ca^{2+} 농도의 시간에 따른 변화. 단 한 개의 인간 혈관상피세포에서 서로 다른 histamine 농도로 자극을 주었을 때의 Ca^{2+} 농도에 미치는 영향. 막대는 histamine이 처리된 시간을 나타낸다. Jacob 등의 논문[38] 인용.

그 결과로 얻어지는 이미지를 세포 내 Ca^{2+} 수준으로 표현하기 위해서, 이미지는 보통 형광강도 지도(intensity map)의 형태로 나타낸다. 즉, '따뜻한' 색깔 쪽이 높은 Ca^{2+} 농도를 나타내는 방식으로 위색표현(pseudocolour display) 방법을 사용하는 것이다. 예를 들어, 그림 7.13은 여러 가지 세포에서 국소 Ca^{2+}농도가 증가하고 있는 현상을 보여주고 있다.

공초점 현미경(confocal microscopy)은 초점면(image plane) 보다 위 또는 아래 부분의 시료로부터 나오는 초점이 맞지 않는 광선들을 현미경 상에 나타나지 않도록 차단함으로써, 시료의 특정 단면의 상을 보다 높은 해상력으로 관찰하는 방법이다. 이 방법에 의하면, 표준적인 형광 현미경으로 얻어지는 상에 비해 해상도가 높아지고 질이 좋아지게 된다. 또한, 시료를 따라 초점면을 이동시켜 얻어지는 2차원 상들을 조합시켜, 세포 형광의 3차원 상을 얻을 수도 있다.

미세한 칼슘 방출(miniature calcium release)과 세포 전체적인 신호들(global cellular signals)

디지털 이미지 기술을 통해 우리는 Ca^{2+} 신호의 일시적인 현상들에 대해 보다 구체적으로 알 수 있게 되었다. 흥분성 세포에서, Ca^{2+} 신호의 초기 시점에는 그 작용이 일어나게 될 위치와 근접해 있는 미소영역(microdomain)에 국한되어 Ca^{2+} 농도가 증가한다. 예를 들면, 골격근에서는 삼조체(triad) 구조의 근처에서, 신경조직에서는 세포 외로 분비하는 위치와 가까운 곳에서 이러한 일이 일어난다. 여기서 삼조체란, 골격근섬유에서 actin과 myosin으로 구성된 근세사(myofilaments)의 다발인 근원섬유(microfibril)를 가로세관(T세관)이 횡으로 감고 있고, T세관은 근형질세망(sarcoplasmic reticulum, SR)의 막과 밀착되어 있으며, T세관 양편 SR

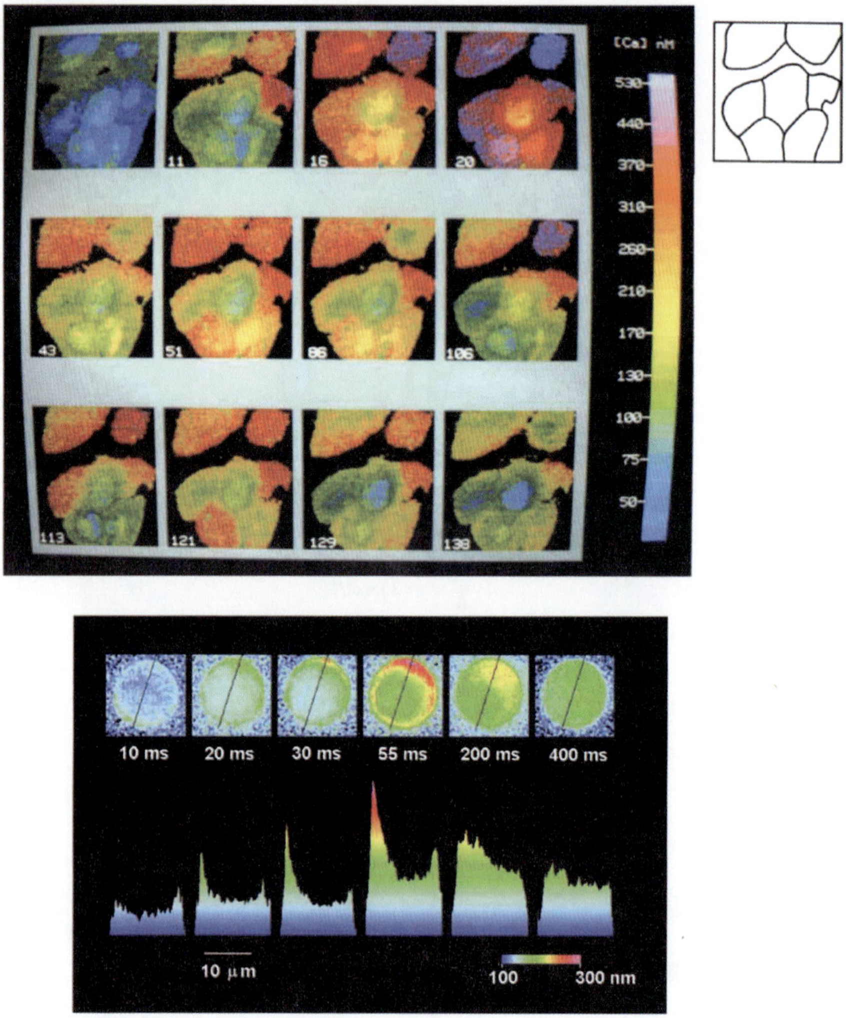

그림 7.13 **세포 외 리간드에 의해 활성화된 세포와 세포막 탈분극(depolarization)에 의해 활성화된 세포에서 Ca^{2+} 농도 수준을 위색표현 이미지(pseudocolour image):** (a) 인간 혈관상피세포를 배양접시에 채워 키운 세포층(confluent layer)을 histamine(1 μmol/l)으로 자극한 후 Ca^{2+} 농도의 변화를 시각화한 것. 오른쪽의 보정치는 세포 내 Ca^{2+} 농도를 가리킨다. 오른쪽 끝의 지도는 개개의 세포에 대한 경계를 보여주고 있다. 각 틀 내의 수치는 histamine이 처리된 시간을 초 단위로 나타낸 것이다. 개개의 세포에서 Ca^{2+} 농도 수준이 공간적 및 시간적으로 복잡하게 변화하는 패턴이 나타나고 있다(형광염색물질: Fura2). Ron Jacob[38]의 허가로 전재. (b) 단일 친크롬세포(chromaffin cell)에서 막 탈분극 후, 시간에 따른 Ca^{2+} 농도의 변화. 세포 전체적으로 전압을 걸어주고, 일련의 탈분극 후 주어진 시간에 6개의 형광 이미지를 pulsed laser imaging 기법을 이용하여 얻은 것이다. 위쪽에 색깔을 입힌 이미지들은 Ca^{2+} 농도가 세포 주변에서, 특히 한쪽 모서리(55 ms)에서 높아지다가 다시 떨어지는 변화를 보여주고 있다. 각 이미지에서의 이등분선은 해당 영역 단면에서의 Ca^{2+} 농도를 아래쪽에서 보여주고 있다는 의미이다(형광염색물질: Rhod2). Julio Hernandez와 Jonathan Monck[39]의 허락으로 전재.

들은 부푼 상태에서 융합되어 종말소조(terminal cisternae - Ca^{2+} 저장소 역할)라는 확대된 방을 형성하는데, 이 종말소조와 T세관을 합한 구조를 말한다(역자 주). 강한 자극이 주어지는 경우에는, 국소적인 Ca^{2+} 농도의 변화는 점차적으로 세포질 전체로 Ca^{2+}이 퍼져나와 세포 전체적인 농도의 증가를 초래하게 된다. 비흥분성 세포에서는 이러한 반응은 파도가 퍼져나가는 형태 또는 전체적으로 변화가 일어나는 형태로 Ca^{2+} 농도가 증가하는 모습을 보여준다.

이러한 변화들을 시각화하게 되면 다양한 형태의 현상으로 관찰할 수가 있다. 수십 밀리초 동안 반점 형태로 빛이 나도록 할 수도 있고(근육세포의 경우), 수 초 동안 넓은 파상의 신호가 나오게(비흥분성 세포의 경우) 할 수도 있다. 그림 7.14에서 그 예들을 볼 수 있다. 흥분성 세포 및 비흥분성 세포 모두에서, 세포질은 ER 또는 SR로부터 Ca^{2+}이 방출되는 곳으로서, 동시에 Ca^{2+}을 방출할 수도 있기 때문에 일종의 '흥분성 매체(excitable medium)'[(40)]가 될 수도 있다. 다시 말하면, Ca^{2+} 유도에 의한 Ca^{2+} 방출의 과정은 한번 시작되면 확장 재생되는 신호를 만들어낼 수 있다는 것이다.

전기적 흥분성 세포에서의 Ca^{2+} 신호

골격근세포에서 일시적인 Ca^{2+} 신호가 생성되는 것은, dihydropyridine 수용체(DHPR)들과 type 1 ryanodine 수용체(RyR1)로 이루어지는 복합체(DHPR-RyR1 복합체, 4개의 DHPR과 1

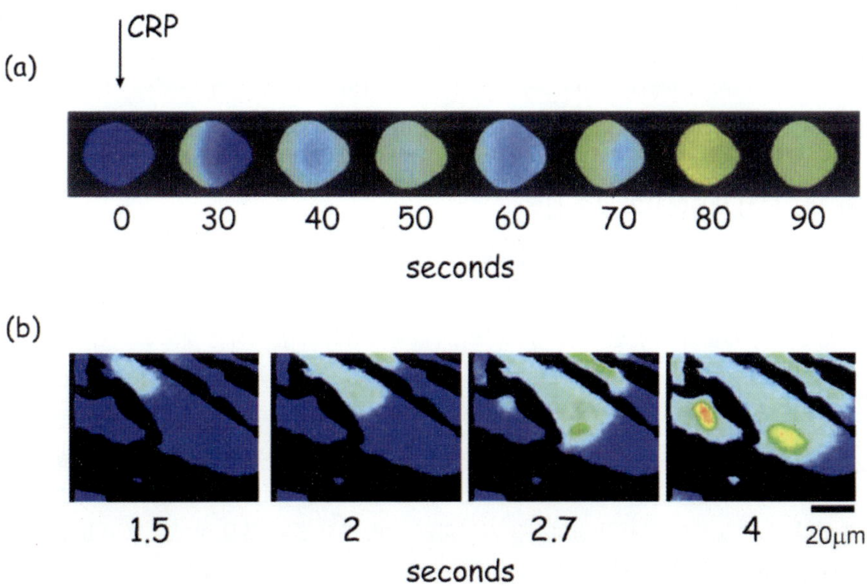

그림 7.14 수용성 리간드에 의해 단일 거대핵세포(megakaryocyte) 및 성상세포들(astrocytes)을 자극한 후 나타나는 Ca^{2+} 신호파: 세포에 Ca^{2+}-민감성 형광염색물질을 미리 처리한 후 시간에 따른 Ca^{2+} 농도의 변화를 관찰한 것. 따뜻한 색이 높은 Ca^{2+} 농도를 가리킨다. (a) 단일 거대핵세포를 collagen peptide(CRP)로 자극하여 활성화시킨 것. Ca^{2+} 농도의 증가가 50초에서 일단 최대에 도달하였으며, 이어서 5분에 이르기까지 지속적으로 증가하였다(그림에는 나타내지 않음). 세포 외 Ca^{2+} 농도는 200 μM 이었으며 세포의 크기는 직경이 약 40 μm이었다. (b) ATP(20 μM)로 purinergic 수용체를 자극한 성상세포들에서 발생되는 Ca^{2+}신호파. Michael Duchen[(42)]의 허가로 전재.

개의 RyR1으로 구성)에서 국소적으로 Ca^{2+} 이 방출됨으로써 시작되는 것으로 생각되고 있다[28]. 이어서 DHPR과 결합되지 않은 RyR들이 활성화되면서 Ca^{2+} 농도가 높아지는 영역이 점차 확장되어가게 된다. RyR들(및 type1 IP_3R들)의 Ca^{2+} 농도에 대한 반응성은 Ca^{2+} 농도에 따라 종 모양(bell-shaped) 그래프 형태의 변화 패턴을 보여준다(그림 7.15). 즉, Ca^{2+} 농도가 휴지상태의 수준보다 높아지면 더 많은 SR의 Ca^{2+} 이온통로가 열리게 되는 것이다. 그러다가 농도가 mol/l 수준에 근접하게 되면 다시 닫히게 된다. 이로써 Ca^{2+} 저장소가 완전히 고갈되는 것이 방지되고 또한 Ca^{2+} 신호의 강도에 있어서도 어떤 상한선이 만들어지는 것이다.

막의 탈분극 현상(depolarization)에 의해 국소적이고 일시적인 Ca^{2+} 농도의 변화, 즉 일종의 '스파크(spark)'를 일으킬 것인지 아니면 세포 전체적인 농도 상승을 일으킬 것인지는 자극의 강도에 따라 달라진다. 휴지상태의 골격근 세포에서는, 자발적인 스파크들이 관찰되는데 이는 개개의 type 1 RyR 이온통로가 열리는 결과인 것으로 보인다. 반면, DHPR-RyR1 복합체는 Ca^{2+} 방출을 위한 '기본단위(elementary unit)'로 볼 수 있는데, 이들 기본단위들이 여럿 불러 모아짐으로써 막의 탈분극화가 진행되어 스파크의 빈도와 크기가 커지게 되면서, 결국에는 세포 전체적인 Ca^{2+} 농도의 증가가 이루어지게 되는 것이다[27].

한편 심근(cardiac muscle)의 상황은 조금 다르다. 우선 RyR(type 2)들은 DHPR들과 직접 결합하지 않는다. 대신, 1개의 DHPR과 약 4개의 RyR2 이온통로가 느슨하게 결합된 상태(DHPR-RyR2)로 기본단위가 형성된다. 그리고 이 경우에서는, 막 탈분극화의 결과 Ca^{2+} 이온 전도성(conductance)이 높고 RyR2 통로들의 개방시간이 좀 더 길게 유지되기 때문에 세포 전체적인 Ca^{2+} 농도의 상승이 가능해지고 그 결과로 심근세포 전체에 걸쳐 빠른 수축이 일어나게 된다. 가로무늬근(striated muscle)에서 수축이 개시되는 메커니즘에 대해서는 8장에서 다루도록 한다.

비흥분성 세포에서의 칼슘 신호

전기적 비흥분성 세포에서의 Ca^{2+} 방출과정은 일반적으로 신경 및 가로무늬근에 비해 느리게 진행된다. 그 이유의 하나로는, IP_3R 통로들이 IP_3에 의해 자극되고 나서야 Ca^{2+}을 세포질로 방출하기 때문이다. 뿐만 아니라, Ca^{2+}이 축적되어 농도가 높아지는 것도 느리다. 왜냐하면, 막 탈분극 신호와 같은 현상이 존재하지 않으므로 세포 내로의 Ca^{2+} 유입과 세포 내 저장소로부터의 Ca^{2+} 방출이 동시에 일어날 수 없기 때문이다.

또한 비흥분성 세포에서는 기본단위에 의한 Ca^{2+} 방출이 그리 두드러지지 않다. '방출단위(unit of release)'는 단일 IP_3R 또는 여러개 IP_3R들의 클러스터로 이루어지는 것으로 추정되고 있다. Ca^{2+} 농도의 일시적 변화들을 시각화해보면, 작고 짧은 영상(아마도 단일 IP_3R로부터의 방출에 의한 것)에서부터, 보다 광범위하게 부풀린 형태의 영상(IP_3R 클러스터로부터 방출된 것)과, 반복되는 신호파가 최대로 나타나는 영상(이웃하는 통로들이 연속적으로 자극을 받은 결과)에 이르기까지 다양하게 나타난다. 이러한 신호파들은 수 초 내에 전체 세포질을 가로질러 퍼져나가게 된다(그림 7.14).

세포 내 2차 전령물질의 영역적 국한(localization)

다른 2차 전령물질과는 달리, Ca^{2+}의 경우에는 공간적, 시간적인 농도 변화를 측정하는 것이 가능하다. 그리고 그를 통해 세포 내 2차 전령물질의 영역적 국한이 어떻게 신호전달경로를 작동시키는지에 대한 단서를 제공해 주기도 한다. 다음 장에서는 그 신호들이 어떤 현상으로 나타나는지에 대해 설명한다.

단계적 반응들(graded responses)과 Ca^{2+} 유도에 의한 Ca^{2+} 방출(Ca^{2+}-induced Ca^{2+}-release)

비흥분성 세포는 많은 경우에 자극의 수준에 따라 정도가 다른 반응을 나타낸다. 세포를 활성화시키는 기작들은 일련의 효소 활성화 과정으로 이루어지는 특성이 있기 때문에, 가장 민감한 조절작용은 신호전달의 초기단계, 즉 수용체 단계 또는 2차 전령물질 수준의 단계에서 일어나게 된다. Ca^{2+}에 의한 신호전달 과정에서는, 우선 낮은 수준의 자극 농도가 주어지면 세포 내 저장소로부터 어떤 한정된 영역으로의 Ca^{2+} 방출이 시작되면서 하나의 불룩한 형태의 신호 또는 불완전한 파동 형태의 신호를 만들어낸다. 자극의 농도가 증가됨에 따라, Ca^{2+} 방출은 더욱 촉진되어 결국 Ca^{2+} 파동이 세포질 전체로 고루 퍼져나가고 세포반응은 극대화된다.

여기서 한 가지 생각해볼 수 있는 문제는, Ca^{2+} 유도에 의한 Ca^{2+} 방출에만 의존하고 있는 세포 활성 기작의 경우에는 자극의 정도에 관계없이 최대의 반응을 만들어내야 한다는 점이다. 하지만 이러한 일은 일어나지 않는데, 그 이유는 'Ca^{2+} 유도에 의한 Ca^{2+} 방출'의 각 기본단위는 Ca^{2+}의 양을 단계적으로 공급해주기 때문에 한 기본단위가 일어나면 한 단계 만큼의 Ca^{2+} 증가만 일어날 수 있기 때문이다. 결국 각 기본단위가 1 또는 0의 방식으로 연이어 일어나면서 단계적 반응이 일어나 국소적인 IP_3의 농도가 증가하게 된다[43]. 그러나 IP_3R의 Ca^{2+} 민감성이 IP_3에 의존적임을 좀 더 살펴보면, 다른 설명이 가능해진다. 예를 들어서, 개구리(*Xenopus*) 난자에서 관찰되는 type 1 IP_3R의 Ca^{2+} 민감성을 IP_3의 농도에 따라 측정해보면[44], 방출 통로의 개방확률과 Ca^{2+} 농도 간의 관계는, 다른 세포에서와 마찬가지로 종 모양 그래프 패턴의 관계로 나타난다. 좀 더 구체적으로 보면, IP_3 농도 수준이 낮을 경우에는, pCa 7(즉, 100 nmol/l의 Ca^{2+} 농도, 그림 7.15의 녹색선)에서 최대 개방확률을 나타낸다. 그러나 IP_3의 수준이 증가하면(청색 및 적색선), 관계 곡선의 감소 부분은 우측으로 이동되고 동시에 최대

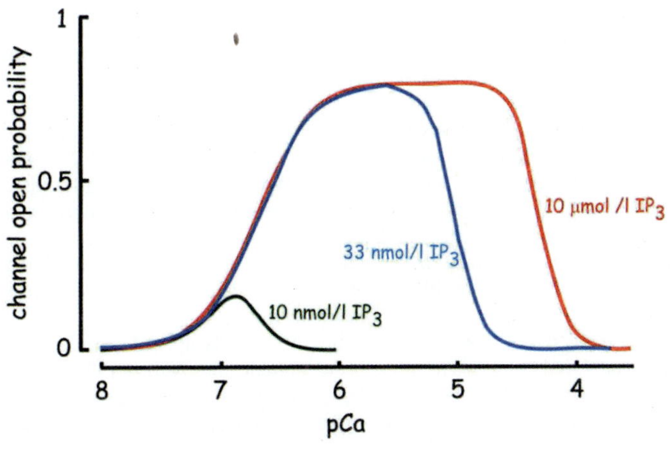

그림 7.15 Type 1 IP_3 수용체 이온통로의 개방확률(open probability)이 IP_3 및 Ca^{2+} 농도에 대한 의존성. 아프리카발톱개구리(*X. laevis*) 난자(oocytes)의 핵 외막에 위치하고 있는 IP_3R이 보여주는 개방확률 그래프이다. Mak 등의 논문[44]으로부터 인용.

개방확률값도 증가한다. 따라서 하나의 통로를 통해 세포질로 방출되는 Ca^{2+}의 양은 IP_3 농도에 따라 증가하는데, 아마 이것이 단계적 반응현상의 기초를 제공하고 있는 것으로 보인다.

References

1 Ringer, S. Regarding the action of the hydrate of soda, hydrate of ammonia, and hydrate of potash on the ventricle of the frog's heart. *J. Physiol. Lond.* 1883: 3; 195–202.
2 Ringer, S. A further contribution regarding the influence of the different constituents of the blood on the contraction of the heart. *J. Physiol. Lond.* 1884: 4; 29–42.
3 Locke, F.S. Notiz über den Einflüss, physiologischer Kochsalzläsung auf die Errebarkeit von Muskel und Nerv. *Zent. Physiol.* 1894; 8: 166–7.
4 Mann, P.J.G., Tennenbaum, M., Quastel, J.H. Acetylcholine metabolism in the central nervous system: The effects of potassium and other cations on acetylcholine liberation. *Biochem. J.* 1939; 33: 822–35.
5 Harvey, A.M., MacIntosh, F.C. Calcium and synaptic transmission in a sympathetic ganglion. *J. Physiol. Lond.* 1940; 97: 408–16.
6 Kamada, T., Kinoshita, H. Disturbances initiated from naked surface of muscle protoplasm. *Jap. J. Physiol.* 1943; 10: 469–93.
7 Heilbrunn, L.V., Wiercinski, F.J. The action of various cations on muscle protoplasm. *J. Cell Comp. Physiol.* 1947; 29: 15–32.
8 Heilbrunn, L.V. The action of calcium on muscle protoplasm. *Physiol. Zool.* 1940; 13: 88–94.
9 Sutherland, E.W. Studies on the mechanism of hormone action. *Science* 1972; 177: 401–8.
10 Levine, B.A., Williams, R.J.P. The chemistry of calcium ion and its biological relevance. In: Anghilieri, L.J., Tuffet-Anghilieri, A.-M. (Eds) *The Role of Calcium in Biological Systems* vol. 1. CRC Press, Boca Raton, Fla., 1982; 3–26.
11 Pollack, H. Micrurgical studies in cell physiology: Calcium ions in living protoplasm. *J. Gen. Physiol.* 1928; 11: 539–45.
12 Shimomura, O., Johnson, F.H. Properties of the bioluminescent protein aequorin. *Biochemistry* 1969; 8: 3991–7.
13 Llinas, R., Blinks, J.R., Nicholson, C. Calcium transient in presynaptic terminal of squid giant synapse: detection with aequorin. *Science* 1972; 176: 1127–9.
14 Ashley, C.C. Aequorin-monitored calcium transients in single *Maia* muscle fibres. *J. Physiol. Lond.* 1969; 203: 32P–33P.
15 Tsien, R.Y., Pozzan, T., Rink, T.J. Calcium homeostasis in intact lymphocytes: cytoplasmic free calcium monitored with a new, intracellularly trapped fluorescent indicator. *J. Cell Biol.* 1982; 94: 325–34.
16 Tsien, R.Y. New calcium indicators and buffers with high selectivity against magnesium and protons: design, synthesis, and properties of prototype structures. *Biochemistry* 1980; 19: 2396–404.
17 Merritt, J.E., Rink, T.J. Rapid increases in cytosolic free calcium in response to muscarinic stimulation of rat parotid acinar cells. *J. Biol. Chem.* 1987; 262: 4958–60.
18 Samsó, M., Wagenknecht, T. Contributions of electron microscopy and single particle techniques to the determination of the ryanodine receptor three-dimensional structure. *J. Struct. Biol.* 1998; 121: 172–80.
19 Mak, D.O., McBride, S., Raghuram, V. *et al.* Single-channel properties in endoplasmic reticulum membrane of recombinant type 3 inositol trisphosphate receptor. *J. Gen. Physiol.* 2000; 115: 241–56.
20 Nowak, L., Bregestovski, P., Ascher, P., Herbet, A., Prochiantz, A. Magnesium gates glutamate-activated channels in mouse central neurones. *Nature* 1984; 307: 462–5.
21 Malenka, R.C., Kauer, J.A., Perkel, D.J. *et al.* An essential role for postsynaptic calmodulin and protein kinase activity in long-term potentiation. *Nature* 1989; 340: 554–7.
22 Bliss, T.V.P., Collingridge, G.L. A synaptic model of memory: Long-term potentiation in the hippocampus. *Nature* 1993; 361: 31–9.
23 Wacholtz, M.C., Lipsky, P.E. Anti-CD3-stimulated Ca^{2+} signal in individual human

peripheral T cells. Activation correlates with a sustained increase in intracellular Ca^{2+}. *J. Immunol.* 1993; 150: 5338–49.
24 Putney, J.W.J. Capacitative calcium entry revisited. *Cell Calcium* 1990; 11: 611–24.
25 Putney, J.W.J. A model for receptor-regulated calcium entry. *Cell Calcium* 1986; 7: 1–2.
26 Schneider, M.F., Chandler, W.K. Voltage dependent charge movement of skeletal muscle: a possible step in excitation-contraction coupling. *Nature* 1973; 242: 244–6.
27 Berridge, M.J. Elementary and global aspects of calcium signalling. *J. Physiol.* 1997; 499: 291–306.
28 Meissner, G., Lu, X. Dihydropyridine receptor-ryanodine receptor interactions in skeletal muscle excitation-contraction coupling. *Biosci. Rep.* 1995; 15: 399–408.
29 Hardie, R.C., Minke, B. Calcium-dependent inactivation of light-sensitive channels in *Drosophila* photoreceptors. *J. Gen. Physiol.* 1994; 103: 409–27.
30 Hardie, R.C., Minke, B. The trp gene is essential for a light-activated Ca^{2+} channel in *Drosophila* photoreceptors. *Neuron* 1992; 8: 643–51.
31 Hoth, M., Penner, R. Calcium release-activated calcium current in rat mast cells. *J. Physiol.* 1993; 465: 359–86.
32 Kiselyov, K., Xu, K., Mozhayeva, G. *et al.* Functional interaction between InsP3 receptors and store-operated Htrp3 channels. *Nature* 1999; 396: 478–82.
33 Galione, A., Lee, H.C., Busa, W.B. Ca^{2+}-induced Ca^{2+} release in sea urchin egg homogenates: modulation by cyclic ADP-ribose. *Science* 1991: 253; 1143–6.
34 Okamoto, H. The CD38-cyclic ADP-ribose signaling system in insulin secretion. *Mol. Cell. Biochem.* 1999; 193: 115–18.
35 Kato, I., Yamamoto, Y., Fujimura, M. *et al.* CD38 disruption impairs glucose-induced increases in cyclic ADP-ribose. $[Ca^{2+}]i$, and insulin secretion. *J. Biol. Chem.* 1999; 274: 1869–72.
36 Guse, A.H., da-Silva, C. P., Berg, I. *et al.* Regulation of calcium signalling in T lymphocytes by the second messenger cyclic ADP-ribose. *Nature* 1999; 398: 70–3.
37 Mathes, C., Fleig, A., Penner, R. Calcium release-activated calcium current (ICRAC) is a direct target for sphingosine. *J. Biol. Chem.* 1998; 273: 25020–30.
38 Jacob, R., Merritt, J.E., Hallam, T.J., Rink, T.J. Repetitive spikes in cytoplasmic calcium evoked by histamine in human endothelial cells. *Nature* 1988; 335: 40–5.
39 Monck, J.R., Robinson, I.M., Escobar, A.L., Vergara, J.L., Hernandez, J. M. Pulsed laser imaging of rapid Ca^{2+} gradients in excitable cells. *Biophys. J.* 1994; 67: 505–14.
40 Lechleiter, J.D., Clapham, D.E. Molecular mechanisms of intracellular calcium excitability in *X. laevis* oocytes. *Cell* 1992; 69: 283–94.
41 Melford, S.K., Briddon, S.J., Turner, M., Tybulewicz, V.L., Watson, S.P. Syk and Fyn are required by mouse megakaryocytes for the rise in intracellular calcium induced by a collagen-related peptide. *J. Biol. Chem.* 1997; 272: 27539–42.
42 Boitier, E., Rea, R., Duchen, M.R. Mitochondria exert a negative feedback on the propagation of intracellular Ca^{2+} waves in rat cortical astrocytes. *J. Cell Biol.* 1999; 145: 795–808.
43 Bootman, M.D., Cheek, T.R., Moreton, R.B., Bennett, D.L., Berridge, M.J. Smoothly graded Ca^{2+} release from inositol 1,4,5-trisphosphate-sensitive Ca^{2+} stores. *J. Biol. Chem.* 1994; 269: 24783–91.
44 Mak, D.O., McBride, S., Foskett, J.K. Inositol 1,4,5-tris-phosphate activation of inositol tris-phosphate receptor Ca^{2+} channel by ligand tuning of Ca^{2+} inhibition. *Proc. Natl. Acad. Sci. USA* 1998; 95: 15821–52.

8

칼슘 신호전달(Calcium Signalling)

단백질과 칼슘의 결합

앞 장에서 살펴본 바와 같이 Ca^{2+}은 신호전달에 있어서 중요한 2차 전령물질로 작용하고 있다. 그렇다면 이제는 그 Ca^{2+}이 세포질 내에서 농도가 상승할 때 어떻게 신호전달 현상이 유발되는지에 대해 알아볼 차례이다. 그 첫 단계로는 당연히 Ca^{2+}이 특정 단백질과 결합되어야 할 것이고, 그 후에 그 단백질로부터 메시지가 전달될 것이다. 하지만 어떤 단백질이 Ca^{2+}와 결합한다고 해서 그 단백질이 반드시 신호전달에 참여해야 함을 의미하는 것은 아니다. Ca^{2+}과 높은 친화력을 가진 단백질들은 휴지(resting)상태에서도 항상 포화되어 있기 때문에 Ca^{2+} 농도가 높아진다 하더라도 그 단백질들은 영향을 받지 않는다. Ca^{2+}에 대한 해리상수가 0.1 M 보다 높은 단백질의 경우에는 Ca^{2+} 농도가 생리학적 범위 내에서 높아진다면 더 많은 Ca^{2+}과 결합하겠지만, 이 단백질이 반드시 신호전달 작용에 참여하게 되는 것은 아니다. 그 대신, 그들의 상대적인 'on-off' 속도는 Ca^{2+} 농도의 일시적인 변동형태를 형성하는데 중요하고, 그들의 전체적인 Ca^{2+} 완충 용량은 Ca^{2+} 농도가 지나치게 높아지지 않도록 막는데 도움을 줄 수 있다. 한편 흥미로운 사실은, 몇몇 중요한 신호전달 단백질들은 그 조절작용 부위에서 Ca^{2+}과 결합하게 되는데, 이런 경우에는 국소적 또는 전체적으로 높아진 Ca^{2+} 농도에 의해서 단백질이 활성화되는 특징을 나타낸다.

Ca^{2+}과 결합하는 polypeptide 모듈

단백질에 있어서 Ca^{2+} 결합위치는 통상적으로 EF-hand motif와 C2 domain을 갖는다. 이들의 구조는 18장에 설명되어 있다. EF-hand motif는 쌍으로 존재하는데, 하나의 motif가 하나의 Ca^{2+}과 결합하게 된다. 그러나 그들의 Ca^{2+}에 대한 해리상수는 단백질의 종류에 따라 다르며, 10^{-7}~10^{-5} mol/l 범위에서 다양하게 나타난다. C2 domain의 Ca^{2+} 해리상수 역시 매우 폭넓은 다양성을 보여준다(10^{-6}~10^{-3} mol/l). Ca^{2+} 친화력이 낮은 C2 domain 및 EF-hand는, 큰 폭의 Ca^{2+} 농도 상승을 감지하는 시스템의 구성요소가 된다. 예를 들면, PLC(5장 참조)의 EF-hand를 들 수 있는데, 생리적 농도범위의 Ca^{2+} 농도 변화는 감지할 수 없다(표 8.1).

아미노산 서열 데이터베이스를 조사해보면 대략 100 가지의 알려진 단백질들이 C2 domain을 가지고 있다(표 8.1). 하지만 Ca^{2+}과 결합하는 위치가 C2 domain과 EF-hand만 있는 것은 아니다. 예를 들어, annexin은 세포막 안쪽 표면에 위치하면서 cytoskeleton과 결합하

표 8.1 척추동물에서의 세포 내 Ca^{2+}-결합 단백질(Ca^{2+}-binding protein)들의 예

Protein	Type	Ca^{2+}-binding domains	Probable function	Special location
Calsequestrin			Ca^{2+} buffering	SR in muscle
Calreticulin			Ca^{2+} buffering	ER
Parvalbumin		EF-hand	CytosolicCa^{2+} buffering	Muscle/nerve
Ca^{2+}-ATPase	CaM dependent		Pumps Ca^{2+} out of cell	Plasma membrane
Ca^{2+}-ATPase(SERCA)[a]			Pumps Ca^{2+} into stores	ER membrane
Calmodulin(CaM)		EF-hand	Mutipurpose Ca^{2+} sesing mediator	
Troponin C		EF-hand	Ca^{2+} sesing mediator of contraction	Striated muscle
Ca^{2+}/calmodulin kinase II	CaM is a regulatory subunit		Mutipurpose signalling	
Myosin light chain kinase	Ca^{2+}/CaM dependent		Phosphorylates myosin	Smooth muscle
Adenylyl cyclase(I, III, VIII)	Ca^{2+}/CaM dependent		Makes cyclic AMP	
Cyclic nucleotide phosphodiesterase(IA-C)	Ca^{2+}/CaM dependent		Breaks down cyclic AMP	
Phosphorylase b kinase	CaM is a regulatory subunit		Phosphorylase glycogen phosphorylase	Skeletal muscle
Recoverin	Ca^{2+}-myristoyl switch	EF-hand	Ca^{2+} sesing mediator	Photoreceptor cells
Calpain		EF-hand	Protease	
α-Actinin		EF-hand	Cytoskeleton	
Gelsolin			Actin severing and capping	
Synaptotagmin	Putative Ca^{2+}sensor	C2	Signalling	Secretory cells
Calcineurin (protein phosphaase 2B)	Ca^{2+}/CaM dependent	EF-hand	Signalling, e.g. transcription	
Protein kinase C, (α, β1, β2, γ)		C2	Signalling	
Phospholipase C (all isoforms)		EF-hand, C2	Signalling	
Diacylglycerol kinase		EF-hand		
Nitric oxide synthase	CaM is a regulatory subunit		Production of NO for signalling	

[a] sarco(endo)plasmic reticulum Ca^{2+} ATPase.

고 있는 단백질로서, Ca^{2+} 의존적인 인지질 결합 단백질이다[1-3]. 이 단백질에서 Ca^{2+}은 endonexin fold라 부르는 고리모양(loop) 구조에 결합하게 된다. 이 외에도 C2 domain이나 EF-hand를 갖지 않는 Ca^{2+} 결합 단백질들을 다양한 이온통로(ion channel) 단백질들과 ATPase들 중에서 찾아볼 수 있는데, 이들은 Ca^{2+}의 막 통과를 수행하는 단백질들이다.

칼슘 농도 상승의 효과

Ca^{2+}은 다양한 종류의 Ca^{2+}-민감성 조절 효소(regulatory enzyme)들을 활성화시킨다. 조절작용을 하는 effector 및 transducer들 중의 일부를 표 8.1에 정리하였다. 자극을 준 세포에서 Ca^{2+} 농도의 파동 및 진동은 특정 하류 표적(downstream target)을 활성화시키게 되는데, 이 표적들은 특정한 Ca^{2+} 농도 범위 내에서 반응하거나 주기적인 자극이 필요한 것들이다. 예를 들어, 유전자 발현을 조절하거나 calcineurin을 통해 활성화되는 전사인자(transcription factor)들은 특정한 Ca^{2+} 농도에서 반응할 뿐만 아니라, 특정한 진동 빈도수(oscillation frequency)에 대해서도 반응한다[4,5].

표적 단백질들은 Ca^{2+}의 일시적인 요동에 반응해야 하기 때문에, 일시적인(short-term) 또는 국소적인(local) Ca^{2+} 농도의 상승을 감지하고, 휴지상태의 수준(resting level)으로 다시 가라앉기 전에 반응을 나타내야 한다. Ca^{2+}이 빠르게 높아졌다 낮아지는 신호전달 메커니즘에 있어서는 Ca^{2+} 결합의 안정성 상수(stability constant)도 중요하지만 'on'-'off' 반응의 속도도 중요하다. 여기서 정반응(forward reaction), 즉 'on' 반응은 Ca^{2+}으로부터 물 분자들을 대

체하는 것인데 물 분자를 한 번에 하나씩 제거하게 된다. 일반적으로, 하나의 여러자리 리간드(multidentate coordinating ligand, 중심 금속 이온에 두 개 이상의 전자쌍을 제공할 수 있는 리간드 – 역자 주)가 양이온과 빠르게 결합하고 해리되기 위해서는 리간드의 골격(framework)은 유연해야 할 필요가 있다. Ca^{2+}에 의해 활성화되는 조절 효소들은 그러한 특성을 가지고 있기 때문에 Ca^{2+} 농도의 변화에 매우 신속하게 반응하고 있는 것이다. 또한 일시적으로 주어지는 신호들이 짜여지는 방식도 이러한 측면에서 이해될 수 있다. 즉 Ca^{2+} 농도가 낮은 상태에서 오르내릴 때, 'off' 반응의 효율이 낮은 Ca^{2+} 결합 effector들은 계속적으로 Ca^{2+}과 결합하게 되고, 반면 'off' 반응의 효율이 높은 것들은 Ca^{2+}을 잃게 되는 방식이다.

Calmodulin과 troponin C

Calmodulin

골격근세포에서 볼 수 있는 calmodulin과 그 isoform인 troponin C는 동물세포의 주요 Ca^{2+} 감지 단백질(Ca^{2+}-sensing protein)이라 할 수 있다. Calmodulin은 모든 진핵세포에서 상당량 발현되고 있으며 생물종 간에도 큰 차이가 없는 단백질이다. 포유동물의 뇌세포에서는 전체 단백질의 1% 정도를 차지하기도 한다. cAMP의 신호는 protein kinase A(PKA) 단백질을 통해서 대부분 전달되는데 비해, Ca^{2+}의 신호는 calmodulin과의 상호작용을 통해 100가지 이상의 서로 다른 효소들을 활성화시킨다. 그리고 PKA의 경우에는 여러 개의 기질을 가지는데 비해, Ca^{2+}-calmodulin에 의해 활성화된 개개의 효소들은 매우 한정된 특이성을 가지며 그들 자체로서는 Ca^{2+}에 대한 민감성이 없는 경우가 많다(그림 8.1). 하지만 cAMP와 Ca^{2+} 신호의 결과는 비슷하다. 즉 이들 각 2차 전령물질은 여러 종류의 표적과 연결되어 있는 것이다.

Calmodulin은 처음에는 cyclic nucleotide phosphoesterase의 동반자로서 알려졌다[6,7]. 크기가 그리 크지 않은(17 kDa) 산성의 단백질로 주로 나선 구조로 이루어진 단일 polypeptide이며 양쪽 끝에 2개씩, 총 4개의 Ca^{2+}-결합 EF-hand 구조를 가지고 있다(그림 8.3 참조). 이들 각 Ca^{2+} 결합 부위의 친화력은 10^{-6}~10^{-5} mol/l 범위 내에 있는데, 첫 번째 Ca^{2+} 이온이 한 부위에 결합하면 이웃하는 부위의 Ca^{2+} 친화력이 향상되는 특성을 보여준다. 이러한 특성 때문에 calmodulin은 Ca^{2+} 농도가 신호를 줄 수 있는 범위 내에서 작은 변화만 일어나더라도 반응을 보일 수 있게 되는 것이다. 그러나 Ca^{2+}이 결합된 후의 calmodulin, 즉 Ca^{2+}-calmodulin 자체가 반응을 촉매하는 활성을 가지는 것은 아니다. Calmodulin의 작용은 표적 효소에 근접하여 결합됨으로써 일어나는데, phosphorylase kinase와 calcineurin의 경우와 같이 calmodulin은 multisubunit complex의 지속적인 구성요소로 역할하고 있다. Calmodulin은 Ca^{2+}의 결합이 없는 상태에서는 중심부의 나선(helix) 구조가 말단의 나선 구조들에 의해 차폐되기 때문에 표적 효소와 결합할 수 없다(그림 8.2). 그러나 Ca^{2+} 이온들이 말단의 4개 EF-hand 부위에 결합되면 입체구조의 변화가 일어나면서 말단 부위의 소수성 표면들이 노출되고 동시에 중심부의 α-나선 구조 부위도 노출되는 것이다(그림 8.3)[8]. 이로써 Ca^{2+}이 결합된 calmodulin은 표적 효소에 대하여 K_D 값이 10^{-9} mol/l 수준 밖에 되지 않는 높은 친화력으로 결합한다. 결합 상태를 형성하는 것은 다음과 같이 이루어진다. α-나선 구조의 결합 부위가 풀리고 경첩(hinge) 구조를 이루게 됨으로써 그 부위가 접히면서 표적 효소를 감싸는 형태를 갖추게 된다. 이 때, N-말단과 C-말단은 서로 근접하게 되어 소수성 표면이 서로 결합됨으로써 마치 두 손

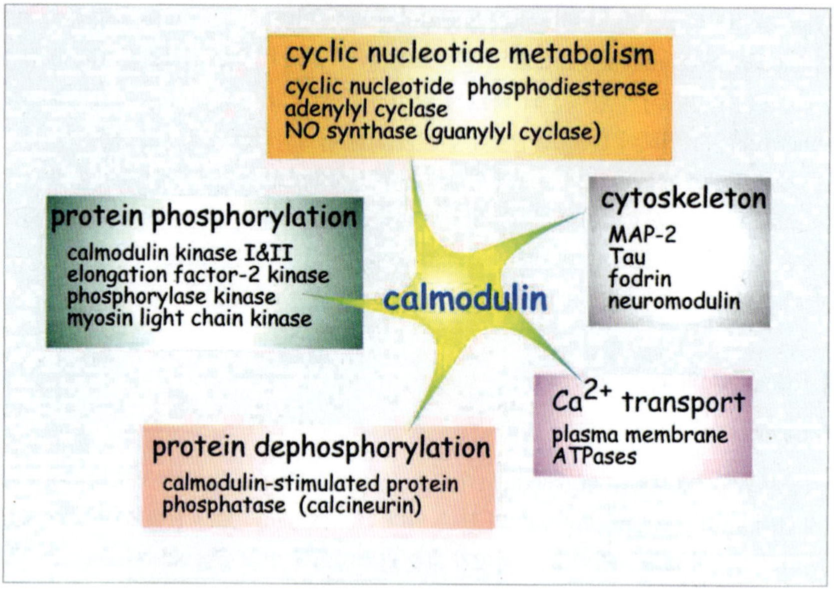

그림 8.1 Calmodulin으로 시작되는 여러 가지 신호전달경로들. Ca^{2+}에 결합된 calmodulin은 여러 종류의 효소들을 활성화시킴으로써 다양한 세포 반응들이 일어날 수 있도록 만든다. MAP-2, microtubule associated protein-2; NO, nitric oxide; Tau, tubulin assembly unit

그림 8.2 Ca^{2+}-free calmodulin(apocalmodulin)의 3차원 구조. Protein Data Bank(PDB) 데이터 1cfd.pdb[46].

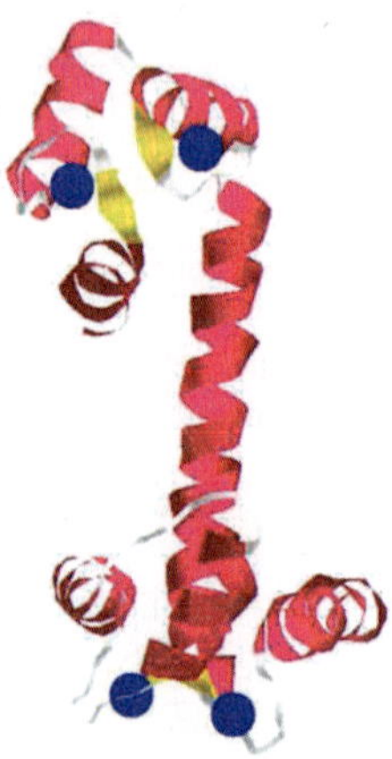

그림 8.3 Ca^{2+}과 결합한 calmodulin의 3차원 구조. Protein Data Bank(PDB) 데이터 1cll.pdb[45].

이 로프를 붙잡은 모양이 된다. 이로써 표적 효소의 α-나선 구조 서열은 중심부의 소수성 터널 부위를 채우게 된다(그림 8.4). 이러한 상호작용으로 인해 표적 효소에는 입체구조상 변화가 일어나게 되어 반응 촉매작용이 유발되는 것이다. 이 상태는 Ca^{2+}농도가 높게 유지되는 상황에서만 지속된다. Ca^{2+} 농도가 떨어지게 되면 결합되어있던 Ca^{2+} 이온들이 떨어져 나와 calmodulin이 표적 효소로부터 빠르게 분리되게 되고, 표적 효소는 다시 비활성화 상태로 되돌아가게 된다. 단, 한 가지 중요한 표적 단백질이 이러한 규칙에 대해 예외적인 특성을 보여주고 있다. 그것은 바로 Ca^{2+}/calmodulin-dependent kinase II(CaM-kinase II)로서, 일단 calmodulin에 의해서 한번 활성화된 이후에는 계속적으로 활성화된 상태가 유지된다(아래 참조). 몇 가지 대표적인 calmodulin 결합 단백질들에 대해 아래에 설명한다.

Troponin C

Troponin C는 그 기능에 있어서 calmodulin의 isoform이라 할 수 있다. 주로 가로무늬근(striated muscle)에 존재하면서 actin과 myosin의 상호작용을 조절하고 있다. 단일 polypeptide로 되어 있으면서, calmodulin처럼 그 양쪽 말단에 Ca^{2+}에 결합하는 EF-hand 구조를 2개 가지고 있다. 이 부위들의 Ca^{2+} 친화력은 10^{-5}~10^{-7} mol/l 수준이다. Troponin C의 기능에 대해서는 본 장의 뒷부분('가로무늬근에서의 수축작용 개시')에서 설명한다.

CaM-kinase(Ca^{2+}/calmodulin-dependent kinase)들

Calmodulin에 의해 조절되는 효소 부류들 중에는 CaM-kinase라 부르는 단백질군이 있다. 이 부류에는 phosphorylase kinase, myosin light chain kinase(MLCK), 및 CaM-kinase I~IV 등이

그림 8.4 평활근의 myosin light chain kinase(MLCK)에 있는 calmodulin-binding domain에 해당하는 peptide에 결합된 상태의 calmodulin 구조. Protein Data Bank(PDB) 데이터 2bbm.pdb[47].

포함된다. 이들 각 효소들은 calmodulin과의 상호작용을 통해 Ca^{2+} 신호를 인산화 신호로 바꿔주는 작용을 하고 있다.

다중 기능(multifunctional)의 Ca^{2+}/calmodulin activated protein kinase

이 효소들은 *in vitro* 인산화 활성 측정 결과를 통해 다중 기능 효소라고 불리는 것들이다. 그 이유는 이들 각 효소는 여러 서로 다른 표적 단백질들을 인산화시킬 수 있기 때문이다. 하지만 이러한 *in vitro*에서 관찰되는 특성이 *in vivo* 신호전달과정에서도 일어나는지는 확실치 않다. 그러나 이 부류에 속하는 효소들 중 가장 대표적인 CaM-kinase II는 다양한 단백질들에 대해 작용하는(broad spectrum) serine/threonine kinase이다. 이 효소는 많은 종류의 세포에서 발현되고 있으며, 특히 뇌세포에서 높은 수준으로 나타난다. CaM-kinase II의 활성화는 자동인산화 과정을 통해 일어나게 되는데, 이 때문에 Ca^{2+} 신호가 제거된 이후에도 활성이 유지되는, 즉 '자율적인(autonomous)' 특성이 있다. 따라서 그 작용을 끝내기 위해서는 phosphatase가 작용하여야 한다. 이러한 '빗장걸기(latching)' 특성으로 인해 CaM-kinase II는 학습과 기억작용에서 특정한 역할을 담당하는 것으로 추정되고 있다.

Phosphorylase kinase와 glycogen synthase kinase

Phosphorylase kinase는 최초로 발견된 protein kinase이다[9]. 이 효소는 β-아드레날린성 자극(β-adrenergic stimulation)에 의한 protein kinase A(PKA)의 작용에 의해서 조절되기도 하고, Ca^{2+}에 의해 작동되는 calmodulin에 의해 활성화되기도 한다(그림 8.5). 후자의 경우, calmodulin 자체는 실제 phosphorylase kinase의 δ-subunit이다[10]. Phosphorylase kinase는 결과적으로 일어나는 glycogen 분해작용을 강화하기 위해 glycogen 합성은 동시에 저해하게 되는데, 이 저해작용이 바로 Ca^{2+}과 calmodulin이 glycogen synthase kinase(GSK)에 작용(결합)함으로써 일어나는 것이다. 이로써 GSK는 glycogen synthase를 인산화시켜 비활성 상태로 만들어주는 것이다(그림 8.5). 전자의 경우에 대한 구체적인 내용은 9장과 17장에서 좀 더 다루면서 phosphorylase kinase가 2차 전령물질인 cAMP의 작용, 즉 PKA에 의해 인산화되어 활성화되는 현상에 대해 살펴본다.

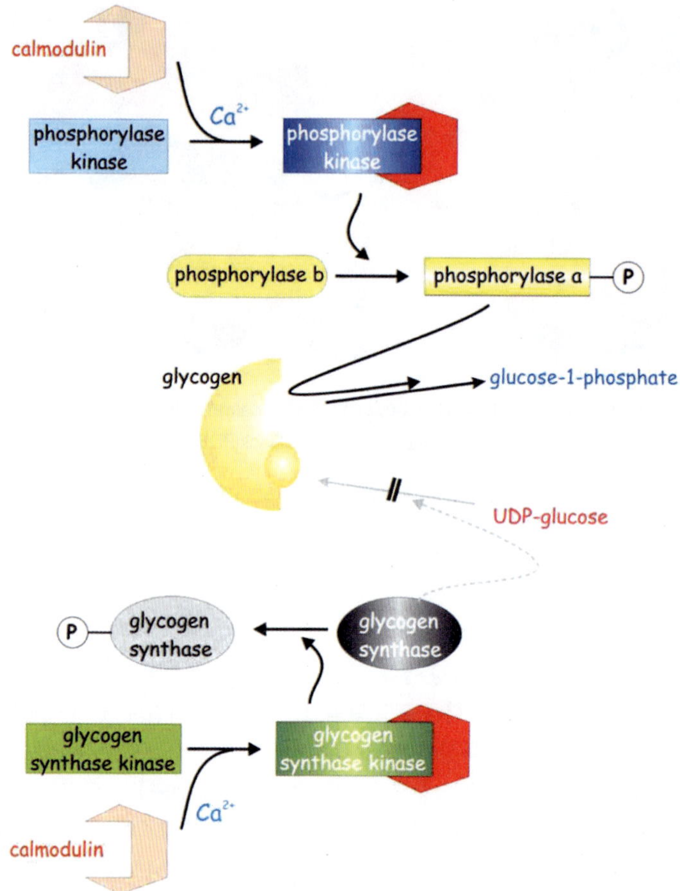

그림 8.5 **Ca^{2+}과 calmodulin은 골격근세포에서 glycogen 분해를 촉진하고 glycogen 합성은 저해한다.**

다른 형태의 Ca^{2+}-calmodulin 의존성 효소들

Ca^{2+}-calmodulin 민감성 adenylyl cyclase 및 phosphodiesterase

Ca^{2+} 이온과 cAMP에 의해 개시되는 신호전달과정을 비교하면 두 가지의 대조되는 흐름이 나타난다. 이들 두 2차 전령물질은 어떤 경우에는 완전히 반대되는 결과를 일으키고 어떤 경우에는 상호 보완적으로 유사한 목적을 향해 작용하기도 한다. 한 가지의 예로 PKA 또는 Ca^{2+}을 통해 phosphorylase kinase가 활성화되는 경우를 들 수 있다. 또한 Ca^{2+} 및 cAMP로 매개되는 신호전달과정이 adenylyl cyclase의 Ca^{2+}-calmodulin 민감성 isoform을 통해 서로 연결될 수도 있다. 예를 들면 뇌세포에 많이 존재하는 type 1의 adenylyl cyclase가 이러한 역할을 한다(5장 참조). 즉, Ca^{2+} 농도의 증가로 인해 adenylyl cyclase에 의한 cAMP의 생성이 강하게 촉진되게 된다. 이렇게 되면, cAMP를 5′-AMP로(그리고 cGMP를 5′-GMP로) 분해시키는 cyclic nucleotide phosphodiesterase 역시 Ca^{2+}-calmodulin에 의해 활성화된다. 따라서 뇌조직에서 신경세포로 들어간 Ca^{2+} 이온들은 먼저 cAMP를 생성시키는 작용을 하고, 이어서 Ca^{2+}-calmodulin 의존성 phosphodiesterase가 활성화되면서 cAMP를 분해시키는 작용을 하게 된다. 결국 전체적으로는 cAMP의 짧은 pulse를 만들어내는 효과를 내게 되는 것이다.

Calcineurin

Calcineurin은 calmodulin 의존성 Ser/Thr phosphatase 중의 하나이다. 포유동물세포에서 heterodimer로 존재하면서 많은 단백질들을 표적으로 하여 작용하고 있다(그림 8.6). Calcineurin의 촉매활성 subunit인 calcineurin A는 protein phosphatase 2B 라는 이름으로도 익숙하게 알려져 있다(17장 참조). 조절작용 subunit인 calcineurin B는 4개의 EF-hand를 가지고 있어서 높은 친화력으로 Ca^{2+} 이온과 결합한다. 그러나 phosphatase로 활성화되기 위해서는 추가적인 조절작용 subunit로 Ca^{2+}-calmodulin이 필요하다.

장기이식수술 후의 거부반응을 예방하기 위해 사용하는 면역억제제 cyclosporin과 FK506은 세포질의 immunophilin들, 즉 cyclophilin과 FKB12에 각각 결합하여 calcineurin의 작용을 저해한다. 이런 방식으로 이들 면역억제제가 T 림프구의 활성화를 막아주는 것이다(17장 참조). 하지만 주의할 점은, immunophilin들은 면역세포에만 한정되는 단백질이 아니라는 사실이다. 다른 조직의 세포에서도 ryanodine 및 IP_3 수용체의 복합체를 구성하는 구성요소로서 immunophilin은 풍부하게 존재하고 있다(7장 참조). 특히 신경조직에서 immunophilin은 뉴런의 성장과 복구(repair)에 영향을 미치고 있다(11). 단, 이 경우에는 immunophilin이 calmodulin 의존성이기는 하지만 Ca^{2+} 농도의 상승이나 calcineurin의 개입은 필요하지 않다.

Nitric oxide synthase

지난 10여 년 간의 놀라운 발견 중 하나라면, 유독한 기체(noxious gas)로 잘 알려진 nitric oxide(NO)가 세포 간의 전령물질로서 중요한 역할을 한다는 사실일 것이다. NO는 처음에는 혈관계에서 작용하는 endothelium-derived relaxing factor(EDRF)로 알려졌지만[12], 지금은 여러 조직에서 다양한 작용을 나타낸다는 사실이 밝혀지고 있다. NO는 haem단백질인 nitric oxide synthase(NOS)에 의해 L-arginine이 산화되어 만들어진다. NOS에는 3가지 종류가 있다: 즉 eNOS(endothelial NOS 또는 NOS III, 내피세포 막에 결합되어 있는 효소), nNOS(neuronal NOS 또는 NOS I, 뇌조직에서 최초로 확인된 NOS 효소로서 결합되어있지는 않음), iNOS(또는 NOS II, macrophage에서 사이토카인에 의해 유도되는 효소; nNOS 및 eNOS는 항상 세포에 발현되어 있는 상태이나 iNOS는 macrophage가 사이토카인이나 세균

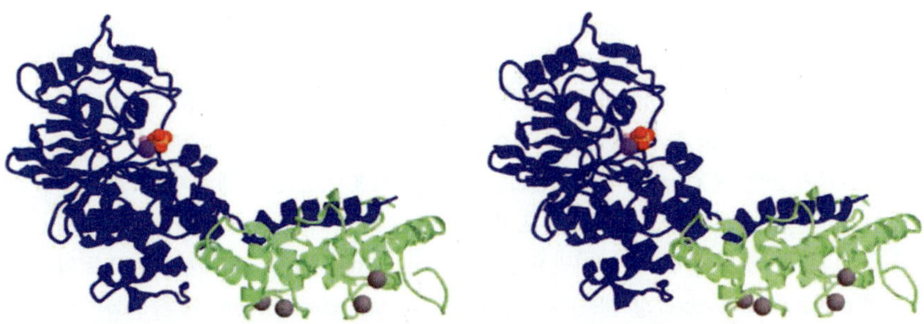

그림 8.6 **Calcineurin heterodimer의 입체구조.** 조절작용 subunit인 calcineurin B(청록색 사슬)은 4개의 Ca^{2+} 이온(회색 구)과 결합하는 EF-hand 결합부위를 가진 calmodulin과 유사한 구조를 하고 있다. 촉매활성 subunit인 calcineurin A(또는 protein phosphatase 2B, 청색 사슬)는 활성부위에 한 개의 Zn^{2+} 이온(연보라색)과 한 개의 Fe^{3+} 이온(자주색)을 가지고 있으며, 그림에는 표적이 되는 인산기가 붙어있다. 여기에 한 분자의 calmodulin이 참여하여 복합체를 만들 수 있는데 그림에는 나타나있지 않다. 이러한 입체 이미지를 보는 방법에 대해서는 18장의 'Oligopeptide motif에 결합하는 domain들' 부분에 설명되어 있다. Protein Data Bank(PDB) 데이터 1tc0.pdb[48].

lipopolysaccharide에 노출되었을 때에만 발현됨 – 역자 주)가 그것이다[13]. 이 중 nNOS는 신경세포와 골격근세포에 가장 많이 나타나지만 물론 그 외의 세포에서도 관찰되며, eNOS 역시 다양한 세포 종류에서 관찰되고 있다. 이들 eNOS와 nNOS는 모두 Ca^{2+}-calmodulin 의존성 효소들로서, 세포질의 Ca^{2+} 농도가 상승하면 그 반응으로 NO를 생산하게 된다. 이와는 대조적으로, iNOS의 경우는 휴지상태의 Ca^{2+} 농도 수준에서 calmodulin과 반응하기 때문에 항상 활성화된 상태로 유지되고 있다. Macrophage의 예를 들면, iNOS는 수시간 동안 활성이 유지되면서 공격하고자 하는 세포들에 대해 NO에 의한 세포독성을 일으키는 작용을 한다.

NO는 전형적인 전령물질 분자에 속하지는 않는다. 그러나 NO는 용액 중에서 빠르게 확산되는 성질을 갖고 있고, 생체 내에서는 수명이 짧기 때문에 대개는 좁은 영역의 효과, 즉 paracrine으로 작용하고 있다[14]. 즉, 세포막을 쉽게 통과하여 이웃하는 세포에 도달할 수 있고 세포막 상의 수용체 작용이 없이도 세포를 활성화시킬 수 있다는 특징을 갖고 있다. NO에 의해 영향을 받는 세포는 다양하다. 예를 들면, 앞에서 언급한 것처럼, NO는 평활근을 이완시키는 작용이 있어서 혈관뿐만 아니라 기관세지(bronchiole), 장(gut), 비뇨생식계에서도 작용한다. 특히 장조직에서는 장근육신경(myenteric neuron)의 정맥류(varicosity)에서 nNOS가 Ca^{2+}의 유입에 의해 활성화되는 현상이 관찰되었다. 이 때 생성되는 NO는 이웃하는 평활근세포로 확산되어 들어가 nmol/l 수준의 농도에서 guanylyl cyclase(haem 단백질의 일종)를 활성화시킴으로써 cyclic GMP를 생성시킨다[15,16]. 생성된 cGMP는 cGMP-dependent kinase I(G kinase)를 활성화시킴으로써 결국 평활근의 이완이 일어나게 되는데, 이 현상은 세포질의 Ca^{2+} 농도가 낮게 유지되도록 조절하는 메커니즘에 의해 영향을 받고 있다[17]. 이와 유사한 방식으로 심혈관계에서는, 내피세포(endothelial cell)의 eNOS가 Ca^{2+} 농도 변화에 반응하여 혈관 평활근을 이완시킴으로써 혈압을 낮춰준다[18,19].

중추신경계에서는, nNOS가 NMDA형 glutamate 수용체(3장과 7장에서 언급)에 가깝게 결합되어 있어 Ca^{2+} 이온통로에 근접한 위치에서 Ca^{2+} 농도의 일시적이고 강한 상승에 반응한다[20]. 이때 생성되는 NO는 순행적(anterograde) 혹은 역행적(retrograde) 전령물질로 어느 쪽으로든 작용할 수 있게 된다[21]. NO는 확산성이 좋기 때문에 근처에 있는 세포들, 즉 신경교세포(glial cell) 등의 세포에 영향을 끼칠 수도 있다. 이러한 작용을 통해 시냅스의 가소성(plasticity, 생체가 외부 변화에 대응하여 정상상태를 유지하는 성질)이 형성되는 효과가 나타나게 되는 것이다[22].

NOS 활성화에 의해 초래되는 결과 중 중요한 것 하나는, NO에 의한 세포 내 Ca^{2+} 항상성(homeostasis) 유지효과이다[23]. NO의 효과들 중 많은 것들이 cGMP에 의해 매개되는 것, 즉 결과적으로 G kinase의 활성화에 의한 것이다. G kinase는 PLC와 IP_3 수용체를 인산화하여 비활성화시키고[24], SOC(store-operated channel, 7장 참조)들을 조절해주게 된다[25]. 뿐만 아니라 여러 유형의 세포에서(단, 내피세포 또는 간세포는 제외) 세포내 저장소로부터의 Ca^{2+} 방출을 억제시키기도 한다[26]. 마지막으로, 성게(sea urchin) 난자세포에서는 cGMP의 작용에 의해 cyclic ADP-ribose(7장 참조)가 생성됨으로써 ryanodine receptor를 활성화시킨다[27]. 이 경우에 있어서 Ca^{2+} 농도의 조절을 위해 이들의 작용이 상호 어떻게 협력하고 있는지는 아직 잘 밝혀지지 않았다.

Calmodulin에 의해 조절되지 않는 Ca^{2+}의존성 효소들

Calmodulin은 주된 Ca^{2+} 센서이면서, Ca^{2+}에 결합하는 성질이 없는 여러 효소들에 대한 조절

단백질이기도 하다. 그러나 효소들 중에는 calmodulin의 조절작용을 받지 않고 Ca^{2+} 농도의 변화에 직접적으로 반응을 보이는 것들도 많이 있다. 이 효소들은 그러한 기능을 수행하기 위해 Ca^{2+}에 대해 높은 친화력을 갖는 결합부위들을 갖고 있는데 그 부위들은 EF-hand motif, C2 domain 등의 형태로 구조를 이루고 있다. 이러한 효소들 외에도 Ca^{2+}에 결합하는 여러 단백질들이 세포질에서(고친화력으로 결합) 및 소포체의 내강에서(저친화력으로 결합) Ca^{2+} buffer로 작용하면서 Ca^{2+} 저장용량을 높여주기도 한다. 이에 해당되는 몇 가지 예들을 살펴본다.

Calpain

Calpain은 Ca^{2+}에 의해 활성화되는 cysteine protease의 일종으로서 EF-hand 부위를 가지고 있는 세포질 효소이고, 여러 형태의 세포에서 발현되고 있다[28]. 세포 내의 다양한 단백질들을 분해함으로써 기능을 변화시키는데 종종 비활성화시키는 작용을 하기도 한다. 따라서 calpain은 세포사멸 과정에서 주로 작용하며, 또한 신경퇴행(neurodegeneration)과 apoptosis 과정에도 관여하고 있다. 뿐만 아니라 세포막 근처에 위치하는 cytoskeleton 단백질을 분해하는 작용도 있기 때문에 cytoskeleton의 remodelling 과정에도 관여하는 것으로 추정되고 있다.

Calpain의 작용을 조절해주는 단백질은 calpastatin인 것으로 밝혀졌다[28]. 이 효소는 calpain의 활성을 억제할 뿐만 아니라 세포막에 결합하지 못하도록 막는 작용도 하고 있다.

Synaptotagmin

신경세포 및 여러 형태의 내분비세포에서, 세포외 배출작용(exocytosis)에 의해 신경전달물질이나 호르몬을 분비하는 작용은 세포내 Ca^{2+} 농도의 증가에 의해 활성화된다.

이러한 작용은 당연히 Ca^{2+} 민감성 단백질(들)에 의해 일어나게 된다. 분비소낭(secretory vesicle)과 분비과립(secretory granule)의 표면에 있으면서 이러한 작용을 하는 많은 단백질 중에 synaptotagmin이 있다[29,30]. 많은 종류의 세포에서 발견되고 있는 이 막통과 단백질(transmembrane protein)은 세포질 쪽 사슬에 2개의 C2 domain을 가지고 있어 세포외 배출작용를 위한 Ca^{2+} 농도 변화를 감지하는 역할을 하는 것으로 추정되고 있다. 실제로도 이 domain이 생리적 농도 수준의 Ca^{2+} 이온과 결합하는 현상이 관찰된다. 이에 대해서는 아래에서 더 살펴보도록 하겠다.

세포외 배출작용(Exocytosis): 분비소낭(secretory vesicle)이 세포막과 융합되어 소낭의 내용물이 세포 외부로 방출되는 현상으로서 세포막의 본래 형태에는 영향을 주지 않는다.

DAG kinase

소수성의 2차 전령물질인 diacylglycerol(DAG)는 phospholipase인 PLC 및 PLD(간접적으로)에 의해 생성되어 protein kinase C(PKC, 9장 참조)를 활성화시키는 작용을 한다. DAG의 수명은 비교적 짧은데, 그 이유는 DAG kinase(DGK)에 의해 빠르게 인산화되면서 phosphatidate를 형성하게 되기 때문이다. 이 반응은 phosphatidyl inositol을 재생산해내는 회로경로(cycle)의 일부분으로서, 결국 DAG를 제거해내는 반응이기 때문에 PKC의 활성화를 종료시키는 역할을 하게 된다(그림 8.7). DGK에는 8가지의 isoform이 있는데 그 중에서 α, β 및 γ isoform은 EF-hand motif를 가지고 있어서 Ca^{2+} 의존성을 나타낸다[31].

Recoverin

Recoverin은 시각작용에 중요한 역할을 하고 있는 Ca^{2+} 센서이다. 이 단백질은 어두운 상태에서의 시력 회복을 촉진하기 때문에 recoverin이라는 이름이 붙여졌다. 6장에서 설명한 바

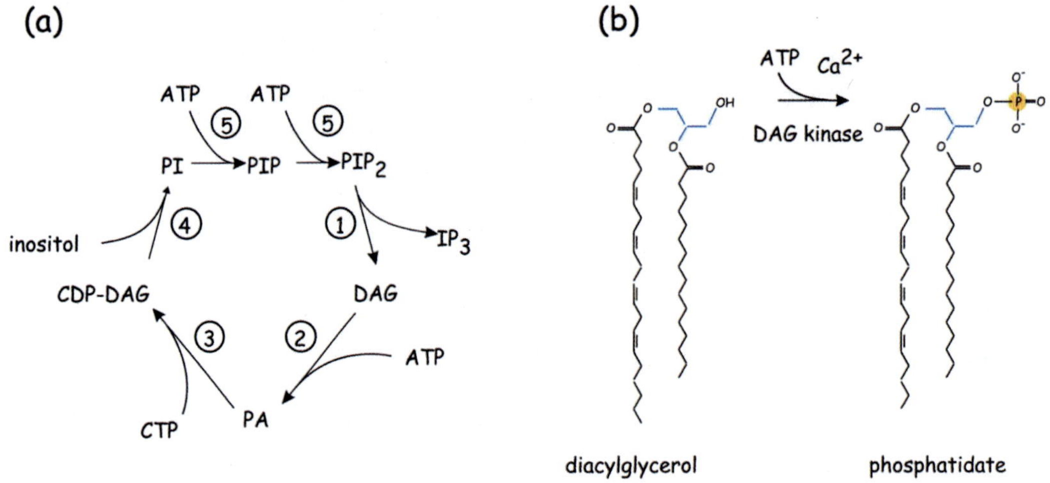

그림 8.7 Inositol lipid cycle 반응들: DAG kinase는 PKC 활성을 종료시킨다. (a) 반응을 일으키는 효소들은 다음과 같다: (1) phospholipase C; (2) diacylglycerol kinase; (3) CDP-diacylglycerol synthase; (4) phosphatidylinositol synthase; (5) phosphatidylinositol kinase. (b) Diacylglycerol과 phosphatidate의 구조.

와 같이, Ca^{2+} 이온과 결합한 recoverin은 rhodopsin kinase를 저해함으로써 척추동물의 광수용체(photoreceptor)인 rhodopsin에 대한 인산화 상태를 조절한다. Recoverin은 또한 Ca^{2+}-myristoyl switch로도 작용하고 있다[32]. 즉 recoverin에는 4개의 EF-hand motif 중에 2개만이 Ca^{2+} 이온과 결합하게 되는데 N-말단에 존재하는 myristoyl 기에 의해 그 두 motif에서 Ca^{2+} 이온들이 협력적으로 결합하는 작용이 촉진된다(이 결합작용의 겉보기 해리상수, 즉 apparent K_D = 17 μmol/l). Ca^{2+}-myristoyl switch의 작동모델로 제안된 것을 보면, recoverin은 두 가지 상태로 존재할 수 있는데, 하나는 recoverin 단백질 내에서 소수성의 myristoyl 기가 격리된 형태로 존재하는 것이고, 다른 하나는 myristoyl 기가 단백질 밖으로 밀려난 형태이다[33,34]. Ca^{2+} 이온의 결합력은 후자가 전자에 비해 1만배 이상 강하게 나타난다. 바로 그 후자의 경우가, myristoyl 기가 노출되어있어서 단백질이 retinal disc membrane에 결합할 수 있게 됨으로써 빛의 자극을 받은 rhodopsin의 수명을 연장시켜주는 역할을 수행하고 있는 것이다(6장 참조).

cytoskeleton 단백질들

cytoskeleton 단백질들은 세포의 형태를 유지하거나 세포의 운동을 일으키는데 중요한 역할을 한다. 거의 모든 세포 활성화 작용들은 적어도 부분적으로는 cytoskeleton의 재배열에 의해 시발 혹은 동반되거나 뒤따르게 된다. cytoskeleton의 재배열이라는 변화가 곧 세포의 반응에 필수적일 수도 있고 또는 반응요소들을 결정해줄 수도 있다. 비근육 세포(non-muscle cell)에서는 microfilament(F-actin)의 배열이 특정 단백질들에 의해 조절되게 되는데 그 단백질 중 일부는 actin에 결합되어있기도 하다[35]. 그 조절 단백질들 중에는 세포질 Ca^{2+} 농도에 민감한 것들이 있는데, α-actinin이나 gelsolin 등이 그 예이다. 이 단백질들은 cytoskeleton에 다양한 영향을 미치게 되는데, 즉 α-actinin은 cross-linker로 작용하고, gelsolin은 Ca^{2+} 농도에 의해 조절되는 actin 분리 단백질로 작용하고 있다. α-actinin은 2개의 EF-hand motif를 가지고 있어서, α-actinin의 교차결합(cross-linking) 작용은 Ca^{2+} 이온에 의해 저해되는 특성을 보여주는데, 그 결과 F-actin으로부터 떨어져 나와 gelsolin과의 결합이 이루어지게 되는 것이다.

칼슘 신호전달의 패러다임

신경전달물질 분비의 자극

동물의 세계는 약육강식의 먹고 먹히는 세계인만큼, 신경 신호의 빠른 전달은 동물들에게는 결정적으로 중요한 특성이 된다. 신경세포-신경세포 및 신경세포-근육세포 간의 정보 교환을 위해서는 시냅스에서 신경전달물질의 방출이 이루어져야 한다. 이 과정을 일으키는데 있어 Ca^{2+} 이온은 결정적인 역할을 하고 있다. 전시냅스 세포(presynaptic cell)의 세포막에 위치하고 있는 전압의존성 통로(voltage-sensitive channel)들은 Ca^{2+} 이온들을 활성 영역으로 직접 받아들인다. 이 영역에는 신경전달물질을 포함하고 있는 분비소낭(secretory vesicle)들이 위치하고 있어서 결국 세포외 배출작용이 일어나게 되는 것이다. 분비작용은 매우 신속하게 유도된다. Ca^{2+} 이온통로가 열린 후 신경전달물질의 분비는 1/1,000초(msec) 이내에 일어나고 있다. 이렇게 신속한 반응이 일어날 수 있는 이유는, 전시냅스 세포 내의 세포외 배출작용이 일어나는 위치는 Ca^{2+} 이온통로로부터 불과 50 nm 밖에 떨어지지 않은 근접한 곳이며, 이 한정된 영역에서의 Ca^{2+} 농도는 0.1 mM 수준까지 올라갈 수 있기 때문이다. 그리고 세포질의 Ca^{2+} buffer와 Ca^{2+} 이동 메커니즘에 의해서 Ca^{2+} 농도가 전체로 퍼져가는 일은 발생하지 않는다. 이로써 Ca^{2+} 이온의 작용은 국소적이며 일시적으로 일어날 수 있는 것이다. 그 후 Ca^{2+} 농도가 휴지상태의 수준으로 되돌아가기 위해서는 수십 msec 정도 소요된다.

이러한 신경전달 작용에서 일시적인 Ca^{2+} 농도의 상승이 어떻게 시냅스 소낭(synaptic vesicle)과 세포막 간의 융합을 일으키는지에 대해서는 아직 완전히 밝혀지지 않았다. 그러나 확실한 사실은 한 종류 이상의 Ca^{2+} 감지 단백질이 관여할 것이고 그 단백질은 Ca^{2+} 친화력은 낮지만 빠른 Ca^{2+} 결합속도를 가지는 것이라는 점이다. 여기서 Ca^{2+}과의 결합속도가 빠르다는 사실은, 전시냅스 세포에 Ca^{2+} 농도가 상승하는 것을 막기 위해 chelator인 EGTA를 주입하더라도 신경전달물질의 분비는 억제되지 않는 것으로부터 알 수 있다[36]. 이러한 단백질이 과연 무엇인지는 아직 알려지지 않고 있지만, 이러한 일을 수행할만한 단백질이라면, 시냅스 소낭의 막통과 단백질인 synaptotagmin I을 생각해볼 수 있다. Synaptotagmin I의 세포질쪽 단일사슬은 2개의 연속되는 C2 domain, 즉 C2A와 C2B의 연결로 이루어져있다. C2A domain은 Ca^{2+} 농도에 의존적으로 산성의 인지질(acidic phospholipid)에 결합되는 특성이 있어서[37], 이 단백질이 세포막에 부착되도록 돕고 있다(18장 참조). C2B domain은 Ca^{2+} 농도가 높을 때 서로 간에 결합되는 특성이 있어서 synaptotagmin이 oligomer를 형성하도록 만드는 역할을 한다.

Synaptotagmin의 작용으로 한 가지 더 밝혀진 것이 있다. Synaptotagmin은 Ca^{2+} 농도에 의존적으로 분비작용을 하는 세포에서 SNARE(soluble NSF attachment receptor의 약자, NSF는 N-ethylmaleimide sensitive fusion proteins의 약자 – 역자 주)라고 부르는 단백질 복합체의 구성요소들과도 결합한다[38]. 이로써 소낭과 세포막과 세포질 단백질들이 뒤섞여 서로 강하게 결합된 복합체를 이루게 된다. 이러한 복합체 결합을 통해 소낭과 세포막은 서로 밀착되어 융합이 일어남으로써 세포외 배출작용이 일어나게 되는 것으로 추정되고 있다. 여기서 주목할 것은 이 복합체가 형성되고 작동하기 위해서는 oligomer를 형성하고 있는 synaptotagmin의 역할이 중요하다는 사실이다. 그리고 복합체의 모든 작용들은 Ca^{2+} 이온이 synaptotagmin(신경세포의 경우 synaptotagmin I)에 결합되었을 때에만 일어날 수 있다. 이때 C2A domain은 synthaxin에, C2B domain은 SNAP25(synaptosome-associated protein of 25,000 daltons)에 결합한다(synthaxin과 SNAP25는 모두 세포막 SNARE를 구성하는 단백질이다). 뿐만 아니라 이들 두 C2 domain에는 인지질도 결합하게 되는데, 그 중 가장 강하게 결합하는 인지질은 흥미롭게도 polyphos-phoinositide인 PI-4,5-P_2와 PI-3,4,5-P_3이다. 이 인지질들은 단백질 사슬들이 세포막 표면에 또는 상호 간에 결합할 수 있도록 도와주고 있는데, 그 작용은 모두 Ca^{2+} 농도 의존적으로 일어나고 있다. 그러나 이러한 작용의 구체적인 메커니즘은 아직 잘 알려지지 않았다.

Synaptotagmin과 관련하여 우리가 단순하게 생각할 수 없는 이유는 syna-ptotagmin의 isoform이 최소 13종이나 되며 그 중 많은 종류들이 Ca^{2+}-농도에 대한 민감성이 없는 것들이라는 사실이다. 그리고 분비세포들 중에서는 유효한 수준의 Ca^{2+} 농도 변화가 없이도 세포외 배출작용을 일으키고 있는 세포들이 존재하고 있다는 사실에도 유의해야 한다.

가로무늬근(striated muscle)에서의 수축작용 개시

모든 형태의 근육에서 수축현상은 세포 내 Ca^{2+} 농도가 증가함으로써 일어나게 된다. 척추동물의 가로무늬근의 경우, 근육수축을 일으키기 위한 세포질 Ca^{2+} 농도의 일시적 상승은 3개의 서로 다른 막단백질로 이루어지는 복합체에 의해 작동된다. 그 복합체를 이루는 단백질 중 2개는 세포막에 1개는 근형질세망(sarcoplasmic reticulum, SR) 막에 자리잡고 있다. 우선 nicotinic acetylcholine 수용체와 전압작동성 Ca^{2+} 이온통로(voltage-gated Ca^{2+} channel, VOCC)가 세포막에 위치하는데, 골격근세포의 세포막(sarcolemma라고도 함)에서는 이들은 서로 근접하여 결합되어 존재하고 있다. 복합체의 세 번째 단백질은 ryanodine 수용체(RyR)인데, 이는 세포막과 근접해있는 SR에 위치하고 있다. RyR은 또한, T-세관(T-tubule, 세포막과 가로무늬근 및 심근의 T계 근원섬유의 주위로부터 함입되어 있는 세관 – 역자 주)과도 근접하여 존재함으로써 가로무늬근 특유의 접합 삼련구조(junctional triad)를 이루고 있다. 전자현미경으로 이 삼련구조를 관찰하면, 소위 'junctional feet'이라 부르는 이 RyR을 관찰할 수 있다(그림 8.8).

분비된 acetylcholine이 근육의 종판(end plate, 신경근 접합부에 형성된 근육 표면의 원판상 구조 – 역자 주) 상에 있는 nicotinic acetylcholine 수용체에 결합되면 내재성(integral)이며 비선택성(non-selective)의 양이온 통로가 열리면서 막이 탈분극되고(depolarized), 결국 전위차의 변화가 생겨 VOCC가 열리게 된다. 이 통로는 RyR과 바로 근접한 곳으로 Ca^{2+} 이온들을 받아들이게 되는데, 이로써 type 1 RyR과 그와 인접해있는 VOCC의 일부분인 dihydropyridine receptor(DHPR) 간의 직접적인 상호작용이 일어나게 된다. 그 결과, SR로부터 Ca^{2+} 유도에 의한 Ca^{2+} 방출(Ca^{2+}-induced Ca^{2+}-release, CICR)에 의해 많은 양의 Ca^{2+} 이온이 방출되어(그림 7.9) 세포질의 수축장치(contractile machinery)의 근접 부위에서 Ca^{2+} 농도가 급격하게 상승된다. 이러한 국소적인 Ca^{2+} 농도 상승은 신속한 반응을 일으킬 수 있고, 또한 휴지상태로 되돌아가기 위해 제거해야 할 Ca^{2+} 이온의 양이 적기 때문에 빠르게 되돌아갈 수 있는 장점을 갖기도 한다. 심근의 경우에는 type 2 RyR을 가지고 있고 VOCC와 RyR 간의 직접적인 연결이 없기 때문에, CICR이 Ca^{2+} 유동화(mobilization)의 주된 메커니즘으로 작용하고 있다.

골격근 개개의 세포 내에서는, actin과 myosin filament로 구성되는 수축장치가 tropomyosin과 troponin이라는 단백질들에 의해 제어되고 있다. Myosin의 머리부분(head)이 actin에 부착되면서 근수축이 일어나게 되는데, 이 작용은 actin filament의 표면에 조직화되어있는 tropomyosin 분자의 존재로 인해 억제된다. 한편 troponin은 3개의 subunit, 즉 I, T, C subunit로 구성된 복합체인데 actin filament를 따라 간격을 두고 배열되어 있으면서 Ca^{2+}의

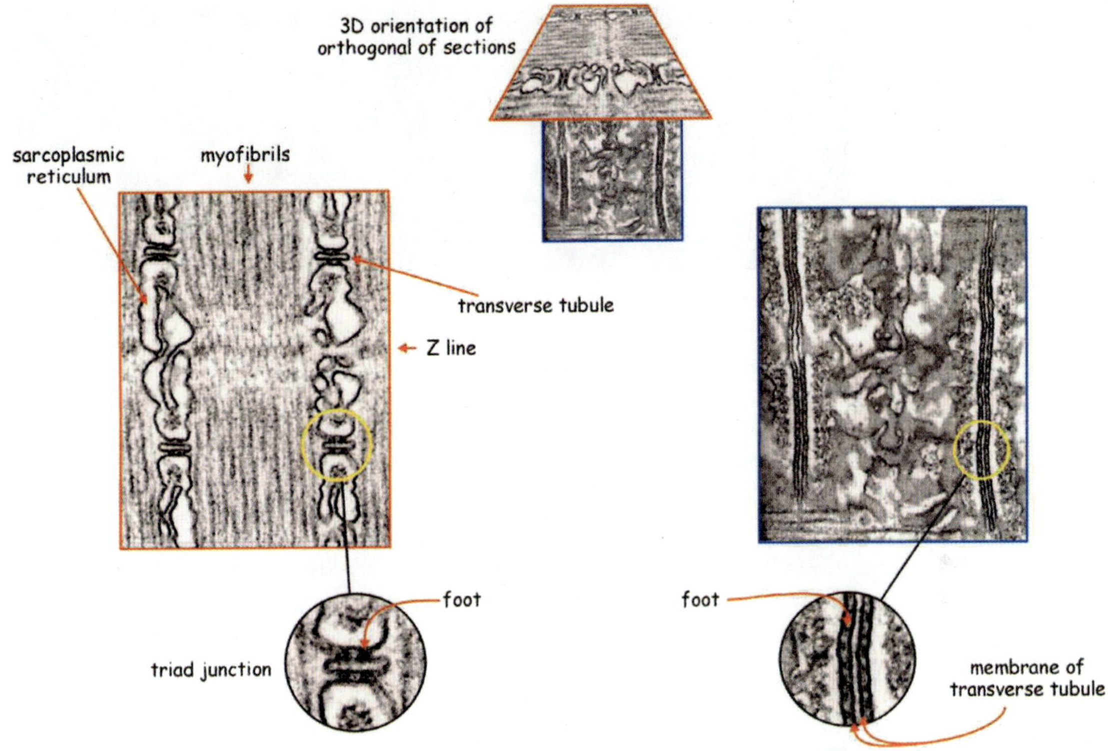

그림 8.8 삼련접합(triad junction)과 junctional feet. 토드 피쉬(toadfish, 아귓과의 물고기, *Opsanus tau*)의 가로무늬근을 전자현미경으로 관찰한 것. 부레(swimbladder)의 가로무늬근을 세로 단면으로 하여 관찰하였다. T-세관 축에 대해 수직 및 평행으로 자른 단면들을 보여주고 있는데, 'junctional feet'(즉 ryanodine 수용체)도 나타난다. Clara Franzini-Armstrong의 사진 인용[39].

작용을 매개하고 있다. Ca^{2+} 농도가 상승하면 Ca^{2+}이 troponin C에 결합되면서 troponin 복합체의 입체구조를 변화시켜 myosin ATPase의 활성을 저해하게 된다. 이렇게 하여 근 수축이 일어나게 되는 것이다. Ca^{2+} 농도가 휴지상태 수준으로 되돌아가면, tropomyosin에 의한 억제작용이 재개되면서 근 수축은 멈추게 된다. Troponin C의 구조는 calmodulin과 매우 흡사하여 4개의 EF-hand motif를 가지고 있는데, 그 중 2개는 C-말단의 '구조' 소엽('structural' lobe, Ca^{2+} 친화력이 높음, K_D~10^{-7}mol/l 수준)에 있고, 나머지 2개는 N-말단의 '조절' 소엽('regulatory' lobe, Ca^{2+} 친화력이 낮음, K_D~10^{-5}mol/l 수준)에 위치하고 있다. 그림 8.9는 2개의 Ca^{2+} 이온이 결합되어 있는 troponin C 분자가 troponin I 분자의 일부분(아미노산 잔기 1~47)과 결합되어 있는 구조를 보여주고 있다. Ca^{2+} 농도가 올라가면 Ca^{2+}이 troponin C의 N-말단에 결합되면서 입체구조 상의 변화가 일어나 troponin $I_{1\sim47}$과의 결합이 더욱 강화되게 된다. 이 때 troponin C는 troponin I의 조절부위(96~127)와도 상호작용하게 되는데, 이 조절부위는 tropomyosin에 의한 근 수축 저해작용을 유발시키는 부위이다[40].

이와 같은 현상은 매우 빠른 속도로 일어나기 때문에 생물체들의 빠른 근육운동이 가능해지는 것이다. 예를 들어, 토드피쉬(toadfish)의 부레(swimbladder)를 둘러싸고 있는 근육의 경우는 100 Hz 이상의 진동수로 경련을 일으키면서 고유의 '뱃고동(boat-whistle)' 소리를 낸다. 벌새(humming bird)는 1초에 80번 정도 날개를 퍼덕거리는데, 암컷에게 구애할 때에는 초당 200번까지도 날개짓할 수 있다. 그러나 만일 연속적인 자극들 사이에서 Ca^{2+} 제거가 제대로

그림 8.9 Troponin C는 troponin I와 직접 상호작용한다. Troponin C가 troponin I의 일부분(1~47)과 상호작용하는 것을 3차원 입체구조로 나타낸 것. Troponin C의 C-말단에 있는 두 개의 Ca^{2+} 결합부위는 calmodulin과 구조적으로 유사하지만 휴지상태의 Ca^{2+} 농도 수준에도 Ca^{2+} 이온과 결합되며(회색 구) troponin C 분자는 troponin $I_{1\sim47}$와 소수성 결합을 할 수 있도록 밀집된 구조를 취하게 된다. Ca^{2+} 농도가 상승하여 N-말단의 Ca^{2+} 결합부위에 Ca^{2+} 이온이 결합되면 troponin $I_{1\sim47}$과 더 강하게 결합되고 troponin $I_{96\sim127}$(그림에는 나타나지 않음)과도 결합이 이루어지게 된다.

이루어지지 않는다면 크고 지속적인 수축이 일어나게 되는, 이른바 강직경련(tetanus) 상태가 된다. 따라서 고진동수로 근 수축을 일으키기 위해서는 Ca^{2+} 농도가 빠르게 높아졌다가 빠르게 낮아져야 하는 것이다. 즉, 각각의 Ca^{2+} 신호들이 순간적 효과로 반복되기 위해서는 troponin C - Ca^{2+} 결합의 on/off 속도가 특별히 빨라야 함을 알 수 있다.

■ 평활근의 수축(smooth muscle contraction)

골격근이나 심근과 비교할 때, 평활근의 수축은 상대적으로 느리게 일어나는 과정이다. 그러나 평활근 세포의 유형이 워낙 다양하기 때문에 평활근에서의 칼슘 신호전달 기작에 대해 일반적인 결론을 도출해내기는 상당히 어렵다. 평활근세포들은 탈분극 의존성(depolarization-dependent) 및 길항제 의존성(agonist-dependent) 메커니즘을 모두 사용하고 있다[41]. 우선 탈분극 의존성 메커니즘의 예로는, 동맥과 정맥을 이루고 있는 평활근세포들의 일부에서 심근과 유사한 메커니즘을 나타내는 것을 들 수 있다. 즉 VOCC에 의해 Ca^{2+} 이온이 유입되고 아울러 세포내 저장소로부터 CICR에 의해 세포질 Ca^{2+} 농도가 증폭되는 형식이다[42-44]. 그러나 심근세포와 다른 점은, 평활근세포에서는 외부에서 들어오는 칼슘이 전체 칼슘 신호에서 큰 부분을 차지하고 있다는 점이다. 반면, 길항제 의존성 메커니즘에서는 IP_3를 사용하여 세포내 저장소로부터 세포질로 Ca^{2+} 이온을 방출시킨다[41]. 이 경우 칼슘 신호는 IP_3R과 RyR에 의해서 생성되는데 어떤 평활근세포에서는 이 두 통로가 상호 협력하기도 한다. 한편, 평활근에서는 troponin이 존재하지 않는다. 따라서 actomyosin이 수축하기 위해서는 Ca^{2+} 농도의 상승으로 인해 calmodulin이 작용함으로써 myosin light chain kinase(MLCK)가 활성화되고 MLCK에 의해 myosin의 P 사슬이 인산화되는 것이다. 여기서 유의할 점은, 골격근의 경우에서는 Ca^{2+}/calmodulin-dependent kinase(CaM-kinase) 역시 MLCK를 인산화시키지만, 평활근의 경우에는 CaM-kinase는 MLCK 인산화 작용이 없어서 근 수축을 일으키지 못한다는 것이다. 그 대신 평활근의 CaM-kinase는 수축력(contraction force)에 영향을 주는 것으로 밝혀졌다.

심근 수축의 아드레날린작동성(adrenergic) 제어

심근세포(cardiac myocyte)에서 신호전달 간의 상호작용

포유동물이 싸우거나 도망가는 반응을 보일 때는 β 아드레날린성 수용체(β-adrenergic receptor)를 통한 심장 근육의 자극이 수반된다. Catecholamine이 β_1 및 β_2 수용체에 작용하여 cAMP 농도의 상승을 일으키고 PKA가 활성화되어 VOCC가 인산화 된다. 이로써 좀 더 많은 Ca^{2+}의 유입이 일어나 수축기(systole)에서의 수축력이 증대되는 것이다. 이완기(diastole)에서의 이완 역시 동일하게 중요한데, 심근세포 내에 축적된 Ca^{2+}을 효율적으로 제거해주기 위해 Ca^{2+}-ATPase에 의한 효과적인 이온수송(pumping) 방법을 이용한다.

β 아드레날린성 수용체의 자극에 의해 활성화된 PKA가 인산화시키는 또 다른 단백질은 SR 막 단백질인 phospholamban이다. 이 단백질은 원래 SR의 Ca^{2+}-ATPase의 작용을 저해하는데, 인산화됨으로써 그 저해작용이 멈추게 된다. 이로써 세포질로부터 Ca^{2+}을 제거해내는 속도가 증대되어 근육의 이완속도를 높여주는 효과가 나타나게 되는 것이다. Ca^{2+}을 효과적으로 제거해내지 못할 경우에는 — 예를 들어 Ca^{2+}-ATPase 및 그와 관련되는 phospholamban과 같은 단백질이 결여되어 있는 경우 — 심부전(heart failure)이 초래될 수 있다.

심장수축(systole) 심실(ventricle)이 수축하여 혈액을 동맥(artery)으로 밀어내는 것.
심장확장(Diastole) 심실이 이완하여 혈액이 채워지는 것.

References

1 Tzima, E., Trotter, P.J., Orchard, M.A., Walker, J.H. Annexin V binds to the actin-based cytoskeleton at the plasma membrane of activated platelets. *Exp. Cell. Res.* 1999; 251: 185–93.
2 Pollard, T.D., Almo, S., Quirk, S., Vinson, V., Lattman, E.E. Structure of actin binding proteins: insights about function at atomic resolution. *Annu. Rev. Cell Biol.* 1994; 10: 207–49.
3 Thiel, C., Osborn, M., Gerke, V. The tight association of the tyrosine kinase substrate annexin II with the submembranous cytoskeleton depends on intact p11- and Ca(2+)-binding sites. *J. Cell Sci.* 1992; 103: 733–42.
4 Dolmetsch, R.E., Xu, K., Lewis, R.S. Calcium oscillations increase the efficiency and specificity of gene expression. *Nature* 1998; 392: 933–6.
5 Li, W.-H., Llopis, J., Whitney, M., Zlokarnik, G., Tsien, R.Y. Cell-permeant caged InsP3 ester shows that Ca^{2+} spike frequency can optimize gene expression. *Nature* 1998; 392: 936–41.
6 Cheung, W.Y. Cyclic 3′,5′-nucleotide phosphodiesterase. Demonstration of an activator. *Biochem. Biophys. Res. Commun.* 1970; 38: 533–8.
7 Kakiuchi, S., Yamazaki, R. Calcium dependent phosphodiesterase activity and its activating factor (PAF) from brain studies on cyclic 3′,5′-nucleotide phosphodiesterase. *Biochem. Biophys. Res. Commun.* 1970; 41: 1104–10.
8 Babu, Y.S., Sack, J.S., Greenhough, T.J. *et al.* Three-dimensional structure of calmodulin. *Nature* 1985; 315: 37–40.
9 Cori, G.T., Cori, C.F. The enzymatic conversion of phosphorylase a to b. *J. Biol. Chem.* 1945; 158: 321–32.
10 Cohen, P., Burchell, A., Foulkes, J.G., Cohen, P.T. Identification of the Ca^{2+}-dependent modulator protein as the fourth subunit of rabbit skeletal muscle phosphorylase kinase. *FEBS Lett.* 1978; 15: 287–93.
11 Snyder, S.H., Sabatini, D.M., Lai, M.M. *et al.* Neural actions of immunophilin ligands. *Trends Pharm. Sci.* 1998; 19: 21–6.
12 Palmer, R.M., Ferrige, A.G., Moncada, S. Nitric oxide release accounts for the biological activity of endothelium-derived relaxing factor. *Nature* 1987; 327: 524–6.
13 Andrew, P.J., Mayer, B. Enzymatic function of nitric oxide synthases. *Cardiovasc. Res.* 1999; 43: 521–31.
14 Balligand, J.L., Cannon, P.J. Nitric oxide synthases and cardiac muscle. Autocrine and paracrine influences. *Arterioscler. Thromb. Vasc. Biol.* 1997; 17: 1846–58.

15 Rodgers, K.R. Heme-based sensors in biological systems. *Curr. Opin. Chem. Biol.* 1999; 3: 158–67.
16 Foster, D.C., Wedel, B.J., Robinson, S.W., Garbers, D.L. Mechanisms of regulation and functions of guanylyl cyclases. *Rev. Physiol. Biochem. Pharm.* 1999; 135: 1–39.
17 Lucas, K.A., Pitari, G.M., Kazerounian, S. *et al.* Guanylyl cyclases and signaling by cyclic GMP. *Pharm. Rev.* 2000; 52: 375–414.
18 Huang, P.L., Huang, Z., Mashimo, H. *et al.* Hypertension in mice lacking the gene for endothelial nitric oxide synthase. *Nature* 1995; 377: 239–42.
19 Gyurko, R., Kuhlencordt, P., Fishman, M.C., Huang, P.L. Modulation of mouse cardiac function in vivo by eNOS and ANP. *Am. J. Physiol.* 2000; 278: H971–81.
20 Duchen, M.R. Mitochondria and calcium: from cell signalling to cell death. *J. Physiol.* 2000; 529: 57–68.
21 Park, J.H., Straub, V.A., O'Shea, M. Anterograde signaling by nitric oxide: characterization and in vitro reconstitution of an identified nitrergic synapse. *J. Neurosci.* 1998; 18: 5463–76.
22 Gudi, T., Hong, G.K., Vaandrager, A.B., Lohmann, S.M., Pilz, R.B. Nitric oxide and cGMP regulate gene expression in neuronal and glial cells by activating type II cGMP-dependent protein kinase. *FASEB J.* 1999; 13: 2143–52.
23 Martinez-Serrano, A., Borner, C., Pereira, R., Villalba, M., Satrustegui, J. Modulation of presynaptic calcium homeostasis by nitric oxide. *Cell Calcium* 1996; 20: 293–302.
24 Rooney, T.A., Joseph, S.K., Queen, C., Thomas, A.P. Cyclic GMP induces oscillatory calcium signals in rat hepatocytes. *J. Biol. Chem.* 1996; 271: 19817–25.
25 Xu, X., Star, R.A., Tortorici, G., Muallem, S. Depletion of intracellular Ca^{2+} stores activates nitric-oxide synthase to generate cGMP and regulate Ca^{2+} influx. *J. Biol. Chem.* 1994; 269: 12645–53.
26 Clementi, E. Role of nitric oxide and its intracellular signalling pathways in the control of Ca^{2+} homeostasis. *Biochem. Pharm.* 1998; 55: 713–18.
27 Galione, A., White, A., Willmott, N. *et al.* cGMP mobilizes intracellular Ca^{2+} in sea urchin eggs by stimulating cyclic ADP-ribose synthesis. *Nature* 1993; 365: 456–9.
28 Kawasaki, H., Kawashima, S. Regulation of the calpain-calpastatin system by membranes. *Mol. Membr. Biol.* 1996; 13: 217–24.
29 Geppert, M., Goda, Y., Hammer, R.E. *et al.* Synaptotagmin I: a major Ca^{2+} sensor for transmitter release at a central synapse. *Cell* 1994; 79: 717–27.
30 Li, C., Davletov, A.B., Sudhof, T.C. Distinct Ca^{2+} and Sr^{2+} binding properties of synaptotagmins. Definition of candidate Ca^{2+} sensors for the fast and slow components of neurotransmitter release. *J. Biol. Chem.* 1995; 270: 24898–902.
31 Sakane, F., Kanoh, H. Molecules in focus: diacylglycerol kinase. *Int. J. Biochem. Cell. Biol.* 1997; 29: 1139–43.
32 Ames, J.B., Porumb, T., Tanaka, T., Ikura, M., Stryer, L. Amino-terminal myristoylation induces cooperative calcium binding to recoverin. *J. Biol. Chem.* 1995; 270: 4526–33.
33 Zozulya, S., Stryer, L. Calcium-myristoyl protein switch. *Proc. Natl. Acad. Sci. USA* 1992; 89: 11569–73.
34 Ames, J.B., Tanaka, T., Stryer, L., Ikura, M. Portrait of a myristoyl switch protein. *Curr. Opin. Struct. Biol.* 1996; 6: 432–8.
35 Holt, M.R., Koffer, A. Cell motility: proline-rich proteins promote protrusions. *Trends Biochem. Sci.* 2001; 11: 38–46.
36 Adler, E.M., Augustine, G.J., Duffy, S.N., Charlton, M.P. Alien intracellular calcium chelators attenuate neurotransmitter release at the squid giant synapse. *Neuroscience* 1991; 11: 1496–507.
37 Brose, N., Petrenko, A.G., Sudhof, T.C., Jahn, R. Synaptotagmin: a calcium sensor on the synaptic vesicle surface. *Science* 1992; 256: 1021–5.
38 Brunger, A.T. Structural insights into the molecular mechanism of Ca^{2+} -dependent exocytosis. *Curr. Opin. Neurobiol.* 2000; 10: 293–302.
39 Franzini-Armstrong, C., Nunzi, G. Junctional feet and particles in the triads of a fast-twitch muscle fibre. *J. Muscle Res. Cell Motil.* 1983; 4: 233–52.
40 Vassylyev, D.G., Takeda, S., Wakatsuki, S., Maeda, K., Maeda, Y. Crystal structure of troponin C in complex with troponin I fragment at 2.3-Å resolution. *Proc. Natl. Acad. Sci. USA* 1998; 95: 4847–52.

41 Somlyo, A.P., Somlyo, A.V. Signal transduction and regulation in smooth muscle. *Nature* 1994; 372: 231–6.
42 Ganitkevich, V.Y., Isenberg, G. Contribution of Ca^{2+}-induced Ca^{2+} release to the $[Ca^{2+}]_i$ transients in myocytes from guinea-pig urinary bladder. *J. Physiol. Lond.* 1992; 458: 119–37.
43 Ya, Ganitkevich, V., Isenberg, G. Efficacy of peak Ca2+ currents (I Ca) as trigger of sarcoplasmic reticulum Ca2+ release in myocytes from the guinea-pig coronary artery. *J. Physiol. Lond.* 1995; 484: 287–306.
44 Gregoire, G., Loirand, G., Pacaud, P. Ca^{2+} and Sr^{2+} entry induced Ca^{2+} release from the intracellular Ca^{2+} store in smooth muscle cells of rat portal vein. *J. Physiol. Lond.* 1993; 472: 483–500.
45 Chattopadhyaya, R., Meador, W.E., Means, A.R., Quiocho, F.A. Calmodulin structure refined at 1.7 Angstrom resolution. *J. Mol. Biol.* 1992; 228: 1177–92.
46 Kuboniwa, H., Tjandra, N., Grzesiek, S. *et al.* Solution structure of calcium-free calmodulin. *Nat. Struct. Biol.* 1995; 2: 768–76.
47 Ikura, M., Clore, G.M., Gronenborn, A.M. *et al.* Solution structure of a calmodulin-target peptide complex by multidimensional NMR. *Science* 1992; 256: 632–8.
48 Griffith, J.P., Kim, J.L., Kim, E.E. *et al.* X-ray structure of calcineurin inhibited by the immunophilin-immunosuppressant FKBP12-FK506 complex. *Cell* 1995; 82: 507–22.

9

단백질의 인산화와 탈인산화: protein kinases A and C

단백질 인산화는 세포 기능의 스위치 역할을 한다

단백질의 인산화(phosphorylation)가 효소의 활성을 조절하는데 중요한 역할을 할 것이라는 첫 번째 징후는 효소의 기질이나 조효소 그리고 최종 대사산물 등의 생체물질들이 비공유결합적인 상호작용에 의해 조절된다는 사실이 확립된 이후부터 나오기 시작했다. 특히, 여러 단계로 이루어진 대사경로들은 최종대사산물이 여러 subunit으로 구성된 효소의 조절부위와 상호작용하는 allosteric 영향에 의해 정확하게 조절된다. 적절한 예로는 phosphorylase의 활성상태가 AMP(활성화)와 glucose-6-phosphate(비활성화)에 의해 조절되는 현상을 들 수 있다. 비록 이 두 대사산물이 phosphorylase의 촉매반응에는 참여하지 않지만, G-6-P의 존재는 대사적으로 충분함을 나타내는 반면 5'-AMP는 에너지부족상태를 반영한다. 이들 둘 다 allosteric effector라 할 수 있는데, 그 후 phosphorylase b에 인산기 하나가 첨가되면 효소는 활성과 비활성 상태로 전환된다는 것이 밝혀졌다 (그림 9.1).[(1)] 따라서 인산화(탈인산화)에 의한 공유결합을 통한 변형도 allosteric 영향과 더불어 효소 활성에 영향을 미친다. 비록 이러한 두 가지 조절 과정들이 유사한 입체구조의 변화를 통하여 작동하지만, 인산화는 주로 호르몬 수용체를 통해 발현되는 세포의 외부 영향에 대한 반응인 반면에 allosteric effector는 세포 내부의 조건에 대한 반응이라는 차이점이 있다.

인산화의 중요성은 아주 단순한 생명체의 하나라 할 수 있는 발아 효모인 *Saccharomyces pombe*의 유전체내에 120 개 이상의 protein kinase가 존재한다는 것으로도 알 수 있다.[(3)] 그리고 이러한 단순한 효모를 넘어 사람의 유전체는 1000개 이상의 protein kinases를 지니고 있을 것으로 예상된다. 세포질내 단백질들은 3개 중의 하나 꼴로 공유 결합으로 붙은 인산기를 지니고 있다. 인산화는 단백질중의 아미노산인 serine이나, threonine, 그리고 드물게는 tyrosine기에 음전하를 띤 인산기를 첨가됨으로써 변형이 일어난다. 이러한 중성의 수산기를 지닌 아미노산 잔기들은 주로 단백질들의 표면에 노출되어 있거나 종종 조절단백질 소단위체 사이의 접촉영역에 존재한다. 인산화는 단백질의 화학적 성질을 상당히 변화시킨다. 그 결과 단백질은 특정 기질을 인지하여 결합하고 활성화 혹은 비활성화시키고 인산화나 탈인산화(dephosphorylation) 시키게 된다. 결국 인산화는 효소를 활성화 시키거나 비활성화 시키게 된다.

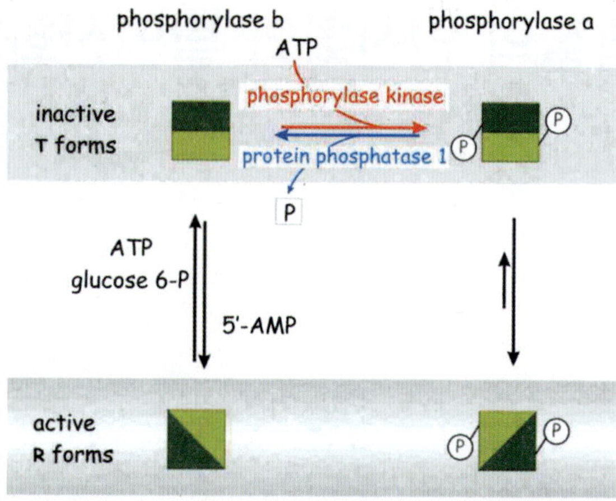

그림 9.1 인산화나 allosteric effector들의 작용에 의한 phosphorylase의 조절. 그림은 효소의 비활성화 상태(T)와 활성화 상태(R)를 나타낸다. 인산화 형태의 phosphorylase a는 이완된 상태의 구조를 선호하지만, phosphorylase b는 5'-AMP에 의해 신호가 전달되는 기아 상태를 제외하고는 비활성화 T 구조로 된다. 일반적으로, phospohrylase의 활성은 인산화 상태에 따라서 결정된다. 각각, 긴장된(tense) 상태와 이완된(relaxed) 상태를 의미하는 T와 R은 allosteric 효소의 4차 구조의 차이를 나타낸다.[2] 이러한 용어들은 원래 팽팽한 구조의 저친화도 deoxyhamoglobin과 8개의 slat bridge를 잃어버리고 좀 더 열린 구조로 바뀐 고친화도 oxyhaemoglobin의 산소결합을 분석하는데 적용되었던 것이다.

단백질의 인산화와 탈인산화 사이의 균형이 파괴되면 상황이 나쁘게 변한다. 예를 하나 들어, 감염된 조개 내에 존재하는 독소(okadaic acid)에 의해 protein phosphatase의 활성이 저해되면 지독한 설사를 하게 된다. 그 역 반응 역시 끔찍한데 *Yersinia pestis*(흑사병의 원인균으로 아직도 일부 지역에 있어 주요한 사망의 원인)의 독성인자에 감염된 세포의 경우에는 인산기가 끊임없이 제거되게 된다. 이 단백질이 tyrosine phosphatase로서 이것이 지속적으로 활성화된 형태로 남아 있을 경우(발암성 돌연변이, 11장과 12장 참조), 증상은 더욱 더 악화된다.[4,5] 그나마 다행인 것은 종양이나 면역억제, 염증 분야에서 이러한 인산화 반응을 억제하거나 촉진하는 것을 이용하여 신약을 개발할 수 있다는 것이다. 예를 들어 면역 억제제로 사용되는 cyclosporin은 protein phosphatase 2B의 소단위인 calcineurin과 상호작용 한다(17장 참조).

cAMP와 신호 증폭

모두가 그런 것은 아니지만 cAMP에 의해 전달되는 신호의 대부분은 protein kinase A(PKA)에 의해 촉매되는 인산화 반응을 통해 매개된다. 예를 들면, 간세포의 β-adrenergic receptor가 10^{-10} mol/l 농도의 adrenaline에 의해 자극되면 세포 내 cAMP의 농도를 1 μmol/l까지 증가시킨다. 이를 어림잡아보더라도, 그러한 "전형적인" 수용체는 세포당 약 10^5정도로 존재하며, 일반적으로 그 최대반응은 극히 일부 수용체만이 신호를 받아들이고 활성화 되더라도 일어남을 알 수 있다(2장 참조). 이와 같은 자그마한 수용체의 신호는 거대한 수(100 μmol/l)의 glycogen phosphorylase를 활성화시킬 수 있으며 이것이 막대한 양의 포도당을 혈액으로 방출하게 한다.

cAMP에 의해 제공되는 신호의 중간 증폭은 2차례의 단백질 인산화에 의하여 이루어진다. 그 중 첫 번째는 cAMP-의존성 protein kinase(protein kinase A, PKA)에 의해 촉매된다. 이것은 phosphorylase kinase를 인산화하여 활성화시키는데 이것은 다시 glycogen phosphorylase를 인산화함으로서 활성화시킨다(그림 9.2). 운동 중이거나 기아 상태에서 상승된 5-AMP의 농도는 phosphorylase b의 인산화 상태와는 상관없이 활성화를 위한 allosteric 신호로써 작용하게 된다. 따라서 phosphorylase의 인산화와 그것의 활성화 상태가 같다는 것을 의미하는 것이 아니다. 그렇더라도, 일반적으로 phosphorylase b는 활성이 없으며 phosphorylase a는 활성화 상태에 있다는 표현이 적절할 것이다. 반면에 만약 glycogen을 분해할 필요가 없는 경우에서도 왜 이런 작용이 일어나는 것일까? 활동이 없는 상태에서 phosphorylase b의 촉매 활성은 glucoge-6-phosphate와 ATP(5'-AMP와 결합부위를 놓고 경쟁하는)의 존재에 의해 억제된다(그림9.1). 사실상 5'-AMP 농도가 상승되었다는 것은 대사적

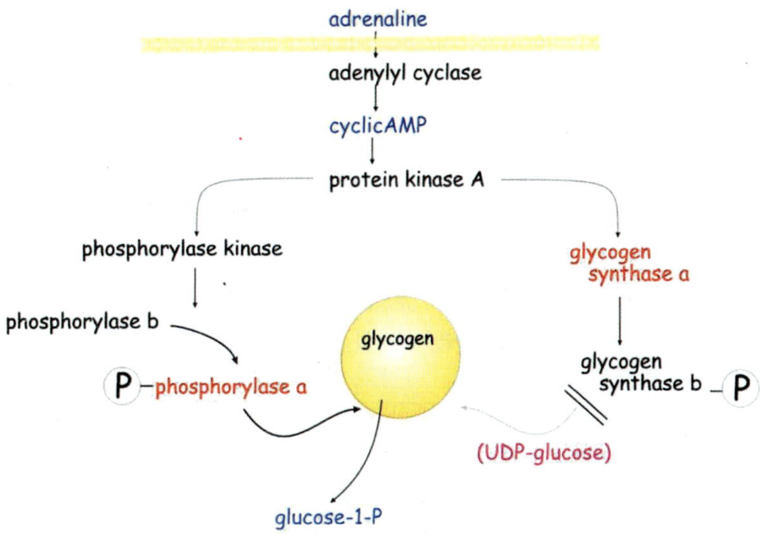

그림 9.2 Glycogen 분해 조절의 주요 경로. 이 그림은 PKA를 활성화 시키는 수용체의 효과와 인산화된 phosphorylase(활성화 형태)와 glycogen synthase(비활성화)를 보여준다.

일반적으로 ATP의 농도는 급격한 운동이나 기아 상태가 상당히 지속되더라도 거의 영향을 받지 않지만 세포 내 AMP의 농도는 myokinase에 의해 촉매되는 ADP의 transesterification(2 ADP = ATP + AMP) 반응으로 ATP를 유지하기 위해서라도 상승하게 된다.

으로 불충분함을 의미한다. Phosphorylase a는 5'-AMP나 ATP, 또는 glucose-6-phospate에 의한 allosteric regulation을 받지 아니한다.

이러한 모든 반응들의 전체적인 결과로 매우 약한 첫 번째 신호(일부 수용체만이 호르몬과 반응하더라도)가 빠르고 대용량의 신호(빠른 glycogenolysis)로 전환하게 된다. 그러나, 비록 활성화된 특정 효소들이 그 기질들을 신속하게 처리할 수는 있지만(보기에서처럼 간의 글리코겐으로부터 glucose-1-phosphate의 방출), 모든 것이 단계적으로 진행되는 복잡성과 조절 그리고 증폭을 거치게 되므로 즉각적인 반응의 개시는 어려워지게 된다. 따라서 신경전달물질의 방출이나 골격근 수축과 같이 매우 빨리 진행되어야 하는 생체 시스템은 이러한 방법으로 조절되지는 않는다. 골격근내의 phosphorylase kinase를 활성화 시키는 세포질 칼슘 이온의 경우 그 자체로도 근 수축을 시작하는 신호로 작용한다(그림8.5). PKA에 의한 인산화는 phosphorylase b를 phosphorylase a로 전환하는 속도를 최대화할 뿐만 아니라 칼슘이온에 대한 친화도도 증가시키게 된다. 바로 이것이 근육의 phosphorylase kinase가 실제로 낮은 세포 내 칼슘이온 농도의 조건에서도 확실하게 작용할 수 있게끔 한다. 우리가 무언가에 놀라거나, 싸우거나 도망가는 반응을 나타 낼 때에, 아드레날린은 수축 신호(acetylcholine)를 받기 전이라도 근육이 최대한의 활성을 내기 위한 준비를 시킨다. 또한 cAMP 신호는 phosphorylase의 탈인산화를 저해하는 역할을 하여 효소를 비활성화시키게 되는데 이것에 관해서는 17장에서 다시 다룰 것이다.

Protein kinase A

Protein kinase A는 다양하게 작동하는 kinase이다. 이것의 활성화 소단위는 여러 단백질에 존재하는 RRxS/Tx(x는 여러 아미노산) 아미노산 서열 내의 serine이나 threonine 잔기를 인산화 시킨다. 서로 다른 형태의 PKA는 그것과 연결되어있는 조직특이적인 조절 소단위에 따라 구분하게 된다.

PKA는 cAMP가 없는 상태에서는 활성이 없으며, 2개의 조절부위(R)와 2개의 활성부위(C)로 이루어진 안정적인(k_D~ 0.2 nmol/l) 4량체(R_2C_2)로 존재한다[(6)] (그림 9.3). 이러한 4량체는 인산화되는 기질에 보전된 아미노산 서열과 아주 유사한 조절 부위내의 유사기질(pseudosubstrate) 서열과 촉매 부위 사이의 상호작용에 의해 안정화된다.[(7)] 골격근에서 분리된 1 형태 조절 소단위에 존재하는 부위는 말 그대로 유사기질 부위로서 그것의 serine잔기가 glycine이나 alanine으로 교체된 RRxG/Ax에서는 아무런 인산화가 일어나지 않는다. 심장의 근육에서 유래된 Type Ⅱ isoform에서는 serine이 보전되어 있으며 조절부위 자체도 기질로 작용하여 인산화된다.[(8)]

이러한 유사기질 부위에 의한 자가억제 현상은 serine/threonine protein kinase의 보편적인 특징이다. 두 조절 부위(R_2)는 서로 단단하게 안정적으로 결합하고 있으며 둘 다 cAMP에 대한 유사 결합부위(35% 동일성)를 가진다. cAMP과의 결합은 협동적(cooperative)이어서 첫 번째 부위가 cAMP와 결합하게 되면 비어있는 두 번째 결합부위에 대한 친화성이 높아지게 된다. 결합부위가 cAMP에 의해 채워지면, R_2C_2 복합체의 안정성이 약 10^4-10^5 배 정도 감소하게 되어 그 촉매단위들을 방출함으로써 기질을 인산화하게 된다.[(9)]

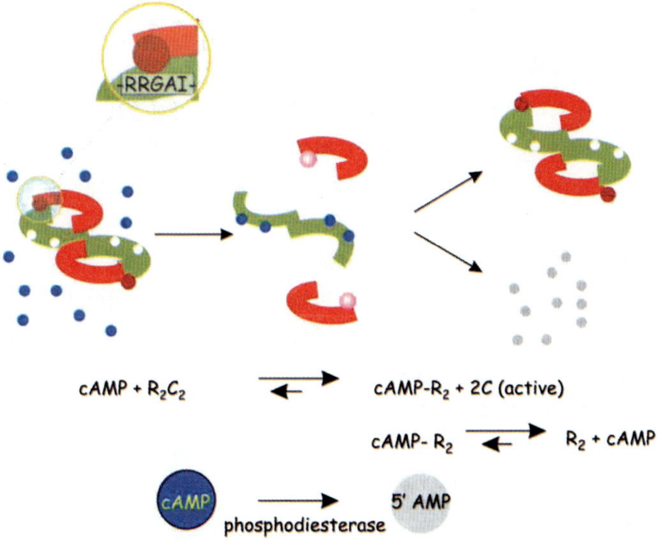

그림 9.3 cAMP에 의한 protein kinase A의 활성화. 전체효소(holoenzyme)는 각각 2개의 cAMP와 결합하는 2개의 조절부위(녹색)와 2개의 촉매부위(붉은색)로 구성된다. 각 부위들은 조절부위의 '유사기질(pseudo-substrate)' 서열과 촉매부위 사이로 연결되어있다. 유사기질부위는 기질의 인산화 부위와 아주 유사하나 serine 대신 alanine을 가진 -PRGAI-서열을 가지고 있다. 4개의 cAMP가 결합하면 촉매부위가 분리되어 그 촉매 활성부위가 유사기질이 아닌 진짜 기질과 상호작용을 할 수 있도록 노출된다. cAMP에대한 조절 소단위의 친화성이 감소하면 결합된 cAMP가 해리되고 phosphodiesterase에 의해 5'-AMP로 전환된다.

포유류 세포 내 PKA의 농도는 0.2-2 μmol/l 정도로[10] 아주 높아서 세포질에 그 가수분해를 촉매하는 phosphodiestearse에 노출되는 자유 cAMP가 거의 없을 것이라 예상할 수 있을 정도이다. 그러나, 불활성 PKA 복합체(R_2C_2)의 분리에 이어, 조절 부위의 cAMP 결합의 협동적 특성이 상실되고 높은 친화성을 잃어버리게 된다.[9] 그 결과 cAMP는 분리 되고 phosphodiesterase에 의해 5'-AMP로 전환된다. 게다가, PDE의 활성은 PKA에 의한 인산화를 통해서 향상될 수 있어 신호는 순식간에 종결에 이르게 된다.[11,12]

Protein kinase A와 다른 인산화 효소들의 특이 작용들은 조절 소단위들의 존재 위치에 의해서도 조절된다. 예를 들면 단백질을 특정부위에 묶어두는 단백질들이 골지체의 막이나, 중심립(미세소관을 형성하는 부위), 세포골격(cytoskeleton)등과 같은 특정 위치에 존재한다.[6,9,13] 비록 모든 이성질체(isoform)들이 모든 조직에서 발현되지는 않지만, 이종이량체(RαRβ 의 경우처럼)를 형성 할 수 있는 4개의 조절부위 isoform들과 3개의 활성부위 isoform들이 있으면 이론적으로는, 24개의 서로 다른 holoenzyme도 형성할 수 있다.

Protein kinase A와 전사 조절

CREB 전사인자의 활성화

Glycogen 대사 조절에서 PKA는 식사와 식사간과 같은 단기적 조절 작용을 한다. 또한 PKA는 특정 유전자들의 전사를 유도하여 장기적 조절 작용에도 관여하지만, 이 경우 그 신호는 핵으로 전달되어야만 한다. PKA에 의한 장기적 조절 작용의 첫 번째 예로는 시상하부에서 발현되는 펩티드인 somatostatin을 들 수 있다.

잘 알려진 다른 예로는 β_2-adrenergic receptor의 RNA 합성을 촉진하는 catecholamine이나 TSH와 LH에 대한 수용체를 생성하는 glycoprotein 호르몬에 의한 자극을 들 수 있다. 그 인산화되는 기질은 전사인자인 cAMP-반응요소 결합 인자(cAMP response element binding protein, CREB, 그림 9.4)이다. PKA에의한 인산화의 결과로 CREB 이량체는 DNA의 cAMP response element(CRE)와 상호작용을 하게 된다. 이것은 8개의 염기쌍의 회문구조(palindromic) 서열로(TGACGTCA) 일반적으로 TATA box로부터 100개 염기내에 위치한다.

그러나 유전자의 전사로 이어지는 다음 단계의 활성화를 위해서는 전사 보조인자들도 필

Somatostatin은 14개의 아미노산으로 이루어진 펩티드로서 성장호르몬의 분비억제제로 가장 잘 알려져 있으나 다른 뇌하수체 호르몬이나 췌장의 베타세포로부터 인슐린의 방출을 저해하는 것으로도 보인다. 이러한 관점에서 보면 그 이름이 panhibin으로 바뀌어야 할 것 같다

회문구조(Palindrome): 전후 양쪽으로 똑 같이 읽혀지는 문장을 나타낸다. 일례로, ACGTCAGT와 같이 DNA의 상보적 가닥을 읽을 때도 같아지는 서열을 말한다

진핵세포에서(**TATA Box**)는 DNA-dependent RNA Polymerase와 결합하여 어디서 전사가 시작되는가를 결정하는 promoter의 주요 구성요소이다

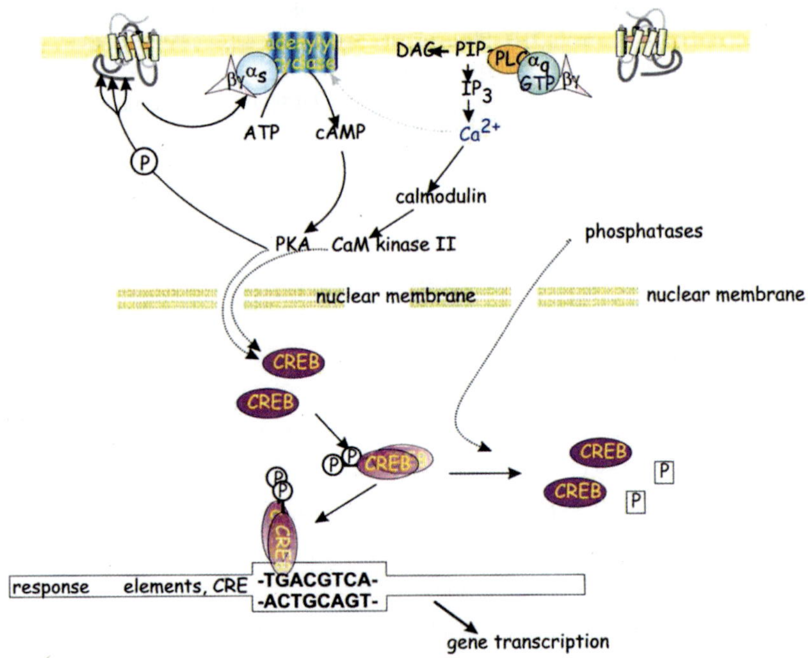

그림 9.4 CREB-매개 유전자 발현의 활성화에 이르는 신호전달 경로. 이 그림은 cAMP 반응 요소(CRE)의 활성화를 유도하는 세포질과 핵내의 기본적인 현상을 나타내고 있다. 칼슘이온에 의해 활성화되는 CaM kinase과 PKA는 모두 핵으로 확산되어 CREB내의 동일한 serine 잔기를 인산화한다. 이러한 인산화는 CREB의 이량체 형성을 촉진하고, 활성화 전사인자가 이러한 형태를 인지, 특이적으로 CRE에 결합하여 유전자의 전사를 유도한다. CREB의 탈인산화는 이러한 반응을 약화시키게 된다.

요하다. 그러한 인자들로 CREB binding protein(CBP)와 p300을 들 수 있는데 이것들은 상당히 큰 단백질로 CREB의 인산화된 형태와만 상호작용하여 전사인자들을 TATA box에 모이게 한다.[14]

CREB의 활성이 Ca^+ sensitive (type I) adenylyl cyclase를 통하여 세포질 내 칼슘이온의 농도를 증가시키는 호르몬의 자극으로도 증가될 수 있다는 것은 그다지 놀라운 일이 아니다.[15] 오히려 놀라운 것은 일부 세포에서 칼슘이온이 CaM kinase에 의해 동일한 133번 serine잔기를 인산화 시킴으로써 CREB을 직접적으로 활성화할 수 있다는 것이었다.[16,17] 이러한 칼슘이온의 효과들은 세포질 칼슘이온 농도의 일시적인 상승에도 즉각 반응하는 세포에서 중장기적으로도 상당히 중요한 결과를 가져올 것이다. 필요한 즉시 단백질을 반복적으로 분비해야만 하는 세포들(예로써 내분비(enocrine) 이자섬(pancreatic islet) 세포나 외분비(exocrine) 췌장 포상(pancreatic acinar)의 경우 한번 분비 후에는 그 단백질의 저장고를 보충하여야 하는 것이 필수적이다. 따라서 분비를 촉진하는 칼슘이온은 특정 단백질의 또한 자극하게 될 것이다. 췌장의 α 세포의 경우, 전압민감성(voltage-sensitive) 이온채널을 통하여 유입된 칼슘이온은 글루카곤의 분비를 자극할 뿐만 아니라 CaM kinase II의 활성을 통하여 그 유전자의 전사를 촉진시키기도 한다.[18] CREB은 또한 자극에 의한 시냅스 가소성(plasticity)의 장기적인 효과들을 조절하고 강화(potentiation)한다고 알려져 있다.[17,19]

Long-term potentiation: 중추신경계 시냅스의 연결과 학습, 기억에 관여하는 것으로 생각되는 시냅스 가소성의 한 형태

인산화 이외에도 세포 내 반응에 대한 CREB의 효과는 CREB 자체의 발현을 통하여 조절되기도 한다. 정소의 Sertoli 세포에서 cAMP를 통해 작동하는 여포 자극 호르몬(follicle stimulating hormone FSH)은 CREB를 활성화하기 위하여 인산화를 유도할 뿐 아니라, CREB에 특이적인 mRNA의 축적도 유도한다.[20] 뇌하수체 유래의 다른 호르몬들처럼, FSH는 시상하부의 통제하에 맥동성(pulsatile) 형태로 분비된다. 따라서, 이러한 현상들은 cAMP의 변동이 세포들을 호르몬에 의해 이어지는 자극에 더욱 민감해 지도록 준비시킬 수 있다는 것을 의미한다.

탈인산화에 의한 cAMP 반응 요소들의 감쇠

호르몬에 의한 활성후 15-20분이 지나면, PKA의 촉매부위는 CREB[21]의 인산화와 전사의 개시를 유도하기 위하여 핵으로 확산되어 들어간다. 그 후 4-6시간(감쇠기)에 걸쳐 대상 유전자의 전사는 점차 감소하게 된다. 이 과정은 okadaic acid[22]와 같은 phosphatase 억제제에 의해 길어지는 것으로 보아 아마도 CREB의 탈인산화 때문일 것으로 여겨진다. 게다가 단백질 phosphatase-1(PP1)을 특이적으로 억제하는 phosphatase inhibitor-1을 과다 발현하는 섬유아세포의 경우 CRE에 대한 전사 반응을 증가된 상태로 유지하고 있다.[23] 간세포에서는 PP2A 활성수준을 변화시키면 CREB의 탈인산화가 일어난다.[24] 아마도 CRE에 의해 유도되는 반응들의 세기는 적어도 부분적으로라도 탈인산화를 통하여 조절되는 것처럼 보이지만, 다른 종류의 세포에서는 서로 다른 phosphatase가 관여한다.

앞에서도 언급하였듯이, PP1의 특이성은 그것을 세포의 특정위치로 배치하려는 조절 부위와의 연합에 의하여 결정된다. 핵에서, PP1은 핵 내부의 PP1 억제제인 NIPP(endogenous nuclear inhibitor of PP1)와의 결합에 의해 염색질에 부착된다.[25] PKA에 의하여 NIPP가 인

산화 되면 PP1에 대한 친화성을 급격히 감소시키게 되며 따라서 cAMP는 phosphatase의 활성화를 통하여 자신의 신호를 감소 조절하게 될 것이다 (17장 참고).

이 책의 후반부를 통해 명확해지겠지만, DNA상의 palindromic enhancer element에 이량체 전산인자 복합체가 결합하는 것은 특정한 유전자 발현의 조절에 있어서 많이 보이는 현상이다.

Protein kinase A와 ERK의 활성화

β_2-adrenergic 수용체 작용의 대부분은 G_s를 통하여 전달되며 PKA에 의해 촉매되는 인산화 과정을 거친다. 그러나, PKA에 의한 수용체의 인산화에(이종성 감도상실 heterogenous desensitization: 그림 4.10 참조) 따라, 그 수용체의 특이성이 변하게 되어 그 반응성이 G_s에서 G_i로 전환된다. 일반적인 전달자로부터 수용체가 분리되는 이러한 기작은 수용체가 G_i와 결합할 수 있게한다. 특히 이것은 대부분의 세포에서 발현되는 더 많은 양의G_i 단백질과 훨씬 더 가용성이 많은 βγ-subunit들과 더불어 새로운 반응 가능성들을 나타나게 한다. 이러한 변화의 중요한 결과로 세포 외부신호를 조절하는 protein kinase(ERK)의 활성화와 핵 내 신호

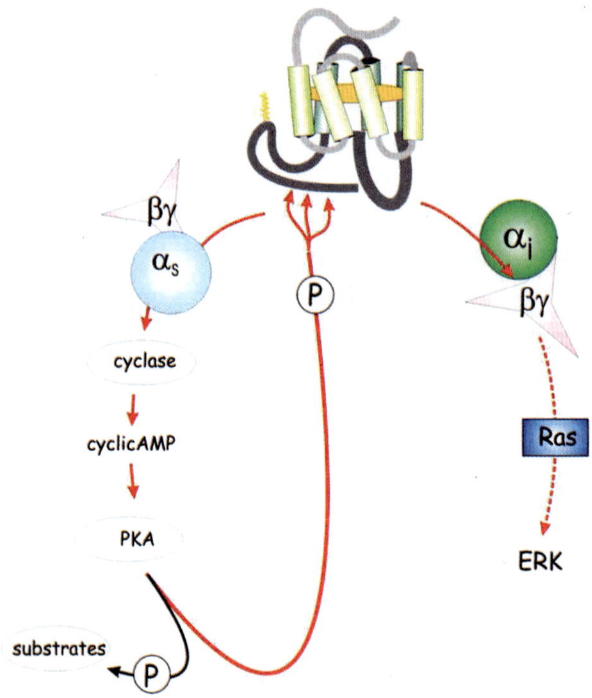

그림 9.5 모든 것이 경로를 바꾸게 된다. 감소 조절되는 수용체들이 항상 감소되는 쪽으로 조절하는 것이 아니라 다른 경로로 조절하기도 한다. PKA에 의하여 β_2-adrenergic 수용체가 인산화되면 그 반응이 G_s에서 G_i로 전환한다. 그 결과 활성화되는 βγ-subunit은 ERK의 활성화에 이르는 반응 경로를 개시한다. Daaka *et al.*[26]

발생을 유도하는 Ras가 관여하게 된다.(그림 9.5). 더 자세한 내용은 11장에서 언급될 것이다.

이러한 일련의 신호전달 과정은 G_s가 아니라 G_i 단백질을 활성화하는 백일해 독소(pertussis toxin)를 처리한 세포에서 볼 수 있다. 또한 이 현상은 βγ-subunit을 격리시키는 효과를 가진 β-adrenergic 수용체 kinase(βARK: 4장 참조)의 C-말단 유래 펩타이드를 포함하는 PH 도메인의 과발현에 의해서도 일어날 수 있다. 이 모든 것을 종합해보면 수용체의 상위 경로에 cAMP와 PKA를 배치함으로서 G_i와 상호소통할 조건을 만들어주면 Ras가 ERK를 활성화할 수 있다(11장).

PKA에 의해 매개되지 않는 cAMP의 활성

Cyclic nucleotide에 의한 이온채널의 조절

PKA에 의해 매개되지 않는 cAMP의 활성들 중에 중요한 것으로 후각 세포 신호전달의 요소인 양이온 채널(gated cation channel)의 조절을 들 수 있다.[27-30]

우리는 냄새물질과 G_{olf}(G_s와 상동성의 heterotrimeric G-protein)와 연결된 후각수용체와의 상호작용이 adenylyl cyclase의 활성화와 cAMP의 농도를 증가시킨다는 것을 이해하고 있다. 이것은 이온채널을 열어 세포막의 탈분극(depolarization)을 일으키게 한다. 상대적으로 cAMP와는 반응하지 않고 cGMP에 의해 조절되는 망막 내 채널(6장 참조)들과는 달리, 후각 채널은 2개의 염기 모두와 비슷하게 반응한다. 또한, 광 수용체 세포의 이온채널과 달리, 후각 채널은 cyclic nucleotide와 반응 시 닫혀지게 되어 세포를 과분극(hyperpolarize)상태로 만든다. Cyclic nucleotide 의존성 채널을 클로닝 한 결과를 보면 그들이 서로 밀접히 연관되어 있으며 아마도 전압 조절 이온채널의 superfamily와 그 원조가 같을 것임을 보여준다.

cAMP에의해 열리는 K^+channel은 서로 어우러져 막관통(일반적으로 다섯 혹은 여섯)부위pore를 형성하는 네 개의 유사한 단백질 사슬로 이루어진다. 전압에 의해 열리는 Na^+와 Ca^{2+} 채널은 그 소단위가 단일 단백질 사슬로 이루어져있다.

Epac, cAMP에 의해 직접적으로 활성화되는 guanine nucleotide exchange factor

Rap1은 단량체의 GTPase로서 혈소판의 활성화나 세포의 증식과 분화, 그리고 형태형성(morphogenesis)을 포함하는 세포 내 여러 활동들과 관련되어 있다.[31] 이것은 처음에는 Ras의 발암 효과를 억제하는 조절자로 알려졌었지만(그림 9.6), Ras와는 달리 Rap1은 세포 내 소기관의 막에만 한정 분포되어 있다. 이것이 두 단백질이 일부 하부 신호전달계 영향인자들을 공유함에도 불구하고 어떻게 길항작용(antagonistic)을 낼 수 있는가를 설명할 수 있을 것이다. 세포의 종류에 따라서, 몇몇 리간드들은 수용체와의 상호작용을 하여 칼슘이온, diacylglycerol과 cAMP와 같은 2차 신호전달자(second messenger)를 생성함으로서 Rap1을 활성화할 수 있다. 그런데 중요한 사실은 이것이 cAMP에 대한 친화성이 낮은 돌연변이 형태의 PKA를 발현하는 세포에서도 동일하게 잘 작용한다는 것이다.

Rap1은 guanine nucleotide exchanger인 Epac(cAMP에 의해 직접적으로 활성화되는 교환 단백질: exchange protein directly activated by cAMP)과 cAMP의 직접적 작용을 통하여 활성화된다.[32] Epac은 Ras와 Rap1과 같이 다른 GEF와 유사성을 가지면서 cAMP에 대한 결합 부위를 가지는 단백질들에 대한 서열 데이터베이스를 조사하는 과정에서 발견되었다. PKA의 조절 소단위와 cyclic nucleotide 조절 channel에 존재하는 nucleotide 결합부위는 서로 유사하다. 순수분리된 Epac은 Rap1으로부터 GDP를 분리하는 과정에 cAMP가 필요한 반

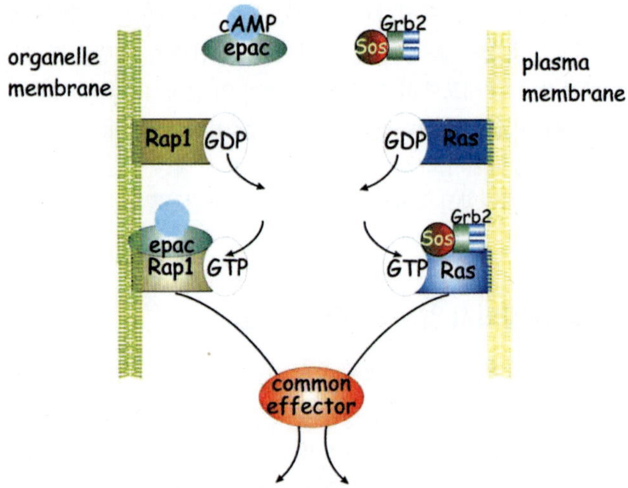

그림 9.6 cAMP에 의해 활성화되는 guanine nucleotide exchange factor인 Epac에 의한 Rap I의 활성화. RapI은 단량체 GTPase로 세포 내 소기관의 막에만 존재하며 Ras의 발암효과를 상쇄한다. 이것의 활성화는 PKA의 관여없이 cAMP에 의해 매개되는 과정의 한 예이다.

면, cyclic nucleotide 결합부위가 없는 돌연변이 형태의 Epac은 지속적으로 활성화 되어있다. 따라서 cAMP가 없는 상태에서도 Rap1으로부터 GDP를 방출할 수 있다.

> 이 실험에서는 방출반응을 지속적으로 검출하기 위하여 주위환경에 민감한 형광 그룹으로 표지(단백질의 결합부위에 부착)된 **GDP** 유사물질을 사용하였다.

다른 단량체 GTPse처럼, GDP-결합 상태로의 복구는 GTPase 활성화 단백질과의 상호작용을 통해 촉진된다. 특정 Rap1GAP은 휴지 상태에서도 이종삼합체 G_o에 의해 스스로 조절된다.[33] 따라서, α_oGDP는 Rap1GAP를 격리시킬 수 있으며 이러한 방식으로 Rap1의 여러 활성들을 조절한다.

Protein kinase C

cAMP 비의존성 인산화 활성의 발견

우리가 protein kinase C라고 부르는 효소는 1970년대 후반 소의 소뇌에 존재하는 cyclic-nucleotide-independent protein kinase로서 처음 알려졌다.[34] 처음에는 그 활성이 칼슘 의존성 단백질 분해효소에[35] 의한 소량의 단백질 가수분해 산물로 여겨졌으나, 얼마 지나지 않아 단백질 분해와는 상관없는 인지질과 칼슘이온(50 μmol/l)에 의해 활성화되는 것으로 밝혀졌다.[36] 더 중요한 것은 이 protein kinase의 활성이 소량의 diacylglycerol(DAG, phospholipase C[PLC]반응의 생성물), 인지질(일반적으로 phophatidylserine) 그리고 생리학적 범위를 초과하지 않는 농도(2-6 μmol/l)의 Ca^{2+} 첨가에 의해 촉진될 수 있다는 것이다.[37] 이 새로운 효소

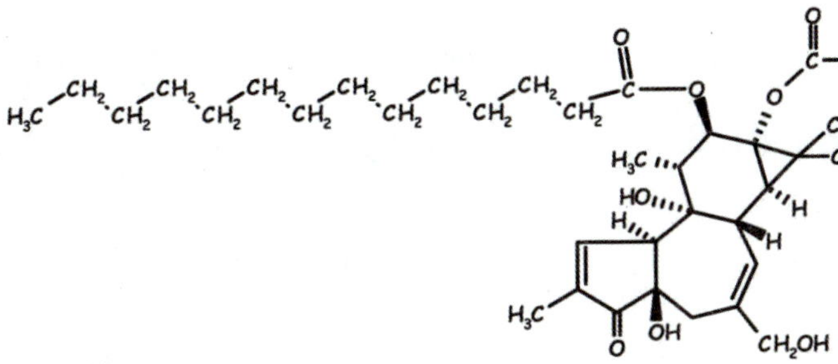

그림 9.7 **Phorbol myristate acetate (PMA).**

는 오래 전부터 암 촉진 성능을 지닌 피부 자극제로 알려진 파두유(croton oil)의 활성 성분에 대한 세포 내 주요 표적으로 알려지면서 관심의 초점이 되었다.[38]

Phorbol ester는[39] PKC를 활성화시키며 생리적으로 diacylglycerol을 대신해서 쓰인다.[40] 그 이후 phorbol myristate acetate(PMA, 또한 12-O-tetradecanoylphorbol-13-acetate, TPA로 알려진)가 거의 모든 세포와 상상 가능한 다방면에 걸쳐 사용되어왔다. PKC가 종양 형성, 숙주 방어, 배 발생, 고통 인지, 신경돌기의 성장(neurite outgrowth)과 장기 기억(long-term memory)의 발달에 이르기까지 아주 다양한 세포 내 과정에 관여하는 것은 확실해 보인다. 이장에서는 종양 형성(tumor formation)과 숙주 방어(host defence)에 있어서 protein kinase의 역할을 고찰해 볼 것이다.

파두유(croton oil) : 등대풀과(Euphorbiaceae)의 작은 아시아 나무인 *Croton tiglium*의 씨로부터 나오는 유독한 점성 용액. 나무는 인도와 인도네시아군도에서 자생하고 있다. 이 오일은 옅은 노란색이나 갈색으로 투명하며 자극성이고 불쾌한 향을 내며 강한 자극효과를 가지고 있다. 파두유는 중국에서 처음 약용으로 사용하기 시작하였으며 16세기 네덜란드인에 의해 서구로 소개되었다. 19세기 내과의사(신호전달분야의 개척자이기도 함) Sydney Ringer는 백선(ringworm) 치료에서의 국소적인 적용과 하제로서의 사용에 대하여 언급하였다. 현재로는 의학용으로 사용하기에는 너무 위험하다고 생각하고 있다.

Protein kinase C family

클로닝 결과 포유동물의 PKC는 12개의 독특한 구성원으로[41,42] 이루어진 단백질 family임이 밝혀졌으나 그 모두가 phorbol ester에 의해 활성화되지는 않는다.[43] 전체 PKC는 3개의 subfamily로 다시 분류된다(표 9.1과 그림 9.8 참조).

게다가 PKC-연관 kinase(PRK 또는 PKN)와 같이 관련성이 조금 낮은 효소들도 존재한다. Lactate dehydrogenase와 같이 다양한 이성질체(isoform)들은 isozyme으로 불려지지만, PKC의 이성질체들은 서로 다르고 특징적인 기질들을 가지고 있다.

PKC의 subfamily들은 서열의 유사성과 활성화 방식에 따라 분류된다. 보편적 PKC (conventional PKC)는 모두 phosphatidylserine과 같은 인지질과 DAG, 그리고 칼슘이온에 의해 활성화된다. 신생 PKC (novel PKC, nPKC)는 인지질과 diacylglycerol을 필요로 하지만 칼슘이온을 필요로 하지는 않는다. 이것은 PKC의 서로 다른 위치에 존재하는 칼슘이온 결합

표 9.1 PKC의 이성질체들

Subfamily	Isoforms	Requirements for activation
Conventional (cPKC)	α, β1, β2 and γ	DAG, PS, Ca^{2+}
Novel (nPKC)	δ, ε, η and θ	DAG, PS
Atypical (aPKC)	λ, ι, ξ and μ (PKD)	PS

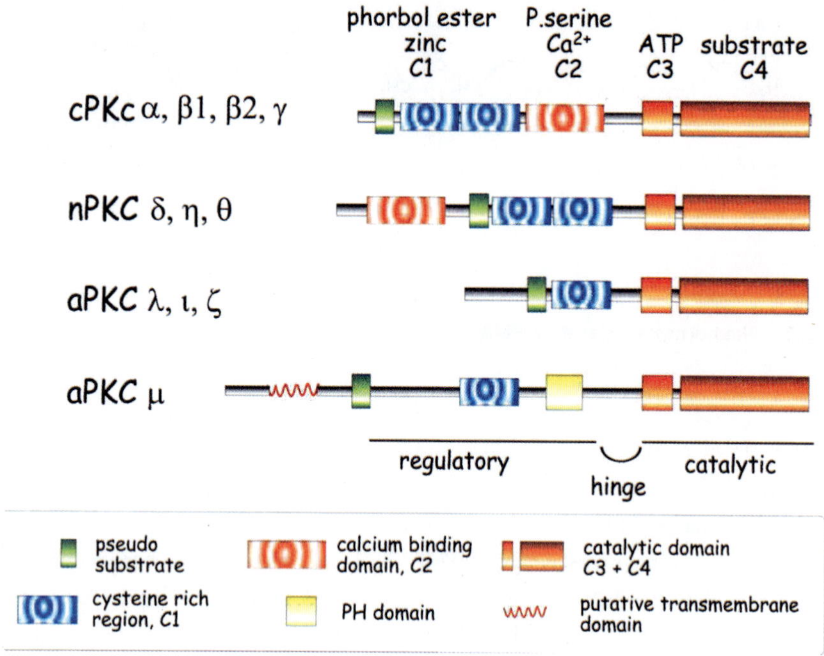

그림 9.8 Protein kinase C family. 포유동물 PKC는 보편적(c), 신생(n)과 비전형(a)의 3개 subfamily로 세분되는 12개의 멤버들로 구성되어있다. 이들은 잘 보존된 도메인인 C1, C2, C3와 C4에 의해 PKC로 분류된다. 단백질은 이음부위로 연결되며 조절(regulatory)부위와 촉매(catalytic)부위로 이루어진다.

부위에 의해 설명될 수 있다. 비전형적 PKC (atypical PKC)는 DAG와 칼슘이온에는 반응하지 않지만 여전히 인지질은 필요로 한다. 모든 PKC는 잘 보존된 2개의 소부위 (C3, C4)로 구성된 촉매부위를공통적으로 지닌다. 모든 PKC는 cysteine이 많이 존재하는 C1 부위를 가지며 보편적 PKC와 신생 PKC는 칼슘이온과 결합하는 C2 부위를 가진다. 이것들은 모두 자극이 없을 때에도 kinase를 불활성화 상태로 유지하는데 중요한 유사기질 서열을 지닌 특성을 가지고 있다. 비전형적 PKCμ는 하나의 막관통(transmembrane) 부위와 pleckstrin 유사 부위(PH 도메인)를 가지고 있다.

PKC에 의한 인산화는 보전된 서열인 RxxS/TxRx내의 arginine 잔기에 매우 근접해있는 serine과 threonine 잔기에서만 일어난다.[45] 이 보전된 부위는 많은 단백질 내에 존재하므로 (더 자세한 분석은 Nishikawa *et al.*을 참고[46]), 비록 subfamily들간에 기질에대한 인식의 차이가 존재하기는 하지만, PKC는 광범위한 특이성을 지닌 단백질 kinase로 여겨진다. 따라서, 모든 형태의 PKC (PKCζ를 제외하고)가 MARCKS와 GAP-43을 인산화 할 수 있는 반면 ribonucleoprotein A1 (hnR A1)은 PKCζ에 의해서만 효과적으로 인산화된다. 조직마다 다르게 나타나는 PKC의 발현 양상은 호르몬이나 성장인자, 사이토카인, 또는 신경전달물질에 대한 조직특이적이거나 세포 특이적인 반응을 유도하게 된다.[47]

MARCKS : Myristoylated alanine-rich C-protein kinase substrate
GAP-43 : Neuronal growth cone associated protein (43 kDa)

PKC를 암호화하는 유전자(*tpa-1*과 *pkc*)들은 *C. elegans*에[48,49] 존재하며 3개의 isozyme인 InaC, dPKC2-3은 *Drosophila*에서[50] 발견된다. 이러한 생명체에 대한 유전학적 검색은 특히 거대한 신호 전달 복합체의 형성에 관여하는 조합 단백질로서의 PKC 기능에 대한 많은 정보를 제공한다(아래 참조).

InaC는 *Drosophila*의 시각 신호 전달 과정상에 일어난 돌연변이의 유전자 자리를 나타낸다. 돌연변이가 일어나면 초파리는 inactivation no-after potential 현상을 나타낸다(아래 참조)

Protein kinase C의 domain들과 활성화

C1-C4 영역

유전자로부터 추론되는 아미노산 서열을 비교한 결과 잘 보존된 4개의 기능 domain C1-C4는 신호전달에 관여하는 다른 단백질들에[41,51] 존재하는 domain들과 유사성을 지니고 있었다(18장 참조)(그림 9.9). N-말단부터 보면, C1과 C2가 조절 부위를 이루고 있으며 그 다음으로 모든 kinase의 특징인 촉매부위를 C3과 C4가 함께 구성한다(18장 참조). C1은 2개의 아연이온과 배위결합하는 cysteine-histidine-rich motif(zinc finger)를 포함하는데 이 부분이 DAG와 phorbol ester에 대한 결합 부위를 형성한다. 이것은 모든 이성질체에도 존재한다. 단독 혹은 이중으로 나타나는 C1 부위는 다양한 종류의 단백질에 존재하며 이들 중 일부는('전형적' ('typical')) phorbol ester와 결합하지만 나머지는('비전형적' ('atypical'))결합하지 않는다. 전형적인 C1 domain을 포함하고있는 단백질들은 DAG와 phorbol ester에 의해 조절될 것이라 예상된다.[52] Kinase의 활성이 없으면서 phorbol ester와 결합하는 단백질의 예로서는 chimaerin(Rac-GTPase-activating proteins의 family)과 RasGRP(Ras exchange factor), 그리고 Unc-13/Munc-13(세포외방출에 관련된 단백질 family)을 들 수 있다(Kazanietz의 총설[53] 참조). C2 domain은 phosphatidyl serine과 같이 음전하를 띠는 인지질과 결합하는데 일부 이성질체에는 지질 결합의 칼슘이온 의존성을 결정하는 칼슘이온 결합부위도 존재한다.

조절부위(C1과 C2)와 촉매부위(C3와 C4)부위는 이음 영역으로 연결되어있다. 효소가 세포막에 붙어 있을 때 그 이음 부위는 트립신과 같은 단백질 분해 효소들에 의해 가수분해되기

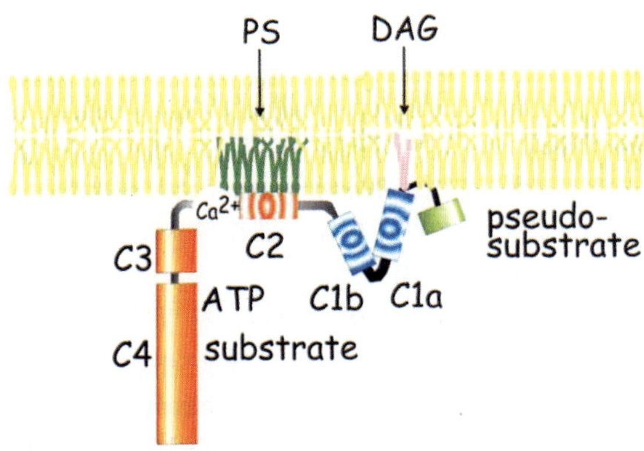

그림 9.9 PKC의 domain들. 보전된 부위인 C1-C4는 기능적인 단위(module)이다. C1은 DAG나 phorbol ester와 결합하며, C2는 칼슘이온의 결합에 의해 강화되는 인지질과의 부착에 관여하고, C3와 C4는 촉매부위를 구성한다.

쉽다. Kinase domain을 포함하는 조각(protein kinase m)이 막에서 분리되면 지속적으로 활성화된다.

유사기질(pseudosubstrate)

C1 domain에서 N-말단쪽으로 바로 옆 부분에는 자가억제성 유사기질을 구성하는 아미노산(PKCα에서 19-36) 부위가 있다. 이것의 아미노산 서열은 PKC에 의해 인산화되는 표적 단백질의 보전된 인산화 부위와 유사하다. 그러나, 유사기질에서는 serine이 alanine으로 교체되어 있으므로 인산화가 일어나지 않게된다.[54] 자극이 없는 상태에서는, 촉매부위가 유사기질과 결합하여 C2와 C3를 연결하는 이음부위쪽으로 접힘으로써 kinase 활성을 억제하게 된다.

활성화

PKC를 활성화하기위해서는 활성화 고리(18장 참고)에 존재하는 촉매부위의 인산화와 활성화 부위로부터 유사기질의 분리가 필요하다.[55] 다음에 나오는 설명은 보편적 PKC와 신생 PKC에는 적용되지만 비전형적 PKC에는 적용되지 않는다.

PKC는 불활성인 비인산화 전구물질로 합성되며 detergent-insoluble fraction(아마도 세포골격과 연관되어 있을 것이다)에존재한다. 이 상태에서, 촉매부위는 ATP에 쉽게 접근할 수는 있지만 효소의 촉매활성은 없다.[56] 이후 PKC가 변형되는 단계에서 효소 촉매부위의 APE 서열 근처 활성화 고리부분이 아마도 PDK1의 작용에 의해 인산화된다(그림 9.10). PDK1은 인지질 의존성 protein kinase로서 protein kinase B의 활성화에도 관여한다(표 13.1 참조).[57] 활성화 고리의 threonine이 중성의 아미노산 잔기로 치환되면 효소는 활성화 될 수가 없다. 대조적으로 인산화와 유사할것이라 예상되는 글루탐산으로 치환하면 활성화가 가능하다. 활성화 고리내 인산화의 조절에 관해서는 많은 문제점들이 존재한다. 예를 들어, PDK1을 자극한다고 알려진 agonist의 존재 유무와 상관 없이, 일반적으로 적어도 50%의 cPKC 2가 인산화된 형태로 존재한다.[58] nPKC 의 경우는 단백질이 일반적으로는 인산화 되어있지 않고 PDK1의 활성화에 의해서 그 인산화가 확실히 유도되는 다른 양상을 보인다.[59] 활성화 고리 내의인산화는 촉매부위 C-말단의 2개(부위 1과 2)의 자가인산화(autophosphorylation)를 수반한다(표 9.2 참고). aPKCζ와 λ는 2번째 인산화 부위가 없으며 글루탐산 잔기로 치환되어 있다(311쪽, 표 13.1 참고). aPKCμ은 이들 두개의 인산화 부위 모두가 결핍되어 있다(404쪽 참고). Parekh *et al.*의 총설[60]을 참조하기 바라며 더 많은 protein kinase들에 대한 정보는 http://www.sdsc.edu/kinase에서 찾을 수 있다.

완성된 형태의 PKC는 detergent-insoluble fraction에서 떨어져 나오게 되며 비록 촉매부위가 유사기질 옆에 위치하기 때문에 여전히 불활성 형태이기는 하지만 촉매 활성을 수행할 능력은 지니고 있다. 자극에 의해 생성되는 DAG는 C1 domain내의 친수성 부위를 효과적으로 막을 수 있어 단백질 표면이 더욱 소수성을 지니게 하여 C1을 세포막에 파묻히게 한다. DAG 또한 C2 domain이 인지질에 결합하는데 필요한 칼슘이온의 요구량을 감소시킴으로

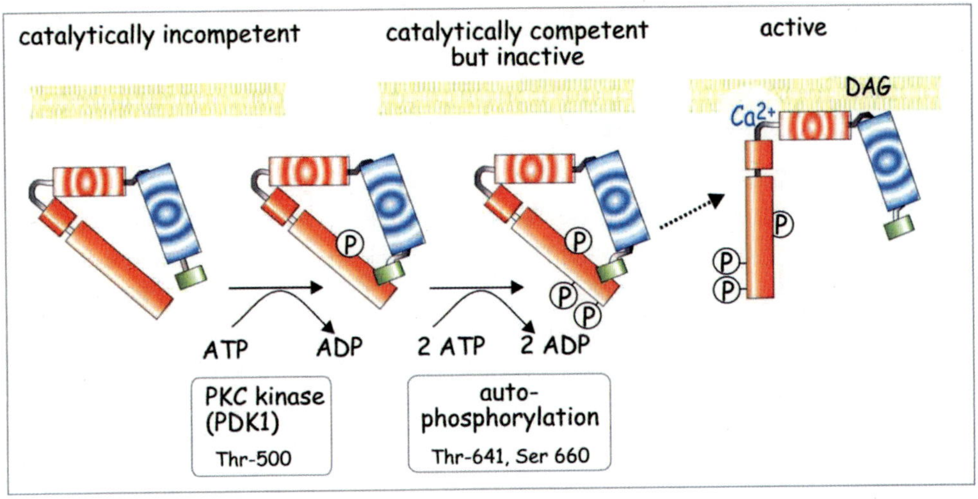

그림 9.10 PKC의 활성화는 4 단계로 일어난다. 예를 들어, PKCβ2는 74 kDa 전구물질로 합성되는데 이때의 촉매부위는 기질에 근접은 할 수는 있지만 불활성화된 형태이다. 3개의 다른 위치에서 인산화된 효소는 촉매 활성 능력은 있으나 여전히 불활성화된 형태이다. 촉매부위에 유사기질이 부착되어있어 기질의 접근이 어렵다. DAG가 결합하고 칼슘이온이 상승하면, 이 효소는 세포막에 단단히 결합하고 유사기질이 촉매부위에서 분리되면서 시스템의 촉매수행능력이 완전해진다.

표 9.2 PKC isoform들이 촉매 활성 능력을 갖게 하는 인산화 부위들

Isoforms	In activation loop		In C-terminus site 1		In C-terminus site 2	
hPKCα	GVTTRTFCGTPDYIAPE	T497	RGQPVLTPPDQLVI	T638	QSDFEFGSYVNPQ	S657
HPKCβ1	GVTTKTFCGTPDYIAPE	T500	RQPVELTPTDKLFI	T642	QNEFAGFSYTNPE	S661
HPKCβ2	GVTTKTPCGTPDYIAPE	T500	RHPPVLTPPDQEVI	T641	QSEFEGFSFVNSE	S660
hPKCγ	GTTTRTFCGTPDYIAPE	T514	RAAPAVTPPDRLVL	T655	QADFQGFTYVNPD	T674
hPKCδ	ESRASTFCGTPDYIAPE	T507	NEKARLSYSDKNLI	S645	QSAFAGFSFVNPK	S664
hPKCι	GVTTTTFCGTPDYIAPE	T566	REEPVLTLVDEAIV	T710	QEEFKGFSYFGED	S729
hPKCη	GVTTATFCGTPDYIAPE	T510	KEEPVLTPIDEGHL	T650	QDEFRNFSYVSPE	S672
hPKCθ	DAKTNTFCGTPDYIAPE	T538	NEKPRLSPADRALI	S676	QNMFRNFSFMNPG	S695
hPKCζ	GDTTSTFCGTPNYIAPE	T410	SEPVQLTPDDEDAI	T552	QSEFEGFEYINPL	E579
hPKCλ	GDTTSTFCGTPNYIAPE	T411	NEPVQLTPDDDDIV	T563	QSEFEGFEYINPL	E582
hPKCμ	KSFRRSVVGTPAYLAPE	S742	Absent		Absent	

* 첫번째 인산화는 APE서열 근처 촉매부위의 활성화 고리에서 일어난다. 이과정은 자가인산화나 상호적인 인산화가 아니라 다른 형태의 protein kinase에의해 일어난다. 촉매부위 C-말단에서의 인산화는 자가인산화이다. PKCζ와 PKCμ에서는 2번위치 serine이 glutamate(E)로 치환되어 있음을 주목하라. 인산화 부위는 적색으로 나타내었다. Toker[61]로 부터 인용.

써 상호작용의 강도를 증가시킨다. 궁극적으로는 촉매부위내의 입체구조 변화를 유도하여

촉매부위와 유사기질 부위를 분리시킨다(그림 9.9). 이로서 protein kinase는 완전한 활성화 상태가 된다.

PKC를 활성화하는 DAG와 다른 lipid의 다양한 근원

DAG에대한 요구성 관점에서보면 PKC의 조절은 PLC의 활성과 분명히 연관되어 있다(그림 9.11; 5장 참고).[62] DAG는 소수성이고 크기가 작기 때문에 세포막에서 측면으로 빠르게 확산될 수 있다. 이것은 또한 DAG lipase(글리세롤과 지방산을 형성)에 의해 분해되거나 DAG kinase에 의해 phosphatidate로 전환되므로 그 수명이 짧다(180쪽, 그림 8.7 참고). 실질적으로 모든 리간드들, 성장인자, 호르몬, 또는 신경 전달 물질들은 한가지 혹은 다른 방식으로 DAG(그리고 IP_3)의 생성을 촉진하는데, 이것은 PKC가 다양한 세포 기능에 관여하고 있음을 의미한다. PKC의 지속적인 활성을 위해서는 DAG의 농도 상승과 고빈도 Ca^{2+}-spikes가 동시에 존재해야 한다.[63]

몇 가지 다른 지질 2차 신호전달 물질이나 매개자는 DAG와 칼슘이온의 효과를 강화 시키거나 PKC를 직접적으로 활성화시킨다(그림 9.11). 특히, phosphoinositide3-kinase(13장참조)의 산물인 3-phosphrylated inositol lipids $PI(3,4)P_2$와 $PI(3,4,5)P_3$는 phosphatidyl serine이 있는 조건에서 신생(δ, ε 와 θ) PKC와 비전형(ζ) PKC들을 모두 활성화한다.[64] 불포화 지방산들(가장 잘 알려진 것으로 arachidonic acid, lysophosphatidic acid (LPA), 와 lyso-phosphatidyl-choline (lysoPC)) 또한 PKC의 활성을 향상시킬수 있다. 이러한 지질들은 정상적인 칼슘이온 농도(100 nmol/1 범위)에서 DAG의 효과를 상승시킨다.[65] Sphingosine과 lysosphingolipid와 같은 sphingolipid의 분해물들은 phosphatidyl serine과의 상호작용을 막음으로써 보편적 PKC를 억제할 수 있다.[66]

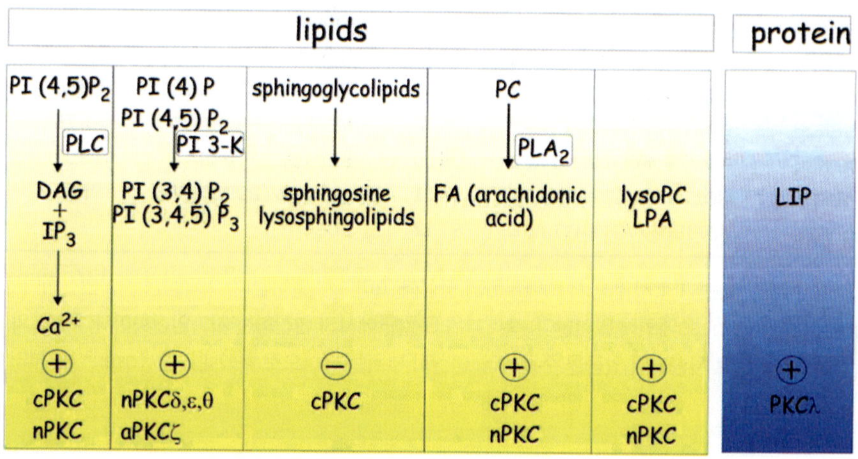

그림 9.11 PKC를 활성화하는 다양한 지질들. 다른 종류의 지질들과 phospholipase, kinase들이 서로 다른 PKC 이성질체들을 활성화시킨다. 특이하게도 비전형 PKCλ는 LIP 단백질에 의해 활성화 될수 있다.

비전형 PKC들은 DAG나 phorbol ester에 의해 활성화되지 않으나 $PI(3,4,5)P_3$, lysophosphatidic acid와 ceramide와 같은 다른 지질 생성물들에 의해서는 활성화된다. 특이하게도, PKCλ는 lambda PKC interaction protein(LIP) 단백질에 의해서 활성화된다.[67]

PKC isoform들의 서로 다른 존재 위치

많은 이성질체들이 존재하나 개별적인 기질 특이성이 부족하다는 점은 여러 PKC가 중복된 역할을 수행하는 것인가에 대한 의문을 불러 일으킨다. 그런데, 면역화학적분석 결과는 특정 이성질체들은 서로 다른 세포나 세포내 구획(compartment)에 존재하며 특이적인 단백질 복합체와 결합한다는 것을 보여준다. 이점은 PKC들이 특성화된 기능을 가질것이라는 가능성을 시사하는데, 첫 번째 징후는 *Xenopus laevis*의 embryo에서 유도된 신호전달연구에서 보여진다. 여기서는 등면의 외배엽(dorsal ectoderm)이 복면 외배엽(ventral ectoderm)에비해 신경 조직으로 분화될 능력을 더 가지고 있으며 그러한 차이는 심지어 phorbol ester와 같은 인위적인 자극에서도 나타난다. PKCα는 특이적으로 등 외배엽에서만 주로 발현되는 반면, PKCβ는 골고루 분포하고 있다.[68] 복면 외배엽에서 PKCα를 과발현하면 두 조직 사이의 분화 능력의 차이는 없어지고 복면 외배엽은 신경 조직을 형성하기에 충분한 능력을 가지게 된다.[69] 다양한 PKC의 이성질체들을 과발현시킨 섬유아세포에서는 대부분이 세포질에 흩어져서 분포하는 경향을 보이나 PKCβ와 θ는 세포막에 부착하며 골지체에 집중되어있다. 그러나, phorbol ester를 첨가하면 수분 내에, 광범위한 재분배가 일어난다. PKCα와 ε은 세포의 가장자리에 모이게 되며, PKC-α는 소포체에 축적되고, PKCβ2는 세포골격 중 액틴이 풍부한 미세섬유와 연결되며, PKCγ는 골지체에, PKCε는 핵막에 부착한다.[70]

PKC anchoring proteins, STICKs, PICKs와 RACKs

표적 PKC와 결합하여 그것을 세포내의 특정위치로 이동시키는 몇몇 단백질들이 존재한다. STICKs(substrates that interact with C-kinase; vinvulin, talin, MARCKS, α-adducin, γ-adducin, annexins등을 포함한다)는 액틴 세포골격과 세포막을 연결한다(표 9.3). 이들은 phosphatidyl serine과 결합하며 PKC에 대한 기질로서도 작용한다. 이것은 PKC가 막과 세포골격간의 상호작용을 조절하는 역할을 담당한다는 것을 의미한다. 이들 중 어떠한 것도 다른 isozyme들을 구별하지는 못한다. MARCKS와 γ-adducin의 경우, 인산화는 PKC나 인지질과의 상호작용 모두를 방해하여 단백질을 세포질로 방출하게 한다.[71]

다른 PKC-결합 단백질로는 RACKs(receptors for activated C-kinase)와 PICKs (proteins interacting with C-kinase)가 있는데 이들은 반응기질이 아님에도 불구하고 여러 이성질체에 대한 특이성을 나타낸다. 이들은 활성화된 PKC를 적당한 기질 단백질이 인접해있는 세포막의 특정 부위에 부착시키는것으로 생각된다. RACK1는 PKCβ를 interleukin-5(참고문헌 72)와 β-COP(β-cytosolic coat protein, 또 다른 RACK)에 대한 수용체의 세포내부위와 연결시키며, PKCε와 상호작용하여 골지체막에 연결시킨다.[73] InaD(일종의 PICK)는 *Drosophila*에서 레티날 시각 신호전달경로에 관여하는 단백질들의 상호작용을 조절한다(아래 참조).

이와같이 고정화 역할을 담당하는 모든 단백질들의 주요 기능은 개개의 PKC를 특정 수용체-매개 활성화 신호에 반응하도록 적당한 위치에 배치시키는 것이다. 두 번째 기능은 이들을 각각의 기질들과 서로 근접하게 불러모으는 역할이다. 시험관을 이용한 protein kinase A assay에서 서로 섞여있는 PKC를 생각해보면, 이들 고정화 단백질(anchoring protein)들은 부적절한 인산화를 막는 작용을 하는 것 일수 있다. 이와 비슷한 현상이 serine-threonine protein phosphatase에서도 보여진다(17장 참조).

삶과 죽음의 문제: 파리채에 대한 파리의 도망 반응에있어서 PKC 신호전달 복합체의 역할

파리를 잡으려다 실패했던 사람들은 누구나 파리의 시각 반응이 우리보다 훨씬 빠르다는 것을 알아야만 한다. 게다가 파리의 민감성과 적응 능력은 어떠한 척추동물의 광센서보다도 훨씬 우월하다. *Drosophila*의 광신호전달계(141쪽, 그림 6.12 참조)는 고정화 단백질들이 PKC를 통한 신호전달과정에서 어떻게 작용하는지를 보여준다(그림 9.12 상단).

레티날을 지닌 로돕신의 광활성화는 빛에 민감한 양이온 유입 채널인 Trp와 TrpL의 열림을 유도한다(Trp: transient receptor potential; 인간의 Ca^{2+} 저장 채널과 상동성을 지님). 신속하게 일어나는 이 과정은 광수용체 세포의 아주 일시적인 탈분극화를 일으킨다. 광신호전달

표 9.3 PKC 결합 단백질들

Binding protein/substrate	Cellular location	Known functions
STICKs		
Vinculin/talin	Focal contacts	Adhesion to extracellular matrix
Annexins I and II	-	-
MARCKS	Vesicles, plasma membrane	Vesicle trafficking, secretion, cell spreading
Desmoyokin, AHNAK	Desmosomes/nucleus	Cell-cell binding
α-Adducin	Cortical cytoskeleton	Cell polarity, actin capping
γ-Adducin	Cortical cytoskeleton	Interaction of actin with spectrin
STICK2 and gravin	Plasma membrane	-
STICK34	Cytoskeleton, caveolae	-
GAP43 (B-50)	Nerve growth cone	Neurite outgrowth, neurotransmitter release
$P47^{phox}$	Neutrophil cytoplasm	Activation NADPH oxidase
AKAP79	Synaptic densities	Neurotransmitter release
PAR-3	CNS	Role in cell polarity
PICKs		
InaD (*Drosophila*)	Photoreceptor	Links PKC to PLC
ASIP	Tight junction epithelial cells	-
PICKI	Perinuclear	-
RACKs		
RACKI (PKCβ)	Interleukin-5 receptor	-
β-COP (PKCε)	Golgi	Protein traffic

Jaken과 Parker[74]로부터인용

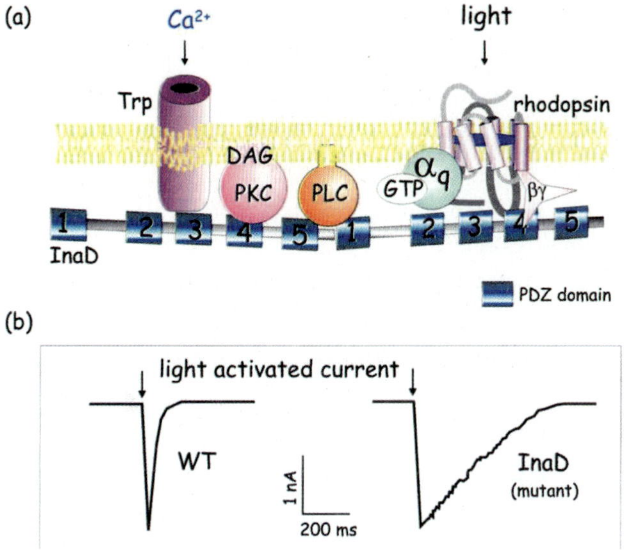

그림 9.12 고정화 단백질들. (a) *Drosophila* 광신호전달계의 회로 구성. 두 개의 InaD가 여러 신호전달 분자들을 불러 모아 신호전달 회로를 형성한다. 신호전달이 일어나는 경로는 다음과 같다(그림 6.12 참고): 빛이 로돕신(rhodopsin)을 활성화하고 이것이 활성화시킨 Gq-α는 phospholipase C(PLC)에 작용하여 DAG를 형성하게된다. 이것은 Ca^{2+} 채널(Trp)을 열게하여 세포막 탈분극을 일으킨다. 이같이 급격히 일어나는 일련의 과정뒤에 PKC에 의한 Trp의 비활성화와 막전위의 재분극(re-polarization)을 수반한다. (b) InaD가 없으면 휴지기 상태로 돌아가는 것이 지체되고 따라서 시각 해상능을 잃어버리게 된다. Xu *et al.*[75]로부터 인용.

계에서 작동하는 대부분의 단백질들은 하나의 초거대 신호복합체로 연결되어있다. 이 복합체내의 주요 요소인 InaD는 여러 개의 PDZ부위들을 가진다. InaD는 PKC인 InaC와 더불어 *Drosophila* 광신호전달에 이상이 있는 돌연변이 유전자 분석으로부터 발견되었다.

광수용체의 미세융모 부분(rhabdomere: 267쪽, 그림 11.9 참조)에 존재하는 InaD는 β-type PLC(norpA의 유전자 산물, 'no receptor potential'), 광민감성 양이온 유입 채널(Trp와 TrpL), InaC(PKC의 *Drosophila* 변이체)와 광센서 로돕신을 포함하여 여러 단백질들과 밀접하게 상호작용을 한다.[75] 이러한 상호작용은 InaD의 5개 PDZ 부위를 통해 일어나는데(그림 9.12), 그중 PDZ-3은 Ca^{2+}채널과 상호작용하며, PDZ-4는 로돕신 또는 PKC와, PDZ-5/PDZ-1은 PLC와 상호작용한다. 적어도 2개의 InaD가 로돕신과 이온채널을 연결하는 모든 관련 신호전달 요소들을 연합하는데 필요하다. 이 초분자 복합체가 Ca^{2+}채널을 즉각 열리게하며 순간적인 탈감화를 가능하게한다. 상호작용 요소들 중 어떤 하나라도 손상되면 광반응의 특성이 바뀌게된다(그림 9.12). InaD 돌연변이체의 경우, 비록 로돕신과 Ca^{2+}채널 (내재적인 막 단백질)은 그대로 남아있지만, 칼슘이온 채널, PLC, PKC같은 신호 복합체의 여러 인자들은 더 이상 rhodomere에만 위치하지는 않게 된다. InaC나 InaD에 돌연변이가 있는 파리의 광수용체 세포는 아주 느리게 탈감화가 일어나게되어 탈분극화된 상태가 지속된다(Ina, inactivation no-after potential). 이러한 파리들은 빛의 강도차이와 빛 지속기간의 차이를 구별하는데 어려움이 있다.[76]

신호전달계의 거대분자 조합은 신호 전달 경로내 개개의 요소들이 임의적으로 충돌하는 것이 아니라 정확하게 조절하고 있다는것을 암시한다.

PKC와 세포의 형질전환

PKC와의 연결 관계가 밝혀지기 훨씬 오래 전부터 phorbol ester는 우레탄(urethane)과 같은 다른 물질들의 종양형성 활성을 향상시키는 co-carcinogen으로써 작용할 수 있다고 알려졌었다.[38,77] 일부 배양세포에서 phorbol ester는 유사분열 횟수를 증가시키지만[78] 종양 프로모터가 없는 상태에서는 완전히 변형된 세포 형성을 유도하지는 못한다. 이것은 아마도 PKC가 이 모든 과정에 관여하고 있으며, CREB 단백질을 통해 작용하는 PKA와 유사한 방식으로 전산인자를 인산화하도록 작용하여 특정 유전자의 발현과 종양 형성을 유도한다고 생각해 볼 수 있다. 그러나, 이 현상은 여전히 불확실하며 PKC가 진정한 암유전자(oncogene)인지도 증명되지 않은 상태이다.

Phorbol ester에 의한 암 형성에 관여하는 메커니즘을 이해하기 위하여 두 가지 방법에의한 실험들이 시도되었다. Phorbol ester에 의해 유도되는 유전자 발현의 변화를 매개하는 전사 조절 인자의 연구에서 우선 이러한 요소들에 결합하는 전사인자들을 찾아낸 후 그들의 활성화를 조절하는 신호전달 경로를 확인하는 역방식 연구가 가능할 것이다.[79] 또 다른 방법은 다양한 PKC 이성질체들을 과발현한 세포에서 일어나는 표현형의 변화를 연구하는 것이다.[80]

Phorbol ester 효과들을 매개하는 전사인자들의 탐색

Phorbol ester(PMA 혹은 TPA)에 의해 유도되는 여러 유전자(예를 들어, collagenase, metallothionein IIA와 stromelysin)들의 프로모터 부분을 분석한 결과, 7개의 염기쌍 회문구조 모티브(palindromic motif TGACTCA)가 보존되어 존재한다는 것이 밝혀졌다. 이러한 TPA-반응요소(responsive element) (TRE)는 AP-1에 의해 인식된다.

AP-1은phorbol ester 종양 프로모터의 효과를 세포막으로부터 아마도 PKC를 포함하는 전사기구까지 전달하는 복잡한 신호전달경로의 마지막 반응 수신자일 것이라 생각된다.[81] AP-1은 발암유전자으로 알려진 c-fos와 c-Jun가 루신 지퍼(leucine zipper)라는 단백질-단백질 상호작용 모티브로연결된 복합체이다(그림 9.13).[82] 이들 전사인사들은 CREB과 구조가 유사하다.[83,84]

AP-1의 활성을 조절하는 상부 신호전달경로를 확인하는 것은 쉽지않은 일이다. PKC의 활성화가 C-jun의 DNA와 결합하는 염기성 영역의 탈인산화를 일으킨다는 것이 발견되었다.[87] 이 부위의 인산화는 glycogen synthase kinase 3β (GSK)에 의해서도 가능(시험관에서)하므로 따라서 PKC가 GSK3β의 억제를 통해 염기성 부위의 탈인산화에 이르게 되어 c-Jun DNA의 결합을 자극한다는 가설이 주장되었다. 이 개념과 일치하는것으로 PKC의 활성(α, β1, β2 와 γ)화가 GSK-3β인산화와 그에 따른 비활성화를 일으킨다는것이다.[87,88] 그러나, GSK-3β와 c-Jun사이의 상호작용을 분자수준에서 설명하기는 어려우며 어느 phosphatase가

PMA 혹은 TPA? Phobol myristate acetate와 12-O-tetradecanoylphorbol-13-acetate는 같은 화합물이나 일반적으로 약학자들은 PMA를 분자생물학자는 TPA라는 단어를 선호한다. 여기서는 TPA-inducible gene이나 TRE등을 사용하고자 한다.

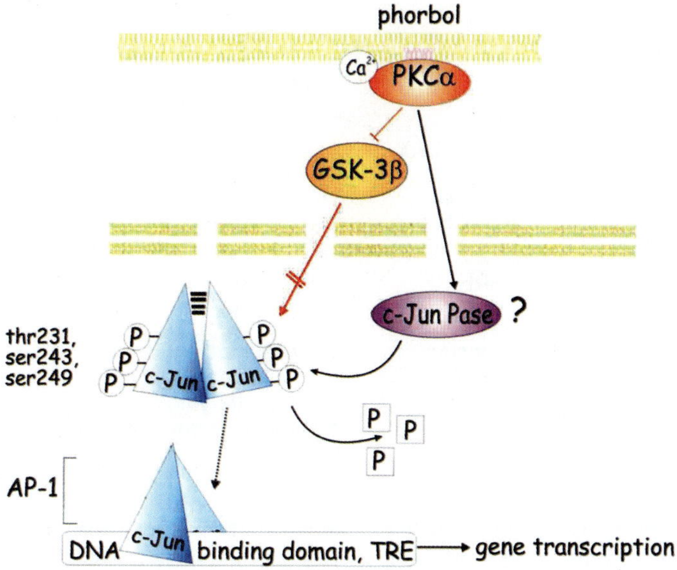

그림 9.13 PKC와 TRE의 활성화. TPA(phorbol ester)에 의한 PKCα의 활성화는 glycogen synthase kinase 3β의 인산화와 불활성화를 일으킨다. GSK-3β는 알려지지 않은 phosphatase에 의한 c-Jun의 탈인산화를 일어나게하고 c-Jun 이량체는 TRE에 결합할 수 있는 능력을 가지게 되어 유전자 전사를 유도한다.

AP-1 Jun, Fos 또는 ATF subunit으로 구성되는 이량체 전사인자 복합체를 포함한다. ATF subunit은 TRE(Jun-Jun 혹은 Jun-Fos) 또는 CRE(Jun-ATF)와 결합한다. 이들 전사인자들의 oncogenic 변이체들은 증가된 반감기를 가지며 부분적 결실로 인한 강화된 전사 활성을 나타낸다.[83,84] CREB은 또한 TRE[85]와 결합하여 c-Jun에 의한 활성화를 억제한다.[86]

c-Jun으로부터 인산기를 제거하는지도 불확실하다. N-말단의 인산화가 c-jun에 의한 전사 활성과 세포의 형질전환 모두에 중요하다는 사실 또한 여전히 위의 가설로는 명확하게 설명되지 못한다.[(89,90)]

특정 kinase 결합부위와의 상호작용을 통해 c-Jun을 인산화하는 Jun N-terminal kinase, JNK-1의[(91,92)] 발견은 우리의 관심을 PKC로부터 벗어나 serum response element (SRE)와 새로이 등장한 mitogen activated protein kinase (MAP kinase) family에 집중되게 하였다(그림 9.14, 11장 참고). SRE는 혈청에 의한 c-fos의[(93)] 발현을 조절하는 역할 이외에도 phorbol ester에 의한 세포의 반응과도 관련이 있다.[(94)] SRE는 2개의 전사인자인 SRF (serum respone factor, SRF)와 p62TCF (Elk)인 TCF에 결합한다. 혈청에 존재하는 성장인자들(10장 참고)은 phorbol ester에 의한 활성화와 같은 방식으로 $p62^{TCF}$(참고문헌 95)의 인산화를 통해 전사활성을 조절한다(그림 9.14).[(96)]

SRE를 활성화시키는 성장인자 수용체로부터의 신호전달 과정이 점차적으로 밝혀지고

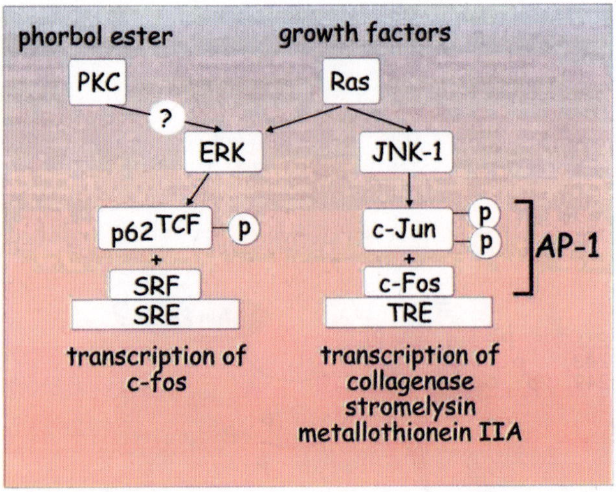

그림 9.14 TPA는 SRE의 활성화를 유도한다. PKC와 성장인자들은 처음에는 서로 다른 신호전달 경로를 활성화하여 각각 TRE와 SRE를 활성화한다고 생각하였다. 이러한 개념은 TPA 또한 SRE를 활성 할 수 있으며 성장인자도 JNK(Jun N-terminal kinase)의 활성을 통해 TRE를 활성 할 수 있다는 사실이 밝혀지면서 사라지게 되었다. 어떻게 PKC가 이들 모두와 연관되어있는지는 여전히 의문이다.

Ras와 MAP kinase family들이 관여한다는 것이 알려졌지만(11장 참고),[95,97] PKC의 역할은 여전히 불확실하게 남아 있다. PKCα는 NIH3T3 섬유아세포의 형질전환을 촉진하는 Ras activate kinase c-Raf(4장)를 활성화하는 것으로 알려졌다.[98] 쥐 배아 섬유아세포에서는 Raf-1의 활성이 PKC 의 형질전환 효과에도 필수적이다.[99] Raf-1은 ERK(MAP kinase 중 하나임, 11장 참고)의 활성화를 유도하는 성장인자 수용체가 매개하는 신호전달과정에도 관여한다. 모든 성장인자들이 DAG 생성을 유도하고 그에 따른 PKC를 활성화 하기 때문에, PKC가 Raf-1수준에서 Ras가 개시하는 성장인자 신호를 강화한다는 것으로 이해된다. 그러나, 이러한 것이 반드시 세포의 증식을 증가시키는 것만은 아니다. Kinase 활성이 없거나 지속적으로 활성화된 돌연변이들을 사용한 최근의 실험결과는 여러 PKC 이성질체들이 MAP kinase family를 활성화 할 수 있으며 일부 경우에는 ERK와 JNK의 활성을 일으킨다는것을 확인시켜준다. 이러한 이중신호는 $p62^{TCF}$(그림 9.15)의 인산화 단계에서 다시 통합된다.[96,100] JNK의 활성도 이와 유사하게 c-Jun의 인산화를 가져오고 그 결과로 TRE 부위에서 AP-1의 활성화가 일어난다.

이 모든 결과들은 PKC가 성장 인자 수용체로부터 시작되는 Ras 신호전달 경로의 조절자로서 주로 작용한다는 것을 보여준다. 활성을 촉진할 것인지 억제할 것인지는 MAP kinase 단계에서 결정된다.

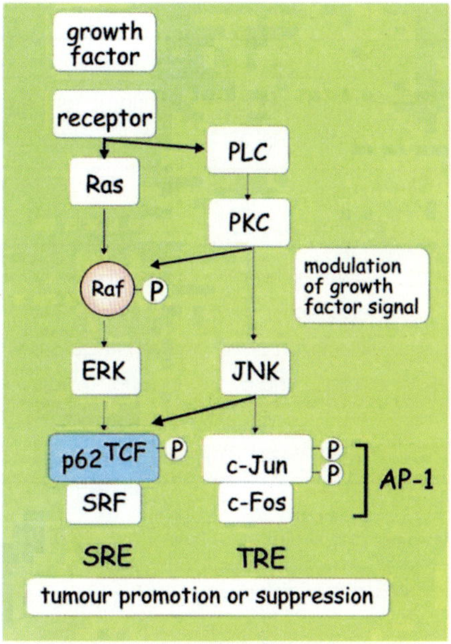

그림 9.15 PKC는 Raf와 JNK의 활성화를 통해 SRE의 활성화를 유도한다. 성장인자 수용체에 의한 PLC-γ의 활성화는 PKC의 활성화를 일으킨다. 여기서 Ras가 조절하는 MAP kinase 경로에 참여하는 2개의 기질인 Raf와 JNK가 확인되었다. 인산화되고 활성화된 Raf와 JNK는 $p62^{TCF}$의 인산화를 증가시킴에 따라 Ras 신호전달을 강화한다. 게다가, JNK는 c-Jun의 인산화를 통해 TRE를 활성화한다.

PKC isofom의 과발현과 세포의 형질전환

쥐의 배아 섬유아세포(R6 세포)에서 PKCβ1을 과발현하면, 형질전환 세포의 특징적인 표현형이 나타난다(246쪽, '암 그리고 형질전환' 참조). 이러한 세포들은 성장인자들에 대한 요구성이 줄어들고 그들 자신의 형질전환을 이끌 수 있는 autocrine mitogenic factor를 생성한다.[101] 그러나, PKC 1가 과발현된 R6 세포를 누드 마우스에 주입하면 Ha-Ras oncogene에 의해 변형된 세포보다는 낮은 빈도와 긴 잠복기를 가진 종양을 유도한다(성장인자 신호전달에서 Ras의 역할을 알기 위해서는 4장과 11장을 참조). 이것은 phorbol esters 그 자체가 발암물질은 아니지만 종양 프로모터나 co-carcinogen으로서 작용할 것이라는 생각의 관점에서보면 전혀 예상치 못할 것은 아니다. Ha-ras와 PKCβ를 같이 발현시키면 세포 형질변형이 확실히 크게 증가된다.[102] 대조적으로 PKC-α가 과발현된 R6 세포에서는 세포 형질변형이 거의 일어나지 않는다.[101] 대신, 성장이 더뎌지고 세포들은 정상세포에 비해 낮은 포화밀도를 이루게 된다. 신경교종 세포에서 PKCα는 세포 주기 억제인자인 $p21^{WAF1/CIP1}$의 발현을 억제함으로써 성장 촉진 역할을 한다.[103] 실제로 PKCζ는 NIH-3T3 세포의 v-Raf 형질전환을 복귀시킬수 있는 종양 억제 능력을 가지고 있으며,[104] PKC-δ는 cyclin D와 E(세포가 DNA 합성을 위한 준비를 하게 하는 세포 주기 기작의 구성요소: 232쪽 '세포 주기' 참조)의 발현을 억제함으로써 혈관 평활근(vascular smooth muscle) 세포의 증식을 억제한다(표 9.4).[105] 과발현된

표 9.4 PKC 이성질체들의 과발현 시 나타나는 표현형의 변화들

PKCα	PKCα	PKCβI	PKCδ	PKCε	PKCλ
Rat colonic epithelial cells	Glioma cells	Rat embryo Fibroblasts (R6)	Vascular smooth muscle cells	Rat fibroblasts and colonic epithelial cells	v-raf transformed NIH-3T3
Tumour suppression	Tumour suppression	Tumour suppression	Tumour suppression	Tumour suppression	Tumour suppression
Slower growth Low densities	Suppression of $p21^{WAF/CIP}$	Growth in nude mice Anchorage independence Synergy with Ha-ras	Slower growth Reduced expression of cyclin D and E	Growth in nude mice Anchorage independence Synergy with ras	Reversion of transformed phenotype

서로 다른 PKC의 이성질체들은 세포와 주위 환경에 따라 형질전환된 세포 표현형의 형성을 유도하거나 억제하게된다.

안타깝게도 이러한 실험들로부터 일반화된 메커니즘를 이끌어 내지는 못하였다. Phorbol ester가 암을 촉진하는 경향은 PKC의 활성화를 포함하는 간단한 메카니즘에 의해 설명될 수 없다. 게다가 phorbol ester의 지속적인 처리는 보편형 PKC와 신생 PKC(신호전달에서 이들의 역할을 설명하기 위해 종종 사용되는 현상)의 발현을 줄이기 때문에, 일부의 경우에서는 세포분열 반응이 PKC의 활성 보다는 부재 때문일수도 있다. 마지막으로, phorbol ester에 의해 조절될 수 있는 PKC에 존재하는 C1 부위와 유사한 부위를 가지는 많은 다른 단백질들이 존재한다. 이들 중 하나인 Ras-GRP(a guanine nucleotide exchange factor for Ras)는 phorbol ester에 의한 유도 시 섬유아세포에서의 악성변형을 촉진한다.[(106)] 끝으로, PKC 돌연변이가 발현되거나 비정상적으로 발현되는 자연 종양은 거의 발견되지 않는다. 하나의 예는 갑상선 종양을 가진 소수의 사람에서 돌연변이된 PKC 가 발현된 경우이다.[(107)] 이것의 특성 중에는 기질 인식이 선택적으로 유실되었거나 세포내에서의 위치가 변경된 경우이다.[(108)] 어떻게 이것이 비정상적인 성장 조절을 설명하는지는 잘 모른다.

PKC와 염증

Phorbol ester 그리고 상피 세포(endothelial cells)와 백혈구의 활성화

Phorbol ester(TPA)는 피부 자극제이고 염증 물질이다. 이것은 맥관 구조의 신속한 리모델링을 유도하여 부종 형성을 일으키는데,[(109)] 이 반응은 비만세포(mast cell)와 혈액 유래 호염구(blood-borne basophils)로부터 분비되는 히스타민에 의해 강화된다(그림 9.16).[(110,111)] 이는 백혈구의 표면에 존재하는 adhesion분자를 활성화하여 결합하게 하고 혈관 상피세포층을 통해 피부 아래의 조직으로 이동한다(15장 참조).[(112)] 조직내에서, TPA는 T-림프구의 항원-매

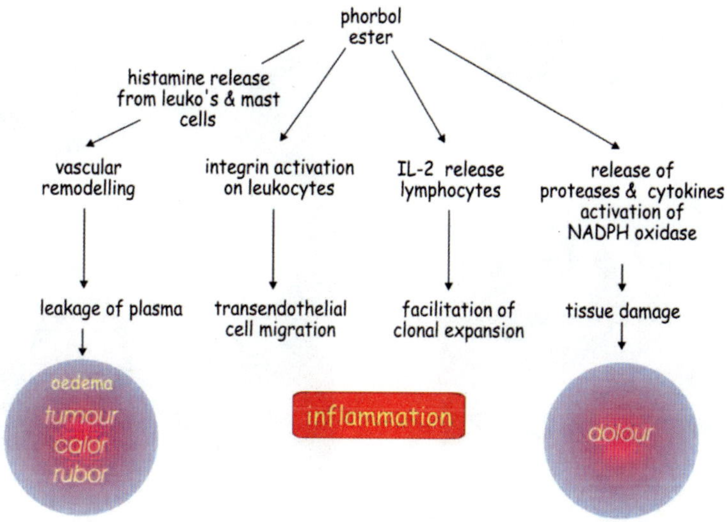

그림 9.16 Phorbol ester에 의한 염증 반응의 유도. Phorbol ester가 맥관구조, 백혈구 그리고 매개자의 분비에 미치는 영향을 설명하였다. 이러한 현상들은 종양(팽창), calor(열), rubor(붉음), 그리고 dolour(통증)와 같은 잘 알려진 염증 반응의 4가지 특성들을 유발한다.

개 자극을 강화하고 클론 증식 유도에 필수적인 인터루킨-2(IL-2) 사이토카인의 생성을 향상시킨다(12장 참조).[113] 이 효과는 PKC 와 전산 인자 복합체인 AP-1의 활성에 의해 매개된다.[114,115] 또한, TPA는 호중구의 탈과립현상을 유도하여 pro-inflammatory 사이토카인과 기질 단백질 분해효소를 방출하며 호흡 급증 활성화를 일으킨다.[116] 이러한 대사 반응은 숙주의 최전방 방어 기작에 아주 중요하며 만성 염증질환으로 인한 조직의 파괴에도 관련되어있다.

호중구(Neutrophils: polymorphonuclear neutriphilic granulocyte)는 전통적인 대식세포로서 감염된 미생물에 대한 첫 번째 방어선을 구성한다. 호중구의 작용은 3개의 과정으로 구분된다:

1. 미생물이 있는 곳으로 이동(주화성(chemotaxis))에 이어,
2. 미생물을 삼킴(식세포작용(phagocytosis)) 그리고 마지막으로
3. 죽임(그림 9.17).

세포 내에서 미생물을 죽이는 과정은 유독성 산소 대사산물의 형성과 식포(phagosome)에 저장된 과립들로부터 살균성 단백질의 분비라는 2가지의 독립적이지만 상호 의존적인 메커니즘에 기초를 두고 있다.[117] 유독성 산소 대사산물 O_2^-와 H_2O_2의 생성은 산소 소비를 20-30배까지 증가시키는 호흡 급증을 수반한다.[118] 이 과정의 중요성은 호흡 급증 과정을 조절

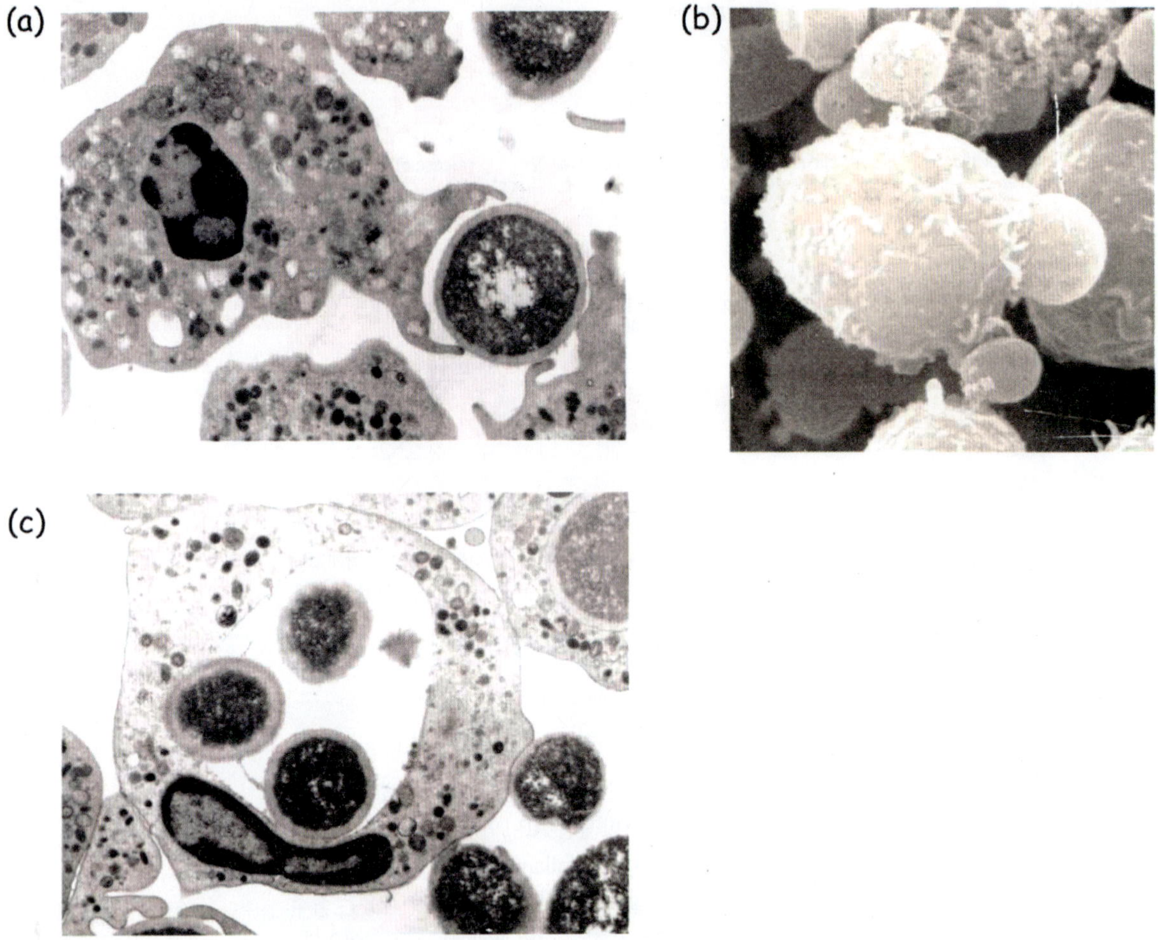

그림 9.17 호중구에 의한 미생물의 사멸. (a) 호중구가 IgG로 둘러싸인 효모 입자에 부착되어있는 투과 전자 현미경 사진. Fc-IgG 수용체를 사용하여 움직이며 점차적으로 입자를 잡아먹는 돌출 부위의 형성을 주목하라. 이 접촉은 또한 유독성 산소 대사산물의 형성과 함께 호흡 급증을 일으킨다. (b) 같은 현상에 대한 주사 전자 현미경 사진. (c) 배양 15분 후 여러 개의 IgG-coated 효모 입자들을 큰 식포로 잡아먹는 호중구의 투과 전자 현미경 사진.

하는 요소들 중 하나에서 유전적 결함을 가진 환자들에게서 감염 미생물을 죽이는 능력의 감소로 인하여 나타나는 반복적인 세균 감염들을 보면 명백해진다.[119] 이 증상은 섬유아세포로 둘러싸인 granulomas가 형성되고 미생물을 잡아먹는 호중구로 쌓여있기 때문에 만성 육아종성 질병(granulomatous disease: CGD)이라 불리운다.[120,121] 호흡 급증을 나타내는 효소인 NADPH: O_2 oxido-reductase(NADPH oxidase)는 다음 반응을 촉진한다;

$$NADPH \rightarrow NADP^+ + H^+ + 2e^-$$

$$2O_2 + 2e^- \rightarrow 2O_2^-$$

이것은 NADPH(산화)으로부터 2개의 전자를 산소 분자(환원)로 전달하여 $2O_2^-$를 생성한

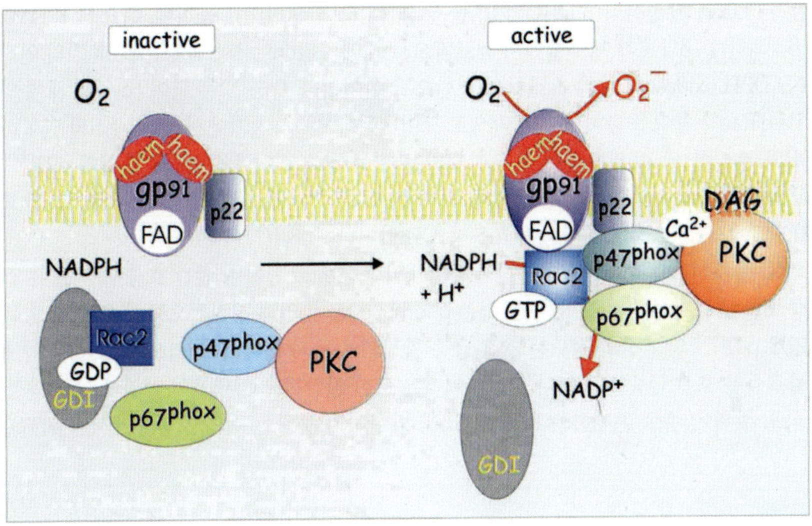

그림 9.18 과립성 호중구의 활성화시 NADPH oxidase 요소들의 연합. 세포막에 있는 구성요소들은 세포질 구성요소들에 대한 부착부위로 작용한다. Rac이 활성화되면, GDI로부터 떨어져 나오고 GDP가 GTP로 전환된다. 활성화된 Rac은 $p67^{phox}$와 상호작용하여 같이 cytochrome b의 소단위체인 gp91에 부착한다. PKC는 $p47^{phox}$에 결합함으로서 cytochrome b의 p22 소단위체에 위치 할 수 있게 한다.

다. 재조합 단백질을 사용한 재구성 연구로부터 NADPH oxidase가 여러 개의 다른 요소들로 구성된다는 것이 알려졌다(그림 9.18).[122]

- 세포질 요소인 $p47^{phox}$
- 세포질 요소인 $p67^{phox}$
- Rho family의 단량체 GTP 결합 단백질 Rac2
- α1β1 막관통 단백질-이량체($gp91^{phox}/p22^{phox}$)인 flavocytochrome b558

phox Phagocyte oxidase.
gp Glycoprotein.
b558 하나의 헴(haem)을 가지며 558 nm에서 최대흡광도를 나타내는 cytochrome-b.

이들 모든 구성요소에 대한 기능 상실 돌연변이들(또는 부분적인 결손)에서는 모두 면역 결핍이 관찰된다.[123]

호흡 급증의 조절에 있어서 PKC의 역할

PKC에 의한 $p47^{phox}$의 인산화

세균 감염은 혈청 보체 경로(serum complement cascade)의 활성화를 유도하여 세균 표면에 결합하는 보체 유래 펩티드인 C3와 C3bi을 생성한다. 게다가, 특정 항체(Ig G)는 세균의 항원을 인식하고 결합한다. 보체 펩티드와 IgG의 호중구 Mac-1과 Fcγ-수용체와의 결합(opsonization)은 식세포 작용과 호흡 급증을 활성화한다. 뿐만 아니라, 미생물은 lipopolysaccharides(LPS)또는 peptidoglycan의 작은 조각들을 분비하는데 이것이 개시 항원으로 작용하여, 호중구가 opsonized 입자에 더 반응할 수 있게 한다. Mac-1과 Fcγ 수용체와의 결합은 PLC 를 활성화하여 DAG와 IP_3를 생성한다(그림 9.19).[124] 동시에, 주요 PCK isoform인 β I 과 β II, δ와 ζ가 세포질에서 세포막으로 재배치된다.[125] 이 과정은 $p47^{phox}$의 인산화와 NADPH oxidase의 다른 요소들의 결합으로 이어진다. $P67^{phox}$는 관여 Fc 수용체에 의한 GTPase Rac의 활성을 통하여 세포막으로 모이게된다.[126] 휴지기에서 Rac은 gdi와 연합하여 GDP의 분리를 막고 세포질내에 유지시키는 기능한다. $p47^{phox}$는 SH3 부위와 $p22^{phox}$내 proline-rich region과의 상호작용에 의해 NADPH oxidase과 연합한다. 이 복합체는 NADPH에서 O_2로의 전자 이동이 효율적으로 일어나게한다(그림 9.18).

PKC는 특히 $p47^{phox}$의 다중 인산화(7개)에서의 역할로 인하여 인간 호중구 내 호흡 급증의 중요한 조절자이다. 호흡 급증 활성은 phorbol ester에 의해 직접적으로 유도될 수 있는데 이 경우 $p47^{phox}$의 인산화 정도는 호흡 급증 활성의 수준과 비례한다. 역으로, PKC를 억제하는 물질들은 호흡 급증을 막는다.[127,128] 이것은 또한 일반적으로 세균의 감염과 살균 과정 동안 식포 주위에 주로 존재하는 PKCβ(I+II)를 발현하지 못하는 쥐의 호중구에서는 50%까지

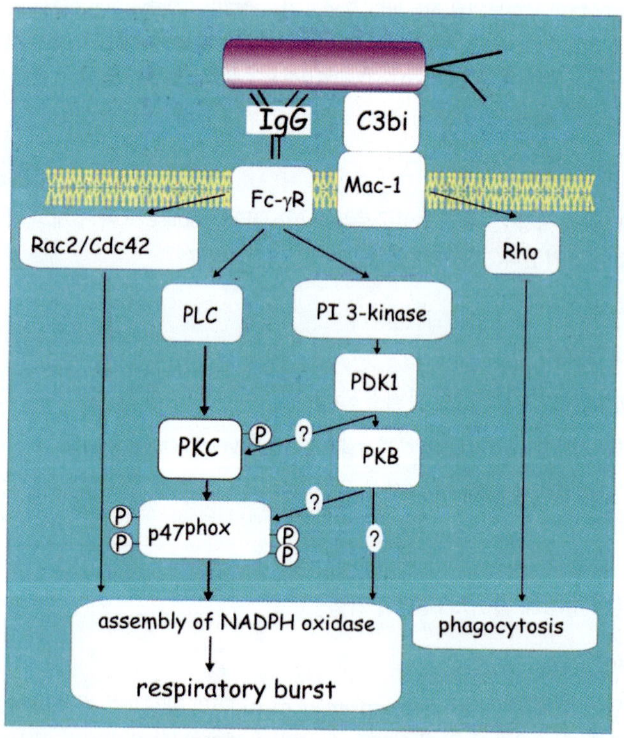

그림 9.19 과립성 호중구내 호흡 급증 활성화에 있어서 PKC의 역할. 미생물 항원에 의한 혈청 보체의 활성과 항체의 결합은 Fc-γR과 Mac-I 결합으로 이어진다. Fc-γR은 PLC, PI3-kinase와 Rac2/Cdc42의 활성화를 일으킨다. Rac은 NADPH oxidase 활성을 결정한다. PKC는 $p47^{phox}$를 인산화하는데 이것이 호흡 급증의 활성화를 일으킨다. PI3-kinase는 또한 호흡 급증에서 중요하지만 하위 신호 요소들에 대해서는 아직 알려진 바가 없다.

감소된다.[128] PKC (I+II)는 $p47^{phox}$와도 관련있는데(표 9.3 참조) 이것은 다음 기질들을 인산화하는데 필요하다. $p47^{phox}$의 결손으로 인한 CGD의 autosomal form을 가진 사람에서는 PKC가 제대로 작동하지 않는다.[129] 최종적으로, 완전히 인산화된 $p47^{phox}$를 재구성된 NADPH에 첨가하면 전자전달을 일으키나 비인산화 형태는 그렇지 못하다.[130]

그러나, 여기서 이야기가 궁지에 빠지게 된다. 놀랍게도, 호흡 급증 활성에 아주 중요한 아미노산 잔기인 ser-379는 PKC에 의해 인산화되지 않는다.[131] 다른 PKC 인산화 부위의 serine이 alanine으로 바뀐 돌연변이는 재구성 NADPH oxidase 시스템에서 완전한 호흡 급증 활성을 일으킨다. 둘째로, formylmethionyl peptide로 호중구를 자극하면(15장 참조) $p47^{phox}$ 인산화를 일으키나, 그 정도는 호흡 급증 활성 정도와는 비교되지 않는다. 셋째로, NADPH oxidase의 다른 요소에 고도로 인산화된 $p47^{phox}$를 첨가하여 유도한 호흡 급증은 음이온 계면활성제의 첨가에(인산화된 $p46^{phox}$의 존재 하에서)의하여 최대로 이루어지는 호흡 활성에 비하면 아주 일부분에 지나지 않는다.[130,132]

호흡 급증(respiratory burst)은 호중구 백혈구(neutrophils) 막에 $p47^{phox}$와 $p67^{phox}$를 GTP-γ-S, NADPH, arachidonic acid 혹은 detergent인 sodium dodecyl sulphate와 함께 첨가함으로서 *in vitro*에서 재구성할 수 있다.

결론적으로, PKC와 $p47^{phox}$는 호흡 급증 활성의 조절에서 중요한 역할을 담당하지만 이들의 정확한 상호작용 기작은 아직도 불확실하다.

References

1 Krebs, E.G., Fischer, E.H. The phosphorylase *b* to a converting enzyme of rabbit skeletal muscle. *Biochim. Biophys. Acta* 1956; 20: 150–7.

2 Monod, J., Wyman, J., Changeux, J.P. On the nature of allosteric transitions: A plausible model. *J. Mol. Biol.* 1965; 12: 88–118.

3 Hunter, T., Plowman, G.D. The protein kinases of budding yeast: Six score and more. *Trends Biochem. Sci.* 1997; 22: 18–22.

4 Bliska, J.B., Guan, K.L., Dixon, J.E., Falkow, S. Tyrosine phosphate hydrolysis of host proteins by an essential *Yersinia* virulence determinant. *Proc. Natl. Acad. Sci. USA* 1991; 88: 1187–91.

5 Guan, K.L., Dixon, J.E. Protein tyrosine phosphatase activity of an essential virulence determinant in *Yersinia. Science* 1990; 249: 553–6.

6 Francis, S.H., Corbin, J.D. Structure and function of cyclic nucleotide-dependent protein kinases. *Annu. Rev. Physiol.* 1994; 56: 237–72.

7 Soderling, T.R. Protein kinases and phosphatases: regulation by autoinhibitory domains. *Biotechnol. Appl. Biochem.* 1993; 18: 185–200.

8 Erlichman, J., Rosenfeld, R., Rosen, O.M. Phosphorylation of a cyclic adenosine 3′:5′-monophosphate-dependent protein kinase from bovine cardiac muscle. *J. Biol. Chem.* 1974; 249: 5000–3.

9 Doskeland, S.O., Maronde, E., Gjertsen, B.T. The genetic subtypes of cAMP-dependent protein kinase – functionally different or redundant? *Biochim. Biophys. Acta* 1993; 1178: 249–58.

10 Shabb, J.B., Corbin, J.D. Cyclic nucleotide-binding domains in proteins having diverse functions. *J. Biol. Chem.* 1992; 267: 5723–6.

11 Gettys, T.W., Vine, A.J., Simonds, M.F., Corbin, J.D. Activation of the particulate low Km phosphodiesterase of adipocytes by addition of cAMP-dependent protein kinase. *J. Biol. Chem.* 1988; 263: 10359–63.

12 Gettys, T.W., Blackmore, P.F., Redmon, J.B., Beebe, S.J., Corbin, J.D. Short-term feedback regulation of cAMP by accelerated degradation in rat tissues. *J. Biol. Chem.* 1987; 262: 333–9.

13 Hubbard, M.J., Cohen, P. On target with a new mechanism for the regulation of protein phosphorylation. *Trends Biochem. Sci.* 1993; 18: 172–7.
14 Cesare, D. De, Fimiaa, G.M., Sassone-Corsi, P. Signalling routes to CREM and CREB: plasticity in transcriptional activation. *Trends Biochem. Sci.* 1999; 24: 281–5.
15 Impey, S., Wayman, G., Wu, Z., Storm, D.R. Type I adenylyl cyclase functions as a coincidence detector for control of cyclic AMP response element-mediated transcription: synergistic regulation of transcription by Ca^{2+} and isoproterenol. *Mol. Cell Biol.* 1994; 14: 8272–81.
16 Hanson, P.I., Schulman, H. Neuronal Ca^{2+}/calmodulin-dependent protein kinases. *Annu. Rev. Biochem.* 1992; 61: 559–601.
17 Hu, S.C., Chrivia, J., Ghosh, A. Regulation of CBP-mediated transcription by neuronal calcium signaling. *Neuron* 1999; 22: 799–808.
18 Schwaninger, M., Lux, G., Blume, R. *et al.* Membrane depolarization and calcium influx induce glucagon gene transcription in pancreatic islet cells through the cyclic AMP-responsive element. *J. Biol. Chem.* 1993; 268: 5168–77.
19 Bito, H., Deisseroth, K., Tsien, R.W. CREB phosphorylation and dephosphorylation: a Ca^{2+}- and stimulus duration-dependent switch for hippocampal gene expression. *Cell* 1996; 87: 1203–14.
20 Walker, W.H., Fucci, L., Habener, J.F. Expression of the gene encoding transcription factor cyclic adenosine 3′,5′-monophosphate (cAMP) response element-binding protein (CREB): regulation by follicle-stimulating hormone-induced cAMP signaling in primary rat Sertoli cells. *Endocrinology* 1995; 136: 3534–45.
21 Harootunian, A.T., Adams, S.R., Wen, W. *et al.* Movement of the free catalytic subunit of cAMP-dependent protein kinase into and out of the nucleus can be explained by diffusion. *Mol. Biol. Cell* 1993; 4: 993–1002.
22 Hagiwara, M., Alberts, A., Brindle, P. *et al.* Transcriptional attenuation following cAMP induction requires PP-1-mediated dephosphorylation of CREB. *Cell* 1992; 70: 105–13.
23 Alberts, A.S., Montminy, M., Shenolikar, S., Feramisco, J.R. Expression of a peptide inhibitor of protein phosphatase 1 increases phosphorylation and activity of CREB in NIH 3T3 fibroblasts. *Mol. Cell Biol.* 1994; 14: 4398–407.
24 Wadzinski, B.E., Wheat, W.H., Jaspers, S., *et al.* Nuclear protein phosphatase 2A dephosphorylates protein kinase A-phosphorylated CREB and regulates CREB transcriptional stimulation. *Mol. Cell Biol.* 1993; 13: 2822–34.
25 Van Eynde, A., Wera, S., Beullens, M., Torrekens, S. *et al.* Molecular cloning of NIPP-1, a nuclear inhibitor of protein phosphatase-1, reveals homology with polypeptides involved in RNA processing. *J. Biol. Chem.* 1995; 270: 28068–74.
26 Daaka, Y., Luttrell, L.M., Lefkowitz, R.J. Switching of the coupling of the α2-adrenergic receptor to different G proteins by protein kinase A. *Nature* 1999; 390: 88–91.
27 Nakamura, T., Gold, G.H. A cyclic nucleotide-gated conductance in olfactory receptor cilia. *Nature* 1987; 325: 442–4.
28 Liman, E.R., Buck, L.B. A second subunit of the olfactory cyclic nucleotide-gated channel confers high sensitivity to cAMP. *Neuron* 1994; 13: 611–21.
29 Bradley, J., Li, J., Davidson, N., Lester, H.A., Zinn, K. Heteromeric olfactory cyclic nucleotide-gated channels: a subunit that confers increased sensitivity to cAMP. *Proc. Natl. Acad. Sci. USA* 1994; 91: 8890–4.
30 Chen, T.Y., Yau, K.W. Direct modulation by $Ca^{(2+)}$-calmodulin of cyclic nucleotide-activated channel of rat olfactory receptor neurons. *Nature* 1994; 368: 545–8.
31 Zwartkruis, F.J., Bos, J.L. Ras and Rap1: two highly related small GTPases with distinct function. *Exp. Cell Res.* 2000; 1253: 157–65.
32 de Rooij, J., Zwartkruis, F.J.T., Verheijen, M.H.G. *et al.* Epac is a Rap1 guanine-nculeotide-exchange factor directly activated by cyclic AMP. *Nature* 1998; 396: 474–7.
33 Jordan, J.D., Carey, K.D., Stork, P.J., Iyengar, R. Modulation of rap activity by direct interaction of Gα(o) with Rap1 GTPase-activating protein. *J. Biol. Chem.* 1999; 274: 21507–10.
34 Takai, Y., Kishimoto, A., Inoue, M., Nishizuka, Y. Studies on a cyclic nucleotide-independent protein kinase and its proenzyme in mammalian tissues. I. Purification and characterization of an active enzyme from bovine cerebellum. *J. Biol. Chem.* 1977; 252: 7603–9.

35 Inoue, M., Kishimoto, A., Takai, Y., Nishizuka, Y. Studies on a cyclic nucleotide-independent protein kinase and its proenzyme in mammalian issues. II. Proenzyme and its activation by calcium-dependent protease from rat brain. *J. Biol. Chem.* 1977; 252: 7610–16.
36 Takai, Y., Kishimoto, A., Iwasa, Y. *et al.* Calcium-dependent activation of a multifunctional protein kinase by membrane phospholipids. *J. Biol. Chem.* 1979; 254: 3692–5.
37 Kishimoto, A., Takai, Y., Mori, T., Kikkawa, U., Nishizuka, Y. Activation of calcium and phospholipid-dependent protein kinase by diacylglycerol, its possible relation to phosphatidylinositol turnover. *J. Biol. Chem.* 1980; 255: 2273–6.
38 Duuren, B.L. Van, Orris, L., Arroyo, E. Tumour-enhancing activity of the active principles of *Croton tiglium* L. *Nature* 1963; 200: 1115–16.
39 Crombie, L., Games, M.L., Pointer, D.J. Chemistry and structure of phorbol, the diterpene parent of the co-carcinogens of croton oil. *J. Chem. Soc. (Perkin)* 1968; 1: 1362.
40 Castagna, M., Takai, Y., Kaibuchi, K. *et al.* Direct activation of calcium-activated, phospholipid-dependent protein kinase by tumor-promoting phorbol esters. *J. Biol. Chem.* 1982; 257: 7847–51.
41 Parker, P.J., Coussens, L., Totty, N. *et al.* The complete primary structure of protein kinase C – the major phorbol ester receptor. *Science* 1986; 233: 853–9.
42 Coussens, L., Parker, P.J., Rhee, L. *et al.* Multiple, distinct forms of bovine and human protein kinase C suggest diversity in cellular signaling pathways. *Science* 1986; 233: 859–66.
43 Nishizuka, Y. Protein kinase C and lipid signaling for sustained cellular responses. *FASEB J.* 1995; 7: 484–96.
44 Dekker, L.V., Palmer, R.H., Parker, P.J. The protein kinase C and protein kinase C related gene families. *Curr. Opin. Struct. Biol.* 1995; 5: 396–402.
45 Klemp, B.E., Pearson, R.B. Protein kinase recognition sequence motifs. *Trends Biochem. Sci.* 1990; 15: 342–6.
46 Nishikawa, K., Toker, A., Johannes, F.J., Songyang, Z., Cantley, L.C. Determination of the specific substrate sequence motifs of protein kinase C isozymes. *J. Biol. Chem.* 1997; 272: 952–60.
47 Ohno, S., Kawasaki, H., Imajoh, S. *et al.* Tissue-specific expression of three distinct types of rabbit protein kinase C. *Nature* 1987; 325: 161–6.
48 Tabuse, Y., Nishiwaki, K., Miwa, J. Mutations in a protein kinase C homolog confer phorbol ester resistance on *Caenorhabditis elegans. Science* 1989; 243: 1713–16.
49 Wu, S.L., Staudinger, J., Olson, E.N., Rubin, C.S. Structure, expression, and properties of an atypical protein kinase C (PKC3) from *Caenorhabditis elegans.* PKC3 is required for the normal progression of embryogenesis and viability of the organism. *J. Biol. Chem.* 1998; 273: 1130–43.
50 Rosenthal, A., Rhee, L., Yadegari, R. *et al.* Structure and nucleotide sequence of a *Drosophila melanogaster* protein kinase C gene. *EMBO J.* 1987; 6: 433–41.
51 Newton, A.C. Protein kinase C. Seeing two domains. *Curr. Biol.* 1995; 5: 973–6.
52 Hurley, J.H., Newton, A.C., Parker, P.J., Blumberg, P.M., Nishizuka, Y. Taxonomy and function of C1 protein kinase C homology domains. *Protein Sci.* 1997; 2: 477–80.
53 Kazanietz, M.G. Eyes wide shut: protein kinase C isozymes are not the only receptors for the phorbol ester tumor promoters. *Mol. Carcinog.* 2000; 28: 5–11.
54 House, C., Kemp, B.E. Protein kinase C contains a pseudosubstrate prototope in its regulatory domain. *Science* 1987; 238: 1726–8.
55 Newton, A.C. Regulation of protein kinase C. *Curr. Opin. Cell Biol.* 1997; 9: 161–7.
56 Dutil, E.M., Newton, A.C. Dual role of pseudosubstrate in the coordinated regulation of protein kinase C by phosphorylation and diacylglycerol. *J. Biol. Chem.* 2000; 275: 10697–70.
57 Le Good, J.A., Ziegler, W.H., Parekh, D.B. *et al.* Protein kinase C isotypes controlled by phosphoinositide 3-kinase through the protein kinase PDK1. *Science* 2000; 281: 2042–5.
58 Keranen, L.M., Dutil, E.M., Newton, A.C. Protein kinase C is regulated in vivo by three functionally distinct phosphorylations. *Curr. Biol.* 1995; 5: 1394–403.
59 Le Good, J.A., Ziegler, W.H., Parekh, D.B. *et al.* Protein kinase C isotypes controlled by

phosphoinositide 3-kinase through the protein kinase PDK1. *Science* 1998; 281: 2042–2045.
60 Parekh, D.B., Ziegler, W., Parker, P.J. Multiple pathways control protein kinase C phosphorylation. *EMBO J.* 2000; 19: 496–503.
61 Toker, A. Signaling through protein kinase C. *Front. BioSci.* 1998; 3: 1134–47.
62 Berridge, M.J., Irvine, R. Inositol trisphosphate, a novel second messenger in cellular signal transduction. *Nature* 2000; 312: 315–21.
63 Oancea, E., Meyer, T. Protein kinase C as a molecular machine for decoding calcium and diacylglycerol signals. *Cell* 1998; 95: 307–18.
64 Toker, A., Meyer, M., Reddy, K.K. *et al.* Activation of protein kinase C family members by the novel polyphosphoinositides PtdIns-3,4-P2 and PtdIns-3,4,5-P3. *J. Biol. Chem.* 1994; 269: 32358–67.
65 Sando, J.J., Chertihin, O.I. Activation of protein kinase C by lysophosphatidic acid: dependence on composition of phospholipid vesicles. *Biochem. J.* 1996; 317: 583–8.
66 Hannun, Y.A., Bell, R.M. Functions of sphingolipids and sphingolipid breakdown products in cellular regulation. *Science* 1989; 243: 500–7.
67 Diaz-Meco, M.T., Municio, M.M., Sanchez, P., Lozano, J., Moscat, J. λ-interacting protein, a novel protein that specifically interacts with the zinc finger domain of the atypical protein kinase C isotype λ/ι and stimulates its kinase activity in vitro and in vivo. *Mol. Cell Biol.* 1996; 16: 105–14.
68 Otte, A.P., Kramer, I.M., Durston, A.J. Protein kinase C and regulation of the local competence of *Xenopus* ectoderm. *Science* 1991; 251: 570–3.
69 Otte, A.P., Moon, R.T. Protein kinase C isozymes have distinct roles in neural induction and competence in *Xenopus. Cell* 1992; 68: 1021–9.
70 Goodnight, J.A., Mischak, H., Kolch, W., Mushinski, J.F. Immunocytochemical localization of eight protein kinase C isozymes overexpressed in NIH 3T3 fibroblasts. Isoform-specific association with microfilaments, Golgi, endoplasmic reticulum, and nuclear and cell membranes. *J. Biol. Chem.* 1995; 270: 9991–10001.
71 Dong, L., Chapline, C., Mousseau, B. *et al.* 35H, a sequence isolated as a protein kinase C binding protein, is a novel member of the adducin family. *J. Biol. Chem.* 1995; 270: 25534–40.
72 Geijsen, N., Spaargaren, M., Raaijmakers, J.A. *et al.* Association of RACK1 and PKCβ with the common β-chain of the IL-5/IL-3/GM-CSF receptor. *Oncogene* 1999; 18: 5126–30.
73 Csukai, M., Chen, C.H., Matteis, M.A. De, Mochly-Rosen, D. The coatomer protein β-COP, a selective binding protein (RACK) for protein kinase Cε. *J. Biol. Chem.* 1997; 272: 29200–6.
74 Jaken, S., Parker, P.J. Protein kinase C binding partners. *Bioessays* 2000; 22: 245–54.
75 Xu, X.Z., Choudhury, A., Montell, C. Coordination of an array of signaling proteins through homo- and heteromeric interactions between PDZ domains and target proteins. *J. Cell. Biol.* 1998; 142: 545–55.
76 Smith, D.P., Ranganathan, R., Hardy, R.W. *et al.* Photoreceptor deactivation and retinal degeneration mediated by a photoreceptor-specific protein kinase C. *Science* 1991; 254: 1478–84.
77 Pound, A.W., Bell, J.R. The influence of croton oil stimulation on tumour initiation by urethane in mice. *Br. J. Cancer* 1962; 16: 690–5.
78 Sivak, A., Duuren, B.L. Van. Phenotypic expression of transformation: induction in cell culture by a phorbol ester. *Science* 1967; 157: 1443–4.
79 Imbra, R.J., Karin, M. Phorbol ester induces the transcriptional stimulatory activity of the SV40 enhancer. *Nature* 1986; 323: 555–8.
80 Housey, G.M., Johnson, M.D., Hsiao, W.L. *et al.* Overproduction of protein kinase C causes disordered growth control in rat fibroblasts. *Cell* 1998; 52: 343–5.
81 Angel, P., Imagawa, M., Chiu, R. *et al.* Phorbol ester-inducible genes contain a common cis element recognized by a TPA-modulated trans-acting factor. *Cell* 1987; 49: 729–39.
82 Sassone-Corsi, P., Ransone, L.J., Lamph, W.W., Verma, I.M. Direct interaction between fos and jun nuclear oncoproteins: role of the 'leucine zipper' domain. *Nature* 1988; 336: 692–5.
83 Karin, M. Zg. Liu, Zandi, E. AP-1 function and regulation. Cell 1997; 59: 709–17.

84 Bohmann, D., Tjian, R. Biochemical analysis of transcriptional activation by Jun: differential activity of c- and v-Jun. *Cell* 1989; 59: 709–17.
85 Kramer, I.M., Koornneef, I., de Laat, S.W., van den Eijnden-van Raaij, A.J. TGF-β1 induces phosphorylation of the cyclic AMP responsive element binding protein in ML-CCl64 cells. *EMBO J.* 1991; 10: 1083–9.
86 Masquilier, D., Sassone, C.P. Transcriptional cross-talk: nuclear factors CREM and CREB bind to AP-1 sites and inhibit activation by Jun. *J. Biol. Chem.* 1992; 267: 22460–66.
87 Boyle, W.J., Smeal, T., Defize, L.H. *et al.* Activation of protein kinase C decreases phosphorylation of c-Jun at sites that negatively regulate its DNA-binding activity. *Cell* 1991; 64: 573–84.
88 Goode, N., Hughes, K., Woodgett, J.R., Parker, P.J. Differential regulation of glycogen synthase kinase-3 beta by protein kinase C isotypes. *J. Biol. Chem.* 1992; 267: 16878–82.
89 Smeal, T., Binetruy, B., Mercola, D.A., Birrer, M., Karin, M. Oncogenic and transcriptional cooperation with Ha-Ras requires phosphorylation of c-Jun on serines 63 and 73. *Nature* 2000; 354: 494–6.
90 Behrens, A., Jochum, W., Sibilia, M., Wagner, E.F. Oncogenic transformation by ras and fos is mediated by c-Jun N-terminal phosphorylation. *Oncogene* 2000; 19: 2657–63.
91 Derijard, B., Hibi, M., Wu, I.H. *et al.* JNK1: a protein kinase stimulated by UV light and Ha-Ras that binds and phosphorylates the c-Jun activation domain. *Cell* 1994; 76: 1025–37.
92 Kallunki, T., Deng, T., Hibi, M. and M. Karin, c-Jun can recruit JNK to phosphorylate dimerization partners via specific docking interactions. *Cell* 1996; 87: 929–39.
93 Treisman, R. Transient accumulation of c-fos RNA following serum stimulation requires a conserved 5′ element and c-fos 3′ sequences. *Cell* 1985; 42: 889–902.
94 Buscher, M., Rahmsdorf, H.J., Litfin, M., Karin, M., Herrlich, P. Activation of the c-fos gene by UV and phorbol ester: different signal transduction pathways converge to the same enhancer element. *Oncogene* 1988; 3: 301–11.
95 Marais, R., Wynne, J., Treisman, R. The SRF accessory protein Elk-1 contains a growth factor-regulated transcriptional activation domain. *Cell* 1993; 73: 381–93.
96 Whitmarsh, A.J., Shore, P., Sharrocks, A.D., Davis, R.J. Integration of MAP kinase signal transduction pathways at the serum response element. *Science* 1995; 269: 403–7.
97 Egan, S.E., Weinberg, R.A. The pathway to signal achievement. *Nature* 1993; 365: 781–3.
98 Kolch, W., Heidecker, G., Kochs, G. *et al.* Protein kinase Cα activates RAF-1 by direct phosphorylation. *Nature* 1993; 364: 249–52.
99 Cacace, A.M., Ueffing, M., Philipp, A. *et al.* PKC epsilon functions as an oncogene by enhancing activation of the Raf kinase. *Oncogene* 1996; 13: 2517–26.
100 Schonwasser, D.C., Marais, R.M., Marshall, C.J., Parker, P.J. Activation of the mitogen-activated protein kinase/extracellular signal-regulated kinase pathway by conventional, novel, and atypical protein kinase C isotypes. *Mol. Cell Biol.* 1998; 18: 790–8.
101 Borner, C., Ueffing, M., Jaken, S., Parker, P.J., Weinstein, I.B. Two closely related isoforms of protein kinase C produce reciprocal effects on the growth of rat fibroblasts. Possible molecular mechanisms. *J. Biol. Chem.* 1995; 270: 78–86.
102 Hsiao, W.L., Housey, G.M., Johnson, M.D., Weinstein, I.B. Cells that overproduce protein kinase C are more susceptible to transformation by an activated H-ras oncogene. *Mol. Cell Biol.* 1989; 9: 2641–7.
103 Besson, A., Yong, V.W. Involvement of p21(Waf1/Cip1) in protein kinase C alpha-induced cell cycle progression. *Mol. Cell Biol.* 2000; 20: 4580–90.
104 Kieser, A., Sietz, T., Adler, H.S. *et al.* Protein kinase Cα reverts v-raf transformation of NIH-3T3 cells. *Genes Dev.* 1966; 10: 1455–66.
105 Fukumoto, S., Nishizawa, Y., Hosoi, M. *et al.* Protein kinase C delta inhibits the proliferation of vascular smooth muscle cells by suppressing G1 cyclin expression. *J. Biol. Chem.* 1997; 272: 13816–22.
106 Tognon, C.E., Kirk, H.E., Passmore, L.A. *et al.* Regulation of RasGRP via a phorbol ester-responsive C1 domain. *Mol. Cell Biol.* 1998; 18: 6995–7008.

107 Prevostel, C., Alvaro, V., Boisvilliers, F. de *et al.* The natural protein kinase C alpha mutant is present in human thyroid neoplasms. *Oncogene* 1995; 11: 669–74.
108 Prevostel, C., Alvaro, V., Vallentin, A. *et al.* Selective loss of substrate recognition induced by the tumour-associated D294G point mutation in protein kinase Cα. *Biochem. J.* 1998; 334: 393–7.
109 Janoff, A., Klassen, A., Troll, W. Local vascular changes induced by the cocarcinogen, phorbol myristate acetate. *Cancer Res.* 2000; 30: 2568–71.
110 Katakami, Y., Kaibuchi, K., Sawamura, M., Takai, Y., Nishizuka, Y. Synergistic action of protein kinase C and calcium for histamine release from rat peritoneal mast cells. *Biochem. Biophys. Res. Commun.* 1984; 121: 573–8.
111 Schleimer, R.P., Gillespie, E., Lichtenstein, L.M. Release of histamine from human leukocytes stimulated with the tumor-promoting phorbol diesters. I. Characterization of the response. *J. Immunol.* 1981; 126: 570–4.
112 Kavanaugh, A.F., Lightfoot, E., Lipsky, P.E., Oppenheimer-Marks, N. Role of CD11/CD18 in adhesion and transendothelial migration of T cells. Analysis utilizing CD18-deficient T cell clones. *J. Immunol.* 1991; 146: 4149–56.
113 Rosenstreich, D.L., Mizel, S.B. Signal requirements for T lymphocyte activation. I. Replacement of macrophage function with phorbol myristic acetate. *J. Immunol.* 1979; 123: 1749–54.
114 Werlen, G., Jacinto, E., Xia, Y., Karin, M. Calcineurin preferentially synergizes with PKC-theta to activate JNK and IL-2 promoter in T lymphocytes. *EMBO J.* 1998; 17: 3101–11.
115 Sun, Z., Arendt, C.W., Ellmeier, W. *et al.* PKCθ is required for TCR-induced NF-κB activation in mature but not immature T lymphocytes. *Nature* 2000; 23: 402–7.
116 Repine, J.E., White, J.G., Clawson, C.C., Holmes, B.M. The influence of phorbol myristate acetate on oxygen consumption by polymorphonuclear leukocytes. *J. Lab. Clin. Med.* 1974; 83: 911–20.
117 Klebanoff, S.J., Clark, R.A. *The Neutrophil: function and clinical disorders.* Elsevier Biomedical Press, Amsterdam, 1987; 1–3.
118 Sbarra, A.J., Karnovsky, M.L. The biochemical basis of phagocytosis. I. Metabolic changes during the ingestion of particles by polymorphonuclear leukocytes. *J. Biol. Chem.* 1995; 234: 1355–62.
119 Holmes, B., Page, A.R., Good, R.A. Studies of the metabolic activity of leukocytes from patients with a genetic abnormality of phagocytic function. *J. Clin. Invest.* 1967; 46: 1422–32.
120 Baehner, R.L. The CGD leukocyte – a model of impaired phagocytic function. *N. Engl. J. Med.* 1969; 280: 1355.
121 Tauber, A.J., Borregaard, N., Simons, E., Wright, J. Chronic granulomatous disease: a syndrome of phagocyte deficiencies. *Medicine (Baltimore)* 1983; 62: 268–309.
122 Abo, A., Boyhan, A., West, I., Thrasher, A.J., Segal, A.W. Reconstitution of neutrophil NADPH oxidase activity in the cell-free system by four components: p67-phox, p47-phox, p21rac1, and cytochrome b-245. *J. Biol. Chem.* 1992; 267: 16767–70.
123 Ambruso, D.R., Knall, C., Abell, A.N. *et al.* Human neutrophil immunodeficiency syndrome is associated with an inhibitory Rac2 mutation. *Proc. Natl. Acad. Sci. USA* 2000; 97: 4654–9.
124 Garcia Gil, M., Alonso, F., Alvarez Chiva, V., Sanchez Crespo, M., Mato, J.M. Phospholipid turnover during phagocytosis in human polymorphonuclear leucocytes. *Biochem. J.* 1982; 206: 67–72.
125 Sergeant, S., McPhail, L.C. Opsonized zymosan stimulates the redistribution of protein kinase C isoforms in human neutrophils. *J. Immunol.* 1997; 159: 2877–85.
126 Caron, E., Hall, A. Identification of two distinct mechanisms of phagocytosis controlled by different Rho GTPases. *Science* 1998; 282: 1721.
127 Kramer, I.M., van der Bend, R.L., Tool, A.T. *et al.* 1-O-hexadecyl-2-O-methylglycerol, a novel inhibitor of protein kinase C, inhibits the respiratory burst in human neutrophils. *J. Biol. Chem.* 1989; 264: 5876–84.
128 Dekker, L.V., Leitges, M., Altschuler, G. *et al.* Protein kinase C-β contributes to NADPH oxidase activation in neutrophils. *Biochem. J.* 2000; 347: 285–9.
129 Reeves, E.P., Dekker, L.V., Forbes, L.V. *et al.* Direct interaction between p47phox and

protein kinase C: evidence for targeting of protein kinase C by p47phox in neutrophils. *Biochem. J.* 1999; 344: 859–66.
130 Lopes, L.R., Hoyal, C.R., Knaus, U.G., Babior, B.M. Activation of the leukocyte NADPH oxidase by protein kinase C in a partially recombinant cell-free system. *J. Biol. Chem.* 1999; 274: 15533–7.
131 Faust, L.R., el Benna, J., Babior, B.M. and Chanock, S.J. The phosphorylation targets of p47phox, a subunit of the respiratory burst oxidase. Functions of the individual target serines as evaluated by site-directed mutagenesis. *J. Clin. Invest.* 1995; 96: 1499–505.
132 Bromberg, Y., Pick, E. Activation of NADPH-dependent superoxide production in a cell-free system by sodium dodecyl sulfate. *J. Biol. Chem.* 1985; 260: 13539–45.

10

성장인자(Growth factor)들: 기본골격의 확립

성장인자들(그리고 관련된 신호전달자)의 발견과정들은 호르몬이나 신경전달물질을 처음으로 밝혀내었던 과정들과는 상당히 다르다. 이야기를 시작하기에 앞서 정도의 차이는 있지만 사람들이 무엇을 찾아야 하며 어디서 찾아볼 것인지 알고 있으면 이러한 이야기들은 일반적으로 다소 덜 로맨틱하며 조바심이라던가 격렬한 논쟁들도 별로 없게 된다.

그러나 실험실에서 세포를 살아있게 유지하는 인자들을 찾는 단순한 조사의 시작이 각각의 연구 분야에서 아주 방대한 주제의 영역으로 확장되었다. 여기에는 염증 (inflammation), 상처 회복(wound healing), 면역 감시(immune surveillance), 발생(development)과 발암과정(carcinogenesis)등이 포함된다. 이같이 방대한 가능성에 맞서기 위해서 우리는 우선 그것이 당초에 어떻게 나오게 되었는지 몇몇 세부내용을 살펴봄으로써 독자들이 주요 의문사항들이 어떻게 발전되었고 대처되었는지에 대해 알 수 있게 하고자 한다. 여기서 다른 학문과의 수렴에서 일어나는 어려운 문제들은 각자 그 분야에서 선호하는 명명법을 따르며, 이장의 후반에서 이 문제를 다시 살펴보게될 것이다.

거의 자제되지 않는 성격의 충돌과 더불어 호르몬 발견의 주도권에 대한 공격적인 경쟁관계와 주장에 대해서는 Roger Guillemin과 Andrew Schally가 발견한 thyrotropin 방출인자와 시상하부 펩티드에 대하여 Nicholas Wade가 쓴 글을 보라.[1-3]

바이러스와 종양

바이러스와 연관된 종양에 대한 최초의 보고는 1908년, Ellermann과 Bang이 닭의 백혈병으로부터 얻어낸 여과성의 물질이 조류에서 다른 조류로 6세대에 걸쳐 같은 질병을 전염시킨다는 것이었다.[4] 그러나 그들의 보고서는 아무런 관심을 끌지 못하였다. Aldred Warthin이 1904년 처음 발표한[5,6] 백혈병과 종양과의 관계, 이로 인한 세포성장과 증식에 대한 연관관계를 이미 확립시켰음에도 불구하고 백혈병은 종양으로 여겨지지 않았었다(그림 10.1).

이 상태는 악성 종양과 유사하다. 전이상태의 형성, 침윤성이며 파괴적인 성장, 접종과 이식의 실패 등과 같은 모든 악성 종양에서의 문제점과 똑같은 양상이 나타나는 이러한 모든 관점에서 보면 이것은 종양이다.

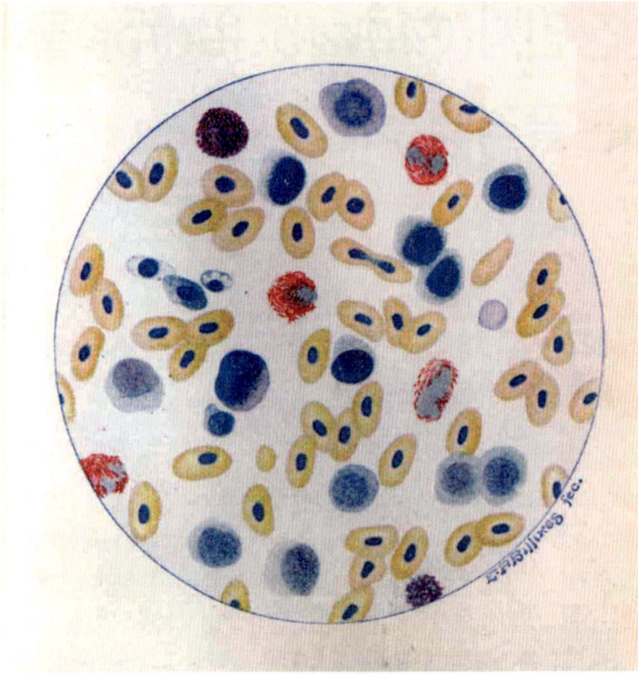

그림 10.1 백혈병 조류로부터의 착색된 혈액 도말 표본. 1905년 12월, 내가 본 Buff Cochin Bantam 암컷은 유행성 감기 증후가 있으며, 점차 악화되는 특성을 보이며 비실대고 있었다. 일상적인 조류 질병에서 나타나는 증후는 보이지 않았으며...그러나, 혈액 도말 결과는 거대 림프구 형태의 백혈구 수가 엄청나게 증가 했음을 보여주었고...따라서 백혈병의 진단이 내려졌으며... spirochet와 원생기생충(protozoan parasites) 염색에 사용된 최신 기술을 포함한 다양한 염색 방법이 사용되었으며.... 어떠한 전염원이 존재한다는 증거는 없었다.[6] 조류 적혈구(노란색 염색)가 응집되어 있음을 주목하라.

Francis Peyton Rous(1879-1970)는 종양유발 바이러스의 발견에 대한 공로로 1966년 노벨 생리학/의학상을 공동 수상하였다

백혈병이 마침내 종양이나 종양성의 병으로 인식되기까지는 20년 이상이 걸렸다.

1910년 Francis Peyton Rous는 육종(sarcoma)으로 확인된 닭의 종양 세포를 이식하게 될 경우 새로운 숙주 내에서 증식과 생장이 가능하며 같은 종류의 종양을 형성시킨다고 보고하였다.[7] 이 종양 세포로부터 이제는 Rous sarcoma virus(RSV)로 알려진 바이러스가 나왔고, 1980년에는 그로부터 첫 번째 protein tyrosine kinase인 v-src이 분리되었다.[8,9] 그의 이력에 대해 1967년에 쓴 글의 마지막에서 Rous는 어떻게 이 일을 해냈는지에 대해 잘 설명하고 있다.[10]

육종(sarcoma) 뼈나 연골, 지방 혹은 근육과 같은 지지조직에서 발생하는 암의 종류.

악성 종양(carcinoma) 피부의 상피조직이나 더 흔히는 유방, 전립선, 폐, 위나 장 같은 신체 기관의 내층에서 발생하는 악성 성장. 이것은 주위조직에 침투하거나 뼈, 간, 폐나 뇌와 같은 멀리있는 다른 기관으로 전이되는 경향을 보인다

> 그때는 닭을 기르는 초창기였다. 닭들은 연구소에서 그리 멀지 않은 뉴욕 시장에서 팔았는데 많은 개인 양계업자들이 기르던 가축을 팔려고 가져왔다. 내 실험실에 소속된 F. S. Jones는 재능있는 수의사로 매주 거기에 가서 종양일지 모르는 혹 덩어리를 가진 닭뿐만 아니라 백혈병을 가진 듯이 병약하게 보이고 허약한 볏을 가진 닭들을 사왔다. 그래서 우리는 4년 내에 60여개 이상 다양한 종류의 특발성 종양을 확보하였다....

NGF와 EGF의 발견

> 내가 그 당시 시험관에서 분석한 분획중에는 뱀 독을 포함한 것이 하나 있었다. 어느 것이 특별히 처리되었는지 모른채 나는 신경절에서 사방으로 퍼져 있는 거대한 환형상을 보고 엄청남 충격을 받았다. 나는 무엇을 보았는지 말하지 않고 Stan을 불렀다. 그는 현미경의 접안경을 통해 보고, 머리를 들어 흐릿해진 안경을 닦은 후에 다시 보았다. 그는 "Rita, 나는 우리에게 주어진 모든 행운을 써버린 것이 아닌가 싶어 두렵다. 지금부터 앞으로 오직 우리 자신들만 의지해야한다..." 라며 중얼거렸다. 나중에 생긴 일들을 보면 그가 잘못 생각한 것 같다.

아마도 신경성장인자(NGF, nerve growth factor)가 가장 먼저 확인된 성장인자로 여겨지겠지만, 그것들의 존재에 대해서는 많은 단서들이 존재했었다. 발생학자인 Hans Spemann(노벨상, 1935)은 양서류 배의 발생단계 중 낭배기의 배면축(antero-posterior axis) 형성을 지시하는 '형성체(organizer)'에 대해 설명하였다. 이 업적은 배아세포에서 만들어지는 수용성 인자들이 세포의 증식과 분화를 조절하는 수단이 될 것이라는 것을 명백히 보여주었다.[13]

Rita Levi-Montalcini의 성장인자에 대한 관심은 나치 명령에 의해 대학 강단에서 해고된 그 시기에 시작되었으며 그녀는 홀로 계속 이 연구를 진행하겠다고 결심하였다. 그녀는 Spemann의 연구에 대해서는 그의 연구원중의 하나인 Viktor Hamburger가 기술한 논문을 통해 인지하고 있었다. 그는 초기 발생 동안 몇몇 조직이 다른 조직에 대해 내는 유도반응에 대한 개념을 발표하였다. 특히, 그는 닭의 배아에서 수족 buds를 제거하면 운동근육 column의 부피와 사지의 신경 전달에 관여하는 척추 신경절(spinal ganglia)이 감소한다고 언급하였다. 그 개념은 세포들이 분화하고 발달하지 못하는 것은 신경 조직에 의해 자극되는 조직(innervated tissue)에의해 정상적으로 분비되는 유도 인자가 없기 때문이라는것이다. 그녀는 어떻게 이 비신경 조직의 제거가 분화나 그에 따른 발달에 영향을 미치는가를 이해하는데 목표를 세웠다.

침실에서 연구를 진행하다보니 그녀는 병리학 연구에 필요한 아주 기초적인 재료와 기구만을 사용하였다. 이 문제에 대한 연구에서 Levi-Montalcini는 배아(embryo)에서 사지가 제거되었을 때도 신경세포의 분화는 상당히 정상적으로 진행되지만 퇴행성 과정(우리가 현재 세포사멸(apoptosis)이라 부르는 것: 335쪽, apoptosis를 참조)은 세포가 척추와 신경절이 절단된 남은 부분으로 이동하자마자 시작된다는 것을 발견하였다.[14,15] 그녀는 발생이 되지않는 이유가 영양인자(trophic factor)가 없기 때문이라고 생각하였다.

1946년, 그녀는 학창시절 친구인 Renato Dylbecco와 함께 미국으로 건너갔다(아래 참조). 그녀는 St. Louis로 그는 Bloomington으로 향했다. 그녀는 처음에는 Viktor Hamburger의 실험실에 몇 주 정도의 짧은 기간 동안만 방문할 생각이었으나 그곳에서 30년간이나 머무르게 되었다. 결국에는 NGF의 발견으로 이끈 일들은 Hamberger의 이전 학생이었던 Elmer Beuker의 관찰에서 시작되었다. 그는 활발히 성장하는 쥐의 종양 조각을 닭의 배아(embryo)에 이식하면 많은 신경 세포들이 종양 세포 덩어리(tumor cell mass)를 유도한다는 것을 보고

Stanley Cohen과 **Rita Levi-Montalcini** 는 "성장인자들의 발견"에 대한 공로로 1986년 노벨상을 수상하였다.

이 장의 인용문들은 Rita Levi-Montalcini가 쓴 '불완전을 찬양하며, 나의 생애와 연구, in praise of imperfection, My life and work'으로부터 옮겨왔다. Rita Levi-Montalcini의 주요 논문과 저자의 주해는 참고문헌 12에 제시되었다

했었다.[16] 조언과 격려를 통해, 그는 종양이 신경절의 늘어난 부피로 반영되는 신경 세포의 분화에 좋은 조건을 형성하였다고 제시하였다. Levi-Montalcini는 반복 실험에서 마치 시냇물이 바닥의 돌 위를 끊임없이 흘러가는 것처럼 신경섬유 다발이 종양 세포 사이를 통과하는 아주 이상한 광경을 보았다. 그것은 일반 배아나 성인의 조직 섬유를 발달시킬 때처럼 어떠한 경우에도 다른 세포와의 연결을 만들지는 않았던 것이다. 나중에 그녀는 어떻게 교감신경 섬유조직들(sympathetic fibres)이 배아의 내장(embryonal viscera)을 비롯하여 심지어 정맥의 내강(lumen)까지 침투해 들어가지만 동맥 혈관에는 침투하지 못하며 작은 정맥들이 차단되는지에 대해 설명하였다.

게다가 신경 섬유조직이 정맥에 침투한다는 것은 아마도 아직 잘 알려지지 않은 체액물질이 향신경성 효과(neurotropic effect)를 일으키거나 신경 섬유조직이 특정 방향으로 성장하게 하는 chemotactic directing force로 알려진 것과 같은 효과를 나타내는 것이라고 생각되는데...내가 추측하는 이것들 중에 세포가 생성하는 체액 성장 인자 또한 존재할 것이다. 이 가설로 교감신경 섬유조직들이 정맥 내에 모이는 특이한 현상을 설명할 수 있을 것이다...극도의 흥분하였던 그 때의 순간들 이후 거의 40년이 지난 지금은 현실에서 내가 상상할 수 있었던 것보다 훨씬 더 거대한 영역이 펼쳐져 있는 것으로 보인다.

생체 외 실험(in-vitro assay) 방법을 개발하는 것이 명백히 필요하였다. 그때는 세포 배양 분야의 초창기였으며 단백질 정제에서도 분획의 생물학적 활성을 측정하는 기본 사용 방법을 확립하는 데만도 6개월씩이나 걸렸다. 단지 그때는 생화학적 접근 방법이 나중에 이름이 붙여진 NGF를 찾는 연구에 적용되기 시작한 시기였다.

하루는 Stan이 "Rita, 당신과 나는 각자는 그냥 우수하겠지만, 둘 이서는 엄청날 것이다." 라고 말했다.

Stanley Cohen은 핵산성분이 오염되었을 수도 있다는 의심을 하기는 했지만 일년 동안의 집중연구 끝에 그 인자의 범위를 핵단백질(nucleoprotein)로 좁힐 수 있었다. Arthur Kornberg의 충고에 따라 그는 그들의 시료에서 불순물로 존재하는 핵산을 제거할 목적으로 nuclease 활성을 가지는 뱀독 추출물을 처리하였다. 그런데 놀랍게도 그 처리는 신경성장(neuronal growth)을 더욱 향상시키는 것이었다. 이것은 뱀독 단독으로도 활성을 가진다는 것을 보여주었다.[17] 독과 타액간의 연결 고리를 확인하고자 쥐의 침샘을 확인한 결과, 그것 역시 NGF 활성의 좋은 재료임을 발견하였다. (만약 이들이 순수 정제된 nuclease enzyme을 구입했더라면 그 발견 과정은 더욱 길어졌을 것이다).

후에 Cohen은 '생물학적 연구에서 완전히 새로운 지평을 여는 마술 지팡이'와 같은 새로운 현상을 발견하였다. 표피에서 조숙한 성장을 일으키는 오염된 인자가 존재했던 것이다(그

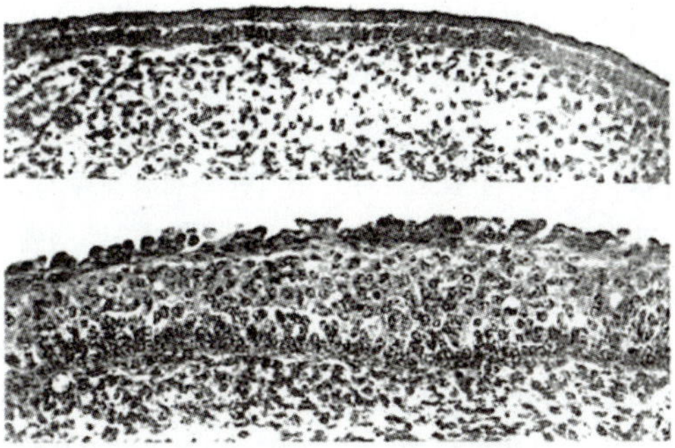

그림 10.2 EGF의 효과에 대한 초기 설명. 닭 배아로부터의 이식 3일 후, 피부내의 상피 층(epidermal layer)이 두꺼워 진다.[18]

림 10.2). 그것 또한 연결 조직의 강력한 증식 효과를 가진다는 것이 나중에 밝혀졌으며 정상적인 증식과 종양의 성장을 조절하는 메커니즘 사이의 연결 고리가 있다는 것도 나중에 명백해졌다.

배양조건하에서는 증식에 대한 자극이 체계적이고 호르몬의 영향과는 관련이 없기 때문에, Cohen은 이 새로운 단백질을 상피성장인자(EGF, epidermal growth factor)라 불렀다.[18,19] 그 후, 쥐의 EGF가 배양된 인간 섬유아세포에서 DNA의 합성을 증가시킨다는 것을 보여주었다. EGF는 또한 사람 소변에서 동정된 단백질로 약학자들에게는 위산 분비 억제 능력으로 잘 알려진 uragastrone과 비슷하다는 것이 밝혀졌다.[20] 두 펩타이드는 53개의 아미노산 서열 중 37개 잔기의 위치가 같으며, 위산 분비와 외피 세포의 성장에 유사한 효과를 나타낸다.

이러한 모든 것들이 분리된 세포를 이용한 분자생물학적인 접근 방법들의 초석이 되었다. Kirsten 육종 바이러스(4장 참조)로 형질전환된 쥐의 신장 세포들은 EGF와 결합하지 못하는 것으로 밝혀졌다. 이 같은 수용체의 내재화에 의한 저하조절(down-regulation) 기작은 세포 자체 EGF의 발현과 분비의 증가(feedback regulation에 의한 자가분비 기작)에 의해 일어난다. 수용체 내재화가 필수적일 것이라는 가능성은 초기에는 많은 지지를 받았으나, 그것이 세포막에서 일어나는 신호전달 기작이라는 것이 나중에 밝혀졌다. 특히, ligand의 결합이 나중에 EGF 수용체(EGF-R)로 밝혀진 막단백질의 인산화(tyrosine 잔기에서)를 직접적으로 유도하게 된다.[21] 이것은 tyrosine kinase의 활성이 바이러스에 의해 유도된 육종(*v-src* gene 생산물)과 관련되어 있다는 이유에서 획기적인 발견이 되었다. 따라서, 종양 형성과 세포 성장의 생리학적 조절 사이에 확실한 연결 고리가 확립되었던 것이다.

종양 형성에 있어 성장 인자의 역할에 대한 또 다른 증거로는 조류의 적아세포증 바이러스의 종양유전자(avian erythroblastosis virus oncogene)인 v-*erb*-B가 EGF 수용체와 유사성을 가진 산물을 암호화한다는 발견이다. 실제로 EGF의 결합부위가 손실되어 항시적 활성화를 일으키는 끝이 잘려나간 수용체(세포 내)의 *c-erb*-B 유전자가 잘못 들어와도 형질전환은 유도된다는 것이 명백해 보인다.[22]

이 분야의 발전은 더 큰 흥미를 일으키기도 했지만 좌절감을 주기도 했다. 이 분야의 연구가 세포의 형질전환과 성장 인자를 잘 이해할 수 있게 해주었다는 점에서는 아주 흥미롭지만, 암세포 자체가 손쉬운 제약의 특이 목표가 되지 못한다는 점에서는 좌절을 가져다 주기도 했다. 이러한 어려움 뒤의 가장 큰 장애물은 비포유류 유전자(non-mammalian gene)가 질병의 원인일 수 있다는 것이다. 희망 사항은 예를 들어 바이러스 유전자의 산물과 같이 암세포를 선택적으로 죽일 수 있는 대상을 찾는 것이다. 우리는 이것들이 처음에는 포유류 유전체 자체를 강탈하여 바이러스의 부정확한 DNA나 RNA 중합효소에 의해 부정확한 전사를 일으키고 이것이 다음 감염에서 다시 숙주에게 전달된다는 것을 알고 있다. 이와는 별도로, 많은 인체 종양이 바이러스에 의한 것이 아니라 방사선 등과 같은 암 유발물질에 의해 일어난다.

Alexis Carrel 은 '혈관구조와 장기 이식에 관한 업적'으로 1912년 노벨상을 수상했다. 그의 업적은 정신 이상자를 제거하기 위해 '적절한 살인 가스'가 있는 시설의 설치를 요구하는 우생학 운동에 대한 연관성으로 인해 빛이 바래졌다. 그는 2차 세계대전 동안 비시(Vichy)정부를 열렬히 지지하였으며 프랑스 해방 후 나찌정부에 대한 동조혐의로 기소되었는데 재판 전에 사망했다.

혈소판 유래 성장 인자

1912년 Alexis Carrel[23,24]은 다음과 같은 목적으로 수많은 실험을 보고하였다.

> 생물체로부터 떼어낸 조직이 활성을 띠는 생명체로 무한히 유지할 수 있는 조건을 결정하는 것

그가 간단한 염 완충액에서 몇 일 동안 조직을 유지하려고 시도해 보니 세포들은 성장과 생존할 수 있는 능력을 잃어버렸는데, 그는 이러한 배양균의 노쇠와 사멸이 이화 작용 물질의 축적과 필수적인 영양분의 고갈 때문이라고 생각하였다. 그는 배지에다 희석한 혈장을 첨가해 주고 때때로 조직을 혈청 내에 몇 시간 동안 담궈둠으로써 세포의 지속적이고 빠른 성장을 유도할 수 있었다. 흥미롭게도, Carrel은 세포가 혈청에 존재하는 특정한 인자들을 필요로 할지도 모른다는 생각을 하지는 못했다. 결론적으로, 그가 써 놓은 글을 보면:

> 결합 조직의 절편은 생체 외(*in vitro*)에서 살아있는 상태로 두 달 이상 유지되었다. 지금 85일 이상 잘 자라는 배양에서처럼, 사고가 없는 한 이러한 배양액에서의 생존은 장기간 유지 가능할 것이다. (그림10.3)

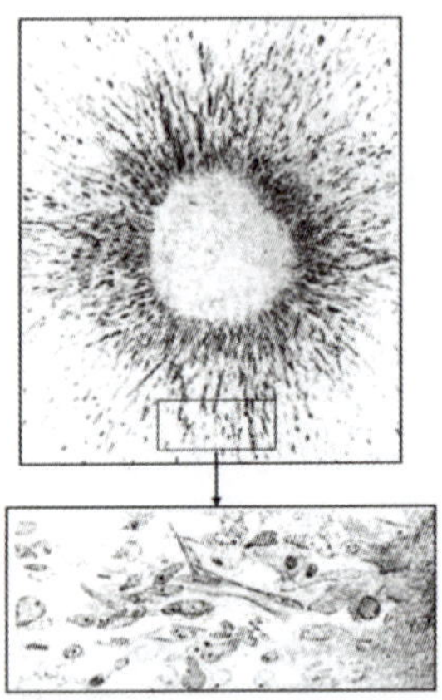

그림 10.3 50일간 배양된 결합 조직. '오래된 혈장 주위를 활발한 조직이 둘러싸고 있다.' [Carrel의 논문으로부터 인용[23]

약 40년 후에, Temin과 Dulbecco는 서로 독자적으로 아미노산이나, 비타민, 염(합친 것이 Carrel의 '영양분'), 그리고 성장인자 중 세포배양을 위해 정확히 필요한 성분이 무엇인가를 찾아내는 실험에 착수하였다.

그들이 세포를 배양하고자 했던 목적은 세포의 형질전환과 종양형성에서 바이러스의 역할에 대한 관심으로부터 시작되었다. 따라서, 종양 바이러스에 감염된 세포에서는 혈청에 대한 요구성이 현저히 줄어든다는 중요한 발견을 하게 된다. 그들은 형질전환이 아마도 혈청에

존재하는 증식 신호에 반응하는 종양 세포의 능력이 증가된 결과로 일어나는 것일지도 모른다고 제안하였다.

중요한 전환점은 혈청(응고된 혈액의 가용성 성분)이 성장과 증식을 지지해 준다는 발견이었다. 혈장은 생존하게만 해 줄 뿐이고 약 2일간 동안 세포는 휴지기 상태(세포 주기의 G_0 단계에서 정지된)가 된다. 혈청은 성장 인자의 공급에 필수적인 역할을 가질 것이라 생각되는 활성화 혈소판의 산물을 지니고 있다. 1974년에, Russell Ross는 혈소판에서 추출한 인자가 휴지기 근육세포의 DNA 합성을 유도할 수 있다는 것을 보여주었으며,[25] Kohler와 Lipton도 쥐의 3T3 섬유아세포에서 비슷한 결과를 얻었다. 혈액의 혈소판 유래 성장인자(PDGF)는 정지된 세포를 세포주기의 S phase로 이끌 수 있다.

사람의 혈소판으로부터 PDGF의 정제와 더불어,[26] 이것이 어떻게 작용하는가의 문제에 직면하게 된다. PDGF는 이황화 결합으로된 이량체로 존재하며 따라서 그 결합은 자동적으로 두 개 수용체의 교차 결합을 일으키는데 이것이 활성화 신호를 이룬다.[27] 이어서, 유인원 종양 바이러스(simian sarcoma virus(v-*sis*))의 종양 유전자와 PDGF를 암호화하는 유전자가 상동성이 있다는 발견에 의해,[28-30] 성장인자와 종양 바이러스 사이의 연결고리가 확실히 밝혀졌다. 그러나 이번에는 무절제적인 세포 증식에 대한 신호가 지속적으로 활성화된 수용체의 발현이라기 보다는 과도한 성장인자의 생산 때문이라는 것이 알려졌다. 게다가, *v-sis*는 영장류에서 세포의 형질전환을 일으킨다.[31]

종양 유전자가 종양을 야기하는 메커니즘이 점차 밝혀지고 있다. 여기에 바이러스에 의해 몰래 빌려져서 변형되거나 잘려지는 또 다른 포유동물 유전자의 예가 있다. 감염에 의해 숙주 세포로 다시 돌아가면 형질전환과 종양형성을 일으킨다.

Howard Temin과 **Renato Dulbecco**는 종양 바이러스와 세포내 유전물질간의 상호작용을 발견한 공로로 1975년 노벨상을 공동 수상하였다.

형질전환 성장 인자(Transforming growth factor)

형질전환 성장인자인 TGFα와 TGFβ는 원래 바이러스에 감염된 포유동물 섬유아세포주 3T3의 조건성 배지로부터 분리되었다. 이들은 표현형의 형질전환을 일으킬 수 있는 단백질로서 EGF에 대한 첫 번째 보고와 설명이 나오고 몇 년 후 TGFs가 발견되었으며 특히 대부분의 연구는 Geroge Todaro의 실험실에서 진행되었다.[32]

비록 아미노산 서열에 있어서는 EGF와 상당한 차이가 있지만 TGFα는 EGF 수용체와 결합하며 비슷한 양상으로 세포에 신호를 전달한다(11장과 16장 참조). 이들 종양세포로부터 분리된 관련 인자인 TGFβ는 TGFα나 EGF의 결합과 경쟁하지는 않지만 이들 두 인자 중 하나와 함께 투여되면 형질전환을 일으킬 수 있다. 중요한 것은 TGFβ는 세포의 정상적인 대사산물이며 혈액 혈소판에서 상당량이 발견되고 혈액 응고 시 때 방출된다는 것으로 PDGF와의 연관성을 확실히 보여준다.[33]

여러 종류의 종양을 대상으로 한 TGFβ의 형질전환 영향에 대한 탐색과정에서 예기치 않았던 발견은 세포의 종류와 조건에 따라 TGFβ가 세포 성장이나 형질전환을 촉진할 수도 있고 저해할 수도 있다는 것이었다. TGFβ는 TGFα나 EGF와 함께 협동하여 세포의 형질전환을 일으키는 반면 사람의 종양 유래 세포에서는 군집 형성을 억제한다. 이러한 효과는 성장인자와 주어진 시간에 작동하는 그들 수용체 전체의 기능에 의해 작동하는 것으로 보인다.[34] 게다가, TGFβ는 조직 재형성(tissue remodeling)이나 상처의 치유 과정에서도 중요한 작용을 한다.[35] 그것은 피브로넥틴(fibronectin)과 콜라겐의 생성을 유도하며 따라서 그 자체가 세포 성장의 중요한 결정자인 세포 기질(cell matrix)의 축적을 조절한다(14장 참조).

명명법의 문제

이 분야에서의 명명법이라는 것은 대략 말하더라도 임의적이라는 것이 분명하다. 몇몇 성장 인자는 처음 동정된 세포의 이름을 딴 것도 있고, 다른 것들은 그들이 자극하는 세포의 이름을 딴 것도 있으며, 그 외에 그들이 수행하는 주요 활성의 이름을 딴 것도 있다.[36] 우리는 면역학에서 인터루킨(interleukin)과 군집자극인자(colony stimulating factor)에 관해 들어본 적이 있다. 이들은 백혈구의 성숙과 증식을 유도한다. 바이러스학에서는 바이러스의 감염을 '저해'하는 인터페론을 배웠고, 암 연구분야에서는 고형 종양의 성장에 영향을 주는 종양괴사인자(tumour necrosis factor, 그리고, 이것의 관련물질들)에 관해 배운 적이 있다. 각 분야에서 이러한 인자들은 주로 그들이 처음 발견된 범위 내에서만 기능하는 것처럼 보인다. 물론, 일부의 성장 인자들이 성장과는 전혀 관련이 없다는 것을 이제는 알고 있다. 예를 들어, 조직 손상이 일어난 장소의 혈소판에서 방출되는 PDGF는[37] 섬유아세포와 평활근 세포, 아교세포의 성장을 지지할 뿐만 아니라, 상처의 치료시 혈관의 평활근과 섬유아세포의 분포 및 이동을 조절하는 작용도 수행한다.[38]

이와 같은 복잡한 상황에 그 복합성을 더하자면, 세포가 연구되는 조건이 다른 인자나 세포들의 존재 그리고 기질에의 부착과 같은 세포 반응을 결정할 수 있다는 것이다. 이것에 대한 가장 좋은 예가 TGFβ인데, 그 이름에서처럼, 이것은 처음에는 세포의 형질전환을 증가시키는 인자로써 인식되었지만, 이제는 그것이 세포의 증식을 억제할 수도 있으며[39] 호중성 백혈구[40]와 섬유아세포[41]에 대한 매우 강력한 주화인자(chemotactic factor)라는 것을 알고 있다. 이러한 인자들에 대한 공통적인 이름을 cytokine이라고 해야 한다는 안이 제안되었다.[42]

Cytokine : 살아있는 숙주세포에 의해 방출되는 본래의 면역글로불린이 아닌 수용성의 (당)단백질로서 picomolar에서 nanomolar 수준으로 숙주세포의 기능을 조절하는 역할을 한다.

이 정의가 그들의 다양한 활동들에 대한 실마리를 제시하는 것은 아니지만 그것의 역할이 첫 번째 전달자라는 것을 이해하는 데는 도움이 된다. Cytokine으로 통일하는 것은 거의 90년 전 Bayliss와 Starling에 의해 호르몬으로 정의된 것만큼이나 중요한 개념이다(1장 참조). 그러나, 호르몬의 약리학에 관해서는 아주 광범위하게 연구되었으나(일부 사람들은 바닥이 들어날 정도라 말한다), 성장인자 단백질의 분야는 상대적으로 많은 연구가 여전히 이루어지지 않고 있다. 여기서는 완전히 세포 내부의 현상에만 초점을 맞추고 있다.

소론: 세포주기(Cell cycle)

세포주기의 단계와 무작위 전이

세포주기는 순차적으로 일어나는 세포 현상으로서 세포가 하나의 분열에서 다음 분열(유사분열)할 때까지를 말한다. 세포주기를 통한 진행 정도가 증식 속도를 결정한다. 생물체의 성장, 재생, 유지 등 모두가 이 주기의 조절에 의존하며 그 조절에 이상이 생기면 암을 포함하여 수많은 질병의 근원이 된다.

세포주기는 일반적으로 4단계로 구분된다(그림 10.4):

G_1 기(gap phase 1): 합성을 위한 준비 단계로 DNA의 보전(integrity), 세포의 크기, 영양분과 성장 인자의 존재가 점검된다.

S 기(synthesis): DNA의 복제

G_2 기(gap phase 2): 복제의 완전성 확인

M 기(mitosis): 세포 분열

앞에서 설명하였듯이, 세포주기는 표면상 유사분열(mitosis, 현미경 아래에서 보이는)과 간기(interphase)의 두 단계로 이루어진 것처럼 보인다. DNA가 유전정보를 가지고 있다는 사실과 더불어, 세포 주기는 DNA의 합성이 일어나는 S기를 포함하고 있다. 이 과정이 먼저 일어나고 그 뒤에 gap 단계인 G_1기와 G_2기가 일어나는 것으로 알려져 있다. 그러나, gap이라는 단어는 잘못된 명칭으로 이제 우리는 G_1기와 G_2기가 다른 세포 주기 단계만큼이나 바쁘게 움직이며 매우 중요한 checkpoint라는 것을 알고 있다. 실제로 성장인자들은 그들이 수시간 동안 존재해야만 일어나는 G_1기의 세포에만 주요 활성을 가진다. 충분한 양의 자극이 오면 세포 주기를 G_1 checkpoint(일반적으로 '시작' 또는 '제한' 지점)으로 가게 하는데 여기서 세

이 분야를 잘 소개하고 있는 Andrew Murray와 Tim Hunt가 쓴 '*세포주기 The Cell Cycle*' 책을 참조하라.[43]

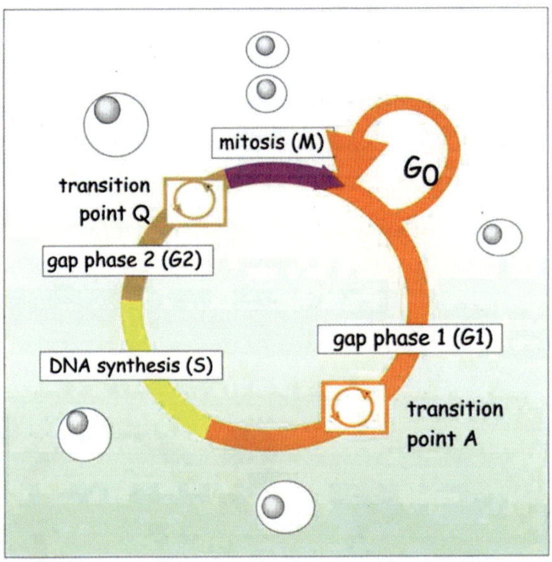

그림 10.4 세포주기의 일반적 단계. 세포주기는 몇 가지 단계로 이루어진다. 염색체 분리(chromosome segregation)와 유사분열(mitosis)은 M phase에서만 일어나는 현상으로 현미경으로 관찰 할 수 있다. 정상적으로 분열하는 대부분의 포유류 세포에서는 이 과정이 한 시간 정도 걸린다. G_1기, S기, 그리고 G_2기 단계를 간기(interphase)라 한다. S기에서는 DNA 복제가 일어나며 6시간 정도 걸린다. 소위 gap 단계라 불리는 G_1기와 G_2기 동안, 세포는 S기 또는 M기로 나아가는 것을 결정하는 많은 검사지점(checkpoint)을 거치게 된다. 전이 지점(transition point)인 A와 Q는 잠시 쉬는 지점을 나타내는데 여기서 진행은 확실하지 않은 시간 동안 멈추게 되는데 이때 구성요소들이 세포주기에 관여하게 된다. 예를 들어 성장 인자들이 부족하거나 세포 접촉에 의한 억제가 일어날 때와 같이 성장 조건들이 적절하지 않을 때에는 세포주기가 G_0기에 정지한다.

포들이 복제 단계로 나아갈 것인지를 결정하게 된다.[44] 이때, 세포는 그들의 DNA 상태와 크기 그리고 영양분 공급량 등을 고려하게 된다. 일단 시작되면 이것은 다음 G_1기에 이르기까지는 계속적 일어나게 되는데 여기서부터는 성장인자를 제거해도 아무런 영향이 없다. 만약 DNA 복제 과정에서 결함이 인식되면, 주기는 G_2의 두 번째 checkpoint에서 멈추게 된다. 만약 방추사에 붙지 못하거나 방추사가 손상을 받게 되면 유사분열의 염색체 분리를 방해하는 방추사 checkpoint에 의해 중기에서도 중지될 수 있다. 충분한 자극이 없으면, G_1기가 무기한 연장되며 세포는 휴지상태로 되어 G_0 기로 들어서게 된다. 성장인자에 반응하지 않는 세포들은 노화(senescent)했다고 한다.

세포주기라는 용어는 마치 그 과정들이 질서정연하고 예측될 수 있는 것처럼 보이지만 무작위 과정 또한 관여한다. G_1과 G_2기 동안에는 두 개의 전이 지점인 A, Q가 각각 존재한다. 이 두 지점에서 주기의 진행은 일정시간 동안 정지된다. 이러한 전이 지점에서 나오게 되는 것은 확률적(stochastic) 과정이며, 이로 인해 같은 조건아래서 자란 형제 세포들에서 조차 세포 주기 기간의 차이를 나타낸다(그림 10.4).[45]

세포주기를 유도하는 분자들

최종적으로 세포분열에 이르게 되는 과정들은 cyclins의 순차적인 발현에 의해 대부분 설명된다(그림 10.5). 이러한 단백질들은 세포주기의 연속적인 단계들을 시작하게끔 할뿐만 아니라 이미 진행중인 단계의 종결에도 작용하는데, 이러한 방식으로 앞으로 나아가는 추진력을 받게 한다.[46,47] Cyclin들은 cyclin-dependent protein kinases(CDKs)와의 상호작용과 활성화를 통해 작용한다. 일반적인 개념은 cyclin은 주기적으로(cyclin D에는 적용되지 않지만) 발현되는 반면, 그들의 파트너인 CDK는 항상 존재한다는 것이다.

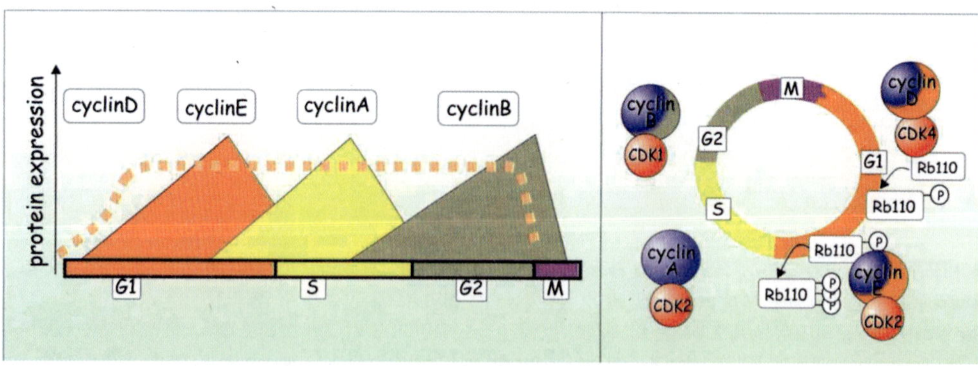

그림 10.5 세포주기의 구동. 세포주기의 진행은 cycline dependent protein kinase인 CDK들과 작용하는 cycline들의 연속적인 생산에 의해 주로 조절된다. Cyclin D와 E는 각각 CDK4와 CDK2와 각각 작용하여 세포가 G_1을 넘어가게 하는데, 그것들은 Rb110 (retinoblastoma 단백질)의 인산화 반응을 필요로 하는 과정인 DNA 복제를 위해 세포를 준비시킨다. Cyclin A는 CDK2와 연계하여 S기를 통하여 세포를 구동하며, Cyclin B는 CDK1와 연계하여 유사분열의 개시 시간을 결정한다.

G_1기

G_1기에서 작용하는 cyclin들의 주요 기능은 pocket-protein family(Rb110, p107, p130)의 구성원들을 불활성화시키는 것이다(그림 10.6). 그러면 이것은 전사인자인 E2F(6개 구성원, E2F1-6)를 방출하게 한다. Pocket-protein의 불활성화는 인산화와 p107의 경우에는 cyclinE/CDK2에 결합에 의해 이루어진다.[48] E2F는 또 다른 전사인자인 DP-1과 함께 DNA와 결합한다. 방출된 E2F/DP-1전사인자는 G_1을 통과하기 위해 필수적인 cyclin E와 cyclin A의 발현을 유도하며 DNA 복제 관련 유전자들의 전사를 조절한다. 따라서, 이들은 S기의 시작을 위해서는 필수적이다.

세포주기의 시작은 cyclin D의 합성과 안정화와 더불어 일어난다.[49] D-형 cyclin(3개의 동위체 D1, D2, D3)들은 CDK4나 CDK8과 결합하는데, 그들은 CDK-activating kinase(CAK)에 의해 그들의 촉매고리에 인산화가 일어나면서 활성화된다.

CAK 자체는 cyclin과 cyclin-dependent protein kinase인 cyclin H/CDK7으로 구성된다. D-형 cyclin들은 세포 외부의 신호와 세포주기 기구들을 통합시키는 작용을 한다(그림 10.7). Ras에 의해 매개되거나(11장 참조)와 focal adhesion에 의해 매개(13장)되는 신호전달 경로는 둘 다 D-형 cyclin들의 발현을 유도하며, 분해되는 것을 막고, CDK4나 CDK6와 결합하는 것

E2F (E2 promoter binding factor): 바이러스 E2 프로모터의 전사를 촉진하는 Hela 세포에서 분리된 단백질.

E1A와 같은 아데노바이러스-E 형질전환 인자는 E2F와 결합하여 Rb110의 저해작용을 억제한다. 적절한 외부 자극이 없는 상황에서도 세포는 S기로 들어가게 된다. 이러한 방식으로 바이러스가 암을 유발하게 된다.

DP DRTF1-associated polypeptide-1.
DRTF Differentiation-regulate transcription factor(E2F와 같음).

촉매고리내에서의 인산화에 의한 kinase의 활성화는 18장에서 논의.

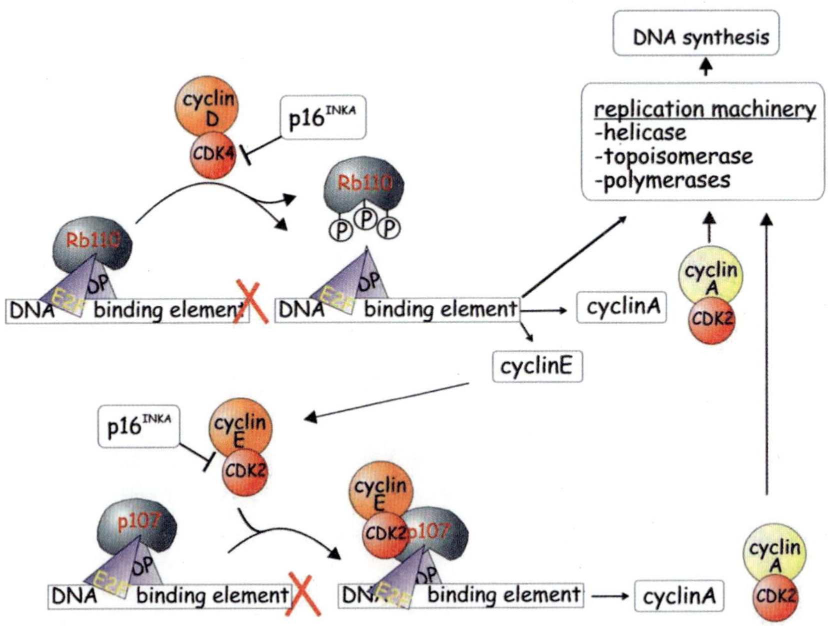

그림 10.6 Pocket-protein들이 불활성화되면 S기로의 진입이 가능하다. Rb110의 불활성화는 DNA 복제를 위해 세포를 준비시키는 작용을 한다. Cyclin D/CDK4는 Rb110을 인산화하여 전사인자인 E2F를 방출하게 하고 Cyclin E/CDK2는 Rb107과 결합하여 활성기능을 가진 E2F를 만들게 한다. 전사인자 E2F는 DP-1과 결합하여 cyclin E, cyclin A와 DNA 복제에 필요한 산물을 만드는 유전자의 발현을 유도한다.

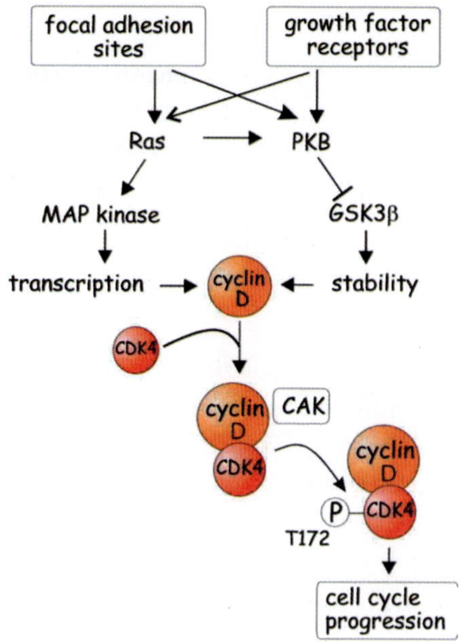

그림 10.7 Cyclin D 발현과 활성의 조절. D-형 cyclin은 세포 외부의 신호를 세포주기 기구와 통합시키는 작용을 한다. Ras와 PKB에 의해 매개되는 신호들은 cyclin D의 전사 속도와 수명을 모두 증가시킨다. 축적된 cyclin D/CDK4 복합체는 CDK-activationg kinase(CAK)에 의한 CDK4의 인산화를 통해 활성화된다. 완전히 활성화된 복합체는 세포주기를 G_1기로 진행시킨다.

을 매개하여 그들이 핵으로 이동하는 것을 조절한다.[50-52] Cyclin D1을 과발현하면 G_1기간은 단축시키지만 성장 인자가 없을 때에도 정상적으로 일어나는 휴지기의 시작을 막지는 못한다.[53] Cyclin D/CDK(또는6)에 의해 활성화되는 복합체는 Rb110과 p107을 인산화하여 불활성화시키며 따라서 E2F를 방출시키게 된다(그림 10.6). G_1에서 D-형 cyclin은 초기에 유도 된 후 여전히 고농도로 남아있다가 유사분열기(mitosis)에 감소된다.

Cyclin D/CDK4(또는 6)의 활성화에 이어 cyclin E가 발현되어 CDK2와 결합한다(그림 10.6). 또한 cyclin E/CDK2 복합체는 Rb110를 인산화하거나 p107과 결합하여 세포를 G1기의 두 번째 부분으로 유도한다. Rb110 기능의 불활성화는 오직 cyclin D와 cyclin E를 포함하는 복합체에 의한 연속적인 인산화에 의해서만 일어난다고 주장되었다.[54] Cyclin D/CDK(또는6)와 cyclin E/CDK2는 모두 cyclin A의 유도에 필수적이다.

S 기

S기는 CDK2와 결합하는 cyclin A의 작용에 의해 주도된다. Cycin A/CDK2 복합체는 아마도 E2F family의 구성원들과 같이 DNA 복제에 필요한 유전자의 발현을 나란히 조절하는 역할을 할 것이다(그림 10.6). 그들의 존재는 S기 내내 필수적인데 이것은 그들이 인산화를 통하여 DNA 복제에 관여하는 요소들의 활성화뿐만 아니라 불활성화에서도 중요한 역할을 한다는

것을 시사한다. 이 과정은 끝나기까지 6시간이 소요된다. Cycin A/CDK2는 아래와 같은 여러 유전자들의 발현과 관계가 있다

- 퓨린(dATP, dGTP) 합성에 필요한 dihydrofolate reductase
- 피리미딘(dUMP에서 DTMP로의 전환) 합성에 필요한 thymidilate synthase
- 이중 가닥을 풀어주는 DNA helicase
- DNA 두 가닥 중 한 가닥을 끊어 DNA helicase의 작용을 촉진시키는 topo-isomerase
- DNA 복제에 관여하는 DNA polymerase
- 새롭게 합성된 DNA를 nucleosome으로 뭉치는데 필요한 히스톤 H1, H2, H4

G2기

마지막으로, cyclin B(두 가지 이성질체 B1, B2)가 발현되어 CDK1(cdc2로 알려진 MPF-maturation promoting factor)와 결합함으로써 세포는 유사분열을 준비한다(그림10.8).

G_2기 동안의 진행과정은 CDK1의 인산화를 통해 정밀하게 조절된다. 이 CDK1의 활성화는 CAK에 의한 촉매고리 부위의 인산화를 필요로 하며 Myt1(Thr-14)과 Wee1(Tyr-15)에 의한 추가적인 인산화에 의해 불활성화된다.

MPF 분열(감수분열)을 위해 미숙한 아프리카 발톱개구리(*Xenopus laevis*) 난자의 성숙을 준비하는 인자로 처음 판명되었다.

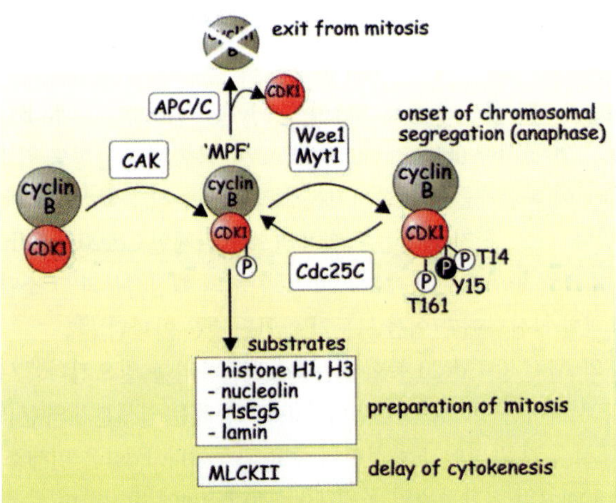

그림 10.8 Cyclin B와 유사분열의 준비. Cyclin B/CDK1 복합체(또는 MPF)는 세포를 유사분열에 대비하게 한다. 그 활성은 CAK에 의한 Thr-161의 인산화에 의해 증가 조절되며, Myt1에 의한 Thr-14의 인산화나 Wee1에 의한 Tyr15의 인산화에 의해서는 감소 조절된다. G_2기 동안 이중특이성을 지닌 phosphatase Cdc25에 의해서 활성 상태로 유지되었던 복합체는 DNA의 응축과, 핵의 분해 그리고 tubulin 세포골격의 재배치를 촉진할 뿐 아니라, 조숙한 세포질 분열(premature cytokinesis)을 억제한다. Wee1과 Myt1에 의한 불활성화는 염색체의 분리를 시작하게 하고 그것의 갑작스런 파괴는 mitotic phase를 종결시킨다.

Myt1 막에 존재하는 tyrosine-threonine 특이적 cdc2-inhibitory kinase.
Wee 돌연변이된 wee1 kinase를 가진 아주 작은 효모 세포를 지칭.

이 과정은 이중특이성을 지닌 phosphatase인 Cdc25에 의해 억제된다. 이 phosphatase의 3가지 isoform 중, Cdc25B와 Cdc25C는 G_2/M 전이에 관여한다(Cdc25A는 G_1 단계에서 작용한다).[55,56] G_2를 지나 유사분열 중기에 이르는 과정 동안, Cdc25의 phophatase활성은 CDK1의 활성화 상태를 유지하기 위해 지속된다.

유사분열

M 단계는 핵과 세포질 분열이라는 두 가지의 중요 과정(유사분열과 세포질분열)을 포함한다. Cyclin B/CDK1 복합체의 활성은 DNA의 응축(염색질의 형성을 일으키는), 라민(lamin)의 분해(핵막의 분해), 그리고 tubulin 세포골격의 재배열(kinetochore와 polar microtubule의 형성)에 필요하다.

Cyclin B/CDK1의 기질로는 다음과 같은 것들이 있다.

- 염색체 응축에 관여하는 히스톤 H1, H3
- 염색질 탈응축에 관여하는 nucleolin
- Lamin nuclear-cytoskeleton의 분해를 야기하는 lamin
- 중심체와 방추사 기구와 결합하고 있는 kinesin-관련 motor protein인 HsEg5
- Actin-의존성 myosine ATPase를 억제하는 myosin Ⅱ (LC20)의 조절 경사슬; 이것은 후기까지 응축된 염색분체(chromatid)의 분리를 지연시킨다.[57,58]
- 후기 촉진 복합체/cyclosome(APC/C). APC/C의 인산화는 그것의 소단위체중 하나인 Cdc20에 의한 순차적인 활성화를 유도하여 결국에는 말기의 cyclin B 분해를 일으키게한다.[59]

후기(anaphase)가 시작되면, protein kinase인 Myt1과 Wee1이 cyclin B/CDK1 복합체를 불활성화시킨다. 그와 동시에 ubiquitin ligase-APC/C-복합체의 활성도 최대로 나타난다(아래의 point 5 참조). 이 복합체를 활성화시키는 기작은 여전히 불확실하지만 두 가지의 조절 과정은 알려져 있다. 이들 중 첫 번째는 복합체의 소단위체인 Cdc20과 Cdh1의 신생합성(*de nove* synthsis)이며(그림 10.9b), 두 번째는 APC/C 자체의 핵심성분과 그 소단위체인 Cdh1의 mitotic kinase에 의한 인산화이다(이들 모두가 확인된 것은 아니다).[60]

Pds1: precocious dissociation of sister chromatid-1, 돌연변이는 nocodazole에 잠시 노출되어도 살아남지 못하며 자매염색분체의 조숙한 분해를 나타낸다

첫 번째 경우의 APC/C-Cdc20 복합체는 Pds1의 파괴를 일으킨다.[61] 이 과정은 또한 cyclin B의 파괴도 시작하는 것으로 생각된다. Pds1의 분해는 염색분체의 분리를 가능하게 하기 때문에 중기에서 후기로 넘어가는 전이의 주요 과정이다. Pds1은 미세소관(microtubule)과 염색분체(chromaid)의 결합부위인 동원체(kinetochore)에 위치하며, 총칭하여 cohesin이라 불리는 단백질 복합체의 활성을 조절한다. Cohesin은 딸 염색분체들을 함께 묶어둔다(그림10.10). 일단 Psd1이 분해되면, cohesin 복합체는 흩어지게 되어 kinetochore-microtubule이 자매염색분체(sister chromatid)를 비틀어 분리할 수 있는 기회를 제공한다.[62,63]

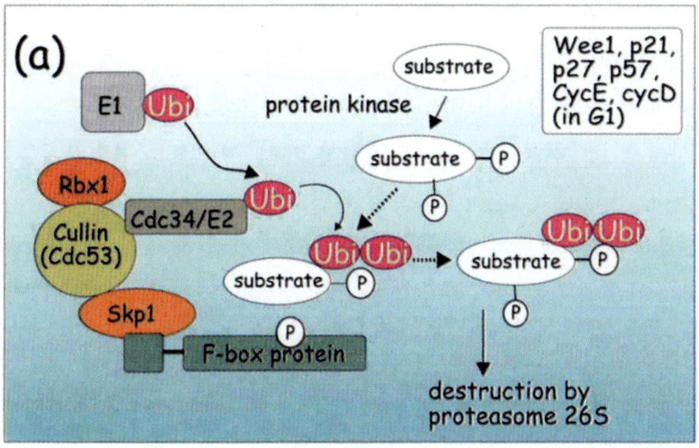

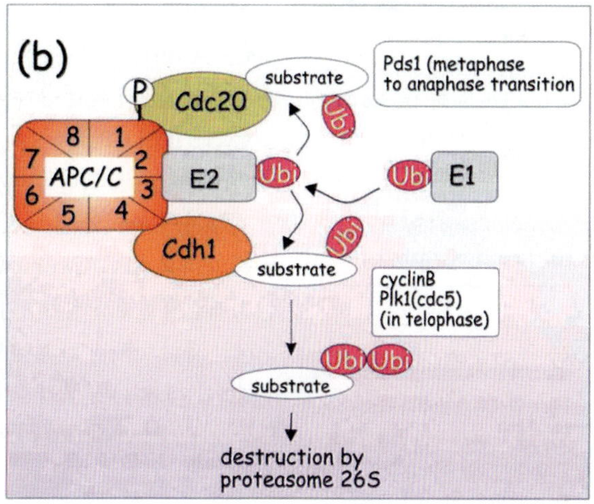

그림 10.9 유비퀴틴(ubiquitin). 분자 내 '파괴 부위(destruction box)' 의 lysine 잔기에 유비퀴틴이 부착된 단백질들은 26S proteasome에 의해 분해된다. 그 조절은 각각이 여러 소단위로 구성되어 있으며 각자 자신의 선택된 기질들을 가진 2개의 효소 복합체인 SCF와 APC/C를 통해 일어난다. (a) SCF의 경우(Skp1, cullin, F-box protein의 복합체), 특정 위치에서의 단백질 인산화가 표적화 신호를 구성한다. 인산화된 단백질은 F-box protein과 결합하며 E1과 E2에 의해 촉매되는 유비퀴틴화가 일어난다. 이 ubiquitin ligase 복합체는 주로 G1기로의 진행을 조절하는 세포주기 요소들을 파괴한다. (b) APC/C의 경우, 이것의 인산화와 Cdc20이나 Cdh1 소단위의 발현이 표적화 신호이다. 이 소단위들을 E1과 E2에 의해 순차적으로 유비퀴틴화(ubiquitination)되는 다른 기질과 결합한다. 이 ubiquitin ligase 복합체는 G2기와 M기로의 진행을 조절하는 단백질들의 순차적인 파괴에 중요한 역할을 한다.

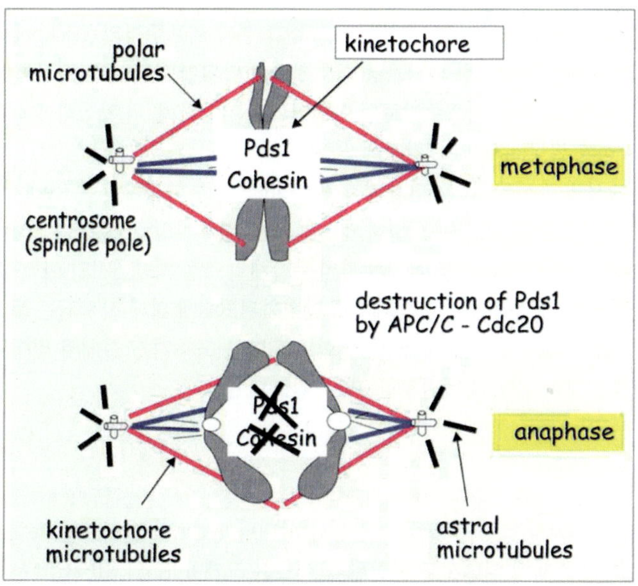

그림 10.10 염색분체(chromatid)의 분리는 Pds1의 파괴를 필요로 한다. 중기 동안 자매염색분체는 단백질 복합체에 의해 서로 붙어있다. 이는 tubulin과 염색분체가 부착되는 장소인 동원체에 위치하는 cohesin을 포함한다. Pds1은 cohesin 복합체를 안정화한다. APC/C-Cdc20의 활성화는 Pds1의 유비퀴틴화와 파괴를 일으킨다. 이것은 다시 cohesin 복합체의 분리를 일으키고 그 결과, 자매염색분체는 동원체 microtubule에 의해 반대방향의 중심체로 이동될 수 있다.

Cohesin: 이 복합체는 단백질 Smc 1과 3 그리고 Scc 1과 3를 포함한다. Pds 1의 파괴는 Scc 1의 파괴를 일으키며 이것이 cohesin 복합체를 분리하게 한다.
Scc 1 sister chromatids cohesion- 1. **Smc 1** Structural maintenance of chromosomes.

Plk 1: 염색체가 방추사 극의 적어도 한쪽 극에 대하여 무작위적으로 흩어져있는 것처럼 보이는, *Drosophila*의 polo 위치로부터 나오는 Polo-like kinase.

이러한 과정이 말기(telophase)에 완결되면, M기는 두 번째 ubiquitin ligase complex인 APC/C-Cdh1의 출현과 함께 종결된다. 이때는 cyclin B와 Plk1이 목표가 되고, 이들의 분해가 유사분열에서 빠져 나가는 신호가 된다(그림 10.9).

Cyclin B 전체의 파괴는 유사분열 방추사에 수직으로 위치하고, 세포질을 두 구획으로 나누는(cytokenesis) 액틴 주머니 끈(actin purse-string)의 형성에 필요하다. 그것은 또한 유사분열 방추사의 분리와 다음 세포주기에서 세포가 유전체를 재-복제하기 위해서도 필요하다. 두 개의 다른 APC/C-complex가 연속적으로 활성화 된다는 것은 유사분열기를 빠져 나가기 전 자매염색분체가 정확하게 잘 분리되었는가 다시 확인한다는 것을 의미한다. 더욱이, 세포주기의 제일 마지막 단계에서 cyclin B의 완전한 제거만이(세포질분열을 피할 수 없을 때) 배수성(polyploidy) 세포가 되는 것으로부터 보호해준다. 충분한 자극 신호가 존재한다면, 그 세포들은 이제 cyclin D/CDK4(또는 6)의 활성화와 함께 다음 세포주기를 시작하게 된다.

세포주기 조절인자들의 관리

지금까지의 세포주기에 대한 설명은 성장인자들과 유착(adhesion)분자들에 의해 시작되며 정해진 순서대로 일어나는 현상들과 관련된 다소 단순한 것이었다. 제한적인 신호전달의 맥락에서 보면 이 정도면 충분하겠지만 실제 세포주기의 과정은 이것보다 훨씬 더 복잡하다. 무엇보다도, 모든 '성장인자'들이 성장을 촉진하는 것은 아니며 일부(세포나 조건 등에 따라서)는 분화인자(differentiation factor)로서 더 잘 설명되기도 한다. 또한 고도의 복잡성은 유전 암호의 보존이 세대에서 세대로 유지되어야만 한다는 기본적인 원리로부터도 나온다. 유전적 오류들은 자손들에게 전달되지 않아야만 하므로, 그 결과 세포주기의 checkpoint와 DNA의 상태 사이를 연결하는 광범위한 의사소통 신호계가 진화되어 나왔다. 비정상적인 것들은 즉각적으로 발견되며, 그 다음 세포주기로의 진행이 느려지거나 좀 더 확실하게 하기 위해서는 세포들은 자살하게 된다(apoptosis 기작에 의해).

다음 단락에서 우리는 S, G_2, M 단계의 checkpoint를 구성하는 수많은 feedback 메커니즘에 대해 다룰 것이다. 비록 이것이 엄밀하게는 신호 전달로 설명되지는 않지만, 세포의 형질전환에서 신호 전달의 역할은 오직 세포주기의 복합체의 조절 맥락에서만 이해될 수 있다. 만약 불완전한 성장 인자 수용체나 지속적으로 활성화된 Ras에 의해 시작되는 무제한적인 신호전달이 '복제를 허용하는(permissive)' 변화로 되어 세포주기 조절에서 일어난다면 커다란 재앙을 가져올 것이다('암과 형질전환' 246쪽 참조)

CDK 저해제

Cyclin-의존성 kinase의 활성은 그것의 인산화 상태나 cyclin의 발현, cyclin-특이성 kinase inhibitors(CKIs)의 존재에 의해서도 조절된다. 이들은 크게 INK4와 KIP/CIP 두 개의 family로 나누어진다.

INK4 family의 구성원($p15^{INK4B}$, $p16^{INK4A}$, $p18^{INK4C}$, $p19^{INK4D}$)들은 CDK4와 CDK6와 결합하여 cyclin D와의 결합을 방해한다.[64,65] 그들은 오직 기능적인 Rb110가 존재할 때에만 세

포주기의 진행을 억제한다. 이것으로 보아 그들은 CDK4/6의 억제를 통하여 그 인산화를 막는 것처럼 보인다(그림10.11).[66] INK4 억제제는 종양 억제자로도 잘 묘사된다. 종양 내 $P16^{INK4A}$는 자주 돌연변이를 일으키거나 삭제된 채로 발견되며, $p16^{-/-}$이 제거된 쥐는 발암물질에 아주 취약하다. 이러한 동물로부터 유래한 세포들은 빠르게 증식하며 단층 배양에서도 높은 밀도를 이룬다.[67] TGFβ1에 의한 상피세포나 keratinocyte의 성장 억제 개시는 $p15^{INK4B}$의 발현의 증가와 일치한다(14장 참조).[68]

KIP/CIP 억제자($p21^{WAF1/CIP1}$, $p27^{KIP1}$, $p57^{KIP2}$)는 CDKs와 cyclin과 함께 이형삼량체로 작용한다(그림 10.11).[69] 그것들은 대부분 cyclin/CDK 복합체의 활성을 억제하지만, cyclin E/CDK2에 대해서는 최대한의 친화성을 가진다. Cyclin D/CDK4와 cyclin E/CDK2에 대한 $p27^{KIP1}$의 결합은 인산화를 막으며 cyclin-dependent kinase의 활성을 방해한다. $p21^{CIP1/WAF1}$ 또한 DNA 복제와 교정에 관여하는 DNA 중합효소인 PCNA(proliferating cell nuclear antigen)와의 결합을 통해 전사기구와 상호작용한다.[70,71] 이 특이 억제자는 모든 CDK들과 상호작용하며 DNA 복제를 멈추게 할 수 있는 능력 때문에 세포주기를 G_1기, S기, 그리고 G_2기에서 멈추게 하거나 늦출 수 있다.

세포주기 억제자인 KIP/CIP family의 발견은 4가지 독립적인 연구로부터 나왔다. 노화 SD11 섬유아세포에서 DNA 합성 억제에 관여하는 단백질에 대한 연구로부터 SD inhibitor-

INK Inhibitor of cyclin dependent kinase-4.
KIP Kinase inhibitory protein.
CIP CDK interacting protein.
WAF Wild-type p53 associated factor.
Sdi SDII-fibroblast inhibitor.

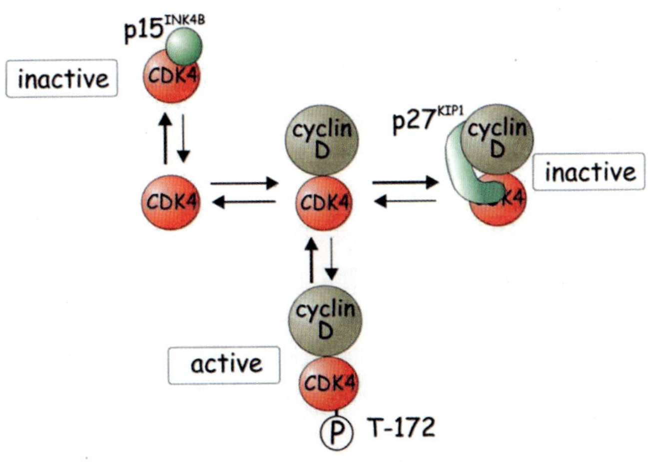

그림 10.11 Cyclin-의존성 kinase의 저해. CDK들은 세포주기 억제제와의 결합을 통해 불활성화 상태로 유지될 수 있다. 이들은 크게 2개의 family로 나뉜다: (a) CDK 자체에 결합하여 cyclin과의 결합을 막는 것으로 여기에는 CDK4에 결합하는 $p15^{INK4B}$와 같은 INK family 구성원들이 있다. (b) 이들은 CDK와 이것의 kinase 복합체에 결합하여 CAK에 의한 활성화를 막는 것으로 CDK4/cyclin D에 결합하는 $p27^{KIP1}$과 같은 KIP family가 여기에 속한다. 충분한 양의 이들 저해제들이 존재하면 평형상태를 불활성 상태로 이끌게 되고 세포주기는 정지된다.

1(SD1)가 밝혀졌다. 종양 억제자인 p53에 의해 유도되는 단백질 연구에서는 WAF-1이 밝혀졌으며,[72] CDK들과 상호작용하는 단백질에 대한 연구로 CIP1이 발견되었다. 우리는 이제 이것들이 같은 단백질이라는 것과 $p21^{CIP1/WAF1}$이 CDK와 상호작용하여 세포주기를 늦추는 (비록 p53이 다른 경로를 통해서 이러한 작용을 할 수도 있지만) p53의 전사적인 표적이라는 것을 안다. 마지막으로, p27 kinase-inhibitory protein KIP-1은 TGFβ1을 처리한 세포들로부터 나왔다.[73] 이를 통해 KIP/CIP family의 다른 구성원들 또한 TGFβ1에 의해 유도될 수 있으며 모든 세포가 반응하는 것이 아니라 세포 종류에 따라서 반응한다는 것이 명백해졌다. $p27^{KIP1}$의 발현은 분화의 마지막 단계[74]에 있는 세포나 세포간의 접촉에 반응하여 분열이 느려진 세포들에서 증가한다.[75] $p21^{WAF1/KIP1}$내의 돌연변이는 인간의 암과 연관이 없으나,[76] 비정상적으로 낮은 수준으로 존재하는 $p27^{KIP1}$은 종종 암과 관련이 있다.[77]

INK4와 KIP/CIP family 구성원들은 서로간이나 cyclin과도 cyclin-의존성 protein kinase와의 결합을 놓고 경쟁한다. 전체 cyclin과 결합한 kinase의 양에서 억제자와 결합한 kinase의 양을 뺀 즉, 활성을 띤 cyclin-dependent protein kinase의 양이 세포주기의 진행속도를 조절한다는 것이 일반적인 견해이다(그림 10.11).

Retinoblastoma는 신생아 15,000명 중 한명에서 일어나며 어린이에게서는 세 번째로 많이 발생하는 암이다. 종양은 망막에서 발생한다. 대부분(90%)의 환자는 그 질병에 대한 가족력이 없다. 40%의 경우는 눈을 포함하여 체내 거의 모든 세포에서 비정상적 현상이 발견되며 60%는 눈에서만 발견된다.

p53 유전자의 파수꾼으로, DNA에 손상이 있을 때 작동하는 전사인자이다. 이것의 활성화는 세포주기를 억제하고 유전자 복구나 apoptosis를 일어나게 하여 돌연변이가 후손으로 전달되는 것을 막는다.

Bax Blc-2 associated protein partner with six exons.

Rb와 p53: 종양 억제 단백질들

Rb 단백질은 망막에서 유래한 종양인 망막아종양(retinoblastoma)를 가진 환자에서 결손된 유전자의 산물로 처음 동정되었다.[78] 위에서 언급하였듯이, Rb 단백질은 nuclear pocket-protein의 구성원으로, 전사 인자 E2F에 결합하여 불활성화시키며 세포가 S기로 들어가는 것을 방해한다. Rb 유전자의 불활성화는 나중에 수많은 다른 종양에서도 발견되었다. Rb가 없으면, 세포들은 더 빨리 S기로 들어가며 cylin D/CDK4의 발현과 활성이 계속되게 하기 위해 전달되는 정상적인 세포 외부의 성장 신호들을 필요로 하지는 않는다.

p53은 세포의 형질전환에 관련된 simian virus 40(SV40)과 adenovirus의 단백질에 결합하는 단백질로 확인되었다.[79] 그것은 세포주기 전체에 걸쳐 발현되지만 빠르게 분해되기 때문에 p53의 농도는 일반적으로 낮다. p53은 수많은 기능을 가지는 핵 단백질이다. 전사인자로써 p53은 세포주기의 진행과 세포사멸(apoptosis)을 조절한다. 유전체의 변형은 p53의 인산화를 야기하며 그것이 분해되는 것을 막고 활성화 되도록 한다. 활성화된 전사인자가 핵에 축적되면 어떤 단계에서라도 세포주기의 진행을 멈출 수 있는 세포주기 억제자인 $p21^{WAF/CIP}$의 발현을 유도한다. 또한 pro-apoptotic Bax protein의 발현과 IGF-1의 생존 신호를 막는 결합단백질(IGF-BP3)의 발현을 증가시켜 세포사멸을 유도할 수 있다.

세포가 자살을 해야 할 것인지, 세포 주기를 느리게 할지, DNA를 교정해야하는지를 어떻게 결정하는지는 잘 알려져 있지 않다. p53은 exonuclease로써 손상된 DNA의 회복에 직접 참여한다. 그것은 전사적 활성을 위해 필요한 것과 같이 활성화 없이도 그 일을 수행할 수 있다. p53은 아마도 검색기능과 DNA 복구에 관련된 다른 효소들(종양 억제자들 BRCA1, hMsh2, DNA polymerase α, β)로 이루어진 다중 단백질 복합체의 구성성분으로 이 일을 수

행할 것이다.[80]

DNA를 온전하게 보전한다는 중요성 때문에, p53은 "유전체의 수호자"라고 묘사된다.[81] 바이러스의 종양 유전자(SV40 virus의 large T-antigen과 같은)는 p53에 결합하여 p53을 불활성화한다. Papilloma 바이러스의 E6 단백질과 같은 다른 단백질들은 p53의 분해를 가속화시킨다. 많은 종양에서, p53은 다량 발현되지만 돌연변이 된 것이어서 exonuclease 역할은 수행하지 못한다. 이것은 유전적 불안정성, 통제되지 않는 불일치(mismatches)와 전좌(translocation)를 일으켜, 체세포의 돌연변이 비율이 증가시키고 궁극적으로는 암을 유발한다.

IGF-BP3 Insulin-like growth factor binding protein-3, IGF가 그 수용체와 결합하는 것을 막는다.
BRCA1 Breast cancer susceptibility gene-1.
hMSH2 *Escherichia coli* MutS and *Streptococcus pneumoniae* HexA protein homologous, DNA mismatch repair proteins.

DNA integrity의 조절

DNA 복구에 관련된 유전자들은 *Saccharomyces pombe*의 돌연변이 분석을 통해서 연구되었다. UV나 전리 방사선에 노출되면, 이 효모는 DNA의 손상을 복구하기 위하여 대개 G_2에서 정지하는데, 방사선에 민감한(rad) 돌연변이체는 세포주기를 멈추는 것에 실패하고 DNA의 혼란을 초래하여 결국 죽게된다. 이 같은 영향을 받는 Rad 유전자들중 하나와 인간세포 상동체인 hRad9는 DNA 보전(integrity)의 조절에 관련된다. 이것은 exonuclease 활성을 가지는 단백질 복합체의 일부분(p53과 비슷함)이며, DNA와 결합하여 아마도 그 integrity를 확인하고, 세포주기 기구에 손상을 '보고'하는 역할을 한다(그림10.12).[82-84] hRad9는 lipid kinase의 분자적 특징들을 지니고 있지만 실제로는 단백질을 인산화하는 단백질인 ATM과 상호 소통한다. ATM은 다시 세포주기 checkpoint protein kinases-1과 -2(Chk-1과 Chk-2)를 활성화시킨다.[85]

p53의 돌연변이는 그들의 microsatellite DNA bloc(매우 단순하고 반복적 염기서열을 가진 DNA가 짧게 펼쳐진)에 변화를 야기하는 많은 대장암의 특징이다. 그 영향으로는 또한 "miocrosatelite 불안정화(instability)"(MIN)를 들 수 있다.

여기서부터는 두 가지 경로에 의해 진행된다(그림 10.12). Chk-1의 활성화는 phosphatase인 Cdc25의 불활성화를 일으킨다. 그 결과, CDK1은 Wee1에 의해 Tyr-15가 인산화되고 이는 kinase가 비활성화되어 G_2기에서 막혀있게 된다(그림 10.8)

Chk2의 활성화는 다음 두 가지 결과를 가져온다:

- Tyrosine protein kinase인 Wee1의 활성화는 CDK1의 Tyr-15에 인산화와 그에 따른 불활성화를 일으켜 G_2기에서 멈추게 한다.
- 방추체(spindle) 형성에 필수인 tubulin으로 구성된 중심체(centrosome)의 형성에 관여하는 PLK1(polo-like protein kinase)의 불활성화. 염색체(chromosome)는 분리되지 못함. PLK1의 불활성화 또한 유비퀴틴으로 매개되는 단백질의 분해와 관련된 APC/C의 억제를 야기한다(그림 10.9). 결과적으로 염색체 분리의 억제자인 PDS1은 분해되지 않고 마찬가지로 염색체가 분리되지 못하게 한다(그림10.10). Cyclin B는 분해되지 않고 세포들은 후기를 빠져 나가지 못하게 된다(유사분열의 후반부에서 정지).

ATM은 혈관확장성 운동실조증(**ataxia telangiectasia**) 상태에 관여하는 돌연변이된 유전자로서 발견되었으며, 면역체계의 결함을 초래하여 암으로 발전될 소인을 제공한다. 이는 대체로 유사분열의 개시기 때 DNA 질의 조절에 문제가 있어 생기는 것 같으며, 그로 인해 돌연변이가 집적된다.

게다가, 포유동물 세포에서는 hRad9가 apoptosis를 유도하는 것처럼 보인다. DNA 손상의 결과로 hRad9a가 활성화되면, 그것은 억제자 BCL2와 BCL-XL(335쪽, 'Apoptosis' 참조)에 결합하여 불활성화시킨다. 이것은 세포들을 pro-apoptotic 신호에 훨씬 더 민감하도록 만

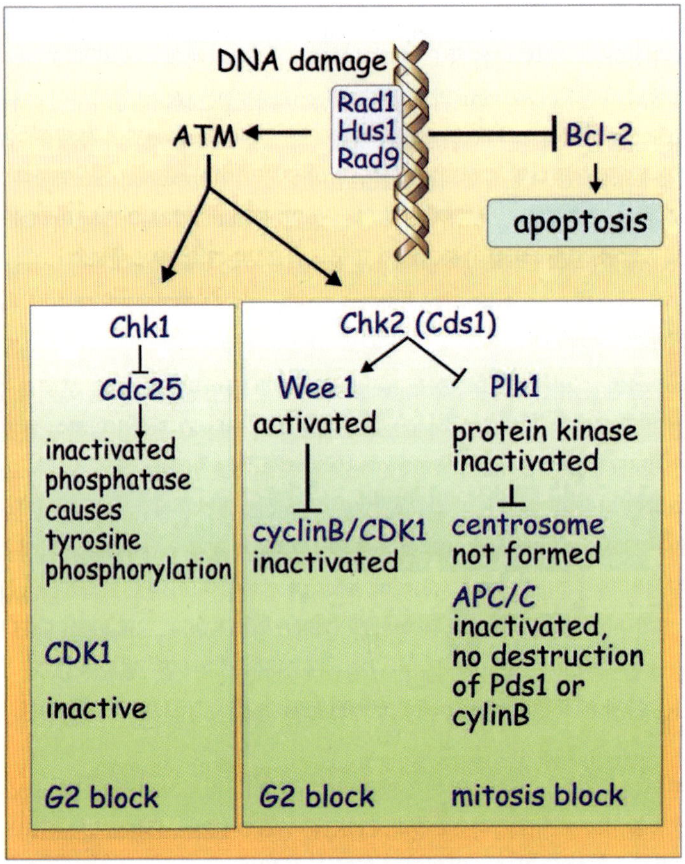

그림 10.12 DNA가 잘못 복제되었거나 손상되었을 때 작용하는 G_2기 checkpoint 요소들. Exonuclease 복합체인 Rad1, Hus2와 Rad 9은 DNA내의 이상을 발견하고, 이것이 Rad9과의 상호작용을 통해 ATM의 활성을 유도한다. ATM은 Chk1과 Chk2를 활성화하고, 3가지 경로를 통하는데 Cdc25의 비활성화나 Wee1의 활성화를 이끌어 G_2기를 막거나 방추체(mitotic spindle)의 형성이나 APC/C의 억제를 통하여 유사분열을 막게 된다.

들고 결국 세포의 죽음을 야기할 수 있다.[86]

염색분체 분리의 조절

응축된 염색체(염색분체)는 분리되기 위하여 먼저 동원체(kinetochore)라 불리는 구조로 tubulin filament에 붙게된다. 이 부착은 cohesin 복합체에 의해 매개되는데 그것들의 기능은 Mad1, Mad2, Bud1과 Bub3로 구성된 또 다른 복합체에 의해 조절된다.

염색분체가 접착되지 않은 상태로 있어 분리에 참여할 수 없는 경우에는 Mad2가 떨어져 나가 동원체로부터 멀리 이동하게된다는 것이 일반적인 개념이다. 그것은 CDC20-APC/C 복합체(그림 10.9)에 결합하여 그 활성을 억제하는데(그림 10.13), 이것은 CDC20에 목표 단백

Mad와 **Bub** 이 이름들은 효모에 튜불린 저해 약물을 사용하여 세포주기 중기에서 정지되지 못하게 하거나(*S. cereviseae*의 경우

질이 결합하는 것을 억제함으로써 일어난다. 그 결과 분리억제 단백질인 PDS1은 분해되지 않고 동원체에 붙은 상태로 남게 되어 cohesin 복합체의 분리를 막게 된다. 두 개의 자매염색분체는 여전히 단단하게 붙은 상태로 남으며 세포는 중기에서 멈추게 된다.

아마도 다른 많은 종류의 암에서도 그렇지만, 대부분의 직장암에서는 비정상적인 염색체 수(이수체, aneuploidy)를 만들게 하는 염색체 불안정(chromosomal instability, CIN)이 나타난다. 이것은 유사분열 시 checkpoint의 기능 상실과 그리고 몇몇 암의 경우에는 돌연변이로 인한 Bub1 유전자의 불활성화와 관련이 있다. 세포는 모든 염색분체가 tubulin filament에 부착되지 않은 경우에도 유사분열 과정을 진행하게 되는데 그 결과, 염색체는 균일하지 않게 딸세포로 전달된다.[88]

budding uninhibited by benomyl), 염색분체의 적절한 배치가 없는데도 유사분열을 정지시키지 않도록(*S. pombe*의 경우 mitotic arrest deficient) 돌연변이를 유발하여 선발한 효모들의 유전 분석으로부터 유래된 이름이다.

CSF와 APC 유비퀴틴화 기구

지금까지 우리는 cyclin, cyclin inhibitor, protein kinase, protein phosphatase, 전사인자들의 역할에 대하여 논의하였다. 더 복잡하게 만드는 것은 단백질 가수분해에 의해 그들이 조절된다는 것이다. 단백질 가수분해는 일방적인 방향(비가역적인)으로만 일어나는 과정에 대한 조절 스위치로 작용하기에 적합하다. 이 원리는 세포주기의 구성에서 DNA 복제와 염색체 분리, 그리고 유사분열에서 빠져나가는 과정의 개시 등 모두가 주요 조절 단백질의 분해에 의해

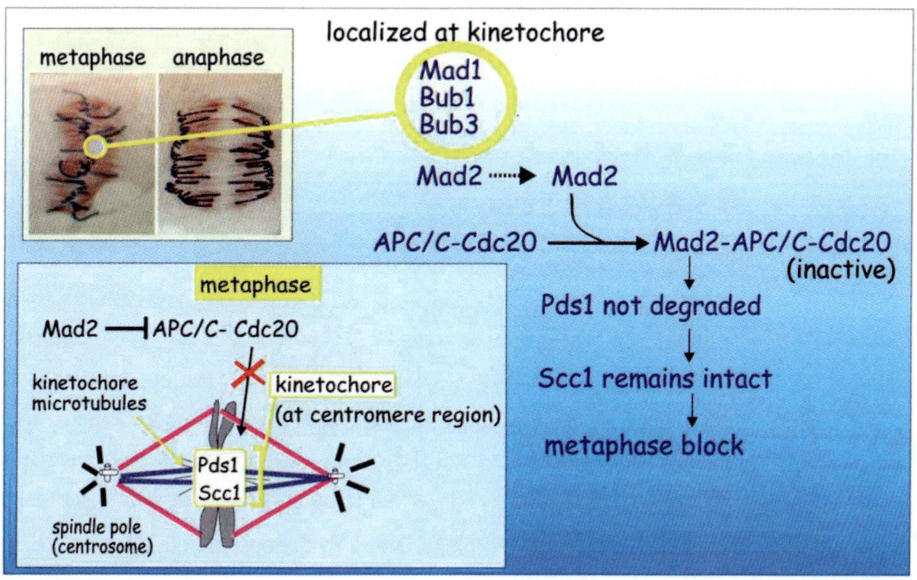

그림 10.13 유사분열 중기 checkpoint의 구성요소들. 염색분체와 kinetochore-microtubule의 불완전한 결합이 kinetochore 복합체로부터 분리되어 APC/C-CDC20 유비퀴틴 ligase 복합체와 결합하는 Mad2에 의해 보고되었다. 기질은 더 이상 CDC20-subunit에 접근할 수 없으며 cyclin B나 PdS1의 파괴도 더 이상 일어나지 않는다; 세포주기는 중기에 정체되어 있게 된다. 투과 현미경 사진은 고등 식물인 *Haemanthus*(*Scadoxus*)의 중기에서 말기로의 전이를 보여준다. 미세소관은 적색으로 염색되어있고 염색체는 toluidine blue로 대조염색되어있다. Andrew Bajer(Oregon 대학교, 생물학과) 제공.

촉진된다는 점에서 명백하게 증명된다. 이것은 유비퀴틴이 붙어있는 단백질을 분해하는 26S 프로테아좀(proteasome)의 기작을 통해 일어난다. 73개의 아미노산 잔기를 가진 유비퀴틴은 목표 단백질의 '파괴 박스' motif에 존재하는 lysine 잔기에 결합한다. 이 과정은 3개의 효소인 유비퀴틴 활성화 효소 E1, 유비퀴틴 전달 단백질 E2, 유비퀴틴 단백질 ligase E3의 연속적인 작용에 의해 수행된다. E3 구성요소는 SCF-와 APC/C-complex의 2가지 형태로 존재한다(그림 10.9).

SCF Skp1, Cullin (Cdc53), and F-box protein을 포함하는 복합체.
APC/C Anaphase promoting complex/cyclosome, 중기에서 후기로의 전이를 촉진한다.

Skp1, Cullin(Cdc53), 그리고 F-box(CDC4) 단백질의 존재로 인해 SCF라고 불려지는 복합체는 세포주기의 G_1기와 S기에서 주로 작용한다. 유비퀴틴화가 일어나기 위해서는 기질의 특정 잔기에 반드시 인산화가 일어나야 하며 이것은 F-Box 단백질에 의해 인식된다. SCF 복합체는 기질에 여러 개의 유비퀴틴 그룹을 추가한 뒤 떨어져 나가 26S 프로테아좀의 표적이 된다. G_1기와 S기에 있어서 파괴의 표적이 되는 기질로는 Wee1(CDK1을 불활성화 시키는 tyrosine 인산화 효소), cyclin E (세포가 S기를 통과하지 않고 G_1기를 재시작 하는 것을 막는), $p21^{waf/cip}$, $p27^{kip}$, 그리고 $p57^{kip}$ (G_1기를 통과하기 위해 제거되어야만 하는 세 종류의 CDK 억제자)등이 있다.

APC/C 복합체는 주로 G_2와 S기에서 작용한다(그림 10.8). 인식과 효소 활성화는 조절 subunit인 Cdc20과 Cdh1을 통해 일어나며 이 subunit들에 붙은 기질들은 유비퀴틴화(ubiquitination) 된다(그림 10.9). 비록 핵심 효소의 구성요소들에서의 인산화도 중요한 역할을 하기는 하지만, 분해는 대부분 subunit들의 발현을 통해 조절된다고 여겨진다. 예를 들어, 유사분열 초기에 Cdc20의 발현은 정상적으로 염색분체의 분리를 억제하고 있는 Pds1를 파괴하기 위하여 급격히 증가한다(따라서 중기에서 후기로의 전환을 막는다). 유사분열 후반에는 Cdh1의 수준이 급속히 증가하여 cyclin B와 Plk1을 분해시켜 유사분열을 종결하고 새로운 주기를 시작할 수 있게 한다.

소론: 암과 형질전환

암의 본질

암의 본질은 세포들이 조절로부터 벗어난다는 것이다. 그들은 더 이상 그들이 존재하는 환경의 영향들과 요구에 대해 적절히 반응하지 않는다. 특정 조직의 암은 그 자체가 세포 덩어리를 증가시켜 팽창(swelling)을 뜻하는 단어인 종양으로 나타낸다. 세포 덩어리가 생기는 것은 새로운 성장의 결과이다(neoplasm). 몇몇 암에서 1차 종양은 다른 조직으로 침투하는 세포들을 퍼뜨려 2차적인 종양을 형성하기도 한다(metastasis). 게다가, 암 세포들은 거의 분화를 하지 않는다. 그 결과, 그들은 자신들이 유래한 조직에서와 같은 정상 기능을 수행하는 능력을 잃어버리거나 완전히 다른 기능을 하기도 한다(ectopic tumour). 이것은 암세포들이 중요한 인자를 생성하지 못하거나 잘못된 인자를 과도하게 생성하는 것을 의미한다. 현미경하에서 보면 암 세포들은 일반적으로 매우 큰 핵인(nucleolus)을 가진 핵, 다소 작은 세포질 그리고 일반적으로 변형된 세포의 형태를 가지는 특징을 가지고 있다. 정상 세포들에 비해 암세포는 주로 더 둥글며 일반적으로 자신들끼리나 주변세포들과 덜 접촉하는 것을 보여준다.

■ 정의

Shorter Oxford English Dictionary (third edition, 1944년, 1977년 수정)로부터

On-line Medical Dictionary (http://www.graylab.ac.uk/omd)로부터

Cancer (kæ·nsəɹ), *sb.* ME. [L. *cancer* (*cancrum*) crab, also gangrene. OE. *cancer, cancor*, helped by Norman Fr. *cancre*, gave ME. CANKER. The L. form was re-introduced later for techn. use.] **1.** A crab. (Now *Zool.*) 1562. **b.** *Med.* An eight-tailed bandage 1753. **2.** *Astron.* **a.** The Zodiacal constellation lying between Gemini and Leo. **b.** The fourth of the twelve signs of the Zodiac (♋), beginning at the summer solstitial point, which the sun enters on the 21st of June ME. **3.** *Pathol.* A malignant growth or tumour, that tends to spread and to reproduce itself; it corrodes the part concerned, and generally ends in death. See also CANKER. 1601. Also *fig.* †**4.** A plant: perh. *cancer-wort* –1609.

2. *Tropic of C.*: the northern Tropic, forming a tangent to the ecliptic at the first point of C. **3.** C. is decidedly a hereditary disease ROBERTS. *fig.* Sloth is a C., eating up..Time KEN. *Comb.* (in sense 3) **c.-root**, *Conopholis* (*Orobanche*) *americana* and *Epiphegus virginiana*; **-wort**, *Linaria spuria* and *L. Elatine*; also the genus *Veronica*.

Canker (kæ·ŋkəɹ), *sb.* OE. [a. ONF. *cancre* :—L. *cancrum* crab, also gangrene. See CHANCRE.] **1.** An eating, spreading sore or ulcer; a gangrene. Used as = CANCER till *c* 1700. Now *spec.* A gangrenous affection of the mouth, with fetid sloughing ulcers; *canker of the mouth*, or *water c.* **b.** *Farriery.* A disease of a horse's foot, with a fetid discharge from the frog. **2.** Rust. Now *dial.* 1533. **3.** A disease of plants, *esp.* fruit trees, attended by decay of the bark and tissues 1555. **4.** A canker-worm ME. **5.** The dog-rose (*Rosa canina*). Now *local.* 1582. **6.** *fig.* Anything that frets, corrodes, corrupts, or consumes slowly and secretly 1564.

1. No cankar fretteth flesh so sore 1559. **4.** Cankers in the muske rose buds SHAKS. **5.** 1 *Hen. IV*, I. iii. 176. **6.** Enuie which is the c. of Honour BACON.

Comb.: **c.-berry**, the fruit of the dog-rose; also the plant *Solanum bahamense*; **-bloom**, the blossom of the dog-rose; **-blossom**, a canker (sense 4); also *fig.*; **-rash**, a form of scarlet fever in which the throat is ulcerated; **-rose**, (*a.*) the Dog-rose; (*b.*) the wild poppy (*Papaver Rhæas*).

암. 이 상태가 역사적으로 처음 서술된 것은 유방암(breast carcinoma)과 관련되어서였다. 현재 이것은 조절되지 않는, 비정상적인 세포 성장으로 특성 지어진 100개 이상의 질병에 대해 사용되는 일반적인 용어이다. 암세포는 주위로 퍼져나가거나 혈류와 림프계를 통해 신체의 다른 부위로 퍼진다.

대부분의 종양들은 양성(benign)으로부터 악성(malignant)까지 단계별로 발달한다. 이것은 세포를 성장인자 신호에 대해 점점 더 민감해지게 만들며, 세포-세포간 또는 세포-기질간 접촉의 필요성을 줄이고, 프로그램화된 세포사멸(335쪽, 'Apoptosis' 참조)을 결정하는 신호에 반응하지 않도록 만드는 돌연변이의 결과이다. 이러한 표현형의 변화를' 형질전환(transformation)'이라 부르며 따라서 암적인 세포를 형질전환된 세포라 부르기도 한다. *양성 종양*이라는 것은 세포의 수는 증가(과생성(hyperplasia), 덩어리가 된다)하지만 정상적인 기능과 세포의 형태를 유지하고 있는 것을 의미한다. 중요한 것은 특히 종양 주변으로 지나가는 림프절(lymph node)과 같은 다른 조직으로의 침투가 관찰되지 않는다는 것이다. 반면에 악성 종양은 정상적인 생리학적 기능이 상실되거나 악화되고 세포의 형태가 변형되며 전이(metastasis)를 통하여 다른 조직으로 침투한다.

변화가 악성 종양에 영향을 준다

악성 종양은 형질전환된 세포와 그 주위 환경 사이의 상호작용의 결과로 나타난다. 세포들이 과도하게 성장하고 전이를 위해서는 새로운 기능을 획득하여야 하며 주변 조직과의 협력 관계도 유도하여야만 한다.[89] 예를 들어, 형질전환된 세포는 새로운 혈관의 생성을 유도하는 신생혈관 유도인자(angiogenic factor)를 분비한다.[90] 또한 주변의 조직들은 metalloproteinase의 활성제를 제공함으로써 조직침투에 필수적인 세포기질(matrix)의 분해가 일어나게 한다.[91]

완전히 형질전환된 세포는 다음과 같은 여러 특징들 중 하나 혹은 그 이상을 가지게 된다:

- 암세포들은 외부의 성장신호를 필요로 하지 않을 수도 있다. 이것은 세포배양조건에서 혈청의 공급이 더 이상 필요하지 않다는 것을 의미한다. 또한 이것은 세포들이 세포외 기질(extracellular matrix)에 붙어있을 필요가 없음을 의미하며 한천(soft agar)에서도 자랄 수 있을 것이다. 또한 암세포들은 흉선이 없는(nude) 쥐에서도 잘 자랄 수 있다.
- 암세포들은 성장저해 신호에 무관할 수도 있다. 이것은 세포를 배양할 때 조밀하게 한 층의 세포층을 형성하는 지점(한계)을 지나서도 증식이 더 계속될 수 있음을 의미한다. 이것은 또한 세포가 G_1과 G_2 그리고 유사분열의 세포주기 checkpoint에 반응하지 않음을 의미한다.
- 암세포들은 프로그램화된 세포사멸을 회피할 수 있다. 이것은 이러한 세포들이 자체 고유의 구출 기작(the in-built rescue mechanism)을 가지고 있음을 의미한다.
- 암세포들은 무제한적인 복제능을 가진다. 정상적인 세포들은 약 50여 회 까지만 분열을 할 수 있는데 이것은 telomere(수천 번 반복되는 6 bp 서열)의 점진적인 침식에 의해 염색체의 끝부분이 노출되기 때문이다. telomere가 완전히 없어지면 염색체융합이 발생하며 핵이 헝클어져서 세포 노화나 사멸에 이른다. 반면에, 종양세포는 아무런 제한 없이 분열을 계속해 나갈 수 있다.

- 암세포들은 신생혈관형성과정(angiogenesis)을 유도할 수 있다. 암세포들은 그 발달 동안 새로운 혈관의 형성을 유도하는 것을 가능하게 하는 소위 angiogenic 스위치라 불리는 것을 겪게 된다. 이 과정이 암세포에게 영양소와 산소를 공급하며 전이가 가능하게 만든다. 물론, 전이는 오직 그들이 세포외 기질과 결합하지 않아도 살 수 있는 능력을 획득했을 때만 가능하다(14장 참조).
- 암세포들은 다른 조직으로의 침투가 가능하다(전이). 이것이 앞서 기술한 변화들의 궁극적인 결과이다. 세포들은 죽지 않고 떨어져 나갈 수 있는 능력을 얻게 되며, 다른 조직으로 이동하기 위해 세포외 기질을 파괴하며, 림프 또는 혈관을 통해 운반되고, 정상적으로는 특정 부착(adhesion)과 성장인자가 존재하지 않아 살 수 없는 곳에 부착하여 군집(colony)을 형성 한다.

악성 종양으로 이끄는 유전적 변화들

암에서 세포의 형질전환은 유전적이거나, 환경적 요인, 또는 노화에 의한 것 등 다양한 돌연변이의 결과로 일어난다. 다음의 유전자들에서 기능상실(loss-of-function) 또는 기능획득(gain-of-function) 돌연변이가 발견되었다.

- 성장인자의 신호전달에 관여하는 분자들. 여기에는 성장인자 그 자신(c-Sis, PDGF)이거나, 그들의 수용체(ErbR, EGF-R), 또는 하위의 신호전달 구성요소(Ras)가 있다(11장 참조).
- 세포주기 조절에 관여하는(종양억제자라 불리는) 분자들. 중요한 것으로는 retinoblastoma(Rb) 단백질의 돌연변이,[92] p53단백질 또는 cyclin-의존성 단백질 kinase 억제자들인 $p15^{INK4A}$ 와 $p15^{INK4B}$의 발현 실패가 있다.[93]
- 세포부착 분자들(adhesion molecules). 이들은 주로 cadherin-에 의해 매개되는 cell-cell adhesion(cadherin, β-catenin, APC) 그리고 integrin과 관계가 있다(14장 참조).
- 세포사멸(apoptosis)로부터의 탈출에 관여하는 분자들. 중요한 분자들로는 Bcl2 또는 Bcl-XL과 같은 세포 내 apoptosis 억제자들(335쪽, 'Apoptosis'를 보라), 그리고 생존인자인 IGF-1 또는 IL-3가 있다.[94]
- 세포의 생존을 조절하는 신호전달 경로에 관여하는 분자들(PTEN) (17장 참조).
- 말단소체(telomere)의 유지에 관여하는 분자들. 형질전환된 세포는 telomere reverse transcriptase (hTERT)의 촉매 subunit의 발현을 증가시킨다.[95]
- 신생혈관 형성인자들 또는 그것의 억제자들: 예를 들어, VEGF, FGF 또는 thrombospondin-1.[90]

일반적으로 세포는 체세포의(유전되지 않는) 변화가 그들의 유전 정보에 남는 것을 허락하기보다는 차라리 죽는다. 체세포 돌연변이의 자연 발생률(예를 들어, 우주선(cosmic ray)에 의한 충격이나 자연 환경적인 발암물질에 기인한)은 아주 낮아 인간의 수십 년 생애 중 종양으로 발달하기는 어려울 것이다. 그러나 서유럽과 북아메리카에선 3명중 한 명 꼴로 암종(cancerous growth)으로 발전하는데 어떤 돌연변이는 유전체 불안정성 상태를 일으켜 돌연변이 빈도를 더욱 광범위하게 증가시킨다. 아마 이러한 과정에는 종양억제자인 p53과 Rb 또는 세포주기 조절을 담당하는 다른 분자들의 기능상실이 중요할 것이며, 세포들이 너무 복제에 몰두하다 보면 적절한 checkpoint에서 정지하지 못하고 DNA 복구도 실패에 이르게 될 것이다.[96] 이렇게 되면 상황은 더 악화된다.

배양접시에서의 암 생성

세포는 형질전환을 일으킬 수 있는 해로운 영향으로부터 개체를 보호할 수 있는 메커니즘을 가지고 있다. 이러한 방어선을 형성하는 반응을 표10.1에 나타내었다.

형질전환의 메커니즘을 이해하기 위해서는 그것이 필요로 하는 최소한의 요구사항을 알 필요가 있다. 어떻게 이것이 가능할까? 드물기는 하지만 때로는 자발적으로 불멸의 세포로 된 것을 찾아낼 수도 있다. 아니면 화학적이고 물리적인 병원체나 바이러스의 작용에 의해 세포가 형질전환될 수도 있다. 이것은 얻을 수 있는 것이 아주 적은 속칭 말하는 무작위적인 접근(shot-gun approach)방법이라 할 수 있다. 그러나, 어떤 인간세포의 경우에는 형질전환된 표현형을 생성하기 위하여 단지 세 개의 돌연변이만 있어도 충분하다.[97]

- 높은 telomerase 활성은 telomere의 길이를 유지하며 무제한적인 복제를 가능하게 한다. telomerase의 촉매 소단위을 암호화하는 유전자(hTERT)의 삽입을 통해 이루어진다.
- Viral oncoprotein(SV40 large-transforming antigen, Large T)의 형태에 있어서 항종양 억제자(anti-tumour suppressor)의 활성. 이것은 p53과 Rb의 기능을 못하게 만들고, 세포주기 중 G_1기에서의 정지를 막아 세포가 세포사멸로부터 빠져나가게 만든다.
- 항상 활성화된 형태의 Ras(V12G)에 의해 제공된 증식 신호.

사람세포와는 달리 설치류 세포들은 telomerase 활성을 나타내며 시간이 지나도 telomere의 감소가 없다. 이것 때문에 telomere의 손실은 설치류에서의 형질전환에 대한 장벽이 되지않으며 형질전환을 위해서는 두 가지의 암 발생 돌연변이만 있으면 된다.

이러한 돌연변이가 나타나는 순서는 중요하다.[98] Telomerase의 향상된 활성은 세포에 다소 쉽게 받아들여지는 반면, 과도한 성장인자 신호는 그렇지 않다. 형질전환된 인간세포주는 먼

표 10.1 형질전환에 대응하는 방어체제

Contingency	Consequence
Loss of contact with the extracellular matrix	Apoptosis
Damage to DNA	Arrest in G_1
Defects in replication	Arrest in G_2
Failure of DNA repair	Apoptosis
Excessive proliferation signals	Senescence or apoptosis
Loss of telomeres (after about 50 cell divisions)	Senescence and apoptosis

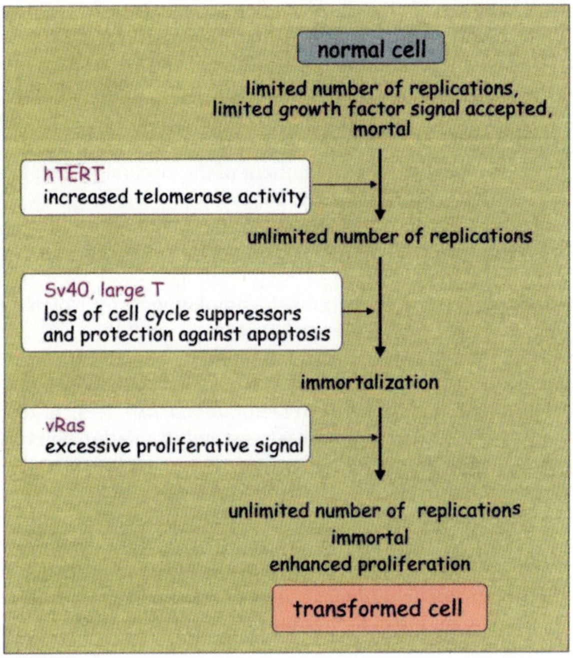

그림 10.14 형질전환된 세포주 구축.

저 telomerase 활성을 유도하고 그 다음 large-transforming antigen과 마지막으로 Ras를 유도함으로써 이루어진다(그림 10.14 참조). 바로 이러한 3개의 종양 형성 유전자(oncogene)들만 있으면 그 세포들은 soft agar나 면역결핍 누드 마우스에서도 계속적으로 증식하며 잘 자란다.

References

1 Wade, N. Guillemin and Schally: the years in the wilderness. *Science* 1978; 200: 279–82.
2 Wade, N. Guillemin and Schally: the three-lap race to Stockholm. *Science* 1978; 200: 411–15.
3 Wade, N. Guillemin and Schally: A race spurred by rivalry. *Science* 1978; 200: 510–13.
4 Ellermann, V., Bang, O. Experimentelle leukämie bei hünern. *Zentr. Bakteriol. Parasitenk.* 1908; 4: 595–609.
5 Warthin, A.S. The neoplasm theory of leukemia, with a report of a case supporting this view. *Trans. Assoc. Am. Phys.* 1904; 19: 421.
6 Warthin, A.S. Leukemia of the common fowl. *J. Infect. Dis.* 1907; 4: 369–80.
7 Rous, P. A transmissable avian neoplasm (sarcoma of the common fowl). *J. Exp. Med.* 1910; 12: 696–705.
8 Erikson, R.L., Purchio, A.F., Erikson, E., Collett, M.S., Brugge, J.S. Molecular events in cells transformed by Rous Sarcoma virus. *J. Cell Biol.* 1980; 87: 319–25.
9 Hunter, T., Sefton, B.M. Transforming gene product of Rous sarcoma virus phosphorylates tyrosine. *Proc. Natl. Acad. Sci. USA* 1980; 77: 1311–15.
10 Rous, P. Comment. *Proc. Natl. Acad. Sci. USA* 1967; 58: 843–5.
11 Levi-Montalcini, R. *In Praise of Imperfection, My life and work* (translation by L. Attardi of *Elogio dell'imperfezione*). Basic Books, New York, 1988.

12 Levi-Montalcini, R. *The Saga of the Nerve Growth Factor: preliminary studies, discovery, further development.* World Scientific Publishing, Singapore, 1997.
13 Hamburger, V. Hans Spemann and the organizer concept. *Experientia* 1969; 25: 1121–5.
14 Hamburger, V., Levi-Montalcini, R. Proliferation, differentiation and degeneration in the spinal ganglia of the chick embryo under normal and experimental conditions. *J. Exp. Zool.* 1949; 111: 457–502.
15 Levi-Montalcini, R. The origin and development of the visceral system in the spinal cord of the chick embryo. *J. Morphol.* 1950; 86: 253–83.
16 Bueker, E.D. Implantation of tumors in the hind limb field of the embryonic chick and the developmental response of the lumbosacral nervous system. *Anat. Rec.* 1948; 102: 369–89.
17 Cohen, S., Levi-Montalcini, R. A nerve-growth stimulating factor isolated from snake venom. *Proc. Natl. Acad. Sci. USA* 1958; 42: 571–4.
18 Cohen, S. The stimulation of epidermal proliferation by a specific protein (EGF). *Dev. Biol.* 1964; 12: 394–407.
19 Cohen, S. Nobel lecture. Epidermal growth factor. *Biosci. Rep.* 1986; 6: 1017–28.
20 Gregory, H. Isolation and structure of urogastrone and its relationship to epidermal growth factor. *Nature* 1975; 257: 325–7.
21 Ushiro, H., Cohen, S. Identification of phosphotyrosine as a product of epidermal growth factor-activated protein kinase in A-431 cell membranes. *J. Biol. Chem.* 1980; 255: 8363–5.
22 Downward, J., Yarden, Y., Mayes, E. *et al.* Close similarity of epidermal growth factor receptor and v-erb-B oncogene protein sequences. *Nature* 1984; 307: 521–7.
23 Carrel, A. On the permanent life of tissues outside of the organism. *J. Exp. Med.* 1912; 15: 516–28.
24 Ross, R., Vogel, A. The platelet-derived growth factor. *Cell* 1978; 14: 203–10.
25 Ross, R., Glomset, J., Kariya, B., Harker, L. A platelet-dependent serum factor that stimulates the proliferation of arterial smooth muscle cells in vitro. *Proc. Natl. Acad. Sci. USA* 1974; 71: 1207–10.
26 Antoniades, H.N., Scher, C.D., Stiles, C.D. Purification of human platelet-derived growth factor. *Proc. Natl. Acad. Sci. USA* 1979; 76: 1809–13.
27 Cooper, J.A., Bowen, P.D., Raines, E., Ross, R., Hunter, T. Similar effects of platelet-derived growth factor and epidermal growth factor on the phosphorylation of tyrosine in cellular proteins. *Cell* 1982; 31: 263–73.
28 Doolittle, R.F., Hunkapiller, M.W., Hood, L.E. *et al.* Simian sarcoma virus onc gene, v-sis, is derived from the gene (or genes) encoding a platelet-derived growth factor. *Science* 1983; 221: 275–7.
29 Waterfield, M.D., Scrace, G.T., Whittle, N. *et al.* Platelet-derived growth factor is structurally related to the putative transforming protein p28sis of simian sarcoma virus. *Nature* 1983; 304: 35–9.
30 Robbins, K.C., Antoniades, H.N., Devare, S.G., Hunkapiller, M.W., Aaronson, S.A. Structural and immunological similarities between simian sarcoma virus gene product(s) and human platelet-derived growth factor. *Nature* 1983; 305: 605–8.
31 Theilen, G.H., Gould, D., Fowler, M., Dungworth, D.L. C-type virus in tumor tissue of a woolly monkey (*Lagothrix* spp.) with fibrosarcoma. *J. Natl. Cancer Inst.* 1971; 47: 881–9.
32 Larco, J.E. De, Todaro, G.J. Growth factors from murine sarcoma virus-transformed cells. *Proc. Natl. Acad. Sci. USA* 1978; 75: 4001–5.
33 Childs, C.B., Proper, J.A., Tucker, R.F., Moses, H.L. Serum contains a platelet-derived transforming growth factor. *Proc. Natl. Acad. Sci. USA* 1982; 79: 5312–16.
34 Roberts, A.B., Anzano, M.A., Wakefield, L.M. *et al.* Type β transforming growth factor: a bifunctional regulator of cellular growth. *Proc. Natl. Acad. Sci. USA* 1985; 82: 119–23.
35 Sporn, M.B., Roberts, A.B., Wakefield, L.M., de-Crombrugghe, B. Some recent advances in the chemistry and biology of transforming growth factor-β. *J. Cell Biol.* 1987; 105: 1039–45.
36 Roberts, A.B., Lamb, L.C., Newton, D.L. *et al.* Transforming growth factors: isolation of polypeptides from virally and chemically transformed cells by acid/ethanol extraction. *Proc. Natl. Acad. Sci. USA* 1980; 77: 3494–8.
37 Kaplan, D.R., Chao, F.C., Stiles, C.D., Antoniades, H.N., Scher, C.D. Platelet α granules

contain a growth factor for fibroblasts. *Blood* 1979; 53: 1043–52.
38 Grotendorst, G.R., Chang, T., Seppa, H.E., Kleinman, H.K., Martin, G.R. Platelet-derived growth factor is a chemoattractant for vascular smooth muscle cells. *J. Cell. Physiol.* 1982; 113: 261–6.
39 Cone, J.L., Brown, D.R., DeLarco, J.E. An improved method of purification of transforming growth factor, type β from platelets. *Anal. Biochem.* 1988; 168: 71–4.
40 Haines, K.A., Kolasinski, S.L., Cronstein, B.N. *et al.* Chemoattraction of neutrophils by substance P and transforming growth factor-β 1 is inadequately explained by current models of lipid remodeling. *J. Immunol.* 1993; 151: 1491–9.
41 Postlethwaite, A.E., Keski Oja, J., Moses, H.L., Kang, A.H. Stimulation of the chemotactic migration of human fibroblasts by transforming growth factor β. *J. Exp. Med.* 1987; 165: 251–6.
42 Nathan, C., Sporn, M. Cytokines in context. *J. Cell Biol.* 1991; 113: 981–6.
43 Murray, A., Hunt, T. *The Cell Cycle: an introduction.* Oxford University Press, Oxford, 1993.
44 Pardee, A.B. A restriction point for control of normal animal cell proliferation. *Proc. Natl. Acad. Sci. USA* 1974; 71: 1286–90.
45 Brooks, R.F., Bennett, D.C., Smith, J.A. Mammalian cell cycles need two random transitions. *Cell* 1980; 19: 493–504.
46 Koepp, D.M., Harper, J.W., Elledge, S.J. How the cyclin became a cyclin: regulated proteolysis in the cell cycle. *Cell* 1999; 97: 431–4.
47 Amon, A., Tyers, M., Futcher, B., Nasmyth, K. Mechanisms that help the yeast cell cycle clock tick: G2 cyclins transcriptionally activate G2 cyclins and repress G1 cyclins. *Cell* 1993; 74: 993–1007.
48 Lavia, P., Jansen-Durr, P. E2F target genes and cell-cycle checkpoint control. *Bioessays* 1999; 21: 221–30.
49 Sherr, C.J. D-type cyclins. *Trends Biochem. Sci.* 1995; 20: 187–90.
50 Gille, H., Downward, J. Multiple ras effector pathways contribute to G(1) cell cycle progression. *J. Biol. Chem.* 1999; 274: 22033–40.
51 Diehl, J.A., Cheng, M., Roussel, M.F., Sherr, C.J. Glycogen synthase kinase-3β regulates cyclin D1 proteolysis and subcellular localization. *Genes Dev.* 1998; 12: 3499–511.
52 Sherr, C.J., Roberts, J.M. CDK inhibitors: positive and negative regulators of G1-phase progression. *Genes Dev.* 1999; 13: 1501–12.
53 Matsushime, H., Quelle, D.E., Shurtleff, S.A. *et al.* D-type cyclin-dependent kinase activity in mammalian cells. *Mol. Cell Biol.* 1994; 14: 2066–76.
54 Lundberg, A.S., Weinberg, R.A. Functional inactivation of the retinoblastoma protein requires sequential modification by at least two distinct cyclin-cdk complexes. *Mol. Cell Biol.* 1998; 18: 753–61.
55 Coleman, T.R., Dunphy, W.G. Cdc2 regulatory factors. *Curr. Opin. Cell Biol.* 1994; 6: 877–82.
56 Dunphy, W.G. The decision to enter mitosis. *Trends Cell Biol.* 1994; 4: 202–7.
57 Nigg, E.A. Targets of cyclin-dependent protein kinases. *Curr. Opin. Cell Biol.* 1993; 5: 187–93.
58 Nigg, E.A., Blangy, A., Lane, H.A. Dynamic changes in nuclear architecture during mitosis: on the role of protein phosphorylation in spindle assembly and chromosome segregation. *Exp. Cell Res.* 1996; 229: 174–80.
59 Rudner, A.D., Murray, A.W. Phosphorylation by Cdc28 activates the Cdc20-dependent activity of the anaphase-promoting complex. *J. Cell Biol.* 2000; 149: 1377–90.
60 Kramer, E.R., Scheuringer, N., Podtelejnikov, A.V., Mann, M., Peters, J.M. Mitotic regulation of the APC activator proteins CDC20 and CDH1. *Mol. Biol. Cell* 2000; 11: 1555–69.
61 Visintin, R., Prinz, S., Amon, A. CDC20 and CDH1: a family of substrate-specific activators of APC-dependent proteolysis. *Science* 1997; 278: 460–3.
62 Michaelis, C., Ciosk, R., Nasmyth, K. Cohesins: chromosomal proteins that prevent premature separation of sister chromatids. *Cell* 1997; 91: 35–45.
63 Uhlmann, F., Lottspeich, F., Nasmyth, K. Sister-chromatid separation at anaphase onset is promoted by cleavage of the cohesin subunit Scc1. *Nature* 1999; 400: 37–42.

64 Serrano, M., Hannon, G.J., Beach, D. A new regulatory motif in cell-cycle control causing specific inhibition of cyclin D/CDK4. *Nature* 1993; 366: 704–7.
65 Serrano, M., Hannon, G.J., Beach, D. Recent advances on cyclins, CDKs and CDK inhibitors. *Trends Cell Biol.* 1997; 7: 95–8.
66 Guan, K.L., Jenkins, C.W., Li, Y. *et al.* Growth suppression by p18, a p16INK4/MTS1- and p14INK4B/MTS2-related CDK6 inhibitor, correlates with wild-type pRb function. *Genes Dev.* 1994; 8: 2939–52.
67 Serrano, M., Lee, H., Chin, L. *et al.* Role of the INK4a locus in tumor suppression and cell mortality. *Cell* 1996; 85: 27–37.
68 Reynisdottir, I., Polyak, K., Iavarone, A., Massagué, J. Kip/Cip and Ink4 Cdk inhibitors cooperate to induce cell cycle arrest in response to TGF-β. *Genes Dev.* 1995; 9: 1831–45.
69 Russo, A.A., Jeffrey, P.D., Patten, A.K., Massagué, J., Pavletich, N.P. Crystal structure of the p27Kip1 cyclin-dependent-kinase inhibitor bound to the cyclin A-Cdk2 complex. *Nature* 1996; 382: 325–31.
70 Waga, S., Hannon, G.J., Beach, D., Stillman, B. The p21 inhibitor of cyclin-dependent kinases controls DNA replication by interaction with PCNA. *Nature* 1994; 369: 574–8.
71 Nakanishi, M., Robetorye, R.S., Adami, G.R., Pereira-Smith, O.M., Smith, J.R. Identification of the active region of the DNA synthesis inhibitory gene p21Sdi1/CIP1/WAF1. *EMBO J.* 1995; 14: 555–63.
72 el-Deiry, W. S., Velculescu V.S., Tokino, T. *et al.* WAF1, a potential mediator of p53 tumor suppression. *Cell* 1993; 75: 817–25.
73 Polyak, K., Kato, J.Y., Solomon, M.J. *et al.* p27Kip1, a cyclin-Cdk inhibitor, links transforming growth factor-β and contact inhibition to cell cycle arrest. *Genes Dev.* 1994; 8: 9–22.
74 Durand, B., Fero, M.L., Roberts, J.M., Raff, M.C. p27Kip1 alters the response of cells to mitogen and is part of a cell-intrinsic timer that arrests the cell cycle and initiates differentiation. *Curr. Biol.* 1998; 8: 431–40.
75 Martin-Castellanos, C., Moreno, S. Recent advances on cyclins, CDK's and CDK inhibitors. *Trends Cell Biol.* 1997; 7: 95–8.
76 Shiohara, M., Koike, K., Komiyama, A., Koeffler, H.P. p21WAF1 mutations and human malignancies. *Leuk. Lymphoma.* 1997; 26: 35–41.
77 Lloyd, R.V., Erickson, L.A., Jin, L. *et al.* p27kip1: a multifunctional cyclin-dependent kinase inhibitor with prognostic significance in human cancers. *Am. J. Pathol.* 1999; 154: 313–23.
78 Lee, W.H., Shew, J.Y., Hong, F.D. *et al.* The retinoblastoma susceptibility gene encodes a nuclear phosphoprotein associated with DNA binding activity. *Nature* 1987; 329: 642–5.
79 Crawford, L.V., Pim, D.C., Gurney, E.G., Goodfellow, P., Taylor-Papadimitriou, J. Detection of a common feature in several human tumor cell lines – a 53,000-dalton protein. *Proc. Natl. Acad. Sci. USA* 1981; 78: 41–5.
80 Albrechtsen, N., Dornreiter, I., Grosse, F. *et al.* Maintenance of genomic integrity by p53: complementary roles for activated and non-activated p53. *Oncogene* 1999; 18: 7706–17.
81 Lane, D.P. Cancer. p53, guardian of the genome. *Nature* 1992; 358: 15–16.
82 Volkmer, E., Karnitz, L.M. Human homologs of *Schizosaccharomyces pombe* rad1, hus1, and rad9 form a DNA damage-responsive protein complex. *J. Biol. Chem.* 1999; 274: 567–70.
83 Bessho, T., Sancar, A. Human DNA damage checkpoint protein hRAD9 is a 3′ to 5′ exonuclease. *J. Biol. Chem.* 2000; 275: 7451–4.
84 St Onge, R.P., Udell, C.M., Casselman, R., Davey, S. The human G2 checkpoint control protein hRAD9 is a nuclear phosphoprotein that forms complexes with hRAD1 and hHUS1. *Mol. Biol. Cell* 1999; 10: 1985–95.
85 Sanchez, Y., Bachant, J., Wang, H. *et al.* Control of the DNA damage checkpoint by chk1 and rad53 protein kinases through distinct mechanisms. *Science* 1999; 286: 1166–71.
86 Komatsu, K., Miyashita, T., Hang, H. *et al.* Human homologue of *S. pombe* Rad9 interacts with BCL-2/BCL-xL and promotes apoptosis. *Nat. Cell Biol.* 2000; 2: 1–6.
87 Brady, D.M., Hardwick, K.G. Complex formation between Mad1p, Bub1p and Bub3p is crucial for spindle checkpoint function. *Curr. Biol.* 2000; 10: 675–8.
88 Cahill, D.P., Lengauer, C., Yu, J. *et al.* Mutations of mitotic checkpoint genes in human

cancers. *Nature* 1998; 392: 300–3.
89 Hanahan, D., Weinberg, R.A. The hallmarks of cancer. *Cell* 2000; 100: 57–70.
90 Hanahan, D., Folkman, J. Patterns and emerging mechanisms of the angiogenic switch during tumorigenesis. *Cell* 1996; 86: 353–64.
91 Johnsen, M., Lund, L.R., Romer, J., Almholt, K., Dano, K. Cancer invasion and tissue remodeling: common themes in proteolytic matrix degradation. *Curr. Opin. Cell Biol.* 1998; 10: 667–71.
92 Harbour, J.W., Dean, D.C. Rb function in cell-cycle regulation and apoptosis. *Nat. Cell Biol.* 2000; 2: 65–7.
93 Serrano, M. The tumor suppressor protein p16INK4a. *Exp. Cell Res.* 1997; 237: 7–13.
94 Evan, G., Littlewood, T. A matter of life and cell death. *Science* 1998; 281: 1317–22.
95 Prescott, J.C., Blackburn, E.H. Telomerase: Dr Jekyll or Mr Hyde? *Curr. Opin. Genet. Dev.* 1999; 9: 368–73.
96 Murphy, K.L., Rosen, J.M. Mutant p53 and genomic instability in a transgenic mouse model of breast cancer. *Oncogene* 2000; 19: 1045–51.
97 Hahn, W.C., Counter, C.M., Lundberg, A.S. *et al.* Creation of human tumour cells with defined genetic elements. *Nature* 1999; 400: 464–8.
98 Weitzman, J.B., Yaniv, M. Rebuilding the road to cancer. *Nature* 1999; 400: 401–2.

Receptor protein tyrosine kinase에 의해 작동하는 신호전달

Tyrosine kinase 단백질군(family)

인간 유전체에는 400종 이상의 tyrosine kinase가 암호화되어 있는 것으로 추정된다. Tyrosine kinase는 하나의 단백질군으로서 인간 유전체의 1% 정도를 차지할 것으로 추산될 만큼 그 종류가 다양하다. 이들은 효모와 원생동물(protozoans)[(1)]에는 존재하지 않지만, EGF 수용체나 인슐린 수용체처럼 내재성 촉매활성 영역(integral catalytic domain)을 갖는 단백질의 경우에는 해면동물(sponges)에서도 발견되고 있다. 진화론적으로는, 이 인슐린 수용체와 유사한 단백질 분자는 캄브리아기 대폭발(Cambrian explosion) 이전에 진화 발생되어 고등 후생동물문(metazoan phyla)의 급속한 출현에 기여한 것으로 보고 있다[(2)]. 세포 표면 수용체로부터 신호를 전달하는 방식에 따라 protein tyrosine kinase(PTK)는 크게 두 부류로 나뉜다. 11장에서는 먼저 막통과 수용체(transmembrane receptor)의 내재성 영역(integral domain)으로 존재하는 PTK에 대해 살펴본다. 다음 12장에서는 세포질 내에 또는 세포막에 연결되어 존재하면서 수용체 쪽으로 이동(recruitment)되는 비수용체성 PTK에 대해서 알아보게 될 것이다.

Phosphotyrosine의 발견

Phosphotyrosine을 발견한 것은 과학에 있어서 또 다른 전환점이 된 사건이었다. Tony Hunter에 의해서 발견된 tyrosine 인산화 현상은 악성 형질전환(malignant transformation)과 연관되어 있음이 밝혀지게 되었다. 당시 Tony Hunter는 종양을 일으키는 polyoma virus의 형질전환 항원(transforming antigen)을 확인하고자 하였는데, 그 항원들 중에는 소위 middle T-antigen이 주요 구성요소로 알려져 있었다. 게다가 *src* 유전자의 발현산물인 v-Src가 protein kinase 활성을 갖는다는 사실이 보고되면서[(3)], 다른 종양 바이러스(tumor virus)의 유전자 산물들도 인산화 활성을 가지며 세포 형질전환을 일으키는지에 대한 질문을 갖게 만들었다. 또한 polyoma virus에 감염된 세포에서는 많은 단백질들에서 인산화가 일어나는 것과,

Polyoma virus: 원래는 Ludwik Gross 이하선 바이러스(parotid virus)로서 Stewart와 Eddy에 의해 발견되었다. 면역적으로 미성숙한 신생 마우스에 감염시켰을 때 다양한 종양을 일으킨다. 이 바이러스와 함께 후에 발견된 원숭이 종양 바이러스 SV40가 종양 바이러스학(tumour virology) 분야에 혁명적인 발전을 가져왔다.

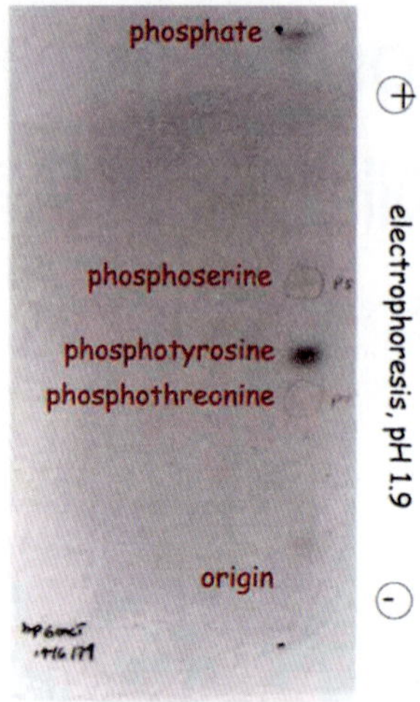

그림 11.1 Paper eletrophoresis에 의해 phosphotyrosine을 phosphoserine과 phosphothreonine으로부터 분리. Tony Hunter의 사진을 인용.

형질전환 단백질인 middle T-antigen 자체도 인산화된다는 것이 관찰되었다. 그런데 그 인산화된 T-antigen을 조사하는 과정에서 예상치 못한 결과가 나왔다. ^{32}P로 표지된(^{32}P-labelled) 단백질을 단백분해효소로 분해하여 표지된 아미노산들을 전기영동으로 확인하였을 때, 당연히 phosphoserine과 phosphothreonine일 것으로 추정하였지만, 표지는 모두 새로운 위치의 한 blot으로 나타났고 그것이 바로 phosphotyrosine이었던 것이다(그림 11.1)[4].

인산기와 tyrosine 간의 결합은 알칼리 조건에서 비교적 안정하기 때문에, 인산화된 tyrosine의 확인은 ^{32}P로 표지된 세포 추출물에 1 M NaOH를 처리하는 간단한 방법으로 가능하였다. 그 후 인산화된 tyrosine으로 된 항원결정기(epitope)를 특이적으로 인식할 수 있는 항체들이 개발되면서 tyrosine 인산화의 확인은 매우 확실한 작업이 되었다. 현재는, 인산화 단백질의 각각의 epitope에 대해 특이성을 갖는 항체를 만들어 내는 것이 상업화되어 독자적인 하나의 비즈니스가 되었다.

2. v-Src 및 기타 protein tyrosine kinase(PTK)들

v-Src는 다양한 단백질들에 대해 tyrosine 인산화를 일으키는 PTK인 것으로 밝혀졌다. 비형질전환 세포에서는 serine과 threonine에 집중적으로 인산화가 일어나는데 반해, Rous 육종 바이러스(Rous sarcoma virus)로 형질전환시킨 세포에서 ^{32}P 표지실험을 해보면 인산화된 threonine, serine, 및 tyrosine의 양이 거의 비슷하게 관찰된다.

Abelson 쥐과 동물 백혈병 바이러스(Abelson murine leukemia virus)의 형질전환 단백질인 v-Abl 또한 *in vitro*에서 ^{32}P-ATP와 함께 배양되었을 때 tyrosine 잔기에 인산화가 일어나는 것으로 밝혀졌다[5]. 이 경우에서는 PTK 자체가 인산화 표적이 되기 때문에 자동인산화(autophosphorylation)의 한 예가 된다. EGF 수용체의 인산화 상태에 대한 것도 중요한데(10장 참조), EGF로 자극하였을 때 처음에는 threonine 잔기에 인산화가 일어나는 것으로 보고되었으나 추가적인 연구를 통해 threonine이 아닌 tyrosine 잔기에 인산화되는 것으로 밝혀졌다[6]. 그로 인해 tyrosine 인산화가 세포증식/형질전환의 원인이 된다는 연결고리가 만들어지게 된 것이다.

Tyrosine 인산화에 의해 매개되는 기타 현상들

Tyrosine 인산화는 형질전환 바이러스나 성장인자의 작용에 의한 것에만 국한되지 않는다. 그 외에도 수많은 중요한 신호전달 과정을 조절하는 역할을 하는데 그 예를 보면 다음과 같다:

- Integrin 수용체 및 focal adhesion 부위를 통한 세포-세포간(cell-cell) 및 세포-기질간(cell-matrix) 상호작용(14장 참조)[7].
- 호중구(neutrophil) 및 대식세포(macrophage) 등 식세포작용을 일으키는 세포들(phagocytic cells)이 자극되는 과정[8].
- B 림프구 수용체에 항원이 결합됨으로써 B 림프구가 활성화되는 과정[9].
- 항원표출세포(antigen-presenting cell)가 T세포 수용체 복합체(T cell receptor complex, TCR)를 통해 T세포를 활성화시키는 과정(12장 참조)[10].
- Interleukin-2 수용체를 통한 활성화 과정[11,12].
- 비만세포(mast cell) 및 호염구(basophil)에서 immunoglobulin E(IgE)에 대한 고친화력 수용체를 통한 활성화 과정(12장 참조)[13].

여기에서는 EGF와 PDGF 등의 성장인자가 그들의 수용체에 결합함으로써 개시되는 신호전달과정에 대해 집중적으로 살펴본다. 또한 수용체로서 PTK 활성을 갖는 그 외의 것들에도 적용되는 여러 가지 원리들을 알아본다.

Tyrosine kinase 활성을 갖는 수용체들

수용체 분자 간의 교차결합(cross-linking)에 의한 활성화

PTK 활성을 갖는 수용체들은 몇 가지 서로 다른 형태로 나타난다. 그러나 이 수용체들은 막을 통과하는 하나의 영역과 세포질 쪽으로 나와 있는 하나의 tyrosine kinase 활성영역을 가지고 있다는 공통점이 있다. 하지만 그림 11.2에서 볼 수 있는 바와 같이, 세포외 영역 사슬은 수용체별로 상당히 다르게 나타난다. 이들 수용체들이 보여주는 일반적인 특징은 리간드의 결합에 의해 수용체 분자가 서로 교차결합함으로써 이량체화(dimerization)된다는 점이다. EFG 수용체의 경우, peptide 리간드에 의해 수용체가 활성화될 뿐만 아니라, 몇몇 기능들은(모든 기능이 아님) 항체를 사용해서 교차결합 시켰을 경우에서도 나타날 수 있다[14,15]. 성장인자에 의해 수용체 분자가 교차결합되는 것은 다양한 방법으로 일어난다. PDGF의 경우는 그 자체부터 disulfide 결합으로 이량체화된 리간드로서 수용체에 결합하여 수용체 분자를 교차결합시키게 된다. 교차결합은 PDGF가 결합하면서 자동적으로 일어난다. EGF는 단량체(monomeric) 리간드로서, 수용체에 결합하였을 때 수용체 세포외 영역의 입체구조에 변화를 일으킴으로써 결합된 리간드들의 상호 인식이 가능해지도록 만든다. 인슐린 수용체는 이미 애초부터 교차결합 되어있는 이량체로 존재하기 때문에 활성화되기 위해서는 리간드인 인슐린과의 결합이 필요하다. 물론 수용체를 활성화시키는 신호들은 이보다는 더 복잡하다. 수용체 기능 전부가 활성화되기 위해서 수용체 분자가 만나 이량체가 되는 것 뿐만 아니라 이량체들이 서로에 대하여 정확한 방향으로 결합되어 있어야 하는 조건이 필요한 경우도 있다[16,17].

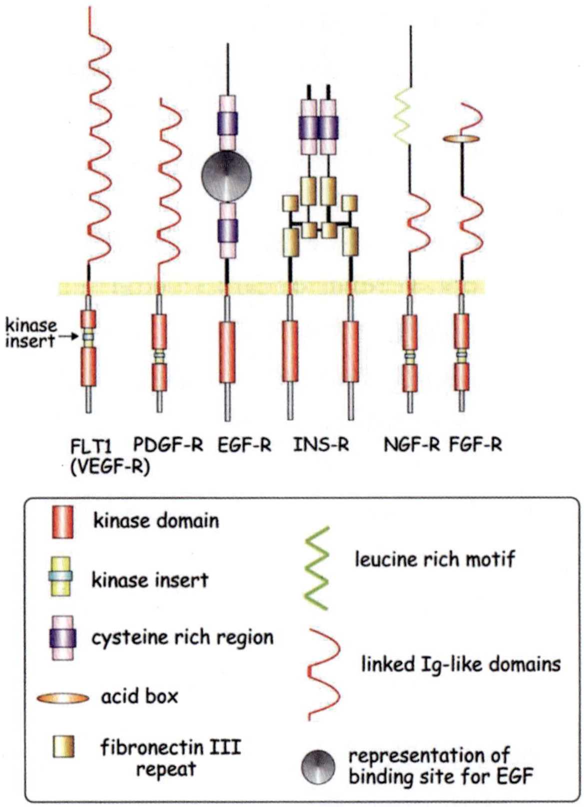

그림 11.2 Tyrosine protein kinase 활성을 가지는 수용체들의 분류. 수용체들은 모두 하나의 막통과 부위와 하나의 kinase 활성부위(catalytic domain)를 포함하고 있다. 어떤 경우에는 kinase 활성부위가 '삽입부분(insert)'에 의해 나누어져 있을 수도 있다. 세포외 부위는 수용체마다 다양하게 나타난다. 어떤 수용체들은 여러 가지 isoform으로 존재하기도 한다. FLT1, fms-related tyrosine kinase receptor for vascular endothelial growth factor(VEGF); PDGF-R, platelet-derived growth factor receptor; EGF-R, epidermal growth factor receptor; INS-R, insulin receptor; NGF-R, nerve growth factor receptor; FGF-R, fibroblast growth factor receptor; Kavanaugh와 Williams의 논문[18]에서 인용 및 확장.

이량체화되면 두 수용체 분자의 세포질 쪽에 노출되어 있는 사슬들이 서로의 표적서열을 인식하여 결합함으로써 두 수용체는 서로 연결되게 된다. 이로써 두 수용체 분자간 교차인산화(cross-phosphorylation)가 일어나 여러 tyrosine 잔기가 인산화되는 것이다(그림 11.3). 인산화된 이량체는 곧 활성화된 수용체가 되었음을 의미한다. 활성화된 수용체는 phosphotyrosine 잔기들의 배열을 가지게 되어 SH2 domain(아래 및 18장 참조)을 갖고 있는 단백질들(adapter 단백질과 효소 단백질들)과 결합할 수 있다. 이렇게 형성되는 결합체를 *receptor signalling complex*(수용체 신호전달 복합체)[19]라 부른다(그림 11.4). 이량체화되어 인산화된 수용체는 이러한 결합능력 뿐만 아니라 표적단백질을 인산화 시키는 능력도 가지게 된다.

수용체 신호전달 복합체의 형성(assembly)

수용체 신호전달 복합체가 형성되는 과정을 연구하기 위해 여러 방법들이 이용되었다.

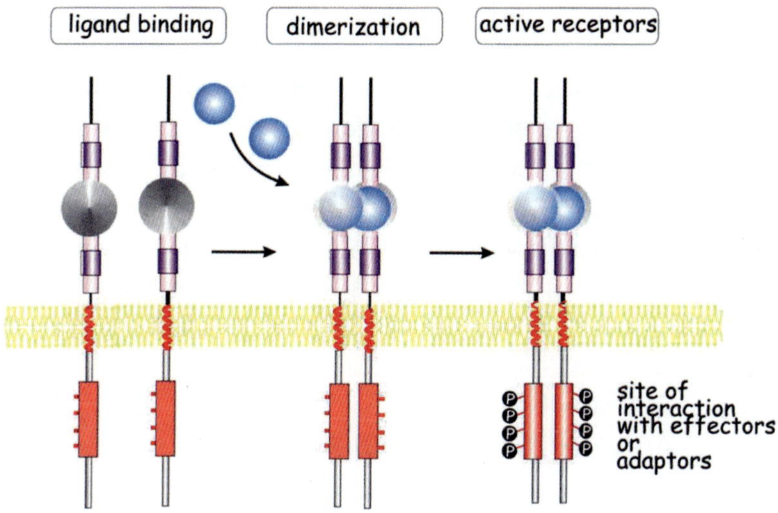

그림 11.3 EGF 수용체의 활성화. 리간드인 EGF가 결합되면 EGF 수용체는 이량체를 형성하고 세포질 쪽 domain의 입체구조가 변화되어 tyrosine protein kinase 활성을 갖게 된다. 이 domain은 결합된 또 다른 수용체 분자의 동일한 domain에 있는 tyrosine 잔기들을 인산화 시킨다(분자간 인산화, interphosphorylation). 이량체화 되어있는 인산화된 수용체는 활성화 수용체가 된다.

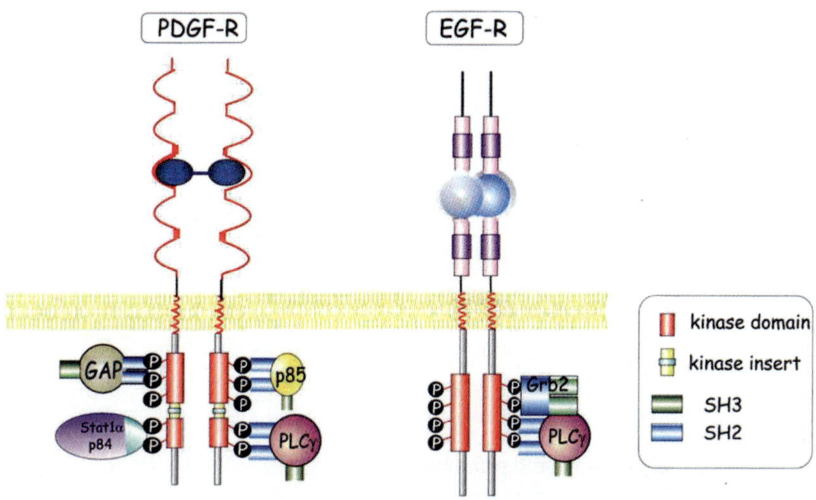

그림 11.4 수용체 신호전달 복합체(Receptor signalling complex)의 형성. 활성화된 EGF 수용체 또는 PDGF 수용체는 effector 단백질들과 결합하여 수용체 신호전달 복합체를 이루게 된다. Effector 단백질에는 PLCγ, GAP 등의 효소들, 또는 $p85^{PI\text{-}3kinase}$, Grb2 등의 adaptor 단백질들이 포함된다.

효소활성 측정, 2차 전령물질의 생성 및 tyrosine 인산화된 기질의 분석

활성화된 EGF 수용체 및 PDGF 수용체는 PLC 를 자극하여 DAG와 IP_3를 생성하도록 만든다. 그 결과 수 초 이내에 PKC가 활성화되고 세포내 자유 Ca^{2+} 농도가 상승하게 된다[20-22]. 이 모든 현상은 측정할 수 있는 것들이다. 또한 PLCγ는 그 자체가 tyrosine 잔기에 인산화되는 것으로 밝혀졌는데(5장 참조), 이는 PLCγ가 수용체의 촉매작용 domain과 직접적으로 상호작용함을 보여주는 것이다. PDGF 수용체와 인슐린 수용체는 활성화되어 phosphatidylinositol 3-kinase(PI 3-kinase)를 활성화시킨다. PI 3-kinase는 phosphatidylinositol-4,5-bisphosphate (PIP_2)를 인산화하여 신호전달 지질(signalling lipid)인 phosphatidylinositol-3,4,5-triphosphate (PIP_3)를 만들어낸다(13장 참조)[23]. 활성화된 수용체는 이 외에도 여러 종류의 serine-threonine kinase들에 대해서도 활성화 작용을 갖는다. 예를 들어, ribosomal S6-kinase(단백질합성과정에 참여), Raf-1 kinase(아래 참조), 및 mitogen activated protein kinase(MAP kinase, 아래 참조) 등이 수용체에 의해 활성화 된다. 또한 monomeric GTPase인 Ras가 활성화되는 과정도 중요하다[24-26]. Ras는 GDP 결합상태(비활성)에서 GTP 결합상태(활성)로 바꾸어주는 효소이다.

활성화된 수용체에 단백질이 결합되는 것을 관찰

활성화된 수용체의 특이적 상호작용들을 조사하기 위해 세포를 우선 ^{35}S-methionine으로 표지한 후 수용체의 리간드로 자극하고 detergent로 세포를 용해시킨다. 이어서 수용체에 특이적인 항체(anti-receptor antibody)를 사용한 면역침전법(immunoprecipitation)으로 수용체를 침전시키면 수용체에 결합되어 있는 단백질도 함께 침전된다. 이 결합 단백질을 gel 전기영동법과 방사선자동사진법(autoradiography)을 사용하여 검출하고, 부분서열분석(microsequencing), 면역블로팅(immunoblotting) 및 기타 기술들을 이용하여 그 단백질이 무엇인지를 동정(identification)해낼 수 있다. 이러한 방법들을 이용하여 Ras-GTP, PLCγ 및 PI 3-kinase 등이 어떻게 PTK와 결합하는지를 알아낼 수 있었다[27,28]. 또한 이와 유사한 방법을 이용하되 세포 추출물(cell lysate)과 분리정제된 수용체 분자를 사용함으로써 PI 3-kinase의 p85 subunit가 PDGF 수용체에 결합되는 현상을 밝혀낼 수 있었다[29].

Cell-free system을 이용하여 단백질 결합을 조사: 수용체 표적을 클로닝

λ-phage 라이브러리에 의해 세균 숙주에서 단백질을 발현시킨 후 수용체의 세포질 쪽 domain에 결합하는 것을 스크리닝해낸다. 수용체 domain은 ^{32}P-phosphate로 표지된 것을 사용한다. 특성을 나타내는 세균 클론을 방사선자동사진법으로 동정해낸 후 삽입된 phage DNA 염기서열을 분석한다. 이 방법을 사용하여 EGF 수용체에 Grb2(growth factor receptor binding protein-2) 또는 PI 3-kinase의 p85 subunit가 결합된다는 사실을 밝혀냈다[30].

Gag Glycosylated antigen. 바이러스 입자의 내부 capsid(바이러스 유전체를 둘러싸는 단백질의 외각으로, 배열이 규칙적인 다수의 단위소립자 - 역자 주)가 암호화된 유전자.

Crk C10 regulator of kinase. 바이러스들이 어떻게 동물세포 유전자들과 어우러지게 되는지를 보여주는 좋은 예이다. 포유동물세포의 유전체에 바이러스의 Gag 유전자

Src homology domain과 수용체 신호전달 복합체의 형성

수용체 신호전달 복합체의 형성과정을 밝혀냄에 있어서, tyrosine 인산화된 수용체에 어떻게 단백질들이 상호작용하고 있는지를 알아내는 것이 주요 관건이었다. 그 답은 chicken sarcoma virus가 발현하는 형질전환 단백질로 밝혀진 $p47^{gag\text{-}crk}$에서 나왔다.

$p47^{gag\text{-}crk}$의 아미노산 서열은 전혀 촉매활성부위를 보여주지 않지만, 이 단백질에 의해 tyrosine 인산화가 촉진되는 현상이 나타난다[31,32]. $p47^{gag\text{-}crk}$ 단백질의 구조를 보면 Src 단백질에 존재하는 SH2 및 SH3 domain과 매우 유사한 서열을 볼 수 있다(Src homology domain의 구조에 대해서는 18장 참조). 또한 세포 추출물로부터 $p47^{gag\text{-}crk}$를 분리하면, 이 단백질은

인산화된 단백질들 및 비수용체성 PTK(non-receptor protein tyrosine kianse, nrPTK)들과 결합된 상태로 얻어진다[33]. $p47^{gag\text{-}crk}$는 PTK인 v-Abl 및 그 기질인 $p130^{CAS}$와 조합을 이루게 되면, 인산화되는 tyrosine 잔기의 수가 1개에서 여러 개로 증가하게 된다(그림 11.5). 이 때 $p47^{gag\text{-}crk}$의 SH2 domain을 제거하면 인산화 작용이 촉진되는 현상이 없어지게 되는데 이로부터 SH2 domain이 phosphotyrosine이 존재하는 조건에서 단백질 상호작용을 조절해주는 역할을 한다는 사실이 처음으로 알려지게 된 것이다[32]. 즉 $p47^{gag\text{-}crk}$는 adaptor 분자로 작용하여 인산화된 기질인 $p130^{CAS}$를 PTK에 연결시켜 줌으로써 추가적인 인산화가 일어날 수 있도록 해주는 것이다. 바이러스 $p47^{gag\text{-}crk}$ 단백질과 유사한 인간세포 단백질(human homologue)은 CrkL이다. Tyrosine 인산화된 수용체에 결합되는 단백질들의 아미노산 서열들을 분석해보면, 그들 중 다수가(전부는 아님) SH2 domain을 갖고 있다. 이들 외의 단백질들은 protein tyrosine-phosphate binding domain, 즉 PTB domain을 갖고 있다. PTB는 SH2와는 상당히 다르지만 기능적으로는 동일하여, 특정 아미노산 서열에 있는 인산화된 tyrosine 잔기를 인식해낼 수 있다.

가 삽입되면 동물세포의 단백질인 CrkL 유전자 서열과 융합되어 단백질을 발현해내게 된다. CrkL은 SH2 및 SH3 domain을 갖는 adaptor 단백질로서 만성 골수성 백혈병(chronic myelogenous leukemia)의 발병에 관여한다.

결국 수용체 신호전달 복합체를 형성하기 위해서는 tyrosine 인산화된 수용체가 SH2 또는 PTB domain을 갖고 있는 adaptor 단백질 및 효소들을 불러 모으는 것이 필요하다는 것이다.

CAS Crk-associated substrate.

PTK에 의해 작동하는 신호전달에서 SH2 domain의 역할이 필요함을 보여주는 또 다른 증거는 PLC 중 γ isoform 만이 PTK들에 의해 직접적으로 활성화된다는 사실로부터 증명되었다[19]. 이는 PLCβ 및 PLCδ와는 달리 PLCγ는 SH2 domain을 상당히 많이 포함하고 있기 때문이다(PLC 단백질군에 대해서는 5장 참조). 그 외에도 SH2 domain을 가지고 있으면서 수용체 PTK에 결합하여 수용체 신호전달 복합체를 형성하는 단백질들이 다수 존재한다. 그 중 일부를 그림 11.6에 나타내었다. 이들 중 일부는 PTK와의 결합에 의해 그들 자체가 인산화되기도 하는데, 그 인산화가 그들의 활성화에 반드시 필요한 것인지는 아직 확실치 않다. PLCγ의 경우에는 인산화가 분명히 필요한 경우이다.

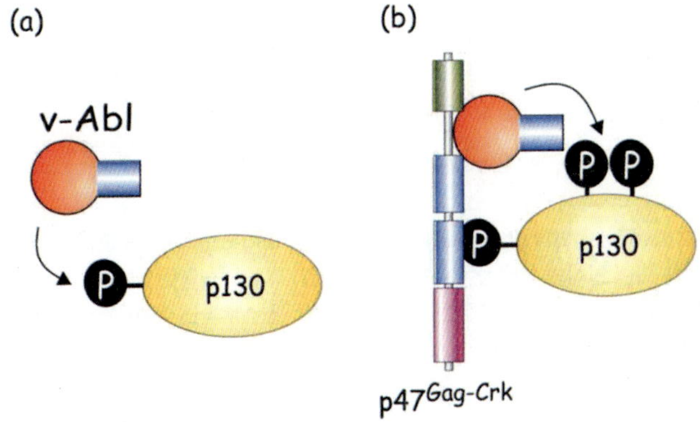

그림 11.5 Gag-Crk는 adaptor 단백질이다: (a) Gag-Crk 단백질이 없을 때, v-Abl은 p130 단백질의 하나의 tyrosine 잔기를 인산화시킨다. (b) 인산화된 p130이 $p47^{Gag\text{-}Crk}$와 결합되면 p130의 여러 tyrosine 위치에 추가적인 인산화가 일어나게 된다. $p47^{Gag\text{-}Crk}$의 adaptor 기능으로부터, 어떻게 촉매활성 domain을 갖고 있지 않은 단백질이 tyrosine 인산화를 촉진시킬 수 있는지를 알 수 있다.

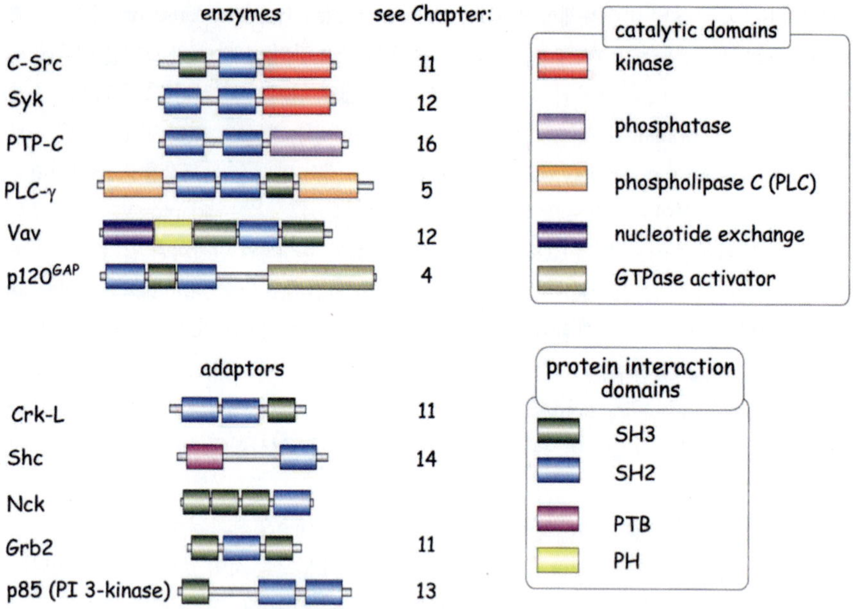

그림 11.6 인산화된 PTK 수용체와 결합하는 단백질의 domain 배열. Tyrosine 인산화된 수용체와 결합하는 많은 단백질들은 SH2 domain을 가지고 있다. SH2 domain들은 인산화된 tyrosine과 인접한 특정 아미노산 배열들을 인식한다. 효소와는 달리, adaptor 단백질들은 본래 촉매활성이 없지만 인산화된 수용체와 다른 effector 단백질을 연결시켜주는 역할을 한다.

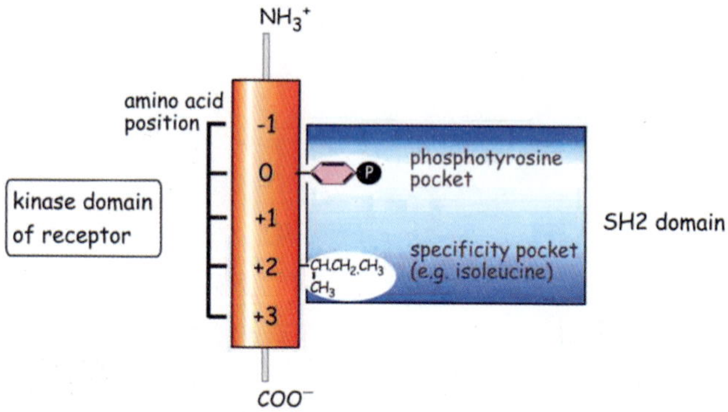

그림 11.7 SH2 domain에 의한 phosphotyrosine 및 인접 아미노산의 인식. SH2 domain을 가지고 있는 표적 단백질에 의한 인식의 선택성은 아미노산의 서열, 특히 인산화된 tyrosine의 C-말단 쪽에 세 번째로 인접한 아미노산 잔기에 의해 결정된다. 예를 들면, PI 3-kinase는 -x-pY-x-x-M- 서열을, Grb2는 -x-pY-x-N-x- 서열을, Src는 -x-pY-x-x-I- 서열을 인식한다.

EGF 수용체 및 PDGF 수용체와 상호작용하는 adaptor 단백질과 효소들은 매우 다양하며 어떤 것들은 다른 것에 비해 보다 강하게 결합하는데, 이는 수용체와 phosphotyrosine의 최근접 위치에 있는 아미노산 잔기에 대한 민감성에 기인하는 것이다(그림 11.7). 따라서, 특정 수용체는 신호를 전달할 때 SH2 포함 단백질의 특정 panel을 통해 전달하게 된다. 하지만 두 가지 이상의 세포내 단백질이 하나의 수용체에 동시에 결합할 수 있는지에 대해서는 아직도 불확실하다.

신호전달경로의 가지치기(branching)

많은 신호전달경로들이 수용체 신호전달 복합체로부터 가지를 치며 나온다(그림 11.8). 그 중 두 경로를 아래에서 자세히 설명하였고, 다른 것들은 다른 장에서 다룬다(PI 3-kinase는 13장, STAT은 12장 및 17장).

PLCγ-PKC 신호전달경로

EGF 수용체 및 PDGF 수용체의 활성화로 인해 유도되는 활성 중 하나로 PLCγ에 의해 diacylglycerol(DAG)와 inositol-1,4,5-triphosphate(IP_3)가 생성된다. 이 중 DAG는 세포막에 남아 있으면서 PKC를 자극하는 작용을 한다. 다시 말하면, 이 과정은 phosphotyrosine 신호가 PLCγ의 활성화를 통해 phosphotyrosine/phosphothreonine 신호로 변환되는 과정이다. PKC 효소의 첫 기질 중 하나는 EGF 수용체 자체이다. EGF 수용체의 막통과 domain에 바로 인접한 serine 잔기가 인산화되면서 수용체는 비활성화되는 것이다.

PKC의 기질이 되는 단백질들은 매우 많지만, 어떤 자극이 주어진 후에 일어나는 유전자 전사에 있어서 PKC가 어떤 방법으로 변화를 일으키는지에 대해서는 아직 밝혀지지 않고 있다. 그나마 알려진 것은, 앞서 9장에서 언급한 바와 같이, PKC 활성화에 의해 일어나는 결과 중 하나로서, 전사인자인 c-Jun이 탈인산화된다는 사실이다. c-Jun은 유도성 전사인자(inducible transcription factor)인 AP-1의 구성요소가 되는 전사인자이다(그림 9.13).

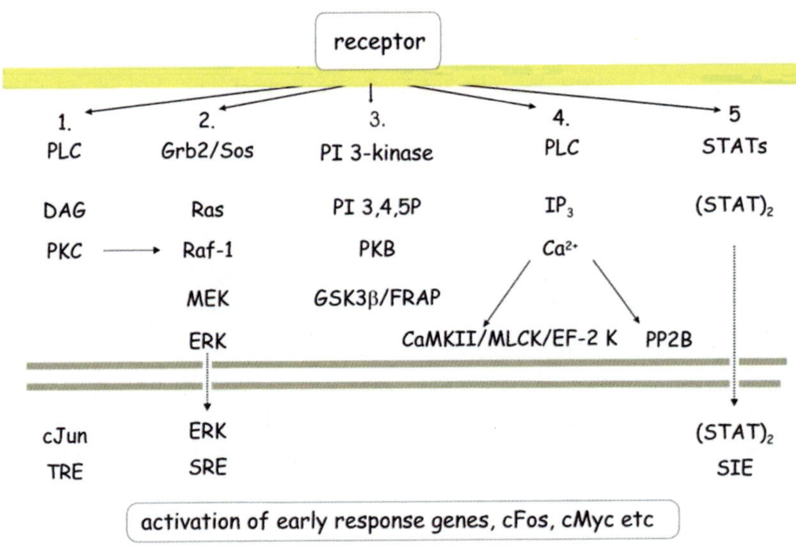

그림 11.8 신호전달경로의 가지치기. 수용체 PTK의 활성화에 뒤이어, 여러 신호전달경로들이 활성화된다. 이 그림에서는 그 중 다섯 경로를 나타내었다.

Ras 신호전달경로

Tyrosine kinase로부터 Ras까지

40년 동안의 연구를 통해, 쥐를 murine leukemia virus로 감염시키면 육종(sarcoma) 형성이 야기된다는 사실이 밝혀졌다[34,35]. 그 중 주요한 발견 중의 하나는, Harvey murine sarcoma virus가 지속적으로 활성화된 형태의 H-ras 유전자를 가지고 있다는 것인데, 그 발현 단백질에서는 12번 위치에 glycine 대신 valine으로 대체되는 변화가 있었다. 그리고 이 돌연변이 유전자를 분열 정지된 설치류 섬유아세포(quiescent rodent fibroblast)에서 발현시켰더니 세포의 형태가 변하고 DNA 합성과 세포증식이 촉진되었다[36]. 또한 정상적인 H-c-Ras 역시 과발현시켰을 경우에는 발암성 형질전환(oncogenic transformation)이 유도되었는데[37], 이는 돌연변이 단백질을 미세주입(microinjection)하였을 때의 결과와 같은 것이었다[38]. 역으로, 그 정상 Ras 단백질의 기능을 저해하기 위해 중화 항체(neutralizing antibody)를 주입하였더니 세포의 형질전환이 다시 반전되는 결과가 나타났다[39]. 분열 정지된 세포를 혈청 또는 성장인자로 자극하면, Ras에 GTP가 결합되는 것을 촉진시키게 된다[40]. 이렇게 Ras는 세포증식을 조절하는 신호전달경로에서 중요한 구성요소라는 사실이 분명해지게 된 것이다. 하지만 어떻게 Ras가 성장인자 수용체로부터 나오는 신호전달경로에 연결되는지에 대해서는 오랜 시간동안 잘 밝혀지지 않고 있었다. 이에 대한 실마리를 찾게 된 계기는 무척추동물인 과일초파리(*Drosophila melanogaster*)와 꼬마선충(*Caenorhabditis elegans*)에서 작동하는 신호전달경로들을 유전적으로 분석하면서 얻어지게 되었다.

과일 초파리에서의 광수용체(photoreceptor)의 발달

곤충들의 겹눈(compound eye)은 낱눈(ommatidium)이라 부르는 작은 기본단위들의 육각배열로 구성되어 있다. 과일초파리의 경우, 대략 800개의 '작은 눈'들로 되어 있다. 이들 각각의 낱눈은 8개의 광수용체 세포(photoreceptor cell, R1~R8)와 12개의 보조세포(accessory cell)로 구성된다. 광수용체 세포들은 형태, 발생순서, 축색돌기(axon) 돌출형태, 스펙트럼 감지도 등을 기준으로 3개의 기능적인 부류로 나누어진다: 즉, 처음으로 나타나는 것이 R8이며, 다음으로 R1-R6 , 그 다음이 R7이다. 낱눈에서 광민감성 색소는 막들의 미소돌기형 겹침더미(a microvillus stack of membrane)인 rhabdomere 안에 들어있다. R1-R6 세포의 rhabdomere들은 다른 세포의 것들보다 좀 더 큰데, 각각이 사다리꼴 형태를 하고 있으면서 R7과 R8 세포의 rhabdomere를 둘러싸는 배열을 하고 있으며, R8 rhabdomere는 R7 rhabdomere의 아래쪽에 위치하고 있다(그림 11.9). R7 세포의 발생에는 *sevenless*(*sev*) 및 *bridge-of-sevenless*(*boss*)라는 2개 유전자의 발현이 필요하다. 이들 2개 유전자에서의 기능상실 돌연변이(loss-of-function mutation)가 나타내는 표현형은 동일하게 나타나는데, 즉 신경발생이 개시될 때 R7이 발생되지 못하는 것이다. 이러한 형태의 돌연변이는 행동생물학적 시험(behavioral test)을 통해서 쉽게 관찰할 수 있다. 즉 녹색광(green light)과 자외선을 선택할 수 있는 조건에서 정상(wild type) 초파리는 자외선 쪽으로 빠르게 움직인다[41]. R7 세포가 발생되지 않고 나머지 광수용체 세포들만 낱눈 cluster에 발생되어 있는 초파리의 경우에는 정상 초파리의 빠른 주광성 반응(phototactic response)이 결여된 채 녹색광 쪽으로 이동하게 된다[41].

sev 유전자의 산물은 R7 전구세포에만 필요하나, *boss* 유전자의 경우에는 R8 세포의 발생을 위해서도 발현되어야 한다. *boss* 유전자의 산물은 100 kDa의 당단백질로서 7개의 막통과 영역을 가지면 N-말단 domain이 세포 외로 노출되어 있다[42]. 이 단백질은 결국에는 모든 광

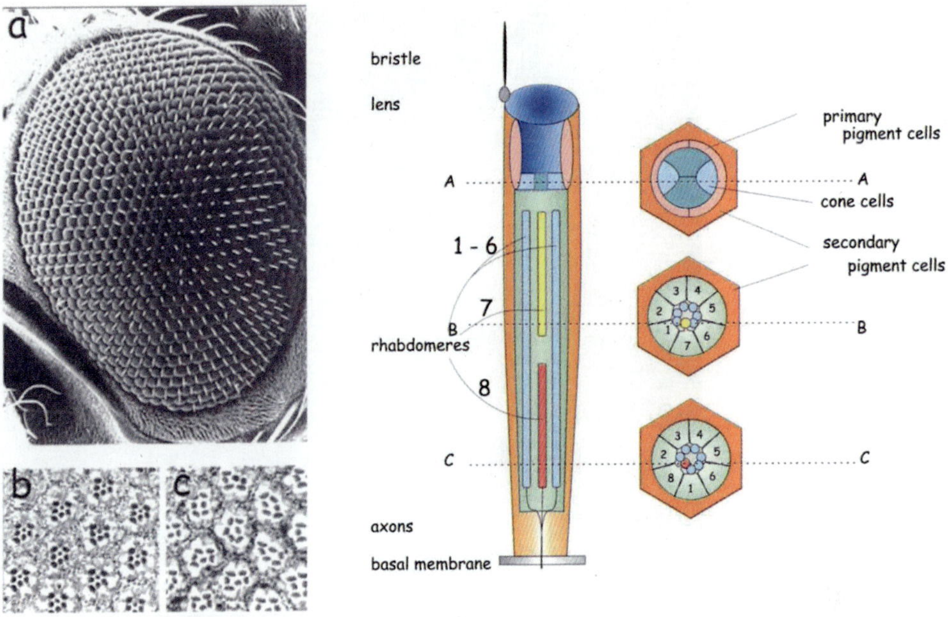

그림 11.9 초파리 낱눈에서의 *sevenless* 돌연변이. *Drosophila*의 겹눈에서 R7 세포의 발생과정을 봄으로써 수용체 PTK의 하부 신호전달경로를 이해할 수 있다. R7 세포의 발생에 영향을 주는 돌연변이를 탐색함으로써 sevenless 수용체의 downstream에서 작용하는 단백질들이 밝혀지게 되었다. 초파리의 겹눈은 낱눈들(ommatidia)로 이루어지는데 각 낱눈은 8가지 광수용체 세포의 집단이 하나의 렌즈로 덮여있는 구조로 되어있다. 이 그림에서는 낱눈 1개를 세포 단면으로 나타낸 해부도를 보여주고 있다. 그 오른편에는 a, b, c 위치에서의 가로단면 그림을 나타내었다. R7 및 R8 세포는 낱눈 전체에 뻗어있지 않기 때문에 b-b 단면과 c-c 단면에는 8개 전부가 아닌 7개의 세포만 나타나게 된다. 전자현미경 사진들은 낱눈의 기하학적 배열을 보여주고 있다. 단면 사진 B와 C는 그림에서의 b-b 및 c-c 단면에 해당된다. 주목할 점은, 정상 초파리에서 찍은 B 사진에서는 7개의 세포가 분명히 드러나지만 *sevenless* 돌연변이를 일으킨 초파리에서 찍은 C 사진에서는 6개의 세포가 보인다는 것이다. Dickson과 Hafen의 책[48] 참조.

수용체 세포에서 발현되지만, R7이 특성화될 시점에서는 이미 발생된 R8 세포에만 존재하게 된다[43]. *sev* 유전자의 산물은 수용체 PTK의 일종이다[44]. 한편 *sev* 및 *boss* 유전자의 단백질들은 직접적으로 상호작용하는데, 이것은 *boss*의 단백질을 발현하는 배양세포가 *sev*의 단백질을 발현하는 세포와 응집체를 만드는 경향이 있다는 사실로부터 알게 되었다[43].

지금은, Boss(리간드)가 Sev(수용체 PTK)에 결합함으로써 Sev가 활성화되고 이로 인해 결국 R7 세포가 신경세포로 특성화된다는 사실이 밝혀진 상태이다. 또한 초파리의 Ras1 유전자의 양이 줄어들면 Sev에 의한 신호전달이 결여되고, *Ras1*을 지속적으로 활성화시키면 *boss* 및 *sev*의 필요성이 없어지는 것으로 미루어볼 때 Ras가 활성화되는 것은 Sev가 작용함으로써 초래되는 초기의 결과임이 밝혀졌다[45]. 그리고 항상 활성화된(constitutively activated) Sev를 발현하는 초파리에서 유전적 분석을 실시한 결과 신호전달경로에 참여하는 두가지 중간 구성요소를 확인하게 되었는데, *Drk*(*downstream of receptor kinase*)와 *Sos*(*son of sevenless*; 그림 11.10의 1열 참조)가 그것이다. Sos 단백질은 효모의 CDC25 단백질과 상당히 유사한데, CDC25는 Ras의 guanine nucleotide exchange 작용을 촉매하는 효소이다[46]. *Drk* 및 *Sos* 유전자의 양이 감소하게 되면 항상 활성화된 Sev로부터의 신호전달에는 아무런 영향이 없다. 즉 *Drk*와 *Sos* 단백질은 활성화 경로에서 Sev와 Ras의 중간에 위치함을 보여주는 것이다. Drk는 주로 Src homology domain을 많이 가지고 있는 작은 단백질로서 2개의 SH3 domain이 1개

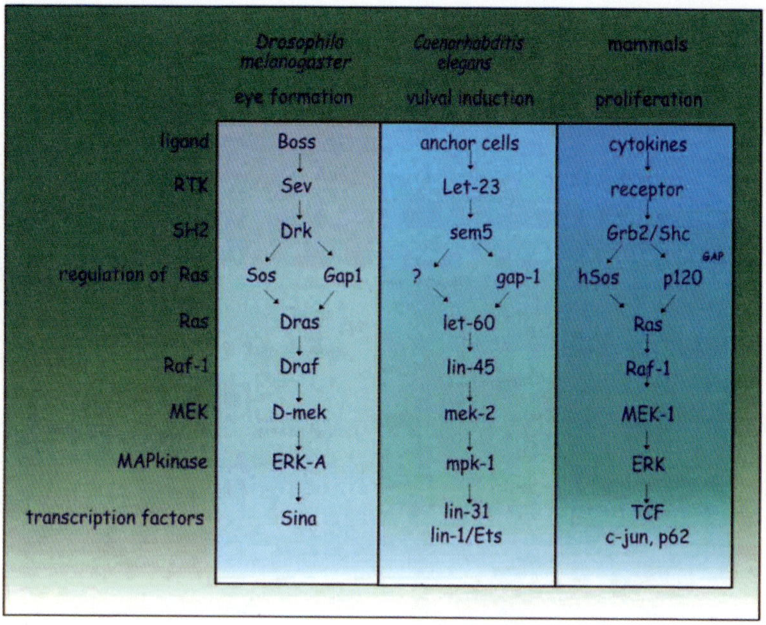

그림 11.10 수용체 PTK의 하부 신호전달경로를 세가지 서로 다른 문(phylum)에 속하는 생물종 사이에서 비교한 것. 수용체 PTK의 downstream에서 작동하는 단백질들에 대한 유전자들이 생물종 간에 상당한 유사성을 보여주고 있다. 이로 인해 EGF 수용체의 downstream 신호전달과정이 규명될 수 있었다.

의 SH2 domain과 붙어있는 구조를 하고 있다(18장 참조). Drk 자체로는 촉매활성이 없기 때문에 adaptor 단백질로 작용한다. 즉 tyrosine 인산화된 수용체에 결합함으로써 Sos의 proline-rich domain에 연결시켜주는 역할을 하고 있는 것이다[(47)].

선충류 연형동물(nematode worms)에서의 음문세포(vulval cell)의 발생

꼬마선충 *C. elegans*에서도 수용체 PTK의 자동인산화가 관여되는 유사한 활성화 경로가 일어나 Ras의 상동단백질(homologue)인 Let-60 이라는 GTPase가 활성화된다(그림 11.10의 두 번째 열). 이 과정은 음문세포의 발생을 결정해주는 것으로 밝혀졌다(그림 11.11). 꼬마 선충에 대하여 치사돌연변이(let, lethal mutants), 음문 발생에서 형태적 변화를 일으키는 돌연변이(sem, sex muscle mutants) 또는 pvh의 계통을 변화시키는 돌연변이(lin, lineage mutants)가 일어난 돌연변이체들을 유전적으로 분석함으로써 신호전달의 각 단계를 확인할 수 있었다[(49)]. 즉 닻모양 세포(anchor cell, 선충의 발생에서 생식소와 산란구를 결합시키는 세포로서 산란구 조직을 형성할 수 있는 6개 세포의 발생 운명을 결정함 - 역자 주)의 산물 중 하나인 Lin-3, p5.p 세포의 수용체 PTK 중 하나인 Let-23, 그리고 Sem-5(Sos와 유사한 guanine nucleotide exchange factor 단백질과 결합함으로써 Let-60에서 nucleotide 교환을 일으킴)을 기반으로 하는 신호전달경로의 구성요소들이 확인된 것이다(그림 11.10).

선충과 초파리의 경우 모두에서, Ras 단백질은 세포의 운명을 결정하는 스위치 역할을 하고 있다. *C. elegans*에서, Ras가 활성화되면 하피세포(hypodermal cell) 즉 피부세포로 발생되는 것이 아니라 음문세포로 형성되도록 결정되게 된다. *Drosophila*의 광수용체에서는, Ras가 활성화되면 R7 세포가 추상세포(cone cell)로 발생되지 않고 신경세포로 발생된다. 이 두 경우에서 모두, Ras 단백질은 세포-세포 간 상호작용에 의해 활성화되는 수용체 PTK의 down-

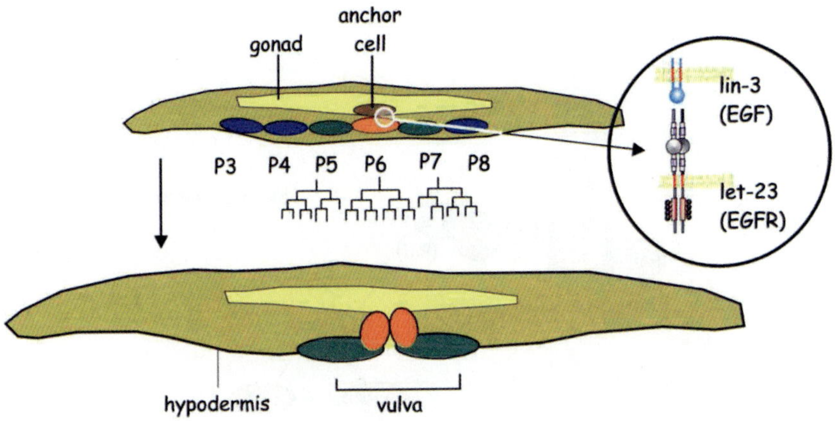

그림 11.11 *C. elegans*에서의 음문(vulva) 발생. 꼬마선충의 음문은 비교적 단순한 구조로 적은 수의 세포로 이루어져 있기 때문에, 배아발생과정에서 세포의 분화현상을 유전적으로 분석하는데 매우 적절하다. 단 3개의 세포 계통(cell lineage), 즉 p5.p, p6.p와 p7.p 세포의 후손세포(descendant)들로 만들어지는데 발생과정은 p6.p 세포에 인접해있는 닻모양 세포(anchor cell)로부터의 신호로 인해 개시된다. 즉 닻모양 세포에서 생성된 Lin-3(EGF와의 상동단백질)이라는 리간드가 p6.p 세포 표면에서 그 수용체인 Let-23(EFG 수용체와의 상동단백질)에 결합한다. 그 결과 p6.p 세포는 그 이웃하는 세포인 p5.p 및 p7.p 세포로 신호로 보내게 되는데, 이 신호로 인해 MAP kinase 신호전달경로를 포함하는 일련의 경로가 활성화되어 이들 세포가 음문 조직의 세포가 되도록 운명을 결정해주게 되는 것이다.

stream에서 작동하고 있다.

척추동물에서의 Ras의 조절

척추동물에서의 Ras 신호전달경로를 규명하기 위해, *Drosophila* 및 *C. elegans*에 존재하는 단백질들과 서열 상동성(sequence homology)을 가지고 있는 단백질들을 확인하는 연구들이 진행되어 왔다[50-52]. 이 단백질들(또는 펩타이드, 항체 등 적절한 형태로)을 기능상실 돌연변이(loss-of-function mutation)를 일으킨 포유동물, 초파리, 또는 선충 세포에서 발현시키거나 미세주입(microinjection)함으로써 Ras 신호전달경로가 복구 또는 조정되는지를 조사하였다. 척추동물의 단백질은 Grb2(growth factor receptor binding protein 2)의 경우는 촉매활성은 없지만 SH2와 SH3 domain을 가지고 있는데, Sem-5 결핍 돌연변이 세포에서 기능을 회복시키는 능력이 있음이 발견되었다. 또한 Grb2는 *Drosophila*의 Sos에 대해 만들어진 항체와 반응하는 특정 단백질(척추동물 단백질)과 결합할 수 있음도 밝혀졌다. 이러한 방법으로, 일련의 신호전달 과정이 분명해지게 되었다. 척추동물에서 Grb2는 인산화된 수용체 PTK와 guanine nucleotide exchange factor를 연결시켜주는 adaptor 단백질로 작용하고 있다는 것이 밝혀진 것이다(그림 11.12). 포유동물의 Sos 상동단백질인 hSos 역시 마찬가지로 guanine nucleotide exchange factor로서 Ras와 상호작용함이 밝혀졌다[53]. Grb2의 구조를 보면, Src homology (SH) domain이 독점적으로 많이 포함되어 있고, 1개의 SH2 domain이 2개의 SH3 domain과 붙어있는 구조를 하고 있다. SH3 domain은 proline 다수 함유 서열(proline-rich sequence)과 상호작용하는 특성이 있기 때문에(18장 참조), Grb2와 Sos는 자극이 없는 조건에서도 결합된 상태로 남아있게 된다. 즉, 수용체가 활성화되었을 때의 주요 효과는 Grb2와 Sos를 결합시키는 것이 아니라, Grb2/Sos 복합체를 세포막으로 불러오는 작용인 것이다[54].

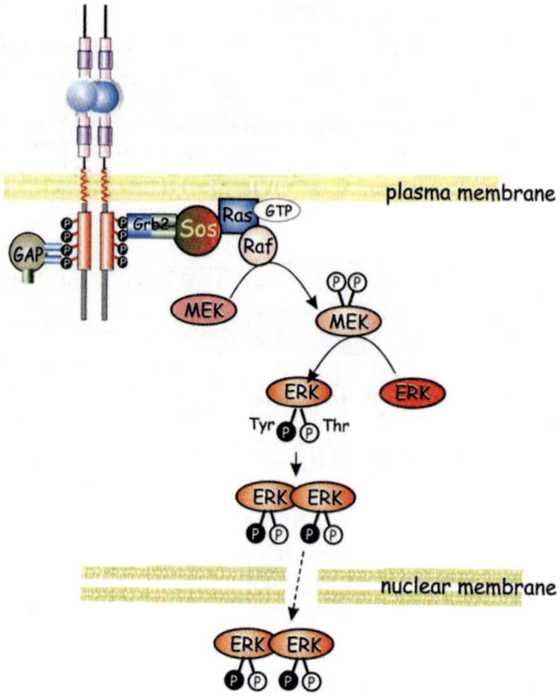

그림 11.12 수용체 PTK에 의한 Ras-MAP kinase 신호전달경로의 조절. Adaptor 단백질인 Grb2는 guanine nucleotide exchange factor Sos와 결합한 상태에서 SH2 domain을 통해 tyrosine 인산화된 수용체에 결합된다. 이로서 Grb2/Sos 복합체는 세포막 근처로 근접하게 되어 Ras에서의 guanine nucleotide 교환을 촉매하게 된다. 활성화된 Ras는 serine/threonine protein kinase인 Raf-1과 결합된다. 세포막에 위치하게 된 Raf-1은 활성화됨과 동시에 이중 특이성(dual specificity)을 갖는 kinase인 MEK(MAP kinase-ERK kinase)을 인산화시킨다. 이어서 MEK은 ERK의 tyrosine과 threonine 잔기를 인산화시킨다. 활성화된 ERK는 이량체화(dimerization)되면서 signal peptide가 노출됨으로써 핵으로 들어 갈 수 있도록 인도해주는 단백질들과 결합하게 된다.

앞에서도 언급하였지만(4장 참조), Ras-GTPase activating protein p120^{GAP}도 역시 2개의 SH2 domain을 가지고 있다. 이 단백질 또한 활성화된 수용체의 phosphotyrosine 잔기에 결합되며, 활성화된 PDGF 수용체 상에 조합 조립되는 신호전달 복합체(signaling complex)의 한 구성요소가 되기도 한다(그림 11.12). 하지만 GAP의 결합이 신호전달에 있어서 어떤 역할을 하는 것인지는 아직 확실치 않다. 예를 들어, PDGF 수용체에 돌연변이를 일으켜 GAP이 결합되지 못하도록 만든 세포에서도 Ras는 정상적으로 활성화될 수 있기 때문이다[55].

Ras에서 MAP kinase로의 신호전달과 전사작용의 활성화

Ras의 활성화에 이어지는 현상은 ERK(extracellular signal regulated protein kinase)의 활성화이다. ERK는 처음에는 EGF를 처리한 세포의 세포질로부터 serine/threonine 인산화 활성을 갖는 단백질로 얻어져 MAP kinase(mitogen activated protein kinase)라는 이름이 붙여졌다[56].

ERK는 핵으로 들어가 초기반응 유전자들(early response genes)에 대한 활성인자로 작용한다. 이 신호전달경로는 2차 전령물질(second messenger)과는 독립적으로 작동되며, 오히려 어떤 세포에서는 cAMP가 ERK의 작용을 막기도 한다. ERK 신호전달경로에는 2개의 중간단계가 있는데 두 단계 모두 인산화 과정이다(그림 11.12). ERK의 직접적인 활성화 인자는 MEK인데, MEK은 ERK의 threonine(T)과 tyrosine(Y) 잔기를 동시에 인산화시키는매우 특이한 효소이다. T와 Y 잔기는 표적서열(target sequence)인 LTEYVATRWYR*APE* 안에 포함되는데(표 11.1), 표적서열은 conserved motif인 APE의 N-말단 쪽 7개 아미노산 잔기로서 ERK의 촉매활성 부위에 위치하고 있다.

조금 더 upstream 쪽으로 옮아가면 이 연쇄과정(cascade)에서 첫 번째 kinase는 Raf-1이 된다. Raf-1은 처음에는 발암유전자(oncogene)의 산물로 발견된 단백질이다. 그 후 활성화된 Ras가 Raf-1을 세포막 쪽으로 불러오고 그 결과 kinase 활성화가 일어난다는 사실이 발견되면서 ERK와 Ras 경로가 연결되게 된 것이다[57-59]. Raf-1의 활성화에 필요한 것은 활성화된 Ras와의 실제적인 결합이 아니라 Raf-1이 세포막으로 이동되어 결합되는 것이라 할 수 있다. 물론 정상적인 조건에서는 Ras와의 결합이 필수적이다[60,61]. 그러나 Raf-1의 돌연변이 형태로서 prenylation(4장 참조)이 일어나는 부위로 작용하는 C-말단 Caax box를 가지고 있고 따라서 세포막에 지속적으로 결합된 상태로 존재하는 경우에는 Raf-1은 Ras와는 독립적으로 downstream 과정을 일으키게 된다. 따라서 생리학적 상황에서 Ras의 역할이라는 것은 세포막에 위치하면서 Raf-1을 세포막으로 불러오는 중개자라고 볼 수 있다.

MAP kinase Mitogen activated protein kinase; 클로닝 된 후에는 **ERK** 즉 extracellular signal regulated kinase로 불리어 왔다.

Raf Rat fibrosarcoma; MAP kinase-kinase-kinase, 즉 MAP-KKK라고도 불린다.

ERK 이후: 초기반응 유전자들의 활성화

ERK에 이중적인 인산화가 일어난 결과 ERK는 이량체화되고 signal peptide가 노출되면서, ERK 이량체를 핵 안으로 이동될 수 있도록 촉진시켜주는 단백질과 상호작용할 수 있게 된다. ERK가 핵 안으로 들어가면 그 기질의 serine-proline 및 threonine-proline motif를 인산화시키게 된다. 세포가 EGF와 PDGF에 의해 자극될 경우, ERK의 활성화는 세포 증식을 위한 절대적인 필요조건이 된다. 이 때 초기반응 유전자들은 수용체가 자극된 후 1시간 이내에 활성화된 상태가 된다. 이들의 활성화는 일시적 현상으로서, 단백질 합성이 저해된 조건 하에서 일어날 수 있다. EGF 수용체가 활성화된 경우, 전사인자 c-Fos가 신속하게 유도된다. c-Fos는 최초의 cytokine 유도성 전사인자(cytokine-inducible transcription factor)로 발견된 것이다[62]. 그러나 그 후 c-Fos는 지속적인 연구를 통해, 지금은 유전자 발현을 조절함에 있어서 중심적인 역할을 하는 전사인자로 알려져 있다. c-fos 유전자의 프로모터 영역에는 serum response element(SRE)가 포함되어 있는데, 이 DNA 영역에는 전사인자인 $p67^{SRF}$(serum response factor)와 $p62^{TCF}$(ternary complex factor)가 결합하게 된다. ERK에 의해서 $p62^{TCF}$가 인산화되면 $p62^{TCF}$와 $p67^{SRF}$가 DNA와 함께 복합체를 형성하는 작용이 증대되면서 c-fos 유전자의 전사가 촉진되게 된다(그림 11.13)[63].

c-fos 외에 초기반응 유전자로서 c-myc과 c-jun도 중요하다. EGF 수용체를 통해 자극이 주어졌을 때, c-Jun 역시 인산화에 의해 활성화되게 된다. 이 인산화는 PKC 활성화의 간접적인 결과로 탈인산화되는 위치(앞서 설명한 PLC-PKC 신호전달 내용 참조)와는 상당히 떨어진 위치에서 일어난다. 한편, 지속적으로 활성화되어 있는 형태의(oncogenic) Ras(즉, v-Ras)가 발현되어도 c-Jun에 의한 유전자의 전사가 활성화되는데 반해, 지속적으로 활성화되어 있는 형태의 Raf-1은 c-Jun에 아무런 영향을 미치지 못한다. 이러한 사실로 볼 때, c-Jun의 활성화는 Raf-1-MEK-ERK 경로에 의해 일어나지 않는다는 것을 알 수 있다. 더욱이, c-Jun은 ERK에 의

$p62^{TCF}$는 처음에 **$p67^{SRF}$** (serum response factor) 및 DNA와 함께 3개의 구성요소로 이루어진 복합체의 일부분으로 발견되었기 때문에, 'ternary complex factor'라고 불리게 되었다.

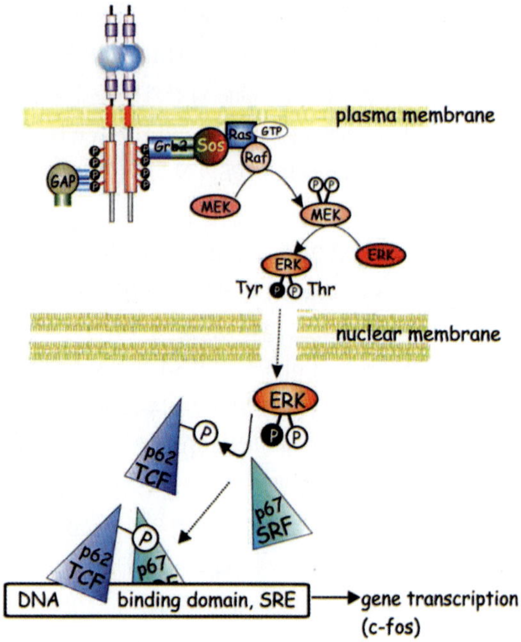

그림 11.13 ERK에 의한 전사작용의 활성화. 활성화된 ERK는 핵 안으로 들어와 $p62^{TCF}$를 인산화시키고, 인산화된 $p62^{TCF}$는 $p67^{SRF}$와 결합하여 활성화된 전사인자 복합체를 형성한다. 이 복합체가 DNA의 SRE 위치에 결합되는 것이다.

해서는 거의 인산화되지 않으며, Jun N-terminal kinase(JNK, 또 다른 MAP kinase 중의 하나)에 의해 인산화되어 활성화되는 것으로 밝혀졌다(그림 11.15). c-Jun과 c-Fos는 결합하여 activator protein complex-1(AP-1)이라 부르는 복합체를 형성하게 되는데, 이것이 다른 유전자들의 발현을 촉진시킨다.

Fos feline osteosarcoma virus.
Myc 조류 백혈증(avian leukosis) retrovirus MC29 유래의 형질전환 유전자에 대한 세포의 대응(counterpart) 유전자.
Jun 조류 육종 바이러스-17(avian sarcoma virus-17) 유래 유전자. 17을 일본어로 *junana*라고 읽는 것에서 유래된 이름.
유의할 점: fos, myc, jun 등 유전자의 약자는 소문자로 표기하며, 첫 글자를 대문자로 쓴 동일한 약자는 그 유전자로부터 발현된 단백질 산물을 나타낸다.

단백질 합성의 조절

성장인자들에 의한 세포분열 신호(mitogenic signal)가 주어짐으로써 단백질 합성속도가 증가되고, 또한 특정 mRNA 서열에 대한 선택적인 번역이 일어난다(모든 mRNA 서열이 동일한 속도로 번역되지 않기 때문이다). 여기서 다시 ERK가 작용하게 되는데, 리보솜의 단백질 합성을 개시시키는 역할을 맡고 있다. 이 작용은 initiation factor-4E(eIF-4E)가 mRNA의 cap과 개시인자 복합체(initiation factor complex)에 결합할 수 있도록 조절함으로써 일어난다(그림 11.14). 즉 활성화된 ERK가 eIF-4E의 209번 위치 serine(Ser-209)을 인산화시키는 것인데, 이 위치는 ERK가 직접 닿을 수 있는 위치가 아니기 때문에, 대신 ERK의 downstream에서 작용하는 Mnk1(MAP kinase-integrating kinase-1)가 그 일을 수행한다. Mnk1은 eIF-4E와 직접적으로 상호작용하지 않고 eIF-4E의 파트너인 eIF-4G에 있는 결합부위를 이용한다. 이렇게 하여 eIF-4E가 개시인자 복합체에 결합되면, mRNA의 5′ cap 근처에 있는 hairpin 고리구조가 펴지게 된다. 이제 드디어 eIF-2.GTP가 결합된 리보솜의 작은 subunit(40S)가 mRNA에 결합될 수 있게 된다[64,65](그림 11.14).

흥미롭게도, Mnk1은 몇몇 바이러스이 표적이 되기도 한다. Adenovirus의 유전자 산물 중

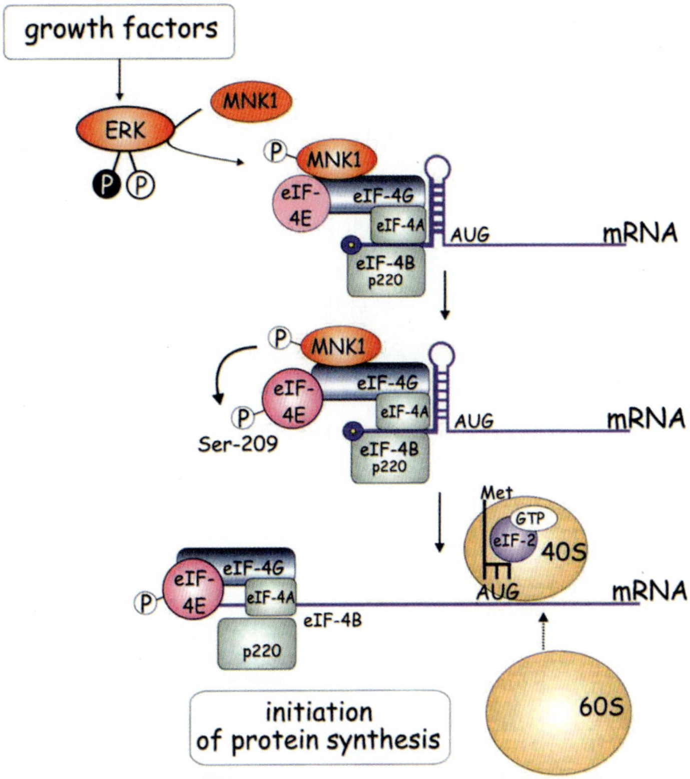

그림 11.14 ERK에 의한 단백질 합성과정의 활성화. ERK는 Mnk1을 인산화시키고, 활성화된 Mnk1은 eIF-4E를 인산화시킨다. 활성화된 eIF-4E는 mRNA의 poly-A tail에서 개시인자 복합체와 결합되어 mRNA의 접힌 부분을 펴주게 된다. 이로써 mRNA의 개시 codon인 AUG에 리보솜이 부착되어 단백질 합성이 시작되는 것이다.

하나인 p100 단백질은 eIF-4G에 결합하여 Mnk1을 떨어지게 함으로써 더 이상 eIF-4E가 인산화되지 못하도록 만든다. 그 결과, 세포의 mRNA는 번역될 수 없게 된다. 그러나 이때 바이러스의 mRNA는 전혀 영향을 받지 않기 때문에 결국 세포는 바이러스의 단백질을 만들어내는 장치가 되어버리는 것이다[66].

ERK 반응의 종료

성장인자들로부터 시작된 신호를 종료시키는 것 또한 매우 중요한 과정이다. ERK의 활성을 종료시키는 경로에 대해서는 17장에서 다루도록 한다.

MAP kinase 관련 단백질군

ERK는 MAP kinase라 불리는 단백질군의 한 일원이다. MAP kinase들은 기능적으로 볼 때 3가지로 분류된다. 첫 번째는 세포분열과 세포분화를 촉진하는 신호를 전달하는 것이며, 다른 두가지는 세포 스트레스(cellular stress)와 염증성 cytokine(inflammatory cytokine)에 대한 세포의 반응과 관련되는 것이다. 이들 MAP kinase들은 3가지 경로로 작동하게 된다:

- ERK 경로. ERK1과 ERK2는 MAP kinase의 원형이라 할 수 있는 단백질들이다. ERK 단백질군에는 ERK1-7까지 7가지 종류가 밝혀져 있다. 하지만 ERK3-7의 isoform들은 세포분열 촉진 신호전달경로에서는 기능하지 않는 것으로 나타난다.
- JNK/SAPK 경로. SAPK는 stress activated protein kinase를 의미한다. SAPK 단백질군 안에, Jun N-terminal kinase(JNK)가 하나의 하부 단백질군을 이루고 있다(SAPK/JNK1-3).
- p38/HOG 경로. HOG란 high osmolarity glycerol을 의미하는 것으로서, 효모(*S. cerevisiae*)에서 세포 스트레스를 일으킴으로써 protein kinase를 활성화시키는 것을 말한다. 이때 활성화되는 p38MAP-kinase가 또 다른 하부 단백질군을 이루고 있다.

이들 각 신호전달경로(그림 11.15)들은 kinase 연쇄과정(cascade)을 포함하면서 각각의 MAP kinase 단백질을 인산화 및 활성화시키고 있다. 이들 MAP kinase들은 각각 하나씩의 이중 인산화 부위(dual phosphorylation site), 즉 TEY, TPY 또는 TGY를 갖고 있는데, 이 아미노산 서열은 MAP kinase 단백질군에서만 특이적으로 존재하는 motif 내에서 중심적인 아미노산 잔기를 이루는 것들이다(표 11.1).

여러 생물체들에서의 MAP kinase

MAP kinase에 의해 조절되는 신호전달경로들은 모든 진핵생물체에서 발견되고 있다[67]. 효모(*S. cerevisiae*)에서 MAP kinase에 의해 조절되는 생리적 과정들은, 교배(mating), 발아(sporulation), 세포벽 온전성 유지(cell wall integrity), 침습 성장(invasive growth), 의균사 성

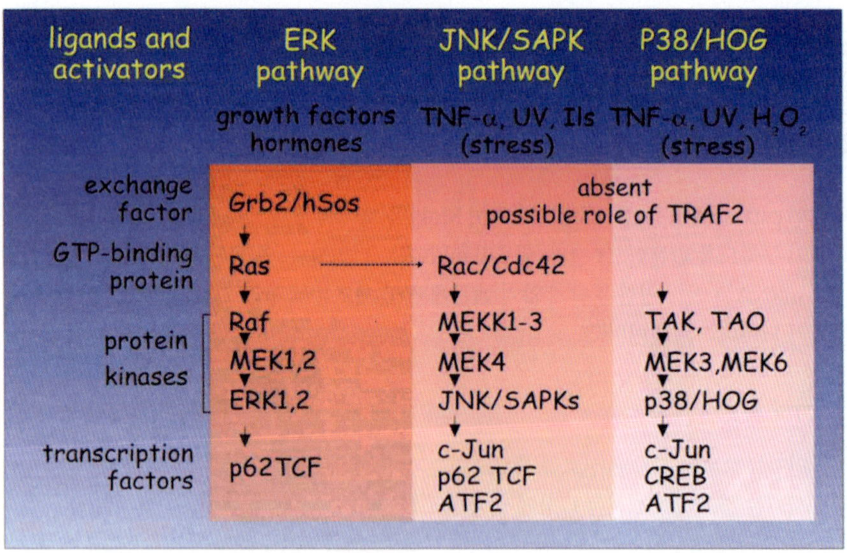

그림 11.15 MAP kinase 단백질군과 그들에 의한 전사까지의 병렬적인 신호전달경로들(parallel pathways). MAP kinase들은 이중 인산화부위(dual phosphorylation site) 내에 존재하는 중간서열(TEY, TPY 또는 TGY)에 따라 3가지 부류로 나뉜다. 이러한 분류는 한편으로는 3가지의 구별되는 신호전달경로, 즉 ERK, JNK/SAPK 및 p38/HOG 경로를 규정하게 되는데 각 경로마다 독특한 upstream의 protein kinase들을 포함하고 있다.

표 11.1 MAP kinase 단백질군들에서 나타나는 이중 인산화부위들

Species	Kinase	Domain VII	Linker L12	Domain VIII (catalytic loop)
			TEY motif	
Human	ERK1	DFGLAR	IADPEHDHTGF	LTEYVATRWYRAPEIMLNSK
Rat	ERK1	DFGLAR	IADPEHDHTGF	LTEYVATRWYRAPEIMLNSK
Human	ERK2	DFGLAR	VADP-HDHTGF	LTEYVATRWYRAPEIMLNSK
Rat	ERK2	DFGLAR	VADP-HDHTGF	LTEYVATRWYRAPEIMLNSK
			TGY motif	
Mouse	P38/HOG	DFGLAR	HTDDE------	MTGYVATRWYRAPEIMLNWN
			TPY motif	
Rat	SAPKα	DFGLAR	TACTN------FM	MTPYVVTRYYRAPEVILGMG
Rat	SAPKβ	DFGLAR	TAGTS------FM	MTPYVVTRYYRAPEVILGMG
Rat	SAPKγ	DFGLAR	-AGTS------FM	MTPYVVTRYYRAPEVILGMG
Human	JNK1	DFGLAR	TAGTS------FM	MTPYVVTRYYRAPEVILGMG

장(pseudohyphal growth) 및 삼투조절(osmoregulation) 등 다양하다. 초파리(*Drosophila*)에서는 MAP kinase가 면역반응과 배아 발생에 있어서 조절자 역할을 하고 있다. 이 외에도 점균류(slime moulds), 식물체 및 진균류(fungi)에서의 조절작용에 MAP kinase들이 관련된다는 것도 알려져 있다.

그 외의 Ras 활성인자들과 effector들

hSos가 아닌, guanine nucleotide exchange factor들도 Ras와 다른 effector 단백질들을 활성화시킬 수 있다는 사실이 밝혀져 있다(그림 4.15). 그리고 guanine nucleotide exchange factor들은 effector 단백질들이 갖는 독특한 서열에 결합하여 작용한다는 사실도 알려져 있다. 하지만 아직도 활성화된 Ras에는 서로 다른 effector들이 몇 가지나 붙을 수 있는지, 그리고 그 붙는 순서는 어떻게 결정되는 것인지 등 여전히 알아내야 할 것이 많다[68].

Ca^{2+}/calmodulin 신호전달경로

PLCγ가 활성화되어 세포질의 Ca^{2+} 농도가 상승하면 serine/threonine protein kinase들에 의한 폭넓은 단백질 인산화 작용이 일어나게 된다. 이때 작용하는 Ser/Thr protein kinase들로는 Ca^{2+}-calmodulin-dependent kinase II(CaM-kinase II, 8장 참조), myosin light chain kinase(MLCK), phosphorylase kinase, elongation factor-2 kinase(EF-2 kinase) 등 다양하다. 이들 모두는 활성화되기 위해 Ca^{2+}/calmodulin 복합체의 작용을 받는다.

어떤 시점에서 특정 기질이 인산화된 수준은 인산화와 탈인산화의 속도에 의해 결정된다. Ca^{2+}/calmodulin은 protein phosphatase의 일종인 calcineurin을 활성화시킴으로써 그러한 인산화-탈인산화의 균형에 영향을 미치고 있다(calcineurin은 calmodulin 의존성의 Ser/Thr phosphatase이다 — 8장 참조). 이 calmodulin-calcineurin의 작용을 통해 T세포의 활성화에 필수적인 역할을 하는 전사인자들이 활성화되고 있다(17장 참조). 분명한 사실은, 수많은 세포내 신호들을 조절하고 있는 Ca^{2+} 이온은 그야말로 다재다능한 2차 전령물질이 아닐 수 없다는 것이다(그림 8.1 참조).

Ras에 대해서는 여전히 알아내야 할 것이 너무 많다.

우리가 Ras와 그 관여되는 신호전달경로를 알면 알수록, Ras의 역할은 점점 더 복잡해지고 얽혀만 가고 있다. Ras는 단순히 세포성장을 촉진시키는 활성인자가 아니다. 실제로 어떤 세포에서는 세포성장과 분화를 억제시키고, 어떤 세포에서는 분화만 억제시킨다. 분명해지는 것은, Ras는 세포의 유형, 세포의 상태, 다른 GTPase들의 활성화 상태, Ras isotype(N-, K- 또는 H-Ras)의 종류 등에 따라 세포의 다양한 기능들을 조절하고 있는

PI 3-kinase의 활성화

Tyrosine 인산화된 수용체에 PI 3-kinase의 adaptor인 p85 subunit가 결합되면, $p85^{PI\ 3\text{-}kinase}$에 결합되어 있는 촉매활성 subunit인 $p110^{PI\ 3\text{-}kinase}$가 세포막으로 위치하게 됨으로써 inositol phospholipid의 inositol ring 3번 탄소 위치에 인산화를 일으키게 된다. 이 신호전달경로를 통하여 protein kinase B(PKB)가 활성화되는데, PKB는 세포의 생존(survival), 증식, 운동성 및 포도당 대사 등 다양한 세포 현상에서 매우 중요한 역할을 담당하는 protein kinase이다. PI 3-kinase 신호전달경로에 대해서는 13장에서 다루도록 한다.

전사인자들에 대한 직접적인 인산화

세포막에 위치한 수용체가 유전자 발현에 영향을 줄 수 있는 가장 간단한 방법이라면 전사인자를 직접 인산화시키는 것이라 하겠다. 이러한 예로 interferon에 의해 전사작용이 활성화되는 것을 들 수 있다. 이 과정에서, interferon 수용체의 직접적인 표적이 되는 전사인자들이 바로 STAT이다. 사실 STAT은 이 과정뿐만 아니라 EGF 수용체와 PDGF 수용체로부터의 신호전달에도 관여한다는 사실이 밝혀져 있다(12장 참조)[69,70]. $p84^{Stat1a}$와 $p91^{Stat1b}$는 성장인자 수용체에 의해 인산화되면 서로 결합하여 dimer 복합체가 되고, 동시에 핵 안으로 이동하게 된다. 핵 속에서 이 STAT dimer는 c-fos와 같은 초기반응 유전자들의 전사를 촉진시키는 것이다(그림 11.16).

PDGF 수용체에 의해 tyrosine 잔기에 인산화되어 형성되는 STAT dimer는 초기에 알려지기를, 바이러스 발암성유전자인 v-Sis에 의해 활성화되는 전사인자 복합체이기 때문에 Sis-inducible factor(SIF)라 불리게 되었다. 발암성 유전자 v-Sis는 PDGF의 전구체를 암호화하고 있어서 PDGF와 유사하게 신호전달경로를 활성화시키는 것으로 밝혀졌다[71,72].

수용체 신호전달에서의 경로 전환(switch): 7TM(seven-transmembrane) 수용체에 의한 ERK 활성화

수용체 인산화에 의한 신호전달경로 변경

4장에서 설명한 바와 같이, G-protein-coupled receptor(GPCR)들은 그들 자체가 PKA와 PKC의 기질이 될 뿐만 아니라 수용체 특이적 kinase들(receptor specific kinases)에 대한 기질이 되기도 한다(그림 4.10). 수용체 특이적 kinase들은 이미 리간드가 결합된, 즉 활성화된 수용체들에 우선적으로 작용하는 kinase이다. 이에 반해, cAMP 또는 Ca^{2+} 등의 2차 전령물질 생성이 많아질 때 촉진되게 되는 PKA와 PKC에 의해서는 수용체에 리간드가 결합되어 있는지의 여부에 관계없이 인산화가 일어나게 된다. 이 인산화의 결과는 수용체로 하여금 다른 G-protein에 주목하도록 전화시키는 것이라 할 수 있다. 9장에서 설명한 바와 같이, β-아드레날린성 수용체(β-adrenergic receptor)는 PKA에 의해 인산화되면 G_s 단백질이 아닌 G_i 단백질에 작용하게 되어 결국 ERK 신호전달경로를 촉진시키게 된다(그림 9.5). 따라서 β-adrenergic receptor kinase(βARK)와 같은 수용체 특이적 kinase들은 리간드에 의해 활성화된 수용체만 표적으로 하기 때문에, 보다 강한 자극이 주어지는 조건 하에서만 작용한다. 또한 인산화시키는 위치도 PKA의 표적위치와 구별되어 있다.

βARK에 의해 인산화된 β-아드레날린성 수용체는 β-arrestin을 불러와서 G-protein이 결합하는 고리구조(세포막 안쪽 세 번째의 고리) 위치에 붙게 함으로써 G_s를 통한 신호전달이 되지 않도록 막는다(그림 11.17). 이때 주목할 점은, 결합된 β-arrestin이 PTK의 일종인 Src

것으로 나타난다는 사실이다. 또한 Ras가 세포 형질전환과 관련된 것도 간단한 원인과 결과의 문제가 아니다. 예를 들면:

- 발암성 Ras(oncogenic Ras)가 세포의 형질전환을 일으키는 것은, 세포에 이미 p53 또는 Rb 등 암억제 유전자(tumor suppressor gene) 상의 많은 돌연변이가 일어난 상태에서만 나타나는 현상이다. 그런 상태가 아니라면 Ras가 도입된 세포는 세포자살(apoptosis)로 유도된다(10장 '암과 형질전환' 부분 참조).
- Ras에 대한 실험의 대부분이 설치류 섬유아세포 세포주들(rodent fibroblast cell lines)에서 이루어져 왔는데, 이 세포들은 실제 인간에서 Ras와 관련된 암이 발생하는 상피세포(epithelial cell)에 비해 훨씬 형질전환이 잘 일어나는 특성이 있다. 더욱이, 유의해야 할 것은 형질전환된 세포들의 표현형이 세포 유형에 따라 상당히 다르다는 점이다. Ras가 형질전환된 상피세포(예; 인간 유방암 세포)는 세포-세포 간의 접착연접(adherens junction)이 붕괴되고 스트레스 섬유(stress fiber)와 focal adhesion이 나타나는 특성이 있는 반면(14장 참조), 형질전환 섬유아세포의 경우에는 스트레스 섬유가 오히려 없어지는 현상이 나타난다. 또한 마우스 섬유아세포에서는 지속적으로 활성화된 Ras와 그의 effector인 Raf가 모두 세포 형질전환을 일으키지만, 쥐의 장 상피세포(intestinal epithelial cell)의 경우에는 Ras 만이 형질전환의 원인이 된다는 차이점도 있다.
- 상대적으로 H-Ras에 대한 항체나 돌연변이 세포주가 많이 사용되기 때문에 대부분의 연구들이 H-Ras에 집중되어 있다. 그러나 인간 Ras 유전자 N, H, 및 K는 실제 매우 비슷하고 그 기능도 유사한 것처럼 보이지만, 사실 그들의 작용이 모두 동일하다고 믿을 수 있는 근거는 아무 것도 없다. 비록 실험 데이터들이 아직까지는 개략적이기는 하지만, 배아에서 K-Ras 만이 치사성(lethality)을 갖고 N- 또

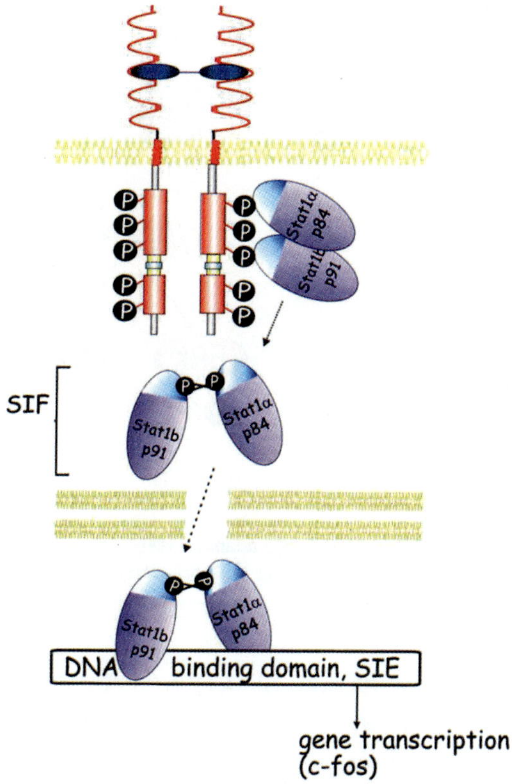

그림 11.16 STAT 전사인자의 직접적인 인산화. p84[Stat1a]와 p91[Stat1b]는 그들의 SH2 domain을 통해 수용체에 결합되어 tyrosine 잔기가 인산화된다. 이들은 SIF라 부르는 dimer를 형성하여 핵으로 이동한 후 DNA의 Sis-inducible element(SIE)에 결합하여 *c-fos* 등의 초기반응 유전자들의 전사를 활성화시킨다.

는 H-Ras는 그렇지 않다는 사실로 미루어보면 이들 상호 간에는 기능상의 중복성이 없을 가능성도 높다.

이 장에서는 ERK 경로에서 activator로 작용하는 Ras에 대해서 언급하였다. 그러나 주의할 점은 ERK 경로는 세포증식을 조절하는 Ras 작용의 유일한 경로가 아니라는 것이다. 13장에서는 PI 3-kinase 경로(protein kinase B를 활성화시킴)에서 activator 중 하나로 작용하는 Ras에 대해 살펴볼 것이다. 그 외에도 Ras가 effector로 작동하는 몇몇 신호전달경로들이 더 있다.

이 내용에 대한 보다 포괄적인 이해를 위해 Shields 등의 review 논문을 보기 바란다[68].

STAT Signal transducer and activator of transcription.

(pp60^{src})의 결합위치로 작용하게 되는데, 이 또한 ERK의 활성화로 이어지는 신호전달경로에 연결된다는 것이다.

Src가 결합된 이후의 신호전달 단계에 대해서는 아직 알려지지 않았다. 한가지 가능한 설명은, Src가 adaptor 단백질 Shc-1을 인산화시켜 Grb2/Sos 복합체에 결합하도록 만드는 것이다(이 과정은 focal adhesion 복합체를 형성하는 과정과 유사하다 — 14장의 그림 14.15 참조). 이렇게 하여 Ras, Raf, MEK, 그리고 결국 ERK를 활성화시켜 줄 수 있다[73].

이와 또 다른 경로를 거쳐 Ras에 도달하고 ERK를 활성화시킬 수 있는 다른 형태의 7TM 수용체도 있다. 예를 들어, lysophosphatidic acid receptor(LPA) 역시 ERK를 활성화시키는데 이 경우에는 Src와는 무관한 경로를 거친다. 즉, PI 3-kinase로 먼저 신호가 전달된 후 아직 확인되지 않은 tyrosine kinase와 결합단백질(docking protein)을 통해 결국 Grb2/Sos에 이르게 되는 과정이다[74].

활성화전이(transactivation)에 의한 경로 변경(pathway switching)

G-protein-coupled receptor로부터의 신호를 경로 변경시켜 Ras-ERK 경로의 활성화로 연결시켜주는 또 다른 방법으로서, 활성화전이라 부르는 과정이 있다[75,76]. 한 예로, 수용체가 carbacol 또는 thrombin에 의해 활성화되었을 때, 세포막에 연결되어 있는 EGF성 성장인자

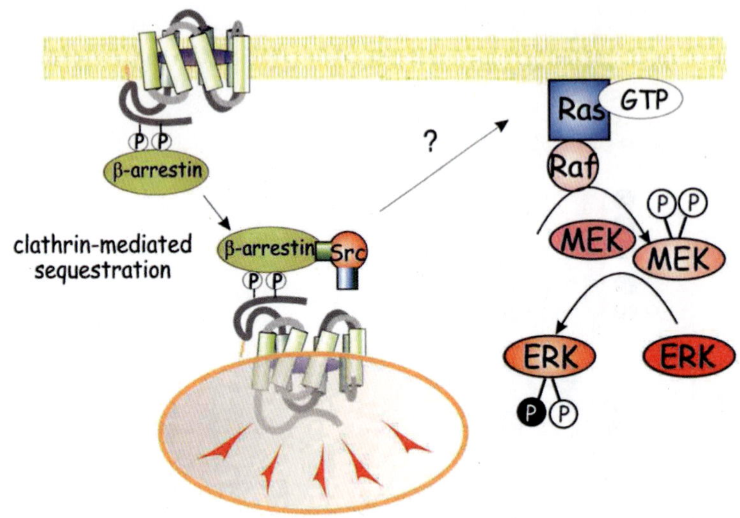

그림 11.17 βARK에 의한 β-adrenergic receptor의 인산화(그림 4.10 참조)로 인해 adaptor 단백질 β-arrestin이 결합하게 된다. 이로써 수용체는 G-protein과의 상호작용이 종료되고, 그 대신 Src(SH3 domain을 통하여)를 불러와 Ras-ERK 경로로 신호를 전달한다. 이때 β-arrestin의 작용은 수용체를 clathrin 피복소포(clathrin-coated vesicle)로 이동시킴으로써 세포 표면으로부터 제거해내어 lysosome으로 향할 수 있게 해주는 것이다.

HB-EGF Heparin-binding EGF-like growth factor를 말하며, 세포막에 그 전구체인 proHB-EGF 형태로 결합되어 존재한다.

(heparin binding EGF-like growth factor, HB-EGF)의 전구체가 HB-EGF로 분리되어 나오는 현상을 들 수 있다. 여기서 carbacol은 안정적인 무스카린성(muscarinic), 콜린성(cholinergic) 유사체(analogue)의 하나이다(muscarine은 독버섯의 알칼로이드 성분이다. 무스카린성 작용이란 부교감신경의 절후신경섬유의 지배를 받는 기관에 작용하여 부교감신경의 흥분효과를 일으키는 acetylcholine 작용을 말한다 – 역자 주). 이때 떨어져 나온 HB-EGF는 EGF 수용체에 결합함으로써 결국 ERK 활성화를 일으키게 된다. 즉, 이 경우에 있어서 경로 변경은 metalloproteinase가 활성화됨으로써 시작되는 것인데, 이 단백분해효소는 아직 비활성 상태인 성장인자의 전구체(proHB-EGF)를 분해하여 활성화시키는 작용을 하게 된다(그림 11.18)[76,77]. 다시 말하면, 첫 번째 리간드가 두 번째 리간드에 의한 고유의 신호전달경로를 일

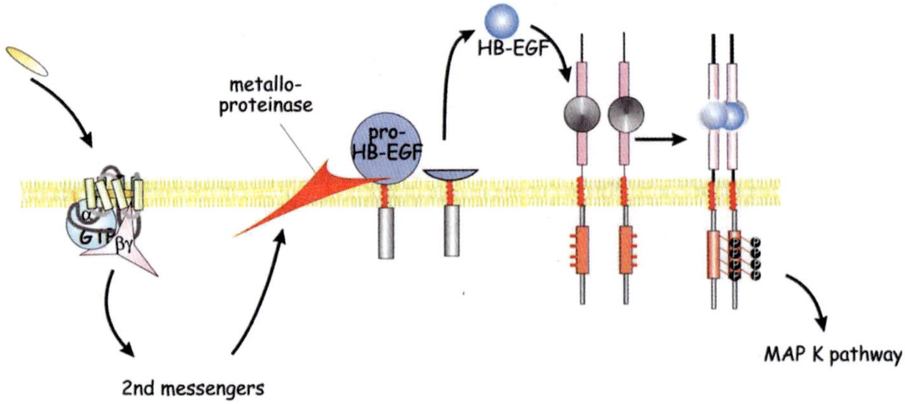

그림 11.18 수용체의 활성화전이. 7TM 수용체가 활성화됨으로 인해, 세포 외 영역에서 단백질을 분해하는 효소를 활성화시키는 신호전달경로가 촉진되고, 그 결과 세포막에 결합되어 있던 HB-EGF의 전구체가 분해되어 HB-EGF를 유리되어 나온다. HB-EGF는 EGF 수용체에 결합하여 또 다른 일련의 신호전달경로들을 유도하게 된다.

으키는 것이다. 이러한 활성화전이 작용은 세포로 하여금 너무나도 다양한 자극들에 대해 세포의 반응들을 통합적으로 조정할 수 있도록 신호전달 시스템의 레퍼토리를 더욱 확대시키게 해주고 있는 것이다. 여기서 설명한 경우에서의 활성화전이 메커니즘을 본다면, 우선 세포 내에서 막통과 효소(transmembrane enzyme)인 metalloproteinase를 활성화시키는 신호가 만들어지고, 이 효소의 촉매활성 부위는 세포 외 영역에 있으면서 두 번째 리간드를 생성시키는 역할을 하고 있다. 그 결과, 두 번째 리간드가 되는 성숙한 성장인자는 그 고유의 세포 내 신호전달경로를 자극할 수 있게 되는 것이다.

References

1 Arkinstall, S., Payton, M., Maundrell, K. Activation of phospholipase Cλ in *Schizosaccharomyces pombe* by coexpression of receptor or nonreceptor tyrosine kinases. *Mol. Cell Biol.* 1995; 15(3): 1431–8.

2 Skorokhod, A., Gamulin, V., Gundacker, D., Kavsan, V., Muller, I.M. Origin of insulin receptor-like tyrosine kinases in marine sponges. *Biol. Bull.* 1999; 197: 198–206.

3 Collett, M.S., Erikson, R.L. Protein kinase activity associated with the avian sarcoma virus src gene product. *Proc. Natl. Acad. Sci. USA* 1978; 75: 2021–4.

4 Eckhart, W., Hutchinson, M.A., Hunter, T. An activity phosphorylating tyrosine in polyoma T antigen immunoprecipitates. *Cell* 1979; 18: 925–33.

5 Witte, O.N., Dasgupta, A., Baltimore, D. Abelson murine leukaemia virus protein is phosphorylated in vitro to form phosphotyrosine. *Nature* 1980; 283: 826–31.

6 Ushiro, H., Cohen, S. Identification of phosphotyrosine as a product of epidermal growth factor-activated protein kinase in A-431 cell membranes. *J. Biol. Chem.* 1980; 255: 8363–5.

7 Giancotti, F.G. Integrin signaling: specificity and control of cell survival and cell cycle progression. *Curr. Opin. Cell Biol.* 1997; 9: 691–700.

8 Naccache, P.H., Gilbert, C., Caon, A.C. *et al.* Selective inhibition of human neutrophil functional responsiveness by erbstatin, an inhibitor of tyrosine protein kinase. *Blood* 1990; 76: 2098–104.

9 Burg, D.L., Furlong, M.T., Harrison, M.L., Geahlen, R.L. Interactions of Lyn with the antigen receptor during B cell activation. *J. Biol. Chem.* 1994; 269: 28136–42.

10 Cantrell, D.A. T cell antigen receptor signal transduction pathways. *Cancer Surv.* 1996; 27: 165–75.

11 Williamson, P., Merida, I., Greene, W.C., Gaulton, G. The membrane proximal segment of the IL-2 receptor β-chain acidic region is essential for IL2-dependent protein tyrosine kinase activation. *Leukemia* 1994; 8 (Suppl 1): S186–9.

12 Kirken, R.A., Rui, H., Evans, G.A., Farrar, W.L. Characterization of an interleukin-2 (IL-2)-induced tyrosine phosphorylated 116-kDa protein associated with the IL-2 receptor β-subunit. *J. Biol. Chem.* 1993; 268: 22765–70.

13 Li, W., Deanin, G.G., Margolis, B., Schlessinger, J., Oliver, J.M. Fcε R1-mediated tyrosine phosphorylation of multiple proteins, including phospholipase Cγ1 and the receptor βγ2 complex, in RBL-2H3 rat basophilic leukemia cells. *Mol. Cell Biol.* 1992; 12: 3176–82.

14 Defize, L.H., Moolenaar, W.H., van der Saag, P.T., de Laat, S.W. Dissociation of cellular responses to epidermal growth factor using anti-receptor monoclonal antibodies. *EMBO J.* 1986; 5: 1187–92.

15 Spaargaren, M., Defize, L.H., Boonstra, J., de Laat, S.W. Antibody-induced dimerization activates the epidermal growth factor receptor tyrosine kinase. *J. Biol. Chem.* 1991; 266: 1733–9.

16 Syed, R.S., Reid, S.W., Li, C.W. *et al.* Efficiency of signalling through cytokine receptors depends critically on receptor orientation. *Nature* 1998; 395: 511–16.

17 Ortega, E., Schweitzer, S.R., Pecht, I. Possible orientational constraints determine secretory signals induced by aggregation of IgE receptors on mast cells. *EMBO J.* 1988; 7(13): 4101–9.

18 Kavanaugh, W.M., Williams, L.T. Signaling through receptor tyrsoinse kinases. In: Heldin, C.H., Purton, M. (Eds) *Signal transduction*. Chapman & Hall, London, 1996; 3–18.
19 Anderson, D., Koch, C.A., Grey, L. *et al.* Binding of SH2 domains of phospholipase Cγ1, GAP, and Src to activated growth factor receptors. *Science* 1990; 250: 979–82.
20 Pandiella, A., Beguinot, L., Velu, T.J., Meldolesi, J. Transmembrane signalling at epidermal growth factor receptors overexpressed in NIH 3T3 cells. Phosphoinositide hydrolysis, cytosolic Ca2+ increase and alkalinization correlate with epidermal-growth-factor-induced cell proliferation. *Biochem. J.* 1988; 254: 223–8.
21 Gilligan, A., Prentki, M., Knowles, B.B. EGF receptor down-regulation attenuates ligand-induced second messenger formation. *Exp. Cell Res.* 1990; 187: 134–42.
22 Gonzalez, F.A., Gross, D.J., Heppel, L.A., Webb, W.W. Studies on the increase in cytosolic free calcium induced by epidermal growth factor, serum, and nucleotides in individual A431 cells. *J. Cell Physiol.* 1988; 135: 269–76.
23 Higaki, M., Sakaue, H., Ogawa, W., Kasuga, M., Shimokado, K. Phosphatidylinositol 3-kinase-independent signal transduction pathway for platelet-derived growth factor-induced chemotaxis. *J. Biol. Chem.* 1996; 271: 29342–6.
24 Liu, X.Q., Pawson, T. The epidermal growth factor receptor phosphorylates GTPase-activating protein (GAP) at Tyr-460, adjacent to the GAP SH2 domains. *Mol. Cell Biol.* 1991; 11: 2511–16.
25 Medema, R.H., Vries Smits, A.M. de, Zon, G.C. van der, Maassen, J.A., Bos, J.L. Ras activation by insulin and epidermal growth factor through enhanced exchange of guanine nucleotides on p21ras. *Mol. Cell Biol.* 1993; 13: 155–62.
26 Muroya, K., Hattori, S., Nakamura, S. Nerve growth factor induces rapid accumulation of the GTP-bound form of p21ras in rat pheochromocytoma PC12 cells. *Oncogene* 1992; 7: 277–81.
27 Meisenhelder, J., Suh, P.G., Rhee, S.G., Hunter, T. Phospholipase Cγ is a substrate for the PDGF and EGF receptor protein-tyrosine kinases in vivo and in vitro. *Cell* 1989; 57: 1109–22.
28 Koch, C.A., Anderson, D., Moran, M.F., Ellis, C., Pawson, T. SH2 and SH3 domains: elements that control interactions of cytoplasmic signaling proteins. *Science* 1991; 252: 668–74.
29 Escobedo, J.A., Navankasattusas, S., Kavanaugh, W.M. *et al.* cDNA cloning of a novel 85 kd protein that has SH2 domains and regulates binding of PI3-kinase to the PDGF β-receptor. *Cell* 1991; 65: 75–82.
30 Skolnik, E.Y., Margolis, B., Mohammadi, M. *et al.* Cloning of PI3 kinase-associated p85 utilizing a novel method for expression/cloning of target proteins for receptor tyrosine kinases. *Cell* 1991; 65: 83–90.
31 Mayer, B.J., Hamaguchi, M., Hanafusa, H. A novel viral oncogene with structural similarity to phospholipase C. *Nature* 1988; 332: 272–5.
32 Matsuda, M., Mayer, B.J., Fukui, Y., Hanafusa, H. Binding of transforming protein, P47gag-crk, to a broad range of phosphotyrosine-containing proteins. *Science* 1990; 248: 1537–9.
33 Mayer, B.J., Hanafusa, H. Association of the v-crk oncogene product with phosphotyrosine-containing proteins and protein kinase activity. *Proc. Natl. Acad. Sci. USA* 1990; 87: 2638–42.
34 Harvey, J.J. An unidentified virus which causes the rapid production of tumours in mice. *Nature* 1964; 204: 1104–5.
35 Simons, P.J., Dourmashkin, R.R., Turano, A., Phillips, D.E., Chesterman, F.C. Morphological transformation of mouse embryo cells in vitro by murine sarcoma virus (Harvey). *Nature* 1967; 214: 897–8.
36 Sweet, R.W., Yokoyama, S., Kamata, T. *et al.* The product of ras is a GTPase and the T24 oncogenic mutant is deficient in this activity. *Nature* 1984; 311: 273–5.
37 Chang, E.H., Furth, M.E., Scolnick, E.M., Lowy, D.R. Tumorigenic transformation of mammalian cells induced by a normal human gene homologous to the oncogene of Harvey murine sarcoma virus. *Nature* 1982; 297: 479–83.
38 Feramisco, J.R., Gross, M., Kamata, T., Rosenberg, M., Sweet, R.W. Microinjection of the oncogene form of the human H-ras (T-24) protein results in rapid proliferation of quiescent cells. *Cell* 1984; 38: 109–17.

39 Feramisco, J.R., Clark, R., Wong, G. *et al.* Transient reversion of ras oncogene-induced cell transformation by antibodies specific for amino acid 12 of ras protein. *Nature* 1985; 314: 639–42.
40 Satoh, T., Endo, M., Nakafuku, M., Nakamura, S., Kaziro, Y. Platelet-derived growth factor stimulates formation of active p21ras.GTP complex in Swiss mouse 3T3 cells. *Proc. Natl. Acad. Sci. USA* 1990; 87: 5993–7.
41 Harris, W.A., Stark, W.S., Walker, J.A. Genetic dissection of the compound eye of *Drosophila melanogaster*. *J. Physiol.* 1976; 256: 415–39.
42 Hart, A.C., Kramer, H., Vactor, D.L. Van, Paidhungat, M., Zipursky, S.L. Induction of cell fate in the Drosophila retina: the bride of sevenless protein is predicted to contain a large extracellular domain and seven transmembrane segments. *Genes Dev.* 1990; 4: 1835–47.
43 Kramer, H., Cagan, R.L., Zipursky, S.L. Interaction of bride of sevenless membrane-bound ligand and the sevenless tyrosine-kinase receptor. *Nature* 1991; 352: 207–12.
44 Hafen, E., Basler, K., Edstroem, J.E., Rubin, G.M. Sevenless, a cell-specific homeotic gene of Drosophila, encodes a putative transmembrane receptor with a tyrosine kinase domain. *Science* 1987; 236: 55–63.
45 Fortini, M.E., Simon, M.A., Rubin, G.M. Signalling by the sevenless protein tyrosine kinase is mimicked by Ras1 activation. *Nature* 1992; 355: 559–61.
46 Jones, S., Vignais, M.-L., Broach, J.R. The CDC25 protein of *S. cerevisiae* promotes exchange of guanine nucleotides bound to ras. *Mol. Cell Biol.* 1991; 11: 2641–6.
47 Lowenstein, E.J., Daly, R.J., Batzer, A.G. *et al.* The SH2 and SH3 domain-containing protein GRB2 links receptor tyrosine kinases to ras signaling. *Cell* 1992; 70: 431–42.
48 Dickson, B., Hafen, E. Genetic dissection of eye development in *Drosophila*. In: Bate, M., Martinez-Arias, A. (Eds) *Development of Drosophila melanogaster*. Cold Spring Harbor Press, New York, 2000; 1327–62.
49 Kornfeld, K. Vulval development in *Caenorhabditis elegans*. *Trends Genet.* 1997; 13: 55–61.
50 Gale, N.W., Kaplan, S., Lowenstein, E.J., Schlessinger, J., Bar-Sagi, D. Grb2 mediates the EGF-dependent activation of guanine nucleotide exchange on Ras. *Nature* 1993; 363: 88–92.
51 Stern, M.J., Marengere, L.E., Daly, R.J. *et al.* The human GRB2 and *Drosophila* Drk genes can functionally replace the *Caenorhabditis elegans* cell signaling gene sem-5. *Mol. Biol. Cell* 1993; 4: 1175–88.
52 Li, N., Batzer, A., Daly, R. *et al.* Guanine-nucleotide-releasing factor hSos1 binds to Grb2 and links receptor tyrosine kinases to Ras signalling. *Nature* 1993; 363(6424): 85–8.
53 Aronheim, A., Engelberg, D., Li, N, al-Alawi, N. Schlessinger, J., Karin, M. Membrane targeting of the nucleotide exchange factor Sos is sufficient for activating the Ras signaling pathway. *Cell* 1994; 78: 949–61.
54 Rozakis-Adcock, M., Fernley, R., Wade, J., Pawson, T., Bowtell, D. The SH2 and SH3 domains of mammalian Grb2 couple the EGF receptor to the Ras activator mSos1. *Nature* 1993; 363: 83–5.
55 Burgering, B.M., Freed, E., van der Voorn, L., McCormick, F., Bos, J.L. Platelet-derived growth factor-induced p21ras-mediated signaling is independent of platelet-derived growth factor receptor interaction with GTPase-activating protein or phosphatidylinositol-3-kinase. *Cell Growth Differ.* 1994; 5(3): 341–7.
56 Ray, L.B., Sturgill, T.W. Rapid stimulation by insulin of a serine/threonine kinase in 3T3-L1 adipocytes that phosphorylates microtubule-associated protein 2 in vitro. *Proc. Natl. Acad. Sci. USA* 1987; 84: 1502–6.
57 Moodie, S.A., Willumsen, B.M., Weber, M.J., Wolfman, A. Complexes of Ras.GTP with Raf-1 and mitogen-activated protein kinase kinase. *Science* 1993; 260: 1658–61.
58 Warne, P.H., Viciana, P.R., Downward, J. Direct interaction of Ras and the amino-terminal region of Raf-1 in vitro. *Nature* 1993; 364: 352–5.
59 Koide, H., Satoh, T., Nakafuku, M., Kaziro, Y. GTP-dependent association of Raf-1 with Ha-Ras: identification of Raf as a target downstream of Ras in mammalian cells. *Proc. Natl. Acad. Sci. USA* 1993; 90: 8683–6.
60 Leevers, S.J., Paterson, H.F., Marshall, C.J. Requirement for Ras in Raf activation is overcome by targeting Raf to the plasma membrane. *Nature* 1994; 369: 411–14.

61 Stokoe, D., Macdonald, S.G., Cadwallader, K., Symons, M., Hancock, J.F. Activation of Raf as a result of recruitment to the plasma membrane. *Science* 1994; 264: 1463–7.
62 Kruijer, W., Cooper, J.A., Hunter, T., Verma, I.M. Platelet-derived growth factor induces rapid but transient expression of the c-fos gene and protein. *Nature* 1984; 312: 711–16.
63 Treisman, R. Regulation of transcription by MAP kinase cascades. *Curr. Opin. Cell Biol.* 1996; 8: 205–15.
64 Lin, T.A., Kong, X., Haystead, T.A. *et al.* PHAS-I as a link between mitogen-activated protein kinase and translation initiation (see comments). *Science* 1994; 266: 653–6.
65 Sonenberg, N., Gingras, A.C. The mRNA 5′ cap-binding protein eIF4E and control of cell growth. *Curr. Opin. Cell Biol.* 1998; 10: 268–75.
66 Cuesta, R., Xi, Q., Schneider, R.J. Adenovirus-specific translation by displacement of kinase Mnk1 from cap-initiation complex eIF4F. *EMBO J.* 2000; 19: 3465–74.
67 Whitmarsh, A.J., Davis, R.J. Structural organization of MAP-kinase signaling modules by scaffold proteins in yeast and mammals. *Trends Biochem. Sci.* 1998; 23: 481–6.
68 Shields, J.M., Pruitt, K., McFall, A., Shaub, A., Der, C.J. Understanding ras: 'It ain't over 'til it's over'. *Trends Cell Biol.* 2000; 10: 147–54.
69 Vignais, M.L., Sadowski, H.B., Watling, D., Rogers, N.C., Gilman, M. Platelet-derived growth factor induces phosphorylation of multiple JAK family kinases and STAT proteins. *Mol. Cell Biol.* 1996; 16: 1759–69.
70 Zhong, Z., Wen, Z., Darnell, J.E.J. Stat3: a STAT family member activated by tyrosine phosphorylation in response to epidermal growth factor and interleukin-6. *Science* 1994; 264: 95–8.
71 Wagner, B.J., Hayes, T.E., Hoban, C.J., Cochran, B.H., Doolittle, R.F. The SIF binding element confers sis/PDGF inducibility onto the c-fos promoter. *EMBO J.* 1990; 9: 4477–84.
72 Doolittle, R.F., Hunkapiller, M.W., Hood, L.E. *et al.* Simian sarcoma virus onc gene, v-sis, is derived from the gene (or genes) encoding a platelet-derived growth factor. *Science* 1983; 221: 275–7.
73 Hall, R.A., Premont, R.T., Lefkowitz, R.A. Heptahelical receptor signaling: beyond the G protein paradigm. *J. Cell Biol.* 1999; 145: 927–32.
74 Kranenburg, O., Verlaan, I., Hordijk, P.L., Moolenaar, W.H. Gi-mediated activation of the Ras/MAP kinase pathway involves a 100 kDa tyrosine-phosphorylated Grb2 SH3 binding protein, but not Src nor Shc. *EMBO J.* 1997; 16: 3097–105.
75 Daub, H., Wallasch, C., Lankenau, A., Herrlich, A., Ullrich, A. Signal characteristics of G protein-transactivated EGF receptor. *EMBO J.* 1997; 16: 7032–44.
76 Prenzel, N., Zwick, E., Daub, H. *et al.* EGF receptor transactivation by G-protein-coupled receptors requires metalloproteinase cleavage of proHB-EGF. *Nature* 1999; 402: 884–8.
77 Zwick, E., Daub, H., Aoki, N. *et al.* Critical role of calcium-dependent epidermal growth factor receptor transactivation in PC12 cell membrane depolarization and bradykinin signaling. *J. Biol. Chem.* 1997; 272: 24767–70.

12

Non-receptor protein tyrosine kinase에 의해 작동하는 신호전달경로

Non-receptor protein tyrosine kinase 단백질군

어떤 수용체들은 receptor protein tyrosine kinase(rPTK)와 유사한 세포반응을 일으키면서도 그 자체로는 촉매활성을 갖지 않는 것들이 있다. 그 대신 이 수용체들은 세포 내에서 non-receptor protein tyrosine kinase(nrPTK)의 형태로 촉매활성을 갖는 단백질을 불러오게 된다. 이 nrPTK들은 세포질 내에 수용성 상태로 존재하거나 세포막에 결합된 상태로 나타난다. nrPTK는 9가지의 하부 단백질군을 나뉘며, 또한 그 단백질군에 속하지 않는 4 종류의 추가적인 효소들과 함께 존재한다(그림 12.1)(1). nrPTK를 불러옴으로써 tyrosine 인산화가 일어나면 여러 단백질들이 결합하고 상호작용하는 신호전달 복합체(signaling complex)가 조립되는 과정이 시작되게 된다. 이에 대한 보다 구체적인 내용은 이 장 맨 끝의 'Non-receptor protein tyrosine kinase와 그 활성화' 부분에서 설명하도록 한다.

nrPTK를 불러오는 수용체들에는 면역 및 염증반응을 중개하는 수용체들이 많이 포함된다:

- T림프구 수용체(T-cell receptor, TCR) — 외래 항원들을 탐지해내는 과정에 관여한다. 주조직 적합성 복합체(major histocompatibility complex, MHC, 모든 포유동물에 존재하는 특정 유전자 집단으로서 그 정보에 의해 생성된 막 항원에 의해 이식조직의 거부 및 림프구와 항원결합세포 사이의 인식작용이 일어남 – 역자 주)와 함께 표출됨으로써 T세포의 클론확장(clonal expansion)이 조절된다(2).
- 항원에 대한 B림프구 수용체 — 미생물 감염에 대응하는 1차 면역방어작용에 중요한 역할을 한다(3).
- Interleukin-2 수용체(IL-2R) — T-helper 세포에 의해 분비되는 cytokine인 IL-2는 활성화된 T세포와 B세포의 증식, 자연살생세포(natural killer cell, NK cell)의 세포용해작용(cytolytic activity), IgG 분비 등을 촉진시킨다.
- 면역글로블린 수용체(immunoglobulin receptor) — IgE에 대한 고친화력 수용체 등이 이에 해당되는데, 비만세포(mast cell)과 호염구(basophil) 표면에 표출된다. 면역과민반응과 급성 면역반응이 시작되는데 중요한 역할을 한다.

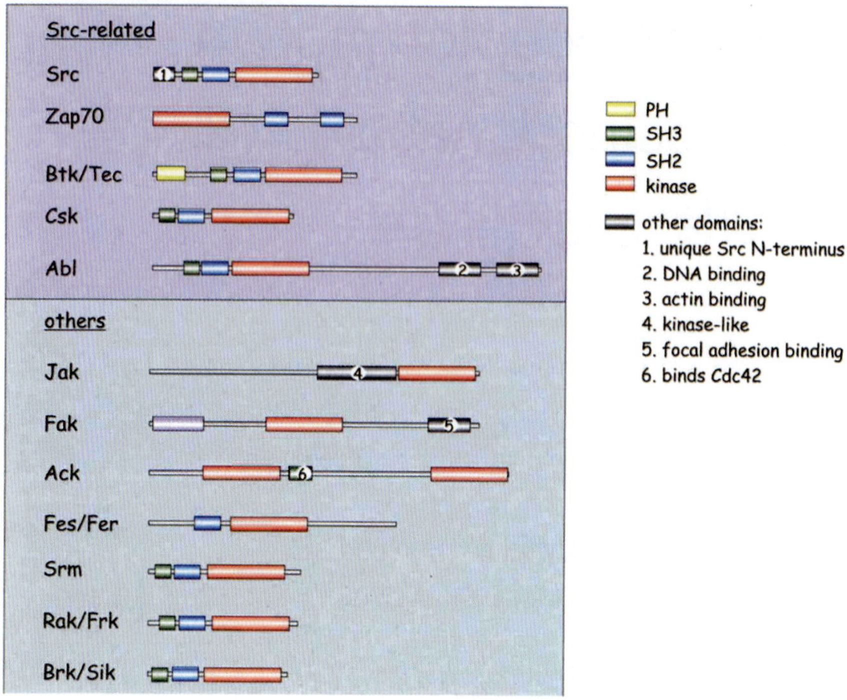

그림 12.1 Non-receptor protein tyrosine kinase(nrPTK)들. nrPTK는 거대한 단백질군을 이루고 있는 protein kinase이다. 대부분이 SH2 및 SH3 domain을 갖고 있다. 이 중 여럿은 원래 바이러스 유전체의 형질전환 유전자(transforming gene)로 발견된 것들이어서, 바이러스 이름을 따라 이름이 붙여졌다. 예를 들면, src와 abl은 각각 Rous sarcoma virus와 Abelson murine leukemia virus로부터 온 이름이다. Hunter의 그림 인용[1].

- Erythropoietin 수용체 — cytokine의 일종인 erythropoietin은 적혈구아세포(erythroid cell)이 적혈구로 성숙되는 과정의 마지막 단계에서 중요한 역할을 한다. Erythropoietin 수용체는 적혈구아세포 뿐만 아니라 다양한 종류의 세포에서 나타나는데, 이는 아직 밝혀지지는 않았지만 erythoropoietin이 다른 조직에도 특이적인 영향을 미치고 있음을 시사해준다.
- Prolactin 수용체 — 뇌하수체 호르몬인 prolactin은 젖 분비(lactation) 과정을 조절함에 있어 중추적인 역할을 담당한다. 또한 면역반응과 소설작용에도 관여하고 있다. 예를 들어, prolactin은 자연살생세포를 통한 세포독성(NK-mediated cytotoxicity)의 수준을 조절해 준다. 또한 남성의 피임제로도 주목받고 있다.

이 외의 nrPTK들에 대해서는 14장에서 다루게 될 것인데, 특히 14장에서는 세포의 생존과 증식에서 중추적 역할을 맡고 있는 nrPTK의 작용에 대해 설명한다.

■ T세포 수용체를 통한 신호전달

T림프구는 세포성 면역(cell-mediated immunity에 있어서 중심적인 역할을 맡고 있는 세포이다. T세포가 활성화되면, 증식하여 cytotoxic T세포와 helper T세포 등 기능세포로 분화된다. Cytotoxic T세포는 특정한 표적(보통 바이러스에 감염된 세포들)을 죽이는 작용을 하고, helper T세포는 면역계의 다른 세포들의 작용을 도와주는 역할을 한다. 효율적인 T세포의 활

성화를 위해서는, 여러 서로 다른 리간드들과 그 수용체들 간의 상호작용들이 조화를 이루어야 한다. 이러한 특징은 보통과는 다른 경우인데, 이런 색다른 측면은 이 뿐만이 아니다. T세포를 활성화시키는 일차적인 리간드는 전통적인 1차 전령물질(first messenger), 즉 혈액에 존재하는 수용성 분자들이 아니라, 이웃하는 세포의 세포막에 표출된 단백질이라는 사실이다. 예를 들어서, 어떤 활성화 형태를 이전에는 경험한 적이 없는(naive) T세포가 자극을 받는 과정을 살펴보자. 그 자극을 위해서는, T세포 수용체(TCR)의 작용이 필요하게 된다. 즉, 수용체가 외래의 항원단백질을 인식하게 되는데, 이 항원은 표적세포의 표면에 짧은 펩타이드의 형태로 표출된다. 바이러스에 감염된 세포는 바이러스 단백질을 발현하게 되고 그 단편(fragment)을 세포막 단백질의 일종인 주조직적합성복합체(MHC) 상의 홈이 패인 구조(groove)에 결합시켜 표출시킨다. Class I MHC 분자들은 사실상 모든 핵을 지닌 세포들에서 발현되며, 어떤 숙주 생물체에 있어서 면역계에 의해 'self'로 인식되는 특성이기도 하다. 앞서 설명한 방법에 의해서 T세포의 임무는 그 중 감염된 세포를 죽이는 일인 것이다.

항원들 중 순환하는 것들은 B림프구와 macrophage 등의 특성화된 면역세포들에 의해 처리된다. 항원과 반응한 면역세포들은 세포 표면에 단백질 단편을 표출시키는데 이때 단편을 부착시키는 곳은 class II MHC가 된다. 이 경우에서는 T세포의 역할을 표적세포로 하여금 항체를 생산하도록 하거나 침입 미생물을 잡아먹도록 하는 작용이다.

T림프구의 활성화를 위해서는 둘 이상의 수용체가 관여하여야 한다

T세포 활성화를 위한 세포-세포 간 상호작용에는 특성화된 adhesion molecule들이 작용하는 직접적인 접촉이 필요하고(14장 참조), 동시에 세 가지 서로 다른 리간드-수용체 간 상호작용도 필요하다(그림 12.2). T세포의 반응을 처음 일으키는 것은 항원과 MHC의 조합이다. 그러나 그 결과로 나올 수 있는 것은 두 가지이다. 즉 '공동으로 자극을 주는(costimulatory)' 2차적인 신호가 존재하는 경우와 그렇지 않은 경우가 다른 결과로 귀결된다는 것인데 2차적인 신호가 있을 경우에라야 세포는 완전하게 활성화되게 된다. 완전한 활성화란, 초기반응 유전자들(early response genes)의 전사와 그에 뒤이은 IL-2의 합성 및 분비, 그리고 세포주기로 들어가 증식하고 효과기세포(effector cell) 또는 기억세포(memory cell)로 분화하는 모든 반응을 의미하는 것이다. 만일 2차적인 신호가 없는 경우에는, T세포는 특정항원에 대해 면역성이 감소(anergic)하게 된다.

이 모든 과정과 관련된 신호전달 현상은 그림 12.2에 개략적으로 나타낸 바와 같다. 초기의 세포-세포 간 접촉에는 항원표출세포(antigen presenting cell) 표면의 B7과 T세포 표면의 CD28 사이에 낮은 특이성의 상호작용이 일어난다. 또한 T세포 수용체(TCR)의 α 및 β 사슬은 항원표출세포가 표출하는 펩타이드에 결합한다. 그리고 TCR은 CD3 분자와 결합함으로써 8개 polypeptide의 복합체를 구성하는데 이들 polypeptide들은 모두 세포막을 관통하게 된다(그림 12.2). 이 복합체는 실제 촉매활성 영역이 없음에도 불구하고, 이 복합체가 활성화되면 nrPTK들을 불러오면서 tyrosine 인산화 작용을 일으킨다. 아울러, PLCγ가 활성화되어 IP_3와 DAG가 생성되고 세포질 Ca^{2+} 농도가 상승하게 된다. 다시 말해서, TCR의 활성화에 따른 결과들은 EGF 수용체 또는 PDGF 수용체의 활성화에 의한 결과들과 다르지 않다는 것이다. TCR 활성화로 인해 tyrosine kinase 활성이 유도되는 것을 알게 된 것은, Src 단백질군 중 T세포에만 특이적으로 존재하는 PTK인 Lck($p56^{lck}$)가 발견되면서부터였다(그림 12.1)[5,6]. Lck는

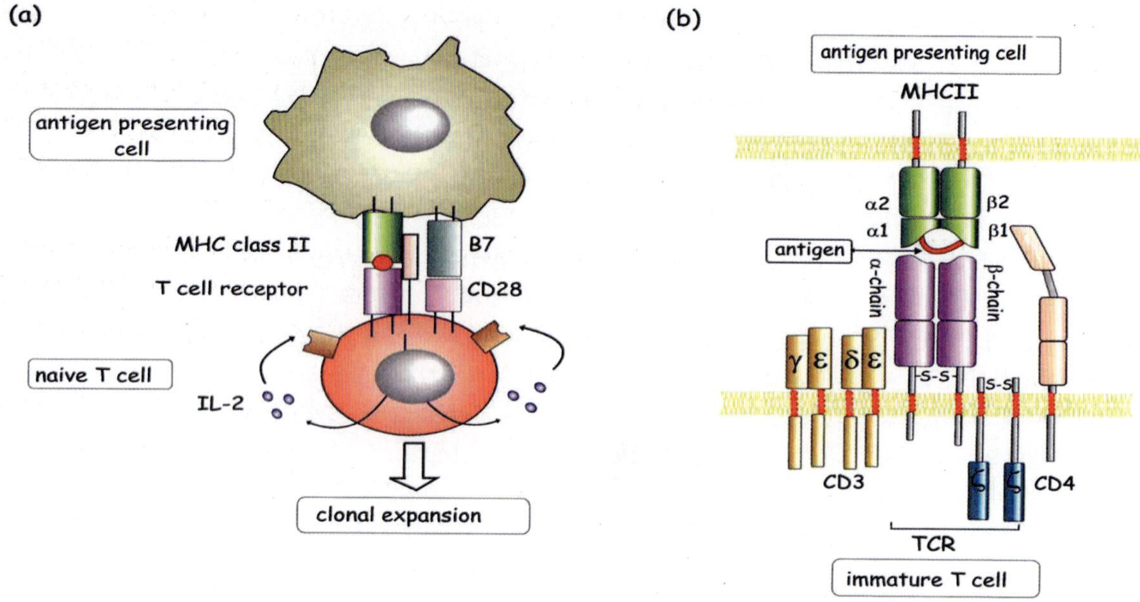

그림 12.2 Naive T세포의 클론 확장(clonal expansion): (a) 클론 확장을 위한 신호전달은 항원표출세포 표면 MHCII의 홈(groove) 구조에 표출된 항원이 T세포 수용체에 결합되면서 시작된다. 이와 함께 B7과 CD28 등과 같은 다양한 '공동자극(costimulatory)' adhesion molecule들이 결합되면서, IL-2가 생성되고 IL-2 수용체도 T세포 표면에 발현되게 된다. 이로써 특정 항원을 인식할 수 있는 T림프구들이 클론 확장될 수 있도록 만드는 증식신호가 주어지는 것이다. 그 결과 숙주 생물체는 효과적으로 항원을 제거할 수 있게 된다. (b) TCR은 disulfide 결합으로 연결된 α 및 β 사슬의 heterodimer 구조를 갖고 있다. 이 구조에는 해당 항원을 인지할 수 있는 과다양성 영역(hypervariable region)이 포함되는데, 이는 MHC 분자의 홈 구조에 짧은 펩타이드로 표출되게 된다. α 및 β 사슬의 heterodimer는 두 개의 ζ-사슬과 함께 TCR을 이루는데, 이들은 다시 CD3 단백질의 4개 polypeptide(γ, ε 및 δ, ε)와 함께 하나의 복합체를 이룬다. CD4(또는 CD8) 단백질 또한 helper(또는 cytotoxic) T세포에서 TCR과 결합되어 있다. CD4(또는 CD8)는 MHC에 결합되고, 동시에 nrPTK의 일종인 Lck를 TCR의 ζ-사슬 근처로 가져다주는 역할을 하게 된다.

CD4(helper T세포의 경우) 또는 CD8(cytotoxic T세포의 경우)의 세포질쪽 사슬에 결합한다[7]. 그리고 CD4(또는 CD8)의 세포외 영역은 MHC 단백질에 결합한다. 이 결합으로 인해 TCR과 항원 사이에 형성된 다소 약한 결합이 강화되는 효과와 함께, 한편으로는 CD4(또는 CD8) 분자가 TCR 복합체의 근처에 위치할 수 있도록 함으로써 Lck로 하여금 TCR의 ζ-사슬에 있는 표적서열로 접근되도록 해준다. 그러나 다른 Src 단백질군의 kinase들처럼 Lck는 특정 아미노산 잔기에서 탈인산화되어야 활성화될 수 있다. 이 탈인산화 작용은 또 다른 막통과 단백질이면서 protein tyrosine phosphatase 활성을 갖고 있는 CD45에 의해 일어나게 된다. CD45의 기능에 대해서는 17장에서 구체적으로 설명한다.

Lck가 활성화되면 TCR의 ζ-사슬에 인산화가 일어난다[8]. ζ-사슬에서 인산화 표적이 되는 tyrosine 잔기들은 ITAM(immunoreceptor tyrosine-based activation motifs)라는 motif에 존재한다. ITAM들은 CD3의 γ, δ, ε-사슬에도 존재한다. 그러나 이들은 또 다른 Src 단백질군의 kinase이면서 ε-사슬과 결합되어 있는 Fyn(p59^{fyn})에 의해 인산화되고 있다[9]. Fyn 역시 Lck처럼 탈인산화에 의해 활성화된다. 이 Fyn과 Lck는 모두 효율적인 TCR 신호전달에 필요한 구성요소들이다. 이들에 의해 ITAM들이 인산화되면 SH2 domain을 가지고 있는 단백질들을 위한 결합부위가 만들어져, ZAP-70(ζ-chain-associated protein-tyrosine kinase of 70 kDa)을 불러오게 된다[10]. ZAP-70은 일종의 PTK로서 일단 TCR에 결합되면 인산화됨으로써 활성화

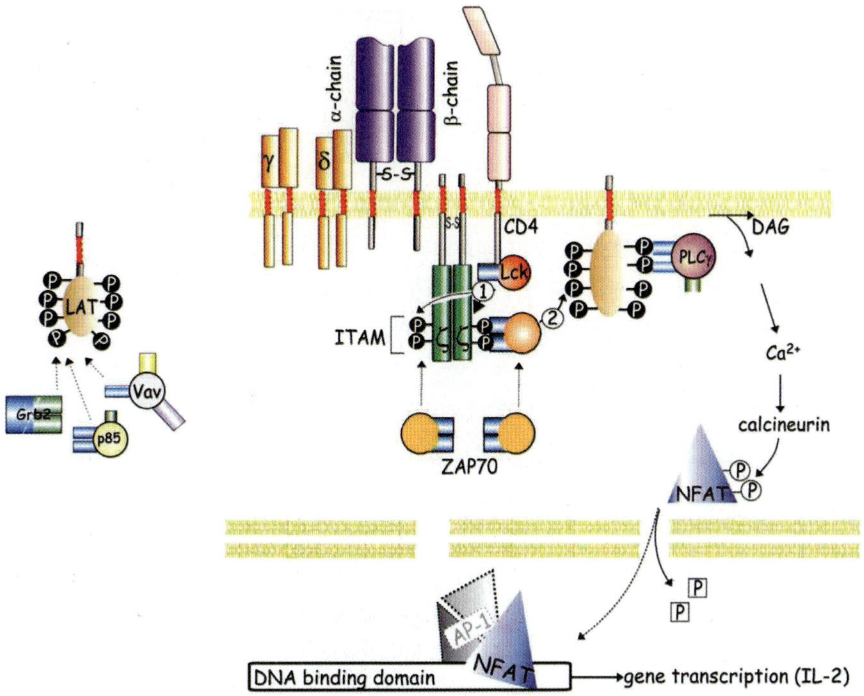

그림 12.3 활성화된 TCR 복합체로부터 나온 신호는 세포질의 PTK에 의해 전달된다. TCR 복합체에 연결되어 있는 Lck는 TCR의 두 ζ-사슬에 있는 ITAM motif를 인산화시킨다. ITAM에 만들어진 phosphotyrosine 잔기들에는 또 다른 세포질 PTK인 ZAP-70의 SH2 domain이 결합된다. 결합된 ZAP-70는 근처에 있는 막통과 adaptor 단백질인 LAT를 인산화시킨다. 인산화된 LAT에는 다양한 단백질들이 결합되게 되는데, guanine exchange factor인 Vav, adaptor인 Grb2, PI 3-kinase의 p85 subunit, 그리고 PLCγ 등이 그 예이다. 이들은 모두가 IL-2 유전자를 활성화시키는데 중요한 역할을 하게 된다. 즉 PLCγ의 작용으로 인해 세포내 Ca^{2+} 농도가 상승하면 calcineurin이 활성화되어 전사인자 NF-AT(nuclear factor of activated T cells)를 탈인산화 시켜주고, 이 NF-AT는 AP-1 복합체와 함께 IL-2 유전자의 전사를 일으키게 되는 것이다.

되어 여러 기질들을 인산화시키는 작용을 수행한다. 이어지는 과정은 phosphotyrosine 잔기에 SH2- 또는 PTB-domain을 갖는 단백질들이 결합되고, 이 단백질들은 그 자체가 PTK로서 다른 단백질들을 연속적으로 인산화시키는 방식으로 진행된다. 이때 각 단계에서는 여러 effector 단백질을 통해서 신호전달경로가 가지를 칠 수 있는 기회가 생긴다. 또한 연속적인 단백질 recruitment를 통해 여러 effector 단백질을 포함하는 신호전달 복합체(signaling complex)가 조립되게 된다(그림 12.3). 신호전달경로의 분기점 중 중요한 곳의 하나는 LAT (linker for activation of T-cells)이다. LAT는 내재성 막 단백질(integral membrane protein)의 일종으로 ZAP-70에 의해 인산화될 기질 tyrosine 잔기를 최소 9개 이상 가지고 있다[(11)]. LAT가 인산화되면, 다양한 신호전달 단백질 분자들을 불러오게 되는데 이들 모두가 SH2 domain에 의해 이루어진다. 여기에 포함되는 것들은, Grb2, SLP76, PLCγ, PI 3-kinase(p85 subunit을 통해) 등과 guanine nucleotide exchange factor인 Dbl 및 Vav 등이다.

TCR을 중심으로 신호전달 복합체가 만들어지고 그로부터 신호전달경로들이 갈라져 나오는 일련의 메커니즘은 성장인자에 의한 신호전달의 경우와 유사하다. 그러나 그 신호전달 경로들이 결국 어디로 가는지 모두 밝혀지지는 않았다. 그 중 PLCγ 경로(DAG - IP_3 - Ca^{2+} 농도 상승)는 phosphatase의 하나인 calcineurin을 활성화시켜 전사인자 NF-AT의 탈인산화를 통한 활성화를 일으킨다[8,12]. NF-AT는 activation protein-1(AP-1)의 도움을 받아 IL-2 발현을 유도해낸다. 이러한 PLCγ 경로는 IL-2 발현에 있어 중추적인 역할을 하기 때문에(17장 참조), 결국 T세포의 클론 확장에 필수적인 과정이 되고 있다.

앞에서 이미 언급한 바와 같이 T세포의 완전한 활성화는 '공동자극' 신호가 없이는 일어날 수 없는데, 이 신호는 또 다른 수용체가 관여해야 얻어지는 것이다. 특정 helper T세포의 경우에는, 그 또 다른 수용체가 CD28이 되는데 이는 항원표출세포의 B7 분자와 결합하면서 공동자극 신호를 내게 된다. CD28에 의해 활성화되는 신호전달에는 PI 3-kinase 경로가 관여하는 것으로 알려져 있다(13장 참조). 그러나 그 경로가 TCR에 의해 일어나는 현상들과 어떻게 상호 연결되는지에 대해서는 확실히 알려지지 않았다.

IgE 수용체와 세포외 배출작용(exocytosis)를 위한 신호

비만세포(mast cell)와 호염구(basophil)는 알러지 반응에서 역할을 담당하고 있는 세포들로서, 급성 과민반응(immediate hypersensitivity; 수혈이나 이물질에 반응하여 histamine, 혈관작용물질 등이 다량 방출되는 항체성 과민반응 – 역자 주) 및 지연성 과민반응(delayed hypersensitivity; 특정 항원에 대하여 서서히 세포성 면역반응이 생기는 것 – 역자 주) 모두에 관여하고 있다[4]. 이들은 또한 세균 감염[13]과 기생충 감염에 대항한 방어작용을 돕고 염증반응에도 참여한다. 이들을 자극하는 것은 다가항원(polyvalent antigen)인데, 다가항원은 세포에 결합하여 고친화력의 IgE 수용체에 결합(수용체의 Fcε-R1 부분에 특이적으로)되어 있는 IgE를 교차결합시킨다. 이어지는 IgE 수용체로부터의 초기 신호전달과정은 림프구에서의 경우와 매우 유사하게 일어난다. 즉, tyrosine kinase들과 SH2 domain을 갖고 있는 adaptor 및 effector 단백질들을 순차적으로 불러오는 방식을 보여준다.

IgE 수용체의 응집(aggregation)이 일어나고 나면 일련의 다양한 현상들이 유도된다. 우선 수 분 정도의 짧은 시간에 일어나는 작용으로는, 이미 생성되어 분비과립(secretory granule)에 저장해두었던 생산물을 분비하는 작용이다. 이때 분비되는 물질로는 혈관확장물질(vasoactive agents)과 염증매개물질(histamine, proteoglycan, neutral protease, acid hydrolase 등)들이다. 이어서, 수 분 내지 수 시간에 걸쳐 일어나는 작용으로서, IL-2, IL-6 및 arachidonate로부터 만들어지는 염증매개물질(leukotrien의 일종인 LTB_4 등)과 같은 cytokine이 합성되고 분비된다[14]. 마지막으로, 수 시간에서 수 주일에 걸친 긴 시간 동안에는 새로운 분비과립이 형성되고 세포의 형태가 회복되는 과정이 일어나게 된다[15].

IgE 수용체 응집에 이어지는 분자 수준의 초기 현상들을 보면, 우선 Lyn과 Syk을 포함한 Src 단백질군의 tyrosine kinase들을 불러오게 된다(그림 12.4). TCR과 마찬가지로, IgE 수용체 역시 lipid raft 영역에 비계 단백질(scaffold protein)인 LAT와 함께 위치하고 있다[16]. Syk에 의해 LAT가 인산화되면 SH2 domain을 갖는 단백질들에 대한 부착위치(docking site)가 마련된다. 부착되는 단백질 중에는 Vav가 중요한데, 그 이유는 GTPase 중 Rho 단백질들의 활성화를 조절해주기 때문이다. Vav에는 수많은 domain들이 포함되어 있어서 이 단백질에 들어오고 나가는 다양한 신호들을 조절하는 능력을 갖고 있다. Vav에서 발견되는 domain들에는, 1개의 SH2 domain, 2개의 SH3 domain, 1개의 Dbl homology(DH) domain, 1개의 pleckstrin homology(PH) domain, 1개의 leucine-rich 영역(region) 및 1개의 cysteine-rich 영역 등이 있다(18장 참조). 특히 이 중에도 DH domain은 guanine nucleotide exchange factor

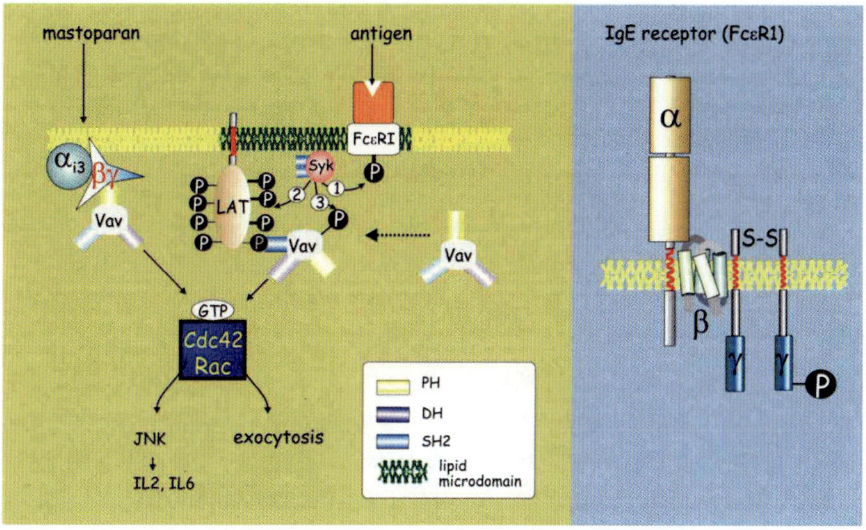

그림 12.4 IgE 수용체로부터의 신호전달경로. 항원이 결합되면 먼저 세포질의 PTK인 Syk를 불러와 활성화시키게 되고, 활성화된 Syk는 IgE 수용체의 FcεR1과 LAT를 인산화시켜준다. 그 결과 LAT는 Vav를 불러와 Syk에 의해 인산화되게 만들고, Vav는 Cdc42와 Rac에 GTP 교환을 촉매함으로써 분비과립을 해체(degranulation)시키고 cytokine을 생성하게 하는 신호전달경로를 활성화시킨다.

의 특징으로서 Rho GTPase에서 GTP/GDP 교환작용을 촉매해준다. 이를 통해 세포는 cytoskeleton의 재조직화(reorganization)라든지[17], 세포 분화를 매개하는 Jun N-terminal kinase(JNK)를 조절(그림 11.15 참조)하는 등[18], 다양한 세포반응들을 제어할 수 있게 된다.

세포내 신호전달경로들은 일반적으로 서로 겹치는 경우가 많은데, 각각이 서로 다른 효과를 내면서도 공통적인 구성요소들을 공유하고 있는 것을 보게 된다. 이 때문에 리간드가 결합된 후 최종적으로 세포 반응이 나오기까지, 그 과정은 어떤 현상들로 구성되는지 경로를 그려내기가 상당히 어렵다. 비만세포 및 그와 조혈과정 상의 기원(haemotopoietic origin)을 함께 하는 세포들, 즉 호중구(neutrophil)과 호산구(eosinophil)에서는, 분비과립의 세포외 배출작용을 유도하는 신호전달 현상과 다른 세포반응을 위한 신호전달 현상을 구별하는 것이 쉽지 않다. PLC가 활성화됨으로써 세포질의 Ca^{2+} 농도가 상승하지만, 세포외 배출작용 즉 분비과립이 세포막과 융합되는 것은 Ca^{2+} 농도에 대한 의존성이 없다[19-21]. 대부분의 분비세포에서는 세포외 배출작용이 세포질 Ca^{2+} 농도의 상승에 의해 촉진되는데 반해, 이 경우에서는 GTP의 존재 여부에 의존적이다. 즉 GTP의 존재로 인해 Cdc42와 Rac이 인산화되어야 세포외 배출작용이 일어날 수 있는데, 하지만 GTPase와 막 융합 조절 단백질 사이를 연결시키는 과정에 대해서는 아직 알려지지 않았다[22-24].

비만세포에서 세포외 배출작용을 일으키는 두 번째 신호전달경로로 mastoparan에 의한 신호전달이 밝혀져 있다. 장수말벌(wasp)의 독(venom) 펩타이드인 mastoparan은 세포 표면의 수용체에 결합하는 것이 아니라, 수용체 모방물질('receptor-mimetic' agent)로서 세포막 안으로 끼어들어가 G_i class의 heterotrimeric G protein을 직접 활성화시킨다[25,26]. 이때 G protein의 βγ-subunit로부터 세포외 배출작용을 위한 신호가 나오게 된다[27]. 이 신호전달경로에서도 IgE 수용체로부터의 신호전달과 마찬가지로 Vav가 참여하고 있을 가능성이 높은데, 그 이유는 Vav가 PH domain을 갖고 있어서 βγ-subunit에 결합할 수 있으면서 동시에 guanine nucleotide exchange factor로서의 활성도 갖고 있기 때문이다.

Lipid raft 가설

면역적 인식을 수행하는 수용체를 통해 자극되는 세포에서는 그 신호전달 메커니즘에 있어서 세포막 상의 이질적인 영역(heterogeneous region)들이 관여한다는 사실이 특징적이다. 이 이질적인 미소영역(microdomain)들은 그들의 지질 조성이 색다르기 때문에 lipid raft라 부른다. T세포, B세포, 비만세포에서는 이 특별한 지질 영역(lipid domain)에 신호전달 단백질들을(막에 연결되거나 막통과 형태로) 담아두는 현상이 특히 두드러지게 나타난다. 사실 지질 영역들의 존재는 대부분의 세포에서 발견되고 있지만, 이들이 신호전달에 관여하는지에 대해서는 아직 잘 알려지지 않았고 연구결과들도 일치된 결론을 보여주지 못하고 있다. 초기 연구에 의하면 상피세포로부터 얻어진 세포막 시료에서 계면활성제로 파괴되지 않는 분획(detergent-resistant fraction)이 존재한다는 사실이 발견됨으로써 이것이 glycosphingolipid와 cholesterol의 함량이 높은 영역임이 밝혀지게 되었다[28]. 이 영역들은 sphingolipid들이 포화지방산으로 되어 있다는 점과 cholesterol의 존재 때문에 세포막의 다른 부위에 비해 치밀하고 강도가 높은 것으로 생각되고 있다. 평활근세포에서 lipid raft를 직접 관찰해 본 결과, 실온에서 0.2~2 μm의 크기로 확인되었고 37℃에서는 더 작은 크기로 존재하는 것으로 나타났다[29]. 하지만 lipid raft의 크기와 밀도는 세포에 따라 다양할 것으로 추정된다.

Lipid raft에는 특정 신호전달 단백질들이 들어있다. 예로는 우선 T세포의 CD4/CD8이라든지 두 가지 acyl기(N-myristoyl 기 및 palmitoyl 기)로 acyl화되어 있는 Src 단백질군의 nrPTK(12장 후반부의 'Non-receptor protein tyrosine kinase와 그의 활성화' 부분 참조) 등의 존재가 확인되었다. acyl화되지 않은 Src kinase인 Lck 역시 lipid raft와 결합되어 있는데 이는 CD4/CD8과의 결합을 통해 이루어진 것으로 추정되고 있다. 또한 LAT도 lipid raft 내에 위치한다. 그리고 T세포 수용체(TCR), B세포 수용체(BCR), IgE 수용체 등은 활성화되기 전에는 lipid raft 밖에 존재하는 것으로 추정된다. 그러나 세포가 자극을 받아 수용체들이 활성화되면서 교차결합이 일어나면 raft에 관련되는 수용체의 수가 늘어나는 것으로 볼 때 수용체와 lipid raft의 관련성은 아직 분명치 않다. 그리고 lipid raft가 어떻게 신호전달 복합체가 조립되는데 있어서 지지대(platform) 역할을 하고 있는지에 대해서도 아직 알려지지 않았다.

Interferon과 그 작용들

항바이러스 작용으로 알려진 cytokine 물질인 interferon(IFN)은 크게 두 부류, 즉 type 1 (IFNα, β 및 ω)과 type 2(IFNγ)로 분류된다. Type 1 interferon은 monocyte, macrophage, 활성화된 림프구 및 특정 상피세포들이 생성하는데, 그 대부분이 항바이러스 활성을 갖고 있다.

Type 2 interferon은 T세포와 자연살생세포로부터 분비되는데, 이들은 면역조절제(immunomodulator)와 세포증식억제제로 사용할 수 있다. 예를 들어 IFNγ는 class II MHC 분자들을 생성하도록 유도할 뿐만 아니라 T림프구에서 HLA-G와 CD4의 발현을 촉진시키는 작용을 한다. 이를 통해 T세포는 항원표출세포에 의해 제시된 바이러스 단백질 단편에 대해 인식하고 반응하는 능력이 증대되게 되면, B세포의 항체반응 향상에 도움을 줄 수 있게 된다.

또한 IFNγ는 macrophage의 IgG 수용체 발현과 TNFα 분비를 촉진시키기도 한다.

Type 1 interferon들의 작용은 한마디로 요약하기가 어렵다. 가장 잘 알려져 있는 IFNα의 경우 세포의 분화와 성장을 조절하는데 중요한 역할을 담당한다. 많은 종류의 암세포가 IFNα에 민감하기 때문에 항암작용을 위한 보조치료제(adjuvant therapy)로 사용되고 있다. 특히 만성 B세포 백혈병(hairy cell leukemia)와 특정 전이성 암(AIDS 환자의 1/4에서 발병하고 있는 renal carcinoma 및 Kaposi 육종)의 치료에 적용해 왔다.

IFNα 수용체와 STAT 단백질

IFNα 수용체는 3개의 subunit, 즉 IFNαR1, IFNαR2b 및 IFNαR2c로 구성되어 있다. 이 중 IFNαR2c subunit은 세포질 단백질인 STAT1 및 STAT2와 결합한다. 이때 두 STAT 단백질은 비활성 상태에서 결합하고 있다. 지금까지 포유동물의 STAT 단백질군에는 7가지 종류가 있음이 밝혀졌다(11장 참조).

한편 IFNαR1 subunit은 Tyk2 및 Jak1 등의 nrPTK들과 복합체를 이룬다(표 12.3). 이들 역시 비활성 상태로 결합되는데, 세포가 IFNαR1을 통해 자극을 받게 되면 IFNα 수용체의 3개 subunit가 모여 삼량체(trimer)로 된 후 이미 결합되어 있는 nrPTK가 활성화되어 수용체의 subunit들을 인산화시키게 된다(그림 12.5). 먼저 IFNαR1의 466번째 tyrosine(Y466)이 인산화되면 이미 IFNαR2c에 결합되어 있는 STAT2(p113)이 SH2 domain을 통해 IFNαR1에 결합되면서 활성화되어 있는 nrPTK에 가까이 근접하게 된다. 이어서 STAT2가 인산화되고 그 결과 STAT(p91)의 인산화가 촉진된다. 두 STAT 단백질은 그들의 SH2 domain을 통해 서로의 phosphotyrosine 잔기에 결합되어 heterodimer가 되면서 수용체로부터 떨어져 나온다. 분리된 dimer는 IRF(interferon regulatory factor) 단백질과 결합하여 ISGF3(interferon-α stimulated-gene factor 3) 3량체를 형성하게 된다. 이 복합체는 핵으로 이동하여 DNA의 ISRE(interferon-stimulated response element) 위치에 결합하여 전사를 활성화시킨다[31].

STAT 단백질은 또 한편으로는 여러 interleukin 수용체로부터의 신호도 전달한다. 전달되는 신호의 특이성은 수용체에 결합되는 nrPTK의 종류와 활성화된 STAT 단백질과의 조합에 따라 결정되게 된다(표 12.1).

표 12.1 Cytokine에 의해 유도되는 신호전달의 다양성. 수용체의 활성화에 의해 불러오는 nrPTK, 그 downstream의 STAT 단백질, 및 그와 결합하는 단백질(IRS)의 조합에 따라 세포의 반응 형태가 결정된다. Ihle의 논문[32] 인용

Cytokines	IL-2	IL-4	IL-9	IL-10	IL-12
Non-receptor tyrosine kinase	Jak1 and	Jak3		Jak1/Tyk2	Jak2/Tyk2
STATS	STATS	STAT6	STAT3	STATsl and 3	STAT4
Associated protein		IRS	IRS		

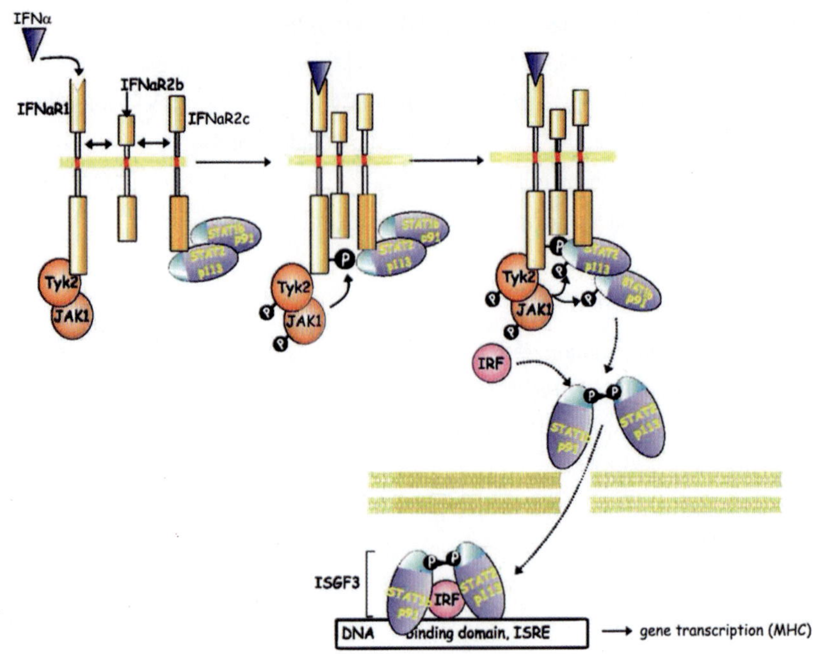

그림 12.5 Interferon 수용체에 의한 STAT의 활성화. IFNα 수용체에 TNFα가 결합되면 3개의 subunit(IFNαR1, IFNαR2b 및 IFNαR2c)가 상호 결합하여 trimer를 이룬다. 또한 IFNαR1 subunit에 결합되어 있는 Tyk2와 Jak1이라는 nrPTK들이 서로를 인산화시키고 동시에 IFNαR1 subunit을 인산화시킨다. 이어서 IFNαR2에 결합되어 있는 STAT2가 인산화된 IFNαR1에 결합되면서 Tyk2와 Jak1에 의해 인산화되고, 활성화된 STAT2는 STAT1을 인산화시켜 STAT2-STAT1 dimer를 수용체 복합체로부터 분리시킨다. 분리된 STAT dimer는 48 kDa의 IRF와 결합되어 ISGF3라는 3중 복합체(ternary complex)를 만든 후 핵으로 이동하여 DNA의 ISRE 부위에 결합함으로써 MHC 등의 유전자 발현을 유도하게 된다.

발암 유전자(oncogene)와 악성종양(malignancy)에 관련된 신호전달

바이러스성 발암유전자(viral oncogenes)

발암유전자를 가지고 있는 바이러스에 감염되면 악성 세포성장이 일어날 수 있다. 바이러스에 의한 암의 발생은 20세기 초 조류에서의 암(avian cancer)을 일으키는 원인으로 처음 확인되었다. 그 후 20세기 내내, 인간에 있어서도 그와 유사한 방식으로 암이 발생되는지에 대해서 계속 의문시되어 왔다. 그러나 현재에 이르기까지 이 분야의 대부분의 정보들은 인간 이외의 동물들에 관한 것으로 많이 치우쳐져 있는 형편이다. 그러한 인간 암에 대한 정보 부재의 원인으로는 몇가지 문제점들을 들 수 있다. 무엇보다도, 20세기 초반에 이미 밝혀졌듯이[33-35], 바이러스를 전염시켜 암을 발생시키기 위해서는 조직 추출액을 특정 동물에서 다른 동물로 옮겨 넣어야 하는데 인간에서는 그러한 연구 자체가 어렵다는 점이다. 또한, 많은 인간 암들이 바이러스 감염과 관련이 있는 것으로 확인되어 왔지만, 과연 바이러스가 암의 발생을 개시하는 것인지, 아니면 단순히 다른 발암성분(화학적 발암물질 등)에 의한 암 발생의 유도를 돕는 것인지 아직도 불분명하다는 점이다. 어쨌든 바이러스 발암유전자의 형질전환된 산물들은, 세포분열에 있어 중요한 조절 역할을 맡고 있는 단백질들이, 지속적으로 활성화되어 있는 형태의 돌연변이 단백질로 작용하고 있다는 것은 잘 알려진 사실이다.

비바이러스성 발암유전자(non-viral oncogenes)

바이러스 감염에 의해 발생되는 암이 아닌 경우(예를 들어, 화학적 발암물질에 의한 경우)에서도 역시 지속적으로 활성화된 단백질이 발현됨을 관찰할 수 있다. 발암성 Ras 등이 그 예이다. 돌연변이 Ras는 세포 형질전환에 있어서 발암유전자의 역할을 보여주는 예로 제시되기도 하는데, 인간 암의 40%에서 특히 췌장암의 경우에는 90% 이상에서 발견되고 있다[36].

일반적으로 비바이러스성 발암유전자들은 신호전달과 전사작용에 관여하는 정상적인 유전자들에게 기능획득 돌연변이(gain-of-function mutation)가 일어난 것이라고 진화론적으로 설명되기도 한다[37,38]. 이러한 돌연변이 단백질들은 tyrosine kinase를 통한 신호전달경로의 초기단계에서 작동하고 있다. 이 결과 세포들은 성장인자의 과다분비, 변종 PTK의 발현, SH2 및 SH3 domain을 갖는 adaptor 단백질의 과발현, serine/threonine protein kinase의 과발현, small GTPase나 그 보조 단백질들에 대한 변형 단백질의 발현 등 비정상적인 특성을 나타내도록 형질전환된다. 특히 tyrosine kinase에 의한 인산화는 세포 전체에서의 인산화 작용의 5%에 불과하지만, 많은 신호전달경로에서 핵심적인 위치를 차지하고 있는 만큼, tyrosine kinase 유전자들이 악성종양에서 높은 빈도로 나타나는 것은 당연한 현상이라 하겠다.

nrPTK가 비정상적인 활성을 갖게 되는 형질전환의 좋은 예로는 급성림프구성백혈병(acute lymphoblastic leukemia)에서 Jak-2의 역할을 들 수 있다. 이 암은 B림프구 전구세포에 발생하는 소아암의 가장 흔한 형태로서, 암세포는 증식하고 생존하는데 있어서 paracrine 또는 autocrine cytokine의 자극에 의존하는 특징을 나타낸다. 이 암의 80% 정도는 화학치료법에 의해서 치료되지만 20%는 처음부터 활성화되어 있는 Jak-2를 발현하는 돌연변이 세포가

표 12.2 Components of tyrosine kinase signal transduction cascades manifested as cellular or viral oncogenes

Receptor tyrosine protein kinase	Non-receptor tyrosine protein kinase	Serine-threonine protein kinase	SH2/SH3 adaptor	Nucleotide exchange factor	GTPase
Bek	Abl	Akt/PKB	Crk	Bcr	H-Ras
Eck	Blk	Cot	Nck	Dbl	K-Ras
Elk	Fgr	Mos		Ost	N-Ras
Eph	Fsp	Pim		Tiam	
ErbB	Fyn	Raf		Vav	
Flg	Hck				
Fms	Jak2				
Kit	Lck				
Met	Lyn				
Neu	Src				
Ret	Yes				
TrkA					
TrkB					
TrkC					

화학치료에 대한 저항성을 나타낸다. 이러한 돌연변이는 세포에게는 생존 신호(survival signal)로 작용하여, 화학치료에 의해 DNA 손상을 일으킨다 하더라도 보통의 경우에는 일어나야 할 세포자살(apoptosis) 현상이 일어나지 않게 된다(14장 참조)[39].

이들 비바이러스성 발암유전자들의 발생에 대해서 진화론적으로는 wild-type의 단백질에 대한 기능획득 돌연변이라고 설명되고 있다. 즉, receptor tyrosine kinase, adaptor 단백질, guanine nucleotide exchange factor 등이 여기에 속한다. Serine/threonine protein kinase 유전자도 발암유전자로 작용할 수 있지만, PTK의 경우에 비하면 그 영향력은 크지 않은 편이다.

소론(essay): Non-receptor protein tyrosine kinase 및 그 활성화

nrPTK는 세포의 증식, 분화, 사멸을 조절함에 있어 다양한 역할들을 수행하고 있는 큰 단백질군이다. nrPTK 중 어떤 것들은 많은 종류의 세포에 널리 발현되지만 어떤 것들은 특정한 조직 세포에만 국한되어 발현되고 있다(표 12.3). 그 중 가장 주요한 것이 Src($pp60^{src}$) 단백질군이다.

표 12.3 nrPTK 단백질군에 속하는 하부 단백질군들

Src-related					Other[a]	
Src	Syk/ZAP70	Btk/Tec	Csk	Abl	Jak[b]	Fak
Src	Syk	Tec	Csk	Abl	Jak-3	Fak
Lck	ZAP70	Btk	Chk		Tyk2	
Fyn		Itk				
Lyn		Bmx				
Yes		Rlk/Txk				

Kinases that may be acylated are in red. Kinases with PH domains ae in green.
[a] Other non-receptor PTK families incclude Brk, Fes and Ack.
[b] Just another kinase, now the family of Janus kinases.

Src 단백질군의 kinase들은 서로 유사한 구조를 공유하고 있다. 즉, N-말단에 nrPTK 고유의 domain이 있고 뒤이어 SH3 및 SH2 domain이 자리 잡고 있으며, 그 다음에 kinase 부위가 나온 후 짧은 C-말단 꼬리부위로 끝맺는다(구체적인 구조는 18장 참조). 많은 경우 이들은 세포막 부위에서 조립되어 거대분자를 이루고 있는 신호전달 복합체와 결합함으로써 kinase로서의 기능을 발휘하게 된다. 이들이 세포막으로 이동되는 것은 N-말단에 있는 nrPTK 고유의 domain으로 인해 일어나는 것으로 밝혀졌다. Src 단백질군 중에는, Src 자체($pp60^{src}$), Fyn, Lyn, Yes 등은 N-말단이 myristoyl 기로 수식되어 있다(myristoylation, 단백질 합성 후 N-말단 glycine 잔기에 myristoyl 기가 비가역적으로 공유결합되는 일종의 post-translational modification 현상 – 역자 주). 이 지방산은 단백질이 막에 부착될 수 있도록 기회를 제공하고, 한편 막과의 결합력은 그 근처의 cysteine 잔기에 palmitoyl 기가 수식되어 있음(palmitoylation, 막 단백질의 cysteine 잔기에 palmitoyl기가 가역적으로 공유결합되는 현상 – 역자 주)으로 인해 강화되고 있다. Btk/Tec 단백질군의 경우에는 PH domain을 통해 막에 결합되는데, PH domain은 polyphosphoinositide 지질에 결합하는 특성을 갖는 부위이다(18장 참조). 그 외의 nrPTK들을 작용지점까지 불러오는 것은 nrPTK 단백질에 있는 SH2 domain을 통해서 이루어진다. 즉 SH2 domain이 그들의 표적 단백질에 있는 phosphotyrosine에 결합하게 되는 것이다.

대부분의 Src 단백질군 kinase들이 보여주는 비활성화 상태와 또한 그것이 활성화되는 메커니즘은 매우 흥미롭다. 이 kinase들은 그 자신이 갖고 있는 특정 phosphotyrosine 잔기가 자신의 N-말단 SH2 domain과 결합되어 있는 일종의 분자내 결합을 통해 비활성 상태로 존재한다. 이 상태로부터 활성화되기 위해서는 C-말단의 phosphotyrosine으로부터는 인산기를 제거해주어야 하고, 반면에 활성화 고리(activation loop)에 있는 tyrosine 잔기에는 인산화가 일어나야 한다(그림 12.6).

이러한 Src 활성화 과정을 억제하는 주요 억제자(suppressor)는 Csk(C-terminal Src kinase 또는 c-Src kinase)인데, 이 또한 하나의 nrPTK이다. Csk는 Src 단백질군에 속하지만 C-말단에 tyrosine 잔기도 없고, 지질이 결합되는 수식도 없다는 특징이 있다. 그 결과 Csk는 항시 활성화된 상태로 존재하며 세포막으로의 이동이 없이 세포질에만 머물러 있게 된다. Csk의 표적은 Src 단백질군 kinase의 C-말단 tyrosine(Y527)을 인산화시키는 것이다. 그렇다면 세포질에 있는 효소인 Csk는 어떻게 세포막에 결합되어 있는 Src와 효과적으로 상호작용할 수 있을까? 해답은 막통과 결합 단백질(transmembrane docking protein)인 Cbp(Csk binding protein)의 도움 때문이다[40]. Cbp는 자신의 phosphotyrosine 잔기와 Csk의 SH2 domain을 결합시키는 방식으로 Csk를 세포막 쪽으로 불러들인다. Cbp와 Src는 모두 세포막 lipid raft의 sphingolipid-rich domain에 위치하고 있다. 또 한 가지 추가적인 사실은, Csk의 Src 억제작용은 Csk와 결합되어 있는 tyrosine phosphatase의 작용에 의해 일어난다는 것이다. 즉 Cbp가 Csk를 불러오면 Csk에 결합되어 있는 phosphatase도 함께 세포막으로 이동되고, 그 phosphatase가 Src의 활성화 고리에 있는 인산기를 제거해줌으로써 Src가 비활성 상태로 되는 것이다. 이 Src를 활성화시키는 과정은 Cbp를 탈인산화시킴으로써 시작되게 된다.

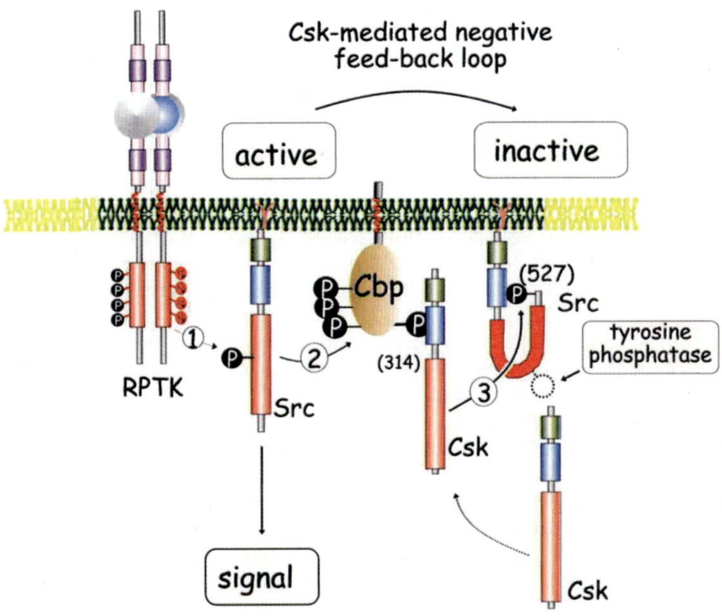

그림 12.6 Src kinase의 활성화와 비활성화: (1) Src의 촉매활성 domain을 인산화시킴으로써 Src의 활성화가 유도된다; (2) 활성화된 Src는 Cbp를 인산화시켜 Csk의 SH2 domain과 결합되도록 한다; (3) Csk는 다시 Src의 C-말단 tyrosine 잔기(Y527)를 인산화시켜 분자내 결합의 형성을 촉진시킨다. 이어서 Src의 촉매활성 domain에서 탈인산화가 일어남으로써 Src는 비활성화된다.

References

1 Hunter, T. Tyrosine phosphorylation: past, present and future. *Biochem. Soc. Trans.* 1996; 24: 307–27.

2 Cantrell, D.A. T cell receptor signal transduction pathways. *Annu. Rev. Immunol.* 1996; 14: 259–74.

3 Burg, D.L., Furlong, M.T., Harrison, M.L., Geahlen, R.L. Interactions of Lyn with the antigen receptor during B cell activation. *J. Biol. Chem.* 1994; 269: 28136–42.

4 Metzger, H. The receptor with high affinity for IgE. *Immunol. Rev.* 1992; 125: 37–48.

5 Gacon, G., Fagard, R., Boissel, J.P. *et al.* Identification of a 58,000 daltons phosphoprotein with tyrosine protein kinase activity in a murine lymphoma cell line. *Biochem. Biophys. Res. Commun.* 1984; 122: 563–70.

6 Marth, J.D., Peet, R., Krebs, E.G., Perlmutter, R.M. A lymphocyte-specific protein-tyrosine kinase gene is rearranged and overexpressed in the murine T cell lymphoma LSTRA. *Cell* 1985; 43: 393–404.

7 Barber, E.K., Dasgupta, J.D., Schlossman, S.F., Trevillyan, J.M., Rudd, C.E. The CD4 and CD8 antigens are coupled to a protein-tyrosine kinase (p56lck) that phosphorylates the CD3 complex. *Proc. Natl. Acad. Sci. USA* 1989; 86: 3277–81.

8 Cantrell, D. T cell antigen receptor signal transduction pathways. *Annu. Rev. Immunol.* 1996; 14: 259–74.

9 Samelson, L.E., Phillips, A.F., Luong, E.T., Klausner, R.D. Association of the fyn protein-tyrosine kinase with the T-cell antigen receptor. *Proc. Natl. Acad. Sci. USA* 1990; 87: 4358–62.

10 Neumeister, E.N., Zhu, Y., Richard, S. *et al.* Binding of ZAP-70 to phosphorylated T-cell receptor zeta and eta enhances its autophosphorylation and generates specific binding sites for SH2 domain-containing proteins. *Mol. Cell Biol.* 1995; 15: 3171–8.

11 Zhang, W., Sloan-Lancaster, J., Kitchen, J., Trible, R.P., Samelson, L.E. LAT: the ZAP-70 tyrosine kinase substrate that links T cell receptor to cellular activation. *Cell* 1998; 92: 83–92.

12 Kane, L.P., Lin, J., Weiss, A. Signal transduction by the TCR for antigen. *Curr. Opin. Immunol.* 2000; 12: 242–9.

13 Echtenacher, B., Mannel, D.N., Hultner, L. Critical protective role of mast cells in a model of acute septic peritonitis. *Nature* 1996; 381: 75–7.

14 Song, J.S., Haleem-Smith, H., Arudchandran, R. *et al.* Tyrosine phosphorylation of Vav stimulates IL-6 production in mast cells by a Rac/c-Jun N-terminal kinase-dependent pathway. *J. Immunol.* 1999; 163: 802–10.

15 Hammel, I., ShorHazan, O. , Eldar, T. , Amihai, D., Lew, S. Morphometric studies of secretory granule formation in mouse pancreatic acinar cells. Dissecting the early structural changes following pilocarpine injection. *J. Anat.* 1999; 194: 51–60.

16 Arudchandran, R., Brown, M.J., Pierce, M.J. *et al.* The Src homology 2 domain of Vav is required for its compartmentation to the plasma membrane and activation of c-Jun NH(2)-terminal kinase 1. *J. Exp. Med.* 2000; 191: 47–60.

17 Hall, A. Rho GTPases and the actin cytoskeleton. *Science* 1998; 279: 509–14.

18 Dong, C., Yang, D.D., Tournier, C. *et al.* JNK is required for effector T-cell function but not for T-cell activation. *Nature* 2000; 405: 91–4.

19 Lillie, T.H.W., Gomperts, B.D. Guanine nucleotide is essential, Ca2+ is a modulator, in the exocytotic reaction of permeabilised rat mast cells. *Biochem. J.* 1992; 288: 181–7.

20 Barrowman, M.M., Cockcroft, S., Gomperts, B.D. Two roles for guanine nucleotides in the stimulus secretion sequence of neutrophils. *Nature* 1986; 319: 504–7.

21 Nusse, O., Lindau, M., Cromwell, O., Kay, A.B., Gomperts, B.D. Intracellular application of guanosine-5′-O-(3-thiotriphosphate) induces exocytotic granule fusion in guinea pig eosinophils. *J. Exp. Med.* 1990; 171: 775–86.

22 O'Sullivan, A.J., Brown, A.M., Freeman, H.N.M., Gomperts, B.D. Purification and identification of FOAD-II, a cytosolic protein that regulates secretion in streptolysin-O permeabilised mast cells, as a rac/rhoGDI complex. *Mol. Cell Biol.* 1996; 7: 397–408.

23 Mariot, P., O'Sullivan, A.J., Brown, A.M., Tatham, P.E.R. Rho-guanine nucleotide dissociation inhibitor protein (Rho-GDI) inhibits exocytosis in mast cells. *EMBO J.* 1996; 15: 6476–82.

24 Brown, A.M., O'Sullivan, A.J., Gomperts, B.D. Induction of exocytosis from permeabilized mast cells by the guanosine triphosphatases Rac and Cdc42. *Mol. Cell Biol.* 1998; 9: 1053–63.
25 Higashijima, T., Uzu, S., Nakajima, T., Ross, E.M. Mastoparan, a peptide toxin from wasp venom, mimics receptors by activating GTP-binding regulatory proteins (G proteins). *J. Biol. Chem.* 1988; 263: 6491–4.
26 Higashijima, T., Burnier, J., Ross, E.M. Regulation of Gi and Go by mastoparan, related amphiphilic peptides, and hydrophobic amines. Mechanism and structural determinants of activity. *J. Biol. Chem.* 1990; 265: 14176–86.
27 Pinxteren, J.A., O'Sullivan, A.J., Tatham, P.E.R., Gomperts, B.D. Regulation of exocytosis from rat peritoneal mast cells by G-protein βγ subunits. *EMBO J.* 1998; 17: 6210–18.
28 Simons, K., Ikonen, E. Functional rafts in cell membranes. *Nature* 1997; 387: 569–72.
29 Schutz, G.J., Kada, G., Pastushenko, V.P., Schindler, H. Properties of lipid microdomains in a muscle cell membrane visualized by single molecule microscopy. *EMBO J.* 2000; 19: 892–901.
30 Genot, E. Interferon α and intracytoplasmic free calcium in hairy cell leukemia cells. *Leuk. Lymphoma.* 1994; 12: 373–81.
31 Shual, K., Ziemiecki, A., Wilks, A.F. *et al.* Polypeptide signalling to the nucleus through tyrosine phosphorylation of Jak and Stat proteins. *Nature* 1993; 366: 580–3.
32 Ihle, J.N. Cytokine receptor signalling. *Nature* 1995; 377: 591–4.
33 Warthin, A.S. Leukemia of the common fowl. *J. Infect. Dis.* 1907; 4: 369–80.
34 Warthin, A.S. The neoplasm theory of leukemia, with report of a case supporting this view. *Trans. Assoc. Am. Phys.* 1904; *19*: 421–32.
35 Ellermann, V., Bang, O. Experimentelle leukämie bei hünern. *Zentr. Bakteriol. Parasitenk.* 1908; 4: 595–609.
36 Bos, J.L. ras oncogenes in human cancer: a review. *Cancer Res.* 1989; 49: 4682–9.
37 Spector, D.H., Varmus, H.E., Bishop, J.M. Nucleotide sequences related to the transforming gene of avian sarcoma virus are present in DNA of uninfected vertebrates. *Proc. Natl. Acad. Sci. USA* 1978; 75: 4102–6.
38 Bishop, J.M., Baker, B., Fujita, D. *et al.* Genesis of a virus-transforming gene. *Natl. Cancer Inst. Monogr.* 1978; 48: 219–23.
39 Meydan, N., Grunberger, T., Shahar, M. *et al.* Inhibition of acute lymphoblastic leukaemia by a Jak-2 inhibitor. *Nature* 1996; 379: 645–8.
40 Kawabuchi, M., Satomi, Y., Takao, T. *et al.* Transmembrane phosphoprotein Cbp regulates the activities of Src-family tyrosine kinases. *Nature* 2000; 404: 999–1003.

13

Phosphoinositide 3-kinase 및 protein kinase B, 그리고 인슐린 수용체를 통한 신호전달

인슐린 수용체 신호전달; 발견하기까지 긴 시간이 걸리다

역사적으로, 어떤 약이나 치료법이 어떻게 작용하는지에 대해서 잘 알지 못한다고 해서 그것이 병원에서 사용되는데 제약이 되는 것은 아니었다(1장 참조). 실제로 대부분의 의사들에게 그런 지식은 2차적인 것이 될 수밖에 없는 것이 현실이다. 이와 관련하여 잘 알려진 경우가 있다면, 1898년 Bayer사에 의해 처음 개발된 aspirin을 들 수 있다. 전문 의료인으로서의 충심어린 열정을 바탕으로 aspirin은 선한 동기 하에 막대한 양이 사용되었다. 그러나 aspirin의 가장 민감한 표적이 prostaglandin 합성을 저해하는 효소인 cyclooxygenase라는 사실이 확인되기까지는 80년이 넘는 세월이 흘러야 했다[1,2].

또 다른 예로는, 소아 당뇨의 치료를 위해 인슐린을 사용하는 것이었다. 이에 관해서는 오른편에 따로 쓴 역사 이야기를 참조하기 바란다[3,4]. Glycogen의 분해를 유도하는 호르몬(glycogenolytic hormone)에는 adrenaline, glucagon, vasopressin, 성장호르몬 등 여러 가지가 있다. 이 호르몬들은 저장된 대사물질들을 유동적으로 만들고 혈당치를 높여준다. 그러나 그 반대의 작용을 수행하는 호르몬은 인슐린이 유일하다. 인슐린은 혈당을 줄여주고 그것으로 glycogen과 triglyceride를 만들어냄과 동시에 그들이 분해되는 것은 막아준다. Glycogen 분해 유도 호르몬들에 의한 짧은 시간 내의 작용들은 세포질 내 cAMP와 Ca^{2+} 농도가 높아졌을 때 일어나는 것들이기 때문에, 그에 뒤이은 인슐린의 작용은 제3의 경로, 즉 protein kinase A(PKA) 또는 protein kinase C(PKC)의 영향을 받지 않는 경로를 통해서 일어나야 한다. 결국, 인슐린 수용체의 자동인산화(autophosphorylation)로 시작되는 인슐린 작용의 메커니즘은 1980년에 이르러서야 밝혀지게 되었다[5]. 또한 protein kinase B(PKB)와 3-인산화 inositol 지질(3-phosphorylated inositol lipid)이 궁극적으로 신호전달경로의 열쇠를 제공하였다[6].

당뇨병(diabetes mellitus)이 췌장과 관련되어 있다는 사실은 Oscar Minkowski의 연구를 통해 처음으로 밝혀졌다[47]. 그는 췌장을 제거한 개가 다뇨증(polyuria)으로 고통 받게 되는 것을 관찰한 것이었다. 당시에 개를 사육할만한 큰 우리가 없어 실험실에 묶어두고 있었는데, 전해지는 이야기에 따르면(후에 Minkowski는 이 이야기가 사실이 아니라고 부인하였지만), 연구 보조원이 개가 오줌을 배설한 곳곳마다 파리들이 모여드는 것을 보게 되었다고 한다. 이 이야기가 사실이든 아니든, 그 개는 당분의 12%를 배설하였고 당뇨병을 앓고 있었던 것이었다.

인슐린을 최초로 발견한 것은 통상 캐나다의 두 의사, Frederick Banting과 Charles Best, 그리고 그들 곁에서 역할은 불분명하지만 함께 하였던 두 캐나다 학자, J.J.R. McLeod와 J.B. Collip 등의 공으로 인정하고 있다. 하지만 확실한 사실은, Banting에게 어떤 확신이 있었던 것이 아니었고, 임상시험을 시작한 몇 개월 동안에도 환자들에게 제대로 인슐린 치료를 하지 않은 것으로 보인다. 그래서 이들 캐나다 학자들이 정말 인슐린의 최초 발견자라 할 수 있는지 질문할 수 있는 것이다. 그 당시 당뇨병 연구 대열에 참여했던 사람들 중 빼놓을 수 없는 Nicholas Paulescu(인슐린의 작용을 처음 발견한 루마니아의 의사, 1869-1931, 1916년 췌장으로부터 수용성 추출물을 만들어 당뇨를 유발 시킨 개에게 주사하였을 때 혈당 수준이 정상화됨을 증명함. Paulescu의 연구가 발표된 지 8개월 후 캐나다의 의사 Banting과 생화학자 McLeod가 췌장 추출물에 의한 당뇨개 혈장 수준의 정상화에 대한 논문을 발표하는데, 그 논문은 Paulescu의 연구결과를 단순히 재확인하는 수준이었지만 논문에서는 "Paulescu의 연구결과는 혈당 수준의 정상화 효과를 보여주지 않았다"라고 잘못 인용하였음. 후에 Banting은 논문 인용시 번역이 잘못되어 일어난 일이라고 시인하였지만, 놀라운 일은 Banting과 McLeod가 인슐린을 발견한 공로로 1923년에 노벨생리학상을 받게 되고 Paulescu의 선구자적인 연구는 무시당하고 말았다는 사실. 그로부터 50년이 지나서야 Paulescu가 진정한 인슐린 발견자임을 국제적으로 인정해주게 됨. – 역자 주)가 있었다[3,4]. 하지만 여기서는

PI 3-kinase

과거에는, polyphosphoinositide의 합성 및 관련된 반응들은 세포막 구성과 관련되어 조절작용이 없는 과정으로 여겨져 왔다. 그러나 처음에는 DAG와 IP_3 등 분해산물들에 대해 주목받기 시작하였고, 지금은 상당히 복잡한 과정들이 얽혀있음이 밝혀졌다. 예를 들면, small GTPase인 Rho는 inositol lipid 5-kinase인 PI(4,5)-kinase(phosphatidylinositol-4-phosphate 5-kinase)에 대한 조절작용을 나타내는데, 이 효소는 phosphatidylinositol-4-phosphate, 즉 PI(4)P를 인산화시켜 phosphatidylinositol-4,5-bisphosphate, 즉 PI(4,5)P_2로 바꾸어주는 효소이다[7]. 여기서 PI(4,5)P_2가 신호전달 분자로 작용하는지에 대해서는 아직 확실치 않지만, 3번 위치에 추가로 인산화되어 있는 inositol lipid들은 확실한 신호전달 물질들이다. 즉, PI 3-kinase(phosphoinositide 3-kinase)들의 작용으로, PI, PI(4)P, PI(4,5)P_2로부터 PI(3)P(phosphatidylinositol-3-phosphate), PI(3,4)P_2(phosphatidylinositol-3,4-bisphosphate), PI(3,4,5)P_3(phosphatidylinositol-3,4,5-triphosphate)가 바로 그것들이다(그림 13.1).

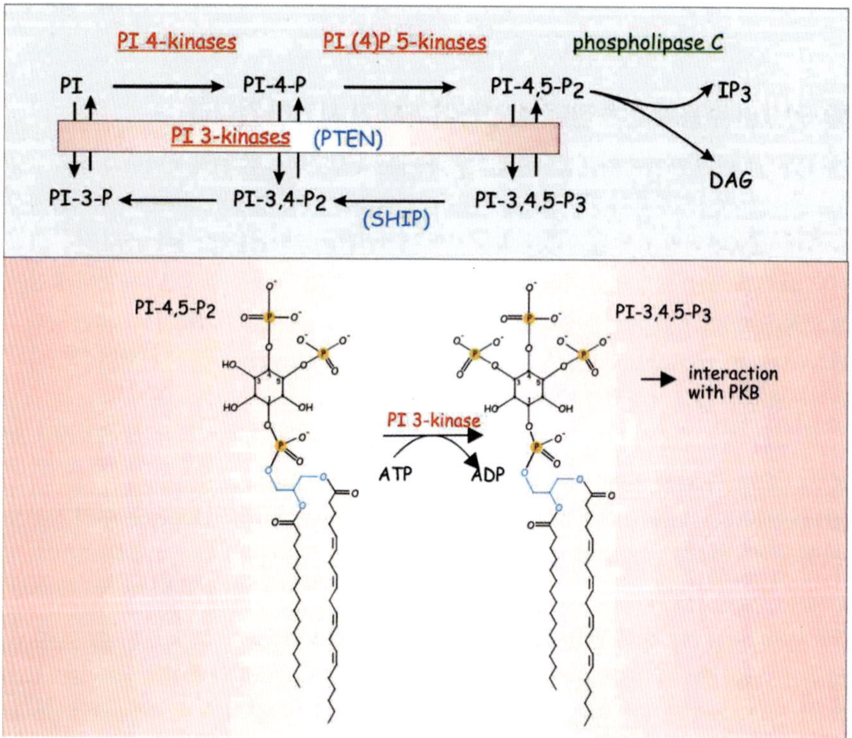

그림 13.1 **Phosphoinositide 3-kinase(PI 3-kinase)들과 3번 위치 인산화된 inositol lipid들의 생성.** PI 3-kinase는 phosphatidylinositol lipid에서 inositol ring의 3-OH 위치를 인산화시킨다. 3-OH가 인산화된 inositol lipid들은 PLC에 의해 분해되지 않는다. Phosphatase인 PTEN과 SHIP 등의 phosphatase들은 PI 3-kinase 반응의 역반응을 촉매한다. PKB의 PH domain은 PI(3,4,5)P_3와 우선적으로 결합하는 특성을 보여준다.

PI(3,4,5)P_3가 처음으로 발견된 것은 자극이 주어진 인간 호중구(human neutrophil)에서였다[8]. 초기에는 PI(3,4,5)P_3가 PLC의 새로운 기질이며 따라서 그로부터 수용성의 2차 전령물질(즉, inositol-1,3,4,5-phosphate, IP_4)가 만들어지는 것으로 추측하였지만, 결국 밝혀진 것은 PI(3,4,5)P_3 자체가 신호전달 물질로 작용한다는 사실이었다. Phosphatidylinositol(PI)은 인지질 중에서도 특별한 것인데 그 이유는 그 극성 머리부분(polar head)이 여러 개의 인산화 위치를 갖기 때문이다. 박테리아에서도 inositol lipid가 발견되긴 하지만, 그것들이 조절작용을 나타내는 것은 관찰된 바가 없다. 그 대신, 어떤 박테리아들은 숙주세포에 침입함에 있어 숙주세포의 inositide 대사를 이용하고 있는 것이 밝혀졌다[9]. 한편 PI는 모든 진핵세포에 존재하고 있다. 그 중 효모와 같은 단세포 진핵생물에서는 PI의 대사는 제한적인데, 특히 PI(4)P 또는 PI(4,5)P_2를 생성해내는 장치가 없다. 즉 효모의 PI 3-kinase(*VPS34* 유전자로 암호화되어있음)가 갖는 기질 특이성은 PI에 국한되어 있고, 따라서 PI(3)P만이 생성되는 것이다. PI(3)P는 골지체 막의 recycling에 필수적인 PI(3,5)P_2로 변환될 수도 있다[10,11]. 후생동물(metazoa)에서는 PI(3,4)P_2와 PI(3,4,5)P_3를 생성할 수 있는데, 진화론적으로는 이러한 진화는 보다 복잡해진 대사조절작용을 충족시키기 위한 결과였다고 설명되고 있다.

Inositol phospholipid 중 3번 위치에 인산화된 경우에는 PLC의 기질이 될 수 없다. 따라서 이들은 3번과 5번 위치에서 인산기가 떨어져나가는 방식으로 대사과정으로 들어가게 된다(그림 13.1, 17장 참조). 그러나 3번 위치가 인산화된 inositol phospholipid는 2차 전령물질로서 제 역할을 담당하고 있다. 이들의 생성과 분해를 촉매하는 3-kinase 및 3-phosphatase들은 수용체에 의해 일어나는 신호전달과정에 의해 조절된다. 어려운 점이라면 inositol phospholipid가 조절작용을 하는 세포현상들을 찾아내는 일이라 하겠다.

Paulescu에 대해서보다는, 그보다 25년 전부터 당뇨병을 연구하고 있었던 Eugene Gley에 대해 살펴보자. 아쉽게도, Gley의 연구는 명성을 얻지 못하였는데 그 이유로는 두 가지를 들 수 있다. 첫째, 그는 그의 시료를 환자의 치료에 적용하지 않았다. 사실 이 점이 Banting과 Best가 공적으로 인정받게 된 부분이라 하겠다. 환자들에게 시료를 주사해보는 것은 금지된 일이었지만 Banting은 그것을 개의치 않았고, Gley에게는 그럴만한 담대함(뻔뻔스러움)이 없었던 것이었다. 어쨌든 Gley의 연구는 1895년에 이루어졌지만 세상에 알려지기까지 25년이 걸렸다. 그러나 그의 연구보고를 보면 췌장으로부터 당뇨억제물질이 재대로 추출되었는지에 대해서도 조금 의심이 가는 점도 있지만, 당시로서는 흔치 않았던 구체적인 내용까지 제시함으로써 오늘날 우리가 보더라도 그가 주장하는 사실에 대해 긍정할 수 있을 정도로 그의 시료는 훌륭한 수준이었다. 하지만, 그의 연구보고서는 그 오랜 세월 동안 어디에 있었는가? Gley는 그의 연구를 발표하기보다는, 봉투 안에 넣고 파리 생물학회(the Societe de Biologie de Paris)의 비서에게 맡겨두면서 그가 지시할 때까지 열어서는 안 된다고 지시한 것이 그가 한 일이었다[5]. 이러한 그의 기괴한 행동으로 인해 그는 인슐린 발견의 공로를 모두 다른 사람들에게 넘겨주고 말았고, 1921년 캐나다로부터 인슐린이라는 단어가 나올 때까지 감추어져 있게 되었던 것이다.

■ PI 3-kinase 단백질군(family)

클로닝에 의한 탐색기법을 이용하여 조사한 결과, inositol phospholipid의 3번 위치에 인산화작용을 하는 효소가 다양한 형태로 발견되었다. 이들 PI 3-kinase들은 하나의 효소 단백질군을 이루고 3가지 부류로 나눌 수 있다(그림 13.2). 이들 각각은 서로 구별되는 기질을 갖고 있으며 조절되는 형태도 다양하다. 이들은 공통적으로 4개의 상동영역(homologous region)을 갖는데 그 중 kinase domain이 가장 유사성이 높은 영역이다.

Class I PI 3-kinase

Class I의 PI 3-kinase들은 PI, PI(4)P, PI(4,5)P_2를 인산화시켜 PI(3)P, PI(3,4)P_2, PI(3,4,5)P_3로 만든다. 이들은 두 개의 subunit, 즉 조절작용 subunit(regulatory subunit, p55 또는 p85)와 촉매작용 subunit(catalytic subunit, p110)으로 이루어져 있으며, 각각의 subunit은 다양한 형태로 나타난다(그림 13.2). 조절작용 subunit은 다영역(multidomain) 구조를 하고 있는데 이는 이 subunit이 다른 신호전달 단백질들과 상호작용하고 있음을 보여주는 증거이기도 하다. 그 중 SH2 domain은 phosphotyrosine 잔기에 결합할 수 있도록 해준다. SH3 domain은 adaptor 분자인 Shc, GTPase 활성화 단백질인 Cdc42GAP, T세포 수용체 신호전달의 조절 단백질인 Cbl[12] 등에 존재하는 proline-rich 서열과 결합할 수 있게 만들어준다. 또한 p85 subunit에는 BCR homology domain[13]이 있어서 Rho 단백질군에 속하는 GTPase들 즉 Rac 및 Cdc42와의 결합을 가능하도록 해주고 있다[14].

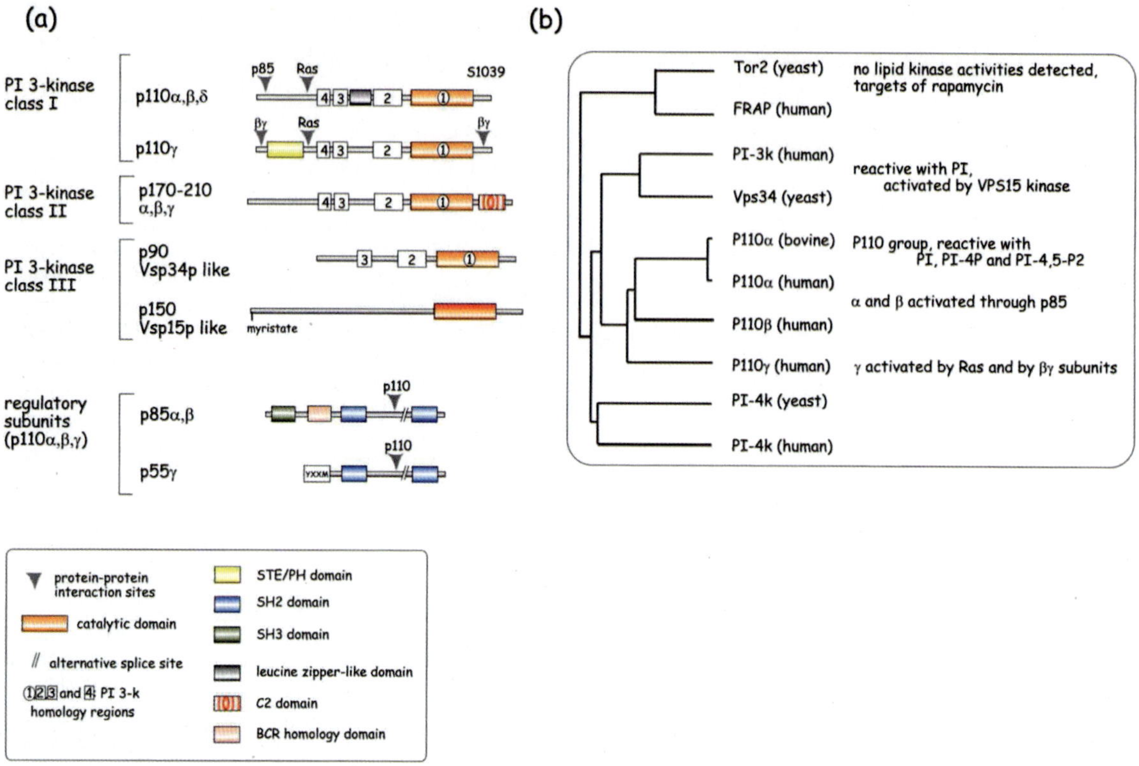

그림 13.2 PI 3-kinase의 분류: (a) 효소의 kinase domain을 포함하는 subunit의 분자구조에 따라 3개의 class로 분류된다. 또한 class I은 그룹 A와 B로 다시 나누어진다. Class IA 그룹에는 p110α, β, δ가 속하며 조절작용 subunit인 p85 또는 p55와 결합되어 있다. Class IB 그룹에는 p110γ 한 종류뿐인데, G-protein의 βγ-subunit에 의해 조절되며, 잘 알려지지 않은 subunit인 p101과 결합하고 있는 것으로 밝혀졌다. Class II에는 3가지 isoform인 α, β, γ가 속해 있으며, 이 경우에는 활성화되기 위해 조절작용 subunit가 필요하지 않다. Class III에는 한 종류만 있는데, p90 및 p150 subunit가 결합되어 있는 형태이다. Class II와 III 효소들의 활성을 조절하는 기작에 대해서는 아직 잘 밝혀지지 않았다. (b) PI 3-kinase들의 진화론적 상관관계를 보여주는 계통수.

p110 subunit의 경우에는 4가지의 isoform이 존재한다. 모든 isoform들은 공통적으로 하나의 kinase domain과 하나의 Ras 상호작용 부위를 가지고 있다[15]. 또한, α, β, δ isoform은 p85 subunit과의 상호작용 부위를 가지고 있다.

Class I 효소들은 또 다시 하부 그룹으로 분류된다. 우선 Class IA에 속하는 효소들은 그들의 SH2 domain을 통해 다른 단백질의 phosphotyrosine 잔기에 결합한다. 결합하는 단백질로는 protein tyrosine kinase(PTK), insulin receptor substrate(IRS)와 같은 결합단백질(docking protein), LAT(linker for activation of T-cells, 12장 참조) 등이다. Class IA 효소들의 독특한 특징은 PKB를 활성화시킨다는 점이다.

Class IB에 속하는 효소는 단 하나 뿐인데, p110γ catalytic subunit를 가지며 포유동물에서만 발견되는 것이다. 이 효소는 자신만의 조절작용 subunit인 p101과 결합되어 있는데, p101은 다른 효소들과의 서열 상동성이 나타나지 않는 미지의 subunit로 남아있다. 중요한 점 한 가지는, p110 이 G-protein의 βγ-subunit에 의해 조절되고 있다는 점이다. 이 조절작용에 p101과의 결합이 필요한 것인지 아닌지에 대해서는 아직 확실치 않다(14장 참조)[16].

Class I PI 3-kinase 효소들은 서로 다른 upstream 신호에 반응하며 그 기능도 서로 다르다.

이러한 현상은 특히 macrophage에서 두드러진데, 서로 다른 PI 3-kinase isotype들이 서로 다른 세포반응들을 조절해주고 있다. 예를 들어, 균체자극인자(colony stimulating factor-1, CSF-1)에 의해 유도되는 세포분열(DNA 합성) 신호는 p110α에 의해 전달되는 반면, actin의 조직화(organization)와 세포의 이동(migration)은 β 또는 δ isoform을 필요로 한다[17].

Class II PI 3-kinase

이 그룹에는 3가지 종류, 즉 PI 3-kinase II α, β 및 γ가 있으며 PI와 PI(4)P를 기질로 한다. 이들은 모두 170~210 kDa의 단량체(monomer)로 되어 있고 C-말단에 1개의 C2 domain을 가지고 있다. 그러나 이들이 활성화되는 기작은 아직 확실치 않다.

Class III PI 3-kinase

이 그룹의 PI 3-kinase들은 효모의 VPS34(vacuolar protein sorting mutant)라는 단백질의 인간 상동체(human homologue)라 할 수 있다. 이들은 PI를 인산화시켜 PI(3)P로 만드는 작용만을 촉매한다. 효모에서처럼 인간 PI 3-kinase III에서도 하나의 조절작용 subunit(효모 VPS15의 상동체)과 강한 결합을 하고 있다. 이 조절작용 subunit은 일종이 serine/threonine kinase로서 촉매작용 subunit을 인산화시키고 세포막으로 이동시키는 작용을 한다. 그런데 PI(3)P는 어디에나 존재하고 있고 그 농도 또한 세포가 자극되었을 때나 그렇지 않았을 때나 변하지 않기 때문에, class III PI 3-kinase는 신호전달 역할은 하지 않고 하나의 housekeeping(모든 세포에서 항상 구성적으로 발현되고 세포의 생명활동에 필수적인 기능을 하는 것 — 역자 주) 역할을 하는 것으로 추정되고 있다.

PI 3-kinase의 역할 연구하기

PI 3-kinase 저해제의 하나인 wortmannin을 사용

Wortmannin은 PI 3-kinase의 저해제로서, 곰팡이 *Penicillium wortmannii*에서 분리된 항진균 항생제(antifungal antibiotics)이다. 이 물질은 원래, 림프조직의 급성 괴사(acute necrosis), 중증 심근성 출혈(severe myocardial haemorrhage), 혈색소뇨증(haemoglobinuria) 등을 초래하는 독성물질로 분리되었다[18]. 그러나 적당한 농도로 사용하면 강력한 항염증제로 사용할 수도 있다[19,20]. 이러한 PI 3-kinase 저해제를 사용하면 PI 3-kinase가 조절하는 신호전달경로와 세포기능을 이해함에 있어 단서를 찾아낼 수 있게 된다.

Wortmannin은 또 다른 PI 3-kinase 저해제인 LY294002(Eli Lilly사가 개발한 저해제)와 조합 또는 단독으로 사용함으로써 신호전달 연구를 위한 중요한 실험을 할 수 있다. Wortmannin은 10 nmol/l 이상의 농도에서 PI 3-kinase의 p85 조절작용 subunit에 공유결합하게 된다[21]. 그러나 종종 높은 농도로 사용됨으로써 저해작용에 대한 오류 보고서를 만들어 낼 수도 있다. 또한 PI 3-kinase에는 여러 isoform들이 존재하고 이들이 모두 wortmannin에 의해 저해되지는 않기 때문에, 저해작용이 나타나지 않은 결과를 얻었다 할지라도 3번 위치가 인산화된 inositol phospholipid의 역할을 완전히 배제할 수는 없음을 염두에 두어야 한다.

Wortmannin은 PI 3-kinase 분야에서 처음 사용[20]되기 몇 년 전에, myosin light chain kinase(MLCK)에 대한 저해제로 이미 알려졌다[19]. 그럼에도 불구하고 wortmannin은 3-kinase들에 대해서만 특이적으로 작용한다고 너무 쉽게 단정 짓는 경향이 있다[20]. 사실, wortmannin은 100 nmol/l 이상의 농도에서는 PI 4-kinase를 저해할 수 있고, mol/l 범위의 농도에서는 MLCK에 대한 저해는 물론, 여타 kinase들에 대해서도 저해작용을 나타낼 수 있다. 따라서 wortmannin을 무분별하게 사용한 결과, 3-인산화 지질 성분이 실제로는 어떤 과정에 관련이 없는데도 그 과정에 관여하는 것으로 결론 나게 될 수도 있다는 점에 유의해야 한다.

지질 산물(lipid product)의 농도 측정하기

저해제를 이용하는 것보다 직접적인 방법으로서, 자극이 주어진 세포에서 3번 위치에 인산화된 inositol phospholipid의 농도를 측정함으로써 3번 위치 인산화의 역할을 분석할 수 있이러한 점은 모든 저해제를 사용하는 실험에서 일반적으로 고려되어야 하는 유의사항이다. 우리가 경험하기를, 어떤 약물의 작용을 강조하기 위해 처음에 사용하는 '효능이 강한(potent)' 이라든지 '매우 특이적인(highly specific)' 과 같은 표현들은 1, 2년이 지난 후에는 퇴락하고 마는 경우가 많다는 것이다. 한 때 calmodulin에 대한(뒤따르는 protein kinase C에 대해서도) '효능이 강한' 그리고 '매우 특이적인' 저해제로 인해, 그 관련된 초기의 연구가 진전된 것이 아니라 오히려 방해가 된 것을 한 예로 들 수 있다.

다. PI(3)P는 정상적인 지질 구성성분이지만, 휴지상태의 세포에서 $PI(3,4)P_2$ 및 $PI(3,4,5)P_3$의 양은 극히 적다. 만일 어떤 실험에서 세포를 자극한 후에도 이들의 농도가 증가하지 않았다면 이들의 2차 전령물질로서의 역할은 없다고 결론 내릴 수 있다(22).

PI 3-kinase 활성화 경로

우선, 성장인자의 수용체들이 class IA PI 3-kinase를 활성화시킨다. 즉, 수용체는 PI 3-kinase p85 조절작용 subunit의 SH2 domain과의 상호작용을 통해 PI 3-kinase를 활성화시키게 된다(그림 13.3). 한편 PI 3-kinase가 활성화될 수 있는 또 한 가지 방법은, non-receptor protein tyrosine kinase(nrPTK)에 의해 동일한 방법으로 활성화되는 것이다. Src 단백질군의 PTK들을 대표적인 예로 들 수 있다(23). 또한 혈소판에서는 thrombin에 의해 자극이 주어지면 focal adhesion kinase(FAK, 14장 참조)이라는 nrPTK에 의해 PI 3-kinase가 활성화될 수 있다. FAK는 초점부착 부위(focal adhesion site)에서 integrin을 통한 신호전달 및 cytoskeleton 조직화에 관여되는 단백질로서, p85 subunit의 SH3 domain과 상호작용할 수 있는 proline-rich region을 가지고 있다(24). 또한 FAK가 인산화되면 p85의 SH2 domain과의 상호작용도 일어나는데, 이것은 세포가 고체 지지층(solid substrate)에 붙었을 때 PI 3-kinase의 활성화가 일어나는 메커니즘이 된다.

결국 PI 3-kinase의 활성화에는 두 가지 경로가 있다. 하나는 직접적인 경로이고, 다른 하나는 focal adhesion 부위가 관여하는 간접적인 경로이다(FAK와 cytoskeleton 간의 연결과 관련한 구체적인 내용은 14장 참조). Small GTPase에 속하는 Ras 역시 PI 3-kinase를 활성화시키는데 이 경우는 p110α와의 직접적인 상호작용을 통해 일어난다(그림 13.3)(15). 다른 종류의 GTPase들, 특히 Rho 단백질군의 GTPase들의 경우에는 PI 3-kinase에 의해 조절되는 신호전달경로에서 조절 단백질 또는 effector 단백질로 작용하고 있다(16).

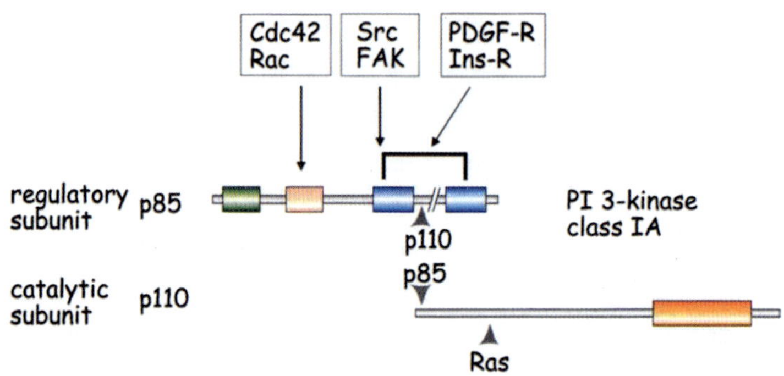

그림 13.3 Class IA PI 3-kinase를 활성화시키기 위한 여러 경로들. 여러 종류의 단백질들이 p85 조절작용 subunit과 상호작용한다. Rho 단백질군의 GTPase인 Rac과 Cdc42는 BCR homology domain과 상호작용한다. PDGF 수용체, rPTK, nrPTK인 Src와 FAK, insulin receptor substrate(IRS) 등은 모두 SH2 domain과 상호작용한다. p110 촉매작용 subunit는 단량체(monomeric) GTPase인 Ras와 직접적으로 상호작용하고 있다.

akt 설치류 T세포 림프종(rodent T-cell lymphoma)을 일으키는 급성 형질전환(acutely transforming) retrovirus AKT8.

PKB와 $PI(3,4,5)P_3$를 통한 활성화

바이러스 발암유전자(viral oncogene) v-*akt*는 숙주세포의 Ser/Thr protein kinase와 바이러스 구조단백질 Gag가 융합된 fusion protein을 암호화하고 있다. 그 단백질이 바로 PKB인데, 구조적으로 PKC(촉매활성 부위에서 73%의 유사성) 및 PKA(68%의 유사성)와 유사하다. PKB가 다른 protein kinase들과 다른 점은, PH domain을 가진다는 것이다. PKB는 PH domain을 통해 인지질 층의 polyphosphoinositide head에 결합하거나 G-protein의 βγ-subunit에도 결합할 수 있다(18장 참조). 현재까지 PKB에는 3종류의 subtype, 즉 α, β, γ가 발견되었는데 이들 모두가 다양한 조직세포에서 관찰된다(그림 13.4). PKB가 발견된 후 얼마 지나지 않아, PI(3,4,5)P_3가 PKB의 activator로 작용한다는 사실이 밝혀졌다. 그런데 PI(3,4,5)P_3 인지질에 의한 활성화 메커니즘은 간단하지 않아서, 두 가지의 작용으로 나누고 있다. 첫 번째는 직접적인 작용으로서, PI(3,4,5)P_3의 head group이 PKB의 N-말단 부분에 있는 PH domain과 직접 결합하는 것이다[25]. 두 번째는 간접적인 작용으로서, protein kinase의 일종인 3-phosphoinositide dependent protein kinase(PDK1)이 관여한다[26]. PDK1에도 PH domain이 존재하고 있어서 PI(3,4,5)P_3에 결합하기 때문에 PDK1과 PKB가 서로 근접하게 되어 PDK1에 의해 PKB가 활성화될 수 있다(그림 13.5). PDK1의 특징적인 점은, PKB를 비롯한 대부분의 신호전달 참여 protein kinase들과는 달리, 항상 활성화된 상태로 존재한다는 것이다. 또한 이 신호전달경로의 특이성은 PI(3,4,5)P_3의 이중 기능성에서 찾아볼 수 있는데, PI(3,4,5)P_3는 단백질들을 불러오는 주체가 되는 동시에 활성화 신호로도 작용하고 있다는 점이다. 한편, PDK1은 PKB의 촉매활성 고리부분(catalytic loop)을 인산화시키게 되지만, PKB가 완전하게 활성화되기 위해서는 C-말단 domain에서의 두 번째 인산화가 필요하다. 이 추가적인 인산화는 또 다른 protein kinase인 PDK2에 의해 이루어지는데, PDK2에 대해서는 보다 정확한 규명 연구가 필요하다. 중요한 것은, PDK1과 PDK2가 둘 다 작동하지 않으면 아무 일도 일어나지 않는다는 사실이다. 두 위치에 모두 인산화되어서야 비로소 PKB는 세포막에서 떨어져 나와

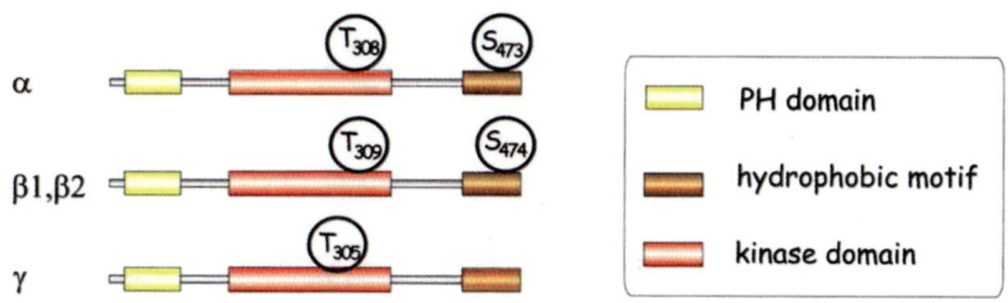

그림 13.4 PKB의 분류. PKB에는 α, β1, β2, γ 등 여러 isoform들이 있다. 이들 모두는 공통적으로 1개의 PH domain과 C-말단 상의 1개의 소수성 motif(hydrophobic motif)를 갖고 있다. 이들 간의 차이점은 조절을 위한 인산화 위치(regulatory phosphorylation site)가 조금씩 다르다는 점이다.

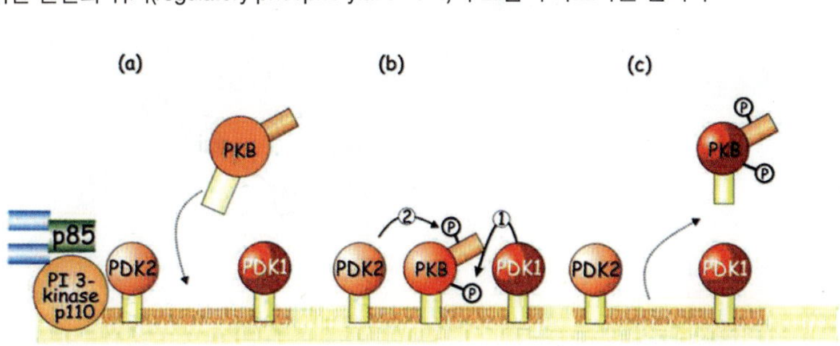

그림 13.5 PKB 활성화 메커니즘. PI(3,4,5)P_3(갈색)가 생성되면 PKB에 대한 불러오기 신호(recruitment signal)로 작용하게 된다. PKB는 세포막에 결합되어 (a) 우선 PDK1에 의해 촉매활성 domain이 인산화되고, (b) 이어서 PDK2에 의해 hydrophobic motif가 인산화된다. (c) 활성화된 PKB는 막으로부터 분리된다.

세포질 내에서 그 고유의 작용을 수행할 수 있게 된다. 바이러스 발암유전자 산물인 v-Akt는 닻 역할을 하는 지질(anchor lipid), 즉 myristoyl 기를 1개 가지고 있어서, PKB로 하여금 세포막에 위치하도록 만들어주고 따라서 그 활성화가 일어나기 쉽게 해주는 특성을 가지고 있다.

인슐린: glycogen 합성을 조절하는 IRS, PI 3-kinase 및 PKB의 역할

인슐린 수용체에서 PKB까지

인슐린에 의해 촉진되는 포도당 흡수(glucose uptake), glycogen 합성 및 단백질 합성 등은 모두 wortmannin에 민감한 작용이다[27,28]. 반면, 인슐린에 의한 ERK의 활성화 작용은 포도당 흡수라든지 glycogen 합성에는 큰 영향을 미치지 않는다[29,30]. 인슐린이 인슐린 수용체(insulin receptor, IR)에 결합하게 되면, PI 3-kinase의 활성화가 일어나 지속된다. 그러나 이때 인슐린 수용체와 PI 3-kinase는 직접 상호작용하지 않는다. 그 대신, 인슐린 수용체 기질(insulin receptor substrate, IRS) 분자가 PI 3-kinase와 직접 상호작용하고 있다. 인슐린 수용체는 dimer로 되어 있는데, 인슐린이 결합되면 세포질 내부 domain에 자동인산화가 일어나고[31], 인산화된 수용체는 IRS를 인산화시키게 된다. 지금까지 IRS에는 4가지 종류가 존재하는 것으로 확인되었는데(IRS-1에서 IRS-4까지), 이들 모두가 PH domain과 PTB domain을 가지고 있다. PTB domain은 인슐린 수용체의 인산화된 tyrosine 들이 존재하는 영역에 직접적으로 결합하게 된다. 이때 인슐린 수용체의 phosphotyrosine 영역은 세포막에 바로 인접하여 위치하고 있으면서 결합된 IRS 분자의 여러 tyrosine 잔기를 인산화시켜준다(그림 13.6)[32].

> **IRS**의 인산화는 Tyr-X-X-Met motif에 있는(X는 임의의 아미노산 잔기를 의미) tyrosine 잔기에 일어난다. IRS-1에는 이러한 motif가 9개 존재한다.

PI 3-kinase의 활성화가 지속되고 3번 위치에 인산화된 polyphosphoinositide가 생성되면,

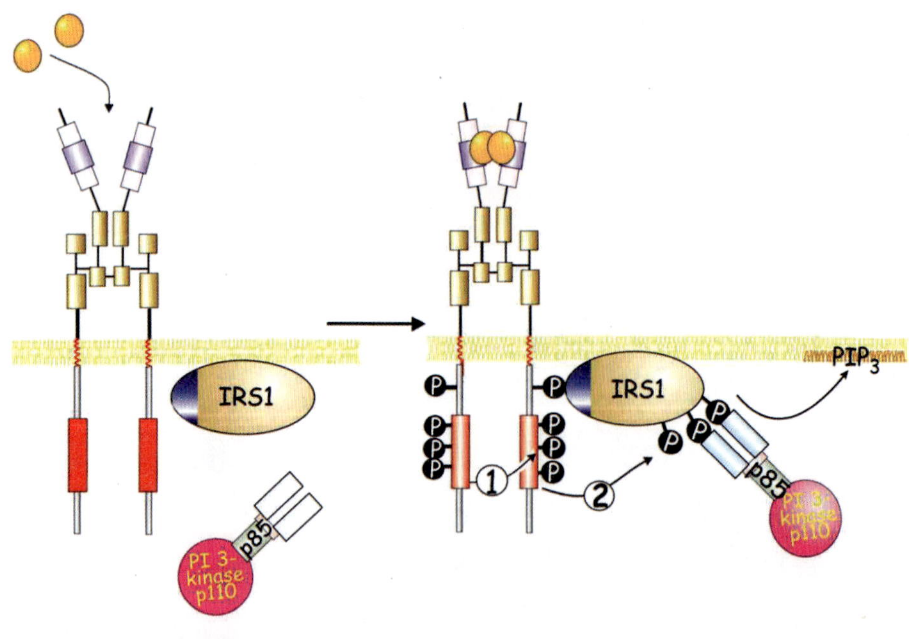

그림 13.6 인슐린 수용체에 의한 PI 3-kinase의 활성화. 자동인산화에 의해 활성화된 인슐린 수용체에 IRS-1이 결합하여 인산화된다. IRS-1은 PI 3-kinase p85 조절작용 subunit에 있는 SH2 domain의 결합위치(docking site)를 제공하고, 활성화된 PI 3-kinase가 PI(3,4,5)P_3를 생성하게 된다.

여러 Ser/Thr protein kinase들이 세포막으로 와서 결합되게 된다. 그 kinase들 중 중요한 것이 바로 PKB이다. PI 3-kinase를 거쳐 PKB가 활성화되는 경로는 다양한 실험에 의해 잘 증명되었다[(33)]. 혈청을 주지 않은 상태로 배양한(serum-starved) 섬유아세포(fibroblast)에서 PKB는 비활성 상태였다가, 인슐린 또는 platelet derived growth factor(PDGF)를 처리한 직후에는 활성화되게 된다. 그러나 이러한 현상은, PH domain이 제거된 PKB를 갖는 돌연변이 세포주에서는 관찰되지 않으며, 또한 IRS-1이나 PDGF 수용체 상의 phosphotyrosine의 존재 여부에 따라 좌우된다. 뿐만 아니라, PI(3,4,5)P_3가 아닌 PI(3,4)P_2는 PKB를 활성화시키지 못하는데, 이는 따로 분리해 낸 PH domain(및 원래의 kinase)이 PI(3,4,5)P_3에만 결합할 수 있다는 사실과 연관시킬 수 있다[(34)].

인슐린과 유사하게, PDGF 역시 PKB를 활성화시키기는 하지만 이 경우에는 포도당 대사에 대한 즉각적인 효과는 나타나지 않는다. 또한 인슐린 신호전달에서는 인슐린 수용체의 신호를 그와 결합하는 IRS-1을 통해 PKB 활성화로 연결시켜 포도당 대사를 일으키는 반면, PDGF 수용체의 경우에서는 그러한 연결이 없다는 점이 다르다.

PKB로부터 glycogen synthase까지

어떤 단백질이 PKB에 의해 효율적으로 인산화되기 위해서는 최소한 RxRxx(S/T)(F/L)의 서열을 가지고 있어야 하는데, 이러한 조건을 만족하는 단백질들이 다양하게 발견되어 왔다. 인슐린 신호전달에 있어서 이에 해당하는 기질 단백질이 바로 glycogen synthase kinase, 즉 GSK-3β 인데, 이 단백질은 인산화됨으로써 비활성화 상태가 된다(그림 13.7)[(23)].

GSK-3β가 비활성화되면 glycogen synthase의 serine 잔기에 대한 인산화 작용이 줄어들게 된다. 그러나 이로 인해 glycogen 합성작용이 갑작스럽게 시작되는 것은 아니다. Glycogen 합성이 개시되기 위해서는 glycogen synthase로부터 인산기들을 떼어내야 하는데, 이 일은 Ser/Thr protein phosphatase-1G(PP1G, 그림 13.7)가 활성화되어야 일어날 수 있다. PP1G의 활성화는 insulin-stimulated protein kinase(ISPK)의 작용을 통해 일어나는데, ISPK는 ribosomal S6 kinase-II와 상동성을 갖는 protein kinase의 일종이다. 이러한 과정을 통해 비로소 인슐린으로 자극된 세포가 glycogen 합성을 수행할 수 있게 되는 것이다(그림 17.10).

> Glycogen synthase는 탈인산화된 형태가 되었을 때라야 활성이 증가됨에 유의하라.

포도당 수송(glucose transport) 및 단백질 합성 활성화를 위한 PI 3-kinase의 역할

인슐린 자극에 의해 근육 및 지방조직으로의 포도당 흡수가 활성화되는 것은, 포도당 수송 단백질의 일종인 glucose transport 4(GLUT4)가 세포내 소낭(vesicle)에서 세포막으로 이동(translocation)되어 일어난다. 이때 소낭의 표면에는 PI 3-kinase와 인산화된 IRS-1이 함께 위치하게 된다. PI 3-kinase가 소낭의 이동과 세포막에의 융합에 어떻게 작용하는지에 대해서는 잘 알려지지 않았지만, 아마도 PH domain이 중요한 역할을 담당하는 것으로 추정되고 있다.

PI 3-kinase는 단백질 합성작용의 조절에도 관여하고 있는데, 이는 eukaryotic translation initiator factor-4E(eIF-4E) 및 p70 S6-kinase의 작용을 통해 이루어진다. eIF-4E는 대부분의 세포에서 단백질 번역에 대한 한정개시인자(limiting initiation factor)로서, 그 활성에 따라 전체적인 번역속도가 결정된다. eIF-4E의 조절은 그 자체의 인산화 여부와 번역억제 단백질(translation repressor protein)인 4E-BP의 결합여부에 의해 이루어지고 있다. eIF-4E는 ERK

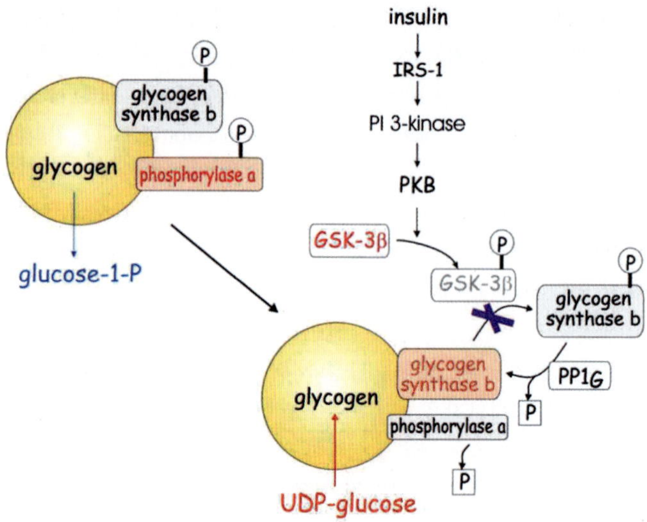

그림 13.7 인슐린 자극에 의한 glycogen synthase의 활성화. 인슐린이 수용체에 결합하면 PKB의 활성화가 유도된다. 그 결과 PKB의 기질 중 하나인 glycogen synthase kinase-3β(GSK-3β)가 비활성화되어 glycogen synthase의 활성화 상태가 유지된다. 또한 phosphatase인 PP1G가 glycogen synthase를 탈인산화 상태로 만들어줌으로써 활성화시키면 glycogen 합성이 일어나게 된다.

신호전달경로에 의해 인산화됨으로써 활성화되며, 4E-BP는 인산화됨으로써 비활성 상태가 된다(11장 참조). 한편 S6 단백질은 40S ribosome subunit의 구성 단백질 중 하나로서, 인산화됨으로써 번역속도를 증가시켜 단백질 합성을 증대시키는 작용을 하고 있다[35]. 이 S6 단백질은 p70 S6-kinase에 의해 인산화되는데, S6 kinase에도 여러 isoform들이 있다[36]. 이 S6 kinase의 활성은 인슐린, 성장인자, 또는 glucagon에 의해서 조절작용을 받게 된다[37,38].

FRAP FKBP-rapamycin associated protein, 효모의 TOR 유전자 산물에 대한 인간에서의 상동체가 되는 protein kinase이다.
TOR Target of rapamycin, 효모에서의 PI 3-kinase 상동체이면서 지질 인산화 활성은 없고 단백질들을 인산화시키는 활성을 갖는다. 그림 13.2 참조.

4E-BP와 p70 S6-kinase는 둘 다 PKB의 작용에 의해 간접적으로 제어되는데, 그 제어작용에는 또 다른 protein kinase인 FRAP/mTOR가 관여하고 있다(그림 13.8). FRAP/mTOR는 처음에는 면역억제제(immunosuppressant)이자 단백질합성 저해제인 rapamycin(구조적으로 FK506과 유사, 17장 참조)의 표적으로 알려진 단백질이다[39]. 그 후 밝혀지기를, FRAP/mTOR가 4E-BP1을 인산화시킴으로써 4E-BP1과 결합되어 있는 eIF-4E를 풀어놓아주어 단백질 합성을 개시하는 과정에 참여할 수 있도록 해주고 있다[40]. 또한 FRAP/mTOR는 p70 S6-kinase를 인산화시키는 작용도 수행한다는 사실이 추가로 밝혀지게 되었다[41].

p70 S6-kinase를 활성화시키는 방법으로는, FRAP/mTOR의 작용 외에도 보다 직접적인 방법이 하나 더 있다. PI 3-kinase에 의해 PI(3,4,5)P_3가 생성되면 PDK1이 세포막으로 이동되어 그 곳에서 p70 S6-kinase의 촉매활성 고리구조(catalytic loop)를 인산화시키게 된다. 이어서 활성화된 PKB가 p70 S6-kinase의 C-말단 domain을 추가적으로 인산화시키면 S6-kinase는 완전하게 활성화 상태가 된다. 이러한 작용은 atypical PKC에 의해서도 일어날 수 있는 것을 추정되고 있는데, 그 이유는 비활성 형태의 PKCγ와 PKCζ를 다량으로 발현시킨 세포에서는 성장인자의 자극이 주어져도 p70 S6-kinase가 활성화되지 않는 것이 관찰되었기 때문이다[42]. 그러나 이러한 일은 생리학적 조건에서는 일어나지 않는 것으로 생각되고 있다.

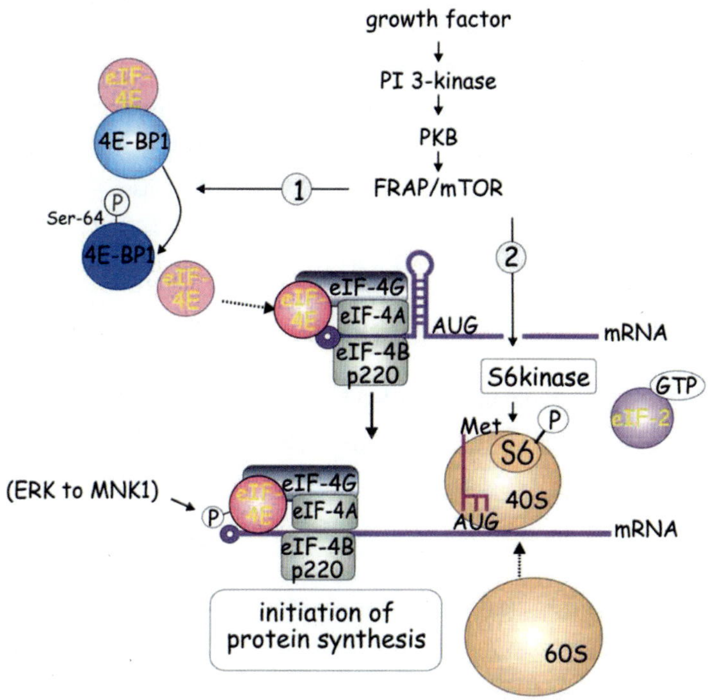

그림 13.8 **PI 3-kinase에 의한 단백질 합성의 조절.** PI 3-kinase는 PKB의 활성화를 통해 단백질 합성에 있어서 번역의 개시단계를 제어하고 있다. 활성화된 PKB는 protein kinase의 일종인 FRAP/mTOR를 인산화하여 활성화시킨다. 활성화된 FRAP/mTOR는 개시인자(initiation factor) eIF-4E를 저해하는 단백질인 4E-BP1을 인산화시켜 eIF-4E와 떨어지도록 하고, 풀려난 eIF-4E는 mRNA의 cap 구조에 결합하여 mRNA의 hairpin 구조를 펼쳐 줌으로써 eIF2 GTP와 40S ribosomal unit가 결합될 수 있는 상태로 만들어 준다. FRAP/mTOR는 한편으로는 S6 kinase를 인산화하여 활성화시켜주는데, 활성화된 S6 kinase는 40S ribosomal subunit의 S6 단백질을 인산화시킨다. 인산화된 S6 단백질은 단백질 합성작용의 효율을 높여주는 역할을 하게 된다. 이러한 4E-BP1 및 S6 단백질에 대한 인산화작용에 eIF-4E의 인산화(MAP kinase 경로에 의해)가 더해짐으로써 인슐린 및 성장인자의 자극에 의한 단백질 합성의 증가현상이 이루어지고 있는 것이다.

PI 3-kinase에 의해 매개되는 다른 과정들

3번 위치에 인산화되는 인지질들의 합성에 따라 다양한 세포기능들이 수행 또는 변화되게 된다(그림 13.3). 다음과 같은 예들을 들 수 있다.

- Retrovirus를 이용하여 PI 3-kinase를 항시 활성화된 상태로 발현되도록 만든 세포에서는, 닭의 경우에 혈관종(haemangioma)을 유발시킬 수 있고, 섬유아세포(fibroblast)에서도 형질전환을 일으키게 된다.
- PI 3-kinase를 저해하면 NF-AT의 이동이 일어나지 않아 T세포 활성화가 억제된다.
- 혈관내피세포(vascular endothelial cell)를 전단응력(shear stress)에 노출시키면 PKB에 의해 nitric oxide synthase(NOS)가 활성화된다. 그 결과 NO가 분비되어 혈관 평활근의 이완이 일어나게 된다[43].
- GTPase, Rac, Cdc42 등은 PI 4-P 5-kinase 및 PI 3-kinase와 협력하여, 세포막 하부에서 actin filament system의 조직화에 작용함으로써 식세포작용(phagocytosis)에서 입자를 잡아들

이는 작용(particle internalization)을 일으킨다[44].

- PKB는 fork-head/winged-helix 단백질군에 속하는 전사인자들을 인산화하여 활성화시킨다[45]. 이 전사인자는 세포자살(apoptosis)을 억제시키는 기능을 가지고 있어서, *C. elegans*의 수명을 조절하는 것으로 알려져 있다. *C. elegans*에서 인슐린/IGF-1 수용체의 상동체인 DAF-2의 활성을 감소시키는 돌연변이를 일으키면, PI 3-kinase 활성화가 일어나지 않게 되어 정상 선충에 비해 두 배나 오래 살 수 있게 되는 것이 관찰되었다.
- 상피세포에서는 PI 3-kinase를 활성화시키면 세포자살 경로의 활성화가 억제된다. 이에 대해서는 14장에서 다시 설명하도록 한다.

PDK1은 다기능의 kinase로서 다중적인 인산화 위치를 가지고 있어서 다양한 신호입력에 대한 조율자(integrator) 역할을 한다

PKB의 활성화를 유도하는 신호전달경로를 찾고 PDK1의 역할을 발견해냄으로써 이른바 AGC 단백질군으로 알려진 Ser/Thr protein kinase의 활성화를 위한 일반적인 과정이 밝혀지게 되었다.

AGC kinase들은 Ser/Thr protein kinase A(cAMP 의존성), G(cGMP 의존성) 및 C(Ca^{2+}과 diacylglycerol에 의존성)와 서열 유사성(sequence similarity)을 갖기 때문에 AGC라는 이름이 붙여졌다.

이 효소들은 촉매활성을 갖게 되기 위해서는 촉매활성 부위에 있는 공통서열(consensus sequence)의 threonine 잔기(표 13.1)가 인산화되어야 한다(18장 'Protein kinase domain' 부분 참조). 또한 이 효소들 중 많은 경우는 C-말단에 두 번째 인산화 위치가 되는 serine 또는 threonine 잔기를 포함하는 서열을 갖고 있기도 하다. PDK1은 AGC 단백질군에 속하는 여러 Ser/Thr protein kinase들, 즉 PKB, p70 S6-kinase, PKC α, β1, β2, δ, γ, ζ 등에 대해 그들의 촉매활성 부위를 인산화시키는 작용을 한다. 따라서 PDK1은 protein kinase들에 대한 중심적인 조절자(regulator) 역할을 수행하고 있는 것이다. 복잡하게도, atypical PKC, 즉 PKCγ 및 ζ도 역시 PKCδ와 p70 S6-kinase의 C-말단의 두 번째 인산화 위치를 인산화시킬 수 있음이 확인되기도 하였다. 즉 이들 PKC들도 PDK1과 함께 protein kinase 활성을 조절하는 과정에서 특정한 역할을 담당하고 있음을 보여주고 있는 것이다.

이제 우리는 인산화 작용들을 단순히 일렬로 나열해 놓는 것은 더 이상 신호전달에 대한 정확한 설명이 될 수 없음을 보기 시작했다[46]. 지금까지의 발견들을 통해 알 수 있는 것은, 특정 protein kinase들이 서로 협력하고, 때로는 복합체를 이루어, 서로를 그리고 스스로를 인산화시키고 있고, 이러한 작용들은 적절한 2차 전령물질(들)에 의해 유도되고 있다는 사실이다(그림 13.9). 이러한 인산화 작용들을 통해 protein kinase들의 촉매활성이 결정되게 되고, 그 결과 신호전달경로들이 PKB로 수렴되고 있는 것이다.

그래서, 인슐린은 누가 발견했다는 것인가?

'인슐린을 발견한 사람은 아무도 없다'라는 대답이 맞을 것 같다. 인슐린은 처음에는 하나의 아이디어였고(Minkowski), 그 후에 하나의 증명된 가설이 되었으며(Gley와 그의 동료들), 마지막으로 당뇨병을 치료하는 실제적인 방법(Paulescue와 Banting)이 된 것이다. Hendersone의 글[4]에서 인용.

표 13.1 AGC protein kinase 단백질군에서 나타나는 보존서열(conserved sequence)들의 배열

Protein kinase	Activation loop (PDK1 site)	C-terminal domain (PDK2 site)
PKB	KTFCGTPEY	FPQFSY
p70s6K	HTFCGTIEY	FLGFTY
PKCδ	HTFCGTIEY	FLGFTY
PKCα	STFCGTPDY	FAGFSF
PKCβ I	RTFCGTPDY	FEGFSY
PKCβ II	KTFCGTPDY	FAGFSY
PKCγ	RTFCGTPDY	GQGFTY
cAMP dependent protein kinase (no PDK2 site)		
PKAα	WTLCGTPEY	FSEF (no PDK2 site)
aPKC or PKC-relaated protein kinases (no PDK2 site)		
PKCζ	STFCGTPNY	EFGFEY
PKCλ	STFCGTPNY	EFGFEY
PRK1	STFCGTPEF	FLDFDF
PRK2	STFCGTPEF	FRDFDF

AGC protein kinase들의 촉매활성 부위(catalytic loop)와 C-말단 domain은 서로 다른 kinase에 의해 인산화된다. 촉매활성 부위는 항상 PDK1에 의해 인산화되기 때문에 PDK1-site라고 부른다. C-말단 domain의 인산화 위치는 PDK2-site라고 부르는 위치가 될 경우가 많은데, PDK2는 아직 잘 밝혀지지 않은 효소이다. Peterson과 Schreiber의 논문[46] 인용.

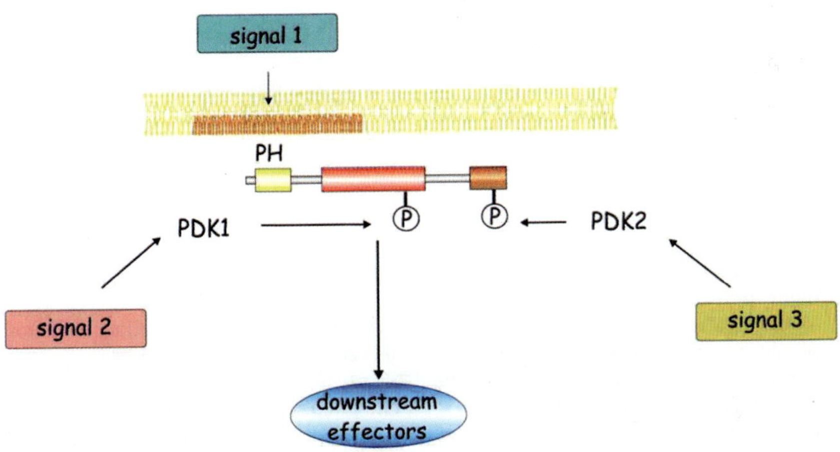

그림 13.9 서로다른 신호들의 PKB로의 수렴.

References

1 Vane, J.R. Inhibition of prostaglandin synthesis as a mechanism of action for aspirin-like drugs. *Nat. New Biol.* 1971; 231: 232–5.

2 Roth, G.J., Stanford, N., Majerus, P.W. Acetylation of prostaglandin synthase by aspirin. *Proc. Natl. Acad. Sci. USA* 1975; 72: 3073–6.

3 Murray, I. Paulescu and the isolation of insulin. *J. Hist. Med.* 1971; 26: 150–7.

4 Henderson, J.R. Who really discovered insulin? *Guy's Hosp. Gaz.* 1971; 85: 314–18.

5 Gley, E. Action des extraits de pancréas sclérosé sur des chiens diabétiqués (par extirpation du pancréas). *C.R. Soc. Biol. (Paris)* 1922; 87: 1322–5.

6 Kasuga, M., Karlsson, F.A., Kahn, C.R. Insulin stimulates the phosphorylation of the 95,000-dalton subunit of its own receptor. *Science* 1982; 215: 185–7.

7 Chong, L.D., Traynor-Kaplan, A., Bokoch, G.M., Schwartz, M.A. The small GTP-binding protein Rho regulates a phosphatidylinositol 4-phosphate 5-kinase in mammalian cells. *Cell* 1994; 79: 507–13.

8 Traynor-Kaplan, A.E., Harris, A.L., Thompson, B.L., Taylor, P., Sklar, L.A. An inositol tetrakisphosphate-containing phospholipid in activated neutrophils. *Nature* 1988; 334: 353–6.

9 Ireton, K., Payrastre, B., Chap, H. *et al.* A role for phosphoinositide 3-kinase in bacterial invasion. *Science* 1996; 274: 780–2.

10 Gary, J.D., Wurmser, L.S., Emr, S.D. Fap1p is essential for PtdIns(3)P 5-kinase activity and the maintenance of vacuolar size and membrane homeostasis. *J. Cell Biol.* 1998; 143: 65–79.

11 Herman, P.K., Stack, J.H., DeModena, J.A., Emr, S.D. A novel protein kinase homolog essential for protein sorting to the yeast lysosome-like vacuole. *Cell* 1991; 64: 425–37.

12 Rudd, E., Schneider, H. Lymphocyte signaling: Cbl sets the threshold for autoimmunity. *Curr. Biol.* 2000; 10: R344.

13 Musacchio, A., Cantley, L.C., Harrison, S.C. Crystal structure of the breakpoint cluster region-homology domain from phosphoinositide 3-kinase p85 α subunit. *Proc. Natl. Acad. Sci. USA* 1996; 93: 14373–8.

14 Diekmann, D., Brill, S., Garrett, M.D. *et al.* Bcr encodes a GTPase-activating protein for p21rac. *Nature* 1991; 351: 400–2.

15 Rodriguez-Viciana, P., Warne, P.H., Dhand, R. *et al.* Phosphatidylinositol-3-OH kinase as a direct target of Ras. *Nature* 1994; 370: 527–32.

16 Wymann, M.P., Pirola, L. Structure and function of phosphoinositide 3-kinases. *Biochim. Biophys. Acta* 1998; 1436: 127–50.

17 Haesebroeck, B. Van, Jones, G.E., Allen, W.E. *et al.* Distinct PI(3)Ks mediate mitogenic signalling and cell migration in macrophages. *Nat. Cell Biol.* 1999; 1: 69–71.

18 Gunther, R., Abbas, H.K., Mirocha, C.J. Acute pathological effects on rats of orally administered wortmannin-containing preparations and purified wortmannin from *Fusarium oxysporum*. *Food Chem. Toxicol.* 1989; 27: 173–9.

19 Closse, A., Haefliger, W., Hauser, D. *et al.* 2,3-Dihydrobenzofuran-2-ones: a new class of highly potent antiinflammatory agents. *J. Med. Chem.* 1981; 24: 1465–71.

20 Nakanishi, S., Kakita, S., Takahashi, I. *et al.* Wortmannin, a microbial product inhibitor of myosin light chain kinase. *J. Biol. Chem.* 1992; 267: 2157–64.

21 Wymann, M.P., Bulgarelli-Leva, G., Zvelebil, M.J. *et al.* Wortmannin inactivates phosphoinositide 3-kinase by covalent modification of Lys-802, a residue involved in the phosphate transfer reaction. *Mol. Cell Biol.* 1996; 16: 1722–33.

22 Kaay, J. Van der, Batty, I.H., Cross, D.A., Watt, P.W., Downes, C.P. A novel, rapid, and highly sensitive mass assay for phosphatidylinositol 3,4,5-trisphosphate (PtdIns(3,4,5)P3) and its application to measure insulin-stimulated PtdIns(3,4,5)P3 production in rat skeletal muscle in vivo. *J. Biol. Chem.* 1997; 272: 5477–81.

23 Cross, D.A., Alessi, D.R., Cohen, P., Andjelkovich, M., Hemmings, B.A. Inhibition of glycogen synthase kinase-3 by insulin mediated by protein kinase B. *Nature* 1995; 378: 785–9.

24 Guinebault, C., Payrastre, B., Racaud, S.C. *et al.* Integrin-dependent translocation of phosphoinositide 3-kinase to the cytoskeleton of thrombin-activated platelets involves specific interactions of p85 α with actin filaments and focal adhesion kinase. *J. Cell Biol.* 1995; 129: 831–42.

25 Bellacosa, A., Testa, J.R., Staal, S.P., Tsichlis, P.N. A retroviral oncogene, akt, encoding a serine-threonine kinase containing an SH2-like region. *Science* 1991; 254: 274–7.
26 Corvera, S., Czech, M.P. Direct targets of phosphoinositide 3-kinase products in membrane traffic and signal transduction. *Trends Neurosci.* 1998; 8: 442–7.
27 Sakaue, H., Noguchi, T., Matozaki, T. *et al.* Ras-independent and wortmannin-sensitive activation of glycogen synthase by insulin in Chinese hamster ovary cells. *J. Biol. Chem.* 1995; 270: 11304–9.
28 Hara, K., Yonezawa, K., Sakaue, H. *et al.* 1-Phosphatidylinositol 3-kinase activity is required for insulin-stimulated glucose transport but not for RAS activation in CHO cells. *Proc. Natl. Acad. Sci. USA* 1994; 91: 7415–19.
29 Yamamoto-Honda, R., Tobe, K., Kaburagi, Y. *et al.* Upstream mechanisms of glycogen synthase activation by insulin and insulin-like growth factor-I. Glycogen synthase activation is antagonized by wortmannin or LY294002 but not by rapamycin or by inhibiting p21ras. *J. Biol. Chem.* 1995; 270: 2724–9.
30 Dorrestijn, J., Ouwens, D.M., Berghe, N. Van den, Bos, J.L., Maassen, J.A. Expression of a dominant-negative Ras mutant does not affect stimulation of glucose uptake and glycogen synthesis by insulin. *Diabetologia* 1996; 39: 558–63.
31 Garrett, T.P., McKern, N.M., Lou, M. *et al.* Crystal structure of the first three domains of the type-1 insulin-like growth factor receptor. *Nature* 1998; 394: 395–9.
32 Valverde, A.M., Lorenzo, M., Pons, S., White, M.F., Benito, M. Insulin receptor substrate (IRS) proteins IRS-1 and IRS-2 differential signaling in the insulin/insulin-like growth factor-I pathways in fetal brown adipocytes. *Mol. Endocrinol.* 1998; 12: 688–97.
33 Franke, T.F., Yang, S.I., Chan, T.O. *et al.* The protein kinase encoded by the Akt proto-oncogene is a target of the PDGF-activated phosphatidylinositol 3-kinase. *Cell* 1995; 81: 727–36.
34 Franke, T.F., Kaplan, D.R., Cantley, L.C., Toker, A. Direct regulation of the Akt proto-oncogene product by phosphatidylinositol-3,4-bisphosphate. *Science* 1997; 275: 665–8.
35 Pearson, R.B., Thomas, G. Regulation of p70s6k/p85s6k and its role in the cell cycle. *Prog. Cell Cycle Res.* 1995; 1: 21–32.
36 Grove, J.R., Banerjee, P., Balasubramanyam, A. *et al.* Cloning and expression of two human p70 S6 kinase polypeptides differing only at their amino termini. *Mol. Cell Biol.* 1991; 11: 5541–50.
37 Novak-Hofer, I., Thomas, G. Epidermal growth factor-mediated activation of an S6 kinase in Swiss mouse 3T3 cells. *J. Biol. Chem.* 1985; 260: 10314–19.
38 Smith, C.J., Rubin, C.S., Rosen, O.M. Insulin-treated 3T3-L1 adipocytes and cell-free extracts derived from them incorporate 32P into ribosomal protein S6. *Proc. Natl. Acad. Sci. USA* 1980; 77: 2641–5.
39 Brown, E.J., Albers, M.W., Shin, T.B. *et al.* A mammalian protein targeted by G1-arresting rapamycin-receptor complex. *Nature* 1994; 369: 756–8.
40 Manteuffel, S.R. von, Gingras, A.C., Ming, X.F., Sonenberg, N., Thomas, G. 4E-BP1 phosphorylation is mediated by the FRAP-p70s6k pathway and is independent of mitogen-activated protein kinase. *Proc. Natl. Acad. Sci. USA* 1996; 93: 4076–80.
41 Burnett, P.E., Barrow, R.K., Cohen, N.A., Snyder, S.H., Sabatini, D.M. RAFT1 phosphorylation of the translational regulators p70 S6 kinase and 4E-BP1. *Proc. Natl. Acad. Sci. USA* 1998; 95: 1432–7.
42 Romanelli, A., Martin, K.A., Toker, A., Blenis, J. p70 S6 kinase is regulated by protein kinase Czeta and participates in a phosphoinositide 3-kinase-regulated signalling complex. *Mol. Cell Biol.* 1999; 19: 2921–8.
43 Dimmeler, S., Fleming, I., Fisslthaler, B. *et al.* Activation of nitric oxide synthase in endothelial cells by Akt-dependent phosphorylation. *Nature* 1999; 399: 601–5.
44 Kwiatkowska, K., Sobotka, A. Signaling pathways in phagocytosis. *Bioessays* 1999; 21: 422–31.
45 Kops, G.J., Ruiter, N.D. de, Vries-Smits, A.M. de *et al.* Direct control of the Forkhead transcription factor AFX by protein kinase B. *Nature* 1999; 398: 630–4.
46 Peterson, R.T., Schreiber, S.L. Kinase phosphorylation: Keeping it all in the family. *Curr. Biol.* 1999; 9: R521.
47 von Mering, J. and Minkowski, O. *Arch. Exp. Pathol. Pharmakol.* 1890; 26: 371–87

14

Adhesion molecule들이 관여하는 신호전달

이 장에서는 세포가 특정 표면에 또는 다른 세포에 부착(adherence)되는 현상에 대해 알아보고, 또한 세포가 성장인자와 같은 작용물질(agonist)에 대해 반응을 나타낼 때 그 부착현상이 어떻게 영향을 미치고 있는지에 대해 살펴본다. 세포의 부착에 관여하는 분자들은 세포내에서 생성된 신호의 표적이 되기도 하고(즉, inside-out 신호전달), 세포외 신호의 수용체가 되기도 한다(즉, outside-in 신호전달). 이러한 두 가지 측면은, 세포의 생존, 증식, 분화에 대한 조절작용과 leukocyte trafficking 작용에서 좋은 예로 나타난다. Adhesion molecule의 기능들은 모두 다 기록하기에는 너무나 많다. 신경 시냅스의 작동, 신경세포의 성장, keratinocyte의 분화, 유선상피세포(mammary epithelial cell)에서의 유전자 발현, thymic selection, T세포의 활성화 등 그야말로 다양한 현상에서 adhesion molecule들은 매우 중요한 역할을 담당하고 있다.

Adhesion molecule들

세포가 세포외 기질(extracellular matrix)에 결합하거나 다른 세포에 부착되는 현상들은 특이적인 adhesion molecule들을 통해 일어난다. Adhesion molecule들은 처음에는 일종의 접착풀과 같은 끈적한 분자로서 세포기능에는 아무런 역할도 없는 것으로 단순하게 설명되었다. 그러나 지금은, adhesion molecule들이 신호전달 분자로도 작용하며, 수용체로도 역할하고 있음이 밝혀졌다(그림 14.1). 하지만 그렇다고 해서 adhesion molecule에 수용성의 리간드들이 결합한다는 의미는 아니다. Adhesion molecule에 결합하는 리간드는, 이웃하는 세포가 제시하는 adhesion molecule 자체가 될 수도 있고, 세포외 기질의 구성요소일 수도 있다.

Adhesion molecule이 처음 알려지게 된 것은 1970년대에 뇌의 발달을 연구하는 과정에서였다. 중추신경계(central nervous system)에서 신경세포들을 정밀하게 조직화하기 위해서는 세포 유도(cell guidance)와 세포 부착의 역동적인 과정이 요구된다. 이를 통해서 신경돌기(neurite)의 성장과 시냅스의 형성에 있어서 방향을 찾아가는 과정(direction-seeking process)이 수행되는 것이다. 초기 연구에서는 두 가지의 주요한 아이디어가 제시되었다[1]. 첫째는, 생물체의 발달과정에서 정확한 세포-세포간 접촉을 위해서는 부착되는 세포 각각이 서로에게 마치 자물쇠와 열쇠처럼 잘 맞아드는 특이적인 adhesion molecule을 제시해야 한다는 것이었다. 두 번째 아이디어는 adhesion molecule의 종류는 제한되어 있지만 그들의 결합능력은 시간에 따라 조절된다는 것이다. 예를 들어, 발달과정 중에 있는 신경세포들은 모두가 동일한 adhesion molecule을 만들어내지만, 신경돌기가 성장하는 동안에는 그 친화력이 낮은

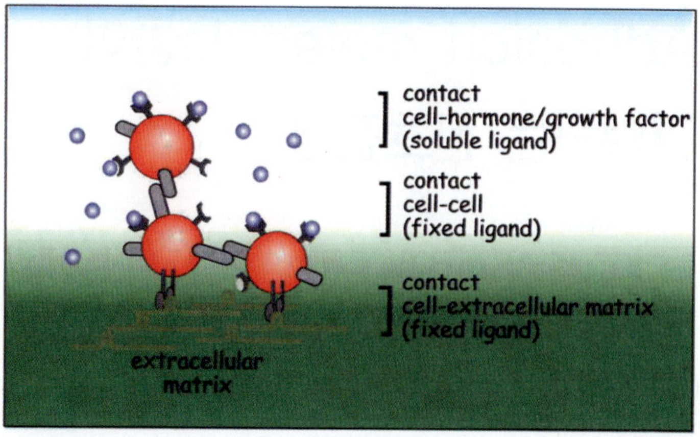

그림 14.1 세 가지 방법의 의사소통. 세포들은 수용성 리간드(호르몬과 cytokine)와 접촉할 수도 있고, 세포-세포 간 그리고 세포-세포외 기질 간에 접촉할 수도 있다. 후자의 두 경우에는 adhesion molecule을 통한 접촉으로서, 그 adhesion molecule들은 많은 경우에 세포내로 신호를 전달해주는 일종의 수용체로 보아야 한다.

상태로 머물러 있다가 그 후 adhesion molecule의 친화력을 높은 상태로 변화시키면서 근처의 세포에서 나온 상대짝 adhesion molecule과 강하게 결합하게 되는 것이라는 주장이다.

지금은 그 두 제안이 모두가 옳음이 밝혀졌다. Adhesion molecule들의 숫자는 확실히 제한되어 있고 그들의 상호 수용체와의 결합 능력은 그들의 발현수준(존재 여부) 및 결합상태(친화력 정도)에 의해 조절되고 있는 것이다. 특히 면역학 분야에서는, 세포 표면에 발현된 adhesion molecule들의 세트와 그들의 활성화 상태를 가리켜 'area code'라고 부른다[2].

Adhesion molecule들이 특이적인 상호작용을 하고 있다는 명확한 증거는, 세포들이 낱낱이 떨어져나간(disaggregated) 조직이 재응집(re-aggregation)하는 과정을 연구하는 과정에서 밝혀졌다. Trypsin을 처리하여 세포 표면의 단백질들을 벗겨내는 방식으로 세포들을 조직에서 떨어뜨렸을 때, 세포들의 부착 특성은 일정한 배양시간이 지난 후에라야 회복될 수 있다. 회복 시간이 필요하다는 것은 세포 표면에 새로운 adhesion molecule이 발현되어야 함을 말해 주는 것이라 할 수 있다. 또한 세포막 분획에 대해 만들어진 항체로부터 monovalent Fab fragment를 제조하여 세포에 처리하였을 때, 세포 표면의 항원결정부(epitope)가 봉쇄됨으로써 세포의 재응집이 일어나지 않게 되는 현상도 또 하나의 증거가 될 수 있다(그림 14.2).

또한 세포-세포간 결합을 결정짓는 특이적인 결합분자들의 숫자는 제한되어 있음이 확인되었다. 그 특이적 분자들이 바로 adhesion molecule들이었으며, 그 중 가장 먼저 발견된 것이 신경세포의 adhesion molecule 즉 NCAM이었다[3].

개별적인 adhesion molecule들을 확인하려던 초기의 시도들은 그 각각의 특이적인 항체들이 없었기 때문에 어려움을 겪었다. 그러다가 단일클론 항체(monoclonal antibody)가 등장하고 세포의 부착현상에 대한 규명을 위해 적용하면서 비약적인 발전이 이루어지게 되었다. 우선 단일클론 항체를 사용하여, macrophage의 표면에 발현되는 Mac-1을 동정하였고, Mac-1은 백혈구가 혈관내피조직(vascular endothelium)에 결합하는데 중추적인 역할을 수행하는 것으로 밝혀졌다[4]. Mac-1은 또한 혈청 보체인자(com-plement factor)인 C3bi의 결합도 결정하게 되는데, C3bi는 Fc 수용체와 함께 respiratory burst의 활성화를 생성을 초래하는 것으로

Polyoma virus: 원래는 Ludwik Gross 이하선 바이러스(parotid virus)로서 Stewart와 Eddy에 의해 발견되었다. 면역적으로 미성숙한 신생 마우스에 감염시켰을 때 다양한 종양을 일으킨다. 이 바이러스와 함께 후에 발견된 원숭이 종양 바이러스 SV40가 종양 바이러스학(tumour virology) 분야에 혁명적인 발전을 가져왔다.

알려져 있다. Respiratory burst는 여러 종류의 세포로부터 갑자기 superoxide radical이나 hydrogen peroxide와 같은 반응성 산소종(reactive oxygen species, ROS)들이 방출되는 현상을 말한다(역자 주).

이어서 lymphocyte function-associated antigen-1(LFA-1)을 인식하는 단일클론 항체를 사용함으로써, 세포독성 T세포(cytotoxic T-lymphocyte)가 그 표적세포에 결합하는 것 또한 특이적인 adhesion molecule에 의해 이루어진다는 것이 밝혀지게 되었다[5].

Adhesion molecule들은 세포를 어떤 표면에 연결시켜줄 뿐만 아니라, 세포의 기질과 cytoskeleton 간의 연결도 만들어준다. 특히 그러한 역할을 하고 있는 단백질들은 세포내 및 세포외 현상들을 통합조정(integrate)하는 것으로 추정되기 때문에 그 이름을 integrin이라 부른다[6]. Integrin들은 다양한 세포외 기질 분자들, 즉 fibronectin, vitronectin, osteopontin,

보체(complement) 원래 혈청에 있는 열에 약한 인자(heat-labile factor)를 일컫는 말이었다. 이 인자는 면역적 세포용해(immune cytolysis), 즉 항체로 덮인 세포의 용해작용을 일으키는 성분이다. 현재는 최소한 20가지의 혈청단백질로 이루어지는 기능적으로 상호 연관되는 일련의 반응계를 일컫는 말이 되었다. 이 반응계, 즉 보체계(complement system)는 면역 세포용해 작용뿐만 아니라 다른 기능들도 담당하고 있다는 사실이 밝혀졌다(보체란, 항원 항체 복합체와 비특이적으로 결합한 후 감염, 염증반응, 면역반응 등에 동원되고 여러 생물학적 활성을 발현하는 체액성분의 총칭이다 – 역자 주).

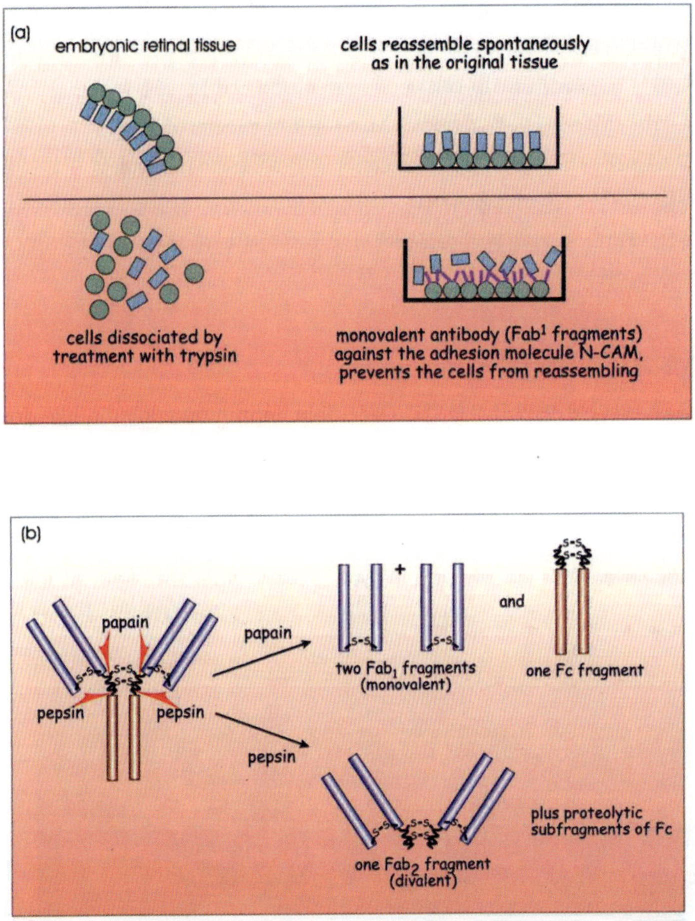

그림 14.2 분산되어 있던 망막세포의 재결합(reassembly) - NCAM의 발견: (a) 분산된 세포의 재결합은 adhesion molecule을 인식하는 항체를 사용하면 억제된다. 이 실험을 통해 조직의 완전성(integrity)을 유지하는데 있어서 adhesion molecule인 NCAM의 역할이 밝혀지게 되었다. 2가 항체(bivalent antibody)를 사용하면 세포가 응집되기 때문에 교차결합(crosslink)를 형성시키지 않는 monovalent Fab_1 fragment를 사용하는 것이 필수적이었다. (b) Immunoglobulin을 효소 분해하여 Fc, Fab_1(monovalent) 및 Fab_2(divalent) fragment를 만들어내는 방법.

thrombospondin, fibrinogen 및 von Willebrand factor 등과 결합할 수 있다. 이들 단백질과 결합할 때 많은 종류의 integrin들은 Arg-Gly-Asp(RGD) 또는 Glu-Ile-Leu-Asp-Val(EILDV)와 같은 짧은 motif들을 인식하여 결합하고 있다[7]. 한편 Mac-1 및 LFA-1과 같은 adhesion molecule들은 integrin과 상당한 서열상동성을 갖고 있어서 이들 또한 integrin 단백질군에 속해 있다.

이름 붙이기

Adhesion molecule들의 이름을 붙일 때에는, 그 기능(intercellular adhesion molecule-1, ICAM-1), 위치 및 기능(endothelium leukocyte adhesion molecule-1, ELAM-1), T세포가 활성화되는 동안 발현이 유도되는 시간(very late antigen-4, VLA-4), 세포외 기질과 세포내 cytoskeleton을 통합적으로 조절하는 특성(integrin) 등을 표현하는 이름을 사용하고 있다. 물론 다른 형태의 이름들도 있다. 클로닝 후 붙여진 이름(αM integrin)도 있고 특이적인 단일클론 항체로 인식되는 특성(CD11b, cluster of differentiation 11b)을 표현하는 이름도 있다. 한편 CD18/CD11b는 Mac-1의 다른 이름인데, Mac-1은 또한 integrin αMβ2의 다른 이름이기도 하다. 그리고 CD62E는 ELAM-1 또는 E-selectin과 같은 adhesion molecule의 이름이다. 이렇게 같은 분자들에 대한 다른 이름들이 여러 가지로 사용되고 있는 명명법의 문제들은, 분자클로닝이 면역학, 약리학 및 기타 관련 학문들에서 공통적으로 함께 사용되는 보편적인 기술이기 때문이라 할 수 있다.

Immunoglobulin superfamily

NCAM은, N-말단에 면역글로블린과 유사 domain(immunoglobulin-like domain, Ig domain)들을 반복하여 발현하는 세포표면 단백질로 구성되는 거대 단백질군, 즉 immunoglobulin superfamily에 속한다. 그 Ig domain들은 단백분해효소에 의해 분해되지 않고

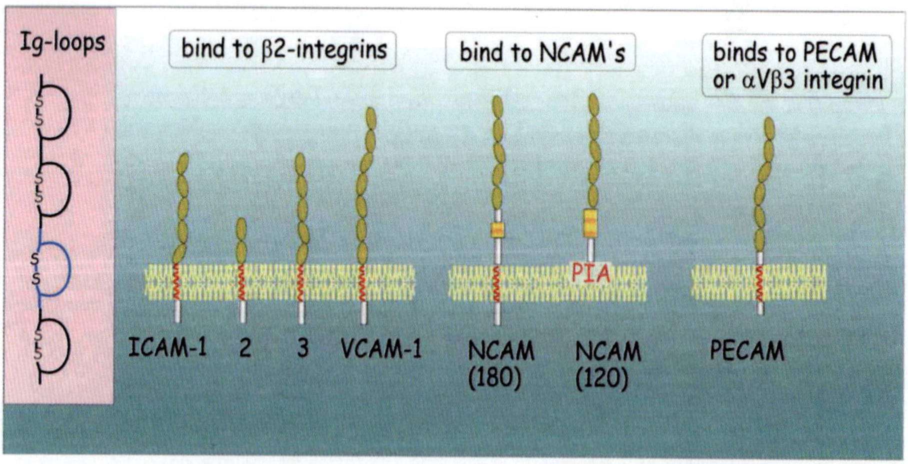

그림 14.3 Ig superfamily에 속하는 adhesion molecule들. 이들 adhesion molecule들은 immunoglobulin 단백질에서 나타나는 것과 유사한 고리모양 구조(Ig-loop)들이 반복되는 구조를 하고 있는 특징을 갖는다. 이 거대 단백질군(superfamily)에는 여러 종류의 adhesion molecule들이 포함되는데 모두가 하나의 막통과(membrane-spanning) domain을 가지고 있다. 또한 이들 각각은 서로 다른 상대수용체(counter-receptor)와 결합하게 된다. PIA는 phosphatidyl inositol anchor의 약자.

disulfide 결합으로 안정화되어 있는 고리모양 구조를 하고 있다(그림 14.3). Ig family에 속하는 adhesion molecule들은 NCAM, platelet endothelial cell adhesion molecule(PECAM, CA31), ICAM[8] 및 vascular cell adhesion molecule-1(VCAM-1)[9] 등의 단백질들이다. 이들은 모두 하나의 막통과 domain을 가지고 있다. ICAM subfamily는 다시 ICAM-1, ICAM-3(예전에는 CD50로 불렸음) 및 ICAM-2로 나뉜다. 그 중 ICAM-2는 Ig domain이 2개만 있어서 가장 짧고, 모든 내피세포(endothelial cell)에서 구성적으로(constitutively) 발현되고 있다. 한편 VCAM-1에는 두 가지 형태의 splice variant가 있어서 5개 또는 7개의 Ig domain이 반복되는 구조를 하고 있다. 아직까지는 Ig superfamily에 속하는 adhesion molecule들로부터 나오는 신호전달경로는 발견된 바가 없다. 그리고 그들의 친화력을 변화시키는 세포내 신호전달경로 또한 밝혀진 바가 없다. 그만큼 이들은 수용체라기 보다는 리간드로 보아야 맞을 것이다. 이들은 다른 세포에 나와 있으면서 실제적으로 수용체 역할을 하는 integrin 분자에 결합하게 된다. 그리고 Ig superfamily의 adhesion molecule들에 의한 세포-세포간 결합의 조절작용은 adhesion molecule 자체의 발현 정도에 의해 결정되고 있다.

Integrin

Integrin은 adhesion molecule 중에서도 가장 역동적이며 다재다능한 단백질이다. 이들은 2개의 subunit, 즉 α, β subunit이 비공유결합으로 상호 결합된 구조를 하고 있다(그림 14.4). 각 subunit는 다양하여, 12가지의 α subunit과 7가지의 β subunit가 알려져 있다(그림 14.5). 세포외 사슬에는 2가 양이온과 결합할 수 있는 결합부위를 가지고 있다. α 및 β subunit의 특정 조합에 따라서 integrin은 ICAM, VCAM-1 또는 MadCAM(점막세포에서 발현) 등에 결합하게 된다. 또한 integrin은 세포외 기질의 구성성분들이라든지 혈액 단백질인 fibrinogen 또는 von Willebrand factor와도 결합할 수 있다. Integrin β subunit의 세포내 domain은 cytoskeleton과

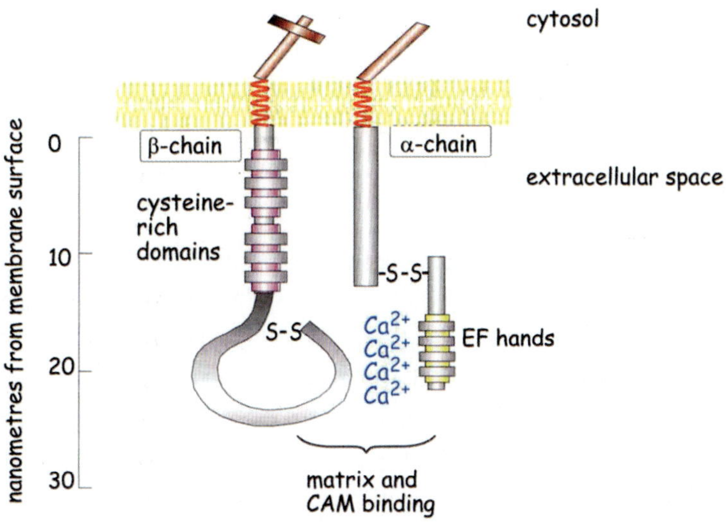

그림 14.4 Integrin의 구조. 이 adhesion molecule은 비공유결합으로 결합되어 있는 2개의 subunit, 즉 α, β subunit으로 구성되며, 세포외 기질과 세포내 cytoskeleton을 연결시켜주고 있다. Integrin의 활성화를 조절하는 세포내로부터의(inside-out) 신호전달경로에 대해서는 아직 잘 알려지지 않고 있다.

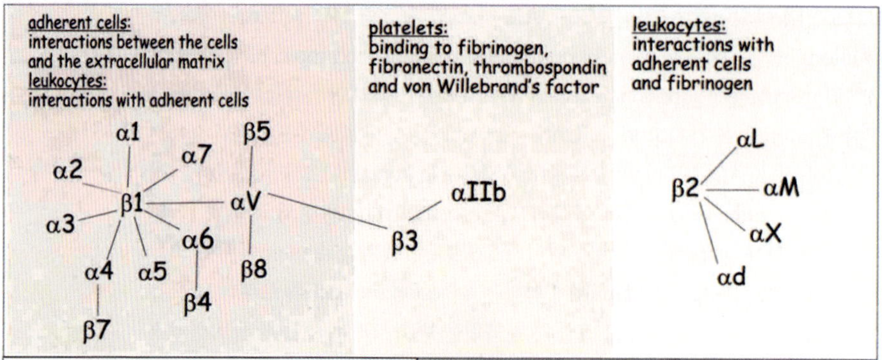

examples:	examples
cell-to-extracellular matrix	**cell-to-cell**
α7β1 -- laminin	αLβ2 -- ICAM1, ICAM2, ICAM3
αVβ3 -- vitronectin/fibronectin	αMβ2 -- ICAM1
α5β1 -- fibronectin	αLβ2 -- ICAM1, ICAM2, ICAM3
α6β4-- laminin	αdβ2 -- ICAM-3, VCAM-1
α1β1 -- collagen, laminin	
leukocytes-to-adherent cells	**cells-to-extracellular matrix**
α4β1 -- VCAM-1	αMβ2 -- C3bi , fibrinogen, ICAM1
α4β7 -- MadCAM	αXβ2 -- fibrinogen

그림 14.5 Integrin subunit들의 혼합과 짝짓기. Integrin의 α 및 β subunit의 다양한 조합이 integrin의 특이적인 리간드 결합특성을 만들어 내게 된다. 예를 들어, β2-integrin은 혈액세포에서만 나타나는 반면, β1-integrin들은 조직세포에서도 발현되고 있다. 혈소판(platelet)의 경우에는 αIIbβ3이라는 독특한 구조를 하고 있는데, 이는 혈액응고과정에서 결정적인 역할을 한다. Integrin 단백질들은 세포외 기질에 있는 단백질의 Arg-Gly-Asp(RGD) 또는 Glu-Ile-Leu-Asp-Val(EILDV) 특이서열에 결합한다.

상호작용한다. 이 domain은 인산화됨으로써 domain의 결합 활성에 영향을 줄 수 있는데, 이러한 작용은 백혈구처럼 순환하는 세포(circulating cell)에서 중요한 역할을 하고 있다. 이 때 chemokine(chemotactic cytokine)들과 그 수용체들(G-protein linked receptor)이 또한 중요하다. 반면에 순환성 세포와는 달리 조직세포들 즉 기질(matrix) 위에서 붙어서 자라는 세포들에서는 integrin 분자들이 항상 활성화된 상태로 존재한다.

Cadherin

세포 간 상호인식을 조절하는 특이적인 adhesion molecule들은 동물에서의 형태발생(morphogenesis) 과정에서 근본적인 역할을 한다. 초기 배아의 형성과정에서 상실배(morula, 할강이 거의 발달하지 않고 할구가 집괴상으로 나타나는 다세포생물의 배아 – 역자 주)의 치밀화(compaction, 포유류 배의 난할에서 할구가 8세포기 후기가 되면서 밀집되는 변화 – 역자 주) 현상은 Ca^{2+} 이온 의존적인 adhesion molecule들[10]에 의해 매개되고 있다(그림 14.6). 처음 확인된 Ca^{2+} 의존성 adhesion molecule 중의 하나인 uvomorulin은 포도상 배아(grape-like embryo)에서 오디상 배아(mulberry-like embryo)로의 변화에 필수적인 작용을 한다.

라틴어 *uva*는 포도, *morum*은 오디(mulberry)를 의미하므로 포도 모양 배아가 오디 모양 배아로 전환되는데 중요한 역할을 하는 adhesion molecule을 **uvomorulin**이라 부른다.

Ca^{2+} 의존성 adhesion molecule들의 다양한 종류들이 확인된 것은, 배성암종세포(embryonal carcinoma cell), 즉 기형암종세포(teratocarcinoma)인 F9 세포를 이용한 연구들을 통해 이루어졌는데, 특히 이들을 cadherin이라고 부르고 있다[11].

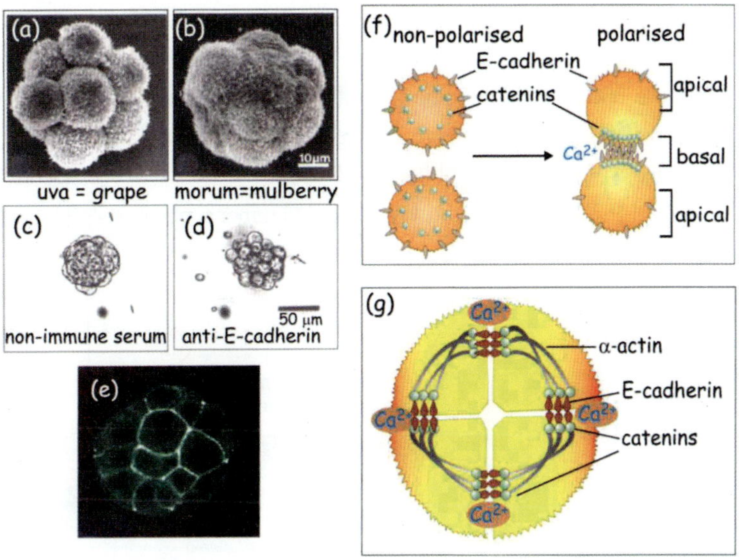

그림 14.6 8세포기 마우스 배아의 치밀화(compaction) 현상에서의 cadherin의 역할: (a 및 b) 마우스 배아가 3회 세포분열한 후, 즉 8세포기에 포도 모양에서 오디 모양의 세포응집체로 변화는 모습을 주사전자현미경(scanning electron microscopy)으로 관찰한 것. 이 변화과정을 치밀화 현상이라 하는데, 세포들이 서로 단단하게 결합되도록 하는 분극화(polarization)의 첫 신호가 된다. 즉 분극화가 일어남으로써 세포가 부착되는 기저부분(basal) 막과 주변에 노출되는 선단부분(apical) 막의 표면은 형태가 서로 구별되게 달라지는 것이다. (c 및 d) 항-E-cadherin 항체(anti-E-cadherin antibody)를 사용하여 치밀화 과정을 억제시킨 상태를 광학현미경으로 관찰한 것. 세포분열은 억제되지 않고 계속되는 상태이지만 면역혈청(antiserum에 의해 치밀 형태가 유지되지 못하게 된다. 반면 비면역혈청(non-immune serum)이 처리될 경우에는 치밀화 과정이 정상적으로 진행된다. 이 실험은 세포 간 부착현상은 한정된 종류의 adhesion molecule에 의해서 매개되고 있음을 보여주는 것이다. (e) 항-E-cadherin 항체를 이용한 면역형광현미경 관찰법(immunofluorescence microscopy)을 통해 상실배 단계의 마우스 배아에서 세포-세포 경계면에 E-cadherin이 위치하고 있음을 관찰한 것. (f) 세포-세포 부착에 따라, E-cadherin의 분포와 그들의 β-catenin과의 상호작용에 변화가 일어나게 된다. 이 분극화 과정에 의해 기저부분과 선단부분의 세포막 표면 형태가 서로 달라진다. (g) Actin이 지갑끈의 모양으로 조직화되면서 β-catenine과 E-cadherin을 함께 끌어당김으로써 배아의 치밀화 현상을 일으키게 된다. 그림 c, d, e는 Rolf Kemler의 허락으로 인용.

Cadherin은 하나의 큰 단백질군을 이루고 있는데, 인간에서만 11종류의 단백질들이 발견되었다. 이들을 분류하는 기준은, 세포외 domain들 특히 Ca^{2+} 결합 domain들이 갖는 서열 유사성에 기초하고 있다(그림 14.7)[12]. Cadherin 단백질들이 in vitro 실험에서 보여주는 Ca^{2+} 의존성 생리학적으로 어떤 의미인지는 아직 확실치 않다. 그리고 이들의 이름은 처음에 발견된 조직의 이름을 딴 것이지만(E는 epithelial, P는 placental, N은 neuronal 등), 실제로는 이들이 여러 조직에서 널리 발현되기 때문에 이름 자체의 의미는 별로 없다. Uvomorulin의 경우는 상피세포에 존재하는데 결국 E-cadherin과 동일한 것으로 밝혀졌다[13]. 배아 발생과정에서 각 cadherin subclass들의 발현은 공간적 및 시간적으로 정밀하게 조절되는데 이들 각각은 개별적인 형태발생에 관여하게 된다. 따라서 세포들의 서로 떨어지거나 응집되는 경향들은 특정한 subclass의 cadherin이 발현되는 현상과 밀접한 관계를 갖는다. 특히 이러한 현상은 장배형성(gastrulation)과 신경관(neural tube)의 형성과정에서 두드러지게 나타난다. 또한 그 현상들을 조절하는 작용은, 치밀화 현상에서처럼 cadherin의 활성화를 통해 이루어지고 있다(그림 14.6).

Cadherin들은 일반적으로 동종 세포간 부착을 매개하는데, 수용체인 동시에 리간드로 작용하여 adherence junction과 desmosome 등의 세포-세포 간 junction에 참여하게 된다(그림 14.8). 즉, cadherin은 cortical actin filament 혹은 intermediate filament의 다발과 결합하며, 그 사이에는 catenine 혹은 desmoplakin이 연결해주는 구조로 되어 있다. 한편 cadherin은 이렇게 세포-세포 간 결합을 이루어주고 있기 때문에, 일종의 tumor suppressor로 작용하게 된다.

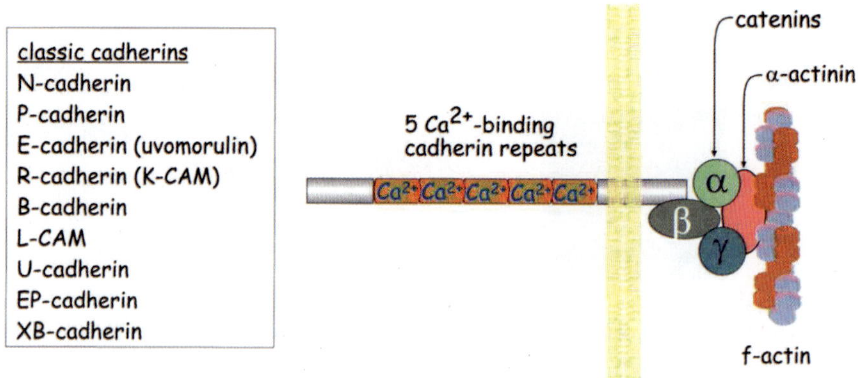

그림 14.7 Cadherin의 분자구조. Cadherin은 5개의 Ca^{2+}-결합 domain을 특징으로 하는 adhesion molecule들로 구성되는 큰 단백질군을 이루고 있다. Cadherin은 세포질 내에서 catenin(α, β 및 γ)과 상호작용하고 있는데, catenin은 α-actinin과 함께 actin cytoskeleton에 연결되는 다리 역할을 하고 있다.

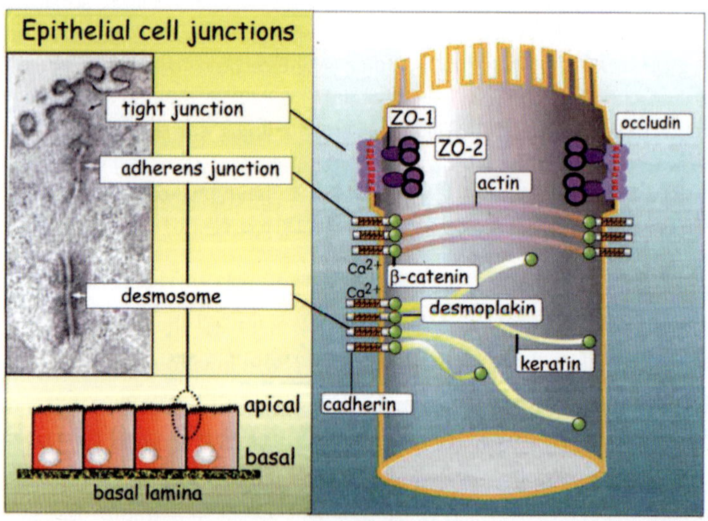

그림 14.8 상피세포들은 물리적 스트레스에 저항하는 여러 연접(junction)들에 의해 상호간에 단단하게 부착되어 있다. 밀착연접(tight junction)들은 대부분의 내용물(예를 들어 장관 내를 흐르는 액상물질 - 역자 주)이 세포-세포 간 접합부위로 스며들지 못하도록 장벽을 형성한다; 접착연접(adherent junction)들은 세포부착 벨트(cellular adhesion belt)에 연결되어 있으며 세포와 조직의 형태를 유지시켜준다; desmosome은 intermediate filament에 연결되어 있으며 이 또한 세포와 조직의 형태를 유지시켜준다. Cadherin 분자들은 접착연접과 desmosome에서 연결을 만들어주고 있다.

즉 cadherin의 작용이 제대로 되지 않으면 기저-측면부 조직화(base-lateral localization)가 소실되게 되는데, 이것이 바로 전이성 상피조직 종양에서 나타나는 특징이다.

Selectin

Selectin들은 백혈구, 혈소판, 혈관내피세포(endothelial cell) 등의 표면에 존재하는 단백질이다. 이들은 호중구 등의 백혈구와 림프구들을 위한 저친화력의 부착부위(adhesion site)를 만들어준다. 이 부착을 통해 세포들이 조직과 림프절로 이동해 나갈 수 있는 길이 열리게 된다. Selectin은 인식될 수 있는 여러 가지 domain들을 가지고 있다. 우선 N-말단에는 C-type (Ca^{2+}-결합성)의 lectin domain이 있는데 이 domain을 통해 세포표면의 당단백질과 당지질에 있는 특정 탄수화물 잔기들(galactose, N-acetylglucosamine, fucose 등)과 결합하게 된다. Selectin에는 또한 1개의 EGF-like domain와 여러 개의 complement regulatory protein(CRP)이 반복되는 부위를 가지고 있다(그림 14.9).

림프구가 림프절에 머물러 있지 않는 것은 L-fucose와 D-mannose 등의 단당류와 L-fucose가 다량 포함된 다당류에 의한 작용임이 밝혀졌다. 이는 탄수화물 잔기들이 림프구의 homing(성숙한 림프구가 체내에서 특정한 림프기관에 머무르지 않고 혈관계와 림프관계를 통해 체내를 재순환하는 현상 – 역자 주)에 관여함을 보여주는 것이다[14]. 이는 C-type lectin domain을 갖고 있는 림프절 특이성(lymph-node-specific) homing receptor가 발견됨으로써 확인되었다[15]. 그 후 세포간 상호작용을 매개하는 다양한 selectin들이, 혈관내피세포, 혈소판 및 백혈구로부터 각각 E-, P-, L-selectin이 속속 발견되었다. 특히 L-selectin은 림프구 homing 현상을 일으키는데, 기억세포 subpopulation을 제외한 순환하는 모든 백혈구에서 발현된다. 이 L-selectin은 혈관내피세포 표면에 있는 CD34(당 잔기가 많이 결합된 mucin)을 인식하여 결합한다. 혈관내피세포 표면에 발현되는 E-selectin과 P-selectin은 각각 백혈구 표면에 있는 sialyl Lewis X와 P-selectin glycosylated ligand-1(PSGL-1)을 인식하여 결합한다.

그러나, selectin의 신호전달작용에서의 역할에 대해서는 많이 알려지지 않았다. 그럼에도 불구하고 우리가 selectin을 간과할 수 없는 것은, 전단응력(shear force)을 가해줌에 따라 selectin들의 친화력이 조절되는 특성이 나타나고 있기 때문이다[16].

Selectin C-type(Ca^{2+}-의존성) lectin과의 상동체이다. Lectin은 'select'라는 말에서 유래된 이름으로서, 처음에는 질소고정세균의 표면에 있는 특이적인 탄수화물에 결합하는 식물 단백질을 가리키는 말이었다. 이 식물 lectin들은 골지체 내 혹은 세포 표면에 존재하는 특이적인 당 잔기에 결합할 수 있기 때문에, 세포생물학 연구에 이용되어 왔다. 그러다가 후에는 동물세포에도 그와 비슷한 단백질들이 존재한다는 사실이 밝혀진 것인데, 일반적으로 혈관내피세포(endothelial cell)의 표면에서 발견되었다.

sialyl Lewis 말단에 sialic acid가 결합된 올리고당으로서 Lewis에 의해 개발된 혈액형 판정방법에서 항원으로 작용한다.

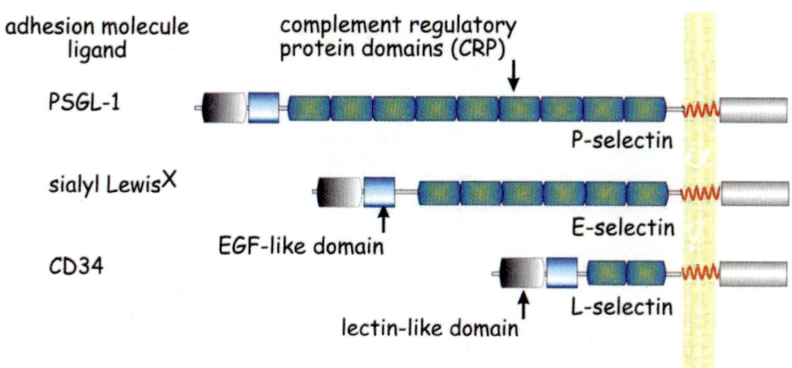

그림 14.9 Selectin의 분자구조. Selectin의 특징은 N-말단에 lectin-homology domain과 다양한 숫자의 complement regulatory protein(CRP)들을 가지고 있다는 점이다. Selectin은 lectin domain을 통해 세포 표면의 당단백질 및 당지질에 붙어있는 당 잔기들과 결합하게 된다.

Cartilage-link protein

Hyaluronan은 D-glucuronic acid (1-β-3) *N*-acetyl-D-glucosamine이 반복되는 구조로 되어 있는 고분자량의 다당류로서, 모든 척추동물 조직의 세포외 기질과 체액(body fluid)에 존재하는 glycosaminoglycan의 일종이다. 세포의 이동과 분화를 조절하는 작용에서 중요한 역할을 맡고 있는 물질이기도 하다[17]. 이러한 hyaluronan에 결합하는 단백질들이 있는데, 이들 대부분은 cartilage-link protein 단백질군에 속한다. 이들은 공통적으로 disulfide 결합으로 연결된 연결 모듈(약 100개의 아미노산 잔기로 구성)을 가지고 있는데, 이 모듈은 그 3차원 구조가 E-selectin의 당결합 domain과 유사하다는 특징이 있다. 이들은 두 그룹으로 나눌 수 있다. 첫째는 CD44와 같은 진정한 cell adhesion molecule들이고[18,19], 둘째는 세포외 기질의 구성요소가 되는 단백질들인데, 후자의 예로 cartilage-link protein 자체와 aggrecan, versican, brevican, TNF-stimulated gene-6(TSG-6) 등을 들 수 있다[20]. 이 두 번째 그룹은 세포외 기질의 건축구조에 중요한 역할을 하고 있는데, 즉 glycosaminoglycan 성분들이 압력에 견딜 수 있는(pressure resistant) 성질과 세포외 기질 단백질들이 장력에 견딜 수 있는(tension resistant) 성질을 갖게 함으로써 관절에서 연골(cartilage)이 갖는 필수적인 특성을 부여해 주게 된다.

Glycosaminoglycan들 및 세포외 기질 단백질들은 마치 나무들 및 철근 콘크리트와 같이 인장력과 압축력에 대해 견뎌내는 특성을 갖는다. 이러한 두 요소는 건물을 지을 때 필수적인 것처럼 생물체를 이루는데 있어 중요한 구성요소가 되는 것이다.

그 중 CD44는 cartilage-link protein 중 가장 잘 연구되어진 단백질로서, 처음에는 림프구의 homing receptor로 발견되었다. CD44는 림프구가 고내피세정맥(high endothelial venule)에 결합하고 림프절로 들어가게 될 때 필요하다[21]. CD44는 막통과 단백질로서 19개 exon에 암호화되어 있는데, 세포막 바깥쪽 domain의 일부를 암호화하는 9개 exon(v2~v10)은 다양한 형태도 splicing되고 있다(그림 14.10). 또한 CD44는 분자량이 85~200 kDa으로 매우 다양

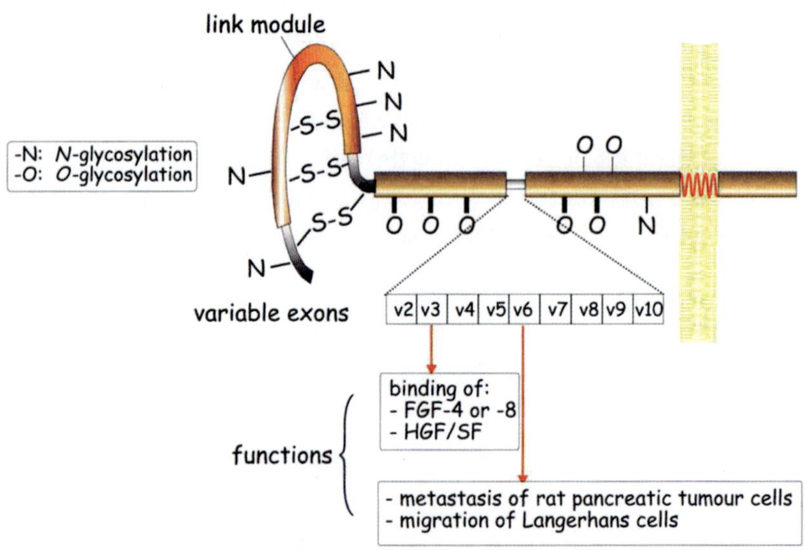

그림 14.10 CD44의 분자구조. CD44는 cartilage-link protein 단백질군에 속하는 adhesion molecule로서, glycosaminoglycan의 일종인 hyaluronan과의 결합부위인 link-domain을 보유하고 있는 특징을 갖고 있다. CD44는 다양하게 splicing되는 여러 exon들, 즉 v2-v10을 가지며 또한 많은 수의 글라이코실화(glycosylation) 부위를 갖는다. 이러한 다양성으로 인해 CD44의 기능도 다양해지게 되는데, 즉 FGF 또는 HGF/SF 등의 성장인자와 결합할 수 있는 능력을 갖게 되고, 세포의 이동(migration)과 종양세포의 전이(metastasis)와 같은 작용에서 역할을 담당할 수 있게 된다.

한데, 그 이유는 글라이코실화(glycosylation)가 매우 많이 되어 있고 변이부위(variable region)도 가지고 있기 때문이다. CD44의 연결모듈은 hyaluronan과의 결합에 관여한다. 하지만 다양한 splicing을 통해 결합능력도 다양하게 나타날 수 있다. 예를 들어서, exon v3가 포함되게 되면 heparan 또는 chondroitin sulfate와의 결합이 가능해짐으로써 CD44는 fibroblast growth factor(FGF)-4 또는 -8, hepatocyte growth factor/scatter factor(HGF/SF) 등과도 상호작용할 수 있게 된다. Osteopontin, fibronectin, ankyrin도 잠재적인 리간드가 될 수 있고, 다른 세포에서 제시된 CD44 단백질과의 동질성 상호작용도 보고되고 있다.

한편 쥐의 췌장암 세포에서 CD44v4-7가 전이(metastasis) 여부를 결정한다는 사실이 밝혀지면서 CD44의 splice variant들이 큰 관심을 끌게 되었다. 간단히 살펴보면, CD44v4-7이 암의 전이를 일으키는 유전자 산물로서의 특징을 보여주었고[22], 게다가 v6에 대한 단일클론 항체를 처리하면 전이를 막을 수 있음이 확인되었다. 하지만, 인간의 종양에서도 종종 CD44의 splice variant가 발현되지만 그것은 전이의 과정에는 관여하지 않는 것으로 추정되고 있다.

CD44로부터 나오는 신호전달경로에 대해서는 아직 알려지지 않았다. CD44와 결합하는 ezrin, radixin, moesin 등을 포함하는 다양한 막 단백질들은 적혈구의 band 4.1 관련 단백질(erythrocyte band 4.1-related protein) 그룹에 속하는데, 이들은 세포막과 cytoskeleton을 연결시켜주는 기능을 하는 것으로 생각되고 있다[23]. 그러나 이들이 CD44로부터의 신호를 세포내로 전달해주고 있는지에 대해서는 좀 더 밝혀져야 할 사항이다. 신호전달과 관련하여 또 하나의 관심은 CD44v3가 FGF 및 HGF/SF 등의 성장인자와 결합할 수 있다는 사실이다. 이는 CD44v3가 그 성장인자들의 수용체를 불러오는 과정에 관여하고 있고 따라서 세포 내에서의 신호전달도 매개하고 있음을 의미하는 것이다.

■ Adhesion molecule과 세포의 생존(cell survival)

혈관내피세포와 상피세포들이 생존할 수 있는 것은, 세포-세포 간 및 세포-세포외 기질 간의 접합(contact)이 만들어져 있기 때문이다. 이 접합이 없다면 세포들은 세포자살이라는 과정을 통해 죽어가게 된다[24,25]. 세포자살이 일어나야 생물체에서 형성이상(dysplastic growth)이 발생되는 것을 막을 수 있다. 즉 떠돌아 다니는 세포가 살아남아 원래 있어야 할 위치가 아닌 다른 위치에서 자리 잡고 살아가는 것을 막을 수 있는 것이다. 세포들은 이렇게 스스로 파괴되는 방법을 가지고 있다. 그러나 어떤 특이적인 '구출(rescue)' 경로를 통해 나오는 신호가 있다면 그 스스로 죽는 일은 일어나지 않는다(그림 14.11). 세포 외부에서 세포 안으로 들어가는 신호는 integrin $\alpha5\beta1$이 세포외 기질에 부착되면서 발생되게 된다.

세포외 기질에는 fibronectin이 가장 풍부한 구성요소인데 그 위에 섬유아세포(fibroblast)가 뻗어 자랄 때 integrin들(주로 $\alpha5\beta1$와 $\alpha V\beta3$)은 다량체의 복합체(multimeric cluster)를 형성하여 focal adhesion site에서 cytoskeleton에 부착된다. 이 복합체는 다양한 단백질들로 구성되는데, 어떤 단백질은 구조를 이루는 역할을, 어떤 단백질은 신호를 전달하는 역할을 담당하고 있다. 이 복합체가 바로 focal adhesion complex이다(그림 14.12a). 복합체의 구조를 이루는 요소인 vinculin과 talin은 actin cytoskeleton에 대한 결합부위를 형성하고 있다. 이를 통해 세포 내 가장자리 영역에서 스트레스 섬유(stress fiber) 및 actin 구조들이 형성되도록 유도된다. Talin은 tyrosine kinase인 FAK(focal adhesion kinase)에 대한 결합부위를 형성하기도 한다. 이 부위에서 FAK와의 결합이 이루어지면 FAK는 활성화 및 자동인산화(Tyr397 위치에) 되어, PI

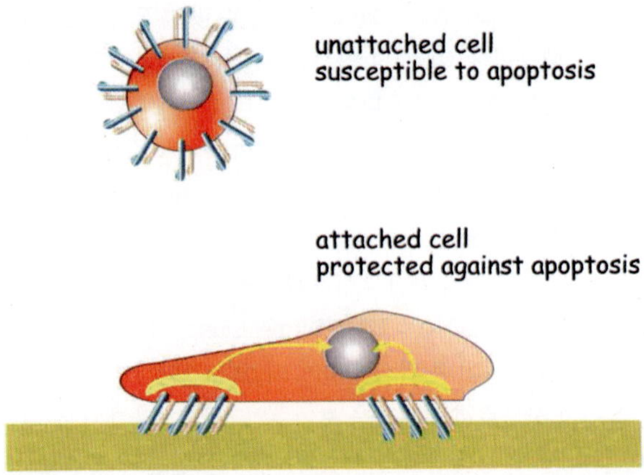

그림 14.11 세포자살의 기초. 조직을 이루고 있는 세포들은 세포외 기질에 부착됨으로써 세포자살(programmed cell death)로부터 벗어날 수 있게 된다. 상피세포 또는 혈관내피세포와 같은 조직세포들이 서로 떨어져 현탁액(suspension) 상태에 존재하게 되면, 성장인자와 영양인자들이 충분히 존재하는 상태라 할지라도 스스로 파괴되는 세포자살이 일어나게 되는 것이다.

3-kinase의 p85 조절작용 subunit에 있는 SH2 domain에 대한 결합부위가 된다(그림 14.12a). 이로써 PI 3-kinase가 활성화되어 phosphatidyl inositide 3-phosphate 지질들이 생성된다.

이 구출경로의 downstream에는 PKB가 여러 형태의 인산화작용들[26,27]에 영향을 미치면서 인산화를 억제시켜 세포자살이 일어나지 않도록 구출해주고 있다[28]. PKB가 구출작용을 촉진하는 것은 최소 두 가지 방법을 통해 일어난다. 그 하나는 Bad 및 caspase-9 등 세포자살 장치를 이루는 구성요소들을 직접적으로 인산화함으로써 비활성상태로 만드는 방법이다[29]. 다른 방법은, *Drosophila* forkhead/winged-helix 단백질군에 속하는 전사인자인 FKHRL1(Forkhead (Drosophila) homolog rhabdomyosarcoma-like 1)을 인산화시키는 방법이다. FKHRL1은 인산화되면 세포질에 머물러 있게 됨으로써, 세포자살을 촉진시키는 인자들(예를 들어 Fas 리간드)의 유전자들을 전사시킬 수 없게 된다[30].

세포의 생존에 있어서 FAK가 중요하다는 사실은, FAK가 항시 활성화된 형태로 발현되는 세포가 현탁(부착되지 않은) 상태에서도 생존할 수 있음을 볼 때 확실해진다[31]. 이 세포에서는 세포외 기질과의 접촉이 일어나지 않았음에도 FAK가 활성화 상태에 있게 된다. 정상적인 세포라면 부착되지 못함으로 인해 세포자살이 촉발되어야 하는데 그러한 상황을 이른바 *anoikis* ('homeless'라는 뜻)라고 부른다. 그런데 FAK가 활성화된 세포는 '집이 없는(homeless)' 상태임에도 불구하고 살아남을 수 있는 것이다. 한편, 항상 활성화된 Ras 또는 Src를 발현하도록 하여도 PI 3-kinase 및 ERK 신호전달경로가 활성화되어 세포자살로부터 구출될 수 있다. 이 경우에는 FAK와는 달리, 세포자살 억제뿐만 아니라, 증식신호를 촉진시켜 종양 형성을 일으키는 작용도 하게 된다(11장 참조, [32]).

basal lamina는 laminin과 entactin 등의 당단백질들과 type N collagen 및 perlecan(heparan sulfate proteoglycan)으로 이루어진 얇은 층으로서 세포막을 둘러싸고 있다.

백혈구들처럼 순환하는 세포들의 경우에는 세포자살로부터 벗어나기 위해 또 다른 신호전달경로를 가지고 있어야 한다. 실제로, 호중구와 같은 백혈구들은 그 수명이 매우 짧아서 혈액 중에 수 시간 정도만 살아있지만 면역적 기억을 담당하는 림프구들은 수 년 동안 살아있을 수도 있다. 이러한 기억세포들이 다른 세포들이나 세포외 기질과 마주칠 때마다 계속적으로 생존을 위해 구출경로를 작동하여야 하는지에 대해서는 아직 확실치 않다.

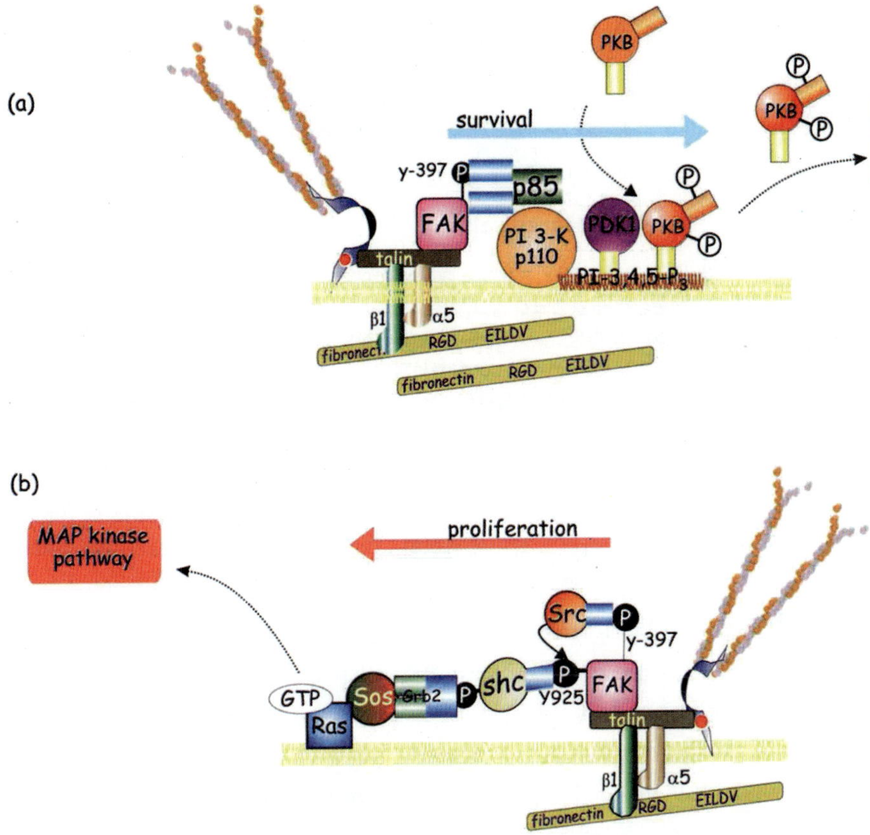

그림 14.12 세포의 생존과 증식: (a) 세포의 focal adhesion site는 PKB를 활성화시킴으로써 세포의 생존신호를 촉진시킨다. 그 focal adhesion site들은 조직세포들이 세포외 기질 위에서 뻗어나갈 때 만들어진다. 이 site들은 β1-integrin들이 talin, vinclin, actin cytoskeleton 등과 결합하여 거대복합체를 만들면서 형성되게 된다. Focal adhesion kinase(FAK)는 talin에 결합되면서 tyrosine 잔기(Y397)가 자동인산화되고, 그로 인해 PI 3-kinase를 활성화시키는 신호가 만들어진다. 그 결과 PI(3,4,5)P_3가 생성되면 PDK1 및 PKB의 PH domain들에 대한 결합부위가 제공된다. PKB는 그 부위에 결합되어 두 군데의 serine/threonine 잔기에 인산화가 일어난 후 세포막에서 떨어져 나와 세포자살을 일으키는 인자들을 비활성상태로 만들게 된다. 그 인자들은 Bad, caspase-9 및 전사인자 FKHRL-1 등이다. (b) 한편 세포의 focal adhesion site는 Ras를 활성화시켜 세포증식 신호를 촉진시키기도 한다. FAK의 Y397 위치에 일어난 자동인산화는 Src의 결합부위로도 작용하여 결합된 Src로 하여금 FAK의 두 번째 tyrosine 잔기(Y925)에 인산화를 일으키도록 해준다. 인산화된 Y925는 adaptor 단백질인 Shc의 결합부위로 작용하여 Shc가 스스로 인산화된 후 Grb2에 결합되도록 해준다. 이로써 Ras-ERK 신호전달경로가 시작되어 세포주기가 돌고 세포가 증식할 수 있도록 만드는 것이다.

떨어져 나온 상피세포에서는 jun-N-terminal kinase(JNK)가 세포자살을 유도해낸다

FAK와 PKB가 함께 작용하여 세포를 세포자살로부터 구출해내기는 하지만, 떨어져 나온 세포에서 세포자살이 일어나도록 유도하는 것은 JNK 신호전달경로이다(그림 11.15 참조). JNK 경로를 구성하는 요소들 중 dominant negative한 것을 가지도록 만들어진 세포에서는 세포자살이 일어나지 않는 것이 관찰된다[33,34]. 그러나 이 때 일어나는 JNK 경로의 활성화 메커니즘에는 중요한 차이점이 한 가지 발견된다. 즉 MEKK-1(MAPK/ERK kinase kinase-1)의 활성화가 인산화에 의해 일어나는 것이 아니라 caspase-3에 의해 일부분이 분해됨으로써 초래된다는 것이다(그림 14.13). Caspase-3는 aspartate의 위치에서 특이적으로 펩타이드 결합을 분해시키는 sulfhydryl 효소들을 말한다(본 장 후반부 '세포자살' 부분 참조). MEKK-1이 활성화

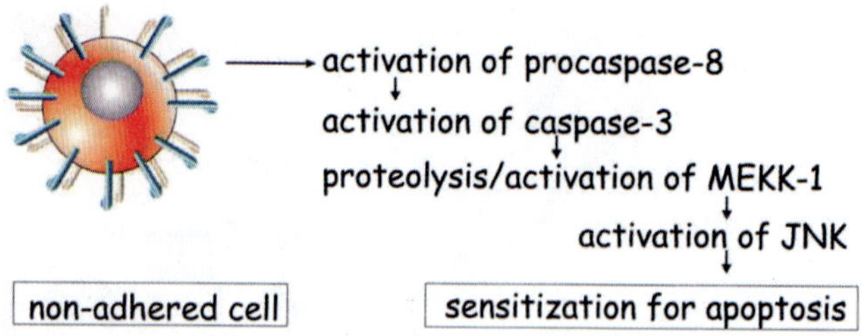

그림 14.13 세포자살을 일으키는 stress-induced signal. 비부착세포(non-adherent cell)에서는 FAK에 의해 매개되는 생존신호가 발생되지 않고, 또한 JNK의 활성화를 통해 세포자살이 유도된다. Procaspase-8에 의해 caspase-3가 활성화되어 MEKK-1을 제한적으로 분해시킴으로써 활성화시켜준다. 그 결과 JNK가 인산화되어 활성화되는 것이다. 활성화된 JNK는 Jun 단백질군에 속하는 전사인자들을 인산화 및 활성화시킴으로써 세포자살을 유도해내는데 관여하는 유전다들의 전사를 일으키게 된다.

되면 MEK4가 활성화되고, 그 결과 JNK가 활성화되어 세포가 세포자살을 일으키도록 만들게 된다. 그러나 FAK/PKB와 JNK 신호전달경로가 세포의 생존 혹은 사멸을 결정짓는 downstream 과정에 어떤 방식으로 관여하고 있는지에 대해서는 아직 잘 알려지지 않았다.

혈관내피세포에서는 scatter factor가 세포의 세포자살을 막아준다

상처가 아물기 위해서는, 손상된 조직에는 혈관들이 다시 만들어져야 한다. 이 과정에서, 새로 형성된 혈관내피세포들은 조직의 섬유아세포와 macrophage들이 이미 만들어낸 collagen 및 hyaluronan의 기질(matrix)을 따라 상처 부위로 이동하게 된다. 그러나 이를 위해서 혈관내피세포들은 세포외 기질로부터 떨어져 나와야 하기 때문에 죽음에 노출될 수 있게 된다. 그래서 이들의 이동현상은 angiogenic factor의 하나인 scatter factor(hepatocyte growth factor라고도 알려져 있음)에 의해 세포자살이 억제됨으로써 일어나고 있다.

Adhesion molecule과 세포주기의 조절

조직 세포들이 증식하기 위해 반드시 필요한 것은 성장인자의 자극을 받아 적절한 표면에 부착되는 것이다. 현탁된 섬유아세포에 EGF 또는 PDGF가 가해지면 ERK 신호전달경로의 활성화는 단순히 일시적 현상에 그치고 만다. 세포는 결국 증식하지 못하고 세포자살에 의해 죽게 된다[35]. 요컨대 세포의 증식은 두 가지의 상호 독립적인 자극에 의해서만 일어날 수 있는데, 하나는 성장인자의 자극이며, 다른 하나는 adhesion molecule로부터 오는 자극이다.

섬유아세포가 fibronectin matrix 위에서 뻗어나갈 때 focal adhesion complex가 형성되는데, 이는 cytoskeleton에 부착되는 integrin들이 서로 클러스터를 이루면서 만들어진다. 여기에는 Rho 단백질군의 monomeric GTPase들, 특히 Rac과 RhoA의 작용이 필요하다[36]. 하지만 여기서 integrin의 클러스터 형성에 앞서 guanine nucleotide의 교환이 일어나도록 하는 신호가 어떻게 생기는 것인지는 확실치 않다. 한 가지 가능성은, G_{12} 및 G_{13} 각각의 α-subunit가 Rho GEF의 guanine nucleotide 교환작용에 대해 서로 상반되는 효과, 즉 G_{12}는 저해효과를, G_{13}은 촉진효과를 나타낸다는 사실이 밝혀졌다[37]. RhoA가 focal adhesion complex의 형성에 미치는 효과는 PI-4P 5-kinase의 활성화에 의한 PIP_2의 생성을 통해 이루어진다(그림 14.14). PIP_2가 생성되면 vinvulin이 세포막에 결합되면서 숨겨져 있던 결합부위가 노출되고

talin(integrin과 연결되어 있음)과 actin cytoskeleton 간의 교차결합(cross-bridge)이 만들어지게 된다[38].

이렇게 하여 integrin 클러스터가 형성되면 FAK가 결합되어 Y397 위치에 자동인산화가 일어나고 여기 Src(또는 Fyn) kinase가 결합되면서 FAK의 Y925 위치에 추가적인 인산화가 일어나 활성화된 tyrosine protein kinase 복합체가 만들어진다. FAK에서 두 번째로 인산화된 Y925 위치에는 adaptor 단백질인 Shc가 결합되고 거기에 Grb2가 결합되어 Ras 신호전달경로가 활성화되게 된다(그림 14.12). 이렇게 focal adhesion site의 형성을 통해 이루어진 Ras 경로의 활성화는 성장인자 수용체로부터의 신호를 통한 Ras 경로 활성화 효과에 더해져 결국

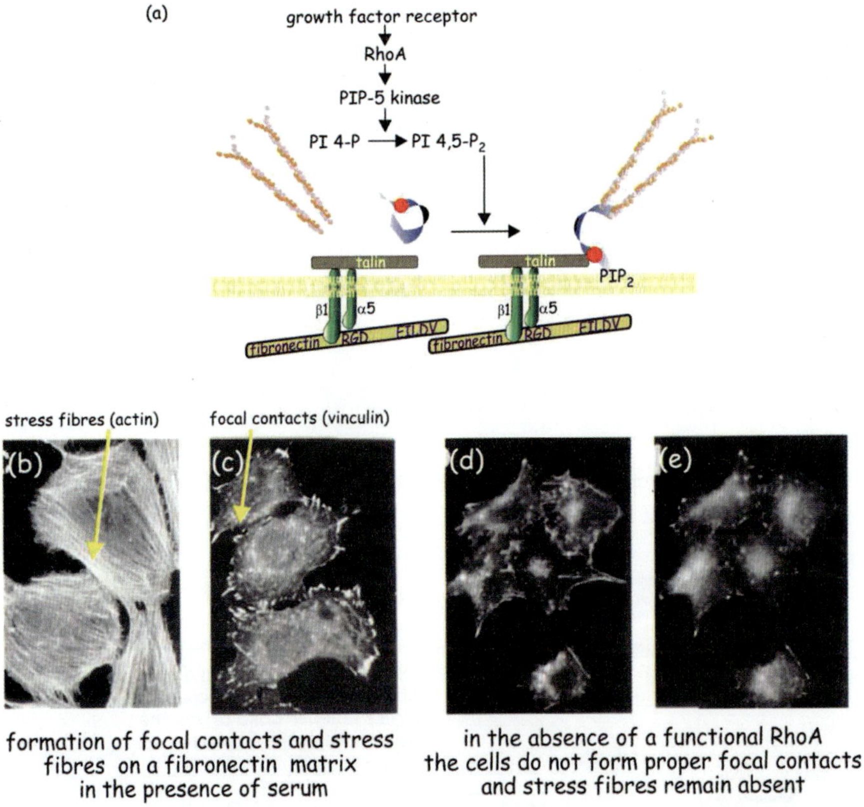

그림 14.14 Focal adhesion site의 형성: (a) 성장인자들은 GTPase인 RhoA를 활성화시킴으로써 focal adhesion site를 형성시키는데 있어서 필수적인 역할을 한다. RhoA가 활성화되면 PI 3-kinase가 활성화되어 PIP_2의 형성이 촉진된다. PIP_2가 vinculin에 부착되면서 vinculin은 구조가 열려 talin 및 actin에 결합할 수 있게 되고, 이 결합을 통해 integrin과 cytoskeleton 간의 연결이 이루어진다. 이 과정에서의 RhoA의 역할을 현미경 관찰을 통해 확인할 수 있다. 섬유아세포를 (b) actin에 결합하는 형광물질인 phalloidin으로 염색하거나, 혹은 (c) vinculin에 대한 항체를 처리하면, 세포가 뻗어나가면서 stress fiber와(b) focal adhesion site들을(c) 형성하는 것을 관찰할 수 있다. 그러나 기능을 할 수 없는 N19-RhoA가 발현되도록 만든 변이세포주(즉 dominant negative mutant)에서는 stress fiber나 focal adhesion site의 형성이 일어나지 않는다. 결국 이 세포들은, 성장인자(혈청)가 충분하게 존재하는 상태에서도 세포주기로 들어갈 수 없게 된다. Clark 등의 논문[39]에서 인용.

ERK 활성화를 더욱 지속시켜주게 된다(그림 14.15)[40,41]. 이러한 지속적인 신호가 G_0로부터 G_1 phase로 들어가도록 만들어줌으로써 세포주기가 돌아가게 해주는 것이다.

Focal adhesion complex의 downstream에서는 Rho 단백질군의 GTPase가 또 다시 중심이 되어 내부의 신호를 밖으로 및 바깥 신호를 내부로 전달해주면서, 이번에는 세포주기로 들어가도록 해주는 역할을 한다(그림 14.16). 하지만 GTPase와 integrin을 연결시켜주고 또한 세포주기로 들어가는데 필요한 그 이후의 과정과 연결시켜주는 분자들이 어떤 것들인지는 아직 밝혀지지 않았다. 그러나 성장인자들의 작용과 integrin의 작용이 어우러져 Ras가 지속적으로 활성화되게 되면 ERK 경로가 촉진될 뿐만 아니라 RhoA의 활성화가 최고조에 달하게 된다. 그 결과 세포주기를 억제하는 $p21^{waf/cip}$의 발현을 줄여줌으로써 세포주기를 진행시키는데 결정적인 역할을 하게 되는 것이다(10장 '세포주기 추진자들을 단속하기(Policing the drivers of the cell cycle)' 부분 참조). 세포를 dominant negative RhoA 돌연변이주로 만들면, Ras의 활성화에 의해 DNA 합성이 개시되는 작용이 억제 되는데, 이는 $p21^{waf/cip}$가 지속적으로 발현되어 높은 농도로 존재함으로써 cyclin D/CDK4 또는 cyclin E/CDK2 복합체의 활성이 억제되기 때문이다. RhoA가 활성화되면 $p21^{waf/cip}$의 발현이 억제되고 DNA 합성은 진행된다. 여기서 주목해야 할 것은, Ras로부터 두 가지의 신호가 나온다는 점이다(그림 14.16). 그 중 하나는 ERK의 활성화를 통해 전달되는 성장촉진 신호이고, 다른 하나는 RhoA를 활성화시켜 세포가 G_1 phase를 통과하도록 만들어주는 신호이다[42,43].

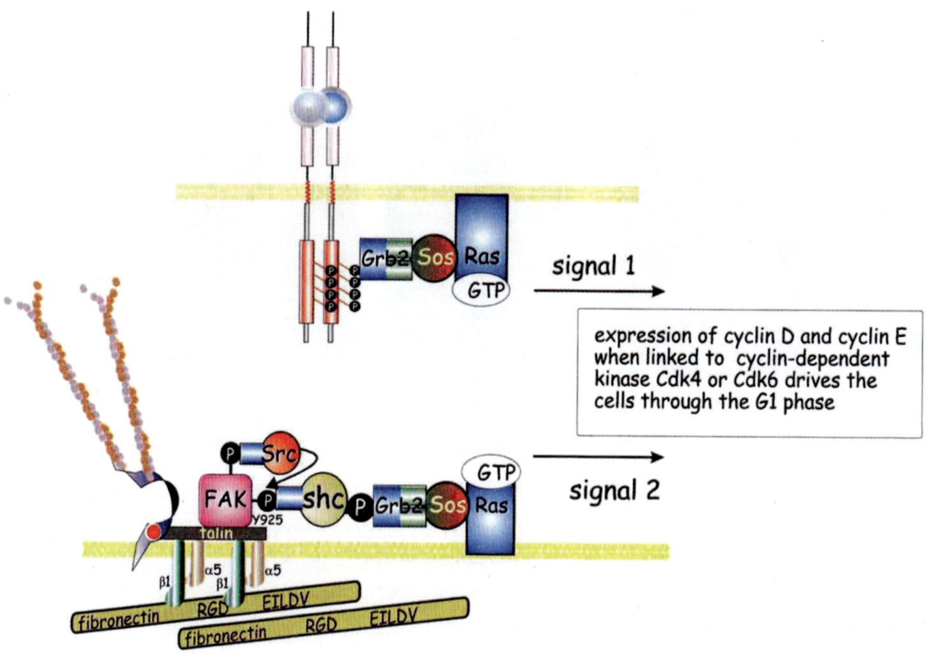

그림 14.15 세포의 증식을 유도해내는데 필요한 두 가지 신호. 성장인자 수용체들로부터의 신호와 focal adhesion site로부터 나오는 신호이다. 이 두 신호는 Ras에서 만나 ERK를 지속적으로 활성화 상태에 있게 하고 핵으로 이동하도록 유도한다. 이러한 조건이 주어져야 cyclin D와 E의 발현이 이루어지게 된다. 이들은 cyclin-dependent protein kinase(CDK)들과 함께 작용하여 세포주기의 G_1 phase로 들어가게 함으로써 세포증식의 주기가 돌아가게 만들어주고 있다.

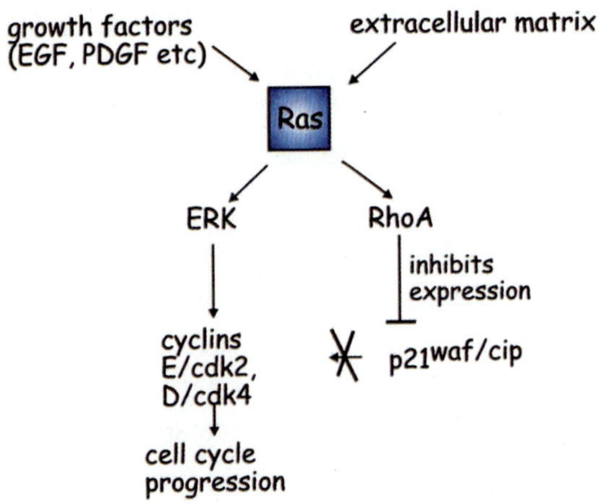

그림 14.16 Ras의 downstream인 RhoA의 활성화는 세포주기의 진행을 위해 필수적이다. Ras의 활성화가 지속되면 ERK가 활성화되고 또한 RhoA가 활성화된다. 그 결과 세포주기의 억제자인 $p21^{waf/cip}$의 발현이 저해되는데, $p21^{waf/cip}$는 cyclin D/CDK4 및 cyclin E/CDK2 복합체들의 protein kinase 활성을 조절하는 중요한 인자이다.

Tumor suppressor 역할을 하는 adhesion molecule들

혈관내피세포와 상피세포의 adherent junction 및 desmosome

신체의 내부와 외부를 분리해주는 피부와 같은 표면들, 체강(body cavity)의 내면(lining), 내장(gut) 등은 상피조직, 즉 상피세포로 이루어진 얇은 층으로 되어 있다. 심장, 혈관, 림프관 등의 혈관계(vasculature) 내면 또한 특성화된 상피세포인 혈관내피세포들에 의해 형성된다. 이들 세포의 밑 부분에는 세포외 기질이 얇은 층의 basal lamina 층을 이루고 있다. 이 세포들은 장의 연동운동(peristalsis)이나 혈관계의 박동운동 등의 물리적 스트레스들을 이겨내야 한다. 그래서 이들 상피 및 혈관내피조직들은 세포와 세포간의 정교한 부착에 의해 유지되고 있다. 그 부착방법에는 tight junction(zonula occlusion 이라고도 함), adherent junction, 및 desmosome 등이 있다(그림 14.8). 여기서 라틴어 '*occludo*'는 '차단'을 의미하며, '*desmo*'는 빗(comb), 즉 다발(bundle)을 의미한다.

이 중 tight junction은 세포와 세포 사이의 공간으로 물질이 투과하지 못하도록 차단하는 장벽을 이룬다. 세포층에서 어떤 물질을 선택적으로 투과시키는 것은 세포막에 존재하는 transport protein들의 작용과 세포내 운반체(vesicle)들의 trafficking에 의해서 일어난다. 상피 및 혈관내피세포에서는 이 두 작용이 특별히 많이 일어나고 있다. 그런데 tight junction에서는 두 세포의 세포막이 나란히 붙어 단단한 결합을 이룬다. 이 결합에는 occludin이라는 막 단백질 여러 분자가 zonula occludens(ZO)-1 및 ZO-2와 복합체를 이루며 참여하고 있다.

Adherent junction과 desmosome의 경우에는 물리적 스트레스에 대한 저항력을 준다. 여기서는 adhesion molecule인 cadherin이 cytoskeleton과 연결되어 중요한 역할을 담당한다. 특히 adherent junction에서는 cadherin이 actin filament가 부착되는 위치에서 catenin과 연결되어 있다. 이러한 구조는 세포의 adhesion belt를 형성함으로써 상피조직이 고유의 형태를 유지하는데 필수적인 역할을 하게 된다. 이는 마치 강화 콘크리트 안에 있는 철근의 역할에 비유할 수 있다. Desmosome에서는 cadherin이 intermediate filament의 부착위치인

desmoplakin에 연결되어 있다. 상피세포의 desmosome은 keratin 단백질의 polymer와 결합된다. 희귀 유전병인 수포성 표피박리증(epidermolysis bullosa)에서는 이 keratin이 정상적으로 형성되지 않음으로써 피부찰상(skin chafing)과 물집(blistering)이 일어나게 되는데 이는 기저층(basal layer)에 있는 외피세포(epidermal cell)들이 터져버리기 때문이다.

Adherent junction이 손실되면 탈분화(de-differentiation)가 유도된다

세포층을 안정화시켜주고 있는 adherent junction을 인위적으로 불안정하게 만들어주면(예를 들어, cadherin에 대한 항체를 처리), 세포는 극성(polarity)을 잃게 되어 세포막에서의 단백질들의 공간적인 배열이 무작위로 뒤섞여 버린다. 예를 들면, 정상적으로는 basal surface(상피조직층의 기저부 표면)에 노출되어 있어야 할 인슐린 결합 단백질(insulin-binding protein)들과 apical surface(상피조직층에서 공간에 노출되는 정상부 표면)에 노출되어 있어야 할 포도당 수송단백질(glucose transporter)들이, 이러한 상황에서는 세포막의 모든 부위로 분산 배열되어 버리는 것이다. 그리고 tight junction들 또한 ZO-protein들이 서로 떨어짐으로써 서로 분해되어 버린다. 뿐만 아니라 cadherin과 catenin 간의 연결 역시 서로 떨어져 나와 세포질 안으로 흩어지게 된다(그림 14.17)[44]. 한편으로는 세포는 더 많은 fibronectin(즉 세포외 기질)을 생성시키고, keratin 대신 vimentin(이들은 둘 다 intermediate filament를 형성하는 단백질들임)을 생산하게 된다. 간단히 말해서, 이 세포는 섬유아세포를 닮아가기 시작하는 것이다. 이러한 현상을 한편으로는 상피-간엽세포 전환(epithelial-mesenchymal transition)이라고도 부르는데, 배아의 발달과정에서 조직세포들의 재조직화(reorganization)

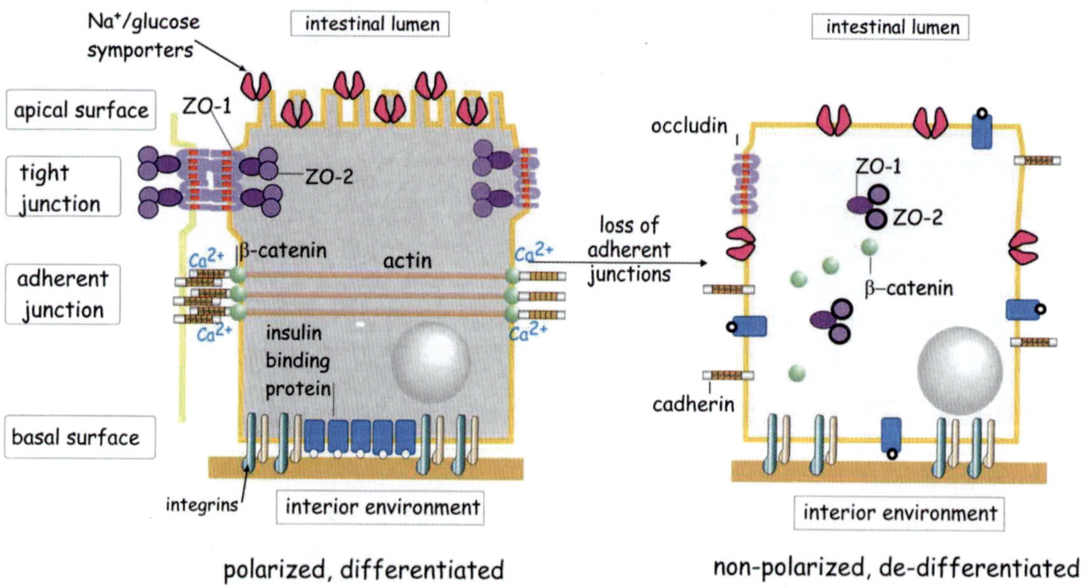

그림 14.17 세포-세포 간 부착의 손실(loss of cell-cell contact)과 세포 극성의 소실(dissipation of cell polarity). 세포가 분극화(polarization)되어 있는 상태에서는 인슐린 결합 단백질은 기저측면부 표면(basolateral surface)에, 나트륨/포도당 동반수송 단백질(Na/glucose symporter)은 정상부 표면(apical surface)에 각각 선별적으로 분산되어 있다. 그러나 adherent junction이 손실되면 이러한 기능적인 극성이 소실되며 tight junction이 사라지게 된다. 즉 인슐린 결합 단백질과 나트륨/포도당 동반수송 단백질들이 무작위적으로 분산되어 존재하게 된다. 이것은 세포가 탈분화됨을 의미하는 것이다.

에 중요한 역할을 하는 현상이기도 하다. 즉, 이 과정을 통해서 세포들로 이루어진 견고한 층이 느슨해지면서 세포가 서로 떨어지고 이동해 나옴으로써 다른 위치에서 새로운 조직을 만들어내게 된다. 다시 말해, 장기가 발달되는 것이다(organ development). 여기서 만일 상피세포가 형질전환되게 되면, 이와 비슷하지만 조절되지 않는 전환(transition)이 발생하여 암세포가 만들어지게 된다[45].

β-Catenin은 상피세포의 탈분화 현상에 결정적인 역할을 한다

β-Catenin은 adherent junction이 안정적으로 유지되는데 있어 매우 중요한 단백질이다. 그러나 이 단백질이 cadherin에서 떨어지게 되면 그 역할은 완전히 바뀌게 된다. 즉 분리된 β-catenin은 세포질로 나와 핵으로 이동하고 핵에서 ternary transcription factor인 Tcf와 결합된다[46].

β-Catenin과 Tcf가 결합된 복합체(β-catenin/Tcf complex)는 cyclin D1, c-myc, fibronectin 등의 발현을 유도하게 되는데, 이들은 모두 세포주기를 진행시키는데 필요한 단백질이다[47,48]. 뿐만 아니라 이들은 세포자살을 억제하는 작용도 갖고 있다(그림 14.18)[49]. 그리고 β-catenin을 이소성 발현(ectopic expression, 정규 장소를 벗어나 발현되는 것)시켰을 때 세포의 탈분화(de-differentiation)가 촉진되었다는 연구보고도 있다[50]. 분명한 것은, β-catenin의 조절되지 않은 유리(liberation)는 좋지 않은 결과를 야기하게 된다는 사실이다(표 14.1). 정상적

Tcf T-cell factor. 처음에는 림프구형 세포(lymphoid cell)에서의 전사인자로 클로닝되었다. 현재는 Tcf 단백질군에 속하는 단백질들은 세포주기의 조절에 관여하는 활성인자 및 억제인자들을 의미하고 있다. Tcf는 MAP kinase와 관련되어 있는 ternary complex factor $p62^{TCF}$와는 다른 것이다.

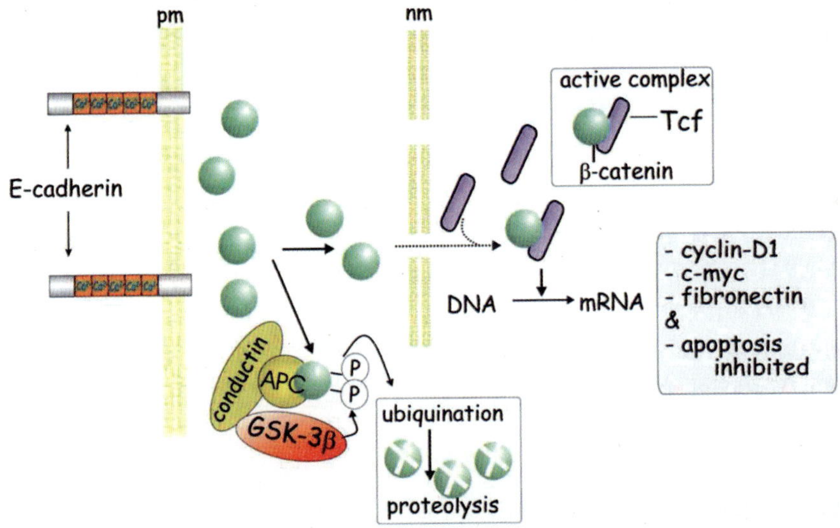

그림 14.18 Cadherin에 의해 매개되는 세포-세포 부착이 떨어지게 되면 세포의 증식이 유도된다. 이 현상은 β-catenin/Tcf 전사인자 복합체가 만들어지는 과정을 통해 일어나게 된다. 탈분극(depolarized) 및 탈분화된(de-differentiated) 상피세포들(그림 14.17 참조)은 증식할 수 있는 능력을 얻게 되어, 그 결과 잘못 조직화된 상피세포의 다중층(multilayer)가 서서히 형성되게 된다. 세포 간 부착이 떨어지면 adherent junction으로부터 β-catenin이 유리되고 핵 안으로 들어가 전사인자 Tcf와 결합하게 된다. 이로써 Tcf는 cyclin D1, c-myc, fibronectin 등을 발현을 유도함으로써 세포주기를 촉진시키는 한편 세포자살이 일어나기 어렵게 만든다. 정상적인 상태에서는 β-catenin은 conductin에 결합되어 있는 APC와 복합체를 이루게 되면서 GSK-3와 근접하여 위치하게 된다. 그 결과 β-catenin은 serine/threonine 잔기들이 인산화되면서 ubiquitination되어 분해과정으로 들어가는 것이다. 그리고 정상적인 환경에서는 β-catenin이 유리되는 것은 일시적인 현상으로 그치게 된다.

표 14.1 인간에서 암을 유발시키는 β-catenin과 APC의 돌연변이들

Mutated genes	Consequence	Type of cancer
β-catenin	Insensitive to APC-mediated degradation	Invasive colon cancer
Cadherin	Non-functional truncated protein	Colon cancer
APC	Incapable of promoting degradation of β-catenin	Adenomatous polyposis coli

인 환경에서는 세포질의 β-catenin 농도는 철저하게 제한되고 있다. 즉 선종성 결장 폴립증(adenomatous polyposis coli, APC) 단백질, conductin 및 glycogen synthase kinase-3β(GSK 3β)로 이루어진 복합체가 β-catenin과 결합하고 있기 때문이다. 일단 β-catenin은 이 복합체와 결합하게 되면 여러 잔기에 인산화가 일어나게 되는데, 그 결과 ubiquitin-proteasome 경로를 통해 분해되어 없어지는 과정으로 들어가게 되는 것이다[51].

인간에서 암을 일으키는 β-catenin과 APC의 돌연변이들

Cadherin과 APC 단백질의 유전자들에서 기능상실(loss-of-function) 돌연변이가 일어나거나 β-catenin 유전자에서 기능획득(gain-of-function) 돌연변이가 일어나면 암의 형성(carcinogenesis)이 유발되게 된다. 대표적으로 결장암(colon cancer)이 그렇다[52]. 결장암 환자들 중에서는 E-cadherin 유전자가 끝이 잘린(truncated) 단백질을 발현하는 경우들이 나타난다. 이러한 짧아진 단백질은 adherent junction을 이루는 복합체에 참여할 수 없게 되어 adherent junction이 적절하게 형성될 수 없게 된다. 그 결과 시간이 지나면서 세포는 서로 떨어져나가게 되고 다른 조직으로의 침습성(invasiveness)을 갖게 된다. 한편 높은 침습성을 갖는 상피세포(신장 또는 유선조직 유래 상피세포)를 배양하면, E-cadherin의 이소성 발현이 유발되어 침습성을 줄여준다. 이로써 세포들은 단일 상피세포층을 다시 이루고 세포들도 재차 극성(polarity)을 갖게 된다[53]. 또한 돌연변이가 일어난 β-catenin은 잘 분해되지 않기 때문에 세포질로부터 잘 제거되지 않게 되고, 그 결과 핵으로 이동하여 Tcf와 결합하는 것이 많아진다. 결국 핵에서 유전자 발현이 활성화되면서 침습성 종양이 발달하게 되는 것이다[54]. 마지막으로, 선종성 결장 폴립증(adenomatous polyposis coli)이 발생된 상태에서는, APC 단백질에 돌연변이가 발생되어 세포질의 자유 β-catenin 단백질들의 분해를 촉진시키지 못하는 것이 원인이 된다[55].

부착저해(contact inhibition)에서의 cadherin의 역할?

부착저해란, 급속하게 증식하는 세포들을 배양할 때 confluent monolayer가 형성되는 시점에서 갑작스럽게 세포주기가 멈추게 되는 현상을 말한다. 이 현상은 오래 전부터 알려져 왔지만 지금도 그 분자기전에 대한 완전한 규명은 이루어지지 않고 있다. 단, 세포주기가 멈추는 것은 저해인자들이 축적되어 일어나는 것이 아니라, adhesion molecule에 의해 매개되는 것이라는 점은 초기부터 이미 확인된 사실이다[56]. 즉, cadherin이 중요한 역할을 수행하고 있는 것이다. 그 분자기전을 보면, 세포의 밀도가 증가될 때 세포들 사이에는 다중적인 접촉이 일어나게 되고, adherent junction들이 만들어지면서 자유 β-catenin 분자들을 격리시켜 Tcf/β-catenin에 의한 증식 촉진작용을 억제하게 된다. 그 결과, 세포의 분화가 진행되고 세포주기의 억제가 지

속되는 것이다. 틀림없이 이 과정에는 다른 분자들이 관여하고 있을 것으로 추정되는데, 그 중에는 receptor protein kinase phosphatase들(17장 참조)도 포함되어 있을 것이다.

소론(Essay): 세포자살(Apoptosis)

세포자살은 장기의 발달과정에서 정상적이고 필수적인 현상임과 동시에, 성체의 삶 속에서 나타나는 현상이기도 하다[25]. 극단적인 예를 든다면, 호중구의 경우는 그 수명이 매우 짧아 순환과정에서 약 4시간 정도 밖에는 살지 않는다. 매 분마다 수백만 개의 세포가 죽고 새로운 세포로 대체되는 것이다. 인간의 뇌에서는 뉴런의 숫자가 태어난 지 3개월째에 가장 많다. 신경세포에게 주어지는 생존인자(survival factor)는 그 양이 제한되어 있고 그것도 시냅스에서 접촉하는 이웃 신경세포에서 생산하는 것으로 밝혀졌다. 즉, 적절치 않고 정확치 않게 연결된 신경세포들은 뉴런 네트워크에 온전하게 통합되지 못하고 생존신호를 제대로 받을 수 없다. 이런 이유로 죽게 되는 세포는 예정된 세포사멸(programmed cell death) 즉 세포자살에 의해 스스로 죽는다[25,58-62]. 이것은 상처에 의해 손상된 세포가 괴사(necrosis)로 죽는 것과는 전혀 다른 것이다. 이렇듯 모든 세포는 항상 자살의 가능성에 직면하게 된다. 사실, 생존인자가 없는 상태에서 이러한 일은 세포에게는 정상적인 운명으로 볼 수 있는 것이다.

apoptosis 그리스어로 ('from, away, detached'의 의미를 갖는 'apop'과, 'falling'이라는 뜻의 'tosis'가 합쳐져서 '떨어져나간다(falling way)'라는 의미를 갖는 말이다.

자살세포(apoptotic cell)의 특성

세포자살이 진행되고 있는 세포에서는 핵막(nuclear envelope)이 점차적으로 붕괴되고 핵에서는 심하게 응집된 염색질(chromatin)들이 나타나게 된다. 세포막은 작은 기포(bleb) 내지는 소포(vesicle)들을 형성하고, 세포외 기질과의 접착이 끊어지며 위축되고 점차 붕괴되어 간다. 그러나 그 안에 들어 있는 내용물들이 주변으로 배출되지는 않는다(그림 14.19). 몇 시간 안에 그 파편들은 이웃하는 세포들 또는 전문적인 macrophage들에 의해 약간의 염증반응도 일으키지 않고 섭취되게 되는 것이다. 이러한 현상은 조직이 손상을 입어 세포가 죽는 경우와는 완전히 대조된다. 그 경우에는 세포는 용해(lysis)되어 세포 내용물이 주변으로 배출되기 때문에 염증반응이 유도되고 그로 인해 조직의 재형성(remodelling)과 수선(repair, 상처 치유) 과정이 시작되는 것이다.

세포내 단백분해효소인 caspase들이 세포자살을 일으킨다

세포자살에 대한 기작을 잘 이해하게 된 것은 꼬마선충(*C. elegans*)을 이용한 유전학적 연구가 있었기 때문이다. *CED*(cell death abnormal) 유전자를 제거하면 배아의 발달과정에 필수적인 세포 사멸 프로그램이 억제된다는 사실이 밝혀진 것이다. 그 결과 배아의 모양은 변형되어 버리고 만다. 이와 유사한 유전자들이 포유동물에도 존재하고 있다. 이 유전자들은 caspase라 하는 단백분해효소들을 암호화하고 있는데, caspase는 활성부위에 1개의 cysteine 잔기를 가지며, Asp-Glu-Val-Asp라는 consensus motif를 갖고 있는 기질들을 분해하는 활성을 갖는다(그래서, cysteine-aspartate-protease로부터 caspase라는 이름이 붙게 되었다)[63]. Caspase의 전구체는 procaspase인데, procaspase는 동일한 공통서열이 같은 혹은 다른 caspase에 의해 분해됨으로써 caspase로 활성화된다. 그래서 caspase는 크게 두 가지 종류로 나뉘는데, 하나는 다른 caspase들만 분해하여 활성화시키는 initiator caspase들이고, 다른 하나는 실제 기질이 되는 다른 단백질들을 분해하는 effector caspase들이다(그림 14.20). 물론 initiator

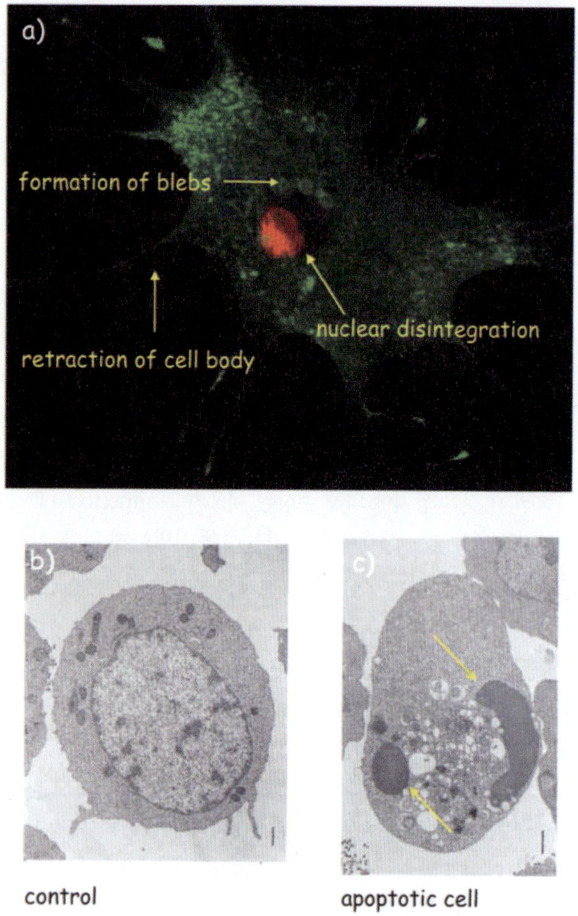

그림 14.19 세포자살이 유도될 때의 형태의 변화: (a) 세포자살이 일어나는 세포들은 세포체(cell body)가 수축되고 막에 기포모양의 변형(membrane bleb)이 일어나며 핵이 붕괴되는 등의 특성을 보여준다. 사진은 섬유아세포의 표면에 FITC 형광물질을 표지한 anti-CD44 항체를 처리하고(녹색), 핵을 DAPI 형광물질로 염색하여 관찰한 것이다(적색). (b,c) 마우스의 T세포 림프종(lymphoma)에서 세포자살 과정이 일어나는 것을 투과전자현미경(transmission electron microscope)으로 관찰한 것. 세포자살이 일어난 세포에서는 핵이 쪼개지고(화살표) 세포질의 액포(vacuole)들이 확실하게 나타난다. 이 세포들은 Fas 항원(뒤이어 나오는 'Fas 리간드에 의한 세포자살의 유도' 부분 참조)을 발현하게 되므로 anti-Fas 항체를 처리하면 세포자살이 유도된다. 사진(b)와 (c)는 Shin Yoneraha와 Masazumi Sameshima의 것을 인용.

caspase 자신들도 활성화 과정이 필요하다. 그 활성화 방법은 이들이 서로 dimer를 형성함으로써 서로를 활성화시켜주는 것이다. 때문에 이 효소들의 활성을 억제해주기 위해 세포 내에서는 이들의 dimer 결합을 방해하는 저해 단백질이 결합되어 있음이 밝혀졌다[64]. 그리고 세포의 자살이 일어나기 위해서는 충분한 양의 initiator caspase들이 활성화되어야 하고, 그 때에라야 세포사멸 과정이 불가피하게 시작되는 것이다.

Caspase들의 표적들

각 caspase들은 서로 다른 기능들을 수행하고 있다(그림 14.21): 그 기능들은 다음과 같다.

- 세포자살 과정에 대한 저해제들을 불활성화 또는 파괴시킴
- Caspase activated DNAase(CAD)에 대한 저해 단백질 ICAD를 불활성화시킴. ICAD 단백질이 분해되어 불활성화되면 CAD가 DNA 사슬을 분해할 수 있게 된다.
- Caspase를 비활성 상태로 유지시키는 Bcl-2 단백질을 불활성화시킴(아래에 설명)
- 세포소기관들을 파괴시키고 신호전달경로들을 저해함
- Cytoskeleton을 조직화시키는 단백질들, 즉 gelsolin, p21-activated protein kinase(PAK), FAK, lamin 등을 분해시킴
- DNA 수선(repair) 및 복제기구를 파괴시킴
- DNA 수선을 위한 효소들, DNA-dependent protein kinase(DNA-PK), splicing 효소 UI-70K, replication factor C 등을 분해시킴

PAK-2는 세포자살 과정 중에 caspase에 의해 분해되어 활성화되며, 세포자살 세포의 형태가 변하도록 만든다.
DNA-PK는 DNA-dependent protein kinase holoenzyme으로서 여러 DNA 결합 단백질들과 전사인자들을 인산화시키는 serine/threonine protein kinase이다. DNA-PK 활성이 결여되면 DNA 수선기작이 일어날 수 없게 된다.
Replication factor A와 **C**(RF-A와 RF-C)는 DNA 복제와 전사과정에서 DNA의 완전한 신장(elongation)에 필수적인 단백질이다.

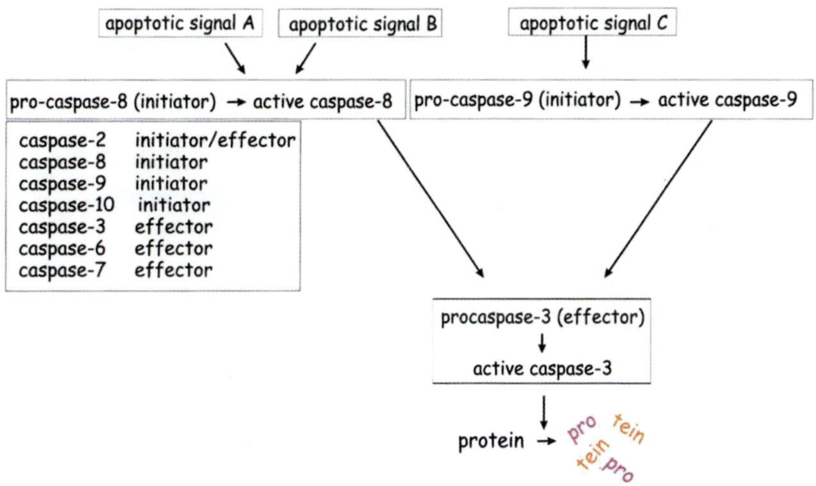

그림 14.20 Initiator caspase와 effector caspase. Caspase의 활성화 과정. 이 과정은 initiator caspase를 활성화시키는 세포자살 신호에 의해 시작된다. 이어서 effector caspase가 활성화되어 그들의 특이적인 기질들을 분해시킴으로써 세포자살이 유발되는 것이다.

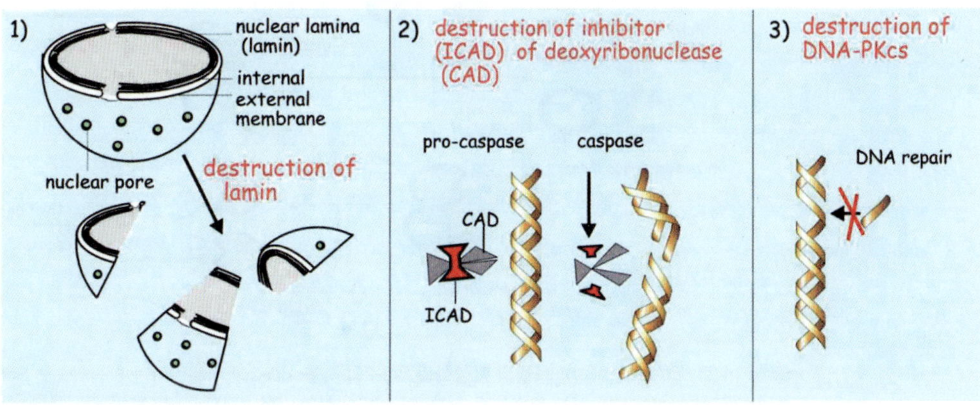

그림 14.21 Effector caspase들의 서로 다른 세포자살 표적들.

Bcl-2 B세포 림프종(B-cell lymphoma)의 원인 단백질. B세포 림프종은 염색체 이동(chromosome translocation)이 일어나 형질전환 유전자 *bcl-2*와 Ig heavy chain 유전자가 재조합됨으로써 일어나는 것으로 알려져 있다. 인간 **Bcl-2** 단백질은 *C. elegans*의 Ced-9 단백질과 매우 유사하며, *C. elegans*에 인위적으로 도입시키면 세포자살을 억제시키는 작용을 나타낼 수 있다.

Caspase들에 대한 조절작용

세포자살의 유도와 관련된 다양한 조절 단백질들이 보여주는 역할들을 다음 예들로부터 알 수 있다.

Bcl-2에 의한 조절

세포 외부의 생존인자가 충분치 않으면 그에 대한 반응으로 발생되는 세포내 신호에 의해 세포자살이 유도될 수 있다. 또한 그렇지 않더라도 세포내 시계(clock)에 의해 세포자살이 조절되는 경우도 있다. 이러한 경우에서는 Bcl-2가 중요한 역할을 한다. Bcl-2는 원래 B세포 림프종(B-cell lymphoma)의 생성에 관여하는 단백질로 알려졌다.

B세포 림프종은 과활성(hyperactive)의 IgH locus 근처로 많은 유전자들이 위치하게 되는 염색체 이동(chromosome translocation) 현상의 결과로 발생된다. 그 유전자들 중의 하나인 *bcl-2*는 과도하게 전사되어(그림 14.22) 세포자살을 저해함으로써 B 림프구의 수명을 연장시켜주고 종양이 형성되는데 기여하게 되는 것이다.

Bcl-2는 initiator procaspase들에 대한 adaptor 단백질인 Apaf에 결합함으로써 procaspase가 dimer를 이루어 상호 활성화시키는 작용을 억제시킨다(그림 14.23).

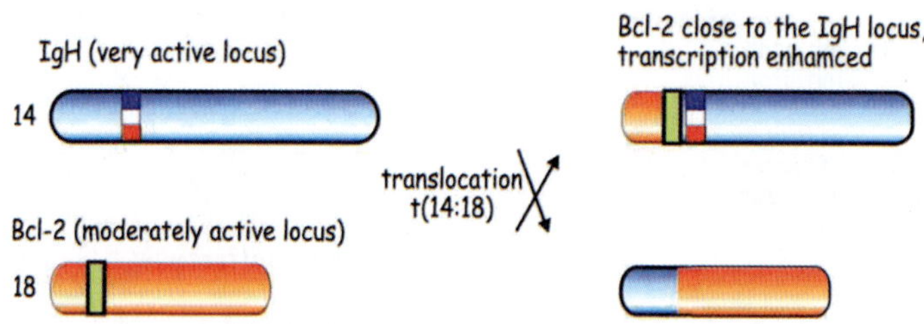

그림 14.22 Bcl-2 유전자의 염색체 간 이동. 14번과 18번 염색체 사이에 translocation이 일어나면 *bcl-2* locus가 강력한 IgH locus 아래로 들어가게 된다. 이로써 Bcl-2의 발현이 증대되어 세포는 세포자살로부터 보호받게 될 확률이 높아진다.

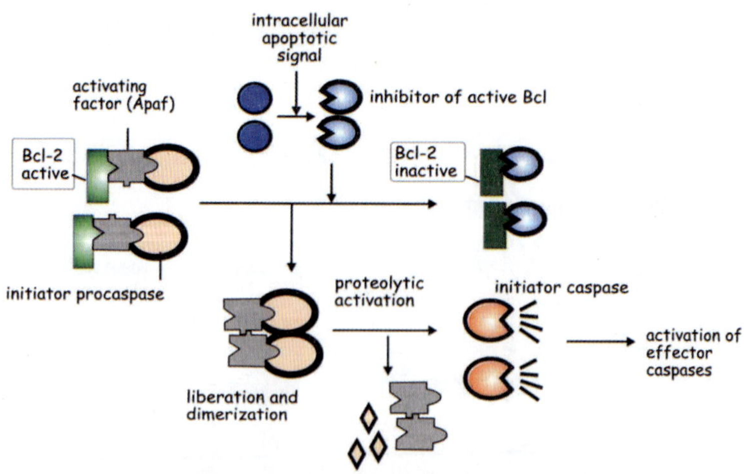

그림 14.23 Effector caspase들의 활성화와 Bcl-2의 작용. Bcl-2의 저해인자가 활성화되면 Bcl-2와 결합함으로써 Apaf에 결합하지 못하도록 한다. 이로써 Apaf/initiator procaspase 복합체는 떨어져 나와 다른 복합체와 dimer를 이루고 서로를 활성화시킨다.

Bcl-2는 미토콘드리아, 소포체, 핵 등의 세포소기관의 막 표면에 존재하고 있는데, 세포에 세포자살 신호가 발생되면 Bcl-2의 저해인자(예를 들어, Bad)가 활성화됨으로써 Bcl-2가 Apaf와결합하지 못하도록 만든다. 이렇게 되면 Apaf과 initiator procaspase가 결합된 복합체가 Bcl-2로부터 떨어져 나오고 Bcl-2는 저해인자와 결합된 상태로 유지된다. 결국 initiator procaspase들은 서로 접근하여 서로를 분해시킴으로써 활성화시켜주게 된다. 이렇게 활성화된 caspase들이 생성되면 단백질 분해반응 과정이 순차적으로 일어나 세포자살 현상이 초래되는 것이다.

Apaf Apoptotic protease activating factor; initiator procaspase에 결합하여 dimer화시키는 작용을 한다. Apaf에 Bcl-2가 결합되면 이러한 작용이 억제된다.

Bcl-2 단백질군의 단백질들은 세포의 죽음과 생존 현상에 대한 중요한 조절자(regulator)들이다. 즉, 세포자살을 촉진시키기도 하고(pro-apoptotic) 억제하기도(anti-apoptotic) 한다:

- 세포자살을 촉진시키는 것으로는 Bid, Bax, Bad, Bak, Bok, Bim 등이다.
- 세포자살을 억제하는 것으로는 Bcl-2, Bcl-X_L, Bcl-w, Mcl-1, A 1 등이다.

이들 모두는 하나 이상의 Bcl-2 homology domain들(BH1, 2, 3, 혹은 4)을 가지고 있다. 그런데 어떤 경우에는 Bcl-2 단백질군에 속하는 단백질끼리 상호작용하여 homodimer 또는 heterodimer를 형성하기도 한다. 이러한 상호작용을 통해 이들의 기능이 조절되고 있는 것으로 보인다. 예를 들어, Bid는 Bcl-2의 세포자살 억제작용을 저해하고 Bax의 세포자살 촉진작용을 증대시킨다.

Bad Bcl-associated dimer.

Bax Bcl-associated partner. containing six exons.

Bid Bcl-2 interacting death agonist.

Bok Bcl-2-related ovarian killer.

Bak Bcl-2 homologous antagonist/killer.

Fas 리간드에 의한 세포자살의 유도

세포자살 현상은 세포 외부 신호인 Fas 리간드에 의해 Fas(수용체)를 활성화시킴으로써 유도될 수도 있다[65]. Fas는 TNF/NGF 단백질군에 속하는 수용체로서(15장 참조), 대부분의 세포에서 발현되고 있다. 하지만 Fas 리간드의 경우는 세포독성 T세포(cytotoxic T-cell)의 표면에만 나타난다. 면역계가 바이러스나 종양특이항원(tumour-specific antigen)에 의해 자극을 받았을 때 생겨나는 많은 형태의 림프구들 중에 세포독성 T세포가 세포자살을 유도해내는 가장 중요한 림프구이다. 이들은 T세포 수용체(T-cell receptor, 12장 참조)를 통해, 감염된 바이러스들은 물론 종양세포들을 인식하게 된다. 종양세포들은 표면에 MHC-class I의 정보에 따라 특이항원을 제시하기 때문에 인식되는 것이다. 세포독성 T세포의 인식 결과, T세포는 Fas 리간드를 제시함으로써 표적세포 표면에 복합체로 응집된다(그림 14.24). 활성화된 수용체는 각각 adaptor 단백질인 FADD 및 FLASH의 복합체에 결합되는데 복합체에는 initiator procaspase-8이 연결되어 있다. 결국 Fas와 adaptor 복합체의 결합을 통해 procaspase-8들이 서로 근접되기 때문에 서로를 분해시켜 활성화시켜주게 되는 것이다.

Cytochrome c를 통한 caspase들의 활성화

미토콘드리아는 세포자살 신호의 근원이자 증폭자의 하나로서 세포자살로 이르는 중요한 통로로 알려져 있다. 특정 수용체(예들 들어, TNFα 수용체)로부터의 신호라든지 세포독성 약물이 주어질 때, 미토콘드리아로부터 cytochrome *c*가 세포질로 방출되도록 작용하는 경우들이 있다. 세포질에서 cytochrome *c*는 adaptor 단백질인 Apaf 두 분자와 결합하게 되는데

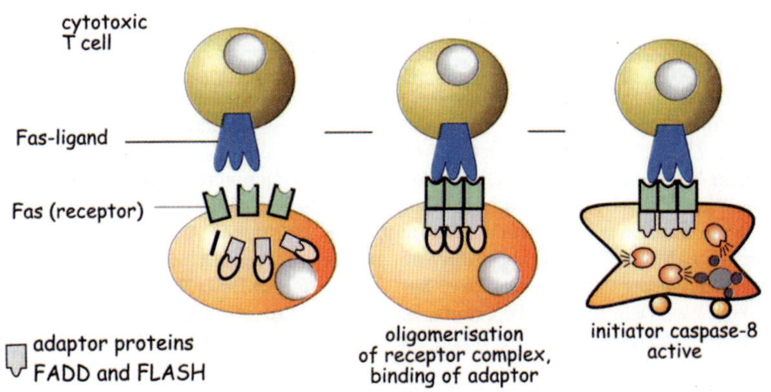

그림 14.24 Fas 리간드에 의한 세포자살의 유도. 세포독성 T세포 상에 Fas 리간드가 발현되면 Fas의 oligomer화가 초래된다. 활성화된 Fas는 adaptor/procaspase-8 복합체에 결합함으로써 procaspase-8의 활성화를 유도하게 된다.

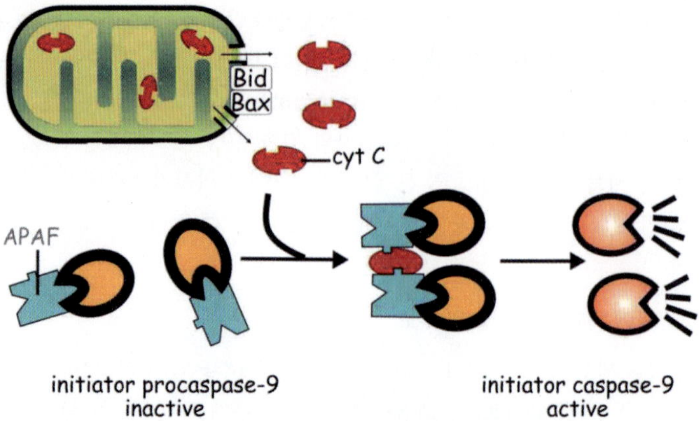

그림 14.25 Cytochrome *c*에 의해 initiator caspase-9이 활성화되는 과정. 세포독성 약물들 또는 특정 수용체들은 Bid와 Bax를 통해 세포자살을 일으킨다. Bax와 Bid는 미토콘드리아의 외막에 구멍을 열어 cytochrome *c*가 방출되어 나오도록 만든다. 세포질로 방출된 cytochrome *c*는 procaspase를 dimer화시켜 활성화되도록 만들어준다.

각 Apaf은 initiator procaspase-9과 연결되어 있다. 즉 cytochrome *c*는 Apaf/initiator procaspase-9 복합체를 dimer화시켜주게 되는 것이다. 이로써 근접한 두 procaspase-9은 서로를 분해시켜 활성화된 caspase-9을 유리시켜냄으로써 단백질 분해 연쇄반응이 시작되게 된다(그림 14.25). 처음에 cytochrome *c*가 방출되는 것은 permeability transition pore complex(PTPC)를 통해 이루어지는데, 이 PTPC는 미토콘드리아 내막과 외막이 연결된 구조를 하고 있다[(66)]. PTPC에는 Bcl-2 단백질군의 단백질들이 결합되어, 투과성을 감소시키거나(Bcl-2 및 Bcl-SL의 경우) 촉진시키는(Bax가 Bad와 결합된 상태로, 또는 Bid에 의해) 작용을 한다. Bad의 경우에는, PKB에 의해 인산화되면 세포질 내에서 격리되어버리기 때문에 미토콘드리아 막에 결합하여 Bax를 도와 PTPC를 여는 작용을 하지 못하게 된다. 한편 미토콘드리아에도 caspase가 포함되어 있고, 또한 apoptosis inducing factor(AIF)도 들어있는데 이 AIF는 세포질로 방출되자마자 세포자살을 촉진시켜주는 인자이다.

References

1 Edelman, G.M. Cell adhesion molecules. *Science* 1983; 219: 450–7.
2 Springer, T.A. Traffic signals for lymphocyte recirculation and leukocyte emigration: the multistep paradigm. *Cell* 1994; 76: 301–14.
3 Brackenbury, R., Thiery, J.P., Rutishauser, U., Edelman, G.M. Adhesion among neural cells of the chick embryo. I. An immunological assay for molecules involved in cell–cell binding. *J. Biol. Chem.* 1977; 252: 6835–40.
4 Springer, T., Galfre, G., Secher, D.S., Milstein, C. Mac-1: a macrophage differentiation antigen identified by monoclonal antibody. *Eur. J. Immunol.* 1979; 9: 301–6.
5 Davignon, D., Martz, E., Reynolds, T., Kurzinger, K., Springer, T.A. Lymphocyte function-associated antigen 1 (LFA-1): a surface antigen distinct from Lyt-2,3 that participates in T lymphocyte-mediated killing. *Proc. Natl. Acad. Sci. USA* 1981; 78: 4535–9.
6 Tamkun, J.W., DeSimone, D.W., Fonda, D. *et al.* Structure of integrin, a glycoprotein involved in the transmembrane linkage between fibronectin and actin. *Cell* 1986; 46: 271–82.
7 Ruoslahti, E., Pierschbacher, M.D. New perspectives in cell adhesion: RGD and integrins. *Science* 1987; 238: 491–7.
8 Dustin, M.L., Rothlein, R., Bhan, A.K., Dinarello, C.A., Springer, T.A. Induction by IL-1 and interferon-γ: tissue distribution, biochemistry, and function of a natural adherence molecule (ICAM-1). *J. Immunol.* 1986; 137: 245–54.
9 Osborn, L., Hession, C., Tizard, R. *et al.* Direct expression cloning of vascular cell

adhesion molecule 1, a cytokine-induced endothelial protein that binds to lymphocytes. *Cell* 1989; 59: 1203–11.
10 Ducibella, T., Anderson, E. Cell shape and membrane changes in the eight-cell mouse embryo: prerequisites for morphogenesis of the blastocyst. *Dev. Biol.* 1975; 47: 45–58.
11 Yoshida, C., Takeichi, M. Teratocarcinoma cell adhesion: identification of a cell-surface protein involved in calcium-dependent cell aggregation. *Cell* 1982; 28: 217–24.
12 Takeichi, M. Cadherins in cancer: implications for invasion and metastasis. *Curr. Opin. Cell Biol.* 1993; 5: 806–5.
13 Boller, K., Vestweber, D., Kemler, R. Cell-adhesion molecule uvomorulin is localized in the intermediate junctions of adult intestinal epithelial cells. *J. Cell Biol.* 1985; 100: 327–32.
14 Stoolman, L.M., Rosen, S.D. Possible role for cell-surface carbohydrate-binding molecules in lymphocyte recirculation. *J. Cell Biol.* 1983; 96: 722–9.
15 Lasky, L.A., Singer, M.S., Yednock, T.A. *et al.* Cloning of a lymphocyte homing receptor reveals a lectin domain. *Cell* 1989; 56: 1045–55.
16 Alon, R., Chen, S., Fuhlbrigge, R., Puri, K.D., Springer, T.A. The kinetics and shear threshold of transient and rolling interactions of L-selectin with its ligand on leukocytes. *Proc. Natl. Acad. Sci. USA* 1998; 95: 11631–6.
17 Laurent, T.C., Fraser, J.R. Hyaluronan. *FASEB J.* 1992; 6: 2397–404.
18 Aruffo, A., Stamenkovic, I., Milnick, M., Underhill, C.B., Seed, B. CD44 is the principal cell surface receptor for hyaluronate. *Cell* 1990; 6: 1303–13.
19 Banerji, S., Ni, J., Wang, S.X. *et al.* LYVE-1, a new homologue of the CD44 glycoprotein, is a lymph-specific receptor for hyaluronan. *J. Cell Biol.* 1999; 144: 789–901.
20 Day, A.J. The structure and regulation of hyaluronan-binding proteins. *Biochem. Soc. Trans.* 1999; 27: 115–21.
21 Goldstein, L.A., Zhou, D.F., Picker, L.J. *et al.* A human lymphocyte homing receptor, the hermes antigen, is related to cartilage proteoglycan core and link proteins. *Cell* 1989; 56: 1063–72.
22 Gunthert, U., Hofmann, M., Rudy, Y. *et al.* A new variant of glycoprotein CD44 confers metastatic potential to rat carcinoma cells. *Cell* 1991; 65: 13–24.
23 Tsukita, S., Oishi, K., Sato, N., Sagara, J., Kawai, A. ERM family members as molecular linkers between the cell surface glycoprotein CD44 and actin-based cytoskeletons. *J. Cell Biol.* 1994; 126: 391–401.
24 Frisch, S.M., Francis, H. Disruption of epithelial cell-matrix interactions induces apoptosis. *J. Cell Biol.* 1994; 124: 619–26.
25 Raff, M.C. Cell suicide for beginners. *Nature* 1998; 396: 119–22.
26 King, W.G., Mattaliano, M.D., Chan, T.O., Tsichlis, P.N., Brugge, J.S. Phosphatidylinositol 3-kinase is required for integrin-stimulated AKT and Raf-1/mitogen-activated protein kinase pathway activation. *Mol. Cell Biol.* 1997; 17: 4406–18.
27 Khwaja, A., Rodriguez, V.P., Wennstrom, S., Warne, P.H., Downward, J. Matrix adhesion and Ras transformation both activate a phosphoinositide 3-OH kinase and protein kinase B/Akt cellular survival pathway. *EMBO J.* 1997; 16: 2783–93.
28 Kennedy, S.G., Wagner, A.J., Conzen, S.D. *et al.* The PI 3-kinase/Akt signaling pathway delivers an anti-apoptotic signal. *Genes Dev.* 1997; 11: 701–13.
29 Downward, J. Mechanisms and consequences of activation of protein kinase B/Akt. *Curr. Opin. Cell Biol.* 1998; 10: 262–7.
30 Brunet, A., Bonni, A., Zigmond, M.J. *et al.* Akt promotes cell survival by phosphorylating and inhibiting a Forkhead transcription factor. *Cell* 1999; 96: 857–68.
31 Frisch, S.M., Vuori, K., Ruoslahti, E., Chan-Hui, P.Y. Control of adhesion-dependent cell survival by focal adhesion kinase. *J. Cell Biol.* 1996; 134: 793–9.
32 Lin, H.J., Evinerm, V., Prendergast, G.C., Whitem, E. Activated H-ras rescues E1A-induced apoptosis and cooperates with E1A to overcome p53-dependent growth arrest. *Mol. Cell Biol.* 1995; 15: 4536–44.
33 Frisch, S.M., Ruoslahti, E. Integrins and anoikis. *Curr. Opin. Cell Biol.* 1997; 9: 701–6.
34 Cardone, M.H., Salvesen, G.S., Widmann, C., Johnson, G., Frisch, S.M. The regulation of anoikis: MEKK-1 activation requires cleavage by caspases. *Cell* 1997; 90: 315–23.
35 Assoian, R.K. Anchorage-dependent cell cycle progression. *J. Cell Biol.* 1997; 136: 1–4.

36 Hotchin, N.A., Hall, A. The assembly of integrin adhesion complexes requires both extracellular matrix and intracellular rho/rac GTPases. *J. Cell Biol.* 1995; 131: 1857–65.
37 Hart, M.J., Jiang, X., Kozasa, T. *et al.* Direct stimulation of the guanine nucleotide exchange activity of p115 RhoGEF by Gα13. *Science* 1998; 280: 2112–14.
38 Gilmore, A.P., Burridge, K. Regulation of vinculin binding to talin and actin by phosphatidyl-inositol-4-5-bisphosphate. *Nature* 1996; 381: 531–5.
39 Clark, E.A., King, W.G., Brugge, J.S., Symons, M., Hynes, R.O. Integrin-mediated signals regulated by members of the rho family of GTPases. *J. Cell Biol.* 1998; 142: 573–86.
40 Bottazzi, M.E., Zhu, X., Bohmer, R.M., Assoian, R.K. Regulation of p21(cip1) expression by growth factors and the extracellular matrix reveals a role for transient ERK activity in G1 phase. *J. Cell Biol.* 1999; 146: 1255–64.
41 Lenormand, P., Sardet, C., Pages, G. *et al.* Growth factors induce nuclear translocation of MAP kinases (p42mapk and p44mapk) but not of their activator MAP kinase kinase (p45mapkk) in fibroblasts. *J. Cell Biol.* 1993; 122: 1079–88.
42 Olson, M.F., Paterson, H.F., Marshall, C.J. Signals from Ras and Rho GTPases interact to regulate expression of p21Waf1/Cip1. *Nature* 1998; 394: 295–9.
43 Olson, M.F., Ashworth, A., Hall, A. An essential role for Rho, Rac, and Cdc42 GTPases in cell cycle progression through G1. *Science* 1995; 269: 1270–2.
44 Fialka, I., Schwarz, H., Reichmann, E. *et al.* The estrogen-dependent c-JunER protein causes a reversible loss of mammary epithelial cell polarity involving a destabilization of adherens junctions. *J. Cell Biol.* 1996; 132: 1115–32.
45 Thiery, J.P., Chopin, D. Epithelial cell plasticity in development and tumor progression. *Cancer Metastasis Rev.* 1999; 18: 31–42.
46 Roose, J., Clevers, H. TCF transcription factors: molecular switches in carcinogenesis. *Biochim. Biophys. Acta* 1999; 1424: 23–7.
47 Tetsu, O., McCormick, F. β-Catenin regulates expression of cyclin D1 in colon carcinoma cells. Nature 1999; 398: 422–6.
48 He, T.C., Sparks, A.B., Rago, C. *et al.* Identification of c-MYC as a target of the APC pathway. *Science* 1998; 281: 1509–12.
49 Ahmed, Y., Hayashi, S., Levine, A., Wieschaus, E. Regulation of armadillo by a *Drosophila* APC inhibits neuronal apoptosis during retinal development. *Cell* 1998; 93: 1171–82.
50 Orford, K., Orford, C.C., Byers, S.W. Exogenous expression of β-catenin regulates contact inhibition, anchorage-independent growth, anoikis, and radiation-induced cell cycle arrest. *J. Cell Biol.* 2000; 146: 855–68.
51 Orford, K., Crockett, C., Jensen, J.P., Weissman, A.M., Byers, S.W. Serine phosphorylation-regulated ubiquitination and degradation of β-catenin. *J. Biol. Chem.* 1997; 272: 24735–8.
52 Hirohashi, S. Inactivation of the E-cadherin-mediated cell adhesion system in human cancers. *Am. J. Pathol.* 1998; 153: 333–9.
53 Vleminckx, K., Vakaet, L., Mareel, M., Fiers, W., van Roy, F. Genetic manipulation of E-cadherin expression by epithelial tumor cells reveals an invasion suppressor role. *Cell* 1991; 66: 107–19.
54 Morin, P.J., Sparks, A.B., Korinek, V. *et al.* Activation of β-catenin-Tcf signaling in colon cancer by mutations in β-catenin or APC. *Science* 1997; 275: 1787–90.
55 Gumbiner, B.M. Carcinogenesis: a balance between β-catenin and APC. *Curr. Biol.* 1997; 7: 443–6.
56 Schutz, L., Mora, P.T. The need for direct cell contact in 'contact' inhibition of cell division in culture. *J. Cell. Physiol.* 1968; 71: 1–6.
57 Zondag, G.C.M., Moolenaar, W.H. Receptor protein tyrosine phosphatases: involvement in cell-cell interaction and signaling. *Biochimie* 1997; 79: 477–83.
58 Ashkenazi, A., Dixit, V.M. Death receptors: signaling and modulation. *Science* 1998; 281: 1305–8.
59 Thornberry, N.A., Lazebnik, Y. Caspases: enemies within. *Science* 1998; 281: 1312–16.
60 Green, D.R., Reed, J.C. Mitochondria and apoptosis. *Science* 1998; 281: 1309–12.
61 Adams, J.M., Cory, S. The Bcl-2 protein family: arbiters of cell survival. *Science* 1998; 281: 1322–6.
62 Evan, G., Littlewood, T. A matter of life and cell death. *Science* 1998; 281: 1317–22.

63 Miura, M., Zhu, H., Rotello, R., Hartwieg, E.A., Yuan, J. Induction of apoptosis in fibroblasts by IL-1 β-converting enzyme, a mammalian homolog of the *C. elegans* cell death gene ced-3. *Cell* 1993; 75: 653–60.
64 Salvesen, G.S., Dixit, V.M. Caspase activation: The induced-proximity model. *Proc. Natl. Acad. Sci. USA* 1999; 96: 10964–7.
65 Suda, T., Takahashi, T., Golstein, P., Nagata, S. Molecular cloning and expression of the Fas ligand, a novel member of the tumor necrosis factor family. *Cell* 1993; 75: 1169–78.
66 Kroemer, G. Mitochondrial control of apoptosis: an overview. *Biochem. Soc. Symp.* 1999; 66: 1–15.

15

Adhesion molecule과 백혈구의 소통

염증 그리고 그들의 매개자

염증 상태에서 백혈구가 가는 관의 벽에 부착한 후 조직으로 이동한다는 사실이 알려진지 150년이 넘었다(그림 15.1)[1-3] 1882년에[4] 서술된 Cohnheim의 자세한 조직학적 기록은 80년 이상 동안 염증 반응에 대한 대부분의 교과서에 기초적인 사실로 기술되어 있다. 백혈구의 부착과 이동에 대한 첫 번째 전자 현미경 조사에 의해 세부적인 현상이 좀 더 설명되었지만, 어떻게 백혈구가 염증이 일어난 내피조직(endothelium)에 부착하는지는 밝히지 못했다.[5] 어떻게 응집성의 내피 세포 층을 세포가 통과하는지에 대한 설명이 없었던 것이다.

이동하는 세포들은 그들의 환경 변화들에 대해 견뎌낼 수 있는 능력을 가지고 있어야 한다. 그들은 골수(그 세포들이 부착된 곳)에서 혈액으로 간 후 조직으로, 특히 림프결절(그 세포들이 다시 결합되는 곳)로 이동할 수 있어야만 한다. 이렇게 할 수 있는 모든 세포는 그들의 integrin을 켰다, 껐다 할 수 있는 능력을 가져야 한다. 만약 백혈구의 integrin이 계속해서 켜진 상태이면, 절대 골수를 떠날 수 없다. 혈액으로 일단 가면, integrin 기능은 꺼진 상태로 전환되어야 한다. 백혈구는 그들이 염증 또는 감염(우리가 일반적으로 경험하는 일이다)의 적절한 신호, 또는 일반적으로 말해서 계속된 면역감시과정에 대한 신호를 받으면 순환계를 떠나게 된다. 단핵세포(monocyte)와 호중성 백혈구(neutrophil)의 경우, 순환으로부터의 이탈은 편도 여행이기 때문에 이들의 운명은 조직에서 죽는 것이다. 반면에, 림프세포는 혈액에서 조직으로 이동한 뒤 림프계를 통과하고, 다시 혈액으로 돌아온다. 여기서 우리가 초점을 맞추는 것은 염증상태에서 백혈구 부착과 탈혈관(extravasation)의 조절작용에 관한 것이다(그림 15.2 참조).

염증반응(상처나 감염에 의한)이 일어난 위치에서는, 내피세포로부터 chemokine의 방출에 영향을 주는 매개자가 방출되어 adhesion molecule의 발현과 친화력에 영향을 주게 된다. 전문적으로 cytokine이지만, chemokine은 원래 주화성 작용제로서 확인되고 특징지어졌다. 조직이 붕괴되는 장소로 수용자(숙주) 식세포를 유인함으로써, 이러한 펩타이드들은 조직을 회복하고 치료하는데 가장 중요한 첫 번째 단계를 매개 할 수 있다. 이들은 백혈구의 순환을

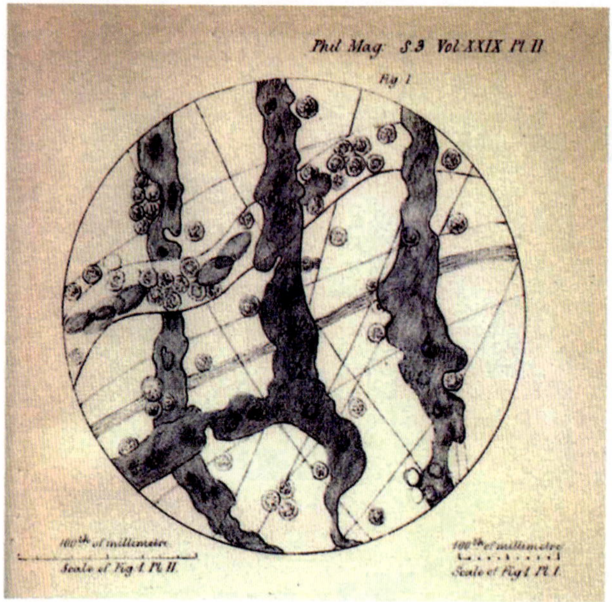

그림 15.1 **Augustus Waller가 현미경으로 관찰한 염증이 일어난 개구리 혀조직 혈관으로부터의 세포 부착과 혈관탈출.**

"우리가 알고 있는 바와 같이, 혈액이란 수많은 부유 입자들이 현탁되어 있는 투명한 유체이며, 부유 입자들 대부분은 붉은색을 띤 평평한 모양으로, 몇몇은 무색을 띠고 구형으로 존재하고 있다.... 림프구(lymph-globule) 혹은 혈구(corpuscle)가 모세혈관에서 그리고 자극상태의 조직에서 특이한 방법으로 스스로의 역할을 수행하고 있다는 것은 최근에 많은 주목을 받게 된 사실이다. Malvern의 W. Addison의 실험은 염증반응에서의 이러한 중요한 기능을 보여줌으로써 큰 공헌을 했다. 개구리와 두꺼비의 혀는 그 모세혈관에서 적혈구의 순환이 빈번히 일어난다. 이미 지적되었듯, 그 모세혈관에서는 소구체(spherule)들이 일반적으로 발견되는데, 혈관벽과 접촉하였을 때 부착을 유지하는 것은 비슷한 상황에서 적혈구가 보여주는 것보다 더 큰 힘에 의해 이루어지고 있다. 그림에서 보면, 흐름은 혈관 쪽에 가까운 혈구들의 이동 없이 수 분 동안 계속 관찰된다. 이와 같이 우리는 적혈구의 쓸림과 밀림의 흐름에 함께 하지 않으면서 같은 위치에 림프구가 남아 있는 것을 자주 볼 수 있다. 더 큰 혈관에서 이러한 소구체들의 모습을 보면, 어떠한 방해 없이 흐름이 안쪽 표면에 부착되어 많은 자갈이나 대리석과 같다는 비교가 매우 적절하게 느껴진다.... 유리세포(혈구)는 투명하고 때로는 과립 형태를 보인다.... 어떻게 보면 역설적인 문제라 할 수 있는, 닫혀진 혈관의 단절이나 관통이 없는 상태에서 혈액 내 입자 중 좀 더 작은 적혈구들 또는 혈액 그 자체의 유체 부분이 빠져나가는 것은 막으면서, 내부를 순환하며 부유하는 것들 중 일부를 제거해내는 문제를 자연은 어떻게 해결하고 있는지 그 놀라운 방법을 조사해보자....30분간 지속적인 관찰 후에 수많은 유리세포가 혈관 밖에서 보여 지고, 반면 혈액구(blood disc)는 매우 적게 나타나서 유리세포의 10%의 비율 정도만 나타난다. 그 어떤 혈관에서도파열의 형태는 볼 수 없다. 유리세포는 일반적으로 직경이 벽으로 0.03 mm 정도 된다. 실험 후 2시간이 지속되면, 이러한 수천 개의 유리세포는 막 주변에 흩어져서 보이고, 혈액구(blood disc)는 거의 보이지 않는다.... 유리세포 자체의 존재를 제외하고는 유리세포의 혈관탈출의 자취는 볼 수가 없다. 이로써 나는 다음과 같이 정리할 수 있다고 본다 첫째로 모세혈관을 통한 유리세포의 통과, 즉 'de toute piece' 현상이 있다. 두 번째로 유리세포가 통과한 틈은 즉시 닫힘으로써 혈액이 회복하는 힘이 있다.... 혈관을 통한 유리세포가 통과하는 원인을 찾아내는 시도는 상당히 어렵다. 이것은 생명력에 영향을 준다고 언급할 수는 없지만, 죽음 후에 발생하는 것과 같이 관찰된다. 추측하건대, 이것은 유리세포가 일정 시간 동안 혈관벽과 접촉해있으면 혈관을 용해시키는 몇몇 물질을 방출하게 되거나, 혈관벽과 유리세포의 접촉으로 인해 특정 분자들의 작용에 의해 혈관벽이 용해된다 이러한 작용은 소화에 광범위하게 영향을 미치는 것으로 알려진 것으로서 촉매력이라고 말할 수 있을 것이다."

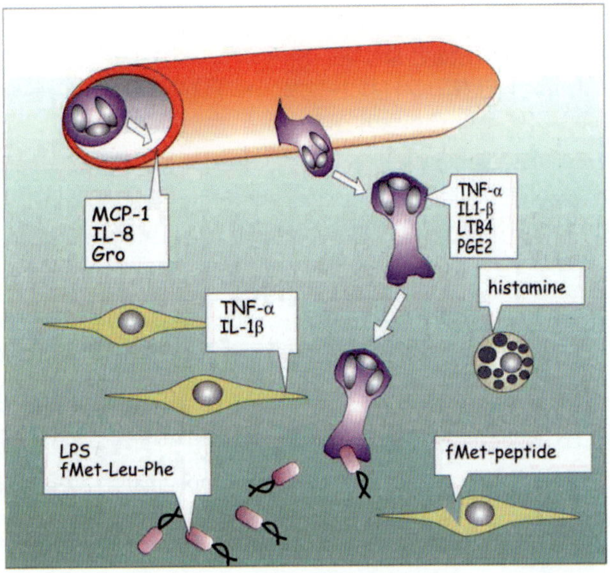

그림 15.2 감염 부위에서 염증매개자들의 생성. 조직손상과 세균 감염은 다양한 종류의 세포들로부터 면역 매개체들의 분비를 유도한다. 국소 부위의 섬유아세포(fibroblast), 혈관 내피세포(vascular endothelial cell), 비만 세포(mast cell), 그리고 상주 백혈구(resident leukocyte)에 작용하는 세균의 lipopolysaccharide(LPS)는 histamine, IL-1β과 TNF-α뿐만 아니라 MCP-1, IL-8 또는 Gro를 분비하도록 유도한다. 이러한 매개체들은 표피 세포상의 adhesion molecule의 up-regulation과 백혈구의 integrin의 활성화에도 관여한다. 이는 손상/감염부위로의 이동 후에 혈관탈출을 일으킨다. 세균에서 분비되는 formylmethionyl peptide는 이동 반응(주화성)을 용이하게 한다. 이러한 과정들은 감염부위에서 백혈구 특히, 호중성 백혈구의 빠른 축적을 첫 번째 방어선으로 유도한다. 이는 또한 조직 리모델링과 회복(상처 치유)의 과정을 개시한다.

멈추게 하고 세포들이 염증 장소로 축적되도록 한다(고름에서처럼). 염증 매개자들은 표 15.1에 열거된 것처럼 수많은 근원(출처)으로부터 유래한다.

백혈구는 세포의 선형 길이와 비슷한 40 μm 거리 이상에서 1%보다 낮은 chemokine의 농도 차이를 감지하는 능력이 있다. 그들은 주화성(chemotaxis)이라고 불리는 과정인 근원지 방향으로 움직이는 반응을 보여준다.[6]

다음 절에서 우리는 혈관의 내피세포에 있는 TNF-α 수용체로부터 시작되는 신호전달 경로를 설명한다. 이것은 세포 표면에서 adhesion molecule의 발현의 증가와 다른 염증 매개자와 chemokine의 방출을 유발시킨다. 이것은 또한 순환하는 백혈구의 혈관탈출(또는 혈관내 피조직간 세포이동이라고도 함)에 대한 조절에서 결정적인 역할을 한다.

표 15.1 염증매개자의 근원

- 침입한 미생물로부터 방출. 이들은 LPS 또는 내독소(endotoxin, 미생물 표면에서 떨어져 나온 것)을 포함한다. N-formylmethionyl peptides(fMet-peptides)는 박테리아 단백질 합성의 개시 서열에서 유래한 것이다.
- 내재된 세포로부터 방출. 이것들은 활성화된 대식세포(macrophage) 또는 섬유아세포에서 분비되는 TNF-α, IL-1β와 비만 세포에서 나오는 histamine과 내피세포 또는 내재된 백혈구에서 나오는 chemokine(MCP-1, IL-8, Gro) 등이 있다.
- 손상 받은 세포의 미토콘드리아에서 방출. 미토콘드리아의 게놈에서 암호화되는(NAD^+ dehydrogenase와 같은) 단백질의 아미노산 말단에서 유리된 펩타이드가 있다. 이들은 진정세균의 *N*-formylmethionyl 개시 서열의 특징들을 공유한다.
- C5a와 같은 보체 구성물질과 thrombin과 같은 섬유소분해 구성물질.

Tumour Necrosis Factor α: 가능성 있는 항종양제인가 아니면 염증성 cytokine인가?

박테리아 감염 이후 때때로 종양 크기가 줄어든다는 관찰 결과는 오래 전부터 알려져왔다. 일찍이 1848년에, LeGrand는 단독(丹毒; erysipelas)에 감염된 후 회복되는 현상을 보이는 두 경우의 장기간 연주창 임파종(long-standing scrofulous lymphoma)에 주목하였다.[7] 1888년에, P. Bruns는 *Streptococcus erysipelas*에 의한 감염에 따르는 인간 종양의 자연적인 퇴화에 대하여 보고하였다.[8]

단독(丹毒; erysipelas)이란 일반적으로 A군 연쇄상구균(Streptococci)의 감염에 의한 피부 림프 부종을 포함하는 급성 연조직염(cellulitis)을 말하며, 이전에는 '성 안토니우스의 불(St. Anthony's fire)'이라고도 불렀다.

> 특히 악성 상태에서 단독에 의해 약화되거나 없어지는 새로운 형태들로의 빈번한 관찰되는 사실은 이론적으로나 실질적으로 매우 많은 관심을 가지게 한다. 이전의 관점에서, 이러한 사실은 특히 현재시점에서 특별한 관심을 받을만하다. 신생물들의 병인학적인 연구에 집중이 되면, 이들의 결과는 단독의 유익한 영향들을 분명히 밝혀낼 수 있을 것이다. 실제적인 측면에서, 이러한 관찰들은 치유력 있는 단독을 수술 불가능한 신생물의 치유를 위해 인위적으로 도입하는 실험들을 시도하게 만들었다. 그러나, 이러한 실험들이 받아들여질 수 있는지는 아직 의문이다.

Die öfters beobactete Thatsache, dass Neubildungen, namentlich malingner Natur, durch ein interkurrentes Erysipel zur Verkleinerung oder zum Verschwinden gebracht werden, ist von hervorragendem theoretischem und praktischem Interesse. In ersterer Hinsicht verdient diese Thatsache gerade gegenwärtig besondere Beachtung, wo die Untersuchung der Aetiologie

W. B. Coley는[9] 단독의 반복적인 접종으로 종양이 퇴화되거나 심지어는 제거되었다는 몇 가지 경우를 보고하였다. 가능한 메커니즘을 서술하면서, 그는 다음과 같이 생각했다.

> 단독 구균(erysipelas coccus)은 신생물을 구성하는 세포를 직접적으로 파괴하는 작용을 한다 2) 높은 온도(감염에 의해 유도된)만으로도 충분하다 3) 육종과 암종은 둘 다 세균에 의해 유래되고, 단독의 세균(erysipelas germ)은 cancer bacillus에 직접적으로 반대작용을 한다.… 이는 현재의 지식으로는 부적절한 것처럼 보이는데, 3가지 이론 모두가 진실의 요소를 포함할 지도 모르고, 그리고 이 모든 요소를 포함하는 더 큰 이론이 단독의 치료작용을 설명하는데 필요하다.

암의 치료가 가까운 장래에 이루어 질 것이라는 확고한 신념에서, Coley를 비롯한 몇몇 연구자들은 'Coley's toxin'이라 부르는 streptococci의 무세포 여과액(cell-free filtrate)을 40년 이상 적용시켰고 일부 성공을 이루었다.[9-11] 이러한 세균의 생성물들은 주로 종양의 중심부에 한정되는 심각한 출혈 반응(haemorrhagic reaction)을 일으키는 효과를 보여주었고, 그 결과 종양을 빠르게 제거할 수 있었다. 그러나, 이는 일반적으로 계속적으로 성장하는 생존 가능한 조직을 남겨둘 수 있다. 그리 놀라운 일이 아니지만, 이러한 치료들은 또한 광범위한 시스템 전체에도 악영향을 끼치는 경향이 있어 자주 순환계의 붕괴와 죽음을 이끌 수 있다. *Serratia marcescens* 배양 여과액(culture filtrate)의 세포 독성 요소들로부터 출혈성 독소를 분리하려는 초기의 시도들을 통해 내독소(endotoxin)를 분리해내는데 성공하였다(이를 LPS라고도 부르며, 그람 음성 세균의 표면 성분임).[12,13] 이들이 보여준 많은 생물학적 활성들 중에, 이것은 실험적으로 얻거나 primary culture로 얻어진 피하 종양(subcutaneous tumours) 둘 다에서 출혈성 세포괴사(haemorrhagic necrosis)를 유도하는 활성이 확인되었다.

der malignen Neubildungen auf der Tagesordnung steht, deren Ergebnisse vielleicht geeignet sind, auch über die Art und Weise der salutären Wirkung des Erysipels Licht zu verbreiten. In praktischer Beziehung haben jene Beobachtungen zu Versuchen mit der kunstlichen Erzeugung eines kurativen Erysipels Veranlassung gegeben, um inoperable bösartige Neubildungen zur Heilung zu bringen. Allein die Zulässichkeit.solcher Versuche ist noch eine offene Frage...

이 모든 것이 면역 매개자의 생성과 변형된 세포에 대한 세포 독성을 일으키지만 내독소와 같은 패혈성 쇼크(septic shock)를 유도하지는 않는다. 세포독성(cytotoxic) T 림프구에 의해 분비되는 TNF-α과 TNF-β, 그리고 lymphotoxin 같은 생성물들은 큰 관심을 끌었다.[14,15] 그러나 대신에 TNF는 또한 심각한 시스템 독성(systemic toxicity)를 일으키고 일반적인 전염증(proinflammatory) 특성들을 갖는 것으로 밝혀졌다. 관심의 중심이 종양 세포 괴사(tumour necrosis)에서 염증 기작 측면으로 옮겨왔다.

■ 내피세포에서 TNF-α와 adhesion molecule 발현 조절

TNF-α와 그 수용체 간의 결합은 동형삼량체(homotrimer)의 형태를 형성한다.[16] 내피세포에서 이것은 VCAM-1과 ICAM의 발현증가와 chemokine의 방출을 유도한다.[17] 그 결과, 호중성 백혈구들의 부착력이 더욱 증대된다.[18] TNF-α와 다른 염증 반응 자극에 의해 유도된영향은 immunoglobulin의 κ chain 유전자에 붙는 단백질 복합체인 nuclear factor κB(NF-κB)라고 알려진 핵전사 인자를 통해 매개된다[19](그림 15.3). 이 인자는 p50과 p65라는 두 개의 단백질로 구성되어 있고, 둘 다 전사 조절자인 NF-κB/Rel family의 구성원이다. 처음에, NF-κB는 림프구에 한정될 것으로 믿어왔지만, 지금은 NF-κB가 널리 분포되어 있다는 것이 확실해졌다. 그러나, 일반적으로 NF-κB는 높은 친화력의 억제 인자인 inhibitor κB (I-κB)에 의해 세포질 내에 국한되어 존재하게 된다.[20,21] NF-κB의 활성은 먼저 이것과 결합해 있는 억제자로부터 떨어져 나와야한다. 이는 I-κB의 serine기를 인산화시킴으로써 가능해지는데, 이는 I-κB가 ubiquitination되기 위한 표식이 되고 proteosome에 의해 분해된다. 그러면 NF-κB는 핵으로 이동하고, 그것은 adhesion molecule(앞서 언급된), chemokine(IL-8, MCP-3, MIP-1a), cytokine(IL-1β , IL-6, TNF-α, GM-CSF)과 효소들(iNOS, cyclo-oxygenase-2, cytosolic PLA_2)을 포함한 많은 유전자의 전사를 촉진한다.

TNF 수용체의 삼량체 형성은 매우 큰 신호전달 복합체(대략 700 KDa)의 형성을 유도하게 된다(그림 15.3). TNF receptor-associated death domain(TRADD), Fas-associated death domain(FADD), TNF receptor-associated factor(TRAF), receptor inhibitor protein(RIP), NF-

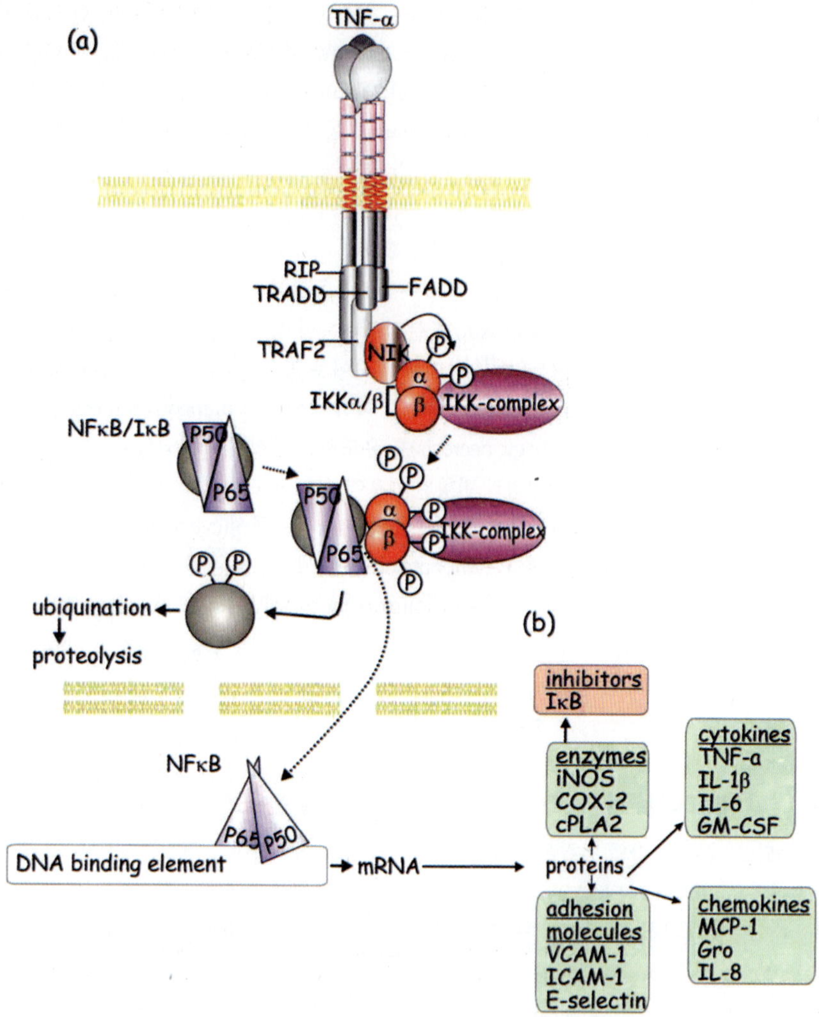

그림 15.3 NF-κB와 adhesion molecule의 발현. (a) TNF-α의 수용체 결합에 의해 삼량체가 형성되고 이어서 거대한 수용체 신호 복합체가 형성된다. 이어서, IKK-복합체와 결합하고 이 중 2개의 kinase인 IKKα와 IKKβ는 중요한 요소들이다. NIK는 이들 kinase들을 인산화에 의해 활성화시킴으로써 복합체로부터 분리되게 하고 그 결과 IκB(NF-κB의 억제자)의 인산화를 유도하게 한다. 인산화된 억제자는 단백질 분해에 의해 분해된다. 자유로워진 NF-κB는 핵으로 이동하고 그림에 나열된 여러 유전자들의 전사를 촉진한다. (b) NF-κB는 내피세포에서 TNF-α에 의해 매개되는 adhesion molecule, 효소, chemokine과 cytokine의 발현에서 중요한 역할을 한다. 이들 중에는, 억제자인 I-κB의 유전자도 존재하는데 그 결과 충분한 수의 단백질이 충족되면, 이것이 NF-κB에 결합하여 세포질에서 이들을 격리시킨다. 이러한 음성 피드백(negative feedback)은 염증반응의 종결에 있어 중요하다.

κB-inducing kinase(NIK) 등과 같은 섬뜩한 이름이 붙여진 각 구성 성분의 기능에 대해서는 여전히 확실하지 않다.[22] 이들 모두가 protein kinase MEKK family의 구성원인 serine/threonine protein kinase인 NIK의 활성을 가져온다. 신호전달 경로에서 NIK의 위치는 ERK1/2(그림 11.15 참조)의 활성화 과정에서의 Raf의 위치와 상응한다. 그리고 NIK는

MEK1에 상응하는 IKKα와 IKKβ(Inhibitor κB-α와 β)라는 두 개의 protein kinase를 인산화시킨다. 그 결과 이것들은 신호전달 복합체로부터 분리되고, NF-κB에 강력하게 결합되어있는 Iκ-B에 결합한다. 그리고 이들은 억제자 I-κB의 두 개의 잔기를 인산화시킴으로써 I-κBα가 ubiquitination 되기 쉽게 하여 분해되도록 하고 NF-κB p50/p65가 방출되게 한다. I-κB의 분리는 NF-κB에 표적화된 신호를 나타내고, 직접적으로 NF-κB가 핵으로 가서 VCAM-1, ICAM 등에 대한 유전자의 전사를 촉진시키도록 한다[23](그림 15.3).

NF-κB는 또한 I-κB의 발현을 증진시키는데, 그것에 의하여 TNF-α 신호를 약화시키는 음성 피드백(negative feedback)이 개시된다. 이것은 세포 표면에서 VCAM-1과 ICAM-1 발현이 기본 수준으로 되돌아가도록 한다. 그 결과 VCAM, ICAM의 발현은 일시적이며, 염증 반응의 종결을 가져온다. 이것 없이는, 백혈구의 유입이 계속 연장되어서, 만성적인 조직 손상을 야기하고, 궤양 형성이 일어날 수 있다.

TNF-α(또는 histamine, IL-1β, LPS, thrombin 등 표 15.1을 참조)는 일시적으로 VCAM-1과 ICAM-1 뿐만 아니라 혈관 내피세포에 있는 E-selectin, P-selectin의 상승-조절을 야기한다. 특정 분비 과립에 저장되어 있는 P-selectin은 급격히 원형질 막으로 이동된다. E-selectin, ICAM-1과 VCAM-1의 발현은 좀더 천천히 일어나고, 이것은 수일 동안 유지된다. 내피 세포의 표면에서 이러한 부착 물질들의 밀도 증가는 백혈구에 대한 그들의 avidity(밀도와 친화력의 곱으로 표시)를 증가시킨다.

Chemokine과 백혈구에서 integrin의 활성

Integrin은 백혈구를 붙들고(the arrest), 평평하게 하고(flattening), 내피세포층을 통해 이동시키는데 중요한 역할을 한다(혈관탈출, 그림 15.2 참조). 그러나, 순환하는 세포들에서 integrin은 내피세포에 의해 제공되는 chemokine에 의해 활성화되지 않으면, 무활동 상태로 남아있다(표 15.2).

Chemokine은 두 개의 필수적인 세포간 이황화 결합을 형성하는 4개의 보존된 cysteine을 가진 작은 단백질들이다(Cys1과 Cys3, Cys2와 Cys4; 그림 15.4를 참조). 그들은 N-말단부분에서 첫 번째 두 cysteine의 간격(공간적 배치)에 따라 CC, CXC, CXXXC chemokine으로 구분된다.

표 15.2 7TM 수용

Receptor family	Receptor subtype	Ligand
CXC	CXCR1	IL-8
	CXCR2	IL-8, GRO α, β, γ, NAP-2, ENA78,
	CXCR3	GCP-2
	CXCR4	ID10, Mig
		SDF-1
CC	CCR1	RANTES, MIP-1α, MCP-2, MCP-3
	CCR2a/b	MCP-1, MCP-2, MCP-3, MCP-4
	CCR3	Eotaxin, RANTES, MCP-3, MCP-4
	CCR4	RANTES, MIP-α1, MCP-1
	CCR5	RANTES, MIP-α1, MCPβ

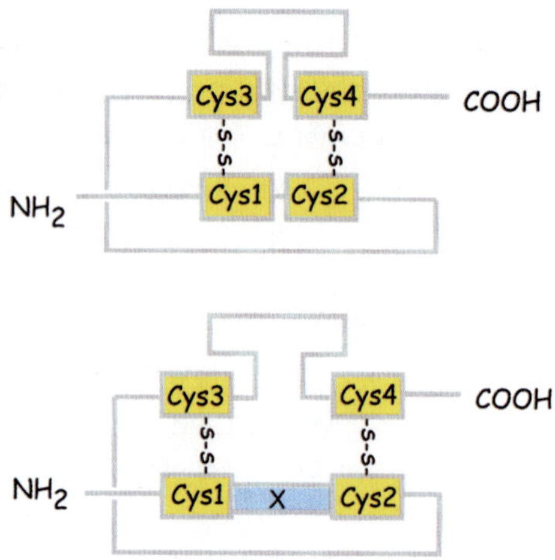

그림 15.4 CC와 CXC cytokine에서 분자 내 이황화 결합의 설명.

Chemokine은 human immunodeficiency virus(HIV)의 외피 당단백질이 chemokine과 결합함에 있어 chemokine과 경쟁하는 것을 보여주면서 관심이 집중되었다. CD4와 함께, chemokine 수용체는 T-림프구로 HIV-1이 들어가는 입구이다. CXCR-4와 같은 chemokine 수용체가 chemokine에 의해 점령되게 되면 HIV-1가 세포로 침투하는 것을 막는다.[24] 동형접합체 돌연변이(homozygous mutation) 때문에, 드물지만 몇몇 개체에서는 cytokine 수용체 CCR-5가 세포 표면에 발현되지 않는다. 바이러스는 세포 안으로 들어갈 수 없고, 이러한 운 좋은 사람들은 HIV에 의한 감염에 대한 면역반응이 나타난다.[25] 이 돌연변이는 어떠한 해로운 표현형도 나타내지 않는데, 이는 이러한 수용체들 사이에는 중복성이 존재한다는 것을 나타낸다. CCR-5가 없는 상태에서도 필수적인 기능들은 잘 보완이 되고 있는 것이다.

Chemokine 수용체는 백일해 독소 민감성 G-단백질(pertussis-toxin-sensitive G-proteins, G_i/G_o)와 상호작용한다. 확인된 13개의 수용체 대부분은 하나 이상의 chemokine을 인식한다(표 15.2). 그들은 그림 15.5에 설명되어 있는 수많은 신호전달을 유도한다.[26]

Integrin은 PKC가 관여하는 분리된 경로에 의해 활성화될 수 있다(그들은 phorbol ester에 의해 활성화될 수 있다[27]). 그러나, chemokine으로 유도된 integrin 활성은 PKC를 억제하여도 억제되지 않는다는 문제가 있다.[28] 반면에, 이러한 활성화는 protein tyrosine kinase와 PI 3-kinase 억제자에 대해 민감하다.[29] 이것은 G-protein G_i의 활성에서 유래한 βγ-소단위가 그 수용체와 Ras-ERK kinase 경로 사이를 연결하고 있을 수 있는 가능성을 시사한다(그림 9.5 참조).

백혈구에서, βγ-소단위체는 원형질 막으로 PH domain을 가지는 단백질들을 보충하는 $PI(3,4,5)P_3$의 국소적인 생산을 야기하는 PI 3-kinase의 p110γ-촉매작용 subunit와 상호작용한다. 이것들은 PKB와 Ras, Rac, RhoA의 활성을 일으키는 구아닌 염기 교환 인자들(guanine nucleotide exchange factor)을 포함한다. Rac의 활성은 filopodia[28]의 형성과 호흡 급증의 활성을 통한 세포 이동의 유도에 필수적이다. RhoA는 integrin의 활성에 필수적이다[28](그림

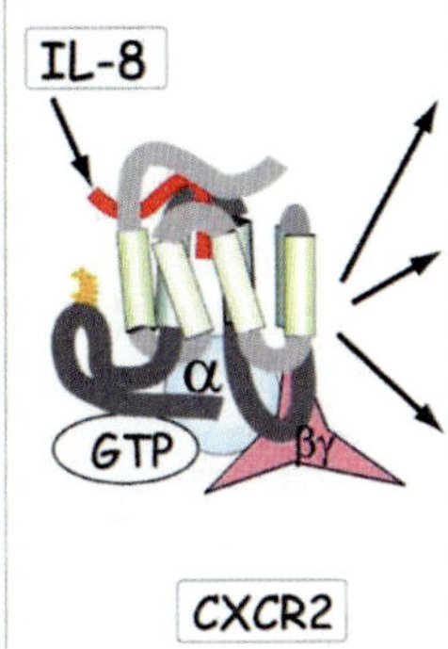

enzyme	products	biological effect	
phospholipase Cβ	IP_3 diacylglycerol	elevation of intracellular free Ca^{2+} - exocytosis activation of protein kinase C	
phospholipase D	phosphatidic acid choline	activation of the respiratory burst (NADPH oxidase)	
phospholipase A2	lysophospholipid free fatty acid (arachidonate)	leukotrienes ↑ lipoxygenase ↑ arachidonic acid ↓ cyclo-oxygenase ↓ prostaglandins	LTB4 - chemotactic agent PGE2 - relax vasc smooth muscle (redness) - permeability endothelium (swelling) - pain

그림 15.5 백혈구의 chemokine 수용체로부터 나오는 신호전달 경로. Chemokine IL-8이 CXCR2 수용체에 결합하면 phospholipase Cβ, A_2, 그리고 D를 통한 신호전달 경로가 유도된다.

15.6). 이것들은 높은 친화력으로 내피세포의 ICAM-1 또는 VCAM-1에 결합하여 퍼지고 그 다음에 이동을 야기한다.[30] 이 방법에서, 일시 정지된 백혈구는 부착 세포의 특정 성질을 얻는다. 조직으로 일단 들어가면, 활성화된 integrin은 식균작용, 세포외 분비(exocytosis) 현상과 활성 산소 대사산물의 생성 등 미생물을 죽이고 제거하는데 필요한 호중구 반응을 증가시키는데 좀 더 중요한 역할을 한다.

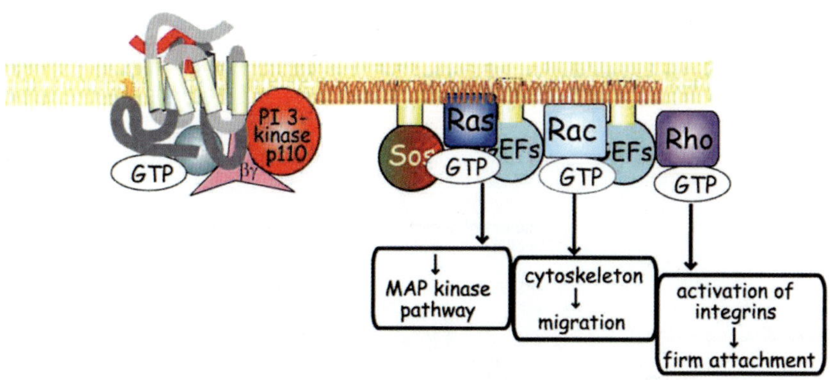

그림 15.6 Chemokine 수용체에 의한 PI 3-Kγ의 활성화는 integrin 활성화에 있어 중요하다.
Chemokine 수용체는 이형삼량체(heterotrimeric) GTP 결합 단백질과 연결되어있다. 여기서 βγ-소단위체는 촉진자로서 중요하다. 이들은 PI 3-kinase의 활성 소단위체인 p110γ의 PH 도메인에 직접적으로 결합하고 이로써 $PI(3,4,5)P_3$가 형성되고(갈색으로 표시) Ras(Sos), Rac2(Tiam) 그리고 RhoA(Dbl)에 대한 GEF의 활성을 유도한다. 백혈구에서, RhoA는 integrin 활성화에 중요하고 이로써 단단한표피 부착과 혈관탈출을 유도한다.

Chemokine 외에도 합성 tripeptide agonist인 formyl-Met-Leu-Phe(fMLP)와 혈청 보체 구성성분 C5a 등이 광범위하게 실험에 사용되어 왔다. 이들은 칼슘 이동, integrin, 이동의 활성화, 활성 산소 대사체(reactive oxygen metabolites), lysosomal enzyme 분비와 같은 다양한 생물학적인 반응을 위해 백혈구 상의 특징적인 7TM G-단백질 연결 수용체도 상호 작용한다.

내피세포에 백혈구가 부착하는 3단계 과정

내피세포에 백혈구가 부착하는 3단계 과정이라 일컬어지는 현상에 대해 좀 더 일반적인 일련의 과정을 설명한다.

백혈구는 그 형태에 따라 서로 다른 종류의 integrin들과 내피세포로의 부착에 관여한다. 예를 들어, 단핵백혈구(monocyte)의 경우에는 αMβ2가 주로 관여하고, 호중성백혈구(neutrophil)는 αLβ2가 그 역할을 담당한다. 림프구(lymphocyte)는 주로 α4β1에 의지하고 있다.

백혈구는 표면 리간드(L-selectin, sialyl Lewis-X 또는 PSGL-1; 위를 보라)를 가지고있어서, 때때로 내피세포 표면 수용체들(CD34, E 또는 P selectin)를 통해 혈관 내피세포와 접촉한다. 이러한 낮은 친화력의 상호작용은 그들이 붙어서, 내피세포 위를 굴러갈 수 있게 한 뒤 분리되는 방법으로 이루어진다(그림 15.7a). 그러나, chemokine의 존재는 백혈구 integrin이 활성화되게 하고, 그 결과 이들이 염증 매개자의 존재 때문에 발현이 증가된 ICAM-1 또는 VCAM-1에 결합하도록 한다. 백혈구는 이 시점에서 정지된다. 그들은 납작해지고, 대체로 내피세포의 빽빽한 층 사이로 이동할 수 있는 능력을 가진다.[30] 결합된 모든 세포가 이동하는 것은 아니다. 몇몇은 단지 내피세포 표면에 자리잡았다가 분리된다. 이동하는 세포들은 기저막을 통과하고, 바로 조직으로 이동하게 된다.

β2 integrin을 암호화하는 유전자의 돌연변이는 자주 계속되는 감염(백혈구 부착결핍)에 대한 유전적인 경향과 연관이 있다. 이것은 염증이 일어난 곳까지 충분한 양의 백혈구가 도달하는데 실패했기 때문이다.[31-34]

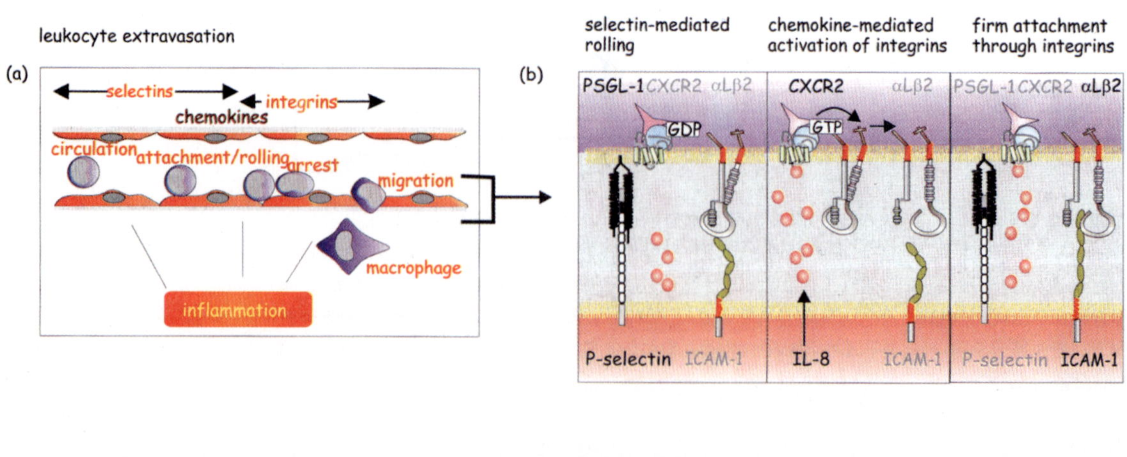

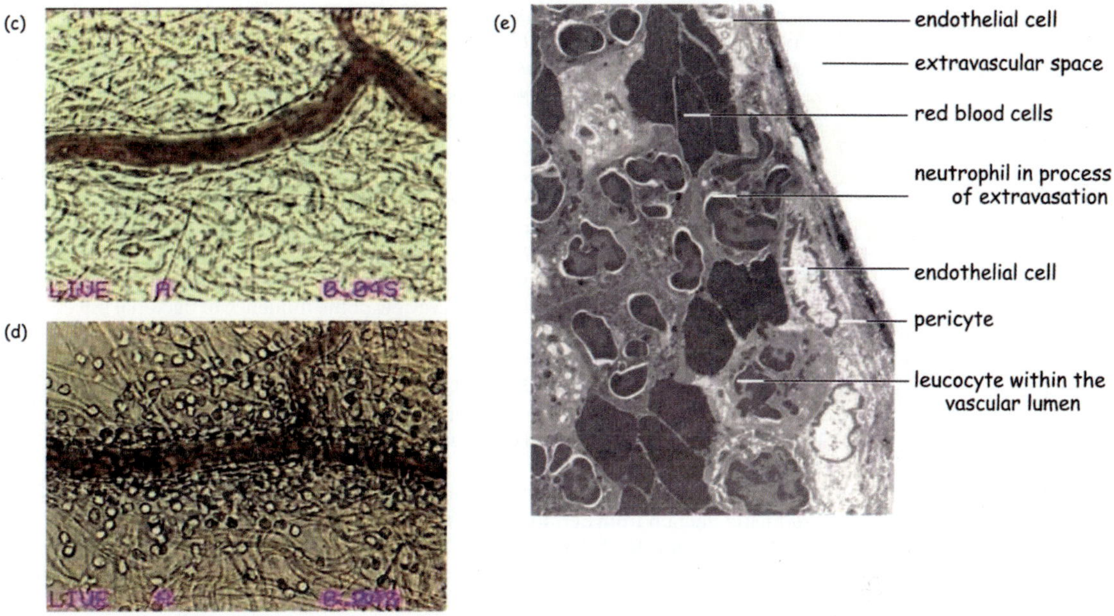

그림 15.7 백혈구의 내피세포를 통한 이동의 3단계 모델. (a) 정맥의 혈관벽을 통한 백혈구의 내피세포 이동의 3단계 모델을 표현한 것이다. 이것은 (1) 혈관 내피세포 위에서 백혈구의 selectin에 의해 매개되는 회전에 뒤이어 (2) Chemokine에 의해 매개되는 백혈구의 integrin 활성화가 일어나고 (3) 그 결과 백혈구는 정지한 후 혈관 내피세포층을 통해 이동하게 한다. 이때 알아둬야 할 것은 많은 비율의 백혈구가 보통 내피세포의 표면에 붙어서 회전한다는 것이다. 이것이 정지하고 다음에 이동하는 것은 국소적인 염증 반응에 의해 chemokine들이 방출되고 VCAM과 ICAM 등의 selectin 구성원들의 발현 증가에 의해 촉진된다. (b) 동일한 3단계의 분자표시는 백혈구는 보라색(위), 표피세포는 붉은색(아래)로 나타내었다. *왼쪽:* 두 세포의 초기 접촉은 P-selectin과 PSGL-1(P-selectin-glycosylated ligand-1)의 상호작용으로 통해 일어난다. 이 상호작용은 세포가 회전하게 하기 위해 빠르게 종료되어야 한다. *중간:* 표피세포에의 근접은 CXCR2 수용체가 IL-8을 인식할 수 있도록 만든다. 이것은 GTP결합 단백질의 활성을 이끌고, 이는 integrin $\alpha L\beta 2$를 활성화시킨다. *오른쪽:* 활성화된 integrin은 ICAM-1에 결합하고 백혈구가 표피세포에 단단하게 부착하게 한다. 이 상호작용은 내피세포층을 통과하는 백혈구가 평평해지고 이동하는데 있어서의 필요조건이다. (c) Video-micrograph는 쥐의 장간막 소정맥(mesenteric venule, ~40 μm의 길이)을 보여준다. 소정맥 내의 흐린 것은 혈액의 흐림 때문이다. (d) Video-micrograph는 chemokine LTB4의 upstream 투여 후에 백혈구가 장간막 조직에 축적됨을 보여준다. (e) Thin section micrograph는 3개의 엽으로 된 핵(three-lobed nucleus)을 가진 백혈구가 표피세포 층을 통해 쥐 장간막 조직으로 이동하는 것을 보여주고 있다.

References

1 Addison, W. Experimental and practical researches on the structure and function of blood corpuscles; on inflammation; and on the origin and nature of tubercles in the lungs. *Trans. Prov. Med. Surg. Assoc.* 1843; 11: 233–305.
2 Waller, A. Microscopic examination of some of the principal tissues of the animal frame, as observed in the tongue of the living frog, toad etc. *Phil. Mag.* 1846; 29: 271–87.
3 Waller, A. Microscopic observations on the perforation of the capillaries by the corpuscles of the blood, and on the origin of mucus and pus-globules. *Phil. Mag.* 1846; 29: 397–405.

4 Cohnheim, J. *Lectures on General Pathology*. The New Sydenham Society, London, 1882.
5 Marchesi, V.T., Florey, H.W. Electron micrographic observations on the emigration of leucocytes. *Quart. J. Exp. Physiol.* 1960; 45: 343–8.
6 Zigmond, S.H. Ability of polymorphonuclear leukocytes to orient in gradients of chemotactic factors. *J. Cell Biol.* 1977; 75: 606–16.
7 Legrand, A. De l'analogie et des différences entre les tubercules et les scrofules: Influence des maladies eruptives sur le developpement et la marche des scrofules et des tubercules. *Rev Médicale française et étrangère* 1848; 2: 392–448.
8 Bruns, P. Die Heilwirkung des Erysipels auf Geschwülste (The healing effect of erysipelas on tumours). *Beitr. Klin. Chir.* 1868; 3: 443–66.
9 Coley, W.B. Contribution to the knowledge of sarcoma. *Ann. Surg.* 1891; 14: 199–220.
10 Nauts, H.C., Fowler, G.A., Bogatko, F.H. A review of the influence of bacterial infection and of bacterial products (Coley's toxins) on malignant tumors in man. *Acta Med. Scand. Suppl.* 1953; 275: 5–103.
11 Pearl, R. Cancer and tuberculosis. *Am. J. Hyg.* 1929; 9: 97–159.
12 Shear, M.J., Andervont, H.B. Chemical treatment of tumors. III. Separation of hemorrhage-producing fraction of *B. coli* filtrate. *Proc. Soc. Exp. Biol. Med.* 1936; 34: 323–5.
13 Shear, M.J., Turner, F.S. Chemical treatment of tumors: Isolation of the hemorrhage-producing fraction from Serratia marcescens (Bacillus prodigiosus) culture filtrate. *J. Natl Cancer Inst.* 1943; 4: 81–97.
14 Kolb, W.P., Granger, G.A. Lymphocyte in vitro cytotoxicity: characterization of human lymphotoxin. *Proc. Natl. Acad. Sci. USA* 1968; 61: 1250–5.
15 Ruddle, N.H., Waksman, B.H. Cytotoxicity mediated by soluble antigen and lymphocytes in delayed hypersensitivity. 3. Analysis of mechanism. *J. Exp. Med.* 1968; 128: 1267–79.
16 Vandevoorde, V., Haegeman, G., Fiers, W. Induced expression of trimerized intracellular domains of the human tumor necrosis factor (TNF) p55 receptor elicits TNF effects. *J. Cell Biol.* 1997; 137: 1627–38.
17 Osborn, L., Hession, C., Tizard, R. *et al.* Direct expression cloning of vascular cell adhesion molecule 1, a cytokine-induced endothelial protein that binds to lymphocytes. *Cell* 1989; 59: 1203–11.
18 Pohlman, T.H., Stanness, K.A., Beatty, P.G., Ochs, H.D., Harlan, J.M. An endothelial cell surface factor(s) induced in vitro by lipopolysaccharide, interleukin 1, and tumor necrosis factor-α increases neutrophil adherence by a CDw18-dependent mechanism. *J. Immunol.* 1986; 136: 4548–53.
19 Sen, R., Baltimore, D. Multiple nuclear factors interact with the immunoglobulin enhancer sequences. *Cell* 1986; 46: 705–16.
20 Baeuerle, P.A., Baltimore, D. IκB: A specific inhibitor of the NF-κB transcription factor. *Science* 1988; 242: 540–6.
21 Verma, I.M., Stevenson, J.K., Schwarz, E.M. Rel/NF-κB/IκB family: Intimate tales of association and dissociation. *Genes Dev.* 1995; 9: 2723–35.
22 Stancovski, I., Baltimore, D. NF-κB activation: The IκB kinase revealed? *Cell* 1997; 91: 299–302.
23 Cross, D.A., Alessi, D.R., Cohen, P., Andjelkovich, M., Hemmings, B.A. Inhibition of glycogen synthase kinase-3 by insulin mediated by protein kinase B. *Nature* 1995; 378: 785–9.
24 Oberlin, E., Amara, A., Bachelerie, F. *et al.* The CXC chemokine SDF-1 is the ligand for LESTR/fusin and prevents infection by T-cell-line-adapted HIV-1. *Nature* 1996; 1(382): 833–5.
25 Liu, R., Paxton, W.A., Choe, S. *et al.* Homozygous defect in HIV-1 coreceptor accounts for resistance of some multiply-exposed individuals to HIV-1 infection. *Cell* 1996; 86: 367–77.
26 Baggiolini, M. Chemokines and leukocyte traffic. *Nature* 1998; 392: 565–8.
27 Wright, S.D., Silverstein, S.C. Tumor-promoting phorbol esters stimulate C3b and C3b′ receptor-mediated phagocytosis in cultured human monocytes. *J. Exp. Med.* 1982; 156: 1149–64.

28 Laudanna, C., Campbell, J.J., Butcher, E.C. Role of Rho in chemoattractant-activated leukocyte adhesion through integrins. *Science* 1996; 271: 981–3.
29 Bokoch, G.M. Chemoattractant signaling and leukocyte activation. *Blood* 1995; 86: 1649–60.
30 Springer, T.A. Traffic signals for lymphocyte recirculation and leukocyte emigration: the multistep paradigm. *Cell* 1994; 76: 301–14.
31 Arnaout, M.A., Dana, N., Gupta, S.K., Tenen, D.G., Fathallah, D.M. Point mutations impairing cell surface expression of the common β subunit (CD18) in a patient with leukocyte adhesion molecule (Leu-CAM) deficiency. *J. Clin. Invest.* 1990; 85: 977–81.
32 Kishimoto, T.K., Hollander, N., Roberts, T.M., Anderson, D.C., Springer, T.A. Heterogeneous mutations in the β subunit common to the LFA-1, Mac-1, and p150,95 glycoproteins cause leukocyte adhesion deficiency. *Cell* 1987; 50: 193–202.
33 Arnaout, M.A., Pitt, J., Cohen, H.J. *et al.* Deficiency of a granulocyte-membrane glycoprotein (gp150) in a boy with recurrent bacterial infections. *N. Engl. J. Med.* 1982; 306: 693–9.
34 Anderson, D.C., Springer, T.A. Leukocyte adhesion deficiency: an inherited defect in the Mac-1, LFA-1, and p150,95 glycoproteins. *Annu. Rev. Med.* 1987; 38: 175–94.

16

수용체와 결합된 단백질 세린/트레오닌 키나아제를 통한 신호전달 과정

TGFβ계 성장인자들

TGFβ1(231쪽, 10장 참조)은 mesenchymal cell에 대한 형질전환인자(transforming factor)로 최초 확인된 후, 상피세포의 증식 억제자로도 알려져 있으며, 구조적으로 관련된 단백질 부류에 속하지만, 이들 대부분은 세포의 형질전환과는 거의 관계가 없다. 초파리(*Drosophila*)와 아프리카 발톱개구리(*Xenopus*) 유전자(각각 *Dpp* 및 *Vg1*)의 기능상실적 돌연변이는 발생에 있어서 결함을 야기한다. 염기서열의 비교분석을 통하여, 포유류에서 확인된 TGFβ family는 bone morphogenetic protein(BMP, 뼈 형성 단백질), activin과 TGFβ(표 16.1) 등을 포함하는 다양한 subfamily로 나눠질 수 있다. TGFβ계 성장인자의 종류와 발생 과정에서의 역할에 대한 지식은 점차 축적되어가고 있다.[1]

TGFβ에 대한 두 종류의 신호 수용체들; type I 과 type II

TGFβ1은 처음에는 이것의 수용체가 tyrosine의 인산화와 직/간접적으로 관련되었을 것으로 추정하였으나, 지금은 형질전환 성장인자(transforming growth factor)들에 대한 연구 분야에서 주목을 받고 있다.

TGFβ1이 상피세포의 증식을 억제한다는 것이 나중에 발견되자, TGFβ1이 성장인자의 신호전달 과정을 막을 수 있다는 가능성에 관심의 초점이 옮겨졌다. 그러나 이러한 생각들은 좋은 결실을 맺지는 못했다. TGFβ1은 tyrosine 인산화에도 영향을 미치지 않으며, EGF 또는 PDGF 수용체의 신호전달 과정에서 초기 현상에(적어도 분 단위로 측정했을 때) 영향을 미치지도 않는다. 1990년이 되어서야, activin에 대한 수용체가 클로닝 되었고 이들이 잠정적인 막관통 serine/threonine protein kinase domain을 가지고 있다는 것을 발견하였다.[2] 그 후 2개의 유사한 domain들이 TGFβ1 receptor들에서 확인되었다.[3-5]

TGFα는 이름은 비슷하지만, EGF 수용체에 결합하여 tyrosine kinase 경로를 활성화시키는 전혀 다른 성장인자(growth factor)임을 주의하시오.

그들의 구조적, 기능적 특성을 토대로, TGFβ계에 대한 리간드의 수용체들은 두 개의

표 16.1 TGFβ family의 역할. 열거된 인자들은 사람이나 쥐에서 확인된 것들이다. 다른 종에서의 유사한 요소들도 표시하였다(*D*, *Drosophila melanogaster; C*, *Caenorhabditis elegans; X*, *Xenopus laevis*).

BMP2 subfamily			
BMP2 (Dpp Daf-7 (*C*)) BMP4	*D,C*	Gastrulation, neurogenesis, chondrogenesis, interdigital apoptosis	*X*: mesoderm patterning *D*: dorsalization, eye/wing development *C*: dauer larva formation
BMP5 subfamily			
BMP5 (60 A) BMP6/Vgr1 BMP7OP1 BMP8/OP2	*D*	Participates with BMP2 and 4 in the development of nearly all organs	
GDF5 subfamily			
GDF5/CDMP1 GDF6/CDMP2 GDF7		Chondrogenesis in developing limbs	
vg1 subfamily			
GDF1 (Vg1) GDF3/VG32	*X*		*X*: Vg**1**: axial mesoderm formation (also in fish)
bmp3 subfamily			
BMP3/osteogenin GDF10		Osteogenic differentiation, endochondral bone formation, monocyte chemotaxis	
Activin subfamily			
Activin βA Activin βB Activin βC Activin βE		FSH production, erythroid cell differentiation	*X*: mesoderm induction
TGFβ subfamily			
TGFβ1 TGFβ2 TGFβ3		Cell cycle control in haematopoietic and epithelial cells, control of mesenchymal cell proliferation and differentiation, production of extracellular matrix, immunosuppression	
Distant members			
Inhibin α		Inhibition of FSH production, mesoderm induction	
MIS/AMH		Mullerian duct regression	

subfamily인 type I과 type II(TβR-I과 TβR-II, 그림 16.1; 표 16.2)로 나뉜다.[6] 그들은 매우 유사하다. 두 수용체들은 당단백질로서 각각 55 kDa과 70 kDa의 분자량을 가지고 있다. 두 종류 모두 단일 막 관통 부위와 C-말단 부분에 내재적인 Ser/Thr protein kinase domain을 가지고 있다. 특이한 점은 Type I 수용체는 아미노산 TTSGSGSGLP를 포함하는 앞서 언급한 protein kinase domain을 중심으로 30개의 고도로 보존된 아미노산을 가지고 있다는 것이다. 이것을

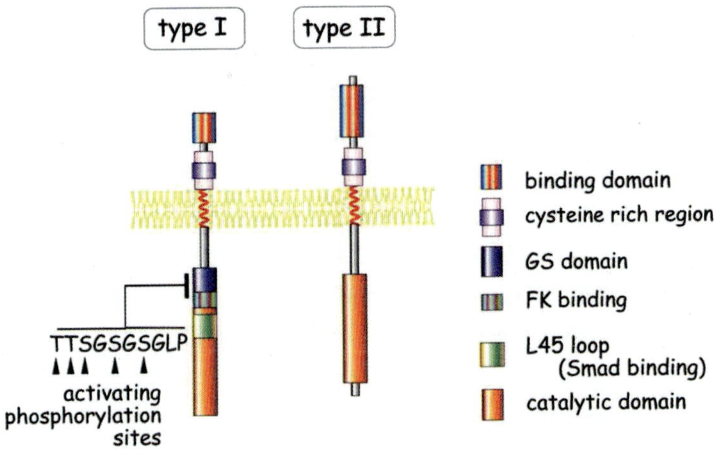

그림 16.1 TGFβ 수용체의 domain 구조. 수용체 type I과 II는 각각 하나씩의 serine/threonine protein kinase domain, cystein-rich region 그리고 TGFβ 결합 domain을 가지고 있다. Type I 수용체는 GS domain과 지속적으로 활성을 띠는 type II에 의해 활성화되는 많은 인산화 부위를 추가적으로 포함하고 있다.

ALK는 activin receptor-like kinase를 의미하는 인간의 유전자로서 activin receptor type II 그리고 Daf-1과 염기서열의 유사성을 가지고 있다.

표 16.2 TGFβ계 성장인자들에 대한 type I 과 II 수용체. 서로 다른 TGFβI계 성장인자들은 서로 다른 type I 과 II 수용체와 결합하고 다양한 이형사량체(hetero-tetrameric)적인 복합체를 형성한다. 이 표는 아직 미완성 단계이며, 수많은 수용체들이 아직 확인되지 않은 상태이다. 따로 언급(*D*, *D. melanogaster*; *C*, *C. elegans*)하지 않은 경우는 모두 포유류 유래이다.

Ligand	Type I receptor	Type I receptor
BMP2	BMPR-IA (ALK-3)	BMPR-II
BMP7/8	BMPR-IB (ALK-3)	ActR-II
Dpp (D)	Tkv (D)	Punt (D)
	Sax (D)	
Daf-7 (C)	Daf-1 (C)	Daf-4 (C)
GDF5	ActR-I	ActR-IIB
Activin	ActR-I (ALK-2)	ActR-IIB
	ActR-IB (ALK-4)	ActR-II
TGFβI	TβR-I (ALK-5)	TβR-II

GS domain이라 하며, TGFβ가 결합하게 되면 인산화 되는 곳이다. 이 domain은 TβR-I의 활성에 중요한 역할을 담당한다. Type I 수용체는 또한 수용체 신호전달 기능의 억제 조절자로 작용할 수 있는 분자량 12 kDa의 immunophilin FK506-binding protein (FKBP12)에 대한 결합부위를 가지고 있다. 중요한 것은, TβR-II의 protein kinase는 항상 활성화 상태로 존재한다는 것이다.

포유류 수용체들은 초파리(*Drosophilia*)의 punt (*put*), tick veins (*tkv*), saxophone (*sax*) 유전자들과 꼬마선충(*C. elegans*)의 dauer phenotypes-1, 4 (*daf-1*과 *daf-4*) 유전자들과 상동성을 가지고 있다. TGFβ1-수용체로부터의 하부 신호전달 경로는 이러한 생물체에서의 상응하는 유전자의 상동성을 조사함으로써 밝혀졌다. 이로써, 포유류의 TGFβ 수용체는 Smad 단백질(아

래 참조)이라는 특정 전사인자를 통하여 세포 내로 신호를 전달한다는 것이 명백해졌다.[7]

여기서 TGFβ계 수용체가 표적 세포를 대상으로 효과를 이끌어 내는 몇 가지 메커니즘의 윤곽을 그릴 수 있다. TβR-I 및 TβR-II 수용체들을 통한 TGFβ1의 활성화 경로와 특히 세포-표면 수용체로부터 핵으로의 신호를 중개하는 Smad 단백질의 중추적인 역할에 초점을 두고자 한다. 이러한 경로는 이미 설명된 EGF와 PDGF 그리고 인터페론 등의 수용체와 같이 tyrosine kinase 활성을 지니고 있는 수용체를 통한 STATS(11장 참조)의 활성화 경로와 다소 유사하다고 할 수 있다. 주요한 요지는 수용체 복합체가 전사인자를 인산화시킨다는 것이다. 이것은 올리고머 복합체(oligomeric complex)를 형성, 핵으로 이동하여 특정 유전자의 프로모터 부위에 있는 DNA-response element와 상호작용을 하게 된다.

보조 수용체; betaglycan과 endoglin

세포 표면의 TGFβ-binding protein에 대한 연구를 통하여 3번째 수용체인 type III가 밝혀졌다. 이들은 type I, II와는 다르다. 그들의 세포 내 domain에는 신호전달에 관여할 어떠한 특정 서열의 motif도 존재하지 않는다. Type III와 결합하는 단백질 중 하나인 betaglycan은 heparin과 chondroitin sulphate chain을 가지는 막 관통 proteoglycan이다.[8] 이것은 TGFβ superfamily에 속하는 단백질 중의 하나인 inhibin에 결합하기 위해 ActRII와 함께 co-receptor로 작용한다. Inhibin과 activin은 돼지의 뇌하수체로부터 FSH의 분비를 억제하고 활성화한다.[9] 이러한 기능적 길항작용은 그들 두 가지 모두가 ActRII와 결합하는 것을 밝힘으로써 설명될 수 있다. Activin의 경우, type I 수용체인 ActR-IB와 결합하여 신호의 전달을 개시한다. 반면, inhibin은 betaglycan을 모집하여 이용 가능한 type II 수용체를 줄여서 activin 신호의 전달을 줄인다. 이렇게 되면 점진적 신호의 진행이 중단되게 되어진다(그림 16.2).[10] 또 다른 보조 수용체인 endoglin은[11] 막 관통 단백질로서 type II 수용체와 TGFβ의 결합에 주요한 역할을 담당한다.[12]

TGFβ에 의한 수용체 활성화

TGFβ1은 이황화물이 연결된 동형이량체(homodimer)이다(그림 16.3). 이것은 type I과 II 수용체들과 결합하여 이형사량체(hetetetrameric)의 수용체 복합체를 형성한다. Ligand-비의존성 동형다량체(homo-oligomer)로 존재하는 경우도 있지만, 이때는 신호전달 능력을 가지진 않는다. TGFβ1은 TβR-I이 없어도 TβR-II와 결합할 수 있지만, 그 역의 경우는 일어나지 않는다. 그러나 TGFβ1은 TβR-I이 없으면 세포 내로 신호전달을 할 수 없다. 대개의 경우 반응 순서는 TGFβ이 먼저 TβR-II에 결합, 구조를 바꾸어 TβR-I이 쉽게 인식하여 결합하도록 한다(순차적결합; sequential binding). 리간드가 두 개의 수용체에 가깝게 접근하면, 항상 활성화된 상태로 존재하는 type II 수용체가 TβR-I의 GS domain에 존재하는 3개의 serine과 2개의 threonine 잔기를 인산화시킨다(그림 16.4). 이와 함께, TβR-I의 휴지상태에 있는 serine-threonine protein kinase가 활성화되고, 우리가 말하는 활성화 상태의 수용체 복합체가 형성된다. Protein tyrosine kinase를 가지고 있는 수용체들처럼 두 가지 과정, 올리고머의 형성(oligomerization)과 인산화 과정(phosphorylation)이 수용체를 활성화시키고 있는 것이다.

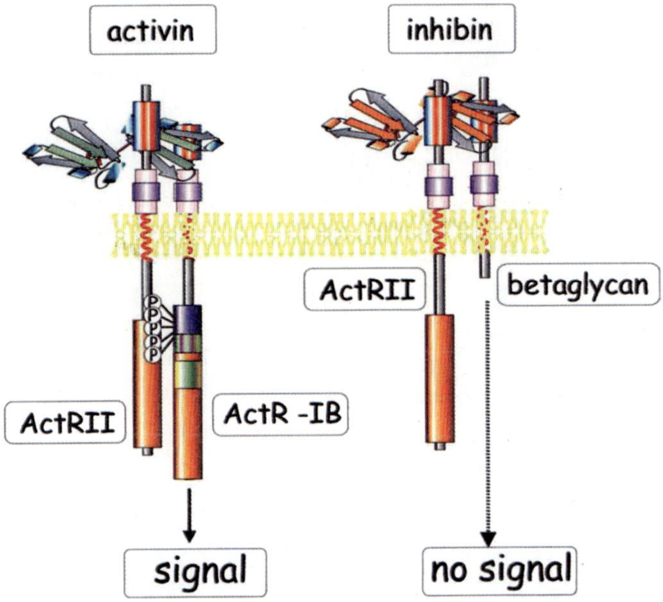

그림 16.2 보조 수용체 type III는 inhibin과 결합한다. Activin과 inhibin은 처음에는 ActRII에 결합하지만, 후에 다른 co-receptor를 끌어들인다. Activin은 type I 수용체에 결합하여 신호를 전달한다. Inhibin은 신호를 전달할 수 없는 betaglycan을 끌어들여 activin과의 반대 반응을 유도한다.

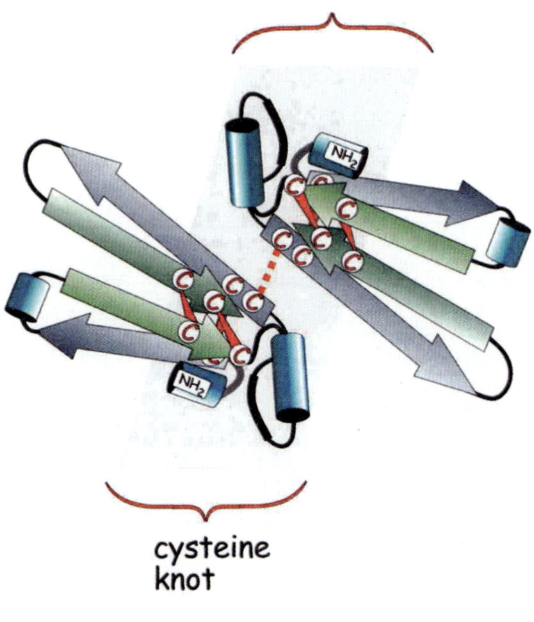

그림 16.3 TGFβ1의 이황화 연결 이량체(disulphide-linked dimer) 구조. 시스테인 매듭(cysteine knot)은 PDGF와 NGF 내에도 존재한다. 출처: McDonald와 Hendrickson.[13]

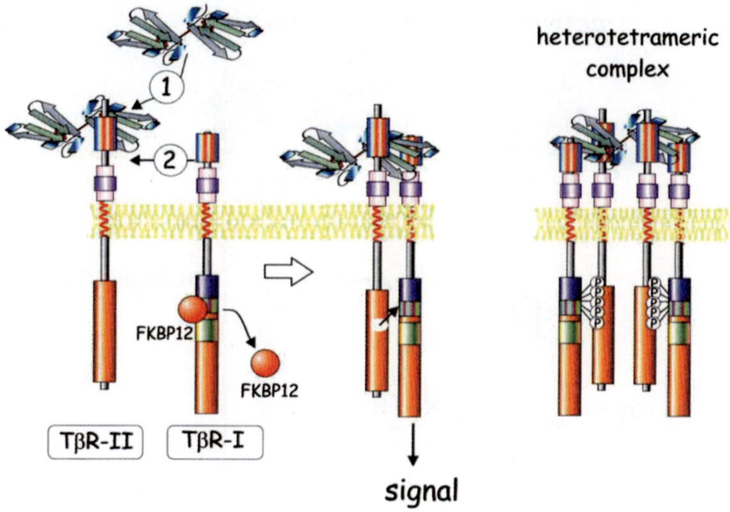

그림 16.4 TGFβ 수용체의 활성화. TGFβ1은 type II 수용체에 결합, 수용체의 입체구조 변화를 유도하여 type I 수용체에 의해 인식될 수 있게 한다. 두 수용체들의 연합은 억제적 역할을 담당하는 FKBP12 단백질의 분리를 유도하여 type II 수용체에 의해 type I 수용체가 인산화 되도록 한다. 활성화된 type I 수용체는 세포 내로 신호를 전달한다. TGFβ1 자체는 이량체이기 때문에, 2개의 수용체로 된 복합체와 함께 이형사량체의 복합체를 형성한다.

하류부 부분의 신호전달; 초파리(*Drosophila*), 꼬마선충(*Caenorhabditis*)과 Smad

초파리와 꼬마선충과 같이 쉽게 이용할 수 있는 생명체에 대한 유전학적 스크리닝은 포유류 세포 내에서의 TGFβ 신호전달 메커니즘의 중요한 지침을 제공하였다. 초파리 유전자인 decapenataplegic(*dpp*)에 돌연변이를 일으키면, 성충의 15개 주요한 둥근 조직(disk)중 하나 혹은 그 이상의 구조에 있어 모양의 결핍이나 중복을 야기한다.[14]

Decapentaplegic(dpp) 15개 부위에서 결합된다.
Imaginal(성충의) 라틴어 *imago*(성충)에서 기원, 곤충에 있어서 변태후 최종이자 완전한 단계 혹은 형태를 의미.

나중에 Dpp는 포유류 세포의 BMP-2, -4와 동등하다는 것이 밝혀졌다. 초기 발생에서, Dpp는 등쪽/배쪽 극성을 나누는 역할을 한다. 이후, 분절이 나타날 때, Dpp는 분절 구획 사이의 경계를 한정하는 기능을 한다. 이 과정의 일부로, Dpp는 날개, 다리, 안테나를 포함하여 미래의 수족의 위치를 결정한다. 그것은 또한 중배엽(web page http://sdb.bio-purdue.edu/fly/aimain.laahome.htm 참조)의 형성에도 관여한다. Dpp 유전자의 생산물은 포유류의 TGFβ 수용체들: thickveins, saxophone(TβRI), punt(TβR-II)와 상동체인 3개의 수용체를 통해 작용한다. Dpp의 작용 메커니즘을 분석하면서, '약한(weak)' 표현형을 유도하는 Dpp 돌연변이가 더 심각한 돌연변이를 생성할 수 있다는 것을 확인하기 위하여 유전자 스크리닝을 수행하였다. 이러한 방법은 같은 경로에서 작용하는 단백질들에 대한 2개의 유전자를 확인하기 위해 고안되었다. 이렇게 획득한 돌연변이체 유전자는 *mad*(mothers against Dpp)라고 명명되었고, 이 초파리들은 Dpp 돌연변이체들과 비슷한 결손의 양상을 나타내었다.[15] 그러나,

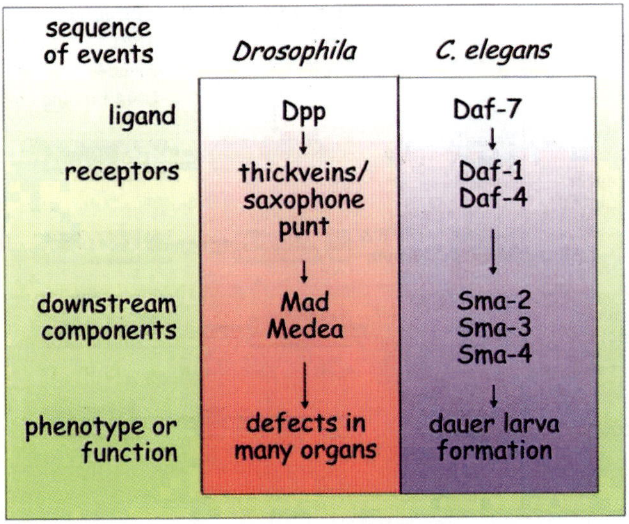

그림 16.5 2개 문(phyla)에서의 serine/threonine kinase 수용체의 하류 신호전달과정. 이 과정에 관여하는 유전자들 간의 상동성은 포유류에 존재하는 TGFβ 수용체의 하류 신호 전달순서를 설명해 준다.

야생형 *dpp*는 *mad* 유전자 돌연변이에 의해 유도되는 결핍들을 회복할 수 없었고, 이로서 *mad*가 *dpp*의 하부에 존재함을 알 수 있었다(그림 16.5).[16]

선충류인 꼬마선충은 과밀도(overcrowding)와 영양부족 상태에서 dauer(resilient, durable) larva처럼 자신의 성장을 멈추는 것으로 반응한다. Dauer larva 표현형이 가지는 돌연변이체에 대한 유전적 검색을 통하여 daf-1, -2, -3, -4 등(dauer larva formation에 대해) 수많은 유전자들이 밝혀졌고, 이중 *daf-1*과 *daf-4*는 serine/threonine receptor protein kinase를 암호화한다.[17,18] *Daf-4* 돌연변이체는 dauer-constitutive하고, 그 유충은 야생형 보다 더 작다. 비슷한 표현형의 돌연변이체에 대한 검색으로 3개의 유전자 *sma-2. sma-3, sma-4*(small)가 더 밝혀졌다.[19] Sma 유전자의 생산물은 Daf-4의 하부에서 작용한다. DNA 염기서열 분석을 통하여 Mad(파리)와 Sma(벌레) 단백질들이 상동성을 가지고 있다는 것을 알아냈고, 이러한 서열을 가지고 있는 Smad 단백질(Sma와 Mad를 합친 말)들을 암호화하는 9개의 인간 상동체가 밝혀졌다.[7,20]

■ Smad는 신호전달체계에서 다양한 역할을 한다

Smad 단백질들은 두개의 상동부위를 가지는데, N-과 C-말단에 각각 존재하는 MH1과 MH2 (Mad homolgy)이다. 이 family에 속하는 9개의 구성원은 서로 다른 기능들을 가지는데 이는 두 TGFβ 수용체와의 선택적 상호작용과 각각 수용체와의 상호작용을 통해 조절된다[21](그림 16.6). 그들은 구조와 기능을 토대로 3개의 그룹으로 분류되어진다.

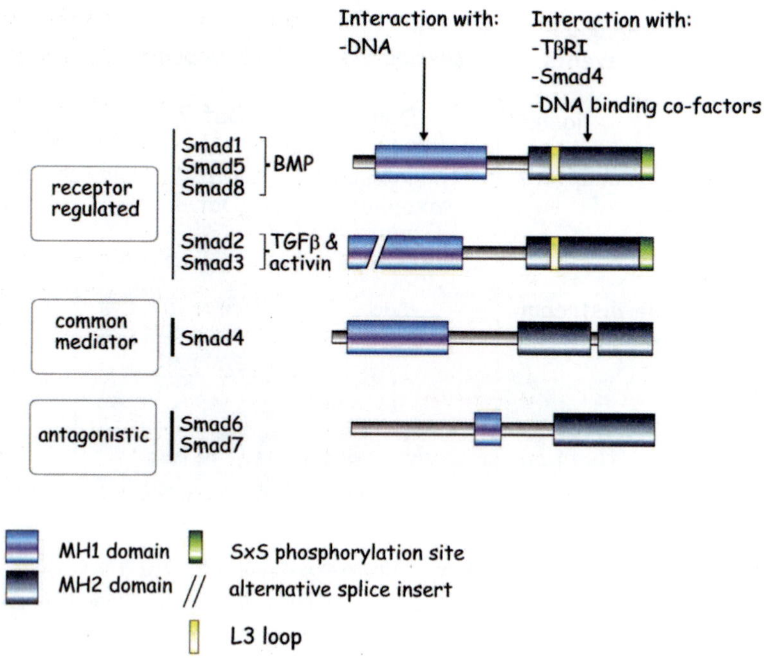

그림 16.6 Smad에 존재하는 domain들의 구조. 이들 전사인자들은 기능적, 구조적 차이를 토대로 3개의 그룹으로 세분된다. MH1 domain은 DNA와 상호작용하고, MH2 domain은 type I 수용체, Smad4, 및 전사에 관여하는 파트너들과 상호작용 한다. 출처: Massague와 Wotton.[22]

수용체에 의해 조절되는 Smad들 (Smad 1, 2, 3, 5, 8)

이들은 활성화된 type I 수용체를 통하여 인산화 된다. 예를 들어, TGF 1은 Smad2와 Smad3의 인산화를 유도하는 반면, BMP-2 혹은 BMP-4 (BMP-R1A)에 대하여 동등하게 활성화된 수용체는 Smad 1, 5와 8을 인산화 시킨다. C-말단의 MH2 domain 즉, SXS 서열에서 serine 잔기의 인산화는 그들이 Smad4에 결합할 수 있도록 구조적인 변화를 야기시킨다(그림 16.7). Type I 수용체와 Smad 내에 존재하는 짧은 구조적 요소는 type I receptor kinase domain의 노출된 L45 loop과 Smad의 MH2 domain의 L3 loop와의 상호작용 특이성을 결정한다. 이들 domain들에서 아미노산 잔기들의 교환은 TGF 와 BMP 경로의 신호전달 특이성을 바꾸기에 충분하다.[23,24]

수용체에 의해 조절되는 Smad는 수용체 특이적 반응을 유도하기 때문에 '제한적 경로(pathway-restricted)' Smad라고 일컬어진다. 이러한 사실은 아프리카 발톱개구리(*Xenopus*)에서의 Smad1 과발현에 의해 설명되어졌다. 이 실험에서 Smad1은 복부의 중배엽 형성(전형적인 BMP 반응)을 유도하는 반면, Smad2의 과발현은 등쪽 중배엽 형성(전형적인 activin 반응)을 유도한다(그림 16.8).[23] SXS motif에서 serine 잔기의 돌연변이는 수용체가 매개하는 Smad1 과 2의 인산화를 억제하고, Smad4와의 상호작용 억제, 핵에서의 축적 유도, DNA 결합 단백질들과의 상호작용을 모두 막는다. 초파리(*Drosophila*) 상동체로는 MAD와 dSmad2가 있고, 꼬마선충(*C. elegans*) 상동체로는 Sma-2와 3이 있다.

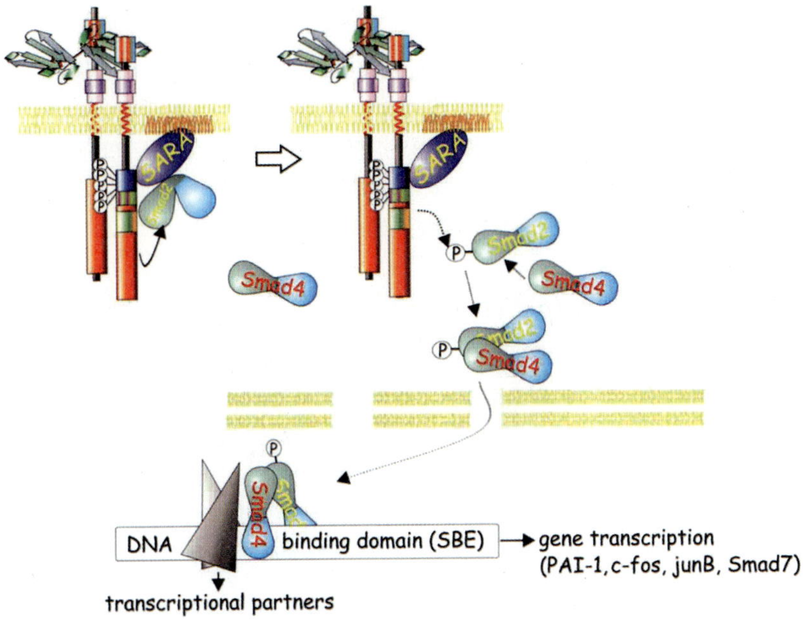

그림 16.7 TGFβ 수용체에 의한 전사의 활성화. Smad2는 SARA(Smad anchor for receptor activation)와 상호작용을 하며 type I 수용체에 결합한다. 이 수용체 복합체가 활성화되면, Smad2가 인산화 되고 수용체로부터 분리되어, 일반적인 중개자 역할을 담당하는 Smad4와 상호작용을 한다. 이들은 함께 핵으로 이동하여 MH1 domain을 통해 DNA의 Smad binding element(SBE)에 결합한다. Smad와 전사과정의 파트너들(co-factor) 또한 결합을 통하여 상호작용을 수행한다.

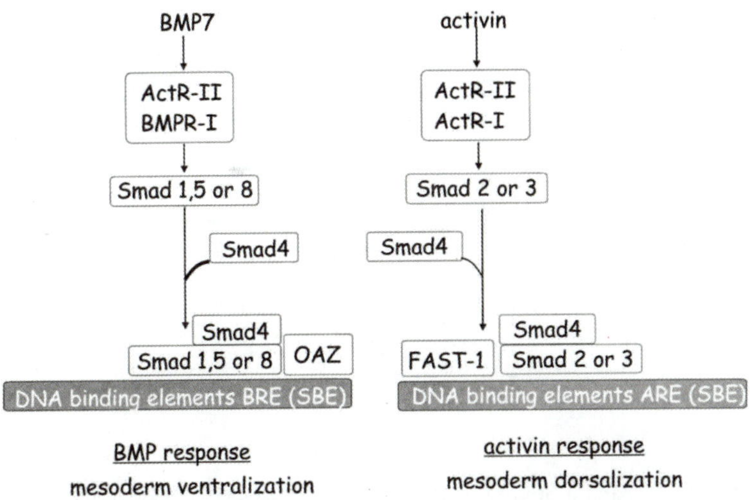

그림 16.8 TGFβ 성장인자들은 Smad와 전사 파트너들과의 서로 다른 조합을 통하여 다양한 세포반응을 유도한다. 아프리카 발톱개구리(*X. laevis*)에서의 BMP 반응은 Smad 1, 5 혹은 8과 전사 파트너 OAZ와의 상호작용에 의하여 일어나며, 이는 중배엽의 복부화(ventralization)를 유도한다. 반면에, activin은 Smad 2 또는 3을 끌어들이며 Smad4, FAST-I과 함께 중배엽의 등형성화(dorsalization)를 유도한다.

공통의 조정자 Smad 4

Smad4는 수용체가 조절하는 Smad들과 hetero-oligomer 복합체를 형성하기 위해서는 필요하지만, Smad4에는 일치되는 기질서열(SXS)이 없기 때문에, 어떠한 수용체들에 의해서도 인산화 되지 않는다. 포유류 세포에서 Smad4는 인산화된 Smad 1, 2, 3, 5, 8과 결합하여, 핵으로 이동하여 전사인자로써 작용하는 복합체를 형성한다. 초파리(*Drosophila*)와 꼬마선충(*C. elegans*) 상동체로는 Medea와 Sma-4가 각각 존재한다.

반대작용의 Smad (Smad 6와 Smad 7)

Smad 6와 Smad 7은 C-말단에 SXS 인산화 부위가 없고, 오직 간접적으로 관련된 MH1 domain만을 가지고 있어 구조적으로 그 family의 다른 구성원들과는 다르다. 이들은 TβR-I에 결합하여, Smad 1, 2, 3, 5, 8의 인산화를 막는다. 이러한 대립적 Smad들의 발현은 cytokine들에 대한 TGFβ-family 구성원들의 세포 반응을 억제한다. Smad7의 발현은 TGFβ1에 의해 유도되기 때문에, negative feedback loop을 형성하기도 한다(그림 16.9).[25]

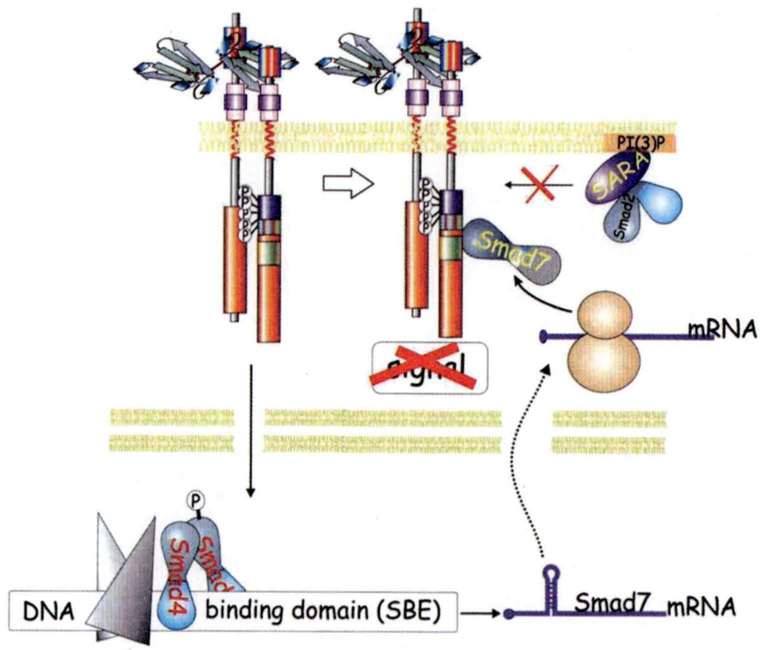

그림 16.9 억제자 Smad의 유도. TGFβI에 의해 유도되는 전사 중 하나는 Smad7에 대한 mRNA이다. Smad7 단백질은 type I수용체와 상호작용을 하며 Smad2와 SARA의 접근을 막는다. 따라서 하부로의 신호전달은 negative feedback loop에 의해 약화되어진다.

수용체 결합 단백질은 수용체의 기능 조절에 관여한다.

수많은 다른 수용체(예를 들면, β_2-adrenergic receptor; 3장 참조)들처럼, TGFβ 수용체들의 과발현은 계속적인 활성화를 야기한다. 그러나 이런 경우, 적절한 hetero-oligomer의 형성을 확실하게 하기 위해 TβR-I과 TβR-II를 함께 과발현시키는 것이 중요하다. 정상 세포에서 이러한 oligomer가 형성되는 경향은 TβR-I에 결합하고, TβR-II에 의하여 그것의 인산화를 방해하는 작은 단백질인 FKBP12의 존재에 의해 억제된다고 믿어왔다. TGFβ1이 TβR-I에 결합하면, FKBP12는 상호작용을 할 수 없고, 신호가 전달되어진다[26](그림 16.4). TGFβ 수용체에 결합하는 또 다른 단백질인 SARA는 인산화되지 않는 상태에서 Smad(특히 Smad2와 3)의 정착에 중요한 역할을 한다(그림 16.7). 이것은 FYVE finger domain을 가지고 있으며, PI(3)P와 상호작용을 통해 세포막에 단백질을 정착화 시키기도 한다.

수용체의 활성화와 그 다음에 일어나는 Smad2 또는 3의 인산화는 SARA로부터의 분리와 Smad4와의 복합체 형성을 유도한다. Anchoring protein인 SARA에서의 돌연변이는 Smad2에 잘못된 지시를 전달하여 수용체와의 결합을 막고, TGFβ-의존적 전사반응을 억제한다. 이것은 수용체 주변에서 Smad의 위치화가 TGFβ 신호전달 과정에 있어서 매우 중요하다는 것을 암시한다. 따라서 비록 Smad가 MH2 domain의 L3 loop을 통해 type I 수용체에 결합하지만, SARA는 Smad2 또는 3의 인산화를 이끌면서 원치 않는 다른 경로와의 cross-talk을 막음으로써 수용체 signalling의 효율성과 선택성을 증가시킨다.[26]

FYVE finger(결합하는 네 종류의 단백질; Fab 1p, YOTB, Vac1p와 EEA1의 첫머리 글자를 딴)는 효모에서 포유류에 이르기까지 30개 이상의 단백질에서 보존되어 있는 double-zinc binding domain이며, 세포내의 신호전달에 관여하는 여러 종류의 단백질에서 발견되어진다.

Smad에 의한 전사조절

Smad 복합체는 SBE 염기서열 CAGAC를 통하여 DNA에 직접적으로 결합할 수 있지만, 전사를 최적으로 유도하기 위해서는 다른 전사인자들 또는 '전사 파트너들(transcriptional partners)과의 결합이 필요하다(그림 16.7). 이들은 Smad와 결합하고 DNA상의 다른 결합요소에 결합하여 DNA와의 결합을 강하게 한다.[22] 다양한 전사 파트너들이 다양한 수용체들이 활성화됨에 따라 관여한다. 예를 들어, 전사인자 OAZ[27]는 선택적으로 BMP-activated Smad1/Smad4복합체와 결합하여 중배엽의 복부화(ventralization)를 유도하는 반면, FAST는 activin에(그림 16.8) 의하여 활성화되는 Smad4와 Smad2 또는 Smad3의 복합체와 결합하여 등형성화(dorsalization)를 촉진한다.[28]

추가적인 파트너들과의 상호작용 또한 다른 종류의 세포외 신호에 의존할지도 모르고, 이러한 신호전달 과정의 특이성은 다양한 신호들의 융합을 통한 전사인자의 활성화 정도에 의해 결정되어진다. 예를 들어, TGFβ의 한 가지 작용은 protease와 protease 억제자의 유도를 통한 세포의 기질(matrix) 변형과정이다. Plasminogen activator inhibitor-1(PAI-1)의 유도에는 효과적인 신호전달을 위하여 promoter내에 SBE와 중첩되는 TRE site가 필요하다(209쪽, 그림 9.13 참조). Smad는 이 부위에 결합하진 않지만, Jun과 Fos family의 구성원인 AP-1과 상호작용을 한다.[29] 전사활성을 띠는 Jun과 Fos는 먼저 ERK 또는 JNK 경로를 통해 활성화 되어야하고, 따라서 serum 또는 그것의 성장인자 중 하나와 같은 적절한 자극의 존재가 필요하다(9장 208쪽과 11장 271쪽 참조).

OAZ는 일종의 전사파트너인 Olf-1 associated zinc finger 단백질로서 후각 상피(olfactory epithelium)에서 처음 발견되었다.

FAST(Forkhead activating signal transducer-1)는 전사인자로 추정하는 winged-helix계 구성인자중 하나이며, activin의 신호전달과정에서 초기 유전자 발현에 관여한다.

TGFβ의 또 다른 작용은 상피세포에서 세포주기 억제자 $p15^{INK4B}$와 $p21^{CIP/WAF}$의 유도를 통하여 세포주기를 느리게 하는 것이다[30]. 이들 억제자들의 전사는 Smad의 작용에 의해 조절된다.

종양 억제에 있어서 Smad의 역할

세포 성장의 억제, 간세포의 말단 분화와 세포 사멸 메커니즘의 활성화에서 주어진 TGFβ의 중요한 역할을 볼 때, 신호전달 과정에 관여하는 요소들에서의 돌연변이가 비정상적인 세포의 증식을 증가시킨다는 것은 놀라운 일이 아니다. 증식을 선호하는 다른 돌연변이들과 더불어, 궁극적으로는 종양을 형성한다. 흥미롭게도, 공동 조정자 Smad4는 췌장암이나 다른 종류의 암에서 돌연변이 되거나 결실된 유전자 중 하나로 확인되었다[31]. 이러한 돌연변이의 대부분은 인산화 부위를 가지고 있는 MH2 domain에 존재한다. 돌연변이는 Smad4의 삼량체화(trimerization)를 막고, 단백질의 안정성을 감소시키거나 non-Smad 전사 파트너들과의 상호작용을 막는다. 소수의 돌연변이가 MH1 domain에 존재하면서 Smad2와의 상호작용을 방해한다. 또한 TβR-II 수용체의 돌연변이는 유전성이며 체세포 형태의 대장암을 유발하고, 이러한 세포는 정상적인 성장-억제 신호 메커니즘이 결여된 상태가 된다.

References

1 Kingsley, D.M. The TGF-β superfamily: new members, new receptors, and new genetic tests of function in different organisms. *Genes Dev.* 1994; 8: 133–46.

2 Mathews, L.S., Vale, W.W. Expression cloning of an activin receptor, a predicted transmembrane serine kinase. *Cell* 1991; 65: 973–82.

3 Bassing, C.H., Yingling, J.M., Howe, D.J. *et al.* A transforming growth factor β type I receptor that signals to activate gene expression. *Science* 1994; 263: 87–9.

4 Lin, H.Y., Wang, X.-F., Ng-Eaton, E., Weinberg, R.A., Lodish, H.F. Expression cloning of the TGF-β type II receptor, a functional transmembrane serine-threonine kinase. *Cell* 1992; 68: 775–85.

5 ten-Dijke, P., Yamashita, H., Ichijo, H., Franzen, P., Laiho, M., Miyazono K., Heldin, C.H. Characterization of type I receptors for transforming growth factor-β and activin. *Science* 1994; 264: 101–4.

6 Luo, K., Lodish, H.F. Signaling by chimeric erythropoietin-TGF-β receptors: homodimerization of the cytoplasmic domain of the type I TGF-β receptor and heterodimerization with the type II receptor are both required for intracellular signal transduction. *EMBO J.* 1996; 15: 4485–96.

7 Liu, F., Hata, A., Baker, J.C. *et al.* A human Mad protein acting as a BMP-regulated transcriptional activator. *Nature* 1996; 381: 620–3.

8 Wang, X.-F., Lin, H.Y., Ng, E.E. *et al.* Expression cloning and characterization of the TGF-β type III receptor. *Cell* 1991; 67: 797–805.

9 Ling, N., Ying, S.Y., Ueno, N. *et al.* Pituitary FSH is released by a heterodimer of the β-subunits from the two forms of inhibin. *Nature* 1986; 321: 779–82.

10 Lewis, K.A., Gray, P.C., Blount, A.L. *et al.* Betaglycan binds inhibin and can mediate functional antagonism of activin signalling. *Nature* 2000; 404: 411–14.

11 Cheifetz, S., Bellon, T., Cales, C. *et al.* Endoglin is a component of the transforming growth factor-β receptor system in human endothelial cells. *J. Biol. Chem.* 1992; 267: 19027–30.

12 Cheifetz, S., Massagué, J. Isoform-specific transforming growth factor-β binding proteins with membrane attachments sensitive to phosphatidylinositol-specific phospholipase C. *J. Biol. Chem.* 1991; 266: 20767–72.
13 McDonald, N., Hendrickson, W.A. A structural superfamily of growth factor containing a cystine knot motif. *Cell* 1993; 73: 421–4.
14 Spencer, F.A., Hoffmann, F.M., Gelbart, W.M. Decapentaplegic: a gene complex affecting morphogenesis in *Drosophila melanogaster*. *Cell* 1982; 28: 451–61.
15 Raftery, L.A., Twombly, V., Wharton, K., Gelbart, W.M. Genetic screens to identify elements of the decapentaplegic signaling pathway in *Drosophila*. *Genetics* 1995; 139: 241–54.
16 Newfeld, S.J., Chartoff, E.H., Graff, J.M., Melton, D.A., Gelbart, W.M. Mothers against dpp encodes a conserved cytoplasmic protein required in DPP/TGF-β responsive cells. *Development* 1996; 122: 2099–108.
17 Estevez, M., Attisano, L., Wrana, J.L. *et al.* The daf-4 gene encodes a bone morphogenetic protein receptor controlling *C. elegans* dauer larva development. *Nature* 1993; 365: 644–9.
18 Georgi, L.L., Albert, P.S., Riddle, D.L. daf-1, a *C. elegans* gene controlling dauer larva development, encodes a novel receptor protein kinase. *Cell* 1990; 61: 635–45.
19 Savage, C., Das, P., Finelli, A.L. *et al. Caenorhabditis elegans* genes sma-2, sma-3, and sma-4 define a conserved family of transforming growth factor β pathway components. *Proc. Natl. Acad. Sci. USA* 1996; 93: 790–4.
20 Heldin, C.H., Miyazono, K., ten-Dijke, P. TGF-β signalling from cell membrane to nucleus through SMAD proteins. *Nature* 1997; 390: 465–71.
21 Kretzschmar, M., Massagué, J. SMADs: mediators and regulators of TGF-β signaling. *Curr. Opin. Genet. Dev.* 1998; 8: 103–11.
22 Massagué, J., Wotton, D. Transcriptional control by the TGF-/Smad signaling system. *EMBO J.* 2000; 19: 1745–54.
23 Chen, Y.G., Hata, A., Lo, R.S. *et al.* Determinants of specificity in TGF-β signal transduction. *Genes Dev.* 1998; 12: 2144–52.
24 Feng, X.H., Derynck, R. A kinase subdomain of transforming growth factor-β (TGF-β) type I receptor determines the TGF-β intracellular signaling specificity. *EMBO J.* 1997; 16: 3912–23.
25 Nakao, A., Afrakhte, M., Moren, A. *et al.* Identification of Smad7, a TGFβ -inducible antagonist of TGF-β signalling. *Nature* 1997; 389: 631–5.
26 Tsukazaki, T., Chiang, T.A., Davison, A.F., Attisano, L., Wrana, J.L. SARA, a FYVE domain protein that recruits Smad2 to the TGFβ receptor. *Cell* 1998; 95: 779–91.
27 Hata, A., Seoane, J., Lagna, G. *et al.* OAZ uses distinct DNA- and protein-binding zinc fingers in separate BMP-Smad and Olf signaling pathways. *Cell* 2000; 100: 229–40.
28 Chen, X., Rubock, M.J., Whitman, M. A transcriptional partner for MAD proteins in TGF-β signalling. *Nature* 1996; 383: 691–6.
29 Zhang, Y., Feng, X.H., Derynck, R. Smad3 and Smad4 cooperate with c-Jun/c-Fos to mediate TGF-β-induced transcription. *Nature* 1998; 394: 909–13.
30 Kramer, I.M., Patel, R., Spargo, D., Riley, P. Initiation of growth inhibition by TGF β1 is unlikely to occur in G1. *J. Cell. Sci.* 1994; 107: 3469–75.
31 Hahn, S.A., Schutte, M., Hoque, A.T. *et al.* DPC4, a candidate tumor suppressor gene at human chromosome 18q21. *Science* 1996; 271: 350–3.

17

단백질의 탈인산화 (dephosphorylation)와 인산화 (phosphorylation)

탈인산화의 중요성

단백질의 serine, threonine, tyrosine 잔기에 대한 인산화는 세포 기능의 조절에 있어 다양한 역할을 담당한다. 그러나 이것은 이야기의 절반에 지나지 않는다. 만약 단백질에 인산기의 이동이 정확하고 민감한 신호 메커니즘으로 작용한다면, 이는 낮은 기저수준(low background)에서 대응하며 작동되어야 한다. 따라서 탈인산화는 인산화만큼이나 중요하며, phosphoprotein phosphatase는 protein kinase에 의해 작동하는 신호전달 시스템에서 중요한 요소이다.(1) 많은 경우에 있어, 탈인산화는 진정한 reset 버튼으로 작용하며 그 결과 단백질을 휴지기(resting) 상태로 만든다. 좋은 예 중 하나는 serine/threonine phosphatase PP1G의 기능인데 이는 phosphorylase *a*를 탈인산화하여 glycogen의 분해를 종료시킨다. 인산화 상태가 '휴지기' 조건인 다른 단백질들(예를 들어, glycogen synthase, Src, c-Jun, $p56^{Lck}$, NF-AT)은 탈인산화를 통하여 활성을 나타낸다(그림 17.1). 특히, 전사인자인 c-Jun은 활성화를 극대화하기 위하여 DNA 결합 부위 근처에 존재하는 serine/threonine 잔기의 탈인산화와 N-말단 부위의 serine 잔기의 인산화를 필요로 한다.

단백질 tyrosine phosphatase들

Phosphotyrosine에 특이적인 수용성 단백질 phosphatase(PTP1B)는 사람의 태반에서 처음 분리되었다.(2) 이것의 아미노산 서열은 백혈구 항원 CD45의 세포질 부분에 존재하는 tandem repeat domain과 상동성을 가지고 있다.(3) 이는 조혈작용 계열 세포들(haematopoietic lineage)의 세포 표면에 발현되는 일종의 수용체성(receptor-like) 단백질이다. 활성화 domain을 암호화한 DNA 염기서열을 탐침(conserved 'signature motif' [I/V]HCXAGXXR[S/T])으로 사용하여 많은 protein tyrosine phosphatase들이 밝혀졌다.

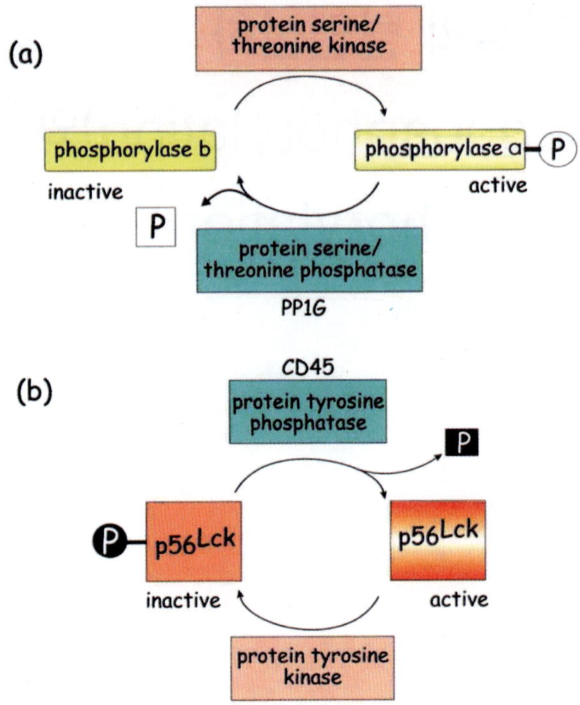

그림 17.1 활성화와 비활성화 신호의 생성에 있어서 phosphatase의 기능. (a) Protein phosphatase는 'reset button'으로 작용하여 그들의 기질을 비활성화 한다. Serine/threonine phosphatse PPIG에 의한 phosphorylase *a*의 탈인산화 작용이 일예이다. (b) 활성자로서의 phosphatase. 그림은 수용체성 tyrosine protein phosphatase인 CD45에 의한 $p56^{Lck}$의 활성화 과정을 설명하고 있다.

클로닝 결과들은 protein tyrosine phosphatase가 예외적으로 다양성이 높은multi-domain 단백질 계열임을 보여준다(그림 17.2).[4] 이들은 크게 2개의 그룹, 즉 막통과(transmembrane) 또는 수용체성(receptor-like) PTP 그리고 세포질(cytosolic) PTP로 나뉜다. 이들 중 어떤 것도 serine-threonine 특이적 phosphatase와 관련이 없다. 이는 공통적인 조상을 가지는 protein kinase들(serine, threonine 그리고 tyrosine protein kinase)과 대조되는 점이다. 기질 특이성이 관련된 targeting subunit에 의해 결정되는 serine-threonine phosphatase와 달리, tyrosine phosphatase들은 모두 단량체(monomeric) 효소들이다. 어떻게 구조상의 다양성이 기질인식의 차이를 반영하는지는 알려져 있지 않다.

막통과(transmembrane) 수용체성(receptor-like) PTPs

거의 모든 막통과 PTP들은 활성화 signature motif를 발현하는 tandem repeat D1과 D2에 의해 특성화 지어진다. 그러나 단지 막 주변의 D1 domain만이 촉매적으로 작용한다. 막통과 PTP들은 이들이 가지는 세포 외부의 부분(ectodomain)에 의해 분류된다. 이들은 기능이 명확하지 않은 매우 짧은 chain에서부터 부착성 분자(fibronectin repeats 또는 immunoglobuline repeats)(그림 17.2)에 존재하는 것과 유사한 잠정적인 ligand-결합 domain을 가진 확장된 구조에 이르기까지 다양하다. 이러한 다양성은 광범위한 생물학적인 기능을 시사하지만 그것

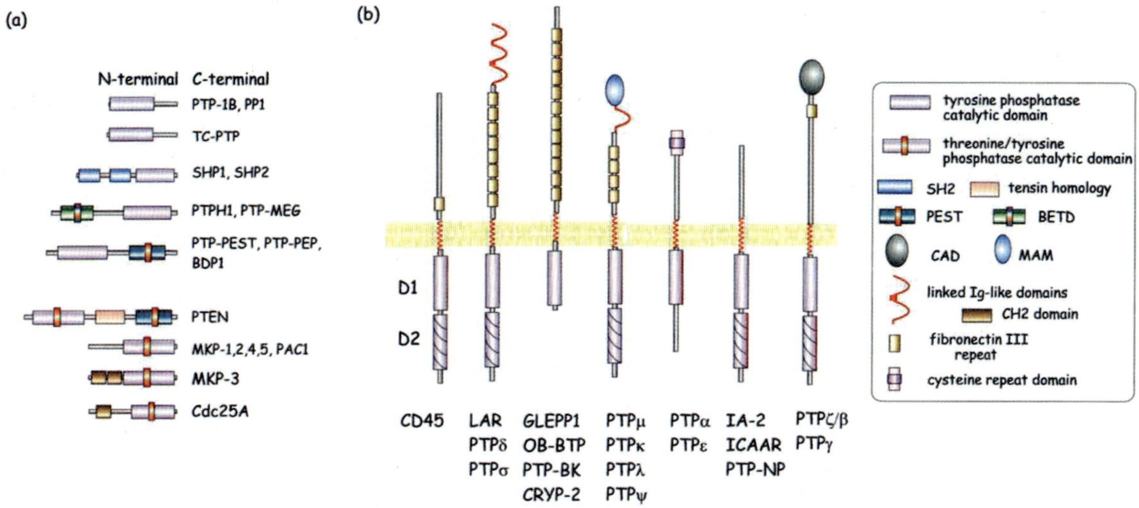

그림 17.2 Tyrosine phosphatase들의 domain 구성. (a) 세포질(cytosolic) protein tyrosine phosphatase. 이들은 tyrosine phosphatase와 이중특이성(dual-specific) phosphatase의 2개 그룹으로 분류되며 serine, threonine, tyrosine 잔기를 탈인산화 한다. 이들은 SH2나 PEST같은 다양한 상동성 domain의 존재에 따라 더 세분화 되어진다. (b) 수용체성(receptor-like) protein tyrosine phosphatase. 이들은 모두 tyrosine phsophatase motif를 포함하며 세포 외부 domain의 차이에 의해 구별된다. 일부는 부착성 분자 또는 성장인자 수용체와 유사한 정교한 세포 외부 구조를 가지고, 나머지는 다소 드물며 ligand의 결합이 어려운 것도 있다. 대부분의 수용체성 phosphatase에 대해 ligand가 잘 알려져 있지 않은 실정이다.

BETD	Band 4.1/ezrin/talin-homologous domains.	MAM	Meprin/A5/mu domain.
CAD	Carbonic anhydrase domain.	PEP	Proline, glutamate, serine and threonine-enriched protein tyrosine phosphatase.
CH2	Cdc25 homology domain-2.	PEST	Proline, glutamate serine and threonine rich region.
CRD	Cysteine repeat domain.	PTEN	Phosphatase and tensin homologue deleted from chromosome 10.
CRYP	Chicken receptor tyrosine phosphatase.	PTP	Protein tyrosine phosphatase.
GLEPP	Glomerula epithelial protein 1.	PTP-NPP	PTP-neuronal and pancreatic.
IA	Islet cell auto-antigen.	STEP	Striatal enriched phosphatase.
ICAAR	Islet cell auto-antigen receptor form.		
LAR	Leukocyte common antigen.		

들을 규명하기는 쉽지 않다. 그 이유는, 이 효소들의 활성을 *in vitro* 상에서 분석할 때, 이들이 보여주는 비특이성(non-specificity)으로 인해 이들의 생리학적인 기질들을 규명하는 것이 어려워지기 때문이다. 게다가, 이들 중 일부는 수용체로 예상되지만 그 ligand들은 아직까지 밝혀지지 않은 상태이다. PTPμ와 PTPκ(그림 17.2 참조)는 그들이 가지고 있는 MAM domain을 통해 동종세포간 부착현상(homotypic adhesion)을 하는 것으로 보인다.[5,6] 곤충 세포에서 발현되었을 때, 이들은 Ca^{2+}-비의존성 세포 응집을 유도하지만, 이들의 하부 신호전달 과정은 명확하지 않다.

세포질 PTPs

세포질 PTP들 또한 이들의 domain 구조에 따라 분류된다. 이러한 domain 구조는 효소가 핵이나 세포 골격으로 이동시키는 위치화(localization) 신호로 작용한다고 알려져 있다. 중요한

subclass인 SHP-1과 SHP-2는 SH2 domain을 포함하고 있다. 다른 것들은 C-말단 부근에 특징적인 PEST 서열(Pro-Glu/Asp-Ser/Thr)을 가지고 있다. 또 다른 subclass는 이중특이성(dual-specific) phosphatase를 포함하는데, 이들은 tyrosine과 serine/threonine잔기 모두를 탈인산화 할 수 있다. 이들은 처음에 vaccinia virus에 의해 암호화된 VH1로 알려졌기 때문에 이들을 또한 VH1-like phosphatase라고 부르기도 한다.[7] 이중특이성 phosphatase들은 분열효모(*Schizosaccharomyces pombe*)에서 유사 분열의 조절자인 Cdc25와 상동성을 가진다. 이것은 인접한 tyrosine과 threonine의 탈인산화를 유도하여 cyclin-dependent kinase-2 (Cdc2/CDK1, 10장 참조)를 활성화시킨다.[8]

신호전달 과정에서 PTP의 역할

Protein tyrosine phosphatase에 대한 초기의 관심은 그들이 항종양형성(antitumorigenic)의 특성을 갖는다는 인식에 의해 불러 일으켜 졌다. 이들은 항돌연변이에 의해 항시 활성화 상태로 된 protein tyrosine kinase의 형질전환(transforming) 작용을 이들에 의해 막을 수 있다는 가능성이 제시되었던 것이다. 하지만 이들 중 어떤 것들은 kinase 활성의 반대작용을 하기보다는 실제로는 kinase와 함께 작용하여 신호를 강화시킨다는 것이 알려지면서 놀라움을 가져왔다. 지금까지 여러 개의 PTP들이 알려져 있고, 그들 중 많은 것이 조혈작용에 관여하는 세포들(haematopoietic cell)에서 처음으로 클로닝 되었다.

Phosphotyrosine 탈인산화를 통한 positive regulation

CD45

많은 다른 수용체성 PTP들처럼, CD45에 대한 특정한 활성 ligand가 알려져 있지 않다. 이것의 중요성은 이 항원이 없는 T 림프구가 정상적으로 IL-2 수용체를 통해 전달되는 자극에 반응함에도 불구하고, TCR을 통해 활성화될 수 없음을 발견함으로써 명백해 졌다(286쪽, 그림 12.2 참조). 일반적으로, TCR이 관여하면 수용성의 protein tyrosine kinase인 Lck의 활성을 유도하고 이는 ζ-chain의 인산화를 가져온다. 활성형 CD45가 없는 세포에서, Lck는 비활성한 상태로 유지되고 따라서 tyrosine기의 인산화는 일어나지 않는다(12장 참조).

CD45의 탈인산화 활성은 어디에서 유래하나? Lck는 자가저해(autoinhibition) 과정을 통하여 휴지기 상태를 유지한다. 이는 자신의 SH2 domain과 C-말단 내의('폐쇄구조(closed conformation)': 그림 17.3) phosphotyrosine 잔기와의 분자간 상호작용을 통해 일어난다. Lck는 우선 CD45에 의해 505번째 위치의 tyrosine(Y505)가 탈인산화됨으로써 활성화되고 활성 domain에 존재하는 Y394의 자가인산화(autophosphorylation)를 통해 kinase 활성 부위가 노출하여 보다 더 활성화 된다.[10] 완전하게 활성화된 Lck는 관여된 TCR의 ζ-chain을 인산화 시킨다. 이로써, 항원-표시 세포(antigen-presenting cell)상의 MHC 분자에 TCR이 결합할 때, CD45가 다소 활성화 되어있게 되는 것이다. 이와 유사한 탈인산화를 통한 활성화 메커니즘은 Fyn(CD3의 ε-chain과 관련: 12장 참조)과 Src(Y527 부분의 탈인산화)의 작용에도 적용된다.[11]

어떻게 CD45의 phosphatase 활성이 조절되는지는 여전히 명확하지 않다. 중요하게도, 세포외 domain이 잘린 형태의 CD45가 발현된 세포에서, Fyn과 Lck은 계속적으로 활성화 된다. Phosphatase의 활성 조절에 관하여, PTK와 비교했을 때, 몇 개의 지표가 존재하는데 아마도 이량체화(dimerization)가 'off' 신호일 것이라고 추정된다(그림 17.3에서, ligand가 CD45의 2개 요소와 각각 결합 하고 있음을 주시). 이러한 생각을 검증하기 위해, EGF 수용체의 세포 외 domain과 CD45의 세포 내 phosphatase 부분으로 구성되는 chimeric molecule을 발현하는 세포를 만들었다. 이 세포에 EGF를 처리하면 수용체는 이량체화되고 phosphatase의 활성이 멈추게 된다.[12]

SHP-2

SHP-2(Src homology phosphatase-2, SH-PTP2 또는 Syp)는 광범위한 조직에 분포하고 있다. 마우스에서 특정 유전자의 발현을 억제하면 초기 배아의 죽음을 초래하게 되는데, 이로부터는 그 유전자가 중요하다는 것 외에는 그리 얻을 만한 정보가 많지 않다. 세포 신호에 있어 SHP-2의 가능한 역할에 대한 초기의 정보들은 2가지 계통의 증거를 통해 얻어졌다. 첫째, SHP-2 유전자는 초파리의 Corkscew(Csw, tyrosine phsophatase)와 상동적이다. Csw는 serine-threonine kinase인 Draf(포유동물의 Raf와 동일)의 활성화에 관여하는 단백질이다(그림 17.4). Draf는 Dras 경로를 통해 활성화되며, 이는 Draf라는 phosphatase가 수용체 PTK(receptor tyrosine kinase) 활성화로부터 나오는 하류 신호를 제공함을 의미한다. Corkscrew 경로는 초파리 배아에서 말단(terminal), 비절편(non-segmented) 부분의 분화를 유도한다.[13]

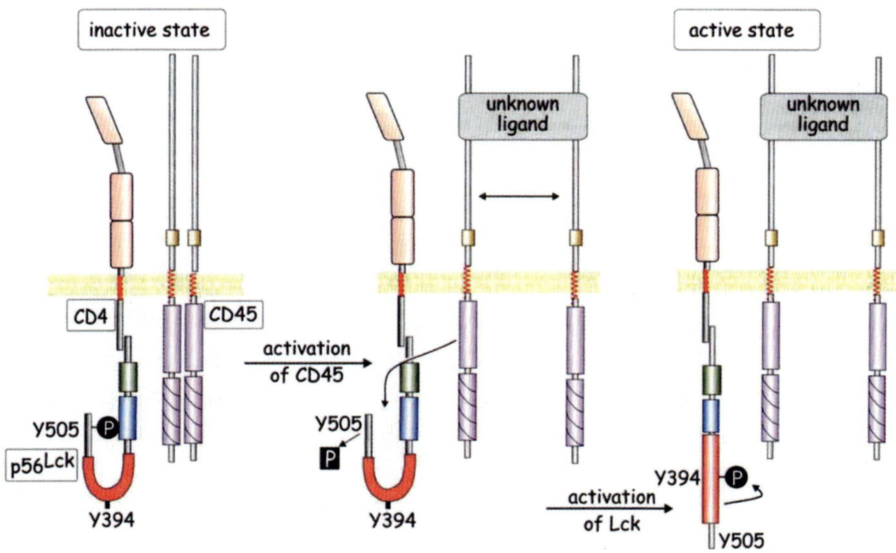

그림 17.3 탈인산화에 의한 Lck의 활성화는 CD45에 의해 매개된다. TCR subunit CD4에 부착된 Lck는 자신의 SH2 domain과 phosphotyrosine잔기(505)의 연결에 의해 비활성화된 상태이다. 알려지지 않은 ligand에 의한 CD45의 활성화는(이량체 상태의 단백질을 분리시키는 것으로 추정) Y505의 탈인산화를 이끈다. Lck kinase의 catalytic domain은 펼쳐져 Y394 위치에 자가 인산화(autophosphorylation)(Y394)되고 이는 TCR의 ζ-subunit 내의 ITAM domain 같은 기질들을 인산화 할 수 있게 된다.

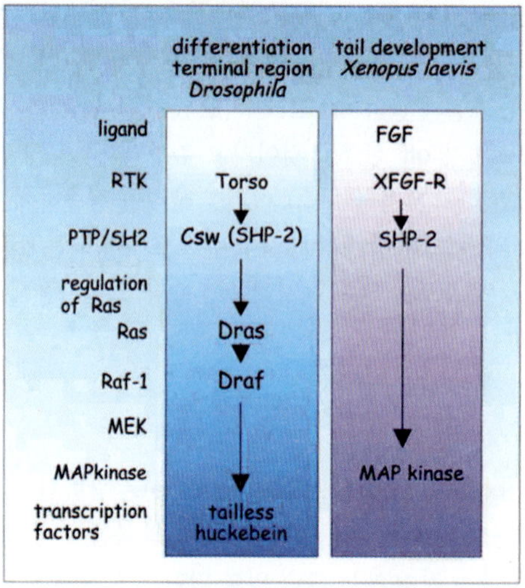

그림 17.4 개구리(*Xenopus*)와 초파리(*Drosophila*)의 전사를 조절하는 신호전달 경로의 상호 비교와 그 과정에 참여하는 tyrosine phosphatase들. 초파리의 말단부분의 분화 또는 개구리의 꼬리 발달이 결핍된 표현형의 유전적인 분석은 protein tyrosine phosphatase의 하류 신호전달 과정에서 SHP-2의 역할을 이해하는 열쇠를 제공한다.

둘째로, *Xenopus* 배아에서 catalytic domain이 없는 SHP-2의 dominant negative mutant form을 발현시키면, 꼬리 잘림 현상을 초래하고 동물극 성장(animal cap elongation)을 저해함으로써 거의 대부분이 머리부분으로 이루어진 짧은 두꺼비(*short toad*)가 발생되게 된다.[14] 이러한 과정은 부분적으로 FGF 수용체에 의해 결정되고 또한 MAP kinase 경로를 통해 신호가 전달된다. 따라서 phosphatase SHP-2는 FGF-R과 MAP kinase의 활성 사이에서 작용한다. 유사하게, SHP-2의 비활성형이 발현된 섬유아세포(fibroblast)는 FGF, PDGF 또는 IGF(insulin-like growth factor)의 자극에 의한 MAP kinase의 활성화를 일으키지 못한다.[15] 비록 SHP-2의 기질이 아직 밝혀지진 않았지만, SHP-2는 adaptor로서 기능을 한다.[16] 이러한 방식으로, phosphatase 활성과는 관련 없이 ERK 활성을 촉진할 수 있다(그림 17.5). SHP-2가 PDGF 수용체에 의하여 인산화되면, Grb2의 결합 부위로써 작용하여 Ras-MAP kinase 경로를 이끌게 된다. SHP-2가 이들 신호전달 경로에 필요하고 또한 이러한 경로들이 효과적인 반응을 이끌어내기 위해 필요하다는 사실로부터 dominant negative mutant가 MAP kinase 경로를 활성화할 수 없는 현상을 이해할 수가 있다. Adaptor 기능을 상실하거나 protein phosphatase 활성을 상실하게 되면 불충분한 활성화를 초래하여 변형된 표현형이 나타나게 되는 것이다.

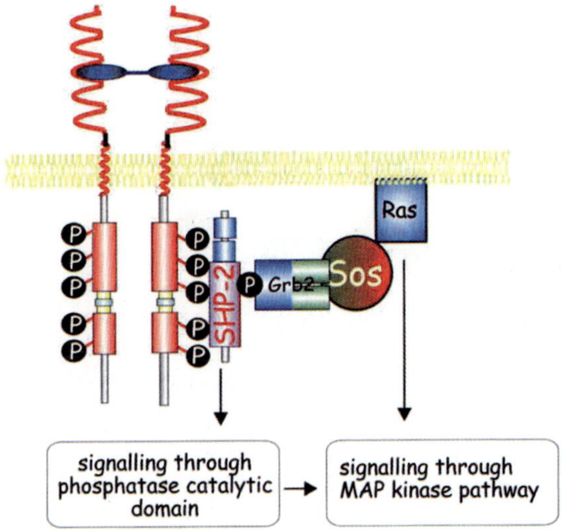

그림 17.5 SHP-2는 protein tyrosine phosphatase이고 adaptor molecule이다. SHP-2는 두 가지의 신호를 전달한다. 우선 SHP-2는 활성화된 PDGF 수용체에 결합하여 인산화된다. 이는 phosphatase로 작용하지만 특정한 ligand가 알려져 있지는 않다. 또한 SHP-2는 adptor로서 작용하여 수용체와 Ras를 연결시킨다. 이 두 가지 경로는 MAP kinase의 활성화를 위한 신호를 전달하기 위해 손상되어서는 안된다.

탈인산화를 통한 negative regulation

MKP-1는 이중특이성 protein phosphatase이고 MAP kinase를 조절한다

탈인산화의 실패는 PTK의 지속적인 인산화에 의한 발암작용과 같은 심각한 결과를 가져온다. 이중특이성 PTPase들의 기질들은 주로 MAP kinase 계열이며 이들은 MEK(11장 참조)과 같은 이중특이성 kinase에 의해 TEY 서열에 인산화가 된다. MKP-1(MAP kinase phosphatase-1)은 성장인자에 의해 유도되는 초기반응유전자(early response gene)의 생성물이다.[17,18]

휴지기의 세포에 혈청을 첨가하면 빠르게 인산화가 유도되고 MAP kinase가 활성화된다. 이는 단지 일시적인 반응이지만 유전자의 전사를 이끌고 세포 주기가 G_1기로 가는 것을 촉진하는데 충분하다.[19] 이중특이성 phosphatase의 활성은 20분 이내에 발현되며 TEY motif의 탈인산화와 MAP kinase의 비활성화가 동시에 일어난다(11장 참조). MKP-1의 합성이 방해되거나 그 촉매활성이 변형되면, MAP kinase의 활성화 상태의 지속 시간은 매우 길어진다.[20,21] 반대로, 항시 활성화된 MKP-1의 발현은 G_1기 특이적인 전사를 막고 S기로 들어가게 한다.[20,21] 따라서, MKP-1은 MAP kinase의 negative 조절자이고 성장 인자의 신호를 약하게 한다(그림 17.6). 게다가, MKP-1은 MAP kinase의 기질이기도 하다. MKP-1이 MAP kinase에 의해 인산화되면, MKP-1은 ubiquitin-directed proteolysis에 덜 민감해지며 그 결과 축적된다.[22]

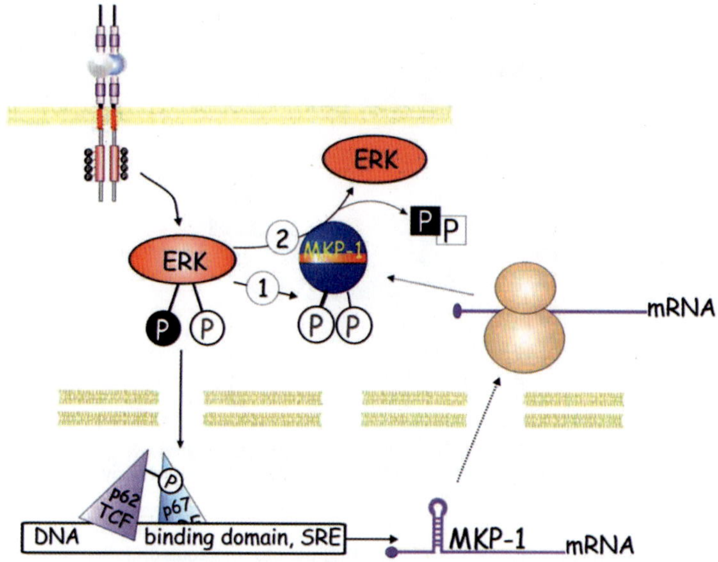

그림 17.6 MKP-1은 MAP kinase의 negative 조절자이다. ERK의 활성에 의해 즉각적으로 발현되는 유전자 중에 하나가 이중특이성 protein phosphatase MKP-1이다. 단백질로 번역 후, MKP-1은 ERK에 의해 인산화되고 그 결과로 ERK를 탈인산화시켜 비활성화 한다. 따라서, 성장인자에 의한 반응이 종결된다.

그러나 성장인자의 수용체로부터의 신호를 억제하는 다른 메커니즘들이 존재한다는 근거들도 있다. 첫째, MKP-1에 일어나는 어떤 돌연변이도 사람에서 종양 형성을 유도하지 않는다. 이 경로가 절대적으로 필수적이었다면, 종양을 생성시키는 돌연변이 기작이 지금쯤은 밝혀졌을 것이다. 둘째로, MKP-1이 결핍된 마우스가 정상적으로 자란다는 사실이다. 이 마우스들의 섬유아세포는 *c-fos* 발현의 시점과 정도에 정상적으로 반응하고, 이는 MAP kinase의 조절이 정상적이라는 것을 의미한다.[23] 여러 MKP가 clone되었고 기능의 중복성이 있기는 하지만, 이들은 각각의 기질 특이성을 가진다(예를 들어, MKP-5는 JNK/SAPK와 p38/HOG를 탈인산화 하지만 ERK를 인산화하기엔 불충분하다).

SHP-1, Epo-R, STAT5 그리고 JAK2

Protein tyrosine phosphatase SHP-1의 역할은 충혈된 피부와 털이 빠져있고 다소 초라한 외형을 가진 마우스에서 처음으로 알려졌다.[24] 이러한 표현형은 전신적인 자가면역 상태에 의한 것으로 조혈과정에 관련된 다양한 세포에서의 이상이 원인이며, 이는 일반적으로 세포수가 과다해지는 것을 보고 알 수 있다.이 마우스는 출생 후 몇 주 내에 죽는다. SHP-1은 조혈과정 관련 세포의 증식과 분화와 연관된 많은 신호전달 과정에 대해 down regulation 작용을 갖는다.

Erythropoietin에 대한 수용체인 Epo-R은 조혈작용 관련 성장인자 수용체의 하나로(표 17.1) 이러한 수용체들은 공통적인 결합 domain을 가진다는 점과 세포질 tyrosine domain을 갖지 않는다는 점에 의해 특징지어진다. 신호를 전달하기 위해, 수용체들은 protein kinase 활

표 17.1 조혈작용 관련 성장인자 수용체들

Stem cell factor receptor (c-kit) (also known as the receptor for Steel-locus factor (SLF), mast cell growth factor and Kit-ligand)
IL-2R, IL-3R
T-cell receptor (TCR)
Granulocyte macrophage-colony stimulating factor receptor (GM-SCF-R)
B-cell receptor (BCR)
Erythropoietin receptor (Epo-R),
Interferon α/β receptor (INF-α/β-R)
Colony stimulating factor-1 receptor (CSF-IR)

성을 가져야 한다. Ligand에 의한 이량체화에 따라, Epo-R은 PTK의 일종인 JAK2의 작용으로 인산화되고 전사 활성 인자인 STAT5에 대한 결합부위를 생성한다(11장 참조). 결합이 이루어지면, STAT5는 수용체와 연관된 JAK2에 의해 스스로 인산화되고 핵으로 이동하기 위해 수용체와 분리되어 동형이량체(homodimer)를 형성한다(그림 17.7) (291쪽, 12장 참조).

SHP-1의 phosphatase 활성은 세포 내 신호를 조정하는 작용을 한다. SHP-1의 SH2 domain은 Epo-R 상의 phosphotyrosine 잔기(Y429)에 결합하고 이는 SHP-1이 JAK2에 의해 인산화 될 수 있게 한다. 인산화되어 활성화된 SHP-1은 kinase인 JAK2와 전사 활성인자인 STAT5을 탈인산화시킴으로써 비활성화 상태로 만들어주게 된다. 이로써, STAT5의 분리, 이량체화 및 핵으로의 이동이 차단된다. Y429 위치가 결손된 Epo-R 돌연변이를 일으킨 세포에서, SHP-1은 Epo-R 에 결합하지 못하지만 STAT5는 여전히 자기의 역할을 할 수 있고 결과적으로 Epo에 의해 유도된 STAT5 활성은 매우 지속적이다.[25]

SHP-1은 STAT5에 의해 매개되는 전사활성에 대한 negative regulator로 작용함으로써, SHP-1은 조혈작용 관련 세포들의 증식을 조절하는데 중요한 역할을 하고 있다. SHP-1 활성이 억제되면, tyrosine 인산화 수준이 유지되고 세포증식을 향상시킨다. 역으로, SHP-1의 과발현은 세포 성장의 억제로 연결된다.

■ PTEN은 phosphoprotein과 phospholipid에 대한 phosphatase이다

위에서 보듯이, protein tyrosine phosphatase(PTP)들에 대한 관심은 이들이 종양 억제자로 작용할 지도 모른다는 희망을 유발하였다. 그러나, 많은 PTP에 대한 연구를 진행했지만, 이러한 역할을 하는 것을 찾지 못하다가, 처음으로 밝혀진 것이 PTEN(phosphatase and tensin homologue deleted form chromosome-10)이다. PTEN은 PTP의 기능상실이 종양 발생에 관련된다는 가장 좋은 예를 제시하였다.[26,27] PTEN은 세포 생존과 세포 성장사이의 균형을 유

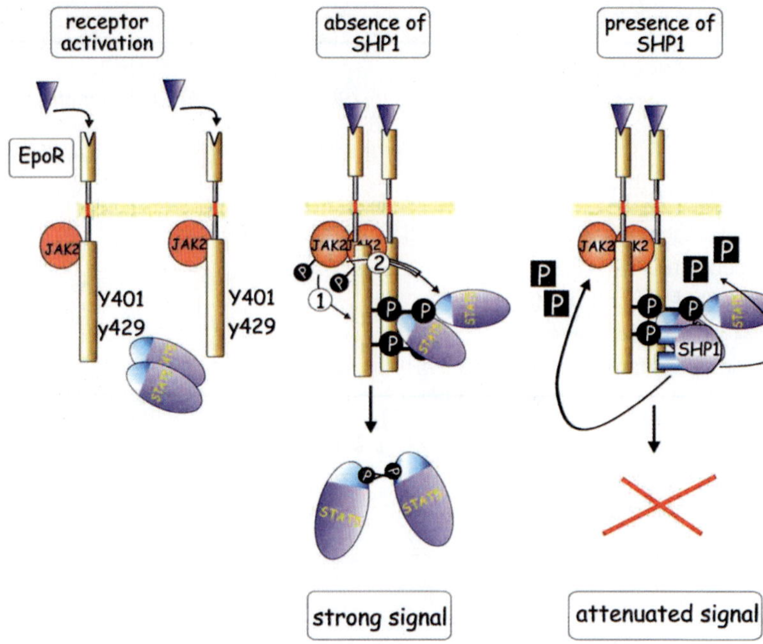

그림 17.7 JAK과 STAT은 조혈작용 관련 성장인자의 수용체로부터 신호를 전달한다. Epo가 수용체에 결합하면 관련된 세포질 JAK2 tyrosine protein kinase의 이량체화와 상호 간의 인산화가 일어난다. 이들은 Epo 수용체를 인산화하고 STAT5의 SH2 domain에 대한 docking site를 생성한다. STAT은 JAK2에 의해 인산화되고 분리되어 이량체를 형성하고 전사를 촉진하기 위해 핵으로 이동된다. SPH-1은 또한 tyrosine-phosphate docking site에 결합하여 JAK2와 STAT5를 모두 탈인산화한다. 그 결과로, 전사인자는 이량체를 형성하지 못하고 막 근처에 머무르게 된다. 이로써 신호가 조정되는 것이다.

지하는데 중요한 역할을 하고 있는 것이다(그림 17.8). PTEN의 작용기작이 놀라움으로 다가오는 것은, 그 작용이 단백질 tyrosine의 인산화 수준을 조절하는 것이 아니라 PI-3,4,5-P3에 대하여 phosphatase 작용을 하고 있다는 사실이다.[28]

PTEN은 상피세포에 많이 발현되어 있으며 이것은 종양 억제자로 분류된다. 신경교아세포종(glioblastoma), 흑색종(melanoma), 유방암, 전립선암, 자궁내막암 등에서 그 활성이 억제되는 돌연변이들이 발견된다.[29] PTEN이 결핍된 암세포에서 PTEN을 발현시키면 G1기에서 세포 주기가 정지되고 결국에는 세포사멸(apoptosis)이 뒤따른다. 이는 또한 세포이동(cell migration)을 줄이게 되는데, 이러한 발견은 왜 유전자 생성물의 상실이 빈번하게 말기 전이성 암과 관련되어 있는지를 설명해준다.[30]

PTEN의 아미노산 서열은 tyrosine phosphatase signature motif(위를 참조)를 포함하고 MKP-1과 같은 이중특이성 phosphatase와 매우 닮아있다. 그럼에도 불구하고, PTEN은 일반적으로 그리 강한 protein phosphatase이 아니며 오히려 PI-3,4,5-P3의 탈인산화를 민첩하게 촉진하고 있다.[28] PTEN의 3차원 구조는 이러한 특성의 기초를 보여준다: 다른 protein tyrosine phosphatase의 catalytic site와 달리 PTEN의 catalytic site는 inositol ring을 수용하기

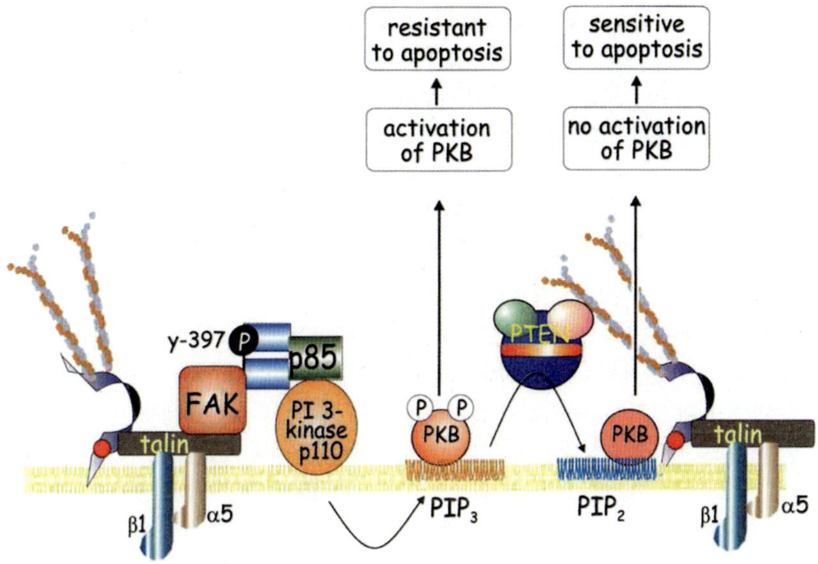

그림 17.8 PTEN은 tyrosine phosphatase이면서 PIP_3를 탈인산화한다. Focal adhesion contact의 형성은 FAK의 활성을 이끌어 Y397에 자가인산화를 유도한다. 이는 PI 3-kinase의 regulatory subunit인 p85의 SH2 domain에 대한 docking site로써 작용하고 이로써 PKB를 활성화하여 세포사멸을 막는다. 이 반응은 lipid phosphatase인 PTEN에 의해서는 3-인산화 inositide의 탈인산화를 통해 반대로 진행된다.

에 충분히 크다는 것이다. 양전하를 띤 아미노산의 존재는 PTEN의 기질들이 polyphosphoinositide head group과 같은 음전하를 띠는 경향을 설명해준다.[31] 비록 단백질 기질들이 모두 밝혀지지는 않았지만(예로써, FAK 또는 adaptor protein인 Shc), PTEN의 종양 억제적인 기능은 이것의 lipid phosphatase로서의 활성을 설명할 수 있다.[32]

PTEN이 PI-3,4,5-P3의 탈인산화를 촉진하기 때문에, 이는 두 가지의 잘 알려진 신호전달 경로의 상부에서 작용하게 되는데, 그 두 가지 경로는 세포 생존을 결정하는 경로(focal adhesion complex로부터 신호를 받고)와 세포 증식을 유도하는 경로(receptor tyrosine kinase에 의해 신호를 받는다)이다. 본질적으로, PTEN은 PI-3,4,5-P3를 낮은 농도로 유지하는데 작용한다. 그 결과, PKB와 PDK1과 같은 PH domain을 포함한 효소들이 모집되고 활성화되는 과정을 점검하는 것이다.[33] PKB는 Bad와 caspase-9의 활성을 막음으로써 그리고 Fas의 발현을 막음(14장)으로써 세포 생존을 조절한다. 또한 세포를 G_1기로 유도하는 cyclin D1의 발현을 조절하는 역할도 한다. PDK1은 PKB의 활성을 조절할 뿐만 아니라 ribosomal p70 S6 kinase의 활성을 조절함으로써 protein 합성 속도를 제어한다.

Serine-threonine phosphatase들

PTP는 모두 단량체로 되어있고 이들의 차이는 domain 구조에 의해 결정되는 반면, serine-threonine phosphatase는 다량체(oligomer)로 되어있고 그들의 targeting subunit들과의 관련성에 의해 특징지어진다. 이러한 phosphatase들의 특징은 그들을 특정한 위치로 이동하게 만들고, 그들의 작용을 제한된 범위의 기질들, 예를 들면 인산화된 myosin light chain 또는 리보좀 등에만 국한시킨다. 처음으로 알려진 serine-threonine phosphatase는 PP1G로서 glycogen phosphorylase을 불활성화한다.(34,35)

다른 형태의 serine-threonine phosphatase들도 확인되어 왔는데, 이들은 초기에 PP1, PP2A, PP2B, 그리고 PP2C로 분류되었다. 이들은 상대적으로 활성에 있어 비특이적이기 때문에, 이러한 소규모의 효소들은 많은 protein kinase들의 영향에 균형을 맞추기에 충분하다고 생각된다.(36) 일부 기능적인 다양성이 억제제의 발견으로 명백해졌는데 이들 억제제는 제한된 범위의 phosphatase에 영향을 준다. 예로써, tumor promoter인 okadaic acid는 PP1과 PP2A의 강력한 저해제인 반면 cyclosporine(장기 이식 후에 T 림프구를 불활성화시키고 조직 거부반응을 막기 위해 사용)은 PP2B(calcineurin)에 대한 선택적인 저해제이다.

정제된 효소에서의 활성은 촉매활성 subunit의 활성만을 나타내는 것이지만 세포 내 환경에서는 이 효소들은 표적(targeting) subunit 또는 저해 subunit과 결합되어 있다는 사실이 인식되게 되면서, 효소 작용의 진정한 다양성이 밝혀지게 되었다. 세포 내 분포, 기질의 선택성, 그리고 촉매적인 활성은 주로 이들의 subunit들에 의해 결정된다. 예를 들어, PP1은 광범위한 peptide와 단백질 기질들에 대해 강력한 활성을 나타낸다. 따라서 이 활성은 조심스럽게 조절되어야 한다. 정상적인 조건에서, 이것은 glycogen에 매우 높은 친화성(K_{app} ~6 nmol/l)을 가진 이종이량체 PP1G와 같은 glycogen-targeting G-subunit과 결합되어 있다. 이로써 유리된 자유 PP1의 농도를 매우 낮은 수준으로 유지시켜 준다. 극심한 glycogen 고갈 상태에서, 수용성의 저해단백질(inhibitor1, Inh1)이 이 효소의 농도를 낮게 유지시킨다(그림 17.9). 이러한 방식으로, PP1이 범위 내에 있는 phosphoprotein을 무분별하게 탈인산화하는 것을 막는다. 특정한 targeting 단백질과의 관계는 가능한 기질의 범위를 좁힌다. Glycogen 대사의 다른 효소들인 phosphorylase kinase, phosphorylase 및 glycogen synthase는 glycogen에 강력하게 결합되어있고 이들 모두는 PP1G에 의해 탈인산화되는 좋은 기질들이다.

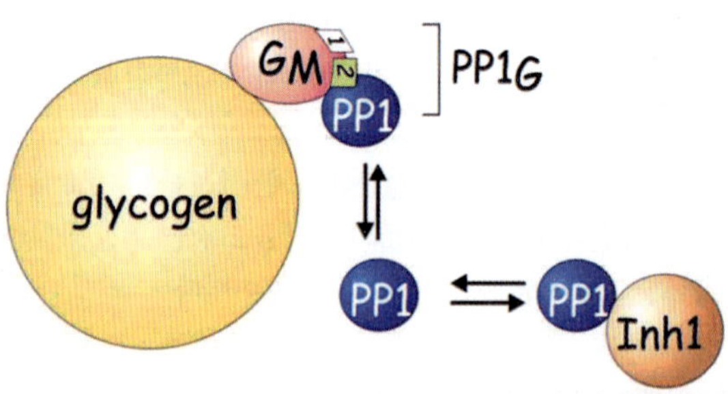

그림 17.9 Serine phosphatases의 targeting subunits과 inhibitor proteins. PP1은 절대로 유리된 자유 형태로 존재하지 않는다. 이는 glycogen과 결합한 조절 subunit인 G_m에 결합하여 PP1G 복합체를 형성하거나 억제 subunit인 Inh1에 결합하여 다른 기질의 무분별한 탈인산화를 막는다.

Protein serine-threonine phosphatase의 분류

Serine-threonine phosphatase는 표 17.2에 정리된 것처럼 PPP와 PPM, 2개의 superfamily로 분류된다.[37,38] PPM은 마그네슘이온 의존적인 PP2C와 mitochondrial pyruvate dehydrogenase phosphatase(PDP)를 포함한다. PPP는 catalytic domain 내 3개의 변하지 않는 아미노산 motifs(-GDxHG-. . .-GDxVxRG-. . .-GNH-)의 존재에 의해 특성 지어진다. 효모(*S. cerevisiae*)의 유전체는 PPP family 내에 12개의 catalytic domain에 대한 유전자를 가지고 있고 포유류 유전체는 10배 정도 많은 유전자를 포함한 것으로 추정된다. 게다가, 많은 수의 표적 subunit들의 존재는 다수의 기능적으로 다양한 serine-threonine phosphatase를 만든다.

표 17.2 Protein serine-threonine phosphatase의 분류와 이들의 표적 subunits. 통상적인 genome의 명명법에 따라 3개의 머리글자를 따서 family를 명시하였다. Protein phosphatase들에서, PPP는 phosphoprotein phosphatase를, PPM은 마그네슘에 의한 활성화를 의미한다.

Old	New	
Catalytic subunits (C)		
PPP family		
PP1 α, β, γ	PPP1CA, PPP1CB, PPP1CC	
PP2A α, β	PPP2CA, PPP2CB	Plus subunits either B or C
PP2B α, β, γ	PPP3CA, PPP3CB, PPP3CC	Plus subunits (calmodulin)
PP4	PPPC4	
PP5 (Pptl)	PPP5C	
PP6	PPP6C	
PPM family		
PP2C α, β	PPMI1CA, PPMC1B	Monomer Mg^{2+}-dependent
PDP	PPM2C	Mitochondrial pyruvate dehydrogenase phosphatase
Targeting or regulatory subunits (R)		
PPPIR family		
I-1	PPPIRIA	Inhibitor of PP1 when released from G-targeting subunit
DARPP32	PPPIRIB	Neuronal inhibitor of PP1 (dopamine and adenosine regulated)
PPI1-2	PPPIR2	Inhibitor of PP1
G_M	PPPIR3	Targeting PP1 to glycogen and sarcoplasmic reticulum in skeletal muscle
G_L		Targeting PP1 to glycogen in liver
MI10		Targeting PP1 to myofibrils in skeletal and smooth muscle
P53BP2		Targeting PP1 to the tumour suppressor nuclear protein p53
NIPP-1		Nuclear inhibitor of PP1

Glycogen 대사 조절에 있어 PP1의 역할

PP1G의 G-subunit의 site 특이적인 인산화는 이 효소가 adrenaline과 칼슘이온에 대해서는 glycogen 분해(glycogenolysis)를, 인슐린에 대해서는 glycogen 합성을 이끄는 적당한 반응을 생성하도록 한다. 골격근에서, site 2가 PKA에 의해 활성화되거나 insulin-stimulated protein kinase(ISPK)에 의해서 site 1이 활성화된다(그림 17.10).[39] 이들 두 위치 모두 N-말단 regulatory domain에 존재한다. Site 1의 인산화(insulin 자극)는 glycogen synthase와 phosphorylase kinase의 탈인산화를 유도한다. 이는 synthase의 활성을 증가시키고 kinase의 활성을 억제한다. 역으로, adrenaline의 효과는 site 2에 인산화를 이끈다. 이는 PP1G 이량체의 안정성을 감소시켜(1만분의 1 정도로) catalytic subunit을 분리해내고 Inh1과 결합하게 한다. Regulatory G-subunit은 glycogen과 결합한 상태로 존재한다. Phosphatase의 활성이 억제되면서, glycogen을 대사하는 효소들의 인산화가 PKA때문에 유지되므로 glycogen synthase는 억제되고 phosphorylase kinase는 활성화된다. PP1G의 site 2가 탈인산화되고 재활성화되는 것은 PP2A와 Ca^{2+}의존적인 PP2B(reset button 역할)에 의해 매개된다(그림 17.11).

한편, 간과 근육에서 PP1의 활성을 조절하는 메커니즘은 다르다. 간에서, G_L subunit의 활성화는 인산화에 의해 조절되지 않는다. Phosphatase 활성의 억제 대신 glycogen synthase의

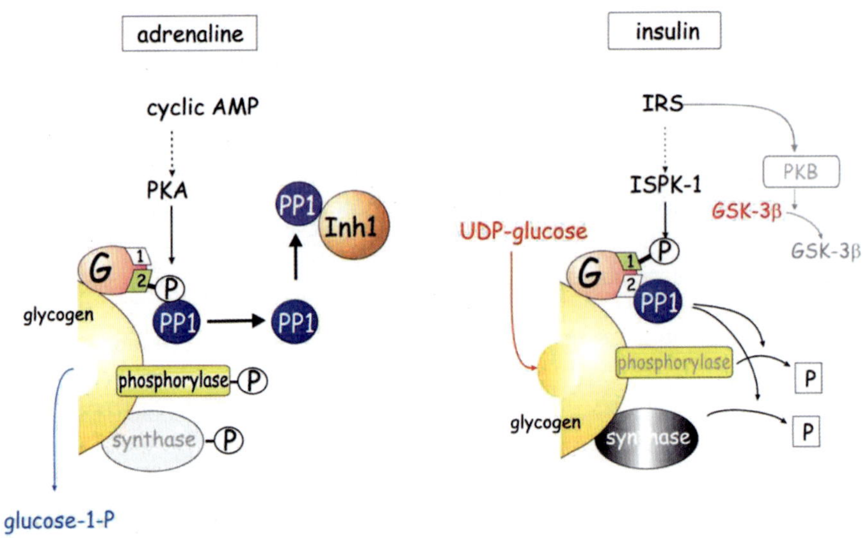

그림 17.10 Glycogen 합성과 분해의 결정: 인산화와 탈인산화의 균형. (a) Adrenaline과 insulin PP1G 복합체의 phosphatase 활성에 있어 상반적인 효과를 이끈다. Adrenaline은 PKA가 phosphorylase의 활성을 이끄는 작용을 자극하여 glycogen 분해를 유도한다. 게다가, phosphorylase는 regulatory subunit G_m의 site 2에 인산화를 통해 활성화된 채로 존재하게 된다. 이는 PP1이 분리되어 Inh1에 결합하게 하고 phosphatase가 활성을 갖지 않게 한다. (b) 인슐린은 역반응을 일으켜서 glycogen 합성을 이끈다. IRS-1의 인산화를 통해, ISPK-1이 활성화되고 이는 G_m의 site 1을 인산화 한다. 이로써 PP1과의 상호작용을 강화한다. Phosphatase는 glycogen synthase을 활성화하고 phosphorylase *a*를 비활성화한다.

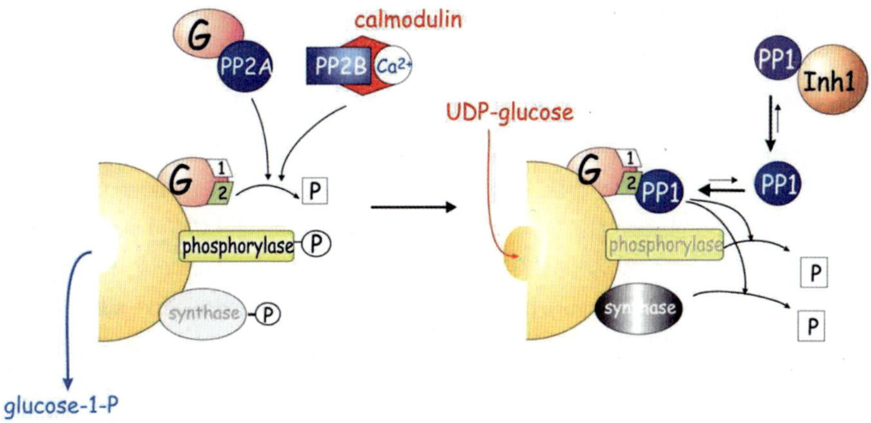

그림 17.11 Glycogen 분해와 합성의 재 균형화: PP2A와 PP2B. Adrenaline이 제거되면, glycogen 대사가 PP1G regulatory subunit G_m site 2의 탈인산화를 통해 reset 된다. PP1G의 재활성화는 PP2A와 칼슘 이온 의존적인 PP2B(calcineurin), 2개의 phosphatase에 의해 매개된다. 이러한 조건에서, PP1G는 다시 adrenaline과 insulin에 민감하게 된다. 휴지기 조건에서, PP1은 G_m과 Inh1 사이를 이동하며 glucose-1-phosphate의 생성이 기본적인 수준으로 유지되게 한다.

활성을 억제하는데 phosphorylase의 인산화된 형태가 작용한다(그림 17.12)[39]. 이것은 매우 낮은 농도에서 PP1G의 allosteric inhibitor로써 작용한다. 다시 말해, 이는 glycogen 분해의 활

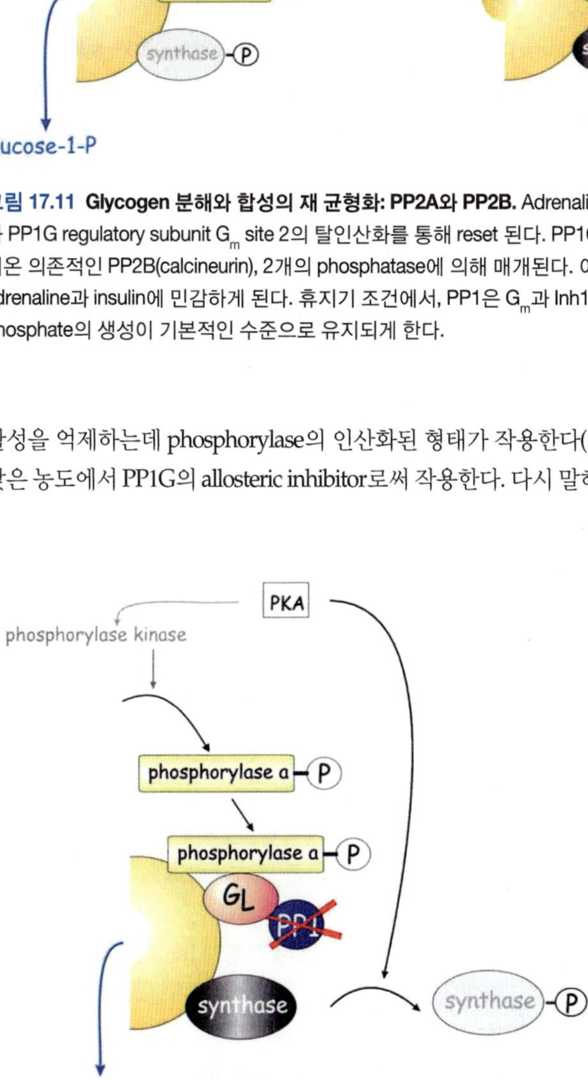

그림 17.12 간에서 glycogen 분해의 조절: PP1의 억제. 간과 근육에서 glycogen 분해의 유도는 다르다. 간에서, 활성화된 phosphorylase는 regulatory subunit G_L(근육에서의 G_M과는 다르다)에 결합하고 이는 phosphatase PP1G의 활성을 막는다. PKA는 또한 glycogen syntase를 인산화하여 비활성화하고 PP1G의 억제에 의해 인산화된 상태로 남아있게 한다. 이로써, glycogen 분해가 일어난다. glycogen으로부터 물리적인 분리가 아니라, 인산화된 glycogen synthase의 치환은 억제를 의미한다.

성화와 연관된 glycogen 합성 억제에 효과적인 의미를 제공하고 그 역으로도 그러하다.

T-세포 증식 조절에 있어 PP2B(calcineurin)의 역할

지금은 비록 PP2B가 광범위한 조직에 분포하고 있음을 알고 있지만,[40] PP2B는 원래 신경조직에 존재하는 칼슘 결합 단백질로써 밝혀졌으며 이것의 또 다른 이름은 calcineurin이다.[41] 훗날, 이것은 phosphatase 활성을 가지고 있고 regulatory subunit이 Ca^{2+} binding protein calmodulin이라는 것이 알려졌다(173쪽 참조). 전체 조합은 3개의 subunit으로 구성된다: 즉 calcineurin A(catalytic subunit), calcineurin B(regulatory calmodulin-like subunit), 및 calmodulin 자체로 구성된다. 그리고 B-subunit은 기질의 범위를 제한한다. Calcineurin은 세포질의 칼슘이온 농도가 증가하거나 calcineurin B가 인산화됨으로써 활성화될 수 있는데, 이 활성화로 인해 칼슘이온의 친화성이 증가되어 휴지상태 수준의 낮은 칼슘농도에서도 활성화될 수 있도록 만들어준다.

T 림프구-매개 면역 반응을 억제하는데 사용되는 cyclosporin과 FK506의 사용을 통해, calcineurin의 기능적인 역할이 주목 받기 시작했다(8장 참조).[42] 이러한 약제들의 잠재력과 특이성은 이식 거부성을 막고 자가 면역성 질병을 치료하는 새로운 치료법의 가능성을 제공하였다. 실제로, cyclosporin A의 발견 때문에, 이것의 사용이 신장, 심장, 그리고 간 이식 환자들의 생존에 크게 증가시켰다. 이는 또한 천식 치료에도 응용된다.[43] 이들 두 약제들은 주로 IL-2의 발현을 막음으로써 T 림프구의 clonal expansion을 막는 작용을 한다.[44] 그러나 이들은 서로 다른 세포 내 수용체에 결합하고 있는데, cyclosporin은 cyclophilin에, FK506은 FK-binding protein(FKBP)에 결합한다. 이들 세포 내 수용체들은 총체적으로 immunophilin으로 알려져 있다[45](그림 17.13). 이들은 NF-AT에 calcineurin의 접근을 제한하는데 작용하여,[46] 이것의 인산화 상태를 유지하고 그 결과 핵으로의 이동을 막는다(그림 17.14; 그림 12.3, 참고).[47] IL-2의 전사에서 clonal expansion을 이끄는 잘 알려진 역할 외에도, NF-AT은 또한 IL-4, GM-CSF과 TNF alpha를 암호화한 유전자를 유도한다. 이러한 방법으로, 단백질 탈인산화는 T-세포 활성에 중요한 역할을 한다.[48,49]

활성화의 3단계는 NF-AT에 한정되어있다: 탈인산화, 핵으로의 이동, 그리고 DNA에 대한 친화성 증가이다(그림 17.14).[50] 휴지기의 T 세포에서, NF-AT는 많은 serine 잔기가 인산화된 상태로 세포질에 머물러 있다. T 세포 수용체가 활성화됨으로써 Ca^{2+}의 신호가 증가되면 calcineurin이 활성화되고 탈인산화되게 되는데 이는 nuclear localization sequence(NLS)와 NF-AT의 DNA결합 부분을 노출시킨다. 이렇게 하여 이들 분자들은 복합체 형태로 핵으로 이동된다. 전사 인자인 NF-AT family의 member들은 AP-1 복합체(Jun과 Fos, Ras/ERK를 통하여 활성화된다: 11장 참조)와 결합되어 있다. DNA 상에서 3개 단백질의 강력한 결합은 유전자 발현을 이끈다. TCR의 활성은 세포 내의 free 칼슘이온의 증가를 이끈다. 이는 calmodulin(CaM), regulatory subunit(CnB)와 phosphatase subunit(CnA)로 구성된 복합체의 형성을 유도한다. Calcineurin은 전산인자 NF-AT와 결합하고 탈인산화를 통해 핵으로 이동하는 신호를 노출시킨다. Calcineurin/NF-AT복합체는 핵으로 이동되고 전사적으로 활성을 띤 AP-1 복합체와 연합하여 IL-2의 전사를 유도한다. Calcineurin 과 Ras/ERK 경로사이의 시너지는 성공적인 T-세포 증식에 필수적이다.[51] 이러한 시너지를 설명하기 위해, 항시 활성

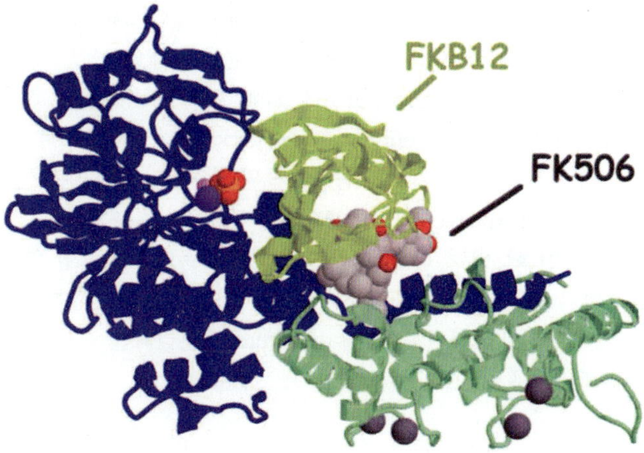

그림 17.13 Immunophilin들이 calcineurin의 phosphatase 활성을 막는다. FK506은 세포 내 수용체인 immunophilin FKBP12(밝은 녹색)에 결합한다. 이 조합체는 면역억제 작용을 나타내게 되는데 calcineurin heterodimer의 CnA-(catalytic, 파랑)와 CnB-(4개의 Ca^{2+} 이온과 결합한 아래의 녹색 구조) subunit에 결합하여 활성을 억제한다(그림 8.6 참조).

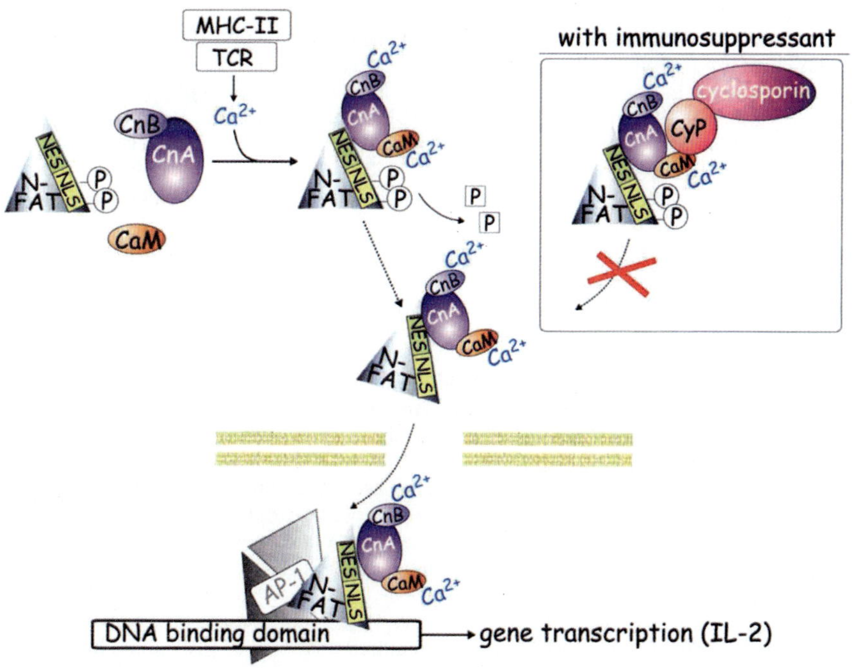

그림 17.14 Calcineurin(PP2B)은 전사인자인 NF-AT가 핵으로 이동하는 것을 조절하는 조절자이다. TCR의 활성은 세포 내 free 칼슘이온의 증가를 가져온다. 이는 calmodulin(CaM), regulatory subunit (CnB)와 phosphatase subunit(CnA)로 구성된 복합체의 형성을 유도한다. Calcineurin은 전산인자 NF-AT와 결합하고 탈인산화를 통해 핵으로 이동하는 신호를 노출시킨다. Calcineurin/NF-AT복합체는 핵으로 이동되고 전사적으로 활성을 띤 AP-1 복합체와 연합하여 IL-2의 전사를 유도한다.

상태인 Ras와 함께 ionomycin(Ca^{2+} ionophore)을 처리하면, T세포 활성화에 효과적인 자극을 제공한다; 또한 어느 것이든지 단독으로 제공된 자극은 효과가 없다.[52]

이 경로는 면역억제제인 cyclosporin에 의해 억제될 수 있다. cyclosporin은 cyclophilin(CyP)에 결합하여 calcineurin의 catalytic pocket을 차지함으로서 NF-AT의 접근을 막는다. 이 전사인자는 인산화된 상태로 남아있게 된다. 결과적으로, IL-2의 전사를 유도할 수 없고 T 림프구의 clonal expansion은 일어나지 않게 된다.

Calcineurin은 또한 핵으로부터 NF-AT의 방출을 막는데도 중요한 역할을 한다.[53] Calcineurin의 결합이 없을 때, 활성화된 NF-AT는 핵막을 가로질러 순환하게 된다. 세포 내 자유 Ca^{2+} 농도가 떨어지고 전사인자로부터 calcineurin이 분리되면, 전사인자의 방출이 일어나고 따라서 T-세포 수용체 신호가 종결된다.

References

1 Sun, H., Tonks, N.K. The coordinated action of protein tyrosine phosphatases and kinases in cell signaling. *Trends Biochem. Sci.* 1994; 19: 480–5.

2 Tonks, N.K., Diltz, C.D., Fischer, E.H. Purification of the major protein-tyrosine-phosphatases of human placenta. *J. Biol. Chem.* 1988; 263: 6722–30.

3 Charbonneau, H., Tonks, N.K., Kumar, S. *et al.* Human placenta protein-tyrosine-phosphatase: amino acid sequence and relationship to a family of receptor-like proteins. *Proc. Natl. Acad. Sci. USA* 1989; 86: 5252–6.

4 Fischer, E.H., Charbonneau, H., Tonks, N.K. Protein tyrosine phosphatases: a diverse family of intracellular and transmembrane enzymes. *Science* 1991; 253: 401–6.

5 Sap, J., Jiang, Y.P., Friedlander, D., Grumet, M., Schlessinger, J. Receptor tyrosine phosphatase R-PTP-κ mediates homophilic binding. *Mol. Cell Biol.* 1994; 14: 1–9.

6 Brady-Kalnay, S.M., Tonks, N.K. Identification of the homophilic binding site of the receptor protein tyrosine phosphatase PTPμ. *J. Biol. Chem.* 1994; 269: 28472–7.

7 Guan, K.L., Broyles, S.S., Dixon, J.E. A Tyr/Ser protein phosphatase encoded by vaccinia virus. *Nature* 1991; 350: 359–62.

8 Gautier, J., Solomon, M.J., Booher, R.N., Bazan, J.F., Kirschner, M.W. cdc25 is a specific tyrosine phosphatase that directly activates p34cdc2. *Cell* 1991; 67: 197–211.

9 Zheng, X.M., Wang, Y., Pallen, C.J. Cell transformation and activation of pp60c-src by overexpression of a protein tyrosine phosphatase. *Nature* 1992; 359: 336–9.

10 Yamaguchi, H., Hendrickson, W.A. Structural basis for activation of human lymphocyte kinase Lck upon tyrosine phosphorylation. *Nature* 1996; 384: 484–9.

11 Jove, R., Hanafusa, T., Hamaguchi, M., Hanafusa, H. In vivo phosphorylation states and kinase activities of transforming p60c-src mutants. *Oncogene Res.* 1989; 5: 49–60.

12 Desai, D.M., Sap, J., Schlessinger, J., Weiss, A. Ligand-mediated negative regulation of a chimeric transmembrane receptor tyrosine phosphatase. *Cell* 1993; 73: 541–54.

13 Perkins, L.A., Larsen, I., Perrimon, N. Corkscrew encodes a putative protein tyrosine phosphatase that functions to transduce the terminal signal from the receptor tyrosine kinase torso. *Cell* 1992; 70: 225–36.

14 Tang, T.L., Freeman, R.M., O'Reilly, A.M., Neel, B.G., Sokol, S.Y. The SH2-containing protein-tyrosine phosphatase SH-PTP2 is required upstream of MAP kinase for early *Xenopus* development. *Cell* 1995; 80: 473–83.

15 Shi, Z.Q., Lu, W., Feng, G.S. The Shp-2 tyrosine phosphatase has opposite effects in mediating the activation of extracellular signal-regulated and c-Jun NH2-terminal mitogen-activated protein kinases. *J. Biol. Chem.* 1998; 273: 4904–8.

16 Bennett, A.M., Tang, T.L., Sugimoto, S., Walsh, C.T., Neel, B.G. Protein-tyrosine-phosphatase SHPTP2 couples platelet-derived growth factor receptor β to Ras. *Proc. Natl. Acad. Sci. USA* 1994; 91: 7335–9.
17 Charles, C.H., Abler, A.S., Lau, L.F. cDNA sequence of a growth factor-inducible immediate early gene and characterization of its encoded protein. *Oncogene* 1992; 7: 187–90.
18 Sun, H., Charles, C.H., Lau, L.F., Tonks, N.K. MKP-1 (3CH134), an immediate early gene product, is a dual specificity phosphatase that dephosphorylates MAP kinase in vivo. *Cell* 1993; 75: 487–93.
19 Assoian, R.K. Control of the G1 phase cyclin-dependent kinases by mitogenic growth factors and the extracellular matrix. *Cytokine Growth Factor Rev.* 1997; 8: 165–70.
20 Brondello, J.M., McKenzie, F.R., Sun, H., Tonks, N.K., Pouyssegur, J. Constitutive MAP kinase phosphatase (MKP-1) expression blocks G1 specific gene transcription and S-phase entry in fibroblasts. *Oncogene* 1995; 10: 1895–904.
21 Sun, H., Tonks, N.K., Bar, S.D. Inhibition of Ras-induced DNA synthesis by expression of the phosphatase MKP-1. *Science* 1994; 266: 285–8.
22 Brondello, J.M., Pouyssegur, J., McKenzie, F.R. Reduced MAP kinase phosphatase-1 degradation after p42/p44MAPK-dependent phosphorylation. *Science* 1999; 286: 2514–17.
23 Dorfman, K., Carrasco, D., Gruda, M. *et al.* Disruption of the erp/mkp-1 gene does not affect mouse development: normal MAP kinase activity in ERP/MKP-1-deficient fibroblasts. *Oncogene* 1996; 13: 925–31.
24 Tsui, H.W., Siminovitch, K.A., de Souza, L., Tsui, F.W. Motheaten and viable motheaten mice have mutations in the haematopoietic cell phosphatase gene. *Nat. Genet.* 1993; 4: 124–9.
25 Klingmuller, U., Lorenz, U., Cantley, L.C., Neel, B.G., Lodish, H.F. Specific recruitment of SH-PTP1 to the erythropoietin receptor causes inactivation of JAK2 and termination of proliferative signals. *Cell* 1995; 80: 729–38.
26 Li, J., Yen, C., Liaw, D. *et al.* PTEN, a putative protein tyrosine phosphatase gene mutated in human brain, breast, and prostate cancer. *Science* 1997; 275: 1943–7.
27 Cantley, L.C., Neel, B.G. New insights into tumor suppression: PTEN suppresses tumor formation by restraining the phosphoinositide 3-kinase/AKT pathway. *Proc. Natl. Acad. Sci. USA* 1999; 96: 4240–5.
28 Maehama, T., Dixon, J.E. The tumor suppressor, PTEN/MMAC1, dephosphorylates the lipid second messenger, phosphatidylinositol 3,4,5-trisphosphate. *J. Biol. Chem.* 1998; 273: 13375–8.
29 Di Cristofano, A., Pandolfi, P.P. The multiple roles of PTEN in tumor suppression. *Cell* 2000; 100: 387–90.
30 Tamura, M., Gu, J., Matsumoto, K. *et al.* Inhibition of cell migration, spreading, and focal adhesions by tumor suppressor PTEN. *Science* 1998; 280: 1614–17.
31 Lee, J.O., Yang, H., Georgescu, M.M. *et al.* Crystal structure of the PTEN tumor suppressor: implications for its phosphoinositide phosphatase activity and membrane association. *Cell* 1999; 99: 323–34.
32 Myers, M.P., Pass, I., Batty, I.H. *et al.* The lipid phosphatase activity of PTEN is critical for its tumor supressor function. *Proc. Natl. Acad. Sci. USA* 1998; 95: 13513–18.
33 Alessi, D.R., Kozlowski, M.T., Weng, Q.P., Morrice, N., Avruch, J. 3-Phosphoinositide-dependent protein kinase 1 (PDK1) phosphorylates and activates the p70 S6 kinase in vivo and in vitro. *Curr. Biol.* 1998; 8: 69–81.
34 Cori, G.T., Cori, C.F. The enzymatic conversion of phosphorylase a to b. *J. Biol. Chem.* 1945; 158: 321–32.
35 Stralfors, P., Hiraga, A., Cohen, P. The protein phosphatases involved in cellular regulation. Purification and characterisation of the glycogen-bound form of protein phosphatase-1 from rabbit skeletal muscle. *Eur. J. Biochem.* 1985; 149: 295–303.
36 Cohen, P. The structure and regulation of protein phosphatases. *Annu. Rev. Biochem.* 1989; 58: 453–508.
37 Cohen, P.T. Novel protein serine/threonine phosphatases: variety is the spice of life. *Trends Biochem. Sci.* 1997; 22: 245–51.

38 Cohen, P.T.W. Nomenclature and chromosomal localization of human protein serine/threonine phosphatase genes. *Adv. Prot. Phosphatases* 1994; 8: 371–6.
39 Hubbard, M.J., Cohen, P. On target with a new mechanism for the regulation of protein phosphorylation. *Trends Biochem. Sci.* 1993; 18: 172–7.
40 Chantler, P.D. Calcium-dependent association of a protein complex with the lymphocyte plasma membrane: probable identity with calmodulin-calcineurin. *J. Cell Biol.* 1985; 101: 207–16.
41 Klee, C.B., Crouch, T.H., Krinks, M.H. Calcineurin: a calcium- and calmodulin-binding protein of the nervous system. *Proc. Natl. Acad. Sci. USA* 1979; 76: 6270–3.
42 Borel, J.F. Comparative study of in vitro and in vivo drug effects on cell-mediated cytotoxicity. *Immunology* 1976; 31: 631–41.
43 Sihra, B.S., Kon, O.M., Durham, S.R. *et al.* Effect of cyclosporin A on the allergen-induced late asthmatic reaction. *Thorax* 1997; 52: 447–52.
44 Bunjes, C., Hardt, D., Rollinghoff, M. and Wagner, H. Cyclosporin A mediates immunosuppression of primary cytotoxic T cell responses by impairing the release of interleukin 1 and interleukin 2. *Eur. J. Immunol.* 1981; 11: 657–61.
45 McKeon, F. When worlds collide: immunosuppressants meet protein phosphatases. *Cell* 1991; 66: 823–6.
46 Liu, J., Farmer, J.D., Lane, W.S., Friedman, J., Weissman. I. Schreiber, S.L. Calcineurin is a common target of cyclophilin-cyclosporin A and FKBP-FK506 complexes. *Cell* 1991; 66: 807–15.
47 Guerini, D. Calcineurin: not just a simple protein phosphatase. *Biochem. Biophys. Res. Commun.* 1997; 235: 271–5.
48 Flanagan, W.M., Corthesy, B., Bram, R.J., Crabtree, G.R. Nuclear association of a T-cell transcription factor blocked by FK-506 and cyclosporin A. *Nature* 1991; 352: 803–7.
49 Clipstone, N.A., Crabtree, G.R. Identification of calcineurin as a key signalling enzyme in T-lymphocyte activation. *Nature* 1992; 357: 695–7.
50 Rao, A., Luo, C., Hogan, P.G. Transcription factors of the NFAT family: regulation and function. *Annu. Rev. Immunol.* 1997; 15: 707–47.
51 Genot, E., Cleverley, S., Henning, S., Cantrell, D. Multiple p21ras effector pathways regulate nuclear factor of activated T cells. *EMBO J.* 1996; 15: 3923–33.
52 Chen, C.Y., Forman, L.W., Faller, D.V. Calcium-dependent immediate-early gene induction in lymphocytes is negatively regulated by p21Ha-ras. *Mol. Cell Biol.* 1996; 16: 6582–92.
53 Zhu, J., McKeon, F. NF-AT activation requires suppression of Crm1-dependent export by calcineurin. *Nature* 1999; 398: 256–9.

18

단백질의 domain과 신호전달

구조적으로 보존된 단백질 모듈

세포 신호전달에 관여하는 많은 단백질들은 여러 domain 구조로 이루어져 있다(표 18.1). 단백질 domain이란 구조적 상동성(homology)을 보이는 단백질 분자 내 특정 부위를 말한다.(1) 좀더 엄밀하게 말하자면, 그 상동성을 보이는 것이 3차 구조이며 단백질의 광범위한 영역에

표 18.1 구조적으로 잘 보존된 domain들을 가진 단백질의 예들

Protein	Chapter	Structure
RasGAP	4	[SH2] -[SH3] -[SH2] -[PH] –[C2] -[RasGAP]
Sos	11	-[DH] -[PH] -[RasGefN] -[RasGEF] --polyPro-polyPro-polyPro-
PLCδι		[PH] –EF- EF-[PI-PLC-X] -[PI-PLC-Y] –[C2] -
PLCγl	5, 11	[PH] –EF-[PI-PLC-X] -[PH1] -[SH2] -[SH2] -[SH3] -[PH2] -[PI-PLC-Y]
Protein kinase B	13	[PH] -[pkinase] -
Grb2	11	[SH3] -[SH2] -[SH3]
Nck	11	[SH3] -[SH3] -[SH3] -[SH2]
p85 subunit of P13-kinase	13	[SH3] ----[SH2] ---[SH2]
β-Adrenergic receptor kinase	4	[RGS] -[pkinase] -[PH]
Btk	17	[PH] –[BTK] -[SH3] -[SH2] -[pkinase]
Vav	12	[CH] --[DH] -[PH] -[CI] -[SH3] -[SH2] -[SH3]
Dbl	17	----[DH] -[PH] -
Shc	11	--[PTB] --[SH2]
Src	11, 12	--[SH3] -[SH2] -[pkinase] -

BTK, Btk motif; CI, homology with the DAG binding domain of PKC; C2, homology with the Ca^{2+} binding domain of PKC; DH, Dbl homology; EF, EF-hand pair, Ca^{2+} binding; PH, pleckstrin homology; PI-PLC-X or Y, phosphoinositide specific PLC; pkinase, protein kinase domain; PTB/PID, phosphotyrosine binding/interaction domain; Ras-GAP, Ras GTPase activating protein; Ras-GEF, Ras guanine nucleotide dissociation inhibitor; RGS, regulator of G protein signalling domain; SH, Src homology.

걸쳐 있기에 '구조적 domain'이라고 불려진다. 하지만 이들의 아미노산 서열은 그리 잘 보존되어 있지는 않다. 여러 형태의 domain 각각은 소수성 중심을 가진 조밀하고 안정적인 구조를 중심으로 이루어져 있다. 일반적으로 이것은 40-100개의 아미노산으로 구성되며 별도의 exon에 의해 암호화 되어있다. 어떤 단백질들은 여러 개의 exon들이 진화 과정에서 뒤섞여 합쳐진 것으로 추정되는 여러 종류 domain들을 지니기도 한다. Domain의 3차 구조는 N-말단과 C-말단이 인접하거나 노출되는 치밀한 구조로 이루어져 있기 때문에, 'plug-in'모듈처럼 더욱 확장된 구조에 삽입될 수 있다.

Domain들은 본래부터 확고하며 안정한 구조를 가지는 일련의 구형(globular) 구조로부터 유래되었다. 서열 상동성이 존재하는 부위는 그 단백질의 기본적인 특성을 보존하게 하며, 서열이 다양한 부위는 표적에 대한 특이성이나, 존재 위치, 활성화 기작 등과 같은 다양한 기능들을 담당한다. 따라서, 서열상의 차이라는 것은 특정 요구조건을 충족시키기 위한 적응(adaptation) 과정을 반영하고 있을 것이다. 어떤 단백질은 유전자 융합에 의해 domain을 획득함에 따라 이전에는 독립적이었던 구조를 특정한 목적에 따른 subunit 구조로 통합하게 되었을 것이다. 이러한 domain의 삽입은 모체구조의 고리(loop)부분에서 가장 쉽게 일어날 수 있으며 그 결과 일차 구조도 변형시키게 된다. 이와 유사한 방법으로 3차 구조를 이루는 domain의 선형구조에도 동일한 변형이 일어날 수 있을 것이다. 예를 들어, PLCγ의 PH domain들 중 하나를 형성하는 사슬들은 3개의 Src homology domain을 포함하는 약 350개 아미노산 잔기의 삽입에 의해 분리되어 있는 것을 볼 수 있다(표 18.1).

Domain들의 확인

같은 부류의 domain들 사이의 서열 상동성은 제한적이며 삽입된 서열들이 있기 때문에 서열 데이터로부터 각 domain들을 밝혀낸다는 것은 쉽지 않은 일이다. 실제로, 구조에 대한 정보가 없는 상황에서 이들을 확인하는 방법들은 구조와 염기서열의 다중 비교를 하는 컴퓨터 프로그램에 의존하고 있다. 이 방법들이 점점 정교해짐에 따라 많은 단백질에서 이전에는 인식되지 못했던 domain들이 확인되고 있다.

Domain의 기능

일부 구형의 단백질들 경우 서로 다른 여러 종류의 domain이나, 심지어 특정 domain을 여러 개 가지고 있는 반면, 단지 하나의 domain만을 가진 단백질도 있다. 많은 단백질들은 이미 알려진 domain들을 하나도 가지고 있지 않은 것도 있다. 일반적으로 신호전달에 관여하는 단백질들은 여러 개의 domain을 가지고 있다. 그러나, domain의 존재를 밝혀내는 능력은 빠르게 발전하고 있지만, 이들의 기능에 대한 이해는 여전히 초보단계에 있다. 어떤 domain들은 내재된 효소 기능을 가진다(kinase와 DH domain 같은 것); 다른 domain들은 특정 펩타이드 서열을 인식한다(SH2와 SH3 domain 같은 것); 일부는(PH domain 같은 것) 특정 지질의 머리 부분을 인식하고, C2 domain 같은 것은 Ca^{2+} 의존적인 형태로 인지질에 결합할 수 있다. 비활성적 상호작용은 신호 전달 분자들이 특정 막 부위에 복합적인 구조로 통합될 수 있게 하는데 이 모든 것은 활성화된 리간드가 수용체와 결합함으로써 시작된다.

이장에서는 단백질 domain들의 기본적인 특성과 신호전달 메커니즘에서 그들의 역할에 대해 설명하고자 한다. 논의는 주로 이 책의 다른 부분에서 언급된 domain들과 모듈들의 예에 한정되어있다. 비록 엄밀히 말해 domain은 아니지만, EF-hand Ca^{2+} 결합 모티브(motif)에 대해서도 논의할 것이다.

Oligopeptide 모티브에 결합하는 domain

SH2 domain

SH2 domain은 비수용체 protein tyrosine kinase $pp60^{src}$(참고 문헌 2;12장 참조)의 활성화 domain과는 분리된 별개의 영역으로 SH2, Src homology region 2라 불린다. SH2 domain은 모든 비수용체 PTKs에 존재하며 일반적으로 kinase domain의 N-말단에 바로 인접해 위치한다. 이 domain들은 많은 수의 다른 단백질 내에도 존재한다. SH2 domain은 약 100개 정도의 아미노산 잔기로 구성되며 인산화된 tyrosine 잔기와 고 친화도로 결합한다(K_d~50-500 nmol/l) (그림 18.1). 3차 구조는 일반적으로 중앙의 역평행 β-병풍(antiparallel beta-sheet)구조와 양끝의 α-나선(α-helices)으로 구성된다. 인산화되는 tyrosine 표적은 4개의 잔기로 이루어진 모티브 내에 존재하며, β-병풍의 양쪽 끝을 연결시킴으로써 결합한다. 첫 번째 잔기는 인산화된 tyrosine이고 잔기 4(예를 들어, pY+3)는 보통 소수성인데 이들 각각은 pocket 내에 존재하며 β-병풍의 측면에 위치한다. 다섯 종류의 SH2 domain이 알려져 있는데 각각은 결합 특이성에 의해 구별된다. 그 결합 특이성은 결합 모티브(binding motif)를 형성하는 잔기들에 의해 결정된다. 예로써, Src family kinase의 SH2 domain은 pYEEI 서열에 최상으로 결합한다

그림 18.1 SH2 domain. Phosphotyrosylpeptide 리간드(EPQPYEEIPIYL)와 결합한 SH2 domain(Src kinase Lck)의 2개 단면 구조를 보여준다. 리간드의 골격(11개 잔기)은 녹색으로 나타내었다. 결합 모티브는 중앙에 있는 pYEEI이다. 인산화 tyrosine과 isoleucine 잔기는 왼쪽과 오른쪽에 각각 나타내었다. (자료원 : llcj.pdb[13].)

Slime mould인 *Dictyostelium discoideum*은 진정한 과도기 종이라 여겨진다. 이것은 대부분의 시간을 단세포로 존재하다가 기아와 같이 극한 스트레스 조건하에서는 세포들이 slug라 불리는 덩어리로 뭉쳐진 유기체로 움직일 수 있다. 세포들은 분화하여 stalk와 독자적인 자실체(fruiting body)를 형성하고 이것들이 포자를 분산시키게 된다

(264쪽, 그림 11.7). 인산화되지 않은 tyrosine이나, 인산화된 serine, 또는 인산화된 threonine에 대한 SH2 domain의 친화성은 그리 크지 않다.

Src(12장과 아래)와 PLC-γ(5장)같이 SH2 domain을 포함한 단백질은 촉매 활성을 가지기도 한다. 반면에 Grb2(11장)처럼 2개의 SH3 domain을 가지는 단백질은 아무런 촉매 활성이 보이지 않는다(표 18.1 참조). 이들은 SH2 domain에 의해 인식되는 모티브와는 상당히 다른 모티브에 결합한다(아래 참조). 따라서 이것은 어댑터 분자로 작용할 수 있으며 tyrosine 인산화 신호를 Ras 신호 전달 경로로 유도한다.

SH2 domain은 동물 세포에서는 확인되지만 식물과 곰팡이와 같은 다른 진핵 생물의 부류에서는 아직까지 발견되지 않고 있다. 진화적 관점에서 보면 가장 원시적 형태인 slime mould *Dictyosterlium discoideum*의 STAT 단백질에서 나타난다(12장). 이는 다세포 동물의 진화에 있어 SH2 domain의 역할이 있었음을 의미한다. 활성화 신호에 반응하여, STAT 분자는 각자의 SH2 domain과 다른 부위의 인산화된 tyrosine기와 관련하는 상호작용에 의해 이량체로 된다. 고등 생물에서와 같이 이량체 형태는 핵으로 들어가 DNA에 결합하고 전사를 조절한다.

PTB/PID domain

인산화된 tyrosine기를 인식하는 다른 종류의 domain으로 PTB(phosphotyrosine binding) domain이 있다(또는 phosphotyrosine interaction domain, PID). 그러나 이 domain은 SH2 domain과는 완전히 다른 분자 구조를 가진다. 또한, SH2 domain과는 달리, 그 상호작용의 특이성은 인산화된 tyrosine 잔기의 N-말단과 바로 인접한 아미노산의 염기서열에 따라 결정된다(NPXpY motif).[3,4] 흥미롭게도 PTB/PID domain은 β-barrel 구조와 한쪽 끝에 대응하여 쌓여진 긴 α-나선을 가지고 있다는 점에서 PH domain과 구조적으로 아주 유사하다(그림 18.2와 그림 18.6을 비교). 그러나, PH domain은 상당히 다른 표적을 가져(아래를 보라) β-사슬을 연결하는 고리나 주요 나선에 결합하게 된다. 반면, PTB domain에서 표적인 인산화된 tyrosine은 β-barrel의 한쪽 부분에 결합한다(그림 18.3).

SH3 domain

SH3 domain은 꼬여진 β-barrel 구조를 형성하는 55에서 75개의 아미노산으로 구성되어있다(그림 18.4). 안정적인 중심 부위는 보존되어 있지만, β-사슬과 연결된 고리는 변이가 심하다. SH3 domain이 결합하는 표적 단백질의 모티브는 8-10개 잔기의 proline이 풍부한 부분으로 구성되어있다. 이러한 서열은 한 회전당 3개의 잔기를 가지는 확장된 좌선형 helices를 형성한다(이를 2형 polyproline helix라 한다). 결합부위는 소수성 방향족 아미노산과 나란히 배치되어 있다.[5] 평면의 결 사슬은 튀어나온 부위를 형성하는데 이것은 마치 서로 맞물려있는 두 나사의 나삿니처럼 polyproline helix의 홈에 잘 맞아 들어간다(그림 18.5). 약 3개의 나선 회전이 결합에 관여하는데 보전된 모티브는 RXLPPLPXX 또는 XXXPPLPXR로서 2종류의 SH3 domain 결합단백질로 나뉘어지게 된다. 첫 번째 서열을 포함한 부위는 두 번째 서열을 가진 단백질과 반대방향으로 모티브가 정렬될 것이다. 그러나 두 경우의 결합은 대개 약하고 그 상호작용도 무차별적이다. 이러한 불확실성이 Grb2(11장)와 Nck(표 18.1) 같은 adaptor 단백질

그림 18.2 **PTB/PID domain 구조.** Shc의 PTB domain 구조를 입체모형으로 나타내었다. 중심을 형성하는 보존된 2차 구조는 색으로 나타내었다(α-나선은 자홍색 β-구조는 노란색). 나선은 꼬여진 β-barrel의 한쪽 끝에서 끝난다(자료원: lshc.pdb[14]).

그림 18.3 **인산화된 tyrosine을 지닌 모티브와 결합한 PTB domain.** PTB domain의 타깃은 녹색으로, 인산화된 tyrosine은 붉은색으로 표시하였다. (자료원: lshc.pdb[14]).

입체 분자구조를 어떻게 볼 것인가? 종래의 평면구조에 비해 입체 구조로부터는 훨씬 많은 정보를 얻을 수 있다. 대부분의 사람들은 맨 눈으로도 입체 상을 볼 수는 있으나 실제 익숙해지기까지는 어느 정도 시간이 걸린다. 당신이 불행하게도 한쪽 시력이 아주 약한 경우가 아니라면 보는 연습이 아주 중요하다.

입체 쌍 이미지 관찰에 의해 3차 구조를 파악하는 데는 두 가지 방법이 있다. 예를 들어 당신의 왼쪽 눈이 오른쪽 이미지를 보는 식으로 두 눈을 교차시켜 보거나 또는 각 눈이 바로 앞에 있는 이미지를 볼 수도 있다. Rasmol에 의해 생성된 이미지는 수렴성(cross-eyed)용이며 CHIME상은 개산성 관찰용이다. 이 책에 있는 (그리고 대부분 인쇄된 사진들) 그림들을 보기 위해서는 좌측의 상들은 왼 눈으로 그리고 우측의 상들은 오른쪽 눈으로 보아야만 한다. 만약 두 가지 상들이 쉽게 하나의 입체 구조로 보여지지 않는다면 다음 방법들을 시도해 보라:

• 우선 당신의 코를 두 입체 이미지 사이나 아래쪽으로 닿을 만큼 가까이하라. 그러면 두 입체 이미지는 서로 겹쳐 보일 것이나 사진은 흐릿해 보일 것이다 (이 단계에서 입체성을 조금이나마 느낄 수 있을 것이다)

• 이제 그 사진들을 서서히 당신으로부터 멀리 떨어뜨리되 회전시키지는 않게 조심하라. 입체성에 집중하면서 당신의 눈이 초점을 맞출 때까지 기다려라.

주의: 만약 개산성 이미지를 수렴성(crossed eyes) 방법을 통하여 본다면 그 상들은 입체적으로 보일 것이기는 하나 좀 혼란스럽게 뒤집힌 것처럼 보일 것이다.

그림 18.4 Left-handed proline-rich helix가 SH3 domain의 표면에 결합한 입체 상. PI3 kinase의 p85-subunit의 91-104 잔기에 해당하는 합성 펩타이드(PPRPLPVAPGSSLT)와 Src kinase Fyn의 SH3 domain과의 복합체의 NMR 구조이다. 공과 막대(Ball and stick)형태의 펩타이드에서 Pro는 분홍색으로 Arg, Lys은 파랑색 Leu, Val은 녹색 Ala, Gly는 회색; Ser, Thr는 주황색으로 표시하였다. (자료원: lazg. pdb[15].)

에 두 개 또는 그 이상의 SH3 domain이 존재하는 것을 설명할 수 있을 것이다. Grb2의 경우 이것은 표적 분자의 2개 인접한 proline-rich 부분에 결합함으로서 결합의 친화성과 특이성을 높인다. 여러 신호전달 분자에서 보여지는 SH2와 SH3의 직렬배치는 tyrosine 인산화를 통해 SH3 domain 의존적인 상호작용을 조절하는 입체구조상 메커니즘을 설명할 수 있다.[6]

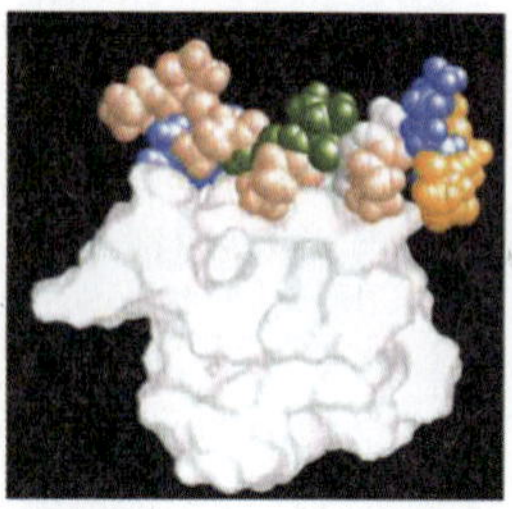

그림 18.5 Proline-rich 펩타이드에 결합된 SH3 domain의 분자 표면. Fyn의 SH3 domain을 분자 표면으로 나타내었다(CHIME 사용). 표적 펩타이드는 그림 18.4와 같은 색을 사용해서 공간 채움 형태(spacefill format)로 나타내었다. (자료원: lazg.pdb[15].)

단백질과 지질에 결합하는 domain

PH domain

PH(pleckstrin homology) domain은 비교적 최근에 알려진 구조 domain이다. 이것은 100개 정도의 아미노산 잔기로 구성되어 있으며 해당 서열이 600개 이상의 단백질에서 발견되지만 자세한 구조에 대한 정보는 단지 몇 개만이 알려져 있다. 이들 domain의 기능은 SH2와 SH3 domain에 비해 덜 알려져 있으며 서로 다른 PH domain 사이에서도 서로 다르다. 많은 PH domain들이 단백질-단백질 또는 단백질-지질간의 상호작용을 매개하는 것을 보여준다. 이 domain은 혈소판 protein kinase C의 주요 기질인 pleckstrin 내부에서 반복된 서열로 처음 확인되었다.[7,8] 다른 것과 달리 pleckstrin 그 자체도 분자의 양 끝에 하나씩 두 개의 PH domain을 지니고 있다.

여러 PH domain을 구성하는 서열은 SH2와 SH3 domain에 비해 훨씬 다양하다. 모든 domain들에서처럼, 몇몇 보존된 잔기들은 중심 구조를 유지하는 내부에 묻혀 있는 경향이 있다. 표 18.2에서 처럼 서로 다른 단백질 PH domain의 다중 서열 배열 비교 결과는 이들 사이에 유사성이 별로 없다는 것을 보여준다.

PH domain에 보존된 3차 구조의 특징으로는 7개의 역평행 β-사슬(antiparallel beta-strands)의 한쪽 끝에 C-말단 α-나선이 쌓여지는 형태로 구성된 β-barrel 구조를 들 수 있다. 이것은 단단한 골격을 형성하는데 진화 과정 동안 단백질 사슬 사이의 고리 부분에 이 구조가 적응되어 서로 다른 결합 특이성을 가진 PH domain을 형성한다. 같은 단백질 구조가 PTB/PID domain의 중심을 형성한다는 것도 주목할 만하다(그림 18.6과 18.2를 비교).

PH domain의 기능은 명확하지 않다. 신호전달 분자들에 대해서는 그 분자에 특이적인 리간드를 찾는 것이 아주 유용한데 그 일부를 표 18.3에 나타내었다. 많은 단백질들이 G-단백질의 β-, γ-소단위에 결합할 수 있는 PH domain을 가지고 있다. 가장 잘 알려진 예로는 β-adrenergic receptor의 인산화를 촉진하는 kinase인 β-ARK를 들 수 있는데 이 경우에도 비록 그 β, γ 소단위가 PH domain의 C-말단 부분과 결합한다는 것은 알려져 있지만 상호 작용의 자세한 구조에 대한 정보는 잘 모른다. β-ARK와 달리, PH domain을 가지고 있지 않은 상동 단백질인 로돕신(rhodopsin) kinase는 C-말단 부분에 farnesyl group을 가지는데 이러한 소수성 변형이그 단백질을 막과 결합할 수 있게 해준다. 이는 PH domain과 막에 부착된 βγ-subunit와의 결합이 대상 분자를 막 부분에 고정하는 역할도 하는 것임을 의미한다.

아마도 PH domain은 막 phosphoinositides와의 상호작용도 할 것이다. 이것은 인지질 머리 그룹의 4-와 5-phosphate group 잔기를 β-사슬을 연결하는 고리 사이의 갈라진 틈과 결합시킴으로써 일어난다. 예를 들자면 이것이 PI(4,5)P_2에(혹은 IP_3) 결합하는 PLCδ PH domain의 특성이다(그림 18.6). 이 같은 고친화도 상호 작용이 phospholipase가 그 효소의 촉매 domain의 기질이기도 한 PI(4,5)P_2를 함유하고 있는 막 부분에 결합할 수 있게 할 것이다. 또 다른 예로는 비수용체 PTK인 Btk/Tec family를 들 수 있는데 이 경우에는 예외적으로 PH domain이 PI3-K의 생성물인 PI(3,4,5)P_3에 선택적이다. 이러한 PH domain의 주요 기능은 개개의 polyphosphoinositides의 존재에 의해 결정되는 특정 막 위치로 단백질들을 표적화하는 것으로 보인다. 이러한 형태의 상호 작용을 막는 IP_3의 존재는 신호전달 과정에 또 하나의 연결가능성을 보여준다. βARK의 PH domain은 막부위로의 전위(translocation)를 확실하게 하기 위해 PI(4,5)P_2와 β-, γ-소단위 둘 다와 결합할 수 있다. 이 종 삼량체 G-단백질의 조절과 7TM 수용체의 활성 상태 사이의 연결고리는 PIP_2의 양에 의해 조절되는 $G_{\beta\gamma}$/βARK 복합체의 분리로도 설명된다.

최종적으로, 몇몇 중요한 PH domain의 기능에 대해서는 어느 정도 단서를 가지고 있지만, 나머지들에 대해선는 거의 알지 못한다. PH domain은 막으로의 전위를 위해 위에서 언급한 2가지 기본적인 메커니즘을 모두 혹은 하나만 사용할 것이나 일부의 경우에는 둘 다 이용하지 않고 상당 부분이 아직도 명확하지 않다.

표 18.2 PH domain의 서열 정렬

Dynamin	513	RKGWLTINNI	G.......IMKGG	SK.EYWFVLT	AE	NLSWY	KDDEE.....	.........KE	KKYMLS
PLCδ1	23	LKGSQLLKVK	S ....SSW	RR.ERFYKLQ	ED	CKTIW	QESRKVMRTP	ESQLFSIEDIQ	EVRMGH
PLCβ2	22	SQGERFIKWD	D.........ETT	VA.SPV.ILR	VD	PKGYY	LYWTYQS..K	EMEFLDITSIR	DTRFGF
Pleckstrin1	7	REGYLVKKG.	........SVFNT	WKPMWVVLL.	ED	GIEFY	KKKSDNS...	....	PKGMIP
β-Spectrin	2199	MEGFLNRKHE	WEAHNKK.ASSRS	WH.NVYCVIN	NQ	EMGFY	KDAKSAASGI	PY........H	SEVPVS
Btk	6	LESIFLKRSQ	Q.....KKKTSPL	NFKKRLFLLT	VH	KLSYY	EYDFERGRR.	....GS..KKG	SIDVEK
		β1	Loop	β2	L	β3	Loop		β4

Dynamin	558	VDN	LKLRDVE	KGFMS	SKHIF...	ALF	NTE..QR	NVYKDY	RQLELAC	ET	QEEVDSWKASFLRAG
PLCδ1	80	RT.	EGLEKFA	RDVPE	DRCFSI..	.VF	K......	...DQR	NTLDLIA	PS	PADAQHWVLGLHKII
PLCβ2	73	AKi	DVFNMii	DNSFL	LKTLTV..	.VS	G......	...PDM	iFHNFVS	YK	ENVGKAWAEDVLALV
Pleckstrin1	51	LKG	STLTSPC	QDFGK	RMFVF...	KIT	T......	...TKQ	QDHFFQA	AF	LEERDAWVRDINKAI
β-Spectrin	2256	LKE	.AICEVA	LDYKK	KKHVF...	KLR	L......	....SD	GNEYFQA	KD	DEEMNTWIQAISSA.
Btk	61	ITC	VETVVPE	KNPiI	IERFPY..	.PF	QVV....	...YDE	GPLYVFS	PT	EELRKRWIHQLKNVI
		L	β5	Loop	β6		Loop		β7	L	Alpha

리간드와 상호작용하는 PLC-δ1과 β-spectrin의 PH domain 서열은 자홍색으로 나타내었다. 면역결핍증이 있는 돌연변이 Xid 쥐에서 발견되는 Src kinase Btk 내 R → C 돌연변이는 파란색으로 표시하였으며 /는 삽입 insertion을 나타낸다. Ferguson *et al.*[16]과 Runnels *et al.*[21] 의 변형.

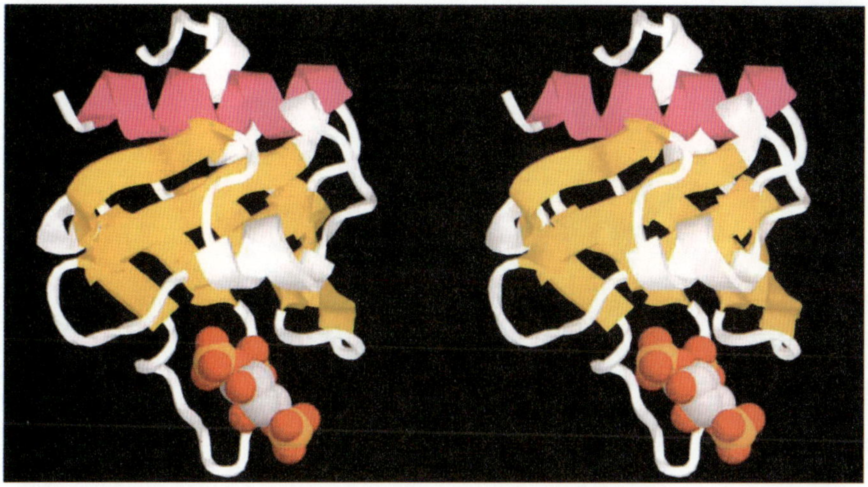

그림 18.6 IP$_3$와 결합한 PH domain. IP$_3$와 결합한 PLC δ1의 PH domain의 구조를 입체 모형으로 나타내었다. 보존된 중심을 형성하는 2차 구조를 색으로 표시하였다(α-나선은 자홍색 β-구조는 노란색). PTB domain에서는 꼬여진 β-barrel의 한쪽 끝에서 주요 나선이 끝난다. IP$_3$는 Rasmol의 cpk 색에서 공-막대 형태로 나타냈다(산소분자는 붉은색 인은 노랑색). (자료원: Imai.pdb[16].)

표 18.3 PH domain의 일부 생리학적인 리간드들

Host protein	Ligands	Protein function
β-Adrenergic receptor kinases	βγ-subunits, PI(4,5)P_2	Down-regulation of receptors
Phospholipase Cδl	PI(4,5)P_2, IP_3	Regulation of enzyme activity
Akt/PKB	PI(3,4)P_2, PI(3,4,5)P_3	A downstream effector of PI 3-kinase, regulation of enzyme activity
Btk	PI(3,4,5)P_3	Regulation of leukocyte activation
Ras-GAP	PI(3,4,5)P_3, I(1,3,4,5)P_4	Link between PI 3-kinase and Ras

Adapted from Lemmon *et al.*[9]

칼슘 이온과 결합한 폴리펩타이드 모듈

EF-hand 모티브

단백질 내 보편적인 칼슘 이온 결합 부위는 EF-hand motif를 지니고 있다. E와 F는 이 모티브가 처음으로 확인된 근단백질 parvalbumine의 나선형 부분을 나타낸다. 칼슘 이온 결합 부위는 두 개의 α-나선을 연결하는 약 12개의 아미노산의 고리(helix-loop-helix 구조)에 의해 형성된다(그림 18.7). EF-hand는 일반적으로 인접한 쌍으로 존재하는데 이 배열이 서로를 조밀하게 접히도록 하여 EF-hand unit라 부르는 구조를 형성하게 한다. 일반적으로, EF-hand 구조의 중심은 상당히 보존되어 있으나 바깥 부분은 상당히 변이가 심하며 칼슘 이온 해리상수는 10^{-7}에서 10^{-5} mol/l 정도이다. 세포 내 주요 칼슘 이온 센서인 calmodulin은 2개의 EF-hand

그림 18.7 EF-hand 구조. 칼슘 이온(녹색)이 결합한 calmodulin의 EF-hand 구조. 배위 껍질을 형성하는 7개의 산소 원자들은 붉은색으로 표시하였다. (자료원: lcll.pdb[17].)

unit(즉, 4개의 EF-hand)를 가진다. 각각의 모티브에서, 개개의 칼슘 이온과 결합하는 리간드는 aspartate와 glutamate의 곁사슬, 카르보닐 그룹의 펩타이드 결합, 그리고 물 분자에 의해서 제공되는 산소 원자이다.[10,11] 칼슘 이온 결합에 의한 calmodulin에서 일어나는 입체구조상 변화(conformational change)는 8장에서 자세히 설명하였다.

C2 domain

작은 크기의 EF-hand 모티브와는 달리, C2 domain은 칼슘 이온 결합 부분을 가지는 상당한 구조이다. 이들은 CaLB 또는 Ca^{2+} 그리고 지질 결합 domain으로도 알려져 있으며 다양한 종류의 세포 내 단백질에 존재한다. EF-hand에서 칼슘에 대한 친화성은 다양하다. 이들은 protein kinase C-β의 소위 '2차 보존' 조절 부위와의 상동성을 따라 이름을 붙였다(200쪽, 그림 9.8 참조).

C2 domain의 구조

한 리간드의 결합은 다른 부위에서의 친화도를 변화시킨다. 이 경우에서와 같은 양성 협동성(positive cooperativity)은 다른 부위에서의 친화도를 증가시키는 것을 의미한다.

C2 domain은 견고한 8개의 사슬로 이루어진 역평행 β 샌드위치 구조로 배열된 약 130개의 잔기로 구성되어 있다(그림 18.8). 칼슘 결합은 구조의 한쪽 끝 3개의 고리로 이루어진 부분에서 일어난다. 그림 18.8에 보인 PKCβ의 C2 domain에는 2개의 고리상에 5개 aspartate 잔기가 있어 3개의 칼슘 이온이 협동적 방식(cooperative manner)으로 결합될 수 있는 칼슘 결합 포켓을 형성하는데 도움을 주는 산소를 자리잡게 하는 작용을 한다. 그러나, 각각 칼슘 이온주변의 배위 구형(coordination sphere)이 완전하지 않음에 주의하라. C2 domain은 또한 phosphatidylserine, phhosphatidylinositol과 polyphosphoimositides 같은 음전하를 띠는 인지질과도 결합한다. 음이온 잔기 외에 고리 부분 내의 곁사슬은 대개 양전하를 띠고 있다. 칼슘 이온이 포켓으로 들어오면 음전하가 중화되고 단백질은 정전기적으로 음이온 지질(이들은 배위 구형을 완성한다)에 결합할 수 있다. 따라서, 인지질 결합은 단백질의 표면 전위를 변화시킬 수 있는 '전정기적 스위치'(electrostatic switch)처럼 작용하는 칼슘 이온 결합을 필요로 한다.[12] 이 메커니즘에 의해 C2 domain을 가진 수용성 단백질들이 세포 내 칼슘 이온이

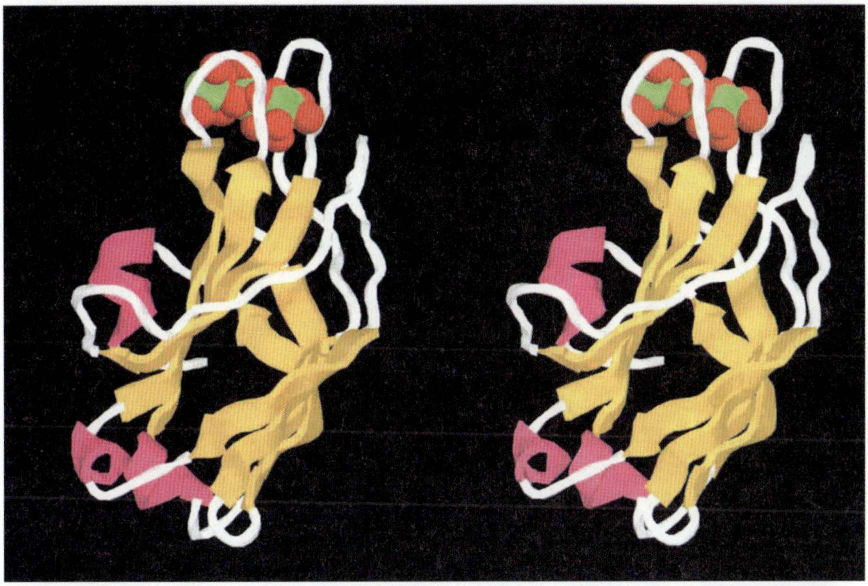

그림 18.8 C2 domain 구조. 칼슘 이온(녹색)과 결합한 2차 구조를 보여주는 입체 이미지. (자료원: la25.pdb[18].)

상승되어 마이크로몰 수준이 되면 막에 결합되게 한다. 여기서 이전에 다루었던 주제를 다시 보게 된다: 그 domain 중 하나를 통해 신호전달 분자들은 세포막의 특정위치로 모이게 된다.

일반적으로, C2 domain이 이러한 특성들을 모두 보여주지는 않는다. 결합의 정량수 stoichiometry(site의 수)와 칼슘 이온에 대한 친화성에는 변화가 많다. 실제로 몇몇은 칼슘 이온에 결합하지는 않지만 다른 단백질과는 결합을 하는데 이것은 또 다른 기능의 가능성을 시사한다.

Protein kinase domain

Protein kinase는 같은 domain을 공유한다.

Protein kinase는 ATP로부터 인산기 그룹을 아미노산 곁 사슬의 hydroxyl 잔기로 전달하는 작용을 촉매 하는데 여기에는 serine/threonine kinase와 tyrosine kinase의 2 종류가 있다. 2 종류 모두에서, 촉매 활성은 protein kinase domain이라 불리는 구조적으로 보존된 domain에 한정되어 있다. Kinase domain의 기본적인 구조는 그림 18.9에 있는 것처럼 cAMP-dependent protein kinase A(PKA)의 촉매 domain이 대표적이다. 펩타이드 사슬은 근접한 배열 내에 2개의 엽(lobe)을 형성하기 위해 접혀있으며 이들 사이의 틈에 촉매 부위를 지니고 있다. N-말단의 α-나선 사슬(A 나선)도 양쪽 엽의 표면에 결합한다. 이것은 때때로 링커로서 여겨지며 엽들은 쐐기처럼 작용하는 하나의 폴리펩타이드 사슬에 의해 서로 연결된다.

2개의 엽 중에서 N-말단 엽은 더 작으며(소엽) 100개의 아미노산을 가지고 있다. N-말단은 myristoylate되어 있지만 그 myristoyl group이 막과 자유롭게 결합한다는 증거는 없다. 대신

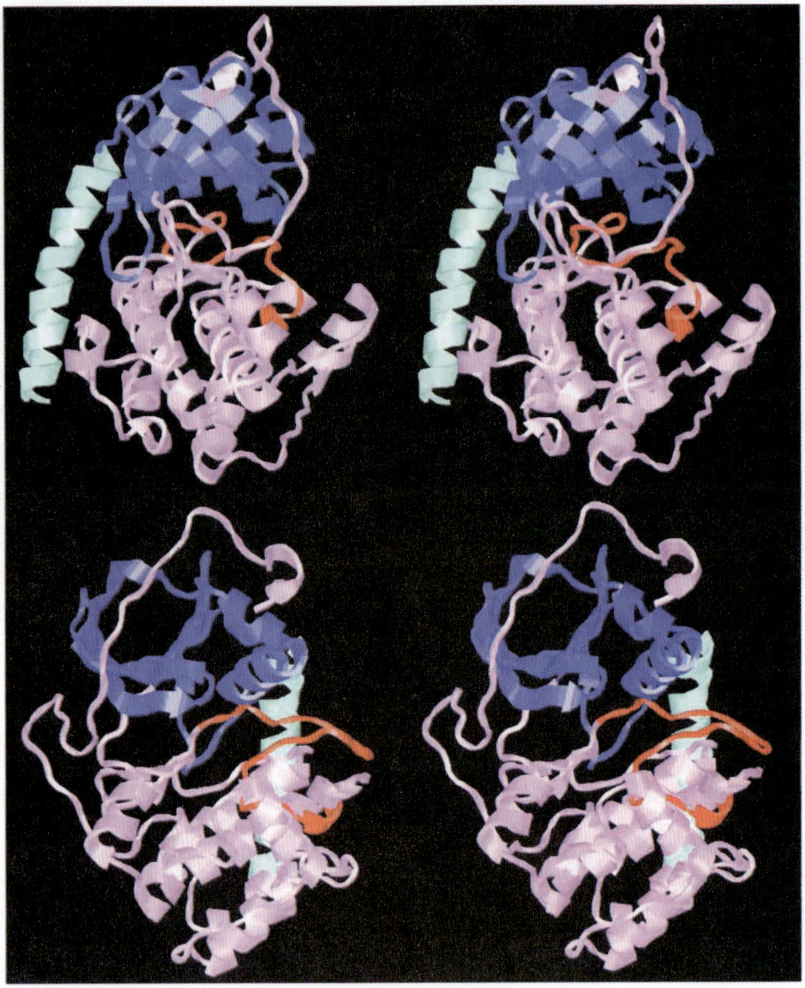

그림 18.9 **Protein kinase의 domain 구성.** 돼지 PKA의 촉매 소단위의 입체모형. Linker 사슬(A 나선)은 청록색으로 표시하였다. 소엽은 파랑색, 대엽은 보라색으로 나타내었다. 활성 조각은 붉은색이다. N-말단 myristoyl 그룹은 나타내지 않았다. (자료원: lcdk.pdb[19].)

에 이것은 포켓을 차지하여 구조적 안정성을 제공하며 링커가 대엽과 접촉을 유지하는 것을 도와준다. 소엽의 주요 특징으로는 역평행으로 이루어진 β-병풍 구조가 있으며 또한 2개의 α-나선 사슬(B-와 C-나선)도 존재한다. 대엽은 약 200개의 잔기로 이루어졌으며 대부분이 α-나선 구조로 안정적인 4개의 나선-다발 주변에 배열된다.

Kinase 활성을 조절하는 구조적 요소들

넓은 의미에서 소엽의 주요 기능은 ATP와 결합하는 것이며, 대엽은 기질에 결합하여 촉매화가 일어나게 한다는 것이다. 그러나 이 엽들 사이의 구체적인 상호작용이나 ATP, 칼슘 이온, 기질과의 상호작용은 복잡하다. 우선, ATP는 그 틈 사이로 들어가 정확한 방향으로 결합 해야만 한다. 이렇게 하기 위해서, ATP는 양쪽 엽상의 잔기들과 접촉해야 한다. 2개의 마그네슘 이온이 결합하여야 하지만 보기 쉽게 만들기 위해 다음 그림에서는 나타내지 않았다. 다음으로, 표적 단백질상 보존된 모티브의 인식과 결합이 일어나야만 한다. PKA에서 모티브의 염기서열은 RXXT/Sh(여기서 h는 소수성 곁 사슬을 의미한다)이다. Serine 이나 threonine의 목표 hydroxyl group은 정확하게 ATP의 말단 인산기와 정렬되어야 하며 결과적으로 형성된 ADP는 새로운 ATP로 교환되어야 한다.

이러한 모든 작용은 양쪽 엽의 특정한 구조 내의 아미노산의 곁사슬과 펩타이드 결합 사이의 협동적 상호작용을 필요로 한다. 이것들은 아래에 **진한** 글씨체로 나타내었으며 그림 18.10에 나와있다. Nucleotide와 접촉을 형성하며 배열하고 있는 소엽 상의 잔기들로는 β-사슬 1과 2사이에 존재하는 **glycine-rich loop**의 주 사슬과 β-사슬 3에 존재하며 **C-나선**상의 glutamate(E91)과 상호작용 하는 lysine(K72)의 질소가 있다. 대엽에서는 24개의 아미노산 부위가 활성을 조절한다. 이것은 **활성고리(activation loop)**라 불리는 β-사슬 8을 뒤이은 나선의 부분을 이루는 고리를 형성한다. 활성고리에서 중요한 것은 threonine(T197)인데 그 자체가 인산화 상태로 되어야만 활성화가 일어난다. 한 때 안정적인 번역 후 변형(post-translational modification)로 여겨졌던 T197의 인산화는 이제는 PKA를 위한 조절로 여겨진다. 또한 β-사슬 8에 이어 2개의 마그네슘이온에 결합하는데 기여하는 잔기가 있으며 β-사슬 6은 인산기 전달 반응을 시작하는 것으로 여겨지는 glutamate(D166)을 포함하는 **촉매고리(catalytic loop)**이다.

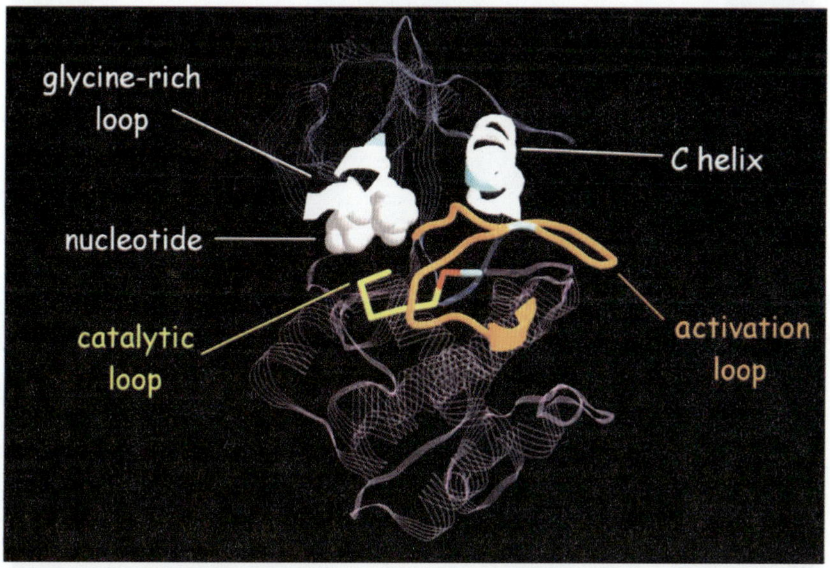

그림 18.10 PKA의 촉매 중심(catalytic core). 촉매 부위를 형성하는 중요한 구조와 잔기들의 일부를 나타내었다(그림 18.9(아래 그림)에서와 같은 방향으로 표시되었으나 기본 골격은 희미하게 하였으며, 링커와 기질은 표시하지 않았다). 주요 잔기들은 청록색으로 표시(β-사슬 3의 K72, C-나선 내의 E91, 활성 루프의 T197, 촉매 루프의 R165). 촉매 고리내의 D166은 붉은색으로 나타내었다. 그리고 ATP 결합(공간 채움 분자)은 회색으로 표시하였다. 실험상 이유로 ATP 유사체인 adenylyl imidodiphosphate를 사용하였다. (자료원: lcdk.pdb[19].)

효율적인 촉매 활성은 활성부위가 완전해야만 일어나며 이는 T197의 인산화와 2개의 엽 사이의 틈의 폐쇄와 ATP와 마그네슘이온의 결합을 필요로 한다. 활성 분절의 위치는 촉매 잔기의 정확한 배열에 중요하며 phosphothreonine에 의해 만들어지는 접촉이 특히 중요하다. 또한, ATP의 결합은 C-나선부분의 위치에 아주 민감하다. 따라서, 활성 분절과 C-나선 모두 kinase 활성의 조절자로서 작용할 수 있다.

기질이 정확한 방향으로 결합하는 것이 아주 중요하며, 이것을 그림 18.11에 나타내었다. 그림 (a)에서는 폐쇄 구조로 있는 PKA의 분자적 표면을 틈 깊숙이 ATP가 결합한 것과 함께

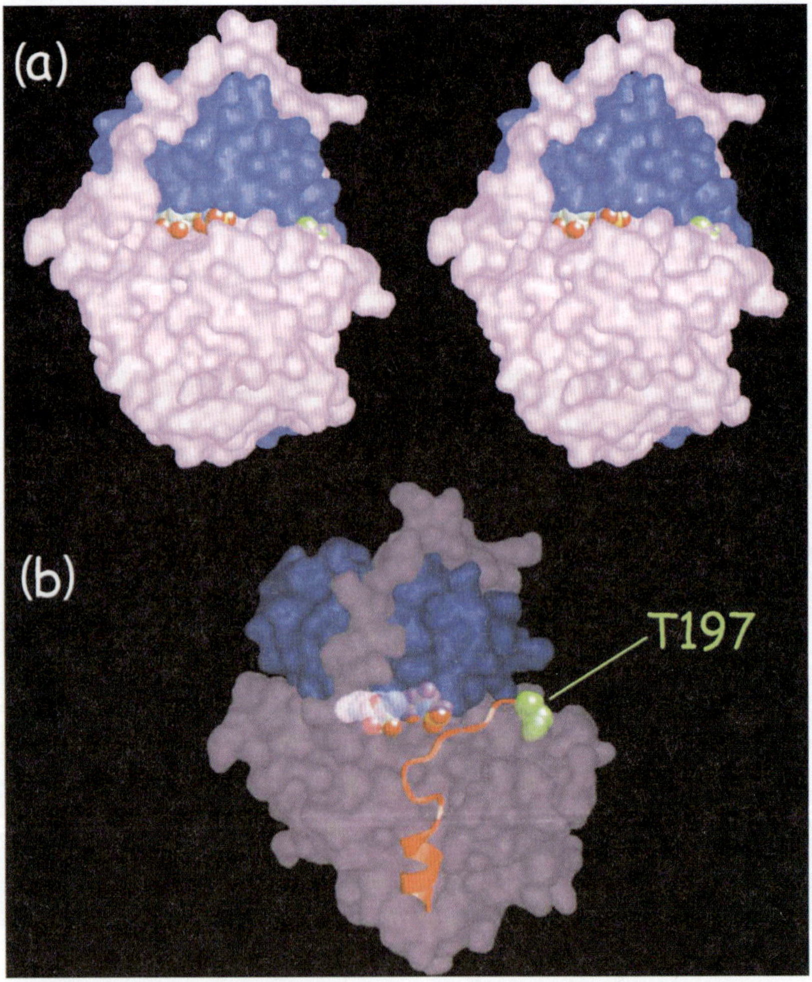

그림 18.11 ATP와 기질과 결합한 PKA의 분자 표면: (a) 계산된 PKA의 분자 표면(반데르발스 반경)의 입체 모형. 링커와 소엽은 푸른색으로 대엽은 보라색으로 나타내었다. 결합한 ATP(유사체)를 볼 수 있다. T197은 녹색으로 표시하였다. (b) Nucleotide를 나타내기 위해 표면은 투명하게 표시하였다. '기질' peptide는 붉은색으로 나타내었다(PKC 억제자-PKI로 불리는 단백질의 5-24잔기). (자료원: lcdk.pdb[19].)

보여주었다. 그림(b)에서 표면은 nucleotide를 보여주기 위해 투명하게 나타내었고 유사기질 펩타이드를 기질 결합부위에 나타내었다.

T197의 인산화는 D166 근처에 위치한 arginine(R165)을 포함하여 주위의 양전하를 띄는 여러 잔기의 양전하를 중성화시키기 때문에 아주 중요하다. 또한 이것은 소엽상의 잔기들과 상호작용하여 틈을 봉인하는 것을 돕는다. T197은 RTWTL서열 내에 존재한다. 이것은 PKA의 표적에 공통적인 서열과 일치하며 따라서 자가인산화에 의해 그 kinase의 활성이 조절됨을 나타낸다. 많은 다른 kinase들도 PKA의 T197과 동등한 위치에 인산화가 일어나는데 여기에는 PKC의 이성질형인 ERK, MEK1, cyclin-dependent kinase, CDK2와 CDK7 그리고 Src family protein tyrosine kinase들이 포함된다. 그러나, 활성고리 내 인산화는 kinase 활성에 대한 필요 조건일지는 모르지만, 이 부위에서 자가인산화가 모든 경우에서 일어나지는 않는다. 예를 들어, PKC, ERK 그리고 cyclin-dependent kinase내의 활성고리의 모티브의 서열은 kinase에 의해 인식되는 consensus sequence와 일치하지 않는다. 이것은 신호전달 상부의 kinase가 필요함을 시사한다(예로써, PKC의 경우 PDK1, 9장 참조).

다른 protein kinase들은 인산화에 의해 조절되지 않는다(표 18.4). 대신, 양전하를 띤 arginine(PKA의 R165와 동일) 잔기는 아마 산성(glutamate)잔기(phosphorylase kinase)에 의해 중화되거나 비극성 잔기(myosin 경사슬 kinase)에 의해 치환되기도 한다.

표 18.4 활성고리의 인산화에 의한 kinase 활성 조절

Phosphorylated in the activation segment		Not phosphorylated in the activation segment	
Cyclic AMP-dependent kinase	PKA		
Cyclin-dependent kinase	p34^{cdc2} cdc2 CDK2 CDK7	Phosphorylase kinase	
MAP kinase	MARK/ERK2	Casein kinase I	
MAP kinase kinase	MEKI	EGF receptor	EGFR
Rafl kinase	Rafl	C-terminal Src kinase	Csk
Ca^{2+}/calmodulin kinase	CaMKI	Ca^{2+}/calmodulin kinase	CaMKI
Protein kinase C	PKC α, βII,	Myosin light chain kinase	MLCK
Insulin-stimulated kinase	ISPK		
Glycogen synthase kinase	GSK3		
Insulin receptor kinase	IRK		
PDGF receptor	PDGFR		
c-Src family	Src, Yes, Fyn, Fgr, Lyn, Lck, Blk		

역사적인 측면에서, 사람 c-Src 잔기의 번호도 닭 c-Src 서열의 숫자를 따른다. 따라서 86-536 잔기는 실제로는 83-533에 해당한다.

Src의 조절 domain은 protein kinase 활성을 조절한다

비수용체 tyrosine kinase인 c-Src는 단백질(또는 domain-domain)간의 상호작용에 참여하는 구조 domain에 의해 그 kinase 활성이 조절되는 것을 보여주는 아주 좋은 예이다(protein tyrosine kinase Src family는 294쪽에 설명하였다).

인간 c-Src의 3차 구조(86-836잔기)는 그림 18.12에 나타내었다. Kinase domain의 링커 사슬과 2개의 엽이 확실히 보인다. 이 구조의 N-말단에는 2개의 Src 유사 domain(SH2와 SH3)이 있고 C-말단에는 억제성 phosphotyrosine(pY527)을 포함하는 짧고 유연한 분절이 있다.

활성 조절은 일반적인 원리를 따르는데 촉매 활성을 가능하게 하는 작동 기구는 kinase domain자체 내에 포함되어있다. 그 조절부위는 주변의 domain에 위치하며 kinase domain과의 상호작용에 의하여 조절된다. Src와 관련 kinase들의 경우 조절을 지시하는 부위는 SH2와 SH3 domain이다. Src는 C-말단 사슬의 phosphotyrosine에 의해 비활성 상태로 있게 되는데 이것이 N-말단 SH2 domain에 대한 분자 내 결합 부위를 제공한다. 또한 SH3와 좌선형 나선구조를 형성(비록 proline이 하나만 있지만 II형 polyproline 나선과 유사한)하는 링커 사슬 간의 상호작용도 있다. 이 모든 것들이 합쳐 그 분자가 조밀한 구조를 만들게 하며, 소엽은 뒤틀고, 틈에 접근성을 줄이며, C-나선의 외부 회전을 유도하게 된다.

Kinase의 활성화는 그 조밀한 구조를 불안정화하는 구조변화를 수반한다. pY+3에는 isoleucine이 없기 때문에 C-말단 pY526 주변의 아미노산 서열은 Src의 SH2 domain과 가장

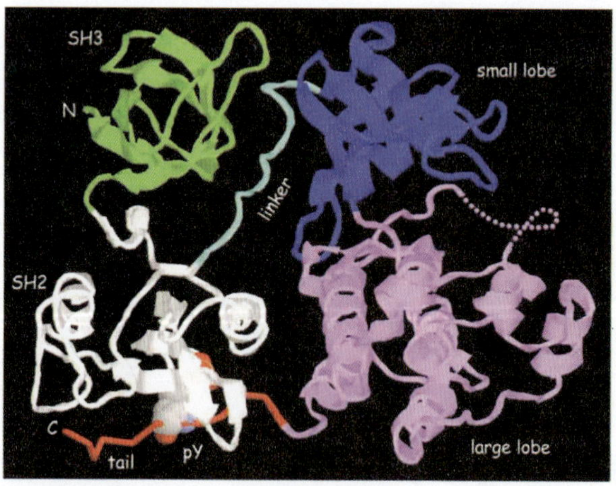

그림 18.12 비활성화 상태 c-Src의 구조. 이것은 c-Scr의 조밀한 자가억제 구조이다. Kinase domain은 오른쪽에 있으며 링커와 엽들은 이전 그림과 같은 색으로 표시하였다. C-말단 꼬리 부분(붉은색)에 pY527(공간 채움 형태)을 포함하였지만 대부분은 숨겨져 있다. 활성화 고리는 이 구조 내에서는 규칙적 구조가 아니어서 점선으로 나타내었다. (자료제공: lfmk.pdb[20].)

강력하게 결합하는 모티브 서열과 일치하지는 않는다(264쪽, 그림 11.7과 그림 18.1 참조). 결과적으로, 결합은 덜 단단해지게 되어 pY527이 탈인산화될 수 있는 기회를 제공한다. pY527을 친화성이 높은 phosphotyrosine으로 교체하면 탈인산화가 더 용이해질 것이다. 인산기를 제거하면 분자가 활성화 입체 구조로 이완되게 한다. 그러나 다른 kinase의 경우와 같이 활성 고리내의 주요 잔기(Y416, 이는 PKA의 T197과 동등)의 인산화는 활성에 필수적이다.

특이한 kinase인 Csk(295쪽, 그림 12.6 참조)는 Src의 C-말단 꼬리 인산화를 담당하여 그 활성을 억제하게 된다. 조류 c-Src의 tyrosine527이 phenylalanine으로 돌연변이되면 지속적 활성형의 종양 단백질이 된다. 마찬가지로 종양성 바이러스 형태의 v-Src도 C-말단 꼬리 결손을 가지고 있다.

References

1 Wetlaufer, D.B. Nucleation, rapid folding, and globular intrachain regions in proteins. *Proc. Natl. Acad. Sci. USA* 1973; 70: 697–701.

2 Koch, C.A., Moran, M., Sadowski, I., Pawson, T. The common src homology region 2 domain of cytoplasmic signaling proteins is a positive effector of v-fps tyrosine kinase function. *Mol. Cell Biol.* 1989; 9: 4131–40.

3 Kavanaugh, W.M., Williams, L.T. An alternative to SH2 domains for binding tyrosine-phosphorylated proteins. *Science* 1994; 266: 1862–5.

4 Kavanaugh, W.M., Turck, C.W., Williams, L.T. PTB domain binding to signaling proteins through a sequence motif containing phosphotyrosine. *Science* 1995; 268: 1177–9.

5 Yu, H., Rosen, M.K., Shin, T.B. *et al.* Solution structure of the SH3 domain of Src and identification of its ligand-binding site. *Science* 1992; 258: 1665–8.

6 Hu, K.Q., Settleman, J. Tandem SH2 binding sites mediate the RasGAP-RhoGAP interaction: a conformational mechanism for SH3 domain regulation. *EMBO J.* 1997; 16: 473–83.

7 Haslam, R.J., Koide, H.B., Hemmings, B.A. Pleckstrin domain homology. *Nature* 1993; 363: 309–10.

8 Imaoka, T., Lynham, J.A., Haslam, R.J. Purification and characterization of the 47,000-dalton protein phosphorylated during degranulation of human platelets. *J. Biol. Chem.* 1983; 258: 11404–14.

9 Lemmon, M.A., Falasco, M., Ferguson, K.M., Schlessinger, J. Regulatory recruitment of signalling molecules to the cell membrane by pleckstrin-homology domains. *Trends Cell Biol.* 2000; 7: 237–42.

10 Kretsinger, R.H. Calcium-binding proteins. *Annu. Rev. Biochem.* 1976; 45: 239–66.

11 Babu, Y.S., Sack, J.S., Greenhough, T.J. *et al.* Three-dimensional structure of calmodulin. *Nature* 1985; 315: 37–40.

12 Ubach, J., Zhang, X., Shao, X., Südhof, T.C., Rizo, J. Ca^{2+} binding to synaptotagmin: how many Ca^{2+} ions bind to the tip of a C2-domain? *EMBO J.* 1998; 17: 3921–30.

13 Eck, M.J., Shoelson, S.E., Harrison, S.C. Recognition of a high-affinity phosphotyrosyl peptide by the Src homology-2 domain of p56lck. *Nature* 1993; 362: 87–91.

14 Zhou, M.M., Ravichandran, K.S., Olejniczak, E.F. *et al.* Structure and ligand recognition of the phosphotyrosine binding domain of Shc. *Nature* 1995; 378: 584–92.

15 Renzoni, D.A., Pugh, D.J., Siligardi, G. *et al.* Structural and thermodynamic characterization of the interaction of the SH3 domain from Fyn with the proline-rich binding site on the p85 subunit of PI3-kinase. *Biochemistry* 1996; 35: 15646–53

16 Ferguson, K.M., Lemmon, M.A., Schlessinger, J., Sigler, P.B. Structure of the high affinity complex of inositol trisphosphate with a phospholipase C pleckstrin homology domain. *Cell* 1995; 83: 1037–46.

17 Chattopadhyaya, R., Meador, W.E., Means, A.R., Quiocho, F.A. Calmodulin structure refined at 1.7 A resolution. *J. Mol. Biol.* 1992; 228: 1177–92.
18 Sutton, R.B., Sprang, S.R. Structure of the protein kinase Cβ phospholipid-binding Ca^{2+} domain completed with Ca^{2+}. *Structure* 1998; 6: 1395–405.
19 Bossemeyer, D., Engh, R.A., Kinzel, V., Ponstingl, H., Huber, R. Phosphotransferase and substrate binding mechanism of the cAMP-dependent protein kinase catalytic subunit from porcine heart as deduced from the 2.0 A structure of the complex with Mn^{2+} adenylyl imidodiphosphate and inhibitor peptide PKI(5–24). *EMBO J.* 1993; 12(849): 859.
20 Xu, W., Harrison, S.C., Eck, M.J. Three-dimensional structure of the tyrosine kinase c-Src. *Nature* 1997; 595(602): 385.
21 Runnels, L.W., Jenco, J., Morris, A. Scarlata, S. Membrane binding of phospholipases C-β-1 and C-2 is independent of phosphatidylinositol 4,5-bisphosphate and the α and βγ subunits of G proteins. *Biochemistry* 1996; 35: 16824–32.

Index